出 版 说 明

1.《中国国家标准汇编》是一部大型综合性国家标准全集。自1983年起，按国家标准顺序号以精装本、平装本两种装帧形式陆续分册汇编出版。它在一定程度上反映了我国建国以来标准化事业发展的基本情况和主要成就，是各级标准化管理机构，工矿企事业单位，农林牧副渔系统，科研、设计、教学等部门必不可少的工具书。

2.《中国国家标准汇编》收入我国每年正式发布的全部国家标准，分为"制定"卷和"修订"卷两种编辑版本。

"制定"卷收入上年度我国发布的、新制定的国家标准，顺延前年度标准编号分成若干分册，封面和书脊上注明"20××年制定"字样及分册号，分册号一直连续。各分册中的标准是按照标准编号顺序连续排列的，如有标准顺序号缺号的，除特殊情况注明外，暂为空号。

"修订"卷收入上年度我国发布的、被修订的国家标准，视篇幅分设若干分册，但与"制定"卷分册号无关联，仅在封面和书脊上注明"20××年修订-1，-2，-3，……"字样。"修订"卷各分册中的标准，仍按标准编号顺序排列（但不连续）；如有遗漏的，均在当年最后一分册中补齐。需提请读者注意的是，个别非顺延前年度标准编号的新制定的国家标准没有收入在"制定"卷中，而是收入在"修订"卷中。

读者配套购买《中国国家标准汇编》"制定"卷和"修订"卷则可收齐上一年度我国制定和修订的全部国家标准。

3. 由于读者需求的变化，自1996年起，《中国国家标准汇编》仅出版精装本。

4. 2008年制修订国家标准共5946项。本分册为"2008年修订-1"，收入新制修订的国家标准53项。

中国标准出版社

2009年5月

目　录

ICS 21.060.10
J 13

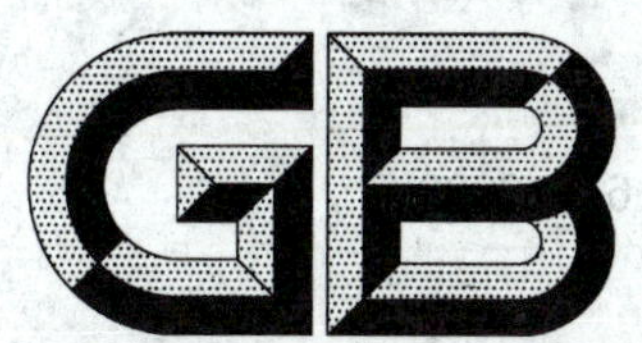

中华人民共和国国家标准

GB/T 67—2008
代替 GB/T 67—2000

开槽盘头螺钉

Slotted pan head screws—Product grade A

(ISO 1580:1994,MOD)

2008-08-25 发布　　　　2009-02-01 实施

中华人民共和国国家质量监督检验检疫总局
中国国家标准化管理委员会　发布

前　言

本标准是国家标准“开槽螺钉”产品系列标准之一。该系列包括：

——GB/T 65—2000　开槽圆柱头螺钉；
——GB/T 67—2008　开槽盘头螺钉；
——GB/T 68—2000　开槽沉头螺钉；
——GB/T 69—2000　开槽半沉头螺钉；
——GB/T 71—1985　开槽锥端紧定螺钉；
——GB/T 72—1988　开槽锥端定位螺钉；
——GB/T 73—1985　开槽平端紧定螺钉；
——GB/T 74—1985　开槽凹端紧定螺钉；
——GB/T 75—1985　开槽长圆柱端紧定螺钉；
——GB/T 828—1988　开槽盘头定位螺钉；
——GB/T 829—1988　开槽圆柱端定位螺钉；
——GB/T 830—1988　开槽圆柱头轴位螺钉；
——GB/T 831—1988　开槽无头轴位螺钉；
——GB/T 832—1988　开槽带孔球面圆柱头螺钉；
——GB/T 833—1988　开槽大圆柱头螺钉；
——GB/T 837—1988　开槽盘头不脱出螺钉；
——GB/T 946—1988　开槽球面圆柱头轴位螺钉；
——GB/T 947—1988　开槽球面大圆柱头螺钉；
——GB/T 948—1988　开槽沉头不脱出螺钉；
——GB/T 949—1988　开槽半沉头不脱出螺钉。

本标准修改采用 ISO 1580:1994《开槽盘头螺钉　产品等级 A》(英文版)。主要修改如下：

——在引用文件中，用我国标准代替国际标准(第 2 章)；
——ISO 1580 未规定包装技术要求，本标准予以规定(见表 2)；
——ISO 1580 未规定简化标记，本标准按 GB/T 1237 给出简化的标记(见 5.2)；
——ISO 1580 对有色金属螺钉未给出具体的性能等级，本标准予以规定(见表 2)。

本标准代替 GB/T 67—2000《开槽盘头螺钉》。

本标准由中国机械工业联合会提出。

本标准由全国紧固件标准化技术委员会(SAC/TC 85)归口。

本标准负责起草单位：中机生产力促进中心。

本标准参加起草单位：东莞市国菱机械有限公司。

本标准由全国紧固件标准化技术委员会秘书处负责解释。

本标准所代替标准的历次版本发布情况为：

——GB 67—58、GB 67—66、GB 67—76、GB 67—85、GB/T 67—2000。

开 槽 盘 头 螺 钉

1 范围

本标准规定了螺纹规格为 M1.6～M10，性能等级为 4.8、5.8、A2-50、A2-70、CU2、CU3 和 AL4，产品等级为 A 级的开槽盘头螺钉。

如需其他技术要求，应从现行标准(如 GB/T 196、GB/T 3106、GB/T 3098.1、GB/T 3098.6、GB/T 3098.10 和 GB/T 3103.1)中选择。

2 规范性引用文件

下列文件中的条款通过本标准的引用而成为本标准的条款。凡是注日期的引用文件，其随后所有的修改单(不包括勘误的内容)或修订版均不适用于本标准，然而，鼓励根据本标准达成协议的各方研究是否可使用这些文件的最新版本。凡是不注日期的引用文件，其最新版本适用于本标准。

GB/T 90.1 紧固件 验收检查(GB/T 90.1—2002，ISO 3269:2000，IDT)

GB/T 90.2 紧固件 标志与包装

GB/T 196 普通螺纹 基本尺寸(GB/T 196—2003，ISO 724:1993，ISO general purpose metric screw threads—Basic dimensions，MOD)

GB/T 197 普通螺纹 公差(GB/T 197—2003，ISO 965-1:1998，ISO general purpose metric screw threads—Tolerances—Part 1:Principles basic data，MOD)

GB/T 1237 紧固件标记方法(GB/T 1237—2000，eqv ISO 8991:1986)

GB/T 3098.1 紧固件机械性能 螺栓、螺钉和螺柱(GB/T 3098.1—2000，idt ISO 898-1:1999)

GB/T 3098.6 紧固件机械性能 不锈钢螺栓、螺钉和螺柱(GB/T 3098.6—2000，idt ISO 3506-1:1997)

GB/T 3098.10 紧固件机械性能 有色金属制造的螺栓、螺钉、螺柱和螺母(GB/T 3098.10—1993，eqv ISO 8839:1986)

GB/T 3103.1 紧固件公差 螺栓、螺钉和螺母(GB/T 3103.1—2002，ISO 4759-1:2000，IDT)

GB/T 3106 螺栓、螺钉和螺柱的公称长度和普通螺栓的螺纹长度(GB/T 3106—1982，eqv ISO 888:1976)

GB/T 5267.1 紧固件 电镀层(GB/T 5267.1—2002，ISO 4042:1999，IDT)

GB/T 5276 紧固件 螺栓、螺钉、螺柱及螺母 尺寸代号和标注(GB/T 5276—1985，eqv ISO 225:1983)

GB/T 5779.1 紧固件表面缺陷 螺栓、螺钉和螺柱 一般要求(GB/T 5779.1—2000，idt ISO 6157-1:1988)

GB/T 16938 紧固件 螺栓、螺钉、螺柱和螺母 通用技术条件(GB/T 16938—2008，ISO 8992:2005，IDT)

3 尺寸

螺钉的型式尺寸见图 1 和表 1。

尺寸代号和标注符合 GB/T 5276。

无螺纹部分杆径约等于螺纹中径或允许等于螺纹大径。

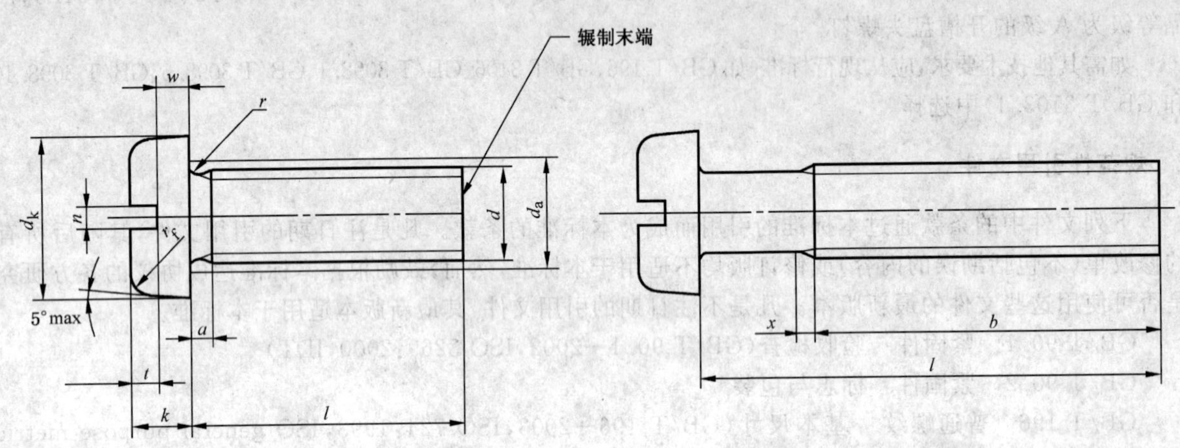

图 1

表 1 尺寸

单位为毫米

螺纹规格 d		M1.6	M2	M2.5	M3	(M3.5)[a]	M4	M5	M6	M8	M10
P^{b}		0.35	0.4	0.45	0.5	0.6	0.7	0.8	1	1.25	1.5
a	max	0.7	0.8	0.9	1	1.2	1.4	1.6	2	2.5	3
b	min	25	25	25	25	38	38	38	38	38	38
d_k	公称＝max	3.2	4.0	5.0	5.6	7.00	8.00	9.50	12.00	16.00	20.00
	min	2.9	3.7	4.7	5.3	6.64	7.64	9.14	11.57	15.57	19.48
d_a	max	2	2.6	3.1	3.6	4.1	4.7	5.7	6.8	9.2	11.2
k	公称＝max	1.00	1.30	1.50	1.80	2.10	2.40	3.00	3.6	4.8	6.0
	min	0.86	1.16	1.36	1.66	1.96	2.26	2.86	3.3	4.5	5.7
n	公称	0.4	0.5	0.6	0.8	1	1.2	1.2	1.6	2	2.5
	max	0.60	0.70	0.80	1.00	1.20	1.51	1.51	1.91	2.31	2.81
	min	0.46	0.56	0.66	0.86	1.06	1.26	1.26	1.66	2.06	2.56
r	min	0.1	0.1	0.1	0.1	0.1	0.2	0.2	0.25	0.4	0.4
r_f	参考	0.5	0.6	0.8	0.9	1	1.2	1.5	1.8	2.4	3
t	min	0.35	0.5	0.6	0.7	0.8	1	1.2	1.4	1.9	2.4
w	min	0.3	0.4	0.5	0.7	0.8	1	1.2	1.4	1.9	2.4
x	max	0.9	1	1.1	1.25	1.5	1.75	2	2.5	3.2	3.8

表 1（续）

单位为毫米

螺纹规格 d			M1.6	M2	M2.5	M3	(M3.5)[a]	M4	M5	M6	M8	M10
l[a,c]			每 1 000 件钢螺钉的质量（ρ=7.85 kg/dm^3）≈kg									
公称	min	max										
2	1.8	2.2	0.075									
2.5	2.3	2.7	0.081	0.152								
3	2.8	3.2	0.087	0.161	0.281							
4	3.76	4.24	0.099	0.18	0.311	0.463						
5	4.76	5.24	0.11	0.198	0.341	0.507	0.825	1.16				
6	5.76	6.24	0.122	0.217	0.371	0.551	0.885	1.24	2.12			
8	7.71	8.29	0.145	0.254	0.431	0.639	1	1.39	2.37	4.02		
10	9.71	10.29	0.168	0.292	0.491	0.727	1.12	1.55	2.61	4.37	9.38	
12	11.65	12.35	0.192	0.329	0.551	0.816	1.24	1.7	2.86	4.72	10	18.2
(14)	13.65	14.35	0.215	0.366	0.611	0.904	1.36	1.86	3.11	5.1	10.6	19.2
16	15.65	16.35	0.238	0.404	0.671	0.992	1.48	2.01	3.36	5.45	11.2	20.2
20	19.58	20.42		0.478	0.792	1.17	1.72	2.32	3.85	6.14	12.6	22.2
25	24.58	25.42			0.942	1.39	2.02	2.71	4.47	7.01	14.1	24.7
30	29.58	30.42				1.61	2.32	3.1	5.09	7.9	15.7	27.2
35	34.5	35.5					2.62	3.48	5.71	8.78	17.3	29.7
40	39.5	40.5						3.87	6.32	9.66	18.9	32.2
45	44.5	45.5							6.94	10.5	20.5	34.7
50	49.5	50.5							7.56	11.4	22.1	37.2
(55)	54.05	55.95								12.3	23.7	39.7
60	59.05	60.95								13.2	25.3	42.2
(65)	64.05	65.95									26.9	44.7
70	69.05	70.95									28.5	47.2
(75)	74.05	75.95									30.1	49.7
80	79.05	80.95									31.7	52.2

注：阶梯实线间为商品长度规格。

a 尽可能不采用括号内的规格。

b P——螺距。

c 公称长度在阶梯虚线以上的螺钉，制出全螺纹（$b=l-a$）。

4 技术条件和引用标准

技术条件和引用标准见表2。

表2 技术条件和引用标准

<table>
<tr><td colspan="2">材　料</td><td>钢</td><td>不 锈 钢</td><td>有色金属</td></tr>
<tr><td colspan="2">通用技术条件</td><td colspan="3">GB/T 16938</td></tr>
<tr><td rowspan="2">螺　纹</td><td>公　差</td><td colspan="3">6 g</td></tr>
<tr><td>标　准</td><td colspan="3">GB/T 196、GB/T 197</td></tr>
<tr><td rowspan="2">机械性能</td><td>等　级</td><td>4.8、5.8</td><td>A2-50、A2-70</td><td>CU2、CU3、AL4</td></tr>
<tr><td>标　准</td><td>GB/T 3098.1</td><td>GB/T 3098.6</td><td>GB/T 3098.10</td></tr>
<tr><td rowspan="2">公　差</td><td>产品等级</td><td colspan="3">A</td></tr>
<tr><td>标　准</td><td colspan="3">GB/T 3103.1</td></tr>
<tr><td colspan="2">表面处理</td><td>氧化；
电镀技术要求按 GB/T 5267.1</td><td>简单处理</td><td>简单处理；
电镀技术要求按 GB/T 5267.1</td></tr>
<tr><td colspan="2">表面缺陷</td><td colspan="3">GB/T 5779.1</td></tr>
<tr><td colspan="2">验收及包装</td><td colspan="3">GB/T 90.1、GB/T 90.2</td></tr>
</table>

5 标记

5.1 标记方法

标记方法按 GB/T 1237 规定。

5.2 标记示例

螺纹规格 d=M5、公称长度 l=20 mm、性能等级为4.8级、不经表面处理的A级开槽盘头螺钉的标记：

螺钉　GB/T 67　M5×20

ICS 21.060.10
J 13

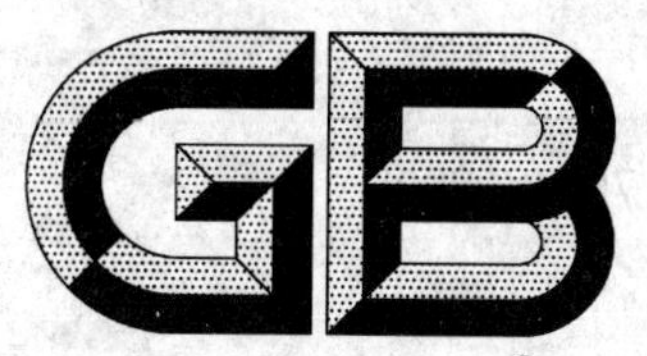

中华人民共和国国家标准

GB/T 70.1—2008
代替 GB/T 70.1—2000

内六角圆柱头螺钉

Hexagon socket head cap screws

(ISO 4762:2004,MOD)

2008-08-25 发布

2009-02-01 实施

中华人民共和国国家质量监督检验检疫总局
中国国家标准化管理委员会 发布

前　言

本部分是国家标准“内六角螺钉”产品(含量规)系列标准之一。该系列包括：

——GB/T 70.1—2008　内六角圆柱头螺钉；

——GB/T 70.2—2008　内六角平圆头螺钉；

——GB/T 70.3—2008　内六角沉头螺钉；

——GB/T 70.4　内六角圆柱头螺钉　细牙螺纹；

——GB/T 70.5—2008　内六角量规；

——GB/T 77—2007　内六角平端紧定螺钉；

——GB/T 78—2007　内六角锥端紧定螺钉；

——GB/T 79—2007　内六角圆柱端紧定螺钉；

——GB/T 80—2007　内六角凹端紧定螺钉；

——GB/T 5281—1985　内六角圆柱头轴肩螺钉。

本部分是 GB/T 70 的第 1 部分。

本部分修改采用 ISO 4762:2004《内六角圆柱头螺钉》(英文版)，主要修改如下：

——在引用文件中，用我国标准代替国际标准(第 2 章)；

——ISO 4762 未规定包装技术要求，本部分予以规定(见表 2)；

——ISO 4762 未规定简化标记，本部分按 GB/T 1237 给出简化的标记(见 5.2)；

——ISO 4762 对有色金属螺钉未给出具体的性能等级，本部分予以规定(见表 2)。

本部分代替 GB/T 70.1—2000《内六角圆柱头螺钉》。

本部分与 GB/T 70.1—2000 相比主要变化如下：

——增加引用标准 GB/T 5267.2《紧固件　非电解锌片涂层》和 GB/T 70.5《内六角量规》(第 2 章)；

——增加性能等级：

$d \leqslant 24$ mm：A3-70 和 A5-70；

24 mm$<d\leqslant$39 mm：A3-50 和 A5-50(见表 2)；

——取消附录 A；

——原附录 B“内六角圆柱头螺钉的质量”改为附录 A。

本部分的附录 A 是资料性附录。

本部分由中国机械工业联合会提出。

本部分由全国紧固件标准化技术委员会(SAC/TC 85)归口。

本部分负责起草单位：中机生产力促进中心。

本部分参加起草单位：上海标五高强度紧固件有限公司、北京标准件工业集团公司、沈阳标准件制造总厂和宁波中斌紧固件制造有限公司。

本部分由全国紧固件标准化技术委员会秘书处负责解释。

本部分所代替标准的历次版本发布情况为：

——GB 70—58、GB 70—66、GB 70—76、GB 70—85、GB/T 70.1—2000。

内六角圆柱头螺钉

1 范围

本部分规定了螺纹规格为M1.6～M64,性能等级为8.8、10.9、12.9、A2-50、A2-70、A3-50、A3-70、A4-50、A4-70、A5-50、A5-70、CU2和CU3,产品等级为A级的内六角圆柱头螺钉。

螺钉的参考质量见附录A。

如需其他技术要求,应从现行标准(如GB/T 196、GB/T 3106、GB/T 3098.1、GB/T 3098.6、GB/T 3098.10和GB/T 3103.1)中选择。

2 规范性引用文件

下列文件中的条款通过本部分的引用而成为本部分的条款。凡是注日期的引用文件,其随后所有的修改单(不包括勘误的内容)或修订版均不适用于本部分,然而,鼓励根据本部分达成协议的各方研究是否可使用这些文件的最新版本。凡是不注日期的引用文件,其最新版本适用于本部分。

GB/T 2 紧固件 外螺纹零件的末端(GB/T 2—2001,idt ISO 4753:1999)

GB/T 70.5 内六角量规(GB/T 70.5—2008,ISO 23429:2004,IDT)

GB/T 90.1 紧固件 验收检查(GB/T 90.1—2002,idt ISO 3269:2000)

GB/T 90.2 紧固件 标志与包装

GB/T 196 普通螺纹 基本尺寸(GB/T 196—2003,ISO 724:1993,ISO general purpose metric screw threads—Basic dimensions,MOD)

GB/T 197 普通螺纹 公差(GB/T 197—2003,ISO 965-1:1998,ISO general purpose metric screw threads—Tolerances—Part 1:Principles and basic data,MOD)

GB/T 1237 紧固件标记方法(GB/T 1237—2000,eqv ISO 8991:1986)

GB/T 3098.1 紧固件机械性能 螺栓、螺钉和螺柱(GB/T 3098.1—2000,idt ISO 898-1:1999)

GB/T 3098.6 紧固件机械性能 不锈钢螺栓、螺钉和螺柱(GB/T 3098.6—2000,idt ISO 3506-1:1997)

GB/T 3098.10 紧固件机械性能 有色金属制造的螺栓、螺钉、螺柱和螺母(GB/T 3098.10—1993,eqv ISO 8869:1986)

GB/T 3103.1 紧固件公差 螺栓、螺钉和螺母(GB/T 3103.1—2002,ISO 4759-1:2000,IDT)

GB/T 3106 螺栓、螺钉和螺柱的公称长度和普通螺栓的螺纹长度[GB/T 3106—1982(1988年确认),eqv ISO 888:1976]

GB/T 5267.1 紧固件 电镀层(GB/T 5267.1—2002,ISO 4042:1999,IDT)

GB/T 5267.2 紧固件 非电解锌片涂层(GB/T 5267.2—2002,ISO 10683:2000,IDT)

GB/T 5276 紧固件 螺栓、螺钉、螺柱及螺母 尺寸代号和标注(GB/T 5276—1985,eqv ISO 225:1983)

GB/T 5779.1 紧固件表面缺陷 螺栓、螺钉和螺柱 一般要求(GB/T 5779.1—2000,idt ISO 6157-1:1988)

GB/T 5779.3 紧固件表面缺陷 螺栓、螺钉和螺柱 特殊要求(GB/T 5779.3—2000,idt ISO 6157-3:1988)

GB/T 16938 紧固件 螺栓、螺钉、螺柱和螺母 通用技术条件(GB/T 16938—2008,ISO 8839:2005,IDT)

3 尺寸

型式尺寸见图 1 和表 1。

尺寸代号和标注方法符合 GB/T 5276。

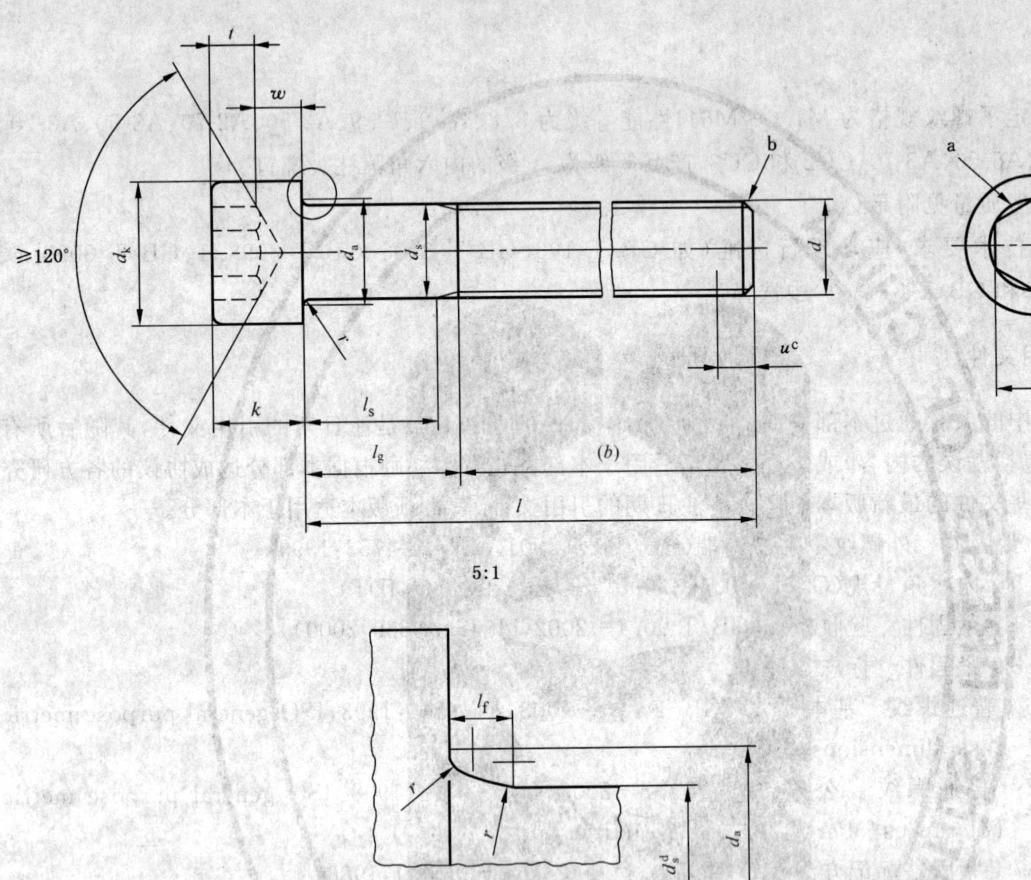

5:1

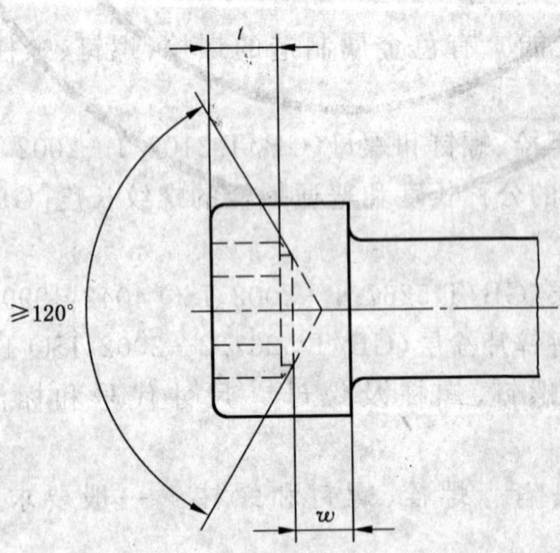

允许制造的型式

t

≥120°

w

头的顶部和底部棱边

图 1

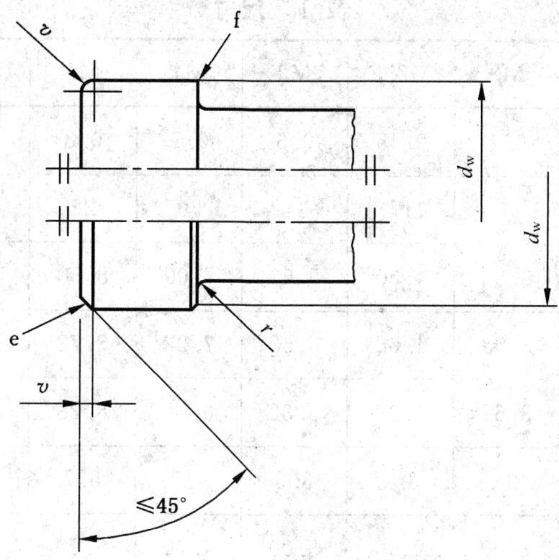

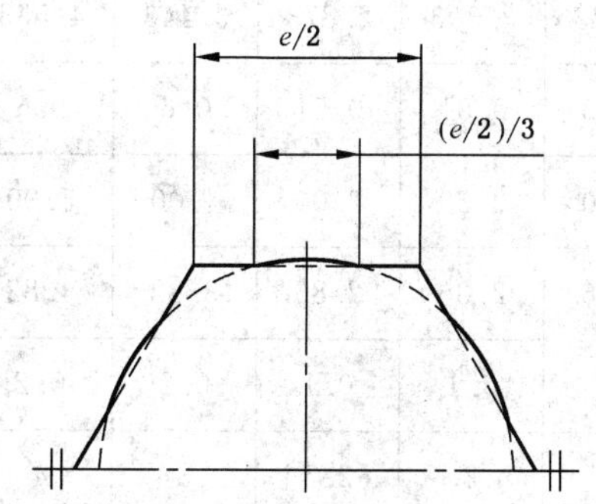

最大的头下圆角：

$l_{f\,max}=1.7r_{max}$

$r_{max}=\frac{d_{a\,max}-d_{s\,max}}{2}$

r_{min}见表1。

注：对切制内六角，当尺寸达到最大极限时，由于钻孔造成的过切不应超过内六角任何一面长度（$e/2$）的1/3。

[a] 内六角口部允许稍许倒圆或沉孔。

[b] 末端倒角，$d \leqslant$ M4的为辗制末端，见GB/T 2。

[c] 不完整螺纹的长度 $u \leqslant 2P$。

[d] d_s 适用于规定了 $l_{s\,min}$ 数值的产品。

[e] 头的顶部棱边可以是圆的或倒角的，由制造者任选。

[f] 底部棱边可以是圆的或倒角到 d_a，但均不得有毛刺。

图1（续）

表 1 尺寸

单位为毫米

螺纹规格 d		M1.6	M2	M2.5	M3	M4	M5	M6	M8	M10	M12
P[a]		0.35	0.4	0.45	0.5	0.7	0.8	1	1.25	1.5	1.75
b[b]	参考	15	16	17	18	20	22	24	28	32	36
d_k	max[c]	3.00	3.80	4.50	5.50	7.00	8.50	10.00	13.00	16.00	18.00
	max[d]	3.14	3.98	4.68	5.68	7.22	8.72	10.22	13.27	16.27	18.27
	min	2.86	3.62	4.32	5.32	6.78	8.28	9.78	12.73	15.73	17.73
d_a	max	2	2.6	3.1	3.6	4.7	5.7	6.8	9.2	11.2	13.7
d_s	max	1.60	2.00	2.50	3.00	4.00	5.00	6.00	8.00	10.00	12.00
	min	1.46	1.86	2.36	2.86	3.82	4.82	5.82	7.78	9.78	11.73
e[e,f]	min	1.733	1.733	2.303	2.873	3.443	4.583	5.723	6.863	9.149	11.429
l_f	max	0.34	0.51	0.51	0.51	0.6	0.6	0.68	1.02	1.02	1.45
k	max	1.60	2.00	2.50	3.00	4.00	5.00	6.00	8.00	10.00	12.00
	min	1.46	1.86	2.36	2.86	3.82	4.82	5.7	7.64	9.64	11.57
r	min	0.1	0.1	0.1	0.1	0.2	0.2	0.25	0.4	0.4	0.6
s[f]	公称	1.5	1.5	2	2.5	3	4	5	6	8	10
	max	1.58	1.58	2.08	2.58	3.08	4.095	5.14	6.14	8.175	10.175
	min	1.52	1.52	2.02	2.52	3.02	4.020	5.02	6.02	8.025	10.025
t	min	0.7	1	1.1	1.3	2	2.5	3	4	5	6
v	max	0.16	0.2	0.25	0.3	0.4	0.5	0.6	0.8	1	1.2
d_w	min	2.72	3.48	4.18	5.07	6.53	8.03	9.38	12.33	15.33	17.23
w	min	0.55	0.55	0.85	1.15	1.4	1.9	2.3	3.3	4	4.8

l[g]			l_s 和 l_g																			
公称	min	max	l_s min	l_g max	l_s min	l_g max	l_s min	l_g max	l_s min	l_g max	l_s min	l_g max	l_s min	l_g max	l_s min	l_g max	l_s min	l_g max	l_s min	l_g max	l_s min	l_g max
2.5	2.3	2.7																				
3	2.8	3.2																				
4	3.76	4.24																				
5	4.76	5.24																				
6	5.76	6.24																				
8	7.71	8.29																				
10	9.71	10.29																				
12	11.65	12.35																				

表 1（续）

单位为毫米

螺纹规格 d			M1.6		M2		M2.5		M3		M4		M5		M6		M8		M10		M12	
l_g			l_s 和 l_g																			
公称	min	max	l_s min	l_g max	l_s min	l_g max	l_s min	l_g max	l_s min	l_g max	l_s min	l_g max	l_s min	l_g max	l_s min	l_g max	l_s min	l_g max	l_s min	l_g max	l_s min	l_g max
16	15.65	16.35																				
20	19.58	20.42			2	4																
25	24.58	25.42					5.75	8	4.5	7												
30	29.58	30.42							9.5	12	6.5	10	4	8								
35	34.5	35.5									11.5	15	9	13	6	11						
40	39.5	40.5									16.5	20	14	18	11	16	5.75	12				
45	44.5	45.5											19	23	16	21	10.75	17	5.5	13		
50	49.5	50.5											24	28	21	26	15.75	22	10.5	18		
55	54.4	55.6													26	31	20.75	27	15.5	23	10.25	19
60	59.4	60.6													31	36	25.75	32	20.5	28	15.25	24
65	64.4	65.6															30.75	37	25.5	33	20.25	29
70	69.4	70.6															35.75	42	30.5	38	25.25	34
80	79.4	80.6															45.75	52	40.5	48	35.25	44
90	89.3	90.7																	50.5	58	45.25	54
100	99.3	100.7																	60.5	68	55.25	64
110	109.3	110.7																			65.25	74
120	119.3	120.7																			75.25	84
130	129.2	130.8																				
140	139.2	140.8																				
150	149.2	150.8																				
160	159.2	160.8																				
180	179.2	180.8																				
200	199.075	200.925																				
220	219.075	220.925																				
240	239.075	240.925																				
260	258.95	261.05																				
280	278.95	281.05																				
300	298.95	301.05																				

表 1（续）

单位为毫米

螺纹规格 d		(M14)[h]	M16	M20	M24	M30	M36	M42	M48	M56	M64
P[a]		2	2	2.5	3	3.5	4	4.5	5	5.5	6
b[b]	参考	40	44	52	60	72	84	96	108	124	140
d_k	max[c]	21.00	24.00	30.00	36.00	45.00	54.00	63.00	72.00	84.00	96.00
	max[d]	21.33	24.33	30.33	36.39	45.39	54.46	63.46	72.46	84.54	96.54
	min	20.67	23.67	29.67	35.61	44.61	53.54	62.54	71.54	83.46	95.46
d_a	max	15.7	17.7	22.4	26.4	33.4	39.4	45.6	52.6	63	71
d_s	max	14.00	16.00	20.00	24.00	30.00	36.00	42.00	48.00	56.00	64.00
	min	13.73	15.73	19.67	23.67	29.67	35.61	41.61	47.61	55.54	63.54
e[e,f]	min	13.716	15.996	19.437	21.734	25.154	30.854	36.571	41.131	46.831	52.531
l_f	max	1.45	1.45	2.04	2.04	2.89	2.89	3.06	3.91	5.95	5.95
k	max	14.00	16.00	20.00	24.00	30.00	36.00	42.00	48.00	56.00	64.00
	min	13.57	15.57	19.48	23.48	29.48	35.38	41.38	47.38	55.26	63.26
r	min	0.6	0.6	0.8	0.8	1	1	1.2	1.6	2	2
s[f]	公称	12	14	17	19	22	27	32	36	41	46
	max	12.212	14.212	17.23	19.275	22.275	27.275	32.33	36.33	41.33	46.33
	min	12.032	14.032	17.05	19.065	22.065	27.065	32.08	36.08	41.08	46.08
t	min	7	8	10	12	15.5	19	24	28	34	38
v	max	1.4	1.6	2	2.4	3	3.6	4.2	4.8	5.6	6.4
d_w	min	20.17	23.17	28.87	34.81	43.61	52.54	61.34	70.34	82.26	94.26
w	min	5.8	6.8	8.6	10.4	13.1	15.3	16.3	17.5	19	22

l[g]			l_s 和 l_g																			
公称	min	max	l_s min	l_g max	l_s min	l_g max	l_s min	l_g max	l_s min	l_g max	l_s min	l_g max	l_s min	l_g max	l_s min	l_g max	l_s min	l_g max	l_s min	l_g max	l_s min	l_g max
2.5	2.3	2.7																				
3	2.8	3.2																				
4	3.76	4.24																				
5	4.76	5.24																				
6	5.76	6.24																				
8	7.71	8.29																				
10	9.71	10.29																				
12	11.65	12.35																				

表 1（续）

单位为毫米

螺纹规格 d			(M14)[h]		M16		M20		M24		M30		M36		M42		M48		M56		M64	
l[g]			l_s 和 l_g																			
公称	min	max	l_s min	l_g max	l_s min	l_g max	l_s min	l_g max	l_s min	l_g max	l_s min	l_g max	l_s min	l_g max	l_s min	l_g max	l_s min	l_g max	l_s min	l_g max	l_s min	l_g max
16	15.65	16.35																				
20	19.58	20.42																				
25	24.58	25.42																				
30	29.58	30.42																				
35	34.5	35.5																				
40	39.5	40.5																				
45	44.5	45.5																				
50	49.5	50.5																				
55	54.4	55.6																				
60	59.4	60.6	10	20																		
65	64.4	65.6	15	25	11	21																
70	69.4	70.6	20	30	16	26																
80	79.4	80.6	30	40	26	36	15.5	28														
90	89.3	90.7	40	50	36	46	25.5	38	15	30												
100	99.3	100.7	50	60	46	56	35.5	48	25	40												
110	109.3	110.7	60	70	56	66	45.5	58	35	50	20.5	38										
120	119.3	120.7	70	80	66	76	55.5	68	45	60	30.5	48	16	36								
130	129.2	130.8	80	90	76	86	65.5	78	55	70	40.5	58	26	46								
140	139.2	140.8	90	100	86	96	75.5	88	65	80	50.5	68	36	56	21.5	44						
150	149.2	150.8			96	106	85.5	98	75	90	60.5	78	46	66	31.5	54						
160	159.2	160.8			106	116	95.5	108	85	100	70.5	88	56	76	41.5	64	27	52				
180	179.2	180.8					115.5	128	105	120	90.5	108	76	96	61.5	84	47	72	28.5	56		
200	199.075	200.925					135.5	148	125	140	110.5	128	96	116	81.5	104	67	92	48.5	76	30	60
220	219.075	220.925													101.5	124	87	112	68.5	96	50	80
240	239.075	240.925													121.5	155	107	132	88.5	116	70	100
260	258.95	261.05													141.5	164	127	152	108.5	136	90	120
280	278.95	281.05													161.5	184	147	172	128.5	156	110	140
300	298.95	301.05													181.5	204	167	192	148.5	176	130	160

a P——螺距。

b 用于在粗阶梯线之间的长度。

c 对光滑头部。

d 对滚花头部。

e $e_{min}=1.14s_{min}$。

f 内六角组合量规尺寸见 GB/T 70.5。

g 粗阶梯线间为商品长度规格。阴影部分长度，螺纹制到距头部 $3P$ 以内；阴影以下的长度，l_s 和 l_g 值按下式计算：

$l_{g\,max}=l_{公称}-b$；

$l_{s\,min}=l_{g\,max}-5P$。

h 尽可能不采用括号内的规格。

4 技术条件和引用标准

技术条件和引用标准见表 2。

表 2 技术条件和引用标准

<table>
<tr><td colspan="2">材　料</td><td>钢</td><td>不锈钢</td><td>有色金属</td></tr>
<tr><td colspan="2">通用技术条件</td><td colspan="3">GB/T 16938</td></tr>
<tr><td rowspan="2">螺　纹</td><td>公　差</td><td colspan="3">12.9 级:5g6g;其他等级:6g</td></tr>
<tr><td>标　准</td><td colspan="3">GB/T 196、GB/T 197</td></tr>
<tr><td rowspan="2">机械性能</td><td>等　级</td><td>d<3 mm:按协议
3 mm≤d≤39 mm:8.8、10.9、12.9
d>39 mm:按协议</td><td>d≤24 mm:A2-70[a]、A3-70、A4-70、A5-70
24 mm<d≤39 mm:A2-50[b]、A3-50、A4-50、A5-50
d>39 mm:按协议</td><td>CU2、CU3</td></tr>
<tr><td>标　准</td><td>GB/T 3098.1</td><td>GB/T 3098.6</td><td>GB/T 3098.10</td></tr>
<tr><td rowspan="2">公　差</td><td>产品等级</td><td colspan="3">A</td></tr>
<tr><td>标　准</td><td colspan="3">GB/T 3103.1</td></tr>
<tr><td colspan="2">表面处理</td><td>氧化;
电镀技术要求按 GB/T 5267.1;
非电解锌片涂层技术要求按 GB/T 5267.2</td><td>简单处理</td><td>简单处理;
电镀技术要求按 GB/T 5267.1</td></tr>
<tr><td colspan="2">表面缺陷</td><td colspan="3">12.9 级:GB/T 5779.3;其他等级:GB/T 5779.1</td></tr>
<tr><td colspan="2">验收及包装</td><td colspan="3">GB/T 90.1、GB/T 90.2</td></tr>
<tr><td colspan="5">[a] 棒料切制的不锈钢螺钉,允许使用 A1-70(d≤M12),但在螺钉上应标志其性能等级。
[b] 棒料切制的不锈钢螺钉,允许使用 A1-50,但在螺钉上应标志其性能等级。</td></tr>
</table>

5 标记

5.1 标记方法

标记方法按 GB/T 1237 规定。

5.2 标记示例

螺纹规格 d=M5、公称长度 l=20 mm、性能等级为 8.8 级、表面氧化的 A 级内六角圆柱头螺钉的标记:

螺钉　GB/T 70.1　M5×20

附 录 A
（资料性附录）
内六角圆柱头螺钉的质量

表 A.1 给出了商品规格的内六角圆柱头螺钉的参考质量。

表 A.1 质量

单位为千克

螺纹规格 d	M1.6	M2	M2.5	M3	M4	M5	M6	M8	M10	M12	(M14)	M16	M20	M24	M30	M36	M42	M48	M56	M64
公称长度 l/mm	每 1 000 件钢螺钉的质量（$\rho=7.85\ kg/dm^3$） ≈																			
2.5	0.085																			
3	0.090	0.155																		
4	0.100	0.175	0.345																	
5	0.110	0.195	0.375	0.67																
6	0.120	0.215	0.405	0.71	1.50															
8	0.140	0.255	0.465	0.80	1.65	2.45														
10	0.160	0.295	0.525	0.88	1.80	2.70	4.70													
12	0.180	0.355	0.585	0.96	1.95	2.95	5.07	10.9												
16	0.220	0.415	0.705	1.16	2.25	3.45	5.75	12.1	20.9											
20		0.495	0.825	1.36	2.65	4.01	6.53	13.4	22.9	32.1										
25			0.975	1.61	3.15	4.78	7.59	15.0	25.4	35.7	48.0	71.3								
30				1.86	3.65	5.55	8.30	16.9	27.9	39.3	53.0	77.8	128							
35					4.15	6.32	9.91	18.9	30.4	42.9	58.0	84.4	139							
40					4.65	7.09	11.0	20.9	32.9	46.5	63.0	91.0	150	270						
45						7.86	12.1	22.9	36.1	50.1	68.0	97.6	161	285	500					
50						8.63	13.2	24.9	39.3	54.5	73.0	106	172	300	527					
55							14.3	26.9	42.5	58.9	78.0	114	183	316	554	870				
60							15.4	28.9	45.7	63.4	84.0	122	194	330	581	910	1 370			
65								31.0	48.9	67.8	90.0	130	205	345	608	950	1 420			
70								33.0	52.1	71.3	96.0	138	216	363	635	990	1470	2 040		
80								37.0	58.2	80.2	108	154	241	399	690	1 070	1 580	2 180	3 340	
90									64.9	89.1	120	170	266	435	745	1 150	1 680	2 320	3 530	5 220
100									71.2	98.0	132	186	291	471	800	1 230	1 790	2 460	3 720	5 470
110										107	144	202	316	507	855	1 310	1 890	2 600	3 920	5 730
120										116	156	218	341	543	910	1 390	2 000	2 740	4 110	5 980

表 A.1（续）

单位为千克

螺纹规格 d	M1.6	M2	M2.5	M3	M4	M5	M6	M8	M10	M12	(M14)	M16	M20	M24	M30	M36	M42	M48	M56	M64
公称长度 l/mm	每 1 000 件钢螺钉的质量(ρ=7.85 kg/dm^3)≈																			
130											168	234	366	579	965	1 470	2 100	2 880	4 300	6 230
140											180	250	391	615	1 020	1 550	2 210	3 020	4 490	6 490
150												266	416	651	1 080	1 630	2 320	3 160	4 680	6 740
160												282	441	687	1 130	1 710	2 420	3 300	4 880	6 900
180													491	759	1 240	1 870	2 640	3 590	5 270	7 250
200													541	831	1 350	2 030	2 860	3 870	5 650	7 750
220														903	1 460	2 190	3 080	4 150	6 040	8 250
240														975	1 570	2 250	3 300	4 430	6 420	8 750
260															1 680	2 410	3 520	4 710	6 810	9 260
280															1 790	2 570	3 740	4 990	7 200	9 760
300															1 900	2 730	3 960	5 270	7 580	10 300

ICS 21.060.10
J 13

中华人民共和国国家标准

GB/T 70.2—2008
代替 GB/T 70.2—2000

内六角平圆头螺钉

Hexagon socket button head screws

(ISO 7380:2004,MOD)

2008-08-25 发布　　　　2009-02-01 实施

中华人民共和国国家质量监督检验检疫总局
中国国家标准化管理委员会　发布

前言

本部分是国家标准“内六角螺钉”产品(含量规)系列标准之一。该系列包括:

——GB/T 70.1—2008 内六角圆柱头螺钉;

——GB/T 70.2—2008 内六角平圆头螺钉;

——GB/T 70.3—2008 内六角沉头螺钉;

——GB/T 70.4 内六角圆柱头螺钉 细牙螺纹;

——GB/T 70.5—2008 内六角量规;

——GB/T 77—2007 内六角平端紧定螺钉;

——GB/T 78—2007 内六角锥端紧定螺钉;

——GB/T 79—2007 内六角圆柱端紧定螺钉;

——GB/T 80—2007 内六角凹端紧定螺钉;

——GB/T 5281—1985 内六角圆柱头轴肩螺钉。

本部分是 GB/T 70 的第 2 部分。

本部分修改采用 ISO 7380:2004《内六角平圆头螺钉》(英文版),主要修改如下:

——在引用文件中,用我国标准代替国际标准(第 2 章);

——ISO 7380 未规定包装技术要求,本部分予以规定(见表 2);

——ISO 7380 未规定简化标记,本部分按 GB/T 1237 给出简化的标记(见 5.2)。

本部分代替 GB/T 70.2—2000《内六角平圆头螺钉》。

本部分与 GB/T 70.2—2000 相比主要变化如下:

——增加引用标准 GB/T 5267.2《紧固件 非电解锌片涂层》和 GB/T 70.5《内六角量规》(第2 章);

——取消附录 A。

本部分由中国机械工业联合会提出。

本部分由全国紧固件标准化技术委员会(SAC/TC 85)归口。

本部分负责起草单位:中机生产力促进中心。

本部分参加起草单位:上海标五高强度紧固件有限公司、北京标准件工业集团公司、沈阳标准件制造总厂和宁波中斌紧固件制造有限公司。

本部分由全国紧固件标准化技术委员会秘书处负责解释。

本部分所代替标准的历次版本发布情况为:

——GB/T 70.2—2000。

内六角平圆头螺钉

1 范围

本部分规定了螺纹规格为 M3～M16，性能等级为 8.8、10.9 和 12.9 级，产品等级为 A 级的内六角平圆头螺钉。

注：特别注意表 2 注和表 3 关于抗拉载荷的规定。

如需其他技术要求，应从现行标准（如 GB/T 196、GB/T 3106、GB/T 3098.1 和 GB/T 3103.1）中选择。

2 规范性引用文件

下列文件中的条款通过本部分的引用而成为本部分的条款。凡是注日期的引用文件，其随后所有的修改单（不包括勘误的内容）或修订版均不适用于本部分，然而，鼓励根据本部分达成协议的各方研究是否可使用这些文件的最新版本。凡是不注日期的引用文件，其最新版本适用于本部分。

GB/T 2 紧固件 外螺纹零件的末端（GB/T 2—2001，idt ISO 4753：1999）

GB/T 70.5 内六角量规（GB/T 70.5—2008，ISO 23429：2004，IDT）

GB/T 90.1 紧固件 验收检查（GB/T 90.1—2002，idt ISO 3269：2000）

GB/T 90.2 紧固件 标志与包装

GB/T 196 普通螺纹 基本尺寸（GB/T 196—2003，ISO 724：1993，ISO general purpose metric screw threads—Basic dimensions，MOD）

GB/T 197 普通螺纹 公差（GB/T 197—2003，ISO 965-1：1998，ISO general purpose metric screw threads—Tolerances—Part 1：Principles and basic data，MOD）

GB/T 1237 紧固件标记方法（GB/T 1237—2000，eqv ISO 8991：1986）

GB/T 3098.1 紧固件机械性能 螺栓、螺钉和螺柱（GB/T 3098.1—2000，idt ISO 898-1：1999）

GB/T 3103.1 紧固件公差 螺栓、螺钉和螺母（GB/T 3103.1—2002，ISO 4759-1：2000，IDT）

GB/T 3106 螺栓、螺钉和螺柱的公称长度和普通螺栓的螺纹长度［GB/T 3106—1982（1988 年确认），eqv ISO 888：1976］

GB/T 5267.1 紧固件 电镀层（GB/T 5267.1—2002，ISO 4042：1999，IDT）

GB/T 5267.2 紧固件 非电解锌片涂层（GB/T 5267.2—2002，ISO 10683：2000，IDT）

GB/T 5276 紧固件 螺栓、螺钉、螺柱及螺母 尺寸代号和标注（GB/T 5276—1985，eqv ISO 225：1983）

GB/T 5779.1 紧固件表面缺陷 螺栓、螺钉和螺柱 一般要求（GB/T 5779.1—2000，idt ISO 6157-1：1988）

GB/T 5779.3 紧固件表面缺陷 螺栓、螺钉和螺柱 特殊要求（GB/T 5779.3—2000，idt ISO 6157-3：1988）

GB/T 16938 紧固件 螺栓、螺钉、螺柱和螺母 通用技术条件（GB/T 16938—2008，ISO 8839：2005，IDT）

3 尺寸

型式尺寸见图1和表1。

尺寸代号和标注符合GB/T 5276。

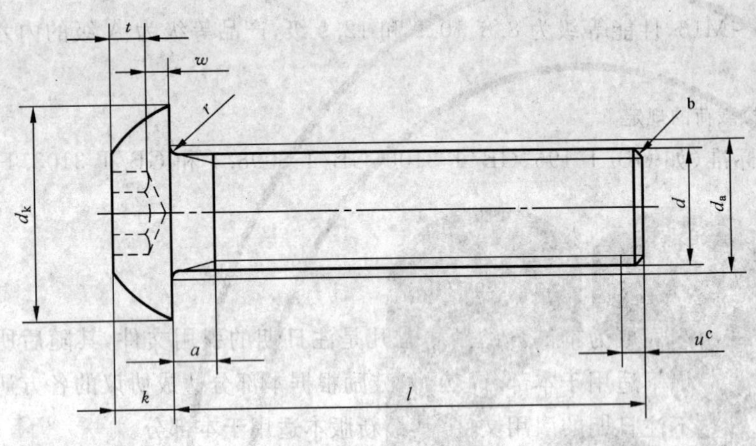

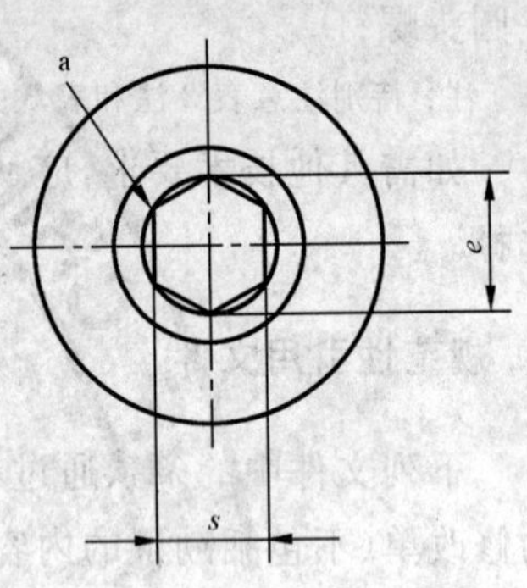

允许制造的型式

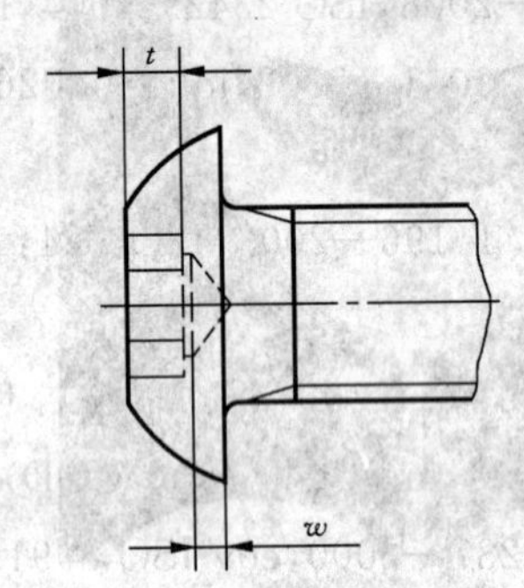

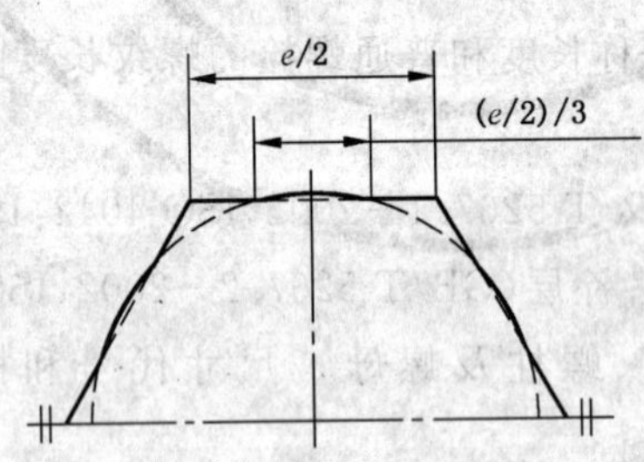

注：对切制内六角，当尺寸达到最大极限时，由于钻孔造成的过切不应超过内六角任何一面长度(e/2)的1/3。

[a] 内六角口部允许稍许倒圆或沉孔。

[b] 末端倒角，$d \leqslant$ M4的为辗制末端，见GB/T 2。

[c] 不完整螺纹的长度 $u \leqslant 2P$。

图 1

表 1 尺寸

单位为毫米

螺纹规格 d			M3	M4	M5	M6	M8	M10	M12	M16
P[a]			0.5	0.7	0.8	1	1.25	1.5	1.75	2
a	max		1.0	1.4	1.6	2	2.50	3.0	3.50	4
	min		0.5	0.7	0.8	1	1.25	1.5	1.75	2
d_a	max		3.6	4.7	5.7	6.8	9.2	11.2	14.2	18.2
d_k	max		5.7	7.60	9.50	10.50	14.00	17.50	21.00	28.00
	min		5.4	7.24	9.14	10.07	13.57	17.07	20.48	27.48
e[b,c]	min		2.303	2.873	3.443	4.583	5.723	6.863	9.149	11.429
k	max		1.65	2.20	2.75	3.3	4.4	5.5	6.60	8.80
	min		1.40	1.95	2.50	3.0	4.1	5.2	6.24	8.44
r	min		0.1	0.2	0.2	0.25	0.4	0.4	0.6	0.6
s[c]	公称		2	2.5	3	4	5	6	8	10
	max		2.080	2.58	3.080	4.095	5.140	6.140	8.175	10.175
	min		2.020	2.52	3.020	4.020	5.020	6.020	8.025	10.025
t	min		1.04	1.3	1.56	2.08	2.6	3.12	4.16	5.2
w	min		0.2	0.3	0.38	0.74	1.05	1.45	1.63	2.25
l[d]										
公称	min	max								
6	5.76	6.24								
8	7.71	8.29								
10	9.71	10.29		商品						
12	11.65	12.35								
16	15.65	16.35				长度				
20	19.58	20.42								
25	24.58	25.42						范围		
30	29.58	30.42								
35	34.5	35.5								
40	39.5	40.5								
45	44.5	45.5								
50	49.5	50.5								

a P——螺距。

b $e_{min}=1.14s_{min}$。

c 内六角组合量规尺寸见 GB/T 70.5。

d 公称长度在下阶梯实线以下的螺钉，其螺纹长度：最小为 $2d+12$ mm；最大为距螺钉头部 $2P$ 以内，由制造者确定。阶梯实线间的公称长度按 GB/T 3106 确定。

4 技术条件和引用标准

技术条件和引用标准见表2。

表2 技术条件和引用标准

<table>
<tr><td colspan="2">材 料</td><td>钢</td></tr>
<tr><td colspan="2">通用技术条件</td><td>GB/T 16938</td></tr>
<tr><td rowspan="2">螺 纹</td><td>公 差</td><td>12.9级:5g6g;其他等级:6g</td></tr>
<tr><td>标 准</td><td>GB/T 196、GB/T 197</td></tr>
<tr><td rowspan="2">机械性能</td><td>等 级[a]</td><td>8.8、10.9、12.9</td></tr>
<tr><td>标 准</td><td>GB/T 3098.1</td></tr>
<tr><td rowspan="2">公 差</td><td>产品等级</td><td>A</td></tr>
<tr><td>标 准</td><td>GB/T 3103.1</td></tr>
<tr><td colspan="2">表面缺陷</td><td>12.9级:GB/T 5779.3;其他等级:GB/T 5779.1</td></tr>
<tr><td colspan="2">表面处理</td><td>氧化;
电镀技术要求按GB/T 5267.1;
非电解锌片涂层技术要求按GB/T 5267.2</td></tr>
<tr><td colspan="2">验收及包装</td><td>GB/T 90.1、GB/T 90.2</td></tr>
<tr><td colspan="3">a 由于头部结构的原因,这些螺钉可能达不到最小拉力载荷(GB/T 3098.1,B类试验项目)。但这些螺钉仍应符合GB/T 3098.1规定的材料和其他要求。
此外,按GB/T 3098.1规定的试验装夹方式对螺钉实物进行拉力试验,当载荷达到表3给出的最小拉力载荷时,不得断裂。继续加载,直至拉断,断裂可以发生在螺纹部分、头部或头-杆交接处。</td></tr>
</table>

表3 内六角平圆头螺钉的最小拉力载荷
(GB/T 3098.1规定值的80%)

螺纹规格 d	性能等级		
	8.8	10.9	12.9
	最小拉力载荷/N		
M3	3 220	4 180	4 910
M4	5 620	7 300	8 560
M5	9 080	11 800	13 800
M6	12 900	16 700	19 600
M8	23 400	30 500	35 700
M10	37 100	48 200	56 600
M12	53 900	70 200	82 400
M16	100 000	130 000	154 000

5 标记

5.1 标记方法

标记方法按 GB/T 1237 规定。

5.2 标记示例

螺纹规格 d=M12、公称长度 l=40 mm、性能等级为 12.9 级、表面氧化的 A 级内六角平圆头螺钉的标记：

螺钉 GB/T 70.2 M12×40

ICS 21.060.10
J 13

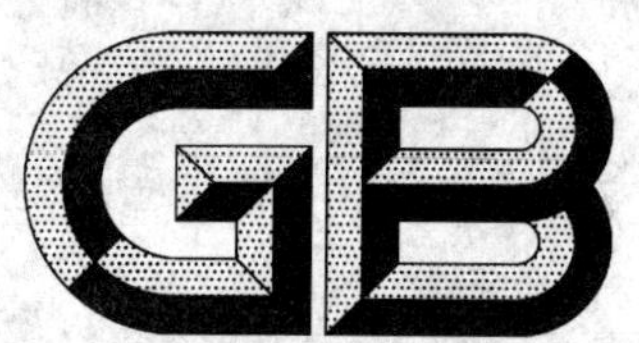

中华人民共和国国家标准

GB/T 70.3—2008
代替 GB/T 70.3—2000

内六角沉头螺钉

Hexagon socket countersunk head screws

(ISO 10642:2004,MOD)

2008-08-25 发布　　　　2009-02-01 实施

中华人民共和国国家质量监督检验检疫总局
中国国家标准化管理委员会　发布

前　言

本部分是国家标准“内六角螺钉”产品(含量规)系列标准之一。该系列包括：

——GB/T 70.1—2008　内六角圆柱头螺钉；

——GB/T 70.2—2008　内六角平圆头螺钉；

——GB/T 70.3—2008　内六角沉头螺钉；

——GB/T 70.4　内六角圆柱头螺钉　细牙螺纹；

——GB/T 70.5—2008　内六角量规；

——GB/T 77—2007　内六角平端紧定螺钉；

——GB/T 78—2007　内六角锥端紧定螺钉；

——GB/T 79—2007　内六角圆柱端紧定螺钉；

——GB/T 80—2007　内六角凹端紧定螺钉；

——GB/T 5281—1985　内六角圆柱头轴肩螺钉。

本部分是 GB/T 70 的第 3 部分。

本部分修改采用 ISO 10642:2004《内六角沉头螺钉》(英文版),主要修改如下：

——在引用文件中,用我国标准代替国际标准(第 2 章)；

——ISO 10642 未规定包装技术要求,本部分予以规定(见表 2)；

——ISO 10642 未规定简化标记,本部分按 GB/T 1237 给出简化的标记(见 5.2)。

本部分代替 GB/T 70.3—2000《内六角沉头螺钉》。

本部分与 GB/T 70.3—2000 相比主要变化如下：

——增加引用标准 GB/T 5267.2《紧固件　非电解锌片涂层》和 GB/T 70.5《内六角量规》(见第 2 章)；

——取消附录 A。

本部分由中国机械工业联合会提出。

本部分由全国紧固件标准化技术委员会(SAC/TC 85)归口。

本部分负责起草单位:中机生产力促进中心。

本部分参加起草单位:上海标五高强度紧固件有限公司、北京标准件工业集团公司、沈阳标准件制造总厂和宁波中斌紧固件制造有限公司。

本部分由全国紧固件标准化技术委员会秘书处负责解释。

本部分所代替标准的历次版本发布情况为：

——GB/T 70.3—2000。

内六角沉头螺钉

1 范围

本部分规定了螺纹规格为 M3～M20、性能等级为 8.8、10.9 和 12.9 级、产品等级为 A 级的内六角沉头螺钉。

注：特别注意表 2 注和表 3 关于抗拉载荷的规定。

如需其他技术要求，应从现行标准（如 GB/T 196、GB/T 3106、GB/T 3098.1 和 GB/T 3103.1）中选择。

2 规范性引用文件

下列文件中的条款通过本部分的引用而成为本部分的条款。凡是注日期的引用文件，其随后所有的修改单（不包括勘误的内容）或修订版均不适用于本部分，然而，鼓励根据本部分达成协议的各方研究是否可使用这些文件的最新版本。凡是不注日期的引用文件，其最新版本适用于本部分。

GB/T 2 紧固件 外螺纹零件的末端（GB/T 2—2001，idt ISO 4753:1999）

GB/T 70.5 内六角量规（GB/T 70.5—2008，ISO 23429:2004，IDT）

GB/T 90.1 紧固件 验收检查（GB/T 90.1—2002，idt ISO 3269:2000）

GB/T 90.2 紧固件 标志与包装

GB/T 196 普通螺纹 基本尺寸（GB/T 196—2003，ISO 724:1993，ISO general purpose metric screw threads—Basic dimensions，MOD）

GB/T 197 普通螺纹 公差与配合（GB/T 197—2003，ISO 965-1:1998，ISO general purpose metric screw threads—Tolerances—Part 1:Principles and basic data，MOD）

GB/T 1237 紧固件标记方法（GB/T 1237—2000，eqv ISO 8991:1986）

GB/T 3098.1 紧固件机械性能 螺栓、螺钉和螺柱（GB/T 3098.1—2000，idt ISO 898-1:1999）

GB/T 3103.1 紧固件公差 螺栓、螺钉和螺母（GB/T 3103.1—2002，ISO 4759-1:2000，IDT）

GB/T 3106 螺栓、螺钉和螺柱的公称长度和普通螺栓的螺纹长度［GB/T 3106—1982（1988 年确认），eqv ISO 888:1976］

GB/T 5267.1 紧固件 电镀层（GB/T 5267.1—2002，idt ISO 4042:1999）

GB/T 5267.2 紧固件 非电解锌片涂层（GB/T 5267.2—2002，idt ISO 10683:2000）

GB/T 5276 紧固件 螺栓、螺钉、螺柱及螺母·尺寸代号和标注（GB/T 5276—1985，eqv ISO 225:1983）

GB/T 5779.1 紧固件表面缺陷 螺栓、螺钉和螺柱 一般要求（GB/T 5779.1—2000，idt ISO 6157-1:1988）

GB/T 5779.3 紧固件表面缺陷 螺栓、螺钉和螺柱 特殊要求（GB/T 5779.3—2000，idt ISO 6157-3:1988）

GB/T 16938 紧固件 螺栓、螺钉、螺柱和螺母 通用技术条件（GB/T 16938—2008，ISO 8839:2005，IDT）

3 尺寸

3.1 尺寸

型式尺寸见图1和表1。

尺寸代号和标注符合GB/T 5276。

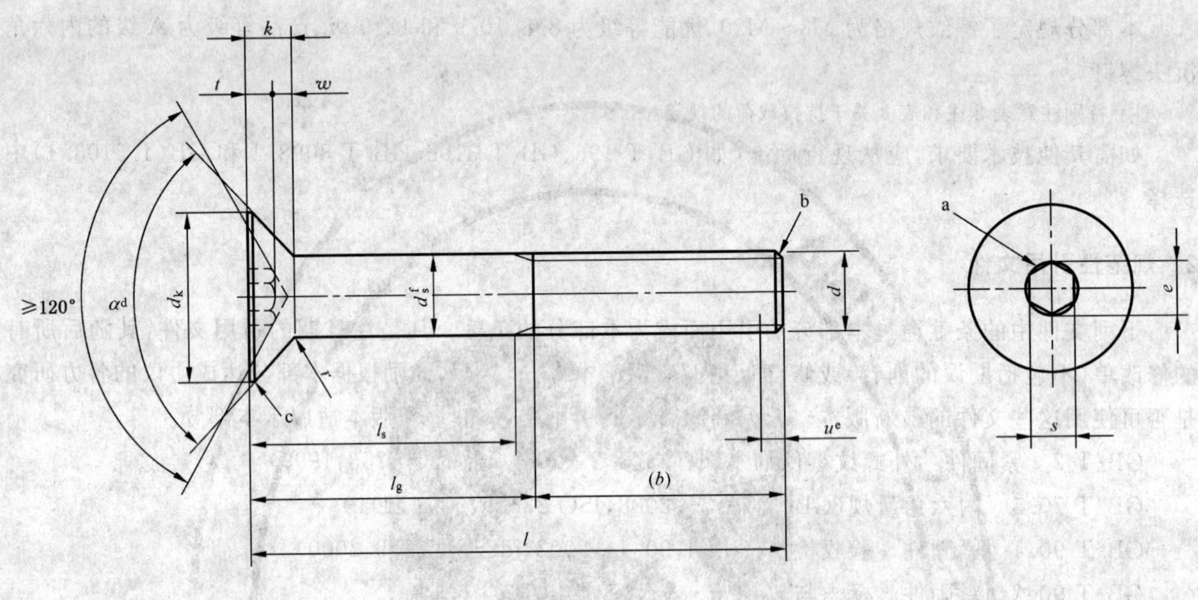

允许制造的型式

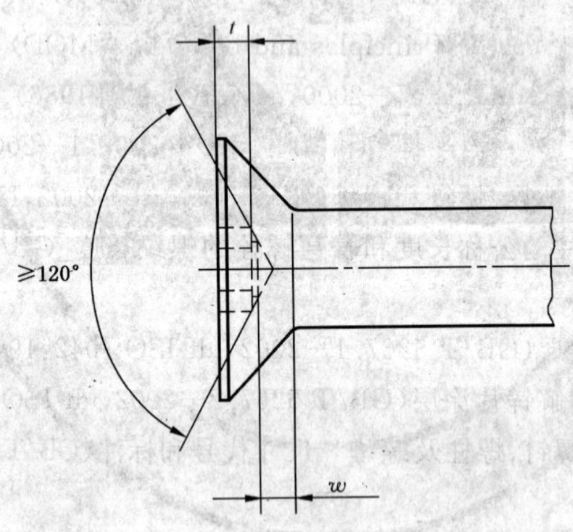

头的顶部和底部棱边

图1

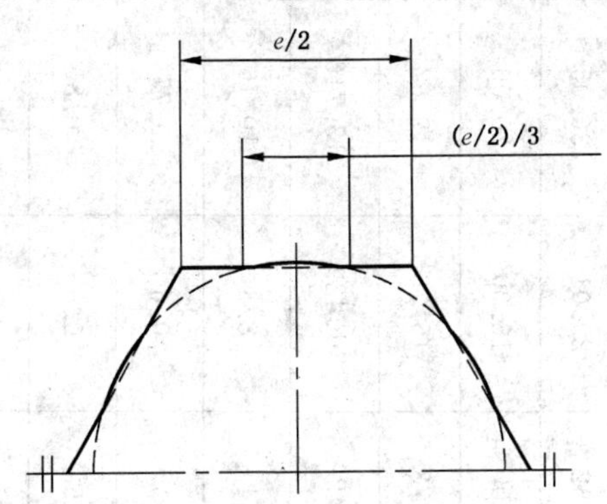

注：对切制内六角，当尺寸达到最大极限时，由于钻孔造成的过切不应超过内六角任何一面长度($e/2$)的 1/3。

a 内六角口部允许稍许倒圆或沉孔。

b 末端倒角，$d \leqslant$ M4 的为辗制末端，见 GB/T 2。

c 头部棱边可以是圆的或平的，由制造者任选。

d $\alpha = 90° \sim 92°$。

e 不完整螺纹的长度 $u \leqslant 2P$。

f d_s 适用于规定了 $l_{s\ min}$ 数值的产品。

图 1（续）

3.2 头部检验

螺钉头部顶面应在量规的 A 和 B 之间。

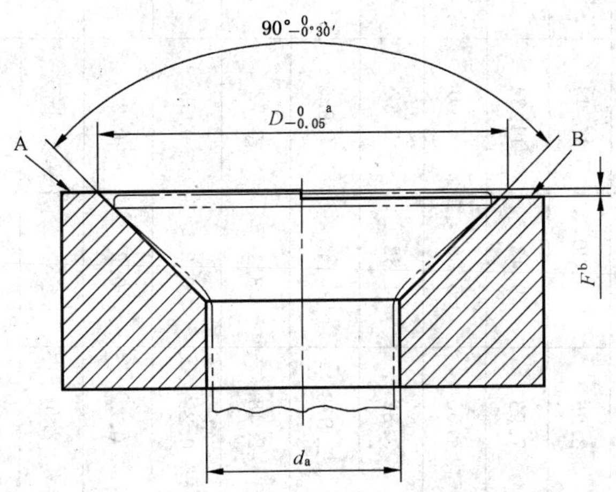

a $D = d_{k,理论值,max}$(见表 1)。

b F 是头部的沉头公差(见表 1)。

图 2

表 1 尺寸

单位为毫米

螺纹规格 d		M3	M4	M5	M6	M8	M10	M12	(M14)[g]	M16	M20
P^{a}		0.5	0.7	0.8	1	1.25	1.5	1.75	2	2	2.5
b^{b}	参考	18	20	22	24	28	32	36	40	44	52
d_a	max	3.3	4.4	5.5	6.6	8.54	10.62	13.5	15.5	17.5	22
d_k	理论值 max[c]	6.72	8.96	11.20	13.44	17.92	22.40	26.88	30.8	33.60	40.32
	实际值 max[d]	5.54	7.53	9.43	11.34	15.24	19.22	23.12	26.52	29.01	36.05
d_s	max	3.00	4.00	5.00	6.00	8.00	10.00	12.00	14.00	16.00	20.00
	min	2.86	3.82	4.82	5.82	7.78	9.78	11.73	13.73	15.73	19.67
$e^{c,d}$	min	2.303	2.873	3.443	4.583	5.723	6.863	9.149	11.429	11.429	13.716
k	max	1.86	2.48	3.1	3.72	4.96	6.2	7.44	8.4	8.8	10.16
F^{e}	max	0.25	0.25	0.3	0.35	0.4	0.4	0.45	0.5	0.6	0.75
r	min	0.1	0.2	0.2	0.25	0.4	0.4	0.6	0.6	0.6	0.8
s^{d}	公称	2	2.5	3	4	5	6	8	10	10	12
	max	2.08	2.58	3.08	4.095	5.14	6.140	8.175	10.175	10.175	12.212
	min	2.02	2.52	3.02	4.020	5.02	6.020	8.025	10.025	10.025	12.032
t	min	1.1	1.5	1.9	2.2	3	3.6	4.3	4.5	4.8	5.6
w	min	0.25	0.45	0.66	0.7	1.16	1.62	1.8	1.62	2.2	2.2

表 1（续）

单位为毫米

螺纹规格 *d*			M3		M4		M5		M6		M8		M10		M12		(M14)[g]		M16		M20	
l[f]			l_s 和 l_g																			
公称	min	max	l_s min	l_g max	l_s min	l_g max	l_s min	l_g max	l_s min	l_g max	l_s min	l_g max	l_s min	l_g max	l_s min	l_g max	l_s min	l_g max	l_s min	l_g max	l_s min	l_g max
8	7.71	8.29																				
10	9.71	10.29																				
12	11.65	12.35																				
16	15.65	16.35																				
20	19.58	20.42																				
25	24.58	25.42																				
30	29.58	30.42	9.5	12	6.5	10																
35	34.5	35.5			11.5	15	9	13														
40	39.5	40.5			16.5	20	14	18	11	16												
45	44.5	45.5					19	23	16	21												
50	49.5	50.5					24	28	21	26	15.75	22										
55	54.4	55.6							26	31	20.75	27	15.5	23								
60	59.4	60.6							31	36	25.75	32	20.5	28								
65	64.4	65.6									30.75	37	25.5	33	20.25	29						
70	69.4	70.6									35.75	42	30.5	38	25.25	34	20	30				
80	79.4	80.6									45.75	52	40.5	48	35.25	44	30	40	26	36		
90	89.3	90.7											50.5	58	45.25	54	40	50	36	46		
100	99.3	100.7											60.5	68	55.25	64	50	60	46	56	35.5	48

a P——螺距。

b 用于在粗阶梯线之间的长度。

c $e_{min}=1.14s_{min}$。

d 内六角组合量规尺寸见 GB/T 70.5。

e F 是头部的沉头公差，见图 2。量规的 F 尺寸公差为：${}^{0}_{-0.01}$。

f 粗阶梯线间为商品长度规格。阴影部分，螺纹长度制到距头部 3P 以内；阴影以下的长度，l_s 和 l_g 值按下式计算：

$l_{gmax}=l_{公称}-b$；

$l_{smin}=l_{gmax}-5P$。

g 尽可能不采用括号内的规格。

4 技术条件和引用标准

技术条件和引用标准见表 2。

表 2 技术条件和引用标准

材　料		钢
通用技术条件		GB/T 16938
螺　纹	公　差	12.9 级:5g6g;其他等级:6g
	标　准	GB/T 196、GB/T 197
机械性能	等　级[a]	8.8、10.9、12.9
	标　准	GB/T 3098.1
公　差	产品等级	A
	标　准	GB/T 3103.1
表面处理		氧化; 电镀技术要求按 GB/T 5267.1; 非电解锌片涂层技术要求按 GB/T 5267.2
表面缺陷		12.9 级:GB/T 5779.3;其他等级:GB/T 5779.1
验收及包装		GB/T 90.1、GB/T 90.2

[a] 由于头部结构的原因,该螺钉可能达不到 8.8、10.9 和 12.9 级的最小拉力载荷(GB/T 3098.1,B 类试验项目)。但这些螺钉仍应符合 GB/T 3098.1 规定的材料和其他性能要求。

此外,将螺钉头支承在垫圈(锥形支承面)上,并按 GB/T 3098.1 规定的试验装夹方式,对螺钉实物进行拉力试验,当载荷达到表 3 给出的最小拉力载荷时,不得断裂。继续加载,直至拉断,断裂可以发生在螺纹部分、头部、杆部或头-杆交接处。

表 3 内六角沉头螺钉的最小拉力载荷
(GB/T 3098.1 规定值的 80%)

螺纹规格 d	性能等级		
	8.8	10.9	12.9
	最小拉力载荷/N		
M3	3 220	4 180	4 910
M4	5 620	7 300	8 560
M5	9 080	11 800	13 800
M6	12 900	16 700	19 600
M8	23 400	30 500	35 700
M10	37 100	48 200	56 600
M12	53 900	70 200	82 400
M14	73 600	96 000	112 000
M16	100 000	130 000	154 000
M20	162 000	204 000	239 000

5 标记

5.1 标记方法

标记方法按 GB/T 1237 规定。

5.2 标记示例

螺纹规格 d=M12、公称长度 l=40mm、性能等级为 8.8 级、表面氧化的 A 级内六角沉头螺钉的标记：

螺钉 GB/T 70.3 M12×40

ICS 21.060.10
J 13

中华人民共和国国家标准

GB/T 70.5—2008/ISO 23429:2004

内六角量规

Gauging of hexagon sockets

(ISO 23429:2004,IDT)

2008-08-25 发布　　2009-02-01 实施

中华人民共和国国家质量监督检验检疫总局
中国国家标准化管理委员会　发布

前　言

本部分是国家标准“内六角螺钉”产品(含量规)系列标准之一。该系列包括：

——GB/T 70.1—2008　内六角圆柱头螺钉；

——GB/T 70.2—2008　内六角平圆头螺钉；

——GB/T 70.3—2008　内六角沉头螺钉；

——GB/T 70.4　内六角圆柱头螺钉　细牙螺纹；

——GB/T 70.5—2008　内六角量规；

——GB/T 77—2007　内六角平端紧定螺钉；

——GB/T 78—2007　内六角锥端紧定螺钉；

——GB/T 79—2007　内六角圆柱端紧定螺钉；

——GB/T 80—2007　内六角凹端紧定螺钉；

——GB/T 5281—1985　内六角圆柱头轴肩螺钉。

本部分是GB/T 70的第5部分。

本部分等同采用ISO 23429:2004《内六角量规》(英文版)。

本部分由中国机械工业联合会提出。

本部分由全国紧固件标准化技术委员会(SAC/TC 85)归口。

本部分负责起草单位：中机生产力促进中心。

本部分由全国紧固件标准化技术委员会秘书处负责解释。

本部分系首次发布。

内六角量规

1 范围

本部分规定了内六角公差符合 GB/T 3103.1 的内六角量规。

2 规范性引用文件

下列文件中的条款通过本部分的引用而成为本部分的条款。凡是注日期的引用文件，其随后所有的修改单(不包括勘误的内容)或修订版均不适用于本部分，然而，鼓励根据本部分达成协议的各方研究是否可使用这些文件的最新版本。凡是不注日期的引用文件，其最新版本适用于本部分。

GB/T 3103.1 紧固件公差 螺栓、螺钉、螺柱和螺母(GB/T 3103.1—2002，ISO 4759-1:2000，IDT)

3 尺寸

量规型式尺寸见图1和表2。

量规尺寸标注规则见表1。

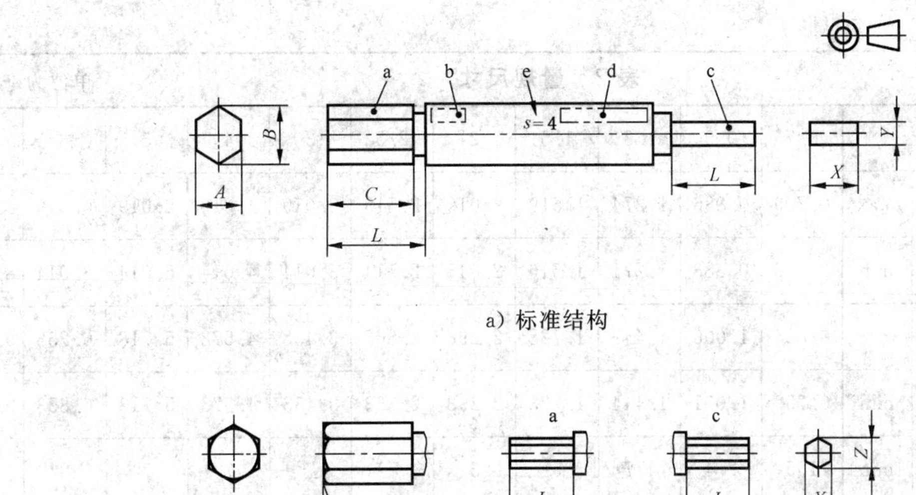

a) 标准结构

b) 可任选的小规格通端和止端结构

a 通端。

b 通端标志部位。

c 止端。

d 止端标志部位。

e 内六角规格(对边宽度)。

f 可任选的5°倒角。

图1

表 1　量规尺寸标注规则

单位为毫米

量规类型	尺寸
通规尺寸 s[a]	$A_{max}=s_{min}-0.001$ $A_{min}=A_{max}-0.003(s\leqslant 2)$ $A_{min}=A_{max}-0.005(s>2)$
通规尺寸 e[b]	$B_{max}=e_{min}-0.005$ $B_{min}=B_{max}-0.005$
止规尺寸 s	$X_{min}=s_{max}+0.001$ $X_{max}=X_{min}+0.002(s\leqslant 2)$ $X_{min}=X_{min}+0.005(s>2)$

[a] 内六角的对边宽度。

[b] 内六角的对角宽度。

表 2　量规尺寸

单位为毫米

内六角公称规格 s			0.7	0.9	1.3	1.5	2	2.5	3	4	5	6	8
通规	对边宽度 A	max	0.709	0.886	1.274	1.519	2.019	2.519	3.019	4.019	5.019	6.019	8.024
		min	0.706	0.883	1.271	1.516	2.016	2.514	3.014	4.014	5.014	6.014	8.019
	对角宽度 B	max	0.804	1.006	1.449	1.728	2.298	2.868	3.438	4.578	5.718	6.858	9.144
		min	0.799	1.001	1.444	1.723	2.293	2.863	3.433	4.573	5.713	6.853	9.139
	长度 C	min	1.5	2.4	4.7	5	5	7	7	7	7	8	8
量规有效长度 L		min	1.5	2.4	4.7	5	5	7	7	7	7	12	16
止规	对边宽度 X	max	0.727	0.916	1.303	1.583	2.083	2.586	3.086	4.101	5.146	6.146	8.181
		min	0.725	0.914	1.301	1.581	2.081	2.581	3.081	4.096	5.141	6.141	8.176
	厚度 Y	max	—	—	—	—	—	—	—	1.80	2.30	2.80	3.80
		min	—	—	—	—	—	—	—	1.75	2.25	2.75	3.75
	对角宽度 Z	max	0.782	0.980	1.397	1.68	2.23	2.79	3.35	—	—	—	—
		min	0.770	0.968	1.384	1.66	2.21	2.77	3.33	—	—	—	—

表 2（续） 单位为毫米

内六角公称规格 *s*			10	12	14	17	19	22	27	32	36	41	46
通规	对边宽度 *A*	max	10.024	12.031	14.031	17.049	19.064	22.064	27.064	32.079	36.079	41.079	46.079
		min	10.019	12.026	14.026	17.044	19.059	22.059	27.059	32.074	36.074	41.074	46.074
	对角宽度 *B*	max	11.424	13.711	15.991	19.432	21.729	25.149	30.849	36.566	41.126	46.826	52.526
		min	11.419	13.706	15.986	19.427	21.724	25.144	30.844	36.561	41.121	46.821	52.521
	长 度 *C*	min	12	12	12	19	19	22	22	32	32	41	41
量规有效长度 *L*		min	20	24	28	34	38	44	54	64	72	82	82
止规	对边宽度 *X*	max	10.181	12.218	14.218	17.236	19.281	22.281	27.281	32.336	36.336	41.336	46.336
		min	10.176	12.213	14.213	17.231	19.276	22.276	27.276	32.331	36.331	41.331	46.331
	厚 度 *Y*	max	4.80	5.75	6.75	8.10	9.10	10.50	12.90	15.30	17.20	19.60	22.00
		min	4.75	5.70	6.70	8.05	9.05	10.45	12.85	15.25	17.15	19.55	21.95
	对角宽度 *Z*	max	—	—	—	—	—	—	—	—	—	—	—
		min	—	—	—	—	—	—	—	—	—	—	—

4 标记示例

对边宽度为 10 mm 的内六角量规的标记：

量规 GB/T 70.5-10

ICS 21.060.30
J 13

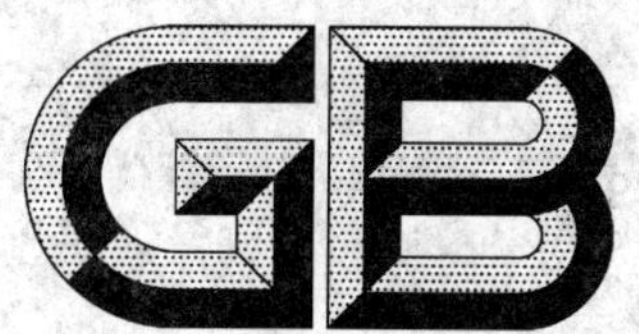

中华人民共和国国家标准

GB/T 94.1—2008
代替 GB/T 94.1—1987

弹性垫圈技术条件 弹簧垫圈

Specification for spring washers—Single coil spring lock washers

2008-08-25 发布　　2009-02-01 实施

中华人民共和国国家质量监督检验检疫总局
中国国家标准化管理委员会 发布

前 言

本部分是 GB/T 94《弹性垫圈技术条件》系列标准之一。该系列包括：

——GB/T 94.1—2008 弹性垫圈技术条件 弹簧垫圈；

——GB/T 94.2—1987 弹性垫圈技术条件 齿形、锯齿锁紧垫圈；

——GB/T 94.3—2008 弹性垫圈技术条件 鞍形、波形弹性垫圈。

本部分是 GB/T 94 的第 1 部分。

本部分代替 GB/T 94.1—1987《弹性垫圈技术条件 弹簧垫圈》。

本部分与 GB/T 94.1—1987 相比主要变化如下：

——修改引用标准(第 2 章)；

——调整“热处理”的规定(见表 1)；

——将“韧性”术语改为“扭转”，其技术要求改为：“垫圈应按 4.2 进行扭转试验，弹簧钢、不锈钢和磷青铜垫圈扭至 90°时不得断裂”(见 3.2.2)。

——弹簧钢垫圈的表面处理增加“非电解锌片涂层”(见表 1)；

——增加图 1 扭转视图(见图 1)。

本部分由中国机械工业联合会提出。

本部分由全国紧固件标准化技术委员会(SAC/TC 85)归口。

本部分负责起草单位：中机生产力促进中心。

本部分参加起草单位：杭州弹簧垫圈有限公司。

本部分由全国紧固件标准化技术委员会秘书处负责解释。

本部分所代替标准的历次版本发布情况为：

——GB 94—58、GB 94—67、GB 94—76、GB/T 94.1—1987。

弹性垫圈技术条件
弹簧垫圈

1 范围

本部分规定了弹簧垫圈的技术条件。

2 规范性引用文件

下列文件中的条款通过本部分的引用而成为本部分的条款。凡是注日期的引用文件，其随后所有的修改单(不包括勘误的内容)或修订版均不适用于本部分，然而，鼓励根据本部分达成协议的各方研究是否可使用这些文件的最新版本。凡是不注日期的引用文件，其最新版本适用于本部分。

GB/T 90.1　紧固件　验收检查(GB/T 90.1—2002,ISO 3269:2000,IDT)

GB/T 90.2　紧固件　标志与包装

GB/T 230.1　金属洛氏硬度试验　第1部分:试验方法

GB/T 1220　不锈钢棒

GB/T 1222　弹簧钢

GB/T 3114　铜及铜合金扁线

GB/T 4240　不锈钢丝

GB/T 4340.1　金属维氏硬度试验　第1部分:试验方法

GB/T 4354　优质碳素钢热轧盘条

GB/T 5222　弹簧垫圈用梯形钢丝

GB/T 5267.1　紧固件　电镀层(GB/T 5267.1—2002,idt ISO 4042:1999)

GB/T 5267.2　紧固件　非电解锌片涂层(GB/T 5267.2—2002,idt ISO 10683:2000)

3 技术条件

3.1 材料、热处理和表面处理

材料、热处理和表面处理按表1规定。

表 1

<table>
<tr><th colspan="4">材　料</th><th rowspan="2">热处理</th><th rowspan="2">表面处理</th></tr>
<tr><th>种　类</th><th>牌　号</th><th colspan="2">标准编号</th></tr>
<tr><td rowspan="2">弹簧钢</td><td>70</td><td>GB/T 4354</td><td rowspan="2">GB/T 5222</td><td rowspan="2">淬火并回火
40 HRC～50 HRC 或
392 HV～513 HV</td><td rowspan="2">氧化、磷化;
镀锌钝化按 GB/T 5267.1;
非电解锌片涂层按
GB/T 5267.2</td></tr>
<tr><td>65Mn
60Si2Mn</td><td>GB/T 1222</td></tr>
<tr><td>不锈钢</td><td>30Cr13
0Cr18Ni9
0Cr18Ni10Ti
06Cr18Ni11Ti
06Cr17Ni12Mo2</td><td colspan="2">GB/T 1220
GB/T 4240</td><td>回火
≥34 HRC 或 336 HV</td><td>简单处理</td></tr>
<tr><td>磷青铜</td><td>QSi3-1</td><td colspan="2">GB/T 3114</td><td>≥90 HRB 或 192 HV</td><td>—</td></tr>
<tr><td colspan="6">注1:垫圈电镀后，必须立即进行驱氢处理。
注2:热处理硬度供生产工艺参考。</td></tr>
</table>

3.2 性能

3.2.1 弹性

3.2.1.1 弹簧钢垫圈按4.1进行弹性试验，试验后的自由高度应不小于1.67$S_{公称}$（S见产品标准）。

3.2.1.2 鞍形和波形弹性垫圈按4.1进行弹性试验，试验后的自由高度应不小于表2的规定。

表2

单位为毫米

规格	3	4	5	6	8	10	12	14	16	18	20	22	24	27	30
试验后的自由高度≥	0.9	1	1.25	1.6	2.1	2.4	2.8	3.2	3.8	3.8	4.4	4.4	5.6	5.6	8

3.2.1.3 不锈钢和磷青铜垫圈的弹性试验由供需双方协议。

3.2.2 扭转

垫圈应按4.2进行扭转试验，弹簧钢、不锈钢和磷青铜垫圈扭至90°时不得断裂。

3.2.3 抗氢脆

电镀垫圈应按4.3进行试验，试验后不得断裂。

3.3 表面缺陷

垫圈表面不允许有裂缝、浮锈和影响使用的凹痕、划伤和毛刺。

3.4 圆角

垫圈表面的内外圆角半径应不大于$S_{公称}/4$。

3.5 滚花

垫圈外表面允许有轧压的花纹。

4 试验方法

4.1 弹性试验

将垫圈按表3规定的试验载荷连续加载3次后，测量其自由高度。

表3

规格/mm	2	2.5	3	4	5	6	8	10
试验载荷/N	700	1 160	1 760	3 050	5 050	7 050	12 900	20 600
规格/mm	12	14	16	18	20	22	24	27
试验载荷/N	30 000	41 300	56 300	69 000	88 000	110 000	127 000	167 000
规格/mm	30	33	36	39	42	45	48	
试验载荷/N	204 000	255 000	298 000	343 000	394 000	457 000	518 000	

4.2 扭转试验

将垫圈夹于虎钳和扳手之间，虎钳和扳手之间的距离等于垫圈外径的二分之一（见图1），将扳手向顺时针方向缓慢扭至90°时，目测垫圈表面。

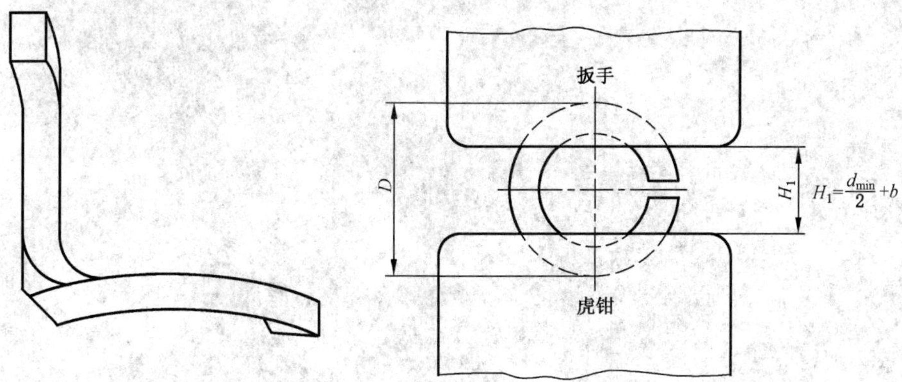

注：$D=d+b$；d、b 见产品标准。

图 1

4.3 抗氢脆试验

将垫圈试件用平垫圈隔开穿在试棒上，按表 3 规定的试验载荷进行压缩，放置 48 h 以上，然后松开，目测垫圈表面。

5 验收检查、标志与包装

垫圈的验收检查按 GB/T 90.1；标志与包装按 GB/T 90.2 的规定。

ICS 21.060.30
J 13

中华人民共和国国家标准

GB/T 94.3—2008
代替 GB/T 94.3—1987

弹性垫圈技术条件 鞍形、波形弹性垫圈

Specification for spring washers — Curved and wave spring washers

2008-08-25 发布　　2009-02-01 实施

中华人民共和国国家质量监督检验检疫总局
中国国家标准化管理委员会　发布

前　言

本部分是 GB/T 94《弹性垫圈技术条件》系列标准之一。该系列包括：

——GB/T 94.1—2008　弹性垫圈技术条件　弹簧垫圈；

——GB/T 94.2—1987　弹性垫圈技术条件　齿形、锯齿锁紧垫圈；

——GB/T 94.3—2008　弹性垫圈技术条件　鞍形、波形弹性垫圈。

本部分是 GB/T 94 的第 3 部分。

本部分代替 GB/T 94.3—1987《弹性垫圈技术条件　鞍形、波形弹性垫圈》。

本部分与 GB/T 94.3—1987 相比主要变化如下：

——修改引用标准(第 2 章)；

——增加弹簧钢垫圈的维氏硬度及铜合金垫圈的硬度(见表 1)；

——增加弹簧钢垫圈“非电解锌片涂层”表面处理(见表 1)。

本部分由中国机械工业联合会提出。

本部分由全国紧固件标准化技术委员会(SAC/TC 85)归口。

本部分负责起草单位：中机生产力促进中心。

本部分参加起草单位：上海球明标准件有限公司。

本部分由全国紧固件标准化技术委员会秘书处负责解释。

本部分所代替标准的历次版本发布情况为：

——GB 957—67、GB 957—76、GB/T 94.3—1987。

弹性垫圈技术条件
鞍形、波形弹性垫圈

1 范围

本部分规定了鞍形和波形弹性垫圈的技术条件。

2 规范性引用文件

下列文件中的条款通过本部分的引用而成为本部分的条款。凡是注日期的引用文件，其随后所有的修改单(不包括勘误的内容)或修订版均不适用于本部分，然而，鼓励根据本部分达成协议的各方研究是否可使用这些文件的最新版本。凡是不注日期的引用文件，其最新版本适用于本部分。

GB/T 90.1 紧固件 验收检查(GB/T 90.1—2002,ISO 3269:2000,IDT)

GB/T 90.2 紧固件 标志与包装

GB/T 1222 弹簧钢

GB/T 3114 铜及铜合金扁线

GB/T 230.1 金属洛氏硬度试验 第1部分:试验方法

GB/T 4340.1 金属维氏硬度试验 第1部分:试验方法

GB/T 5267.1 紧固件 电镀层(GB/T 5267.1—2002,ISO 4042:1999,IDT)

GB/T 5267.2 紧固件 非电解锌片涂层(GB/T 5267.2—2002,ISO 10683:2000,IDT)

3 技术条件

3.1 材料、热处理和表面处理

垫圈的材料、热处理和表面处理按表1规定。

表 1

材料			热处理	表面处理
种类	牌号	标准编号		
弹簧钢	65Mn	GB/T 1222	淬火并回火 40 HRC ～50 HRC 或 392 HV～513 HV	氧化； 镀锌钝化按 GB/T 5267.1； 非电解锌片涂层 按 GB/T 5267.2
铜合金	QSn 6.5-0.1(硬)	GB/T 3114	≥85 HRB 或 164HV	钝化
注1：垫圈电镀后，必须立即进行驱氢处理。 注2：热处理硬度供生产工艺参考。				

3.2 性能

3.2.1 弹性

规格等于或大于4 mm的垫圈应按4.1进行弹性试验。试验后垫圈的自由高度(H)应不小于相应产品标准规定的 H_{min}。

3.2.2 抗氢脆

电镀垫圈应按4.2进行抗氢脆试验，试验时不得断裂。

3.3 表面缺陷

垫圈表面不允许有裂缝、浮锈和影响使用的毛刺。

4 试验方法

4.1 弹性试验

将垫圈试件按表2规定的试验载荷进行压缩，然后松开，测量其高度。

表 2

规 格/mm	4	5	6	8	10	12	14
试验载荷/N	2 700	4 400	6 150	11 300	18 000	26 300	36 100
规 格/mm	16	18	20	22	24	27	30
试验载荷/N	49 200	60 000	78 000	97 000	111 000	146 000	178 000

4.2 抗氢脆试验

将垫圈试件用平垫圈隔开穿在试棒上，按表2规定的试验载荷进行压缩，放置48 h以上，然后松开，目测垫圈表面。

4.3 硬度试验

垫圈的硬度试验按GB/T 230.1或GB/T 4340.1的规定。

5 验收检查、标志与包装

垫圈的验收检查按GB/T 90.1，标志与包装按GB/T 90.2的规定。

ICS 17.240
A 58

中华人民共和国国家标准

GB/T 139—2008
代替 GB/T 139—1989

使用硫酸亚铁剂量计测量水中吸收剂量的标准方法

Standard method for using the ferrous sulfat (Fricke) dosimeter to measure absorbed dose in water

2008-09-19 发布　　　　2009-08-01 实施

中华人民共和国国家质量监督检验检疫总局
中国国家标准化管理委员会　发布

前言

本标准修改采用 ASTM E 1026-04《使用 Fricke 参考标准剂量测量系统标准实践》(英文版)。

本标准根据 ASTM E 1026-04 重新起草。本标准与 ASTM E 1026-04 的技术差异为:

a) 在第 2 章“规范性引用文件”中,对于 ASTM E 1026-04 引用的其他国际标准中有被修改采用为我国标准的,本标准引用我国的这些国家标准或行业标准代替对应的国际标准;

b) 在资料性附录 B 中增加了“使用 Fe_2O_3 的制备程序(替代方法)制备 Fe^{3+} 离子初始溶液”的内容(见附录 B.2.2.2);

c) 增加了资料性附录“试剂及剂量计溶液的预处理”(见附录 C)。

为便于使用,按照汉语的习惯对一些编排格式进行了修改。

本标准代替 GB/T 139—1989《使用硫酸亚铁剂量计测量水中吸收剂量的标准方法》。

本标准与 GB/T 139—1989 相比主要变化如下:

——吸收剂量范围由 40 Gy～400 Gy 扩展为 20 Gy～400 Gy(见 1989 版的 1.2.1;本版的 1.4.1);

——用“规范性引用文件”章代替了 1989 版中的“引用标准”章和相关的内容(见 1989 版的 2;本版的 2,2.1,2.2,2.3);

——用“意义与用途”章代替了 1989 版中的“原理”章和相关的内容,明确了使用 12 mm 外径安瓿剂量计对射线能量下限的要求(见 1989 版的第 4 章;本版的 4,4.5);

——在“仪器”章,增加了用剂量计溶液清洗剂量计容器的方法(见本版 6.2.2);

——在“仪器”章,增加了对盛装剂量计溶液用塑料容器进行处理的要求和方法(见本版 6.3,注 2);

——增加了“剂量测量系统的校准”章和具体要求(见本版第 9 章);

——增加了“每次测量后,应定期在光束中用空气检查分光光度计的”0“点”的要求(见本版 10.3.5);

——将 1989 版中附录 D 中温度修正的部分内容转为本版的标准正文(见 1989 版附录 D 的 D.1,本版的 10.4);

——增加了“在 25 ℃辐照和测量时,推荐的 $\varepsilon \cdot G$ 的乘积值为:$3.52\times10^{-4}\ m^2\cdot J^{-1}$(在 303 nm 处)”的内容(见本版的 10.4.8);

——删除了 1989 版中的附录 C 和附录 D。

本标准的附录 A、附录 B 和附录 C 为资料性附录。

本标准由中国核工业集团公司提出。

本标准由全国核能标准化技术委员会归口。

本标准起草单位:中国计量科学研究院。

本标准主要起草人:张彦立、夏渲、刘智绵、张辉。

本标准所代替标准的历次版本发布情况为:

——GB/T 139—1989。

使用硫酸亚铁剂量计测量水中吸收剂量的标准方法

1 范围

1.1 本标准规定了使用硫酸亚铁酸性水溶液剂量测量系统测量电离辐射水中吸收剂量的制备方法和测试程序。该系统又称为Fricke剂量测量系统，由剂量计和相关的分析仪器组成。

1.2 本标准规定了用分光光度法测定Fricke剂量计的程序。

1.3 本标准适用于γ射线、X射线(韧致辐射)和高能电子束吸收剂量的测量。

1.4 本标准适用于在下述条件下测量吸收剂量的Fricke剂量计剂量测量系统：

1.4.1 吸收剂量范围：20 Gy～400 Gy[1]。

1.4.2 吸收剂量率：$\leqslant 10^6$ Gy·s^{-1}[2]。

1.4.3 辐射能量：γ射线源的初始光子能量应大于0.6 MeV；对于X射线(韧致辐射)，用于产生光子的电子初始能量应等于或大于2.0 MeV；对于电子束，电子的初始能量应不小于8.0 MeV(见ICRU 34和35号报告)。

1.4.4 剂量计的辐照温度：10 ℃～60 ℃。

1.5 本标准不涉及与使用相关的安全问题(如果存在)。本标准的使用者负责建立适用的安全和健康标准，并在使用前确定其适用的限制范围。

2 规范性引用文件

下列文件中的条款通过本标准的引用而成为本标准的条款。凡是注日期的引用文件，其随后所有的修改单(不包括勘误的内容)或修订版均不适用于本标准，然而，鼓励根据本标准达成协议的各方研究是否可使用这些文件的最新版本。凡是不注日期的引用文件，其最新版本适用于本标准。

GB 2637 安瓿

GB/T 15446 辐射加工剂量学术语

GB/T 15447 X、γ射线和电子束辐照不同材料吸收剂量的换算方法

GB/T 16509 辐射加工剂量测量不确定度评定导则(GB/T 16509—2008,ISO/ASTM 51707:2005,IDT)

GB/T 16510 辐射加工吸收剂量学校准实验室的能力要求(GB/T 16510—2008,ISO/ASTM 51400:2002,IDT)

GB/T 16640 辐射加工剂量测量系统的选择和校准导则(GB/T 16640—2008,ISO/ASTM 51261:2002,IDT)

JJG 682 双光束紫外可见分光光度计

JJG 689 紫外、可见、近红外分光光度计

ASTM E 668 使用热释光(TLD)剂量测量系统确定电子设备辐射损伤试验中吸收剂量的实践

ICRU 第34号报告 脉冲辐射剂量学

ICRU 第35号报告 初始能量为1 MeV～50 MeV的电子束辐射剂量学

ICRU 第60号报告 电离辐射基本量和单位

ICRU 第64号报告 水吸收剂量标准为基础的高能光子束剂量学

PIRS-0815 IRS Fricke 剂量测量系统

3 术语和定义

GB/T 15446 和 ICRU 第 60 号报告确立的以及下列术语和定义适用于本标准。

3.1

Fricke 剂量测量系统 Fricke dosimetry system

由 Fricke 剂量计、分光光度计(用于测量光吸收)、相关的参考标准和测量程序组成的测量系统。

注:Fricke 剂量测量系统可被定为参考标准级剂量测量系统。通常在剂量计溶液中添加氯化钠是为了减少有机杂质的影响。

3.2

摩尔线性吸光系数 molar extinction coefficient

ε

ε 是比耳定律中的一个系数,亦称为摩尔线性吸收系数,它可用如下关系式描述:

$$\varepsilon = \frac{A}{cL}$$

式中:

A——在某一特定波长下的吸光度;

c——所研究的吸收物质在溶液中的物质的量浓度,单位为摩尔每升(mol/L);

L——测量液杯中溶液的光程长度,单位为厘米(cm)。

单位:$m^2 \cdot mol^{-1}$。

3.3

净吸光度 net absorbance

ΔA

在选定波长下测得的因辐照而引起的剂量计溶液吸光度的变化值,即辐照前后吸光度之差。

$$\Delta A = |A - A_0|$$

式中:

A_0——辐照前剂量计溶液吸光度值;

A——辐照后剂量计溶液吸光度值。

3.4

辐射化学产额 radiation chemical yield

$G(x)$

$G(x)$是 $n(x)$除以 $\bar{E}$ 所得的商,简称 G 值,即:

$$G(x) = \frac{n(x)}{\bar{E}}$$

式中:

$n(x)$——授予物质平均能量 E 而使某一指定实体 x 产生、破坏或变化的物质的平均量。

单位:$mol \cdot J^{-1}$。

3.5

剂量计容器 the dosimeter container

用于盛装剂量计溶液,并与剂量液一同进行辐照的容器,例如:安瓿、比色管或其他种类的容器。

4 意义和用途

4.1 Fricke 剂量测量系统提供了一种测量水中吸收剂量的可靠方法。它依赖于电离辐射使酸性水溶液中产生水的辐解产物,将 Fe^{2+} 离子定量地氧化为 Fe^{3+} 离子的过程[3]。Fe^{3+} 离子的辐射化学产额已经确定，该系统可用于吸收剂量的绝对定值。当比较 Fricke 系统的期望剂量值与测量剂量值的方法来验证 Fricke 系统的响应时，应溯源到国家标准。该验证过程应在一个已溯源到国家或国际认可的校准装置中辐照剂量计。

4.2 Fricke 剂量计溶液是一种空气饱和的硫酸亚铁或硫酸亚铁铵的酸性水溶液，该溶液在某一固定波长下的吸光度值随吸收剂量的增加而增加。应使用配备控温系统的校准过的分光光度计测量其吸光度值。

4.3 Fricke 剂量计的响应依赖于辐照温度和测量温度，应对辐射化学产额 $G(x)$ 进行辐照温度修正，并对摩尔线性吸收系数 $\varepsilon_{(x)}$ 进行测量温度修正。

4.4 如果辐照某一材料的条件与辐照水的条件相同，该材料的吸收剂量可使用 GB/T 15447、GB/T 16640和 ASTM E 668 中给出的程序进行计算。

4.5 当能量低于 1.4.3 的规定时，使用 Fricke 剂量计时应考虑以下因素：

4.5.1 当光子能量低于规定值时，辐射化学产额会有明显变化[4]；

4.5.2 当电子能量低于 8 MeV 时，剂量计的响应需要对电子所穿过的 12 mm 外径的剂量计的剂量梯度进行修正(见 ICRU 第 35 号报告)。

4.6 1.4.3 规定的能量限值仅适用于 12 mm 外径尺寸的圆柱型安瓿剂量计。在能量低于规定的下限值时，穿过安瓿壁的剂量会有明显的梯度变化，并且很难对圆柱型安瓿进行准确的计算。因此，应使用外径相对较细(对电子束的方向)的 Fricke 剂量计(见 ICRU 第 35 号报告)。

5 干扰

5.1 Fricke 剂量计溶液对有机杂质极端敏感，痕量的杂质也会对响应产生可测的变化。对于高准确度的测量，与溶液接触的所有器皿都不应有机材料，除非已经证明该材料不会影响剂量计的响应。

5.2 在剂量计溶液中，有些痕量的金属离子也会影响剂量计的响应。因此，金属制品不得与剂量计溶液接触。

5.3 在灌装安瓿时，切勿在安瓿颈上沾溅溶液而使其在随后的融封时受热氧化。融封时应避免加热安瓿的底部。

5.4 没有辐射时，剂量计溶液的热氧化(用光吸收的增加表示)是环境温度的函数。在正常的实验室环境温度(约 20 ℃～25 ℃)下测量溶液的吸光度时，如果比色杯中的溶液等待测量的时间间隔过长，所测的吸光度值会有明显变化。该干扰将在随后的 8.4 中给出。

5.5 紫外光对剂量计溶液略有影响。所以，剂量计溶液应在暗处保存。在标准实验室光照条件下进行常规操作时，应避免紫外光源和日光的直接照射。

6 仪器设备

6.1 在测读剂量计溶液时，应使用吸光度的测量值达到 2，并在 300 nm 区域具有小于 1% 的不确定度的分光光度计。使用一个 5 mm 或 10 mm 光程长度的石英比色杯，用于溶液吸光度的测量。对小于 2 mL 的安瓿剂量计，可使用半微量容量的试管。测量时剂量计溶液的温度应控制在 25 ℃±0.5 ℃。如果不能保证，应测量分光光度计分析时溶液的温度，并使用式(5)进行修正。

6.2 使用硅硼玻璃或化学稳定等效的玻璃器具储存溶剂和制备好的剂量计溶液。在使用前所有器具应彻底清洗。

6.2.1 应在清洁、无有机物氛围和无尘的环境中存放洗净的玻璃器具。对高准确度的测量，玻璃器皿须在 550 ℃下烘烤 1 h[5]。

6.2.2 替代烘烤玻璃器皿的另外一个方法是：将剂量计玻璃容器(例如：安瓿或比色管)充满剂量计溶液，至少辐照 500 Gy。当要使用该容器时，倒出辐照过的溶液，用未辐照过的溶液冲洗三次，然后重新注入剂量计溶液以备辐照。注入溶液、辐照和测量的时间间隔应不超过 1 h。参见 6.3 注。

6.3 辐照期间可使用融封的玻璃安瓿或其他适宜的玻璃容器盛装剂量计溶液。

注：为了减少容器材料和Fricke溶液之间辐射吸收性质不同而引起的误差，可使用塑料容器(如，有机玻璃或聚苯乙烯)盛装剂量计溶液。但在第5章中给出的干扰可能导致测量准确度的下降。为了减小其影响、满足要求，可用对装满剂量计溶液的塑料容器辐照500 Gy的方法进行处理。使用前，还应使用未辐照的溶液对该塑料容器进行彻底清洗。

7 试剂

7.1 试剂的纯度

7.2 在本标准中用来制备所有溶液的化学试剂均应符合国家标准的要求。在使用其他级别纯度的试剂时，应确定该试剂具有足够的纯度，且使用它不会降低测量的准确度。

7.3 水的纯度

7.4 水的纯度是非常重要的。水是剂量计溶液的主要成分，是污染的主要来源。推荐使用全玻璃连接的双蒸水装置或石英蒸馏器。不推荐使用去离子水。

注3：由碱性高锰酸钾(K_2MnO_4)溶液(在2 L的蒸馏水中加入2 g K_2MnO_4和5 g NaOH蒸馏得到的双蒸水适于剂量计溶液的常规制备。贴有高压液相色谱(HPLC)标签等级的水通常不含有机物，可在本标准中使用。

7.5 试剂

7.5.1 硫酸亚铁铵 $(NH_4)_2Fe(SO_4)_2 \cdot 6H_2O$，分析纯。

7.5.2 氯化钠(NaCl)，高纯试剂。

7.5.3 硫酸(H_2SO_4)，优级纯，按附录C预处理。

7.5.4 金属铁丝(Fe)，光谱纯。

7.5.5 三氧化二铁(Fe_2O_3)，光谱纯。

7.5.6 过氧化氢(H_2O_2)，优级纯。

8 剂量计的制备

8.1 在1 L的容量瓶中溶解0.392 g $(NH_4)_2Fe(SO_4)_2 \cdot 6H_2O$和0.058 g NaCl于22.5 mL的0.4 $mol \cdot L^{-1}$ H_2SO_4溶液中。在25 ℃条件下，再用空气饱和的0.4 $mol \cdot L^{-1}$ H_2SO_4稀释到1 L容量瓶的刻度。0.4 $mol \cdot L^{-1}$ H_2SO_4溶液是在1 L容量瓶中加45 mL浓硫酸和纯水制成的。

注：加入氯化钠是为了抑制痕量有机杂质的存在而引起剂量计响应的变化。

8.2 应将最终的剂量计溶液进行空气饱和处理。通常采用的方法是对溶液进行充分摇动，以保证该溶液达到空气饱和。另一个方法是在溶液中通入高纯的空气进行鼓泡，应仔细避免空气中的有机杂质。饱和空气溶液中足够浓度的氧可以确保剂量计的线性响应上限到400 Gy。

8.3 剂量计溶液浓度：0.001 $mol \cdot L^{-1}$的硫酸亚铁胺、0.001 $mol \cdot L^{-1}$的氯化钠和0.4 $mol \cdot L^{-1}$的硫酸。

8.4 在室温下，剂量计溶液会慢慢氧化，导致未辐照溶液吸光度的增加。如果溶液未及时使用，应按10.3的要求测量未辐照溶液的吸光度。如果未预辐照的剂量计溶液透过10 mm光程的吸光度值大于0.1，则该溶液就不可再使用，需用重新制备的溶液替代。

注：与在室温保存溶液比较，冷藏的方法可明显地减小溶液的氧化。但冷藏也会改变溶液中氧的浓度。

8.5 剂量计容器在注入剂量计溶液辐照之前，应用剂量计溶液清洗三次。即使仔细清洗，仍会有残余溶液，随后的清洗会帮助减小它们的影响。

8.5.1 向清洁的容器中注入剂量计溶液。如果是融封剂量计，按5.3的预防措施观察。在制备的一批未辐照的剂量计中抽出5支，用于确定本底吸光度值A_0(见10.3)。

8.5.2 当需要少量的剂量计时，按8.1和8.2程序制备的剂量计溶液的质量是可靠的。如果定期需要较多的剂量计时，更方便的方法是从制备的浓缩备用剂量计溶液中取出少量的溶液进行稀释(见附录A)。

9 剂量测量系统的校准

9.1 Fricke 剂量测量系统的品质极高，可用公布的 $\varepsilon \cdot G$ 值测定吸收剂量。但是，在应用时要求溯源到国家标准，剂量测量系统(包括分光光度计和每一批次的剂量计)应按照用户校准过程和质量保证要求的特别操作的文件程序进行定期的校准。校准过程应周期重复，以确保在要求的时间内保持吸收剂量测量的准确。校准方法的见 GB/T 16640。

9.2 在 GB/T 16640 中规定的另外一种适用的校准方法如下：

用 Fricke 剂量计重新测定校准装置中特定点的吸收剂量率，该点吸收剂量率应已知并溯源到国家标准。观察两值的差异，并在 Fricke 剂量测量系统不确定度的评定中考虑该不确定度。

9.3 剂量计的校准辐照：辐照剂量计是剂量测量系统校准的关健环节，辐照应在认可的校准实验室或在满足 GB/T 16510 要求的当地校准装置中进行，并证明已测吸收剂量(或剂量率)已溯源到国家标准或国际认可的标准。

Fricke 剂量计作常规剂量计使用时，校准也可以在生产或研究用辐照装置中进行，但该装置应与参考、传递标准剂量计一起溯源到国家标准或国际认可的标准。

9.4 测量仪器的校准和性能验证：仪器的校准和在校准之间的性能验证见 GB/T 16640 和仪器的操作手册。

9.4.1 应对使用的分光光度计进行波长准确度的检查，特别是在紫外区 303 nm 附近。为此，可使用低压汞灯产生的发射光谱。也可使用其他类型检验波长的标准滤光片(如钬玻璃标准滤光片)，见 JJG 682 和 JJG 689。

注：可使用适用于 240 nm～650 nm 波长范围、封装在试管中的钬氧化物标准溶液作为检定波长用标准。

9.4.2 在每次测量前后，应对分光光度计吸光度的准确度进行检验，特别是在紫外区。为此，可使用检定过的吸光度标准。

10 辐照和测量程序

10.1 辐照目的

对单个或一组剂量计辐照的目的是为测定吸收剂量率。

10.2 辐照

10.2.1 用水中的吸收剂量表示所测剂量。

10.2.2 将剂量计置于辐射场中某一固定、可重复的位置。为避免在溶液和安瓿壁间产生气泡，剂量计应直立在选定位置。

10.2.3 γ 射线或 X 射线辐照时，剂量计周围应使用水等效材料(例如：聚苯乙烯或聚乙烯)包裹，以达到近似的电子平衡条件，这些材料的适宜厚度取决于光子的辐射能量(见 GB/T 15447 和 ASTM E 668)。

注：对 ^{60}Co 源，应在剂量计周围包裹 3 mm 到 5 mm 的聚苯乙烯(或等效的聚合材料)。

10.2.4 用电子束辐照时，剂量计应放置在辐射场中已做标记的位置。

10.2.5 应确保剂量计在辐射场中所占据的体积尽量均匀。该体积内剂量率的变化应在可接受的限值内。

10.2.6 辐照期间应控制剂量计的温度，或监测温度的变化，便于进行响应的修正(见 10.4)。

10.2.7 剂量计组的需用数量取决于应用的吸收剂量范围。每个吸收剂量值使用一组剂量计，每组剂量计的数量不得少于三个。每一个吸收剂量数量级至少需要五组剂量计。

注：为了精确确定使用剂量计组的最少数量，可由应用范围的最大剂量(D_{max})除以最小剂量(D_{min})计算对数比值的值[即：$Q=\lg(D_{max}/D_{min})$]来确定。如果 Q 等于或大于 1，计算 $5\times Q$ 的积，四舍五入到最近的正数，该数即为需要使用的最少组数。

10.3 测量

10.3.1 确定分光光度计波长宽度不大于 2 nm 的某一带宽，并保持剂量计和剂量计溶液在测量时的温度为 25 ℃。用对辐照样品光谱扫描的方法确定溶液吸收峰的准确波长。该波长应是最大吸收值所对应的波长，其名义峰值波长是 302 nm～305 nm。因为吸收峰相对较宽，波长的准确将完全依赖于分光光度计的质量。选定并标记所确定的峰值处的波长，在以后的测量中应用。

10.3.2 在参比杯中使用蒸馏水（如果分光光度计具有低杂散光特性，也可以在光束中作为参比）对分光光度计进行基线调"0"修正。

10.3.3 在 5 mm 或 10 mm 光程的洁净比色杯中装满蒸馏水，仔细擦净光束穿过的比色杯外壁，测量并记录吸光度值（参见 10.3.4 注）。

10.3.4 倒去比色杯中的水，用安瓿（或其他容器）中的溶液冲洗两遍。倒掉冲洗液，再从该安瓿中取出适量的溶液注入比色杯中。仔细擦去比色杯外表面上的溶液，将比色杯放入分光光度计中的样品架上，在仪器读数稳定后，测量其吸光度值。吸光度值随剂量计溶液在光束中等待时间的增加会缓慢增加（可归于紫外光对溶液的氧化作用），所以应确保读取每个剂量计吸光度值的等待测量时间相等。对所有辐照过和未辐照过的剂量计均应重复此程序。

注：如果比色杯中剂量计溶液冲洗不净，吸光度的测量会因溶液间的交叉污染而引入误差。降低该影响的技术见参考文献[6]。因为在 302 nm 处纯水的吸光度值为 0.000 2，所以用测量水吸光度值确定水的质量是没有意义的。由于光对比色杯表面反射能引起光的损失，也会使测量的吸光度值增加。

10.3.5 每次测量后，应定期在光束中用空气检查分光光度计的"0"点。在读取辐照溶液的吸光度值前后，均应读取未辐照溶液的吸光度值。在测量过程中，应定时测量蒸馏水的吸光度值，以检查比色杯是否被沾污，并采取必要的措施。

10.4 分析

10.4.1 计算未辐照剂量计的平均吸光度 $\overline{A}_0$。从辐照剂量计的吸光度 A 计算净吸光度，用式(1)计算每个剂量计的 ΔA：

$$\Delta A = | A - \overline{A}_0 | \qquad (1)$$

10.4.2 用式(2)计算剂量计溶液的吸收剂量值：

$$D_F = \frac{\Delta A}{\varepsilon \cdot G \cdot \rho \cdot l} \qquad (2)$$

式中：

D_F——Fricke 溶液的吸收剂量，单位为戈瑞(Gy)；

ΔA——在 302 nm～305 nm 光波长的净吸光度；

ρ——剂量计溶液的密度，等于 $1.022 \times 10^3\ \mathrm{kg \cdot m^{-3}}$；

ε——Fe^{3+} 离子摩尔线性吸收系数，单位为平方米每摩尔($\mathrm{m^2 \cdot mol^{-1}}$)；

G——Fe^{3+} 离子的辐射化学产额，单位为摩尔每焦尔($\mathrm{mol \cdot J^{-1}}$)；

l——剂量计溶液在比色杯中的光程长度，单位为米(m)。

10.4.3 在使用公式(2)时，等式右边的参数值应对其温度进行修正。ε 值应是在测量 Fricke 溶液吸光度时的温度所对应的数值，G 值应是在辐照 Fricke 溶液时的温度所对应的数值，25 ℃时的 ε 和 G 的数值是已知的，它们的温度修正系数也是已知的。用式(3)和式(4)可计算出给定温度条件下的 ε、G 值或 ε 与 G 乘积值（见 PIRS-0815 号报告）。$\varepsilon_{(Fe^{3+})}$ 和 $G_{(Fe^{3+})}$ 均随温度的增加而增加。

$$\varepsilon_{T_{read}} = \varepsilon_{25}[1 + 0.006\,9(T_{read} - 25)] \qquad (3)$$

$$G_{(Fe^{3+})} = G_{25}[1 + 0.001\,2(T_{irrad} - 25)] \qquad (4)$$

10.4.4 ρ 和 l 的数值也应对应在测量 Fricke 溶液吸光度时所在温度时的数据。在精确测量时常使用"室温"时的数据。如果辐照温度是在 10 ℃～60 ℃范围、吸光度测量温度是在 15 ℃～35 ℃范围，可使用式(3)和式(4)。

注：由式(3)和式(4)可以看出 $\varepsilon_{(Fe^{3+})}$ 和 $G_{(Fe^{3+})}$ 数值随温度的增加而增加。在 25 ℃时 ε 和 G 数值的推荐值为：$\varepsilon_{(Fe^{3+})}=219\ m^2 \cdot mol^{-1}$(用铁丝法测定)，$G_{(Fe^{3+})}=1.61\times10^{-6}\ mol \cdot J^{-1}$(见 ICRU 第 14 号和第 35 号报告)。附录 B 给出了确定 $\varepsilon_{(Fe^{3+})}$ 的程序。

10.4.5 测量 Fricke 溶液吸光度时的温度和辐照 Fricke 溶液时的温度必须是已知的。ε 与 G 的数值应按式(3)和式(4)进行温度修正，也可按式(5)计算其吸收剂量值：

$$D_F=\frac{\Delta A[1+0.0069(25-T_{read})][1+0.0012(25-T_{irrad})]}{\varepsilon_{25}G_{25}\rho d} \quad\cdots\cdots(5)$$

注：式(5)中温度修正从分母改到了分子，括号内变成了减去修正温度。这不是从式(3)和式(4)准确导出的结果，但其产生的误差通常可以忽略。例如：如果吸光度测量温度是 30 ℃，式(5)较式(3)给出的误差小 0.1%；如果辐照温度是 60 ℃，式(5)较式(4)给出的误差小 0.2%。

10.4.6 使用式(6)计算水的吸收剂量 D_W(见 ICRU 第 35 号报告)：

$$D_W=1.004D_F \quad\cdots\cdots(6)$$

注：式(6)仅对辐照和测量温度均在 25 ℃时有效。

10.4.7 水的吸收剂量也可以使用式(7)从 Fricke 溶液的平均吸收剂量 D_F 获得(ICRU 第 64 号报告)：

$$D_W=(\mu_{en}/\rho)_{W,F}p_{W,F}D_F \quad\cdots\cdots(7)$$

式中：

$(\mu_{en}/\rho)_{W,F}$——水对 Fricke 溶液的质能吸收系数；

$p_{W,F}$——剂量计容器(不与水等效的材料)引起扰动的修正因子；如果使用均匀的塑料辐照容器，$p_{W,F}$ 通常可以忽略。

10.4.8 推荐在式(2)和式(5)中使用 ε·G 的乘积值，而不是单独使用 ε 和 G 值(见 ICRU 第 35 号报告)。许多研究结果表明：在测量 ε 时会产生大量系统误差。在 25 ℃辐照和测量时，推荐的 ε·G 的乘积值为：$3.52\times10^{-4}\ m^2 \cdot J^{-1}$(在 303 nm 处)；不在 25 ℃辐照和测量时，ε·G 的乘积值应用式(3)和式(4)修正。

10.4.9 当辐照和吸光度测量温度均是 25 ℃，使用 10 mm 光程比色杯和按 10.4.8 中推荐的 ε·G 的乘积值时，式(2)可简化为式(8)：

$$D_W=278\Delta A \quad\cdots\cdots(8)$$

注 1：在测量吸收剂量率时，用 ΔA 和时间作图。用最佳的拟合直线计算。直线的斜率是单位时间的 $\Delta\dot{A}$。拟合直线的统计数字给出了吸光度值 A 类不确定度的大小。由于该不确定度的影响，其直线不一定能依时间外推到吸收剂量的零点。剂量计溶液中氧化物的存在会引起直线的偏移。但是，数据对直线的统计拟合结果表明预辐照的方法可除去杂质。使用式(2)时，若将 ΔA 变为单位时间 $\Delta\dot{A}$，吸收剂量(D)则应变成单位时间的吸收剂量($\dot{D}$)。

注 2：不纯的溶液会使辐射化学产额(G 值)增大，会在 ΔA 转化为剂量的线性响应上呈现其影响。检查 Fricke 溶液纯度的一个有效方法是比较辐照添加和未添加 NaCl 的 Fricke 溶液的剂量响应(ΔA)。如果溶液是纯净的，添加和未添加 NaCl 的溶液的剂量响应差异应小于 0.5%。

11 文件的基本要求

11.1 记录校准数据和结果

11.1.1 记录剂量计批次的编号(或编码)。

11.1.2 记录或注明日期、辐照温度、测量温度、温度变化、剂量范围以及校准和分析所用的相关仪器。

11.2 应用

11.2.1 记录对每个剂量计辐照时的日期、温度和温度变化以及测量吸光度时的日期和温度。

11.2.2 记录或注明辐射源的种类和特性。

11.2.3 记录每个剂量计的吸光度值、净吸光度值、温度修正和吸收剂量的结果。注明用于获得吸收剂量值的校准曲线或计算公式。

11.2.4 记录或注明吸收剂量的测量不确定度(按第12章的规定)。

11.2.5 记录或注明用于剂量计测量系统的测量质量保证方案。

12 测量不确定度

12.1 在测量吸收剂量时,应附有不确定度的评定。

12.2 评定不确定度的分量应按下列类别给出:

12.2.1 A类:通过对重复性条件测量所得量值的统计方法评定的分量。

12.2.2 B类:通过采用非统计分析方法评定的分量。

12.3 如果遵从本标准,在使用Fricke作绝对测量剂量计时,剂量测量系统确定吸收剂量的扩展不确定度小于3%($k=2$或95%置信度)。否则,扩展不确定度会增大。

12.4 仔细操作,可以获得更小的不确定度。

注1:A类和B类不确定度的分类,是基于由1993年出版的ISO《测量不确定度表示指南》中评估不确定度的方法[9]。使用这种方法的目的,是促进对在国际比对中测量结果不确定度表述的理解。

注2:GB/T 16509给出了辐射加工装置剂量测量中不确定度的来源,提供了在使用该剂量测量系统测量吸收剂量时,评定不确定度大小的程序。该标准规定和阐述了测量(包括测量量值的评价)、真值、误差和不确定度的基本概念。阐述了不确定度分量,并提供了评定这些量值的方法。也提供了用于计算合成标准不确定度和评定扩展不确定度的方法。

附 录 A
（资料性附录）
可选择的剂量计溶液制备方法

A.1 剂量计溶液应按 8.1 和 8.2 规定制备，另一方法是用制备的剂量计初始溶液在需要时进行稀释的方法获得。

A.2 初始溶液制备程序如下：

A.2.1 将 19.608 g 的硫酸亚铁铵溶于 50 mL 的 0.4 mol·L^{-1}的硫酸水溶液中，继续添加 0.4 mol·L^{-1}的硫酸水溶液稀释到 100 mL，制备成最终浓度为 0.5 mol·L^{-1}的硫酸亚铁铵[$(NH_4)_2Fe(SO_4)_2\cdot 6H_2O$]溶液。

A.2.2 将 2.923 g 的氯化钠溶于 50 mL 的 0.4 mol·L^{-1}的硫酸水溶液中，继续添加 0.4 mol·L^{-1}的硫酸水溶液稀释到 100 mL，制备成最终浓度为 0.5 mol·L^{-1}的氯化钠(NaCl)溶液。

A.2.3 这些初始溶液应装在洁净的硅硼酸玻璃容器中，并存放在暗处。

A.3 由初始溶液稀释制备剂量计溶液的程序如下：

A.3.1 用 1 mL 移液管分别从贮存的浓硫酸亚铁铵和浓氯化钠的浓溶液中移取 1 mL 溶液，移入 500 mL 容量瓶中。

A.3.2 再向容量瓶中加入 0.4 mol·L^{-1}的硫酸水溶液，制备成 500 mL 的溶液。

A.4 所得剂量计溶液的物质的量浓度应符合 8.3 的规定。

A.5 每次新配制的剂量计溶液应装在洁净的硅硼酸玻璃容器中，并存放在暗处。

附 录 B
（资料性附录）
确定 Fe^{3+} 离子 ε 的程序

B.1 尽管在10.4中推荐使用 $\varepsilon \cdot G$ 的乘积值来计算剂量值，但由于各种类型分光光度计光学性能的差异，用实验的方法来确定测量剂量计溶液吸光度时使用的分光光度计的 ε 值是非常有意义的。为此，应对分光光度计自身进行验证。制备一组不同浓度的 Fe^{3+} 离子溶液，用分光光度计测量所对应的吸光度值。由直线的斜率（用 $\Delta A/d$ 对摩尔浓度作图）确定摩尔线性吸收系数。该斜率值应接近 219 $m^2 \cdot mol^{-1}$（见10.4.4注）。

B.2 Fe^{3+} 离子初始溶液的制备

B.2.1 使用铁丝的制备程序（最佳方法）

B.2.1.1 取约100 mg光谱纯（纯度大于99.99%）铁丝，依次用苯和甲醇清洗，以除去其表面油污，然后用蒸馏水冲洗，置于12 $mol \cdot L^{-1}$ 的盐酸（优级纯）水溶液中约30 min；再用蒸馏水反复冲洗几次，随后以冷风迅速干燥，准确称重精确至0.1 mg。

B.2.1.2 将已称重的铁丝置于250 mL冷凝回流装置下的容器中，加入60 mL蒸馏水和22.5 mL浓硫酸（密度为1.84 $g \cdot cm^{-3}$）。

B.2.1.3 在水浴上加热，使铁丝完全溶解，加入3 mL～5 mL30%的过氧化氢（H_2O_2）（优级纯），煮沸冷凝回流至少30 min，以除去残留的 H_2O_2。因 H_2O_2 在紫外区有一吸收峰，会干扰 Fe^{3+} 离子的准确测定，使测得的 ε 值偏高。

B.2.1.4 待溶液冷却后，定量转移至经过校准的1 L容量瓶中，在20 ℃环境条件下用蒸馏水稀释至刻度。

B.2.2 使用三氧化二铁（Fe_2O_3）的制备程序（替代方法）

B.2.2.1 取适量的 Fe_2O_3（光谱纯），在450 ℃经烘烤至恒重（约1 h），彻底除去其中所含痕量的水分，否则将使 ε 值偏低。

B.2.2.2 快速、准确称取200 mg已恒重的 Fe_2O_3，准确至0.1 mg，溶于45 mL、H_2SO_4 与水体积比为1∶4的硫酸水溶液中。

B.2.2.3 在水浴上缓慢加热，待其完成溶解后，定量转移至经过校准的1 L容量瓶中，在20 ℃环境条件下用蒸馏水稀释至刻度。

B.3 上述初始参考溶液中，Fe^{3+} 离子的摩尔浓度 C_{ref}（$mol \cdot L^{-1}$）可按式（B.1）计算：

$$C_{ref} = m_{Fe} k / V \qquad \cdots\cdots\cdots\cdots (B.1)$$

式中：

m_{Fe}——被溶解的铁的质量，单位为千克（kg）；

V——最后的溶液体积，单位为立方分米（dm^3）；

k——转换因子，$k = 1/0.055\,8\ mol \cdot kg^{-1}$。

B.4 上述初始溶液的在303 nm处的吸光度值约为4。平行取二组1 mL、5 mL、10 mL、20 mL、25 mL和30 mL初始 Fe^{3+} 离子标准溶液样品，于相应的二组100 mL容量瓶中，用0.4 $mol \cdot L^{-1}$ H_2SO_4 水溶液加至刻度线（20 ℃，容量瓶和移液管均经过校准）。因此，这些样品的吸光度的范围约为0.04～1.2之间。

B.5 用式（B.2）计算稀释后的标准溶液样品的物质的量浓度：

$$c_s = c_r / S \qquad \cdots\cdots\cdots\cdots (B.2)$$

式中：

S——最后体积（100 mL）除以最初样品体积（分别为：1 mL、5 mL、10 mL、20 mL、25 mL 和 30 mL）。

B.6 将稀释的样品溶液置入 10 mm 光程长度的比色杯中，按 10.3 的规定在 25 ℃±0.5 ℃条件下进行吸光度的测量、读数。

B.7 用单位光程长度的吸光度对样品浓度做图，应该得到一条直线，则其斜率即是摩尔线性吸收系数 ε，并将所得斜率值与参考值 219 $m^2 \cdot mol^{-1}$ 进行比较。

附 录 C
（资料性附录）
试剂及剂量计溶液的预处理

C.1 按第8章中配制的硫酸亚铁剂量计溶液的组成中水是主要成分（约占96%），应按7.2仔细纯化。溶液中其他溶质尚需进一步预处理。

C.1.1 在剂量计溶液内，H_2SO_4 是除水之外的另一主要组分（0.4 $mol \cdot L^{-1}$）。若在溶液制成后的最初几天，未辐照溶液的吸光度增加很快（A_0 约为0.01），则表明溶液不稳定，很可能是由于 H_2SO_4 中含有痕量的 $SO_3{}^{2-}$ 和 $SeO_2{}^{2-}$ 等杂质的影响。因此，应对市售优级纯 H_2SO_4 进行选择检验，选用起始吸光度小、热氧化速率缓慢、待趋于稳定后（约2周）溶液的吸光度小于0.01的 H_2SO_4 配制剂量计溶液，并对 H_2SO_4 进行预辐照处理（大于5 kGy），以消除有害杂质的影响。

C.1.2 对于用量较少的0.001 $mol \cdot L^{-1}$ 量级的组分，如分析纯的 $(NH_4)_2Fe(SO_4)_2 \cdot 6H_2O$ 和高纯试剂 NaCl，其纯度可以满足需要，而不必再经纯化处理，以免引起不必要的再污染。

C.2 新配制的硫酸亚铁剂量计溶液往往是不稳定的，还应再经如下处理：

C.2.1 老化处理：在室温下放置一定时间（约2周）后再使用。

C.2.2 预辐照处理：将制备的剂量计溶液预辐照一定剂量（约为30 Gy），放置后再使用。

注：上述目的在于彻底消除溶液中残存的痕量有害杂质的影响，以免在制成剂量计进行剂量测量时影响其辐射化学产额。这样虽然增加了未辐照剂量计溶液的吸光度，但却明显改善了硫酸亚铁剂量计的稳定性，提高了溶液吸光度读数的精度，同时还可以根据需要测量的剂量大小，选择和调节未辐照溶液的吸光度。

参 考 文 献

[1] Sehested, K. , "The Fricke Dosimeter," *Manual on Radiation Dosimetry*, edited by Holm, N. W. , and Berry, R. J. , Marcel Dekker, pp. 313-317, 1970.

[2] Holm, N. W. , and Zagorski, Z. P. , "Aqueous Chemical Dosimetry," *Manual on Radiation Dosimetry*, edited by Holm, N. W. , and Berry, R. J. , Marcel Dekker, pp. 87-104, 1970.

[3] Fricke, H. , and Hart, E. J. , "Chemical Dosimetry,"*Radiation Dosimetry*, 2nd Edition, Vol. 2, Academic Press, pp. 167-239, 1966.

[4] McLaughlin, W. L. , Boyd, A. W. , Chadwick, K. H. , McDonald, J. C. , and Miller, A. , Chapter 8 and Appendix X2 in *Dosimetry for Radiation Processing*, Taylor and Francis, London, 1989.

[5] Ellis, S. C. , "The Dissemination of Absorbed Dose Standards by Chemical Dosimetry Mechanism and Use of the Fricke Dosimeter," *Ionizing Radiation Metrology*, pp. 163-180, 1977.

[6] Burke, R. W. , and Mavrodineanu, R. , "Standard Reference Materials: Certification and Use of Acidic Potassium Dichromate Solutions as an Ultraviolet Absorbance Standard-SRM 935," NBS Special Publication 260-54, 1977.

[7] Soares, C. G. , Bright, E. L. , and Ehrlich, M. , "NBS Measurement Services: Fricke Dosimetry in High-Energy Electron Beams," NBS Special Publication 250-4, 1987.

[8] "Absorbed Dose Determination in Photon and Electron Beams," International Atomic Energy Agency Technical Report Series No. 277, Vienna, 1987.

[9] "Guide to the Expression of Uncertainty in Measurement," International Organization for Standardization, *1993* ISBN *92-67-10188-9*. Available from the International Organization for Standardization, 1 rue de Varembé, Case Postale 56, CH-1211, Geneva 20, Switzerland.

[10] Taylor, B. N. and Kuyatt, C. E. "Guidelines for Evaluating and Expressing the Uncertainty of NIST Measurement Results," *NIST Technical Note 1297*, National Institute of Standards and Technology, Gaithersburg, MD, 1994.

[11] TThe IRS Fricke Dosimetry System, *Report PIRS-0815*, Available from the National Research Council, Ionizing Radiation Standards Institute for National Measurement Standards, Ottawa, Ontario. K1A 0R6, Canada.

ICS 91.100.10
Q 11

中华人民共和国国家标准

GB/T 176—2008
代替 GB/T 176—1996,GB/T 19140—2003

水泥化学分析方法

Methods for chemical analysis of cement

2008-06-30 发布 2009-04-01 实施

中华人民共和国国家质量监督检验检疫总局
中国国家标准化管理委员会 发布

前　言

本标准与 EN 196-2:2005《水泥试验方法——水泥化学分析方法》欧洲标准(英文版)的一致性程度为非等效。

本标准代替 GB/T 176—1996《水泥化学分析方法》和 GB/T 19140—2003《水泥 X 射线荧光分析通则》。

本标准与 GB/T 176—1996、GB/T 19140—2003 相比主要变化如下:

——配制甘油-无水乙醇溶液的体积比浓度改为 1+2,且不需在 160 ℃~170 ℃温度下加热除去水分(GB/T 176—1996 版 4.50;本版 5.69)。

——配制氧化钾、氧化钠标准溶液改为氧化钾、氧化钠混合溶液(GB/T 176—1996 版 4.56;本版 5.77)。

——配制一氧化锰(MnO)标准溶液所用基准试剂由硫酸锰($MnSO_4 \cdot H_2O$)和四氧化三锰(Mn_3O_4)改为无水硫酸锰($MnSO_4$)(GB/T 176—1996 版 4.53;本版 5.78)。

——配制碳酸钙标准溶液,“滴加盐酸(1+1)至碳酸钙全部溶解,加热煮沸数分钟”改为“慢慢加入 5 mL~10 mL 盐酸(1+1),搅拌至碳酸钙全部溶解,加热煮沸并微沸 1 min~2 min”(GB/T 176—1996 版 4.61;本版 5.85)。

——烧失量的测定,灼烧温度由“950 ℃~1 000 ℃”改为“(950±25)℃”(GB/T 176—1996 版 7.1、7.2;本版 8.1、8.2)。

——不溶物的测定,“加水稀释至 50 mL”改为“用近沸的热水稀释至 50 mL”;“加入 100 mL 氢氧化钠溶液”改为“加入 100 mL 近沸的氢氧化钠溶液”;灼烧不溶物的温度由“950 ℃~1 000 ℃”改为“(950±25)℃”(GB/T 176—1996 版 8.2;本版 9.2)。

——三氧化硫的测定(基准法),“将溶液加热微沸 5 min”改为“加热煮沸并保持微沸(5±0.5)min”;“移至温热处静置 4 h 或过夜”改为“在常温下静置 12 h~24 h 或温热处静置至少 4 h(仲裁分析应在常温下静置 12 h~24 h)”;灼烧硫酸钡沉淀的温度由“800 ℃”改为“800 ℃~950 ℃”(GB/T 176—1996 版 14.2;本版 10.2)。

——二氧化硅的测定(基准法),“在沸水浴上蒸发至干”改为“在蒸汽水浴上蒸发至干后继续蒸发 10 min~15 min。蒸发期间用平头玻璃棒仔细搅拌并压碎大颗粒”;取消“在沉淀上加 3 滴硫酸(1+4)”(GB/T 176—1996 版 9.2.1.1;本版 11.2.1)。

——三氧化二铁的测定(基准法),由只采用氯化铵重量法的溶液改为氯化铵重量法的溶液或氢氧化钠熔样的溶液(GB/T 176—1996 版 10.2;本版 12.2)。

——氧化镁的测定(基准法),氢氧化钠熔融-原子吸收光谱法由代用法改为基准法;取消了硼酸锂熔融-原子吸收光谱法(GB/T 176—1996 版 22.2、13.2.2;本版 15.2)。

——增加了氯离子的测定——硫氰酸铵容量法(基准法)(本版第 18 章)。

——硫化物的测定,称样量由 0.5 g 改为 1 g(GB/T 176—1996 版 18.2;本版 19.2)。

——增加了五氧化二磷的测定——磷钼酸铵分光光度法(本版第 21 章)。

——增加了二氧化碳的测定——碱石棉吸收重量法(本版第 22 章)。

——增加了三氧化二铁的测定——邻菲罗啉分光光度法(代用法)(本版第 24 章)。

——增加了氧化钙的测定——高锰酸钾滴定法(代用法)(本版第 28 章)。

——增加了三氧化硫的测定——库仑滴定法(代用法)(本版第 33 章)。

——增加了氯离子的测定——磷酸蒸馏-汞盐滴定法(代用法)(本版第 35 章)。

——游离氧化钙的测定——甘油酒精法(代用法),“在放有石棉网的电炉上加热煮沸”改为“置于游离氧化钙测定仪(6.18)上,以适当的速度搅拌溶液,同时升温并加热煮沸”(GB/T 176—1996版28.2;本版38.2)。

——游离氧化钙的测定——乙二醇法(代用法),“在65℃~70℃水浴上加热30 min”改为“置于游离氧化钙测定仪(6.18)上,以适当的速度搅拌溶液,同时升温并加热煮沸,当冷凝下的乙醇开始连续滴下时,继续在搅拌下加热微沸4 min”(GB/T 176—1996版28.1;本版39.2)。

——增加了X射线荧光分析方法用仪器设备(本版6.24、6.25、6.26、6.27、6.28、6.29)。

——仪器的工作条件选择,改为“对于新购仪器,或对仪器进行维修、更换部件后,应按JC/T 1085对仪器进行校验”(GB/T 19140—2003版6.1;本版40.2.1)。

——增加了X射线荧光分析玻璃熔片的制备中试样的称量(GB/T 19140—2003版第8章;本版40.4.1.1)。

——增加了校准方程的建立和确认(本版40.5)。

——允许差改为重复性限和再现性限(GB/T 176—1996版7.4、8.4、9.4、10.4、11.4、12.4、13.4、14.4、15.4、16.4、17.4、18.4、19.4、20.4、21.4、22.1.3、22.2.4、23.4、24.4、25.4、26.4、27.4、28.3,GB/T 19140—2003版第10章;本版3.3、3.4、第41章)。

本标准由中国建筑材料联合会提出。

本标准由全国水泥标准化技术委员会(SAC/TC 184)归口。

本标准负责起草单位:中国建筑材料科学研究总院中国建筑材料检验认证中心。

本标准参加起草单位:深圳市华唯计量技术开发有限公司、北京市琉璃河水泥有限公司。

本标准主要起草人:王瑞海、倪竹君、刘玉兵、崔健、闫伟志、黄小楼、刘文长、赵向东、游良俭、温玉刚、辛志军、郑朝华、王冠杰、张玉昌、张静。

本标准所代替标准的历次版本发布情况为:

——GB/T 176—1956、GB/T 176—1962、GB/T 176—1976、GB/T 176—1987、GB/T 176—1996;

——GB/T 19140—2003。

水泥化学分析方法

1 范围

本标准规定了水泥化学分析方法及X射线荧光分析方法。水泥化学分析方法分为基准法和代用法。在有争议时，以水泥化学分析方法的基准法为准。

本标准适用于通用硅酸盐水泥和制备上述水泥的熟料、生料及指定采用本标准的其他水泥和材料。

2 规范性引用文件

下列文件中的条款通过本标准的引用而成为本标准的条款。凡是注日期的引用文件，其随后所有的修改单（不包括勘误的内容）或修订版均不适用于本标准，然而，鼓励根据本标准达成协议的各方研究是否可使用这些文件的最新版本。凡是不注日期的引用文件，其最新版本适用于本标准。

GB/T 6682 分析实验室用水规格和试验方法（GB/T 6682—2008，ISO 3696:1987，MOD）

GB/T 12573 水泥取样方法

GB/T 15000（所有部分）标准样品工作导则

GBW 03201 硅酸盐水泥成分分析标准物质

GBW 03204 水泥熟料成分分析标准物质

GBW 03205 普通硅酸盐水泥成分分析标准物质

GSB 08-1355 水泥熟料成分分析标准样品

GSB 08-1356 普通硅酸盐水泥成分分析标准样品

GSB 08-1357 硅酸盐水泥成分分析标准样品

JC/T 1085 水泥用X射线荧光分析仪

JJG 1006 一级标准物质

3 术语和定义

GB/T 15000（所有部分）确立的以及下列术语和定义适用于本标准。

3.1

重复性条件 repeatability conditions

在同一实验室，由同一操作员使用相同的设备，按相同的测试方法，在短时间内对同一被测对象相互独立进行的测试条件。

3.2

再现性条件 reproducibility conditions

在不同的实验室，由不同的操作员使用不同设备，按相同的测试方法，对同一被测对象相互独立进行的测试条件。

3.3

重复性限 repeatability limit

一个数值，在重复性条件（3.1）下，两个测试结果的绝对差小于或等于此数的概率为95%。

3.4

再现性限 reproducibility limit

一个数值，在再现性条件（3.2）下，两个测试结果的绝对差小于或等于此数的概率为95%。

3.5

校准样品　calibration materials

用于校准分析仪器，使分析仪器检测到的物理量与相应化学成分质量分数相关联的一批样品。

3.6

X 射线荧光分析用系列国家标准样品　certified reference materials for X-ray fluorescence analysis

可用于校准 X 射线荧光分析仪等分析仪器与化学成分相关联的成套国家标准样品。

3.7

玻璃熔片　beads

将试样用熔剂熔解，然后倒入特制的模具，按特定的冷却条件冷却所得到的分析表面平滑、无明显裂纹等缺陷的试样片。

3.8

防浸润剂　anti-wetting agents

用于防止玻璃熔片冷却时熔片发生破裂并易于脱模的物质。

3.9

粉末压片　pellets

将试样制成特定细度的粉末，在特定的条件下加压成型所得到的具有一定强度且分析表面平滑、无明显裂纹等缺陷的试样片。

3.10

粘合剂　binding agent

使样品易于高压成型而不含被测元素且对被测元素无特殊吸收或增强效应的物质。

4　试验的基本要求

4.1　试验次数与要求

每一项测定的试验次数规定为两次，用两次试验结果的平均值表示测定结果。

例行生产控制分析时，每一项测定的试验次数可以为一次。

在进行化学分析时，除另有说明外，应同时进行烧失量的测定；其他各项测定应同时进行空白试验，并对所测定结果加以校正。

4.2　质量、体积、滴定度和结果的表示

用“克(g)”表示质量，精确至 0.000 1 g。滴定管体积用“毫升(mL)”表示，精确至 0.05 mL。滴定度单位用“毫克每毫升(mg/mL)”表示。

硝酸汞标准滴定溶液对氯离子的滴定度经修约后保留有效数字三位，其他标准滴定溶液的滴定度和体积比经修约后保留有效数字四位。

除另有说明外，各项分析结果均以质量分数计。氯离子分析结果以%表示至小数点后三位，其他各项分析结果以%表示至小数点后二位。

4.3　空白试验

使用相同量的试剂，不加入试样，按照相同的测定步骤进行试验，对得到的测定结果进行校正。

4.4　灼烧

将滤纸和沉淀放入预先已灼烧并恒量的坩埚中，为避免产生火焰，在氧化性气氛中缓慢干燥、灰化，灰化至无黑色炭颗粒后，放入高温炉(6.7)中，在规定的温度下灼烧。在干燥器(6.5)中冷却至室温，称量。

4.5　恒量

经第一次灼烧、冷却、称量后，通过连续对每次 15 min 的灼烧，然后冷却、称量的方法来检查恒定质量，当连续两次称量之差小于 0.000 5 g 时，即达到恒量。

4.6 检查氯离子(Cl^-)(硝酸银检验)

按规定洗涤沉淀数次后,用数滴水淋洗漏斗的下端,用数毫升水洗涤滤纸和沉淀,将滤液收集在试管中,加几滴硝酸银溶液(5.35),观察试管中溶液是否浑浊。如果浑浊,继续洗涤并检验,直至用硝酸银检验不再浑浊为止。

4.7 检验方法的验证

本标准所列检验方法应依照国家标准样品/标准物质(如 GSB 08-1355、GSB 08-1356、GSB 08-1357、GBW 03201、GBW 03204 、GBW 03205)进行对比检验,以验证方法的准确性。

5 试剂和材料

除另有说明外,所用试剂应不低于分析纯。所用水应符合 GB/T 6682 中规定的三级水要求。

本标准所列市售浓液体试剂的密度指 20 ℃的密度(ρ),单位为克每立方厘米(g/cm^3)。

在化学分析中,所用酸或氨水,凡未注浓度者均指市售的浓酸或浓氨水。

用体积比表示试剂稀释程度,例如:盐酸(1+2)表示 1 份体积的浓盐酸与 2 份体积的水相混合。

5.1 盐酸(HCl)

1.18 g/cm^3～1.19 g/cm^3,质量分数 36%～38%。

5.2 氢氟酸(HF)

1.15 g/cm^3～1.18 g/cm^3,质量分数 40%。

5.3 硝酸(HNO_3)

1.39 g/cm^3～1.41 g/cm^3,质量分数 65%～68%。

5.4 硫酸(H_2SO_4)

1.84 g/cm^3,质量分数 95%～98%。

5.5 高氯酸($HClO_4$)

1.60 g/cm^3,质量分数 70%～72%。

5.6 冰乙酸(CH_3COOH)

1.05 g/cm^3,质量分数 99.8%。

5.7 磷酸(H_3PO_4)

1.68 g/cm^3,质量分数 85%。

5.8 甲酸(HCOOH)

1.22 g/cm^3,质量分数 88%。

5.9 过氧化氢(H_2O_2)

1.11 g/cm^3,质量分数 30%。

5.10 氨水($NH_3 \cdot H_2O$)

0.90 g/cm^3～0.91 g/cm^3,质量分数 25%～28%。

5.11 三乙醇胺[$N(CH_2CH_2OH)_3$]

1.12 g/cm^3,质量分数 99%。

5.12 乙醇或无水乙醇(C_2H_5OH)

乙醇的体积分数 95%,无水乙醇的体积分数不低于 99.5%。

5.13 丙三醇[$C_3H_5(OH)_3$]

体积分数不低于 99%。

5.14 乙二醇($HOCH_2CH_2OH$)

体积分数 99%。

5.15 溴水(Br_2)

质量分数≥3%。

5.16　盐酸(1+1);(1+2);(1+3);(1+5);(1+10);(3+97)。

5.17　硝酸(1+2);(1+9);(1+100)。

5.18　硫酸(1+1);(1+2);(1+4);(1+9);(5+95)。

5.19　磷酸(1+1)。

5.20　乙酸(1+1)。

5.21　甲酸(1+1)。

5.22　氨水(1+1);(1+2)。

5.23　乙醇(1+4)。

5.24　三乙醇胺(1+2)。

5.25　氢氧化钠(NaOH)。

5.26　无水碳酸钠(Na_2CO_3)

将无水碳酸钠用玛瑙研钵研细至粉末状,贮存于密封瓶中。

5.27　氯化铵(NH_4Cl)。

5.28　焦硫酸钾($K_2S_2O_7$)

将市售的焦硫酸钾在瓷蒸发皿中加热熔化,加热至无泡沫发生,冷却并压碎熔融物,贮存于密封瓶中。

5.29　碳酸钠-硼砂混合熔剂(2+1)

将2份质量的无水碳酸钠[Na_2CO_3]与1份质量的无水硼砂($Na_2B_4O_7$)混匀研细,贮存于密封瓶中。

5.30　高碘酸钾(KIO_4)。

5.31　氢氧化钠溶液(10 g/L)

将10 g氢氧化钠(NaOH)溶于水中,加水稀释至1 L,贮存于塑料瓶中。

5.32　氢氧化钠溶液(200 g/L)

将20 g氢氧化钠(NaOH)溶于水中,加水稀释至100 mL,贮存于塑料瓶中。

5.33　氢氧化钾溶液(200 g/L)

将200 g氢氧化钾(KOH)溶于水中,加水稀释至1 L,贮存于塑料瓶中。

5.34　氯化钡溶液(100 g/L)

将100 g氯化钡($BaCl_2 \cdot 2H_2O$)溶于水中,加水稀释至1 L。

5.35　硝酸银溶液(5 g/L)

将0.5 g硝酸银($AgNO_3$)溶于水中,加入1 mL硝酸,加水稀释至100 mL,贮存于棕色瓶中。

5.36　硝酸铵溶液(20 g/L)

将2 g硝酸铵(NH_4NO_3)溶于水中,加水稀释至100 mL。

5.37　钼酸铵溶液(50 g/L)

将5 g钼酸铵[$(NH_4)_6Mo_7O_{24} \cdot 4H_2O$]溶于热水中,冷却后加水稀释至100 mL,贮存于塑料瓶中,必要时过滤后使用。此溶液在一周内使用。

5.38　钼酸铵溶液(15 g/L)

将3 g钼酸铵[$(NH_4)_6Mo_7O_{24} \cdot 4H_2O$]溶于100 mL热水中,加入60 mL硫酸(1+1),混匀。冷却后加水稀释至200 mL,贮存于塑料瓶中,必要时过滤后使用。此溶液在一周内使用。

5.39　抗坏血酸溶液(50 g/L)

将5 g抗坏血酸(V.C)溶于100 mL水中,必要时过滤后使用。用时现配。

5.40　抗坏血酸溶液(5 g/L)

将0.5 g抗坏血酸(V.C)溶于100 mL水中,必要时过滤后使用。用时现配。

5.41　二安替比林甲烷溶液(30 g/L盐酸溶液)

将 3 g 二安替比林甲烷($C_{23}H_{24}N_4O_2$)溶于 100 mL 盐酸(1+10)中,必要时过滤后使用。

5.42 草酸铵溶液(50 g/L)

将 50 g 草酸铵[$(NH_4)_2C_2O_4 \cdot H_2O$]溶于水中,加水稀释至 1 L,必要时过滤后使用。

5.43 碳酸铵溶液(100 g/L)

将 10 g 碳酸铵[$(NH_4)_2CO_3$]溶解于 100 mL 水中。用时现配。

5.44 pH3.0 的缓冲溶液

将 3.2 g 无水乙酸钠(CH_3COONa)溶于水中,加入 120 mL 冰乙酸,加水稀释至 1 L。

5.45 pH4.3 的缓冲溶液

将 42.3 g 无水乙酸钠(CH_3COONa)溶于水中,加入 80 mL 冰乙酸,加水稀释至 1 L。

5.46 pH10 的缓冲溶液

将 67.5 g 氯化铵(NH_4Cl)溶于水中,加入 570 mL 氨水,加水稀释至 1 L。

5.47 酒石酸钾钠溶液(100 g/L)

将 10 g 酒石酸钾钠($C_4H_4KNaO_6 \cdot 4H_2O$)溶于水中,加水稀释至 100 mL。

5.48 氯化锶溶液(锶 50 g/L)

将 152.2 g 氯化锶($SrCl_2 \cdot 6H_2O$)溶解于水中,加水稀释至 1 L,必要时过滤后使用。

5.49 氯化钾(KCl)

颗粒粗大时,研细后使用。

5.50 氯化钾溶液(50 g/L)

将 50 g 氯化钾(KCl)溶于水中,加水稀释至 1 L。

5.51 氯化钾-乙醇溶液(50 g/L)

将 5 g 氯化钾(KCl)溶于 50 mL 水后,加入 50 mL 乙醇(5.12),混匀。

5.52 氟化钾溶液(150 g/L)

将 150 g 氟化钾($KF \cdot 2H_2O$)置于塑料杯中,加水溶解后,加水稀释至 1 L,贮存于塑料瓶中。

5.53 氟化钾溶液(20 g/L)

将 20 g 氟化钾($KF \cdot 2H_2O$)溶于水中,加水稀释至 1 L,贮存于塑料瓶中。

5.54 邻菲罗啉溶液(10 g/L 乙酸溶液)

将 1 g 邻菲罗啉($C_{12}H_8N_2 \cdot 2H_2O$)溶于 100 mL 乙酸(1+1)中,用时现配。

5.55 乙酸铵溶液(100 g/L)

将 10 g 乙酸铵(CH_3COONH_4)溶于 100 mL 水中。

5.56 盐酸羟胺($NH_2OH \cdot HCl$)。

5.57 氯化亚锡($SnCl_2 \cdot 2H_2O$)。

5.58 氯化亚锡-磷酸溶液

将 1 000 mL 磷酸放在烧杯中,在通风橱中于电炉上加热脱水,至溶液体积缩减至 850 mL~950 mL 时,停止加热。待溶液温度降至 100 ℃以下时,加入 100 g 氯化亚锡(5.57),继续加热至溶液透明,且无大气泡冒出时为止(此溶液的使用期一般不超过两周)。

5.59 氨性硫酸锌溶液(100 g/L)

将 100 g 硫酸锌($ZnSO_4 \cdot 7H_2O$)溶于水中,加入 700 mL 氨水,加水稀释至 1 L。静置 24 h 后使用,必要时过滤。

5.60 明胶溶液(5g/L)

将 0.5 g 明胶(动物胶)溶于 100 mL 70 ℃~80 ℃的水中。用时现配。

5.61 H 型 732 苯乙烯强酸性阳离子交换树脂(1×12)

将 250 g 钠型 732 苯乙烯强酸性阳离子交换树脂(1×12)用 250 mL 乙醇(5.12)浸泡 12 h 以上,然后倾出乙醇,再用水浸泡 6 h~8 h。将树脂装入离子交换柱中,用 1 500 mL 盐酸(1+3)以 5 mL/min

的流速淋洗。然后再用蒸馏水逆洗交换柱中的树脂，直至流出液中无氯离子为止(4.6)。将树脂倒出，用布氏漏斗抽气抽滤，然后贮存于广口瓶中备用(树脂久放后，使用时应用水倾洗数次)。

用过的树脂浸泡在稀盐酸中，当积至一定数量后，除去其中夹带的不溶残渣，然后再用上述方法进行再生。

5.62 铬酸钡溶液(10 g/L)

称取 10 g 铬酸钡($BaCrO_4$)置于 1 000 mL 烧杯中，加 700 mL 水，搅拌下缓慢加入 50 mL 盐酸(1+1)，加热溶解，冷却至室温后，移入 1 000 mL 容量瓶中，用水稀释至标线，摇匀。

5.63 五氧化二钒(V_2O_5)。

5.64 电解液

将 6 g 碘化钾(KI)和 6 g 溴化钾(KBr)溶于 300 mL 水中，加入 10 mL 冰乙酸。

5.65 硝酸溶液(0.5 mol/L)

取 3 mL 硝酸，加水稀释至 100 mL。

5.66 氢氧化钠溶液(0.5 mol/L)

将 2 g 氢氧化钠(NaOH)溶于 100 mL 水中。

5.67 pH6.0 的总离子强度配位缓冲溶液

将 294.1 g 柠檬酸钠($C_6H_5Na_3O_7 \cdot 2H_2O$)溶于水中，用盐酸(1+1)和氢氧化钠溶液(5.32)调整溶液的 pH 至 6.0，加水稀释至 1 L。

5.68 氢氧化钠-无水乙醇溶液(0.1 mol/L)

将 0.4 g 氢氧化钠(NaOH)溶于 100 mL 无水乙醇(5.12)中。

5.69 甘油-无水乙醇溶液(1+2)

将 500 mL 丙三醇(5.13)与 1 000 mL 无水乙醇(5.12)混合，加入 0.1 g 酚酞，混匀。用氢氧化钠-无水乙醇溶液(5.68)中和至微红色。贮存于干燥密封的瓶中，防止吸潮。

5.70 乙二醇-无水乙醇溶液(2+1)

将 1 000 mL 乙二醇(5.14)与 500 mL 无水乙醇(5.12)混合，加入 0.2 g 酚酞，混匀。用氢氧化钠-无水乙醇溶液(5.68)中和至微红色。贮存于干燥密封的瓶中，防止吸潮。

5.71 硝酸锶[$Sr(NO_3)_2$]

5.72 硝酸银标准溶液[$c(AgNO_3)=0.05$ mol/L]

称取 8.494 0 g 已于(150±5)℃烘过 2 h 的硝酸银($AgNO_3$)，精确至 0.000 1 g，加水溶解后，移入 1 000 mL 容量瓶中，加水稀释至标线，摇匀。贮存于棕色瓶中，避光保存。

5.73 硫氰酸铵标准滴定溶液[$c(NH_4SCN)=0.05$ mol/L]

称取 3.8 g 硫氰酸铵(NH_4SCN)溶于水，稀释至 1 L。

5.74 二氧化硅(SiO_2)标准溶液

5.74.1 二氧化硅标准溶液的配制

称取 0.200 0 g 已于 1 000 ℃～1 100 ℃灼烧过 60 min 的二氧化硅(SiO_2，光谱纯)，精确至 0.000 1 g，置于铂坩埚中，加入 2 g 无水碳酸钠(5.26)，搅拌均匀，在 950 ℃～1 000 ℃高温下熔融 15 min。冷却后，将熔融物浸出于盛有约 100 mL 沸水的塑料烧杯中，待全部溶解，冷却至室温后，移入 1 000 mL 容量瓶中。用水稀释至标线，摇匀，贮存于塑料瓶中。此标准溶液每毫升含 0.2 mg 二氧化硅。

吸取 50.00 mL 上述标准溶液放入 500 mL 容量瓶中，用水稀释至标线，摇匀，贮存于塑料瓶中。此标准溶液每毫升含 0.02 mg 二氧化硅。

5.74.2 工作曲线的绘制

吸取每毫升含 0.02 mg 二氧化硅的标准溶液 0 mL；2.00 mL；4.00 mL；5.00 mL；6.00 mL；8.00 mL；10.00 mL 分别放入 100 mL 容量瓶中，加水稀释至约 40 mL，依次加入 5 mL 盐酸(1+10)，

8 mL 乙醇(5.12),6 mL 钼酸铵溶液(5.37),摇匀。放置 30 min 后,加入 20 mL 盐酸(1+1),5 mL 抗坏血酸溶液(5.40),用水稀释至标线,摇匀。放置 60 min 后,用分光光度计(6.12),10 mm 比色皿,以水作参比,于波长 660 nm 处测定溶液的吸光度。用测得的吸光度作为相对应的二氧化硅含量的函数,绘制工作曲线。

5.75 氧化镁(MgO)标准溶液

5.75.1 氧化镁标准溶液的配制

称取 1.000 0 g 已于(950±25)℃灼烧过 60 min 的氧化镁(MgO,基准试剂或光谱纯),精确至 0.000 1 g,置于 250 mL 烧杯中,加入 50 mL 水,再缓缓加入 20 mL 盐酸(1+1),低温加热至完全溶解,冷却至室温后,移入 1 000 mL 容量瓶中,用水稀释至标线,摇匀。此标准溶液每毫升含 1 mg 氧化镁。

吸取 25.00 mL 上述标准溶液放入 500 mL 容量瓶中,用水稀释至标线,摇匀。此标准溶液每毫升含 0.05 mg 氧化镁。

5.75.2 工作曲线的绘制

吸取每毫升含 0.05 mg 氧化镁的标准溶液 0 mL;2.00 mL;4.00 mL;6.00 mL;8.00 mL;10.00 mL;12.00 mL 分别放入 500 mL 容量瓶中,加入 30 mL 盐酸及 10 mL 氯化锶溶液(5.48),用水稀释至标线,摇匀。将原子吸收光谱仪(6.14)调节至最佳工作状态,在空气-乙炔火焰中,用镁元素空心阴极灯,于波长 285.2 nm 处,以水校零测定溶液的吸光度。用测得的吸光度作为相对应的氧化镁含量的函数,绘制工作曲线。

5.76 二氧化钛(TiO_2)标准溶液

5.76.1 二氧化钛标准溶液的配制

称取 0.100 0 g 已于(950±25)℃灼烧过 60 min 的二氧化钛(TiO_2,光谱纯),精确至 0.000 1 g,置于铂坩埚中,加入 2 g 焦硫酸钾(5.28),在 500 ℃~600 ℃下熔融至透明。冷却后,熔块用硫酸(1+9)浸出,加热至 50 ℃~60 ℃使熔块完全溶解,冷却至室温后,移入 1 000 mL 容量瓶中,用硫酸(1+9)稀释至标线,摇匀。此标准溶液每毫升含 0.1 mg 二氧化钛。

吸取 100.00 mL 上述标准溶液放入 500 mL 容量瓶中,用硫酸(1+9)稀释至标线,摇匀。此标准溶液每毫升含 0.02 mg 二氧化钛。

5.76.2 工作曲线的绘制

吸取每毫升含 0.02 mg 二氧化钛的标准溶液 0 mL;2.00 mL;4.00 mL;6.00 mL;8.00 mL;10.00 mL;12.00 mL;15.00 mL 分别放入 100 mL 容量瓶中,依次加入 10 mL 盐酸(1+2)、10 mL 抗坏血酸溶液(5.40)、5 mL 乙醇(5.12)、20 mL 二安替比林甲烷溶液(5.41),用水稀释至标线,摇匀。放置 40 min 后,使用分光光度计(6.12),10 mm 比色皿,以水作参比,于波长 420 nm 处测定溶液的吸光度。用测得的吸光度作为相对应的二氧化钛含量的函数,绘制工作曲线。

5.77 氧化钾(K_2O)、氧化钠(Na_2O)标准溶液

5.77.1 氧化钾、氧化钠标准溶液的配制

称取 1.582 9 g 已于 105℃~110 ℃烘过 2 h 的氯化钾(KCl,基准试剂或光谱纯)及 1.885 9 g 已于 105℃~110 ℃烘过 2 h 的氯化钠(NaCl,基准试剂或光谱纯),精确至 0.000 1 g,置于烧杯中,加水溶解后,移入 1 000 mL 容量瓶中,用水稀释至标线,摇匀。贮存于塑料瓶中。此标准溶液每毫升含 1 mg 氧化钾及 1 mg 氧化钠。

吸取 50.00 mL 上述标准溶液放入 1 000 mL 容量瓶中,用水稀释至标线,摇匀。贮存于塑料瓶中。此标准溶液每毫升含 0.05 mg 氧化钾和 0.05 mg 氧化钠。

5.77.2 工作曲线的绘制

5.77.2.1 用于火焰光度法的工作曲线的绘制

吸取每毫升含 1 mg 氧化钾及 1 mg 氧化钠的标准溶液 0 mL;2.50 mL;5.00 mL;10.00 mL;15.00 mL;20.00 mL 分别放入 500 mL 容量瓶中,用水稀释至标线,摇匀。贮存于塑料瓶中。将火焰光

度计(6.13)调节至最佳工作状态,按仪器使用规程进行测定。用测得的检流计读数作为相对应的氧化钾和氧化钠含量的函数,绘制工作曲线。

5.77.2.2 用于原子吸收光谱法的工作曲线的绘制

吸取每毫升含 0.05 mg 氧化钾及 0.05 mg 氧化钠的标准溶液 0 mL;2.50 mL;5.00 mL;10.00 mL;15.00 mL;20.00 mL;25.00 mL 分别放入 500 mL 容量瓶中,加入 30 mL 盐酸及 10mL 氯化锶溶液(5.48),用水稀释至标线,摇匀,贮存于塑料瓶中。将原子吸收光谱仪(6.14)调节至最佳工作状态,在空气-乙炔火焰中,分别用钾元素空心阴极灯于波长 766.5 nm 处和钠元素空心阴极灯于波长 589.0 nm 处,以水校零测定溶液的吸光度。用测得的吸光度作为相对应的氧化钾和氧化钠含量的函数,绘制工作曲线。

5.78 一氧化锰(MnO)标准溶液

5.78.1 无水硫酸锰($MnSO_4$)

取一定量硫酸锰($MnSO_4$,基准试剂或光谱纯)或含水硫酸锰($MnSO_4 \cdot xH_2O$,基准试剂或光谱纯)置于称量瓶中,在(250±10)℃温度下烘干至恒量,所获得的产物为无水硫酸锰($MnSO_4$)。

5.78.2 一氧化锰标准溶液的配制

称取 0.106 4 g 无水硫酸锰(5.78.1),精确至 0.000 1 g,置于 300 mL 烧杯中,加水溶解后,加入约 1 mL 硫酸(1+1),移入 1 000 mL 容量瓶中,用水稀释至标线,摇匀。此标准溶液每毫升含 0.05 mg 一氧化锰。

5.78.3 工作曲线的绘制

5.78.3.1 用于分光光度法的工作曲线的绘制

吸取每毫升含 0.05 mg 一氧化锰的标准溶液 0 mL;2.00 mL;6.00 mL;10.00 mL;14.00 mL;20.00 mL 分别放入 150 mL 烧杯中,加入 5 mL 磷酸(1+1)及 10 mL 硫酸(1+1),加水稀释至约 50 mL,加入约 1 g 高碘酸钾(5.30),加热微沸 10 min~15 min 至溶液达到最大颜色深度,冷却至室温后,移入 100 mL 容量瓶中,用水稀释至标线,摇匀。使用分光光度计(6.12),10 mm 比色皿,以水作参比,于波长 530 nm 处测定溶液的吸光度。用测得的吸光度作为相对应的一氧化锰含量的函数,绘制工作曲线。

5.78.3.2 用于原子吸收光谱法的工作曲线的绘制

吸取每毫升含 0.05 mg 一氧化锰的标准溶液 0 mL;5.00 mL;10.00 mL;15.00 mL;20.00 mL;25.00 mL;30.00 mL 分别放入 500 mL 容量瓶中,加入 30 mL 盐酸及 10 mL 氯化锶溶液(5.48),用水稀释至标线,摇匀。将原子吸收光谱仪(6.14)调节至最佳工作状态,在空气-乙炔火焰中,用锰元素空心阴极灯,于波长 279.5 nm 处,以水校零测定溶液的吸光度。用测得的吸光度作为相对应的一氧化锰含量的函数,绘制工作曲线。

5.79 五氧化二磷(P_2O_5)标准溶液

5.79.1 五氧化二磷标准溶液的配制

称取 0.191 7 g 已于 105℃~110 ℃烘过 2 h 的磷酸二氢钾(KH_2PO_4,基准试剂),精确至 0.000 1 g,置于 300 mL 烧杯中,加水溶解后,移入 1 000 mL 容量瓶中,用水稀释至标线,摇匀。此标准溶液每毫升含 0.1 mg 五氧化二磷。

吸取 50.00 mL 上述标准溶液放入 500 mL 容量瓶中,用水稀释至标线,摇匀。此标准溶液每毫升含 0.01 mg 五氧化二磷。

5.79.2 工作曲线的绘制

吸取每毫升含 0.01 mg 五氧化二磷的标准溶液 0 mL;2.00 mL;4.00 mL;6.00 mL;8.00 mL;10.00 mL;15.00 mL;20.00 mL;25.00 mL 分别放入 200 mL 烧杯中,加水稀释至 50 mL,加入 10 mL 钼酸铵溶液(5.38)和 2 mL 抗坏血酸溶液(5.39),加热微沸(1.5±0.5)min,冷却至室温后,移入 100 mL 容量瓶中,用盐酸(1+10)洗涤烧杯并用盐酸(1+10)稀释至标线,摇匀。用分光光度计

(6.12),10 mm 比色皿,以水作参比,于波长 730 nm 处测定溶液的吸光度。用测得的吸光度作为相对应的五氧化二磷含量的函数,绘制工作曲线。

5.80 三氧化二铁(Fe_2O_3)标准溶液

5.80.1 三氧化二铁标准溶液的配制

称取 0.100 0 g 已于(950±25)℃灼烧过 60 min 的三氧化二铁(Fe_2O_3,光谱纯),精确至 0.000 1 g,置于 300 mL 烧杯中,依次加入 50 mL 水、30 mL 盐酸(1+1)、2 mL 硝酸,低温加热微沸,待溶解完全,冷却至室温后,移入 1 000 mL 容量瓶中,用水稀释至标线,摇匀。此标准溶液每毫升含 0.1 mg 三氧化二铁。

5.80.2 工作曲线的绘制

5.80.2.1 用于分光光度法的工作曲线的绘制

吸取每毫升含 0.1 mg 三氧化二铁的标准溶液 0 mL;1.00 mL;2.00 mL;3.00 mL;4.00 mL;5.00 mL;6.00 mL 分别放入 100 mL 容量瓶中,加水稀释至约 50 mL,加入 5 mL 抗坏血酸溶液(5.40),放置 5 min 后,加入 5 mL 邻菲罗啉溶液(5.54)、10 mL 乙酸铵溶液(5.55),用水稀释至标线,摇匀。放置 30 min 后,用分光光度计(6.12),10 mm 比色皿,以水作参比,于波长 510 nm 处测定溶液的吸光度。用测得的吸光度作为相对应的三氧化二铁含量的函数,绘制工作曲线。

5.80.2.2 用于原子吸收光谱法的工作曲线的绘制

吸取每毫升含 0.1 mg 三氧化二铁的标准溶液 0 mL;10.00 mL;20.00 mL;30.00 mL;40.00 mL;50.00 mL 分别放入 500 mL 容量瓶中,加入 30 mL 盐酸及 10 mL 氯化锶溶液(5.48),用水稀释至标线,摇匀。将原子吸收光谱仪(6.14)调节至最佳工作状态,在空气-乙炔火焰中,用铁元素空心阴极灯,于波长 248.3 nm 处,以水校零测定溶液的吸光度。用测得的吸光度作为相对应的三氧化二铁含量的函数,绘制工作曲线。

5.81 三氧化硫(SO_3)标准溶液

5.81.1 三氧化硫标准溶液的配制

称取 0.887 0 g 已于 105℃～110 ℃烘过 2h 的硫酸钠(Na_2SO_4,优级纯试剂),精确至 0.000 1 g,置于 300 mL 烧杯中,加水溶解后,移入 1 000 mL 容量瓶中,用水稀释至标线,摇匀。此标准溶液为每毫升相当于 0.5 mg 三氧化硫。

5.81.2 离子强度调节溶液的配制

称取 0.85 g 三氧化二铁(Fe_2O_3)置于 400 mL 烧杯中,加入 200 mL 盐酸(1+1),盖上表面皿,加热微沸使之溶解,将此溶液缓慢注入已盛有 21.42 g 碳酸钙($CaCO_3$)及 100 mL 水的 1 000 mL 烧杯中,待碳酸钙完全溶解后,加入 250 mL 氨水(1+2),再加入盐酸(1+2)至氢氧化铁沉淀刚好溶解,冷却。稀释至约 900 mL,用盐酸(1+1)和氨水(1+1)调节溶液 pH 值在 1.0～1.5 之间(用精密 pH 试纸检验),移入 1 000 mL 容量瓶中,用水稀释至标线,摇匀。此溶液每毫升含有 12 mg 氧化钙,0.85 mg 三氧化二铁。

5.81.3 工作曲线的绘制

吸取每毫升相当于 0.5 mg 三氧化硫的标准溶液 0 mL;5.00 mL;10.00 mL;15.00 mL;20.00 mL;25.00 mL;30.00 mL 分别放入 150 mL 容量瓶中,加入 20 mL 离子强度调节溶液(5.81.2),用水稀释至 100 mL,加入 10 mL 铬酸钡溶液(5.62),每隔 5 min 摇荡溶液一次。30 min 后,加入 5 mL 氨水(1+2),用水稀释至标线,摇匀。用中速滤纸干过滤,将滤液收集于 50 mL 烧杯中,使用分光光度计(6.12),20 mm 比色皿,以水作参比,于波长 420 nm 处测定各滤液的吸光度。用测得的吸光度作为相对应的三氧化硫含量的函数,绘制工作曲线。

5.82 重铬酸钾基准溶液[$c(1/6K_2Cr_2O_7)=0.03$ mol/L]

称取 1.471 0 g 已于 150 ℃～180 ℃烘过 2 h 的重铬酸钾($K_2Cr_2O_7$,基准试剂),精确至 0.000 1 g,加水溶解后,移入 1 000 mL 容量瓶中,用水稀释至标线,摇匀。

5.83 碘酸钾标准滴定溶液[$c(1/6KIO_3)=0.03$ mol/L]

称取5.4 g碘酸钾(KIO_3)溶于200 mL新煮沸过的冷水中，加入5 g氢氧化钠(NaOH)及150 g碘化钾(KI)，溶解后再用新煮沸过的冷水稀释至5 L，摇匀，贮存于棕色瓶中。

5.84 硫代硫酸钠标准滴定溶液[$c(Na_2S_2O_3)=0.03$ mol/L]

5.84.1 硫代硫酸钠标准滴定溶液的配制

将37.5 g硫代硫酸钠($Na_2S_2O_3 \cdot 5H_2O$)溶于200 mL新煮沸过的冷水中，加入约0.25 g无水碳酸钠(5.26)，溶解后再用新煮沸过的冷水稀释至5 L，摇匀，贮存于棕色瓶中。

提示：由于硫代硫酸钠标准溶液不稳定，建议在每批试验之前，要重新标定。

5.84.2 标准溶液的标定

5.84.2.1 硫代硫酸钠标准滴定溶液的标定

吸取15.00 mL重铬酸钾基准溶液(5.82)放入带有磨口塞的200 mL锥形瓶中，加入3 g碘化钾(KI)及50 mL水，搅拌溶解后，加入10 mL硫酸(1+2)，盖上磨口塞，于暗处放置15 min～20 min。用少量水冲洗瓶壁和瓶塞，用硫代硫酸钠标准滴定溶液滴定至淡黄色后，加入约2 mL淀粉溶液(5.105)，再继续滴定至蓝色消失。

另用15 mL水代替重铬酸钾基准溶液，按上述步骤进行空白试验。

硫代硫酸钠标准滴定溶液的浓度按式(1)计算：

$$c(Na_2S_2O_3)=\frac{0.03\times 15.00}{V_2-V_1} \qquad \cdots\cdots(1)$$

式中：

$c(Na_2S_2O_3)$——硫代硫酸钠标准滴定溶液的浓度，单位为摩尔每升(mol/L)；

0.03——重铬酸钾基准溶液的浓度，单位为摩尔每升(mol/L)；

15.00——加入重铬酸钾基准溶液的体积，单位为毫升(mL)；

V_2——滴定时消耗硫代硫酸钠标准滴定溶液的体积，单位为毫升(mL)；

V_1——空白试验消耗硫代硫酸钠标准滴定溶液的体积，单位为毫升(mL)。

5.84.2.2 碘酸钾标准滴定溶液与硫代硫酸钠标准滴定溶液体积比的标定

从滴定管中缓慢放出15.00 mL碘酸钾标准滴定溶液(5.83)于200 mL锥形瓶中，加入25 mL水及10 mL硫酸(1+2)，在摇动下用硫代硫酸钠标准滴定溶液(5.84)滴定至淡黄色后，加入约2 mL淀粉溶液(5.105)，再继续滴定至蓝色消失。

碘酸钾标准滴定溶液与硫代硫酸钠标准滴定溶液的体积比按式(2)计算：

$$K_1=\frac{15.00}{V_3} \qquad \cdots\cdots(2)$$

式中：

K_1——碘酸钾标准滴定溶液与硫代硫酸钠标准滴定溶液的体积比；

15.00——加入碘酸钾标准滴定溶液的体积，单位为毫升(mL)；

V_3——滴定时消耗硫代硫酸钠标准滴定溶液的体积，单位为毫升(mL)。

5.84.2.3 碘酸钾标准滴定溶液对三氧化硫及对硫的滴定度的计算

碘酸钾标准滴定溶液对三氧化硫及对硫的滴定度分别按式(3)和式(4)计算：

$$T_{SO_3}=\frac{c(Na_2S_2O_3)\times V_3\times 40.03}{15.00} \qquad \cdots\cdots(3)$$

$$T_S=\frac{c(Na_2S_2O_3)\times V_3\times 16.03}{15.00} \qquad \cdots\cdots(4)$$

式中：

T_{SO_3}——碘酸钾标准滴定溶液对三氧化硫的滴定度，单位为毫克每毫升(mg/mL)；

T_S——碘酸钾标准滴定溶液对硫的滴定度，单位为毫克每毫升(mg/mL)；

$c(Na_2S_2O_3)$——硫代硫酸钠标准滴定溶液的浓度，单位为摩尔每升(mol/L)；

V_3——标定体积比 K_1 时消耗硫代硫酸钠标准滴定溶液的体积，单位为毫升(mL)；

40.03——$(1/2SO_3)$的摩尔质量，单位为克每摩尔(g/mol)；

16.03——(1/2S)的摩尔质量，单位为克每摩尔(g/mol)；

15.00——标定体积比 K_1 时加入碘酸钾标准滴定溶液的体积，单位为毫升(mL)。

5.85 碳酸钙标准溶液[$c(CaCO_3)=0.024$ mol/L]

称取 0.6 g(m_1)已于 105℃～110 ℃烘过 2 h 的碳酸钙($CaCO_3$，基准试剂)，精确至 0.000 1 g，置于 400 mL 烧杯中，加入约 100 mL 水，盖上表面皿，沿杯口慢慢加入 5 mL～10 mL 盐酸(1+1)，搅拌至碳酸钙全部溶解，加热煮沸并微沸 1 min～2 min。冷却至室温后，移入 250 mL 容量瓶中，用水稀释至标线，摇匀。

5.86 EDTA 标准滴定溶液[$c(EDTA)=0.015$ mol/L]

5.86.1 EDTA 标准滴定溶液的配制

称取 5.6 g EDTA(乙二胺四乙酸二钠，$C_{10}H_{14}N_2O_8Na_2\cdot 2H_2O$)置于烧杯中，加入约 200 mL 水，加热溶解，过滤，加水稀释至 1 L，摇匀。

5.86.2 EDTA 标准滴定溶液浓度的标定

吸取 25.00 mL 碳酸钙标准溶液(5.85)放入 300 mL 烧杯中，加水稀释至约 200 mL 水，加入适量的 CMP 混合指示剂(5.97)，在搅拌下加入氢氧化钾溶液(5.33)至出现绿色荧光后再过量 2 mL～3 mL，用 EDTA 标准滴定溶液滴定至绿色荧光消失并呈现红色。

EDTA 标准滴定溶液的浓度按式(5)计算：

$$c(EDTA)=\frac{m_1\times 25\times 1\,000}{250\times V_4\times 100.09}=\frac{m_1}{V_4\times 1.000\,9} \quad \cdots\cdots(5)$$

式中：

$c(EDTA)$——EDTA 标准滴定溶液的浓度，单位为摩尔每升(mol/L)；

m_1——按 5.85 配制碳酸钙标准溶液的碳酸钙的质量，单位为克(g)；

V_4——滴定时消耗 EDTA 标准滴定溶液的体积，单位为毫升(mL)；

100.09——$CaCO_3$ 的摩尔质量，单位为克每摩尔(g/mol)。

5.86.3 EDTA 标准滴定溶液对各氧化物的滴定度的计算

EDTA 标准滴定溶液对三氧化二铁、三氧化二铝、氧化钙、氧化镁的滴定度分别按式(6)、(7)、(8)、(9)计算：

$$T_{Fe_2O_3}=c(EDTA)\times 79.84 \quad \cdots\cdots(6)$$

$$T_{Al_2O_3}=c(EDTA)\times 50.98 \quad \cdots\cdots(7)$$

$$T_{CaO}=c(EDTA)\times 56.08 \quad \cdots\cdots(8)$$

$$T_{MgO}=c(EDTA)\times 40.31 \quad \cdots\cdots(9)$$

式中：

$T_{Fe_2O_3}$——EDTA 标准滴定溶液对三氧化二铁的滴定度，单位为毫克每毫升(mg/mL)；

$T_{Al_2O_3}$——EDTA 标准滴定溶液对三氧化二铝的滴定度，单位为毫克每毫升(mg/mL)；

T_{CaO}——EDTA 标准滴定溶液对氧化钙的滴定度，单位为毫克每毫升(mg/mL)；

T_{MgO}——EDTA 标准滴定溶液对氧化镁的滴定度，单位为毫克每毫升(mg/mL)；

$c(EDTA)$——EDTA 标准滴定溶液的浓度，单位为摩尔每升(mol/L)；

79.84——$(1/2Fe_2O_3)$的摩尔质量，单位为克每摩尔(g/mol)；

50.98——$(1/2Al_2O_3)$的摩尔质量，单位为克每摩尔(g/mol)；

56.08——CaO 的摩尔质量，单位为克每摩尔(g/mol)；

40.31——MgO 的摩尔质量，单位为克每摩尔(g/mol)。

5.87 硫酸铜标准滴定溶液[$c(CuSO_4)=0.015mol/L$]

5.87.1 硫酸铜标准滴定溶液的配制

称取 3.7 g 硫酸铜($CuSO_4 \cdot 5H_2O$)溶于水中,加入 4～5 滴硫酸(1+1),加水稀释至 1 L,摇匀。

5.87.2 EDTA 标准滴定溶液与硫酸铜标准滴定溶液体积比的标定

从滴定管中缓慢放出 10.00 mL～15.00 mLEDTA 标准滴定溶液(5.86)于 300 mL 烧杯中,加水稀释至约 150 mL,加入 15 mL pH4.3 的缓冲溶液(5.45),加热至沸,取下稍冷,加入 4～5 滴 PAN 指示剂溶液(5.101),用硫酸铜标准滴定溶液滴定至亮紫色。

EDTA 标准滴定溶液与硫酸铜标准滴定溶液的体积比按式(10)计算:

$$K_2=\frac{V_5}{V_6} \qquad \cdots\cdots(10)$$

式中:

K_2——EDTA 标准滴定溶液与硫酸铜标准滴定溶液的体积比;

V_5——加入 EDTA 标准滴定溶液的体积,单位为毫升(mL);

V_6——滴定时消耗硫酸铜标准滴定溶液的体积,单位为毫升(mL)。

5.88 高锰酸钾标准滴定溶液[$c(1/5KMnO_4)=0.18\ mol/L$]

5.88.1 高锰酸钾标准滴定溶液的配制

称取 5.7 g 高锰酸钾($KMnO_4$)置于 400 mL 烧杯中,溶于约 250 mL 水,加热微沸数分钟,冷至室温,用玻璃砂芯漏斗(6.19)或垫有一层玻璃棉的漏斗将溶液过滤于 1 000 mL 棕色瓶中,然后用新煮沸过的冷水稀释至 1 L,摇匀,于阴暗处放置一周后标定。

提示:由于高锰酸钾标准滴定溶液不稳定,建议至少两个月重新标定一次。

5.88.2 高锰酸钾标准滴定溶液浓度的标定

称取 0.5 g(m_2)已于 105℃～110 ℃烘过 2 h 的草酸钠($Na_2C_2O_4$,基准试剂),精确至 0.000 1 g,置于 400 mL 烧杯中,加入约 150 mL 水,20 mL 硫酸(1+1),加热至 70 ℃～80 ℃,用高锰酸钾标准滴定溶液滴定至微红色出现,并保持 30 s 不消失。

高锰酸钾标准滴定溶液的浓度按式(11)计算:

$$c(1/5KMnO_4)=\frac{m_2\times 1\,000}{V_7\times 67.00} \qquad \cdots\cdots(11)$$

式中:

$c(1/5KMnO_4)$——高锰酸钾标准滴定溶液的浓度,单位为摩尔每升(mol/L);

m_2——草酸钠的质量,单位为克(g);

V_7——滴定时消耗高锰酸钾标准滴定溶液的体积,单位为毫升(mL);

67.00——($1/2Na_2C_2O_4$)的摩尔质量,单位为克每摩尔(g/mol)。

5.88.3 高锰酸钾标准滴定溶液对氧化钙的滴定度的计算

高锰酸钾标准滴定溶液对氧化钙的滴定度按式(12)计算:

$$T'_{CaO}=c(1/5KMnO_4)\times 28.04 \qquad \cdots\cdots(12)$$

式中:

T'_{CaO}——高锰酸钾标准滴定溶液对氧化钙的滴定度,单位为毫克每毫升(mg/ mL);

$c(1/5KMnO_4)$——高锰酸钾标准滴定溶液的浓度,单位为摩尔每升(mol/L);

28.04——(1/2CaO)的摩尔质量,单位为克每摩尔(g/mol)。

5.89 氢氧化钠标准滴定溶液[$c(NaOH)=0.15\ mol/L$]

5.89.1 氢氧化钠标准滴定溶液[$c(NaOH)=0.15\ mol/L$]的配制

称取 30 g 氢氧化钠(NaOH)溶于水后,加水稀释至 5 L,充分摇匀,贮存于塑料瓶或带胶塞(装有钠石灰干燥管)的硬质玻璃瓶内。

5.89.2 氢氧化钠标准滴定溶液[$c(NaOH)=0.15$ mol/L]浓度的标定

称取0.8 g(m_3)苯二甲酸氢钾($C_8H_5KO_4$,基准试剂),精确至0.000 1 g,置于300 mL烧杯中,加入约200 mL预先新煮沸过并冷却后用氢氧化钠溶液中和至酚酞呈微红色的冷水,搅拌使其溶解,加入6~7滴酚酞指示剂溶液(5.99),用氢氧化钠标准滴定溶液滴定至微红色。

氢氧化钠标准滴定溶液的浓度按式(13)计算:

$$c(NaOH)=\frac{m_3\times 1\ 000}{V_8\times 204.2} \quad\cdots\cdots(13)$$

式中:

$c(NaOH)$——氢氧化钠标准滴定溶液的浓度,单位为摩尔每升(mol/L);

m_3——苯二甲酸氢钾的质量,单位为克(g);

V_8——滴定时消耗氢氧化钠标准滴定溶液的体积,单位为毫升(mL);

204.2——苯二甲酸氢钾的摩尔质量,单位为克每摩尔(g/mol)。

5.89.3 氢氧化钠标准滴定溶液[$c(NaOH)=0.15$ mol/L]对二氧化硅的滴定度的计算

氢氧化钠标准滴定溶液对二氧化硅的滴定度按式(14)计算:

$$T_{SiO_2}=c(NaOH)\times 15.02 \quad\cdots\cdots(14)$$

式中:

T_{SiO_2}——氢氧化钠标准滴定溶液对二氧化硅的滴定度,单位为毫克每毫升(mg/mL);

$c(NaOH)$——氢氧化钠标准滴定溶液的浓度,单位为摩尔每升(mol/L);

15.02——($1/4SiO_2$)的摩尔质量,单位为克每摩尔(g/mol)。

5.90 氢氧化钠标准滴定溶液[$c'(NaOH)=0.06$ mol/L]

5.90.1 氢氧化钠标准滴定溶液[$c'(NaOH)=0.06$ mol/L]的配制

称取12 g氢氧化钠(NaOH)溶于水后,加水稀释至5 L,充分摇匀,贮存于塑料瓶或带胶塞(装有钠石灰干燥管)的硬质玻璃瓶内。

5.90.2 氢氧化钠标准滴定溶液[$c'(NaOH)=0.06$ mol/L]浓度的标定

称取0.3 g(m_4)苯二甲酸氢钾($C_8H_5KO_4$,基准试剂),精确至0.000 1 g,置于300 mL烧杯中,加入约200 mL预先新煮沸过并冷却后用氢氧化钠溶液中和至酚酞呈微红色的冷水,搅拌使其溶解,加入6~7滴酚酞指示剂溶液(5.99),用氢氧化钠标准滴定溶液滴定至微红色。

氢氧化钠标准滴定溶液的浓度按式(15)计算:

$$c'(NaOH)=\frac{m_4\times 1\ 000}{V_9\times 204.2} \quad\cdots\cdots(15)$$

式中:

$c'(NaOH)$——氢氧化钠标准滴定溶液的浓度,单位为摩尔每升(mol/L);

m_4——苯二甲酸氢钾的质量,单位为克(g);

V_9——滴定时消耗氢氧化钠标准滴定溶液的体积,单位为毫升(mL);

204.2——苯二甲酸氢钾的摩尔质量,单位为克每摩尔(g/mol)。

5.90.3 氢氧化钠标准滴定溶液[$c'(NaOH)=0.06$ mol/L]对三氧化硫的滴定度的计算

氢氧化钠标准滴定溶液对三氧化硫滴定度按式(16)计算:

$$T'_{SO_3}=c'(NaOH)\times 40.03 \quad\cdots\cdots(16)$$

式中:

T'_{SO_3}——氢氧化钠标准滴定溶液对三氧化硫的滴定度,单位为毫克每毫升(mg/mL);

$c'(NaOH)$——氢氧化钠标准滴定溶液的浓度,单位为摩尔每升(mol/L);

40.03——($1/2SO_3$)的摩尔质量,单位为克每摩尔(g/mol)。

5.91 氯离子标准溶液

称取0.329 7 g已于105℃～110 ℃烘过2 h的氯化钠(NaCl,基准试剂或光谱纯),精确至0.000 1 g,置于200 mL烧杯中,加水溶解后,移入1 000 mL容量瓶中,用水稀释至标线,摇匀。此标准溶液每毫升含0.2 mg氯离子。

吸取50.00 mL上述标准溶液放入250 mL容量瓶中,用水稀释至标线,摇匀。此标准溶液每毫升含0.04 mg氯离子。

5.92 硝酸汞标准滴定溶液[$c(Hg(NO_3)_2)=0.001$ mol/L]

5.92.1 硝酸汞标准滴定溶液[$c(Hg(NO_3)_2)=0.001$ mol/L]的配制

称取0.34 g硝酸汞[$Hg(NO_3)_2 \cdot 1/2H_2O$],溶于10 mL硝酸(5.65)中,移入1 000 mL容量瓶内,用水稀释至标线,摇匀。

5.92.2 硝酸汞标准滴定溶液[$c(Hg(NO_3)_2)=0.001$ mol/L]对氯离子滴定度的标定

准确加入5.00 mL 0.04 mg/mL氯离子标准溶液(5.91)于50 mL锥形瓶中,加入20 mL乙醇(5.12)及1～2滴溴酚蓝指示剂溶液(5.103),用氢氧化钠溶液(5.66)调节至溶液呈蓝色,然后用硝酸(5.65)调节至溶液刚好变黄色,再过量1滴,加入10滴二苯偶氮碳酰肼指示剂溶液(5.106),用硝酸汞标准滴定溶液滴定至紫红色出现。

同时进行空白试验。使用相同量的试剂,不加入氯离子标准溶液,按照相同的测定步骤进行试验。

硝酸汞标准滴定溶液对氯离子的滴定度按式(17)计算:

$$T_{Cl^-}=\frac{0.04\times 5.00}{V_{11}-V_{10}}=\frac{0.2}{V_{11}-V_{10}} \qquad (17)$$

式中:

T_{Cl^-}——硝酸汞标准滴定溶液对氯离子的滴定度,单位为毫克每毫升(mg/mL);

0.04——氯离子标准溶液的浓度,单位为毫克每毫升(mg/mL);

5.00——加入氯离子标准溶液的体积,单位为毫升(mL);

V_{11}——标定时消耗硝酸汞标准滴定溶液的体积,单位为毫升(mL);

V_{10}——空白试验消耗硝酸汞标准滴定溶液的体积,单位为毫升(mL)。

5.93 硝酸汞标准滴定溶液[$c'(Hg(NO_3)_2)=0.005$ mol/L]

5.93.1 硝酸汞标准滴定溶液[$c'(Hg(NO_3)_2)=0.005$ mol/L]的配制

称取1.67 g硝酸汞[$Hg(NO_3)_2 \cdot 1/2H_2O$],溶于10 mL硝酸(5.65)中,移入1 000 mL容量瓶内,用水稀释至标线,摇匀。

5.93.2 硝酸汞标准滴定溶液[$c'(Hg(NO_3)_2)=0.005$ mol/L]对氯离子滴定度的标定

准确加入7.00 mL 0.2 mg/mL氯离子标准溶液(5.91)于50 mL锥形瓶中,以下操作按5.92.2步骤进行。

硝酸汞标准滴定溶液对氯离子的滴定度按式(18)计算:

$$T'_{Cl^-}=\frac{0.2\times 7.00}{V_{13}-V_{12}}=\frac{1.4}{V_{13}-V_{12}} \qquad (18)$$

式中:

T'_{Cl^-}——硝酸汞标准滴定溶液对氯离子的滴定度,单位为毫克每毫升(mg/mL);

0.2——氯离子标准溶液的浓度,单位为毫克每毫升(mg/mL);

7.00——加入氯离子标准溶液的体积,单位为毫升(mL);

V_{13}——标定时消耗硝酸汞标准滴定溶液的体积,单位为毫升(mL);

V_{12}——空白试验消耗硝酸汞标准滴定溶液的体积,单位为毫升(mL)。

5.94 氟离子(F^-)标准溶液

5.94.1 氟离子标准溶液的配制

称取0.276 3 g已于105℃～110 ℃烘过2 h的氟化钠(NaF,优级纯),精确至0.000 1 g,置于塑料烧杯中,加水溶解后,移入500 mL容量瓶中,用水稀释至标线,摇匀,贮存于塑料瓶中。此标准溶液每毫升含0.25 mg氟离子。

吸取每毫升含0.25 mg氟离子的标准溶液10.00 mL;20.00 mL;40.00 mL;60.00 mL分别放入500 mL容量瓶中,用水稀释至标线,摇匀,贮存于塑料瓶中。此系列标准溶液分别每毫升含0.005 mg;0.010 mg;0.020 mg;0.030 mg氟离子。

5.94.2 工作曲线的绘制

移取5.94.1中系列标准溶液各10.00 mL,放入置有一磁力搅拌子的50 mL干烧杯中。准确加入10.00 mL pH6的总离子强度配位缓冲液(5.67),将烧杯置于磁力搅拌器(6.11)上,在溶液中插入氟离子选择电极和饱和氯化钾甘汞电极,开动磁力搅拌器(6.11)搅拌2 min,停搅30 s。用离子计或酸度计(6.15)测量溶液的平衡电位。用单对数坐标纸,以对数坐标为氟离子的浓度,常数坐标为电位值,绘制工作曲线。

5.95 苯甲酸-无水乙醇标准滴定溶液[$c(C_6H_5COOH)=0.1$ mol/L]

5.95.1 苯甲酸-无水乙醇标准滴定溶液的配制

称取12.2 g已在干燥器(6.5)中干燥24 h后的苯甲酸(C_6H_5COOH)溶于1 000 mL无水乙醇(5.12)中,贮存于带胶塞(装有硅胶干燥管)的玻璃瓶内。

5.95.2 苯甲酸-无水乙醇标准滴定溶液对氧化钙滴定度的标定

5.95.2.1 用于甘油酒精法的滴定度的标定

取一定量碳酸钙($CaCO_3$,基准试剂)置于铂(或瓷)坩埚中,在(950±25)℃下灼烧至恒量,从中称取0.04 g氧化钙(m_5),精确至0.000 1g,置于250 mL干燥的锥形瓶中,加入30 mL甘油-无水乙醇溶液(5.69),加入约1 g硝酸锶(5.71),放入一根搅拌子,装上冷凝管,置于游离氧化钙测定仪(6.18)上,以适当的速度搅拌溶液,同时升温并加热煮沸,在搅拌下微沸10 min后,取下锥形瓶,立即用苯甲酸-无水乙醇标准滴定溶液滴定至微红色消失。再装上冷凝管,继续在搅拌下煮沸至红色出现,再取下滴定。如此反复操作,直至在加热10 min后不出现红色为止。

苯甲酸-无水乙醇标准滴定溶液对氧化钙的滴定度按式(19)计算:

$$T''_{CaO}=\frac{m_5\times 1\,000}{V_{14}} \qquad (19)$$

式中:

T''_{CaO}——苯甲酸-无水乙醇标准滴定溶液对氧化钙的滴定度,单位为毫克每毫升(mg/mL);

m_5——氧化钙的质量,单位为克(g);

V_{14}——滴定时消耗苯甲酸-无水乙醇标准滴定溶液的总体积,单位为毫升(mL)。

5.95.2.2 用于乙二醇法的滴定度的标定

取一定量碳酸钙($CaCO_3$,基准试剂)置于铂(或瓷)坩埚中,在(950±25)℃下灼烧至恒量,从中称取0.04 g氧化钙(m_6),精确至0.000 1 g,置于250 mL干燥的锥形瓶中,加入30 mL乙二醇-乙醇溶液(5.70),放入一根搅拌子,装上冷凝管,置于游离氧化钙测定仪(6.18)上,以适当的速度搅拌溶液,同时升温并加热煮沸,当冷凝下的乙醇开始连续滴下时,继续在搅拌下加热微沸4 min,取下锥形瓶,用预先用无水乙醇润湿过的快速滤纸抽气过滤或预先用无水乙醇洗涤过的玻璃砂芯漏斗(6.19)抽气过滤,用无水乙醇(5.12)洗涤锥形瓶和沉淀3次,过滤时等上次洗涤液过滤完后再洗涤下次。滤液及洗液收集于250 mL干燥的抽滤瓶中,立即用苯甲酸-无水乙醇标准滴定溶液滴定至微红色消失。

苯甲酸-无水乙醇标准滴定溶液对氧化钙的滴定度按式(20)计算:

$$T'''_{CaO}=\frac{m_6\times 1\,000}{V_{15}} \qquad \cdots\cdots(20)$$

式中：

T'''_{CaO}——苯甲酸-无水乙醇标准滴定溶液对氧化钙的滴定度，单位为毫克每毫升(mg/mL)；

m_6——氧化钙的质量，单位为克(g)；

V_{15}——滴定时消耗苯甲酸-无水乙醇标准滴定溶液的体积，单位为毫升(mL)。

5.96 EDTA-铜溶液

按EDTA标准滴定溶液(5.86)与硫酸铜标准滴定溶液的体积比(5.87.2)，准确配制成等物质的量浓度的混合溶液。

5.97 钙黄绿素-甲基百里香酚蓝-酚酞混合指示剂(简称CMP混合指示剂)

称取1.000 g钙黄绿素、1.000 g甲基百里香酚蓝、0.200 g酚酞与50 g已在105℃～110 ℃烘干过的硝酸钾(KNO_3)，混合研细，保存在磨口瓶中。

5.98 酸性铬蓝K-萘酚绿B混合指示剂(简称KB混合指示剂)

称取1.000 g酸性铬蓝K、2.500 g萘酚绿B与50 g已在105℃～110 ℃烘干过的硝酸钾(KNO_3)，混合研细，保存在磨口瓶中。

滴定终点颜色不正确时，可调节酸性铬蓝K与萘酚绿B的配制比例，并通过国家标准样品/标准物质进行对比确认。

5.99 酚酞指示剂溶液(10g/L)

将1 g酚酞溶于100 mL乙醇(5.12)中。

5.100 磺基水杨酸钠指示剂溶液(100 g/L)

将10 g磺基水杨酸钠($C_7H_5O_6SNa\cdot 2H_2O$)溶于水中，加水稀释至100 mL。

5.101 1-(2-吡啶偶氮)-2萘酚指示剂溶液(简称PAN指示剂溶液)(2 g/L)

将0.2 g 1-(2-吡啶偶氮)-2萘酚溶于100 mL乙醇(5.12)中。

5.102 甲基红指示剂溶液(2 g/L)

将0.2g甲基红溶于100 mL乙醇(5.12)中。

5.103 溴酚蓝指示剂溶液(2 g/L)

将0.2 g溴酚蓝溶于100 mL乙醇(1+4)中。

5.104 硫酸铁铵指示剂溶液

将10 mL硝酸(1+2)加入到100 mL冷的硫酸铁(Ⅲ)铵[$NH_4Fe(SO_4)_2\cdot 12H_2O$]饱和水溶液中。

5.105 淀粉溶液(10 g/L)

将1 g淀粉(水溶性)置于烧杯中，加水调成糊状后，加入100 mL沸水，煮沸约1 min，冷却后使用。

5.106 二苯偶氮碳酰肼指示剂溶液(10 g/L)

将1 g二苯偶氮碳酰肼溶于100 mL乙醇(5.12)中。

5.107 对硝基酚指示剂溶液(2 g/L)

将0.2 g对硝基酚溶于100 mL水中。

5.108 硫酸铜溶液(50g/L)

将5 g硫酸铜($CuSO_4\cdot 5H_2O$)溶于100 mL水中。

5.109 硫酸铜($CuSO_4\cdot 5H_2O$)饱和溶液。

5.110 硫化氢吸收剂

将称量过的、粒度在1 mm～2.5 mm的干燥浮石放在一个平盘内，然后用一定体积的硫酸铜饱和溶液(5.109)浸泡，硫酸铜溶液的质量约为浮石质量的一半。把混合物放在(150±5)℃的干燥箱(6.6)内，在玻璃棒经常搅拌下，蒸发混合物至干，烘干5 h以上，将固体混合物冷却后，密封保存。

5.111　碱石棉(二氧化碳吸收剂)

碱石棉,粒度 1 mm～2 mm (10 目～20 目),化学纯,密封保存。

5.112　水分吸收剂

无水高氯酸镁 [$Mg(ClO_4)_2$],制成粒度 0.6 mm～2 mm,密封保存;或者无水氯化钙($CaCl_2$),制成粒度 1 mm～4 mm,密封保存。

5.113　钠石灰

粒度 2 mm～5 mm,医药用或化学纯,密封保存。

5.114　硝酸银溶液(5 g/L)

将 5 g 硝酸银($AgNO_3$)溶于水中,加水稀释至 1 L。

5.115　滤纸浆

将定量滤纸撕成小块,放入烧杯中,加水浸没,在搅拌下加热煮沸 10 min 以上,冷却后放入广口瓶中备用。

6　仪器与设备

6.1　天平

精确至 0.000 1 g。

6.2　铂、银、瓷坩埚

带盖,容量 20 mL～30 mL。

6.3　铂皿

容量 50 mL～100 mL。

6.4　瓷蒸发皿

容量 150 mL～200 mL。

6.5　干燥器

内装变色硅胶。

6.6　干燥箱

可控制温度(105±5)℃、(150±5)℃、(250±10)℃。

6.7　高温炉

隔焰加热炉,在炉膛外围进行电阻加热。应使用温度控制器准确控制炉温,可控制温度(700±25)℃、(800±25)℃、(950±25)℃。

6.8　蒸汽水浴

6.9　滤纸

快速、中速、慢速三种型号的定量滤纸。

6.10　玻璃容量器皿

滴定管、容量瓶、移液管。

6.11　磁力搅拌器

带有塑料壳的搅拌子,具有调速和加热功能。

6.12　分光光度计

可在波长 400 nm～800 nm 范围内测定溶液的吸光度,带有 10 mm、20 mm 比色皿。

6.13　火焰光度计

可稳定地测定钾在波长 768 nm 处和钠在波长 589 nm 处的谱线强度。

6.14　原子吸收光谱仪

带有镁、钾、钠、铁、锰元素空心阴极灯。

6.15　离子计或酸度计

可连接氟离子选择电极和饱和氯化钾甘汞电极。

6.16　库仑积分测硫仪

由管式高温炉、电解池、磁力搅拌器和库仑积分器组成。

6.17　瓷舟

长 70 mm～80 mm，可耐温 1 200 ℃。

6.18　游离氧化钙测定仪

具有加热、搅拌、计时功能，并配有冷凝管。

6.19　玻璃砂芯漏斗

直径 50 mm，型号 G4（平均孔径 4 μm～7 μm）。

6.20　测定硫化物及硫酸盐的仪器装置

测定硫化物及硫酸盐的仪器装置示意图如图 1 所示。

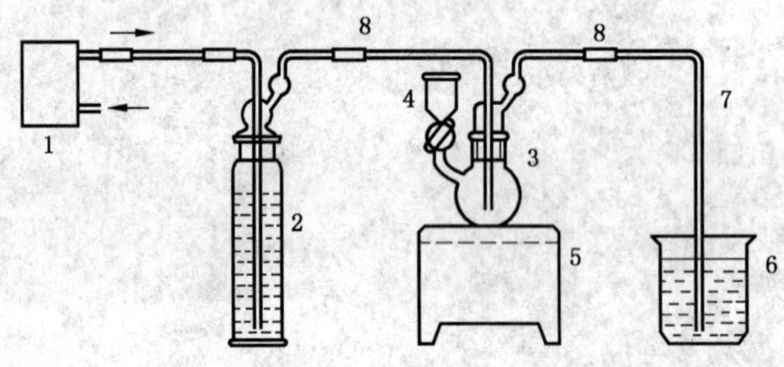

1——吹气泵；
2——洗气瓶，250 mL，内盛 100 mL 硫酸铜溶液（50 g/L）（5.108）；
3——反应瓶，100 mL；
4——加液漏斗，20 mL；
5——电炉，600 W，与 1 kVA～2 kVA 调压变压器相连接；
6——烧杯，400 mL，内盛 300 mL 水及 20 mL 氨性硫酸锌溶液（5.59）；
7——导气管；
8——硅橡胶管。

图 1　测定硫化物及硫酸盐的仪器装置示意图

6.21　二氧化碳测定装置

碱石棉吸收重量法-二氧化碳测定装置示意图如图 2 所示。安装一个适宜的抽气泵和一个玻璃转子流量计，以保证气体通过装置均匀流动。

进入装置的气体先通过含钠石灰（5.113）或碱石棉（5.111）的吸收塔 1 和含碱石棉（5.111）的 U 形管 2，气体中的二氧化碳被除去。反应瓶 4 上部与球形冷凝管 7 相连接。

气体通过球形冷凝管 7 后，进入含硫酸的洗气瓶 8，然后通过含硫化氢吸收剂（5.110）的 U 形管 9 和水分吸收剂（5.112）的 U 形管 10，气体中的硫化氢和水分被除去。接着通过两个可以称量的 U 形管 11 和 12，分别内装 3/4 碱石棉（5.111）和 1/4 水分吸收剂（5.112）。对气体流向而言，碱石棉（5.111）应装在水分吸收剂（5.112）之前。U 形管 11 和 12 后面接一个附加的 U 形管 13，内装钠石灰（5.113）或碱石棉（5.111），以防止空气中的二氧化碳和水分进入 U 形管 12 中。

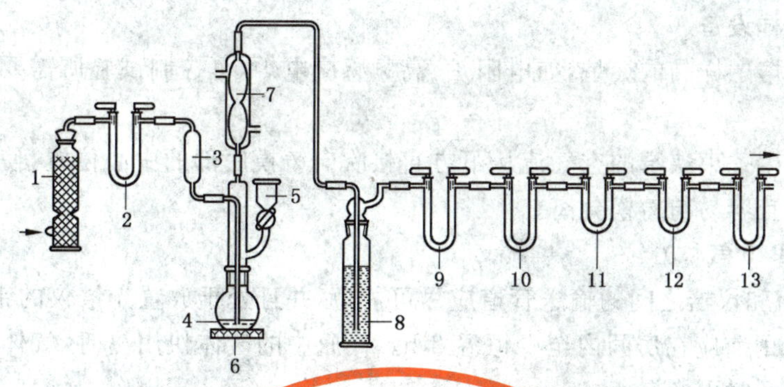

1——吸收塔，内装钠石灰(5.113)或碱石棉(5.111)；
2——U形管，内装碱石棉(5.111)；
3——缓冲瓶；
4——反应瓶，100 mL；
5——分液漏斗；
6——电炉；
7——球形冷凝管；
8——洗气瓶，内装浓硫酸；
9——U形管，内装硫化氢吸收剂(5.110)；
10——U形管，内装水分吸收剂(5.112)；
11、12——U形管，内装碱石棉(5.111)和水分吸收剂(5.112)；
13——U形管，内装钠石灰(5.113)或碱石棉(5.111)。

图2 碱石棉吸收重量法-二氧化碳测定装置示意图

6.22 U形管

可以称量的U形管11和12的尺寸应符合下述规定：

——二支直管之间内侧距离　　25 mm～30 mm

——内径　　15 mm～20 mm

——管底部和磨口段上部之间距离　　100 mm～120 mm

——管壁厚度　　1 mm～1.5 mm

6.23 测氯蒸馏装置

测氯蒸馏装置如图3所示。

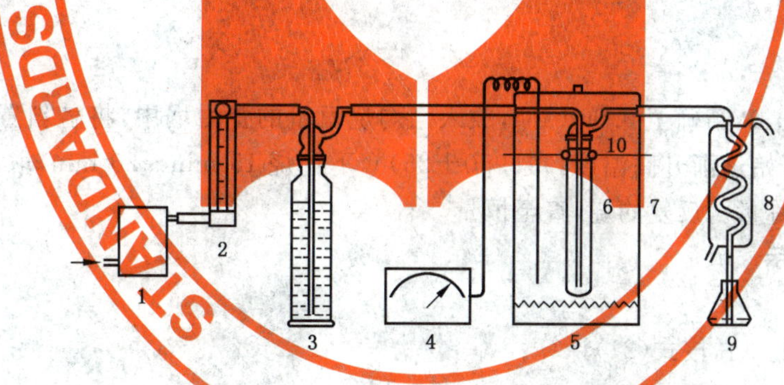

1——吹气泵；
2——转子流量计；
3——洗气瓶，内装硝酸银溶液(5 g/L)(5.114)；
4——温控仪；
5——电炉；
6——石英蒸馏管；
7——炉膛保温罩；
8——蛇形冷凝管；
9——50 mL锥形瓶；
10——固定架。

图3 测氯蒸馏装置示意图

6.24 X射线荧光分析仪

测定试样中二氧化硅、三氧化二铁、三氧化二铝、氧化钙、氧化钾、氧化钠、氯和硫(以三氧化硫计)等成分具有足够灵敏度的X射线荧光分析仪。

6.25 熔器和铸模

熔器和铸模应由铂合金(铂/金或铂/铑)制成。铸模内部底面应保持光洁平整无缺陷。

6.26 **熔炉或自动熔样设备**

用于灼烧试剂或熔融样品的熔炉，如电阻炉、高频感应电炉，可控制试验所需要的温度。

6.27 **冷却装置**

冷却装置可以产生一束狭窄的空气流从下方直接吹向铸模底部的中心位置，使熔体快速冷却，以得到均匀的玻璃熔片并且容易与铸模分离。

6.28 **氩-甲烷气体(P10气体)**

氩-甲烷气体钢瓶和仪器之间的输送管道应尽可能短，并且处于放置光谱仪的带有温度控制装置的房间里。新气瓶在使用前应在房间内至少恒温 2 h。气瓶中的气体快用尽时，气体的组成会发生变化。应在气体全部用尽前及时更换气瓶。

6.29 **粉磨设备、压片机和模具**

粉磨设备能将样品粉磨至适宜细度，必要时可加入粘合剂。压片机可把样品稳定压制成坚固的样片，表面平整光滑无缺陷。模具通常为钢制，且具有适宜的强度，能承受压力，不变形，具有适宜的尺寸，用其压制的样片能满足 X 射线光谱仪分析的需要。

7 试样的制备

按 GB/T 12573 方法取样，送往实验室的样品应是具有代表性的均匀性样品。采用四分法或缩分器将试样缩分至约 100 g，经 80 μm 方孔筛筛析，用磁铁吸去筛余物中金属铁，将筛余物经过研磨后使其全部通过孔径为 80 μm 方孔筛，充分混匀，装入试样瓶中，密封保存，供测定用。

提示：尽可能快速地进行试样的制备，以防止吸潮。

8 烧失量的测定——灼烧差减法

8.1 方法提要

试样在(950±25)℃的高温炉中灼烧，驱除二氧化碳和水分，同时将存在的易氧化的元素氧化。通常矿渣硅酸盐水泥应对由硫化物的氧化引起的烧失量的误差进行校正，而其他元素的氧化引起的误差一般可忽略不计。

8.2 分析步骤

称取约 1 g 试样(m_7)，精确至 0.000 1 g，放入已灼烧恒量的瓷坩埚中，将盖斜置于坩埚上，放在高温炉(6.7)内，从低温开始逐渐升高温度，在(950±25)℃下灼烧 15 min～20 min，取出坩埚置于干燥器(6.5)中，冷却至室温，称量。反复灼烧，直至恒量。

8.3 结果的计算与表示

8.3.1 烧失量的计算

烧失量的质量分数 w_{LOI} 按式(21)计算：

$$w_{LOI}=\frac{m_7-m_8}{m_7}\times 100 \qquad (21)$$

式中：

w_{LOI}——烧失量的质量分数，%；

m_7——试料的质量，单位为克(g)；

m_8——灼烧后试料的质量，单位为克(g)。

8.3.2 矿渣硅酸盐水泥和掺入大量矿渣的其他水泥烧失量的校正

称取两份试样，一份用来直接测定其中的三氧化硫含量；另一份则按测定烧失量的条件于(950±25)℃下灼烧 15 min～20 min，然后测定灼烧后的试料中的三氧化硫含量。

根据灼烧前后三氧化硫含量的变化，矿渣硅酸盐水泥在灼烧过程中由于硫化物氧化引起烧失量的误差可按式(22)进行校正：

$$w'_{LOI} = w_{LOI} + 0.8 \times (w_{后} - w_{前}) \quad \cdots\cdots(22)$$

式中：

w'_{LOI}——校正后烧失量的质量分数，%；

w_{LOI}——实际测定的烧失量的质量分数，%；

$w_{前}$——灼烧前试料中三氧化硫的质量分数，%；

$w_{后}$——灼烧后试料中三氧化硫的质量分数，%；

0.8——S^{2-} 氧化为 SO_4^{2-} 时增加的氧与 SO_3 的摩尔质量比，即(4×16)/80=0.8。

9 不溶物的测定——盐酸-氢氧化钠处理

9.1 方法提要

试样先以盐酸溶液处理，尽量避免可溶性二氧化硅的析出，滤出的不溶渣再以氢氧化钠溶液处理，进一步溶解可能已沉淀的痕量二氧化硅，以盐酸中和、过滤后，残渣经灼烧后称量。

9.2 分析步骤

称取约 1 g 试样(m_9)，精确至 0.000 1 g，置于 150 mL 烧杯中，加入 25 mL 水，搅拌使试样完全分散，在不断搅拌下加入 5 mL 盐酸，用平头玻璃棒压碎块状物使其分解完全(必要时可将溶液稍稍加温几分钟)。用近沸的热水稀释至 50 mL，盖上表面皿，将烧杯置于蒸汽水浴中加热 15 min。用中速定量滤纸过滤，用热水充分洗涤 10 次以上。

将残渣和滤纸一并移入原烧杯中，加入 100 mL 近沸的氢氧化钠溶液(5.31)，盖上表面皿，置于蒸汽水浴中加热 15 min。加热期间搅动滤纸及残渣 2～3 次。取下烧杯，加入 1～2 滴甲基红指示剂溶液(5.102)，滴加盐酸(1+1)至溶液呈红色，再过量 8～10 滴。用中速定量滤纸过滤，用热的硝酸铵溶液(5.36)充分洗涤至少 14 次。

将残渣及滤纸一并移入已灼烧恒量的瓷坩埚中，灰化后在(950±25)℃的高温炉(6.7)内灼烧 30 min。取出坩埚，置于干燥器(6.5)中，冷却至室温，称量。反复灼烧，直至恒量。

9.3 结果的计算与表示

不溶物的质量分数 w_{IR} 按式(23)计算：

$$w_{IR} = \frac{m_{10}}{m_9} \times 100 \quad \cdots\cdots(23)$$

式中：

w_{IR}——不溶物的质量分数，%；

m_{10}——灼烧后不溶物的质量，单位为克(g)；

m_9——试料的质量，单位为克(g)。

10 三氧化硫的测定——硫酸钡重量法(基准法)

10.1 方法提要

在酸性溶液中，用氯化钡溶液沉淀硫酸盐，经过滤灼烧后，以硫酸钡形式称量。测定结果以三氧化硫计。

10.2 分析步骤

称取约 0.5 g 试样(m_{11})，精确至 0.000 1 g，置于 200 mL 烧杯中，加入约 40 mL 水，搅拌使试样完全分散，在搅拌下加入 10 mL 盐酸(1+1)，用平头玻璃棒压碎块状物，加热煮沸并保持微沸(5±0.5) min。用中速滤纸过滤，用热水洗涤 10～12 次，滤液及洗液收集于 400 mL 烧杯中。加水稀释至约 250 mL，玻璃棒底部压一小片定量滤纸，盖上表面皿，加热煮沸，在微沸下从杯口缓慢逐滴加入 10 mL 热的氯化钡溶液(5.34)，继续微沸 3 min 以上使沉淀良好地形成，然后在常温下静置 12 h～24 h 或温热处静置至少 4 h(仲裁分析应在常温下静置 12 h～24 h)，此时溶液体积应保持在约 200 mL。用慢速定量滤纸过滤，以温水洗涤，直至检验无氯离子为止(4.6)。

将沉淀及滤纸一并移入已灼烧恒量的瓷坩埚中，灰化完全后，放入 800 ℃～950 ℃的高温炉(6.7)内灼烧 30 min，取出坩埚，置于干燥器(6.5)中冷却至室温，称量。反复灼烧，直至恒量。

10.3 结果的计算与表示

试样中三氧化硫的质量分数 w_{SO_3} 按式(24)计算：

$$w_{SO_3}=\frac{m_{12}\times 0.343}{m_{11}}\times 100 \qquad \cdots\cdots(24)$$

式中：

w_{SO_3}——三氧化硫的质量分数，%；

m_{12}——灼烧后沉淀的质量，单位为克(g)；

m_{11}——试料的质量，单位为克(g)；

0.343——硫酸钡对三氧化硫的换算系数。

11 二氧化硅的测定——氯化铵重量法(基准法)

11.1 方法提要

试样以无水碳酸钠烧结，盐酸溶解，加入固体氯化铵于蒸汽水浴上加热蒸发，使硅酸凝聚，经过滤灼烧后称量。用氢氟酸处理后，失去的质量即为胶凝性二氧化硅含量，加上从滤液中比色回收的可溶性二氧化硅含量即为总二氧化硅含量。

11.2 分析步骤

11.2.1 胶凝性二氧化硅的测定

称取约 0.5 g 试样(m_{13})，精确至 0.000 1 g，置于铂坩埚中，将盖斜置于坩埚上，在 950 ℃～1 000 ℃下灼烧 5 min，取出坩埚冷却。用玻璃棒仔细压碎块状物，加入(0.30±0.01) g 已磨细的无水碳酸钠(5.26)，仔细混匀。再将坩埚置于 950 ℃～1 000 ℃下灼烧 10 min，取出坩埚冷却。

将烧结块移入瓷蒸发皿中，加入少量水润湿，用平头玻璃棒压碎块状物，盖上表面皿，从皿口慢慢加入 5 mL 盐酸及 2～3 滴硝酸，待反应停止后取下表面皿，用平头玻璃棒压碎块状物使其分解完全，用热盐酸(1+1)清洗坩埚数次，洗液合并于蒸发皿中。将蒸发皿置于蒸汽水浴上，皿上放一玻璃三角架，再盖上表面皿。蒸发至糊状后，加入约 1 g 氯化铵(5.27)，充分搅匀，在蒸汽水浴上蒸发至干后继续蒸发 10 min～15 min。蒸发期间用平头玻璃棒仔细搅拌并压碎大颗粒。

取下蒸发皿，加入 10 mL～20 mL 热盐酸(3+97)，搅拌使可溶性盐类溶解。用中速定量滤纸过滤，用胶头擦棒擦洗玻璃棒及蒸发皿，用热盐酸(3+97)洗涤沉淀 3～4 次，然后用热水充分洗涤沉淀，直至检验无氯离子为止(4.6)。滤液及洗液收集于 250 mL 容量瓶中。

将沉淀连同滤纸一并移入铂坩埚中，将盖斜置于坩埚上，在电炉上干燥、灰化完全后，放入 950 ℃～1 000 ℃的高温炉(6.7)内灼烧 60 min，取出坩埚置于干燥器(6.5)中，冷却至室温，称量。反复灼烧，直至恒量(m_{14})。

向坩埚中慢慢加入数滴水润湿沉淀，加入 3 滴硫酸(1+4)和 10 mL 氢氟酸，放入通风橱内电热板上缓慢加热，蒸发至干，升高温度继续加热至三氧化硫白烟完全驱尽。将坩埚放入 950 ℃～1 000 ℃的高温炉(6.7)内灼烧 30 min，取出坩埚置于干燥器(6.5)中，冷却至室温，称量。反复灼烧，直至恒量(m_{15})。

11.2.2 经氢氟酸处理后的残渣的分解

向按 11.2.1 经过氢氟酸处理后得到的残渣中加入 0.5 g 焦硫酸钾(5.28)，在喷灯上熔融，熔块用热水和数滴盐酸(1+1)溶解，溶液合并入按 11.2.1 分离二氧化硅后得到的滤液和洗液中。用水稀释至标线，摇匀。此溶液 A 供测定滤液中残留的可溶性二氧化硅(11.2.3)、三氧化二铁(12.2 或 24.2)、三氧化二铝(13.2 或 26.2)、氧化钙(14.2)、氧化镁(29.2)、二氧化钛(16.2)和五氧化二磷(21.2)用。

11.2.3 可溶性二氧化硅的测定——硅钼蓝分光光度法

从11.2.2溶液A中吸取25.00 mL溶液放入100 mL容量瓶中，加水稀释至40 mL，依次加入5 mL盐酸(1+10)、8 mL乙醇(5.12)、6 mL钼酸铵溶液(5.37)，摇匀。放置30 min后，加入20 mL盐酸(1+1)、5 mL抗坏血酸溶液(5.40)，用水稀释至标线，摇匀。放置60 min后，用分光光度计(6.12)，10 mm比色皿，以水作参比，于波长660 nm处测定溶液的吸光度，在工作曲线(5.74.2)上查出二氧化硅的含量(m_{16})。

11.3 结果的计算与表示

11.3.1 胶凝性二氧化硅质量分数的计算

胶凝性二氧化硅的质量分数 $w_{胶凝SiO_2}$ 按式(25)计算：

$$w_{胶凝SiO_2}=\frac{m_{14}-m_{15}}{m_{13}}\times 100 \qquad (25)$$

式中：

$w_{胶凝SiO_2}$——胶凝性二氧化硅的质量分数，%；

m_{14}——灼烧后未经氢氟酸处理的沉淀及坩埚的质量，单位为克(g)；

m_{15}——用氢氟酸处理并经灼烧后的残渣及坩埚的质量，单位为克(g)；

m_{13}——11.2.1中试料的质量，单位为克(g)。

11.3.2 可溶性二氧化硅质量分数的计算

可溶性二氧化硅的质量分数 $w_{可溶SiO_2}$ 按式(26)计算：

$$w_{可溶SiO_2}=\frac{m_{16}\times 250}{m_{13}\times 25\times 1\,000}\times 100=\frac{m_{16}}{m_{13}} \qquad (26)$$

式中：

$w_{可溶SiO_2}$——可溶性二氧化硅的质量分数，%；

m_{16}——按11.2.3测定的100 mL溶液中二氧化硅的含量，单位为毫克(mg)；

m_{13}——11.2.1中试料的质量，单位为克(g)。

11.3.3 总二氧化硅质量分数的计算

总二氧化硅的质量分数 $w_{总SiO_2}$ 按式(27)计算：

$$w_{总SiO_2}=w_{胶凝SiO_2}+w_{可溶SiO_2} \qquad (27)$$

式中：

$w_{总SiO_2}$——总二氧化硅的质量分数，%；

$w_{胶凝SiO_2}$——胶凝性二氧化硅的质量分数，%；

$w_{可溶SiO_2}$——可溶性二氧化硅的质量分数，%。

12 三氧化二铁的测定——EDTA直接滴定法(基准法)

12.1 方法提要

在pH1.8～2.0、温度为60 ℃～70 ℃的溶液中，以磺基水杨酸钠为指示剂，用EDTA标准滴定溶液滴定。

12.2 分析步骤

称取约0.5g试样(m_{17})，精确至0.000 1 g，置于银坩埚中，加入6 g～7 g氢氧化钠(5.25)，盖上坩埚盖(留有缝隙)，放入高温炉(6.7)中，从低温升起，在650 ℃～700 ℃的高温下熔融20 min，期间取出摇动1次。取出冷却，将坩埚放入已盛有约100 mL沸水的300 mL烧杯中，盖上表面皿，在电炉上适当加热，待熔块完全浸出后，取出坩埚，用水冲洗坩埚和盖。在搅拌下一次加入25 mL～30 mL盐酸，再加入1 mL硝酸，用热盐酸(1+5)洗净坩埚和盖。将溶液加热煮沸，冷却至室温后，移入250 mL容量瓶中，用水稀释至标线，摇匀。此溶液B供测定二氧化硅(23.2)、三氧化二铁(12.2或24.2)、三氧化二铝

(13.2 或 26.2)、氧化钙(27.2)、氧化镁(29.2)和二氧化钛(16.2)用。

从 11.2.2 溶液 A 或上述溶液 B 中吸取 25.00 mL 溶液放入 300 mL 烧杯中，加水稀释至约 100 mL，用氨水(1+1)和盐酸(1+1)调节溶液 pH 值在 1.8～2.0 之间(用精密 pH 试纸或酸度计检验)。将溶液加热至 70 ℃，加入 10 滴磺基水杨酸钠指示剂溶液(5.100)，用 EDTA 标准滴定溶液(5.86)缓慢地滴定至亮黄色(终点时溶液温度应不低于 60 ℃，如终点前溶液温度降至近 60 ℃时，应再加热至65℃～70 ℃)。保留此溶液供测定三氧化二铝(13.2 或 26.2)用。

12.3 结果的计算与表示

三氧化二铁的质量分数 $w_{Fe_2O_3}$ 按式(28)计算：

$$w_{Fe_2O_3}=\frac{T_{Fe_2O_3}\times V_{16}\times 10}{m_{18}\times 1\,000}\times 100=\frac{T_{Fe_2O_3}\times V_{16}}{m_{18}} \qquad \cdots\cdots(28)$$

式中：

$w_{Fe_2O_3}$——三氧化二铁的质量分数，%；

$T_{Fe_2O_3}$——EDTA 标准滴定溶液对三氧化二铁的滴定度，单位为毫克每毫升(mg/mL)；

V_{16}——滴定时消耗 EDTA 标准滴定溶液的体积，单位为毫升(mL)；

m_{18}——11.2.1(m_{13})或 12.2(m_{17})中试料的质量，单位为克(g)。

13 三氧化二铝的测定——EDTA 直接滴定法(基准法)

13.1 方法提要

将滴定铁后的溶液的 pH 值调节至 3.0，在煮沸下以 EDTA-铜和 PAN 为指示剂，用 EDTA 标准滴定溶液滴定。

13.2 分析步骤

将 12.2 中测完铁的溶液加水稀释至约 200 mL，加入 1～2 滴溴酚蓝指示剂溶液(5.103)，滴加氨水(1+1)至溶液出现蓝紫色，再滴加盐酸(1+1)至黄色。加入 15 mL pH3.0 的缓冲溶液(5.44)，加热煮沸并保持微沸 1 min，加入 10 滴 EDTA-铜溶液(5.96)及 2～3 滴 PAN 指示剂溶液(5.101)，用 EDTA 标准滴定溶液(5.86)滴定至红色消失。继续煮沸，滴定，直至溶液经煮沸后红色不再出现呈稳定的亮黄色为止。

13.3 结果的计算与表示

三氧化二铝的质量分数 $w_{Al_2O_3}$ 按式(29)计算：

$$w_{Al_2O_3}=\frac{T_{Al_2O_3}\times V_{17}\times 10}{m_{18}\times 1\,000}\times 100=\frac{T_{Al_2O_3}\times V_{17}}{m_{18}} \qquad \cdots\cdots(29)$$

式中：

$w_{Al_2O_3}$——三氧化二铝的质量分数，%；

$T_{Al_2O_3}$——EDTA 标准滴定溶液对三氧化二铝的滴定度，单位为毫克每毫升(mg/mL)；

V_{17}——滴定时消耗 EDTA 标准滴定溶液的体积，单位为毫升(mL)；

m_{18}——11.2.1(m_{13})或 12.2(m_{17})中试料的质量，单位为克(g)。

14 氧化钙的测定——EDTA 滴定法(基准法)

14.1 方法提要

在 pH13 以上的强碱性溶液中，以三乙醇胺为掩蔽剂，用钙黄绿素-甲基百里香酚蓝-酚酞混合指示剂(简称 CMP 混合指示剂)，用 EDTA 标准滴定溶液滴定。

14.2 分析步骤

从 11.2.2 溶液 A 中吸取 25.00 mL 溶液放入 300 mL 烧杯中，加水稀释至约 200 mL。加入 5 mL 三乙醇胺溶液(1+2)及适量的 CMP 混合指示剂(5.97)，在搅拌下加入氢氧化钾溶液(5.33)至出现绿色荧光后再过量 5 mL～8 mL，此时溶液酸度在 pH13 以上，用 EDTA 标准滴定溶液（5.86）滴定至绿色荧光完全消失并呈现红色。

14.3 结果的计算与表示

氧化钙的质量分数 w_{CaO} 按式（30）计算：

$$w_{CaO}=\frac{T_{CaO}\times V_{18}\times 10}{m_{13}\times 1\ 000}\times 100=\frac{T_{CaO}\times V_{18}}{m_{13}} \qquad \cdots\cdots(30)$$

式中：

w_{CaO}——氧化钙的质量分数，%；

T_{CaO}——EDTA 标准滴定溶液对氧化钙的滴定度，单位为毫克每毫升（mg/mL）；

V_{18}——滴定时消耗 EDTA 标准滴定溶液的体积，单位为毫升（mL）；

m_{13}——11.2.1 中试料的质量，单位为克（g）。

15 氧化镁的测定——原子吸收光谱法（基准法）

15.1 方法提要

以氢氟酸-高氯酸分解或氢氧化钠熔融-盐酸分解试样的方法制备溶液，分取一定量的溶液，用锶盐消除硅、铝、钛等对镁的干扰，在空气-乙炔火焰中，于波长 285.2 nm 处测定溶液的吸光度。

15.2 分析步骤

15.2.1 氢氟酸-高氯酸分解试样

称取约 0.1 g 试样（m_{19}），精确至 0.000 1 g，置于铂坩埚（或铂皿）中，加入 0.5 mL～1 mL 水润湿，加入 5 mL～7 mL 氢氟酸和 0.5 mL 高氯酸，放入通风橱内低温电热板上加热，近干时摇动铂坩埚以防溅失。待白色浓烟完全驱尽后，取下冷却。加入 20 mL 盐酸（1＋1），温热至溶液澄清，冷却后，移入 250 mL 容量瓶中，加入 5 mL 氯化锶溶液（5.48），用水稀释至标线，摇匀。此溶液 C 供原子吸收光谱法测定氧化镁（15.2.3）、三氧化二铁（25.2）、氧化钾和氧化钠（34.2）、一氧化锰（36.2）用。

15.2.2 氢氧化钠熔融-盐酸分解试样

称取约 0.1 g 试样（m_{20}），精确至 0.000 1 g，置于银坩埚中，加入 3 g～4 g 氢氧化钠（5.25），盖上坩埚盖（留有缝隙），放入高温炉（6.7）中，在 750 ℃的高温下熔融 10 min，取出冷却。将坩埚放入已盛有约 100 mL 沸水的 300 mL 烧杯中，盖上表面皿，待熔块完全浸出后（必要时适当加热），取出坩埚，用水冲洗坩埚和盖。在搅拌下一次加入 35 mL 盐酸（1＋1），用热盐酸（1＋9）洗净坩埚和盖。将溶液加热煮沸，冷却后，移入 250 mL 容量瓶中，用水稀释至标线，摇匀。此溶液 D 供原子吸收光谱法测定氧化镁（15.2.3）。

15.2.3 氧化镁的测定

从 15.2.1 溶液 C 或 15.2.2 溶液 D 中吸取一定量的溶液放入容量瓶中（试样溶液的分取量及容量瓶的容积视氧化镁的含量而定），加入盐酸（1＋1）及氯化锶溶液（5.48），使测定溶液中盐酸的体积分数为 6%，锶的浓度为 1 mg/mL。用水稀释至标线，摇匀。用原子吸收光谱仪（6.14），在空气-乙炔火焰中，用镁空心阴极灯，于波长 285.2 nm 处，在与 5.75.2 相同的仪器条件下测定溶液的吸光度，在工作曲线（5.75.2）上查出氧化镁的浓度（c_1）。

15.3 结果的计算与表示

氧化镁的质量分数 w_{MgO} 按式（31）计算：

$$w_{MgO}=\frac{c_1\times V_{19}\times n}{m_{21}\times 1\ 000}\times 100=\frac{c_1\times V_{19}\times n\times 0.1}{m_{21}} \qquad \cdots\cdots(31)$$

式中：

w_{MgO}——氧化镁的质量分数，%；

c_1——测定溶液中氧化镁的浓度，单位为毫克每毫升（mg/mL）；

V_{19}——测定溶液的体积，单位为毫升(mL)；

n——全部试样溶液与所分取试样溶液的体积比；

m_{21}——15.2.1(m_{19})或15.2.2(m_{20})中试料的质量，单位为克(g)。

16 二氧化钛的测定——二安替比林甲烷分光光度法

16.1 方法提要

在酸性溶液中钛氧基离子(TiO^{2+})与二安替比林甲烷生成黄色配合物，于波长420 nm处测定溶液的吸光度。用抗坏血酸消除三价铁离子的干扰。

16.2 分析步骤

从11.2.2溶液A或12.2溶液B中，吸取25.00 mL溶液放入100 mL容量瓶中，加入10 mL盐酸(1+2)、10 mL抗坏血酸溶液(5.40)，放置5 min，加入5 mL乙醇(5.12)、20 mL二安替比林甲烷溶液(5.41)。用水稀释至标线，摇匀。放置40 min后，用分光光度计(6.12)，10 mm比色皿，以水作参比，于波长420 nm处测定溶液的吸光度，在工作曲线(5.76.2)上查出二氧化钛的含量(m_{22})。

16.3 结果的计算与表示

二氧化钛的质量分数w_{TiO_2}按式(32)计算：

$$w_{TiO_2} = \frac{m_{22} \times 10}{m_{18} \times 1\,000} \times 100 = \frac{m_{22}}{m_{18}} \qquad \cdots\cdots(32)$$

式中：

w_{TiO_2}——二氧化钛的质量分数，%；

m_{22}——100 mL测定溶液中二氧化钛的含量，单位为毫克(mg)；

m_{18}——11.2.1(m_{13})或12.2(m_{17})中试料的质量，单位为克(g)。

17 氧化钾和氧化钠的测定——火焰光度法(基准法)

17.1 方法提要

试样经氢氟酸-硫酸蒸发处理除去硅，用热水浸取残渣，以氨水和碳酸铵分离铁、铝、钙、镁。滤液中的钾、钠用火焰光度计进行测定。

17.2 分析步骤

称取约0.2g试样(m_{23})，精确至0.000 1 g，置于铂皿中，加入少量水润湿，加入5 mL～7 mL氢氟酸和15～20滴硫酸(1+1)，放入通风橱内低温电热板上加热，近干时摇动铂皿，以防溅失，待氢氟酸驱尽后逐渐升高温度，继续将三氧化硫白烟驱尽，取下冷却。加入40 mL～50 mL热水，压碎残渣使其溶解，加入1滴甲基红指示剂溶液(5.102)，用氨水(1+1)中和至黄色，再加入10 mL碳酸铵溶液(5.43)，搅拌，然后放入通风橱内电热板上加热至沸并继续微沸20 min～30 min。用快速滤纸过滤，以热水充分洗涤，滤液及洗液收集于100 mL容量瓶中，冷却至室温。用盐酸(1+1)中和至溶液呈微红色，用水稀释至标线，摇匀。在火焰光度计(6.13)上，按仪器使用规程，在与5.77.2.1相同的仪器条件下进行测定。在工作曲线(5.77.2.1)上分别查出氧化钾和氧化钠的含量(m_{24})和(m_{25})。

17.3 结果的计算与表示

氧化钾和氧化钠的质量分数w_{K_2O}和w_{Na_2O}分别按式(33)和式(34)计算：

$$w_{K_2O} = \frac{m_{24}}{m_{23} \times 1\,000} \times 100 = \frac{m_{24} \times 0.1}{m_{23}} \qquad \cdots\cdots(33)$$

$$w_{Na_2O} = \frac{m_{25}}{m_{23} \times 1\,000} \times 100 = \frac{m_{25} \times 0.1}{m_{23}} \qquad \cdots\cdots(34)$$

式中：

w_{K_2O}——氧化钾的质量分数，%；

w_{Na_2O}——氧化钠的质量分数,%;

m_{24}——100 mL 测定溶液中氧化钾的含量,单位为毫克(mg);

m_{25}——100 mL 测定溶液中氧化钠的含量,单位为毫克(mg);

m_{23}——试料的质量,单位为克(g)。

18 氯离子的测定——硫氰酸铵容量法(基准法)

18.1 方法提要

本方法测定除氟以外的卤素含量,以氯离子(Cl^-)表示结果。试样用硝酸进行分解。同时消除硫化物的干扰。加入已知量的硝酸银标准溶液使氯离子以氯化银的形式沉淀。煮沸、过滤后,将滤液和洗涤液冷却至25℃以下,以铁(Ⅲ)盐为指示剂,用硫酸氰铵标准滴定溶液滴定过量的硝酸银。

18.2 分析步骤

称取约 5 g 试样(m_{26}),精确至 0.000 1 g,置于 400 mL 烧杯中,加入 50 mL 水,搅拌使试样完全分散,在搅拌下加入 50 mL 硝酸(1+2),加热煮沸,在搅拌下微沸 1 min~2 min。准确移取 5.00 mL 硝酸银标准溶液(5.72)放入溶液中,煮沸 1 min~2 min,加入少许滤纸浆(5.115),用预先用硝酸(1+100)洗涤过的慢速滤纸抽气过滤或玻璃砂芯漏斗(6.19)抽气过滤,滤液收集于 250 mL 锥形瓶中,用硝酸(1+100)洗涤烧杯、玻璃棒和滤纸,直至滤液和洗液总体积达到约 200 mL,溶液在弱光线或暗处冷却至25℃以下。

加入 5 mL 硫酸铁铵指示剂溶液(5.104),用硫氰酸铵标准滴定溶液滴定(5.73)至产生的红棕色在摇动下不消失为止。记录滴定所用硫氰酸铵标准滴定溶液的体积 V_{20}。如果 V_{20} 小于 0.5 mL,用减少一半的试样质量重新试验。

不加入试样按上述步骤进行空白试验,记录空白滴定所用硫氰酸铵标准滴定溶液的体积 V_{21}。

18.3 结果的计算与表示

氯离子的质量分数 w_{Cl^-} 按式(35)计算:

$$w_{Cl^-}=\frac{1.773\times 5.00\times (V_{21}-V_{20})}{V_{21}\times m_{26}\times 1\,000}\times 100=0.886\,5\times\frac{(V_{21}-V_{20})}{V_{21}\times m_{26}} \qquad \cdots\cdots\cdots(35)$$

式中:

w_{Cl^-}——氯离子的质量分数,%;

V_{20}——滴定时消耗硫氰酸铵标准滴定溶液的体积,单位为毫升(mL);

V_{21}——空白试验滴定时消耗的硫氰酸铵标准滴定溶液的体积,单位为毫升(mL);

m_{26}——试料的质量,单位为克(g);

1.773——硝酸银标准溶液对氯离子的滴定度,单位为毫克每毫升(mg/mL)。

19 硫化物的测定——碘量法

19.1 方法提要

在还原条件下,试样用盐酸分解,产生的硫化氢收集于氨性硫酸锌溶液中,然后用碘量法测定。

如试样中除硫化物(S^{2-})和硫酸盐外,还有其他状态硫存在时,将对测定造成误差。

19.2 分析步骤

使用 6.20 规定的仪器装置进行测定。

称取约 1g 试样(m_{27}),精确至 0.000 1 g,置于 100 mL 的干燥反应瓶中,轻轻摇动使试样均匀地分散于反应瓶底部,加入 2 g 固体氯化亚锡(5.57),按 6.20 中仪器装置图连接各部件。

由分液漏斗向反应瓶中加入 20 mL 盐酸(1+1),迅速关闭活塞,开动空气泵,在保持通气速度每秒钟 4~5 个气泡的条件下,加热反应瓶,当吸收杯中刚出现氯化铵白色烟雾时(一般约在加热 5 min 左右),停止加热,再继续通气 5 min。

取下吸收杯，关闭空气泵，用水冲洗插入吸收液内的玻璃管，加入 10 mL 明胶溶液(5.60)，准确加入 5.00 mL 碘酸钾标准滴定溶液(5.83)，在搅拌下一次性快速加入 30 mL 硫酸(1+2)，用硫代硫酸钠标准滴定溶液(5.84)滴定至淡黄色，加入约 2 mL 淀粉溶液(5.105)，再继续滴定至蓝色消失。

19.3 结果的计算与表示

硫化物硫的质量分数 w_S 按式(36)计算：

$$w_S = \frac{T_S \times (V_{22} - K_1 \times V_{23})}{m_{27} \times 1\ 000} \times 100 = \frac{T_S \times (V_{22} - K_1 \times V_{23}) \times 0.1}{m_{27}} \qquad \cdots\cdots\cdots(36)$$

式中：

w_S——硫化物硫的质量分数，%；

T_S——碘酸钾标准滴定溶液对硫的滴定度，单位为毫克每毫升(mg/mL)；

V_{22}——加入碘酸钾标准滴定溶液的体积，单位为毫升(mL)；

V_{23}——滴定时消耗硫代硫酸钠标准滴定溶液的体积，单位为毫升(mL)；

K_1——碘酸钾标准滴定溶液与硫代硫酸钠标准滴定溶液的体积比；

m_{27}——试料的质量，单位为克(g)。

20 一氧化锰的测定——高碘酸钾氧化分光光度法(基准法)

20.1 方法提要

在硫酸介质中，用高碘酸钾将锰氧化成高锰酸根，于波长 530 nm 处测定溶液的吸光度。用磷酸掩蔽三价铁离子的干扰。

20.2 分析步骤

称取约 0.5 g 试样(m_{28})，精确至 0.000 1 g，置于铂坩埚中，加入 3 g 碳酸钠-硼砂混合熔剂(5.29)，混匀，在 950 ℃～1 000 ℃下熔融 10 min，用坩埚钳夹持坩埚旋转，使熔融物均匀地附于坩埚内壁，冷却后，将坩埚放入已盛有 50 mL 硝酸(1+9)及 100 mL 硫酸(5+95)并加热至微沸的 300 mL 烧杯中，并继续保持微沸状态，直至熔融物完全溶解，用水洗净坩埚及盖，用快速滤纸将溶液过滤至 250 mL 容量瓶中，并用热水洗涤数次。将溶液冷却至室温后，用水稀释至标线，摇匀。

吸取 50.00 mL 上述溶液放入 150 mL 烧杯中，依次加入 5 mL 磷酸(1+1)、10 mL 硫酸(1+1)和约 1 g 高碘酸钾(5.30)，加热微沸 10 min～15 min 至溶液达到最大颜色深度，冷却至室温后，移入 100 mL 容量瓶中，用水稀释至标线，摇匀。用分光光度计(6.12)，10 mm 比色皿，以水作参比，于波长 530 nm 处测定溶液的吸光度。在工作曲线(5.78.3.1)上查出一氧化锰的含量(m_{29})。

20.3 结果的计算与表示

一氧化锰的质量分数 w_{MnO} 按式(37)计算：

$$w_{MnO} = \frac{m_{29} \times 5}{m_{28} \times 1\ 000} \times 100 = \frac{m_{29} \times 0.5}{m_{28}} \qquad \cdots\cdots\cdots(37)$$

式中：

w_{MnO}——一氧化锰的质量分数，%；

m_{29}——100 mL 测定溶液中一氧化锰的含量，单位为毫克(mg)；

m_{28}——试料的质量，单位为克(g)。

21 五氧化二磷的测定——磷钼酸铵分光光度法

21.1 方法提要

在一定的酸性介质中，磷与钼酸铵和抗坏血酸生成蓝色配合物，于波长 730 nm 处测定溶液的吸光度。

21.2 分析步骤

称取约 0.25 g 试样(m_{30})，精确至 0.000 1 g，置于铂坩埚中，加入少量水润湿，慢慢加入 3 mL 盐酸、5滴硫酸(1+1)和5 mL氢氟酸，放入通风橱内低温电热板上加热，近干时摇动坩埚，以防溅失，蒸发至干，再加入3 mL氢氟酸，继续放入通风橱内电热板上蒸发至干。

取下冷却，向经氢氟酸处理后得到的残渣中加入3 g碳酸钠-硼砂混合溶剂(5.29)，在950 ℃～1 000 ℃下熔融10 min，用坩埚钳夹持坩埚旋转，使熔融物均匀地附于坩埚内壁，冷却后，将坩埚放入已盛有10 mL硫酸(1+1)及100 mL水并加热至微沸的300 mL烧杯中，并继续保持微沸状态，直至熔融物完全溶解，用水洗净坩埚及盖，冷却至室温后，移入250 mL容量瓶中，用水稀释至标线，摇匀。

吸取50.00 mL上述试样溶液或11.2.2溶液A放入200 mL烧杯中(试样溶液的分取量视五氧化二磷的含量而定，如分取试样溶液不足50 mL，需加水稀释至50 mL)，加入1滴对硝基酚指示剂溶液(5.107)，滴加氢氧化钠溶液(5.32)至黄色，再滴加盐酸(1+1)至无色，加入10 mL钼酸铵溶液(5.38)和2 mL抗坏血酸(5.39)，加热微沸(1.5±0.5) min，冷却至室温后，移入100 mL容量瓶中，用盐酸(1+10)洗涤烧杯并用盐酸(1+10)稀释至标线，摇匀。用分光光度计(6.12)，10 mm比色皿，以水作参比，于波长730 nm处测定溶液的吸光度。在工作曲线(5.79.2)上查出五氧化二磷的含量(m_{31})。

21.3 结果的计算与表示

五氧化二磷的质量分数$w_{P_2O_5}$按式(38)计算：

$$w_{P_2O_5}=\frac{m_{31}\times 5}{m_{32}\times 1\ 000}\times 100=\frac{m_{31}\times 0.5}{m_{32}} \qquad \cdots\cdots(38)$$

式中：

$w_{P_2O_5}$——五氧化二磷的质量分数，%；

m_{31}——100 mL溶液中五氧化二磷的含量，单位为毫克(mg)；

m_{32}——21.2(m_{30})或11.2.1(m_{13})中试料的质量，单位为克(g)。

22 二氧化碳的测定——碱石棉吸收重量法

22.1 方法提要

用磷酸分解试样，碳酸盐分解释放出的二氧化碳由不含二氧化碳的气流带入一系列的U形管，先除去硫化氢和水分，然后被碱石棉吸收，通过称量来确定二氧化碳的含量。

22.2 分析步骤

使用6.21规定的仪器装置进行测定。

每次测定前，将一个空的反应瓶连接到6.21所示的仪器装置上，连通U形管9、10、11、12、13。启动抽气泵，控制气体流速为50 mL/min～100 mL/min(每秒3～5个气泡)，通气30 min以上，以除去系统中的二氧化碳和水分。

关闭抽气泵，关闭U形管10、11、12、13的磨口塞。取下U形管11和12放在平盘上，在天平室恒温10 min，然后分别称量。重复此操作，再通气10 min，取下，恒温，称量，直至每个管子连续二次称量结果之差不超过0.001 0 g为止，以最后一次称量值为准。

提示：取用U形管时，应小心避免影响质量、打碎或损坏。建议进行操作时带防护手套。

如果U形管11和12的质量变化连续超过0.001 0 g，更换U形管9和10。

称取约1g试样(m_{33})，精确至0.000 1 g，置于100 mL的干燥反应瓶中，将反应瓶连接到6.21所示的仪器装置上，并将已称量的U形管11和12连接到6.21所示的仪器装置上。启动抽气泵，控制气体流速为50 mL/min～100 mL/min(每秒3～5个气泡)。加入20 mL磷酸到分液漏斗5中，小心旋开分液漏斗活塞，使磷酸滴入反应瓶4中，并留少许磷酸在漏斗中起液封作用，关闭活塞。打开反应瓶下面的小电炉，调节电压使电炉丝呈暗红色，慢慢低温加热使反应瓶中的液体至沸，并加热微沸5 min，关闭电炉，并继续通气25 min。

提示：切勿剧烈加热，以防反应瓶中的液体产生倒流现象。

关闭抽气泵，关闭U形管10、11、12、13的磨口塞。取下U形管11和12放在平盘上，在天平室恒温 10 min，然后分别称量。用每根 U 形管增加的质量（m_{34} 和 m_{35}）计算水泥中二氧化碳的含量。

如果第二根 U 形管 12 的质量变化小于 0.000 5 g，计算时忽略。实际上二氧化碳应全部被第一根 U 形管 11 吸收。如果第二根 U 形管 12 的质量变化连续超过 0.001 0 g，应更换第一根 U 形管 11，并重新开始试验。

同时进行空白试验。计算时从测定结果中扣除空白试验值（m_{36}）。

如果试样中碳酸盐含量较高，应按比例适当减少试样称取量。

22.3 结果的计算与表示

二氧化碳的质量分数 w_{CO_2} 按式（39）计算：

$$w_{CO_2} = \frac{m_{34} + m_{35} - m_{36}}{m_{33}} \times 100 \qquad (39)$$

式中：

w_{CO_2}——水泥中二氧化碳的质量分数，%；

m_{34}——吸收后 U 形管 11 增加的质量，单位为克（g）；

m_{35}——吸收后 U 形管 12 增加的质量，单位为克（g）；

m_{36}——空白试验值，单位为克（g）；

m_{33}——试料的质量，单位为克（g）。

23 二氧化硅的测定——氟硅酸钾容量法（代用法）

23.1 方法提要

在有过量的氟离子、钾离子存在的强酸性溶液中，使硅酸形成氟硅酸钾（K_2SiF_6）沉淀。经过滤、洗涤及中和残余酸后，加入沸水使氟硅酸钾沉淀水解生成等物质的量的氢氟酸。然后以酚酞为指示剂，用氢氧化钠标准滴定溶液进行滴定。

23.2 分析步骤

从 12.2 溶液 B 中吸取 50.00 mL 溶液，放入 300 mL 塑料杯中，然后加入 10 mL～15 mL 硝酸，搅拌，冷却至 30 ℃以下。加入氯化钾（5.49），仔细搅拌、压碎大颗粒氯化钾至饱和并有少量氯化钾析出，然后再加入 2 g 氯化钾（5.49）和 10 mL 氟化钾溶液（5.52），仔细搅拌、压碎大颗粒氯化钾，使其完全饱和，并有少量氯化钾析出（此时搅拌，溶液应该比较浑浊，如氯化钾析出量不够，应再补充加入氯化钾，但氯化钾的析出量不宜过多），在 30 ℃以下放置 15 min～20 min，期间搅拌 1～2 次。用中速滤纸过滤，先过滤溶液，固体氯化钾和沉淀留在杯底，溶液滤完后用氯化钾溶液（5.50）洗涤塑料杯及沉淀 3 次，洗涤过程中使固体氯化钾溶解，洗涤液总量不超过 25 mL。将滤纸连同沉淀取下，置于原塑料杯中，沿杯壁加入 10 mL 30 ℃以下的氯化钾-乙醇溶液（5.51）及 1 mL 酚酞指示剂溶液（5.99），将滤纸展开，用氢氧化钠标准滴定溶液（5.89）中和未洗尽的酸，仔细搅动、挤压滤纸并随之擦洗杯壁直至溶液呈红色（过滤、洗涤、中和残余酸的操作应迅速，以防止氟硅酸钾沉淀的水解）。向杯中加入约 200 mL 沸水（煮沸后用氢氧化钠溶液中和至酚酞呈微红色的沸水），用氢氧化钠标准滴定溶液（5.89）滴定至微红色。

23.3 结果的计算与表示

二氧化硅的质量分数 w_{SiO_2} 按式（40）计算：

$$w_{SiO_2} = \frac{T_{SiO_2} \times V_{24} \times 5}{m_{17} \times 1\,000} \times 100 = \frac{T_{SiO_2} \times V_{24} \times 0.5}{m_{17}} \qquad (40)$$

式中：

w_{SiO_2}——二氧化硅的质量分数，%；

T_{SiO_2}——氢氧化钠标准滴定溶液对二氧化硅的滴定度，单位为毫克每毫升（mg/mL）；

V_{24}——滴定时消耗氢氧化钠标准滴定溶液的体积，单位为毫升（mL）；

m_{17}——12.2（m_{17}）中试料的质量，单位为克（g）。

24 三氧化二铁的测定——邻菲罗啉分光光度法(代用法)

24.1 方法提要

在酸性溶液中,加入抗坏血酸溶液,使三价铁离子还原为二价铁离子,与邻菲罗啉生成红色配合物,于波长 510 nm 处测定溶液的吸光度。

24.2 分析步骤

从 11.2.2 溶液 A 或 12.2 溶液 B 中吸取 10.00 mL 溶液放入 100 mL 容量瓶中,用水稀释至标线,摇匀后吸取 25.00 mL 溶液放入 100 mL 容量瓶中,加水稀释至约 40 mL。加入 5 mL 抗坏血酸溶液(5.40),放置 5 min,然后再加入 5 mL 邻菲罗啉溶液(5.54)、10 mL 乙酸铵溶液(5.55),用水稀释至标线,摇匀。放置 30 min 后,用分光光度计(6.12)、10 mm 比色皿,以水作参比,于波长 510 nm 处测定溶液的吸光度。在工作曲线(5.80.2)上查出三氧化二铁的含量(m_{37})。

24.3 结果的计算与表示

三氧化二铁的质量分数 $w_{Fe_2O_3}$ 按式(41)计算:

$$w_{Fe_2O_3}=\frac{m_{37}\times 100}{m_{18}\times 1\,000}\times 100=\frac{m_{37}\times 10}{m_{18}} \qquad \cdots\cdots(41)$$

式中:

$w_{Fe_2O_3}$——三氧化二铁的质量分数,%;

m_{37}——100 mL 测定溶液中三氧化二铁的含量,单位为毫克(mg);

m_{18}——11.2.1(m_{13})或 12.2(m_{17})中试料的质量,单位为克(g)。

25 三氧化二铁的测定——原子吸收光谱法(代用法)

25.1 方法提要

分取一定量的试样溶液,以锶盐消除硅、铝、钛等对铁的干扰,在空气-乙炔火焰中,于波长 248.3 nm 处测定吸光度。

25.2 分析步骤

从 15.2.1 溶液 C 中吸取一定量的溶液放入容量瓶中(试样溶液的分取量及容量瓶的容积视三氧化二铁的含量而定),加入氯化锶溶液(5.48),使测定溶液中锶的浓度为 1 mg/mL。用水稀释至标线,摇匀。用原子吸收光谱仪(6.14),在空气-乙炔火焰中,用铁空心阴极灯,于波长 248.3 nm 处,在与 5.80.2.2 相同的仪器条件下测定溶液的吸光度,在工作曲线(5.80.2.2)上查出三氧化二铁的浓度(c_2)。

25.3 结果的计算与表示

三氧化二铁的质量分数 $w_{Fe_2O_3}$ 按式(42)计算:

$$w_{Fe_2O_3}=\frac{c_2\times V_{25}\times n}{m_{19}\times 1\,000}\times 100=\frac{c_2\times V_{25}\times n\times 0.1}{m_{19}} \qquad \cdots\cdots(42)$$

式中:

$w_{Fe_2O_3}$——三氧化二铁的质量分数,%;

c_2——测定溶液中三氧化二铁的浓度,单位为毫克每毫升(mg/mL);

V_{25}——测定溶液的体积,单位为毫升(mL);

n——全部试样溶液与所分取试样溶液的体积比;

m_{19}——15.2.1 中试料的质量,单位为克(g)。

26 三氧化二铝的测定——硫酸铜返滴定法(代用法)

26.1 方法提要

在滴定铁后的溶液中,加入对铝、钛过量的 EDTA 标准滴定溶液,控制溶液 pH3.8~4.0,以 PAN

为指示剂，用硫酸铜标准滴定溶液返滴定过量的 EDTA。

本法只适用于一氧化锰含量在 0.5%以下的试样。

26.2 分析步骤

往 12.2 中测完铁的溶液中加入 EDTA 标准滴定溶液(5.86)至过量 10.00 mL～15.00 mL(对铝、钛合量而言)，加水稀释至 150 mL～200 mL。将溶液加热至 70 ℃～80 ℃后，在搅拌下用氨水(1+1)调节溶液 pH 值在 3.0～3.5 之间(用精密 pH 试纸检验)，加入 15 mL pH4.3 的缓冲溶液(5.45)，加热煮沸并保持微沸 1 min～2 min，取下稍冷，加入 4～5 滴 PAN 指示剂溶液(5.101)，用硫酸铜标准滴定溶液(5.87)滴定至亮紫色。

26.3 结果的计算与表示

三氧化二铝的质量分数 $w_{Al_2O_3}$ 按式(43)计算：

$$w_{Al_2O_3} = \frac{T_{Al_2O_3} \times (V_{26} - K_2 \times V_{27}) \times 10}{m_{18} \times 1\,000} \times 100 - 0.64 \times w_{TiO_2}$$

$$= \frac{T_{Al_2O_3} \times (V_{26} - K_2 \times V_{27})}{m_{18}} - 0.64 \times w_{TiO_2} \qquad \cdots\cdots(43)$$

式中：

$w_{Al_2O_3}$——三氧化二铝的质量分数，%；

$T_{Al_2O_3}$——EDTA 标准滴定溶液对三氧化二铝的滴定度，单位为毫克每毫升(mg/mL)；

V_{26}——加入 EDTA 标准滴定溶液的体积，单位为毫升(mL)；

V_{27}——滴定时消耗硫酸铜标准滴定溶液的体积，单位为毫升(mL)；

K_2——EDTA 标准滴定溶液与硫酸铜标准滴定溶液的体积比；

m_{18}——11.2.1(m_{13})或 12.2(m_{17})中试料的质量，单位为克(g)；

w_{TiO_2}——按 16.2 测得的二氧化钛的质量分数，%；

0.64——二氧化钛对三氧化二铝的换算系数。

27 氧化钙的测定——氢氧化钠熔样-EDTA 滴定法(代用法)

27.1 方法提要

在酸性溶液中加入适量的氟化钾，以抑制硅酸的干扰。然后在 pH13 以上的强碱性溶液中，以三乙醇胺为掩蔽剂，用钙黄绿素-甲基百里香酚蓝-酚酞混合指示剂，用 EDTA 标准滴定溶液滴定。

27.2 分析步骤

从 12.2 溶液 B 中吸取 25.00 mL 溶液放入 300 mL 烧杯中，加入 7 mL 氟化钾溶液(5.53)，搅匀并放置 2 min 以上。然后加水稀释至约 200 mL。加入 5 mL 三乙醇胺溶液(1+2)及适量的 CMP 混合指示剂(5.97)，在搅拌下加入氢氧化钾溶液(5.33)至出现绿色荧光后再过量 5 mL～8 mL，此时溶液酸度在 pH13 以上，用 EDTA 标准滴定溶液(5.86)滴定至绿色荧光完全消失并呈现红色。

27.3 结果的计算与表示

氧化钙的质量分数 w_{CaO} 按式(44)计算：

$$w_{CaO} = \frac{T_{CaO} \times V_{28} \times 10}{m_{17} \times 1\,000} \times 100 = \frac{T_{CaO} \times V_{28}}{m_{17}} \qquad \cdots\cdots(44)$$

式中：

w_{CaO}——氧化钙的质量分数，%；

T_{CaO}——EDTA 标准滴定溶液对氧化钙的滴定度，单位为毫克每毫升(mg/mL)；

V_{28}——滴定时消耗 EDTA 标准滴定溶液的体积，单位为毫升(mL)；

m_{17}——12.2 中试料的质量，单位为克(g)。

28 氧化钙的测定——高锰酸钾滴定法(代用法)

28.1 方法提要

以氨水将铁、铝、钛等沉淀为氢氧化物,过滤除去。然后,将钙以草酸钙形式沉淀,过滤和洗涤后,将草酸钙溶解,用高锰酸钾标准滴定溶液滴定。

28.2 分析步骤

称取约 0.3 g 试样(m_{38}),精确至 0.000 1 g,置于铂坩埚中,将盖斜置于坩埚上,在 950 ℃～1 000 ℃下灼烧 5 min,取出坩埚冷却。用玻璃棒仔细压碎块状物,加入(0.20±0.01) g 已磨细的无水碳酸钠(5.26),仔细混匀。再将坩埚置于 950 ℃～1 000 ℃下灼烧 10 min,取出坩埚冷却。

将烧结块移入 300 mL 烧杯中,加入 30 mL～40 mL 水,盖上表面皿。从杯口慢慢加入 10 mL 盐酸(1+1)及 2～3 滴硝酸,待反应停止后取下表面皿,用热盐酸(1+1)清洗坩埚数次,洗液合并于烧杯中,加热煮沸使熔块全部溶解,加水稀释至 150 mL,煮沸取下,加入 3～4 滴甲基红指示剂溶液(5.102),搅拌下缓慢滴加氨水(1+1)至溶液呈黄色,再过量 2～3 滴,加热微沸 1 min,加入少许滤纸浆(5.115),静置待氢氧化物下沉后,趁热用快速滤纸过滤,并用热硝酸铵溶液(5.36)洗涤烧杯及沉淀 8～10 次,滤液及洗液收集于 500 mL 烧杯中,弃去沉淀。

提示:当样品中锰含量较高时,应用以下方法除去锰。把滤液用盐酸(1+1)调节至甲基红呈红色,加热蒸发至约 150 mL,加入 40 mL 溴水(5.15)和 10 mL 氨水(1+1),再煮沸 5 min 以上。静置待氢氧化物下沉后,用中速滤纸过滤,用热水洗涤 7～8 次,弃去沉淀。滴加盐酸(1+1)使滤液呈酸性,煮沸,使溴完全驱尽,然后按以下步骤进行操作。

加入 10 mL 盐酸(1+1),调整溶液体积至约 200 mL(需要时加热浓缩溶液),加入 30 mL 草酸铵溶液(5.42),煮沸取下,然后加 2～3 滴甲基红指示剂溶液(5.102),在搅拌下缓慢逐滴加入氨水(1+1),至溶液呈黄色,并过量 2～3 滴,静置(60±5) min,在最初的 30 min 期间内,搅拌混合溶液 2～3 次。加入少许滤纸浆(5.115),用慢速滤纸过滤,用热水洗涤沉淀 8～10 次(洗涤烧杯和沉淀用水总量不超过 75 mL)。在洗涤时,洗涤水应该直接绕着滤纸内部以便将沉淀冲下,然后水流缓缓地直接朝着滤纸中心洗涤,目的是为了搅动和彻底地清洗沉淀。

提示:逐滴加入氨水(1+1)时应缓慢进行,否则生成的草酸钙在过滤时可能有透过滤纸的趋向。当同时进行几个测定时,下列方法有助于保证缓慢地中和。边搅拌边向第一个烧杯中加入 2～3 滴氨水(1+1),再向第二个烧杯中加入 2～3 滴氨水(1+1),依此类推。然后返回来再向第一个烧杯中加 2～3 滴,直至每个烧杯中的溶液呈黄色,并过量 2～3 滴。

将沉淀连同滤纸置于原烧杯中,加入 150 mL～200 mL 热水,10 mL 硫酸(1+1),加热至 70 ℃～80 ℃,搅拌使沉淀溶解,将滤纸展开,贴附于烧杯内壁上部,立即用高锰酸钾标准滴定溶液(5.88)滴定至微红色后,再将滤纸浸入溶液中充分搅拌,继续滴定至微红色出现并保持 30 s 不消失。

提示:当测定空白试验或草酸钙的量很少时,开始时高锰酸钾($KMnO_4$)的氧化作用很慢,为了加速反应,在滴定前溶液中加入少许硫酸锰($MnSO_4$)。

28.3 结果的计算与表示

氧化钙的质量分数 w_{CaO} 按式(45)计算:

$$w_{CaO}=\frac{T'_{CaO}\times V_{29}}{m_{38}\times 1\ 000}\times 100=\frac{T'_{CaO}\times V_{29}\times 0.1}{m_{38}} \qquad \cdots\cdots(45)$$

式中:

w_{CaO}——氧化钙的质量分数,%;

T'_{CaO}——高锰酸钾标准滴定溶液对氧化钙的滴定度,单位为毫克每毫升(mg/mL);

V_{29}——滴定时消耗高锰酸钾标准滴定溶液的体积,单位为毫升(mL);

m_{38}——试料的质量,单位为克(g)。

29 氧化镁的测定——EDTA 滴定差减法(代用法)

29.1 方法提要

在 pH10 的溶液中,以酒石酸钾钠、三乙醇胺为掩蔽剂,用酸性铬蓝 K-萘酚绿 B 混合指示剂,用 EDTA 标准滴定溶液滴定。

当试样中一氧化锰含量(质量分数)>0.5%时,在盐酸羟胺存在下,测定钙、镁、锰总量,差减法测得氧化镁的含量。

29.2 分析步骤

29.2.1 一氧化锰含量(质量分数)≤0.5%时,氧化镁的测定

从 11.2.2 溶液 A 或 12.2 溶液 B 中吸取 25.00 mL 溶液放入 300 mL 烧杯中,加水稀释至约 200 mL,加入 1 mL 酒石酸钾钠溶液(5.47),搅拌,然后加入 5 mL 三乙醇胺(1+2),搅拌。加入 25 mL pH10 缓冲溶液(5.46)及适量的酸性铬蓝 K-萘酚绿 B 混合指示剂(5.98),用 EDTA 标准滴定溶液(5.86)滴定,近终点时应缓慢滴定至纯蓝色。

氧化镁的质量分数 w_{MgO} 按式(46)计算:

$$w_{\mathrm{MgO}}=\frac{T_{\mathrm{MgO}}\times(V_{30}-V_{31})\times 10}{m_{18}\times 1\,000}\times 100=\frac{T_{\mathrm{MgO}}\times(V_{30}-V_{31})}{m_{18}} \qquad \cdots\cdots\cdots\cdots(46)$$

式中:

w_{MgO}——氧化镁的质量分数,%;

T_{MgO}——EDTA 标准滴定溶液对氧化镁的滴定度,单位为毫克每毫升(mg/mL);

V_{30}——滴定钙、镁总量时消耗 EDTA 标准滴定溶液的体积,单位为毫升(mL);

V_{31}——按 14.2 或 27.2 测定氧化钙时消耗 EDTA 标准滴定溶液的体积,单位为毫升(mL);

m_{18}——11.2.1(m_{13})或 12.2(m_{17})中试料的质量,单位为克(g)。

29.2.2 一氧化锰含量(质量分数)>0.5%时,氧化镁的测定

除将三乙醇胺(1+2)的加入量改为 10 mL,并在滴定前加入 0.5 g~1 g 盐酸羟胺(5.56)外,其余分析步骤同 29.2.1。

氧化镁的质量分数 w_{MgO} 按式(47)计算:

$$w_{\mathrm{MgO}}=\frac{T_{\mathrm{MgO}}\times(V_{32}-V_{31})\times 10}{m_{18}\times 1\,000}\times 100-0.57\times w_{\mathrm{MnO}}=\frac{T_{\mathrm{MgO}}\times(V_{32}-V_{31})}{m_{18}}-0.57\times w_{\mathrm{MnO}} \qquad \cdots\cdots\cdots\cdots(47)$$

式中:

w_{MgO}——氧化镁的质量分数,%;

T_{MgO}——EDTA 标准滴定溶液对氧化镁的滴定度,单位为毫克每毫升(mg/mL);

V_{32}——滴定钙、镁、锰总量时消耗 EDTA 标准滴定溶液的体积,单位为毫升(mL);

V_{31}——按 14.2 或 27.2 测定氧化钙时消耗 EDTA 标准滴定溶液的体积,单位为毫升(mL);

m_{18}——11.2.1(m_{13})或 12.2(m_{17})中试料的质量,单位为克(g);

w_{MnO}——按 20.2 或 36.2 测定的一氧化锰的质量分数,%;

0.57——一氧化锰对氧化镁的换算系数。

30 三氧化硫的测定——碘量法(代用法)

30.1 方法提要

试样先经磷酸处理,将硫化物分解除去。再加入氯化亚锡-磷酸溶液并加热,将硫酸盐的硫还原成等物质的量的硫化氢,收集于氨性硫酸锌溶液中,然后用碘量法进行测定。

试样中除硫化物(S^{2-})和硫酸盐外,还有其他状态的硫存在时,将给测定结果造成误差。

30.2 分析步骤

使用6.20规定的仪器装置进行测定。

称取约0.5g试样(m_{39})，精确至0.000 1 g，置于100 mL的干燥反应瓶中，加入10 mL磷酸，置于小电炉上加热至沸，并继续在微沸下加热至无大气泡、液面平静、无白烟出现时为止。取下放冷，向反应瓶中加入10 mL氯化亚锡-磷酸溶液(5.58)，按6.20中仪器装置图连接各部件。

开动空气泵，保持通气速度为每秒钟4～5个气泡。于电压200 V下，加热10 min，然后将电压降至160 V，加热5 min后停止加热。取下吸收杯，关闭空气泵。

用水冲洗插入吸收液内的玻璃管，加入10 mL明胶溶液(5.60)，加入15.00 mL碘酸钾标准滴定溶液(5.83)，在搅拌下一次性快速加入30 mL硫酸(1+2)，用硫代硫酸钠标准滴定溶液(5.84)滴定至淡黄色，加入2 mL淀粉溶液(5.105)，继续滴定至蓝色消失。

30.3 结果的计算与表示

三氧化硫的质量分数w_{SO_3}按式(48)计算：

$$w_{SO_3}=\frac{T_{SO_3}\times(V_{33}-K_1\times V_{34})}{m_{39}\times 1\,000}\times 100=\frac{T_{SO_3}\times(V_{33}-K_1\times V_{34})\times 0.1}{m_{39}} \qquad \cdots\cdots(48)$$

式中：

w_{SO_3}——三氧化硫的质量分数，%；

T_{SO_3}——碘酸钾标准滴定溶液对三氧化硫的滴定度，单位为毫克每毫升(mg/mL)；

V_{33}——加入碘酸钾标准滴定溶液的体积，单位为毫升(mL)；

V_{34}——滴定时消耗硫代硫酸钠标准滴定溶液的体积，单位为毫升(mL)；

K_1——碘酸钾标准滴定溶液与硫代硫酸钠标准滴定溶液的体积比；

m_{39}——试料的质量，单位为克(g)。

31 三氧化硫的测定——离子交换法(代用法)

31.1 方法提要

在水介质中，用氢型阳离子交换树脂对水泥中的硫酸钙进行两次静态交换，生成等物质的量的氢离子，以酚酞为指示剂，用氢氧化钠标准滴定溶液滴定。

本方法只适用于掺加天然石膏并且不含有氟、氯、磷的水泥中三氧化硫的测定。

31.2 分析步骤

称取约0.2g试样(m_{40})，精确至0.000 1 g，置于已放有5g树脂(5.61)、10 mL热水及一根磁力搅拌子的150 mL烧杯中，摇动烧杯使试样分散。然后加入40 mL沸水，立即置于磁力搅拌器(6.11)上，加热搅拌10 min。取下，以快速滤纸过滤，用热水洗涤烧杯和滤纸上的树脂4～5次，滤液及洗液收集于已放有2g树脂(5.61)及一根磁力搅拌子的150 mL烧杯中(此时溶液体积在100 mL左右)。将烧杯再置于磁力搅拌器(6.11)上，搅拌3 min。取下，以快速滤纸将溶液过滤于300 mL烧杯中，用热水洗涤烧杯和滤纸上的树脂5～6次。

向溶液中加入5～6滴酚酞指示剂溶液(5.99)，用氢氧化钠标准滴定溶液(5.90)滴定至微红色。

保存滤纸上的树脂，可以回收处理后再利用。

31.3 结果的计算与表示

三氧化硫的质量分数w_{SO_3}按式(49)计算：

$$w_{SO_3}=\frac{T'_{SO_3}\times V_{35}}{m_{40}\times 1\,000}\times 100=\frac{T'_{SO_3}\times V_{35}\times 0.1}{m_{40}} \qquad \cdots\cdots(49)$$

式中：

w_{SO_3}——三氧化硫的质量分数，%；

T'_{SO_3}——氢氧化钠标准滴定溶液对三氧化硫的滴定度，单位为毫克每毫升(mg/mL)；

V_{35}——滴定时消耗氢氧化钠标准滴定溶液的体积，单位为毫升(mL)；

m_{40}——试料的质量，单位为克(g)。

32 三氧化硫的测定——铬酸钡分光光度法(代用法)

32.1 方法提要

试样经盐酸溶解，在 pH2 的溶液中，加入过量铬酸钡，生成与硫酸根等物质的量的铬酸根。在微碱性条件下，使过量的铬酸钡重新析出。干过滤后在波长 420 nm 处测定游离铬酸根离子的吸光度。

试样中除硫化物(S^{2-})和硫酸盐外，还有其他状态的硫存在时，将给测定结果造成误差。

32.2 分析步骤

称取 0.33 g～0.36 g 试样(m_{41})，精确至 0.000 1 g，置于带有标线的 200 mL 烧杯中。加 4 mL 甲酸(1+1)，分散试样，低温干燥，取下。加 10 mL 盐酸(1+2)及 1～2 滴过氧化氢(5.9)，将试料搅起后加热至小气泡冒尽，冲洗杯壁，再煮沸 2 min，期间冲洗杯壁 2 次。取下，加水至约 90 mL，加 5 mL 氨水(1+2)，并用盐酸(1+1)和氨水(1+1)调节酸度至 pH2.0(用精密 pH 试纸检验)，稀释至 100 mL。加 10 mL 铬酸钡溶液(5.62)，搅匀。流水冷却至室温并放置，时间不少于 10 min，放置期间搅拌 3 次。加入 5 mL 氨水(1+2)，将溶液连同沉淀移入 150 mL 容量瓶中，用水稀释至标线，摇匀。用中速滤纸干过滤。滤液收集于 50 mL 烧杯中，用分光光度计(6.12)，20 mm 比色皿，以水作参比，于波长 420 nm 处测定溶液的吸光度。在工作曲线(5.81.3)上查出三氧化硫的含量(m_{42})。

32.3 结果的计算与表示

三氧化硫的质量分数 w_{SO_3} 按式(50)计算：

$$w_{SO_3}=\frac{m_{42}}{m_{41}\times 1\ 000}\times 100=\frac{m_{42}\times 0.1}{m_{41}} \qquad \cdots\cdots(50)$$

式中：

w_{SO_3}——三氧化硫的质量分数，%；

m_{42}——测定溶液中三氧化硫的含量，单位为毫克(mg)；

m_{41}——试料的质量，单位为克(g)。

33 三氧化硫的测定——库仑滴定法(代用法)

33.1 方法提要

试样经甲酸处理，将硫化物分解除去。在催化剂的作用下，于空气流中燃烧分解，试样中硫生成二氧化硫并被碘化钾溶液吸收，以电解碘化钾溶液所产生的碘进行滴定。

试样中除硫化物(S^{2-})和硫酸盐外，还有其他状态的硫存在时，将给测定结果造成误差。

33.2 分析步骤

使用库仑积分测硫仪(6.16)进行测定，将管式高温炉升温并控制在 1 150 ℃～1 200 ℃。

开动供气泵和抽气泵并将抽气流量调节到约 1 000 mL/min。在抽气下，将约 300 mL 电解液(5.64)加入电解池内，开动磁力搅拌器。

调节电位平衡：在瓷舟中放入少量含一定硫的试样，并盖一薄层五氧化二钒(5.63)，将瓷舟置于一稍大的石英舟上，送进炉内，库仑滴定随即开始。如果试验结束后库仑积分器的显示值为零，应再次调节直至显示值不为零为止。

称取约 0.04 g～0.05 g 试样(m_{43})，精确至 0.000 1 g，将试样均匀地平铺于瓷舟中，慢慢滴加4～5 滴甲酸(1+1)，用拉细的玻璃棒沿舟方向搅拌几次，使试样完全被甲酸润湿，再用 2～3 滴甲酸(1+1)将玻璃棒上沾有的少量试样冲洗于瓷舟中，将瓷舟放在电炉上，控制电炉丝呈暗红色，低温加热并烤干，防止溅失，再升高温度加热 2 min。取下冷却后在试料上复盖一薄层五氧化二钒(5.63)，将瓷舟置于石英舟上，送进炉内，库仑滴定随即开始，试验结束后，库仑积分器显示出三氧化硫(或硫)的毫克数(m_{44})。

33.3 结果的计算与表示

三氧化硫的质量分数 w_{SO_3} 按式(51)计算：

$$w_{SO_3}=\frac{m_{44}}{m_{43}\times 1\ 000}\times 100=\frac{m_{44}\times 0.1}{m_{43}} \quad \cdots\cdots(51)$$

式中：

w_{SO_3}——三氧化硫的质量分数，%；

m_{44}——库仑积分器上三氧化硫的显示值，单位为毫克(mg)；

m_{43}——试料的质量，单位为克(g)。

34 氧化钾和氧化钠的测定——原子吸收光谱法(代用法)

34.1 方法提要

用氢氟酸-高氯酸分解试样，以锶盐消除硅、铝、钛等的干扰，在空气-乙炔火焰中，分别于波长766.5 nm 处和波长 589.0 nm 处测定氧化钾和氧化钠的吸光度。

34.2 分析步骤

从 15.2.1 溶液 C 中吸取一定量的试样溶液放入容量瓶中(试样溶液的分取量及容量瓶的容积视氧化钾和氧化钠的含量而定)，加入盐酸(1+1)及氯化锶溶液(5.48)，使测定溶液中盐酸的体积分数为6%，锶的浓度为 1 mg/mL。用水稀释至标线，摇匀。用原子吸收光谱仪(6.14)，在空气-乙炔火焰中，分别用钾元素空心阴极灯于波长 766.5 nm 处和钠元素空心阴极灯于波长 589.0 nm 处，在与 5.77.2.2 相同的仪器条件下测定溶液的吸光度，在工作曲线(5.77.2.2)上查出氧化钾的浓度(c_3)和氧化钠的浓度(c_4)。

34.3 结果的计算与表示

氧化钾和氧化钠的质量分数 w_{K_2O} 和 w_{Na_2O} 分别按式(52)和式(53)计算：

$$w_{K_2O}=\frac{c_3\times V_{36}\times n}{m_{19}\times 1\ 000}\times 100=\frac{c_3\times V_{36}\times n\times 0.1}{m_{19}} \quad \cdots\cdots(52)$$

$$w_{Na_2O}=\frac{c_4\times V_{36}\times n}{m_{19}\times 1\ 000}\times 100=\frac{c_4\times V_{36}\times n\times 0.1}{m_{19}} \quad \cdots\cdots(53)$$

式中：

w_{K_2O}——氧化钾的质量分数，%；

w_{Na_2O}——氧化钠的质量分数，%；

c_3——测定溶液中氧化钾的浓度，单位为毫克每毫升(mg/mL)；

c_4——测定溶液中氧化钠的浓度，单位为毫克每毫升(mg/mL)；

V_{36}——测定溶液的体积，单位为毫升(mL)；

n——全部试样溶液与所分取试样溶液的体积比；

m_{19}——15.2.1 中试料的质量，单位为克(g)。

35 氯离子的测定——磷酸蒸馏-汞盐滴定法(代用法)

35.1 方法提要

用规定的蒸馏装置在 250 ℃～260 ℃温度条件下，以过氧化氢和磷酸分解试样，以净化空气做载体，蒸馏分离氯离子，用稀硝酸作吸收液。在 pH3.5 左右，以二苯偶氮碳酰肼为指示剂，用硝酸汞标准滴定溶液滴定。

35.2 分析步骤

使用 6.23 规定的测氯蒸馏装置进行测定。

向 50 mL 锥形瓶中加入约 3 mL 水及 5 滴硝酸(5.65)，放在冷凝管下端用以承接蒸馏液，冷凝管下端的硅胶管插于锥形瓶的溶液中。

称取约 0.3 g(m_{45})试样，精确至 0.000 1 g，置于已烘干的石英蒸馏管中，勿使试样粘附于管壁。

向蒸馏管中加入5～6滴过氧化氢溶液(5.9),摇动使试样完全分散后加入5 mL磷酸,套上磨口塞,摇动,待试料分解产生的二氧化碳气体大部分逸出后,将6.23所示的仪器装置中的固定架10套在石英蒸馏管上,并将其置于温度250 ℃～260 ℃的测氯蒸馏装置(6.23)炉膛内,迅速地以硅橡胶管连接好蒸馏管的进出口部分(先连出气管,后连进气管),盖上炉盖。

开动气泵,调节气流速度在100 mL/min～200 mL/min,蒸馏10 min～15 min后关闭气泵,拆下连接管,取出蒸馏管置于试管架内。

用乙醇(5.12)吹洗冷凝管及其下端,洗液收集于锥形瓶内(乙醇用量约为15 mL)。由冷凝管下部取出承接蒸馏液的锥形瓶,向其中加入1～2滴溴酚蓝指示剂溶液(5.103),用氢氧化钠溶液(5.66)调节至溶液呈蓝色,然后用硝酸(5.65)调节至溶液刚好变黄,再过量1滴,加入10滴二苯偶氮碳酰肼指示剂溶液(5.106),用硝酸汞标准滴定溶液(5.92)滴定至紫红色出现。记录滴定所用硝酸汞标准滴定溶液的体积V_{37}。

氯离子含量为0.2%～1%时,蒸馏时间应为15 min～20 min;用硝酸汞标准滴定溶液(5.93)进行滴定。

不加入试样按上述步骤进行空白试验,记录空白滴定所用硝酸汞标准滴定溶液的体积V_{38}。

35.3 结果的计算与表示

氯离子的质量分数w_{Cl^-}按式(54)计算:

$$w_{Cl^-}=\frac{T_{Cl^-}\times(V_{37}-V_{38})}{m_{45}\times 1\,000}\times 100=\frac{T_{Cl^-}\times(V_{37}-V_{38})\times 0.1}{m_{45}} \quad\cdots\cdots(54)$$

式中:

w_{Cl^-}——氯离子的质量分数,%;

T_{Cl^-}——硝酸汞标准滴定溶液对氯离子的滴定度,单位为毫克每毫升(mg/mL);

V_{37}——滴定时消耗硝酸汞标准滴定溶液的体积,单位为毫升(mL);

V_{38}——空白试验消耗硝酸汞标准滴定溶液的体积,单位为毫升(mL);

m_{45}——试料的质量,单位为克(g)。

36 一氧化锰的测定——原子吸收光谱法(代用法)

36.1 方法提要

用氢氟酸-高氯酸分解试样,以锶盐消除硅、铝、钛等对锰的干扰,在空气-乙炔火焰中,于波长279.5 nm处测定吸光度。

36.2 分析步骤

直接取用15.2.1中溶液C,用原子吸收光谱仪(6.14),在空气-乙炔火焰中,用锰空心阴极灯,于波长279.5 nm处,在与5.78.3.2相同的仪器条件下测定溶液的吸光度,在工作曲线(5.78.3.2)上查出一氧化锰的浓度(c_5)。

36.3 结果的计算与表示

一氧化锰的质量分数w_{MnO}按式(55)计算:

$$w_{MnO}=\frac{c_5\times V_{39}\times n}{m_{19}\times 1\,000}\times 100=\frac{c_5\times V_{39}\times n\times 0.1}{m_{19}} \quad\cdots\cdots(55)$$

式中:

w_{MnO}——一氧化锰的质量分数,%;

c_5——测定溶液中一氧化锰的浓度,单位为毫克每毫升(mg/mL);

V_{39}——测定溶液的体积,单位为毫升(mL);

n——全部试样溶液与所分取试样溶液的体积比;

m_{19}——15.2.1中试料的质量,单位为克(g)。

37 氟离子的测定——离子选择电极法

37.1 方法提要

在 pH6.0 的总离子强度配位缓冲溶液的存在下，以氟离子选择电极作指示电极，饱和氯化钾甘汞电极作参比电极，用离子计或酸度计(6.15)测量含氟离子溶液的电极电位。

37.2 分析步骤

称取约 0.2 g 试样(m_{46})，精确至 0.000 1 g，置于 100 mL 干烧杯中，加入 10 mL 水使试样分散，在搅拌下加入 5 mL 盐酸(1+1)，加热煮沸并继续微沸 1 min～2 min。用快速滤纸过滤，用热水洗涤 5～6 次，冷却至室温。加入 2～3 滴溴酚蓝指示剂溶液(5.103)，用盐酸(1+1)和氢氧化钠溶液(5.32)调节溶液酸度，使溶液颜色刚由蓝色变为黄色(应防止氢氧化铝沉淀生成)，然后移入 100 mL 容量瓶中，用水稀释至标线，摇匀。

吸取 10.00 mL 放入 50 mL 干烧杯中，加入 10.00 mL pH6.0 的总离子强度配位缓冲溶液(5.67)，放入一根搅拌子，将烧杯置于磁力搅拌器(6.11)上，在溶液中插入氟离子选择电极和饱和氯化钾甘汞电极，搅拌 2 min 后，停止搅拌 30 s，用离子计或酸度计(6.15)测量溶液的平衡电位，在工作曲线(5.94.2)上查出氟离子的浓度(c_6)。

37.3 结果的计算与表示

氟离子的质量分数 w_{F^-} 按式(56)计算：

$$w_{F^-}=\frac{c_6\times 100}{m_{46}\times 1\ 000}\times 100=\frac{c_6\times 10}{m_{46}} \qquad \cdots\cdots(56)$$

式中：

w_{F^-}——氟离子的质量分数，%；

c_6——测定溶液中氟离子的浓度，单位为毫克每毫升(mg/mL)；

100——试样溶液的总体积，单位为毫升(mL)；

m_{46}——试料的质量，单位为克(g)。

38 游离氧化钙的测定——甘油酒精法(代用法)

38.1 方法提要

在加热搅拌下，以硝酸锶为催化剂，使试样中的游离氧化钙与甘油作用生成弱碱性的甘油钙，以酚酞为指示剂，用苯甲酸-无水乙醇标准滴定溶液滴定。

38.2 分析步骤

称取约 0.5 g 试样(m_{47})，精确至 0.000 1 g，置于 250 mL 干燥的锥形瓶中，加入 30 mL 甘油-无水乙醇溶液(5.69)，加入约 1 g 硝酸锶(5.71)，放入一根搅拌子，装上冷凝管，置于游离氧化钙测定仪(6.18)上，以适当的速度搅拌溶液，同时升温并加热煮沸，在搅拌下微沸 10 min 后，取下锥形瓶，立即用苯甲酸-无水乙醇标准滴定溶液(5.95)滴定至微红色消失。再装上冷凝管，继续在搅拌下煮沸至红色出现，再取下滴定。如此反复操作，直至在加热 10 min 后不出现红色为止。

38.3 结果的计算与表示

游离氧化钙的质量分数 w_{fCaO} 按式(57)计算：

$$w_{fCaO}=\frac{T''_{CaO}\times V_{40}}{m_{47}\times 1\ 000}\times 100=\frac{T''_{CaO}\times V_{40}\times 0.1}{m_{47}} \qquad \cdots\cdots(57)$$

式中：

w_{fCaO}——游离氧化钙的质量分数，%；

T''_{CaO}——苯甲酸-无水乙醇标准滴定溶液对氧化钙的滴定度，单位为毫克每毫升(mg/mL)；

V_{40}——滴定时消耗苯甲酸-无水乙醇标准滴定溶液的总体积，单位为毫升(mL)；

m_{47}——试料的质量,单位为克(g)。

39 游离氧化钙的测定——乙二醇法(代用法)

39.1 方法提要

在加热搅拌下,使试样中的游离氧化钙与乙二醇作用生成弱碱性的乙二醇钙,以酚酞为指示剂,用苯甲酸-无水乙醇标准滴定溶液滴定。

39.2 分析步骤

称取约 0.5 g 试样(m_{48}),精确至 0.000 1 g,置于 250 mL 干燥的锥形瓶中,加入 30 mL 乙二醇-乙醇溶液(5.70),放入一根搅拌子,装上冷凝管,置于游离氧化钙测定仪(6.18)上,以适当的速度搅拌溶液,同时升温并加热煮沸,当冷凝下的乙醇开始连续滴下时,继续在搅拌下加热微沸 4 min,取下锥形瓶,用预先用无水乙醇润湿过的快速滤纸抽气过滤或预先用无水乙醇洗涤过的玻璃砂芯漏斗(6.19)抽气过滤,用无水乙醇(5.12)洗涤锥形瓶和沉淀 3 次,过滤时等上次洗涤液过滤完后再洗涤下次。滤液及洗液收集于 250 mL 干燥的抽滤瓶中,立即用苯甲酸-无水乙醇标准滴定溶液(5.95)滴定至微红色消失。

提示:尽可能快速地进行抽气过滤,以防止吸收大气中的二氧化碳。

39.3 结果的计算与表示

游离氧化钙的质量分数 w_{fCaO} 按式(58)计算:

$$w_{fCaO} = \frac{T'''_{CaO} \times V_{41}}{m_{48} \times 1\,000} \times 100 = \frac{T'''_{CaO} \times V_{41} \times 0.1}{m_{48}} \qquad (58)$$

式中:

w_{fCaO}——游离氧化钙的质量分数,%;

T'''_{CaO}——苯甲酸-无水乙醇标准滴定溶液对氧化钙的滴定度,单位为毫克每毫升(mg/mL);

V_{41}——滴定时消耗苯甲酸-无水乙醇标准滴定溶液的体积,单位为毫升(mL);

m_{48}——试料的质量,单位为克(g)。

40 X射线荧光分析方法

40.1 方法提要

当试样中化学元素受到电子、质子、α 粒子和离子等加速粒子的激发或受到 X 射线管、放射性同位素源等发出的高能辐射的激发时,可放射特征 X 射线,称之为元素的荧光 X 射线。当激发条件确定后,均匀样品中某元素的荧光 X 射线强度与样品中该元素质量分数的关系如式(59)所示:

$$I_i = \frac{Q_i \times C_i}{\mu_s} \qquad (59)$$

式中:

I_i——待测元素的荧光 X 射线强度;

Q_i——比例常数;

C_i——待测元素的质量分数;

μ_s——样品的质量吸收系数。

样品的质量吸收系数与试样的化学组成相关。其对待测元素荧光 X 射线强度的影响可采用下述三种方法之一消除:

a) 采用与待测试样化学成分相近的标准样品进行补偿校正;

b) 采用适当的数学公式进行数学校正;

c) 综合采用标准样品和数学公式进行补偿及数学校正。

样品的颗粒度效应和矿物效应等非均匀性影响可采用与待测样品相近的标准样品进行补偿校正,也可采用将样品熔融制成玻璃片的方法予以消除。

40.2 X射线荧光分析仪工作条件的选择

40.2.1 仪器工作条件检验的频数

对于新购仪器，或对仪器进行维修、更换部件后，应按JC/T 1085对仪器进行校验。仪器正常运行时，每隔6个月时间，对仪器进行校验。校验合格后，选择仪器的工作条件。

40.2.2 仪器工作条件的选择方法

参考分析仪器的使用说明书，选择适当的仪器工作条件，并对仪器的漂移按时进行校正。

40.3 系列校准样品的配制

系列校准样品应使用与待测试样相同的物料进行配制，对于质量分数小于1%的成分可用纯化学试剂配制。系列校准样品中各成分的质量分数范围应涵盖待测试样中各成分的质量分数。每一系列至少包含7个样品。

系列校准样品的制备应符合GB/T 15000或JJG 1006的要求，可参照相应的系列国家标准样品研制方法制备。

系列校准样品的定值方法可采用本标准化学分析方法进行，但要用国家标准样品/标准物质进行溯源。用于溯源的国家标准样品/标准物质中的主成分的质量分数应尽可能与待定值的校准样品相近。

用化学分析方法确定校准样品中各成分的质量分数。定值结果的不确定度 u 应小于表2规定的重复性限的1/3。

校准样品中各成分测定结果的不确定度 u 按式(60)计算：

$$u = t_{(n-1)} \frac{s}{\sqrt{n}} \qquad \cdots\cdots(60)$$

式中：

u——测定结果的不确定度；

$t_{(n-1)}$——显著性水平为0.05、自由度为 $f=n-1$ 时的 t 值，即 t 分布的置信系数；

s——定值结果的标准偏差；

n——定值时测定次数。

40.4 试样片的制备

40.4.1 玻璃熔片的制备

40.4.1.1 试样的称量

按选择的稀释比(R)分别称量试样、熔剂和防浸润剂，精确至0.000 1 g。所用试样可用下述两种方法之一进行称量。

a) 称量未灼烧过的试样

用未灼烧过的试样制备玻璃熔片时，应称量试样的质量(m_{49})按式(61)计算：

$$m_{49} = \frac{m_{50}}{1 - \frac{w_{\mathrm{LOI}}}{100}} \qquad \cdots\cdots(61)$$

式中：

m_{49}——应称量的未灼烧过的试样质量，单位为克(g)；

m_{50}——制备玻璃熔片所需的试样质量，单位为克(g)；

w_{LOI}——按8.2测定的烧失量的质量分数，%。

b) 称量灼烧过的试样

如果试样中含有碳化物、铁或其他金属，应该用灼烧过的试样制备玻璃熔片，灼烧方法按8.2烧失量分析步骤中的灼烧方法进行。

40.4.1.2 熔样步骤

熔样前，需把试样、熔剂和防浸润剂充分混合。如果使用液体防浸润剂，应先将试样和熔剂进行混合，在低温下加热除去水分，然后再通过微量移液管加入液体防浸润剂。在选定的控制温度的电炉内、喷灯上或使用自动制片设备，在规定的时间内（如 10 min）熔融该混合物，其间不时地摇动，直至试样全部熔解，得到均匀的熔融物。

应根据试样和被测元素的类型选择适宜的熔融温度。对于要检测的易挥发性元素，如硫酸盐、硫化物、氯化物或碱金属元素化合物，应降低熔融温度，或使用压片技术，以保证达到所需精度。例如，测定三氧化硫时，试样的熔融温度应控制在 1 100 ℃以下。

40.4.1.3 玻璃熔片的铸造

将得到的均匀熔融物倒入铸模中。当熔体由红热状态冷却后，将铸模置于空气流上方的水平位置，使空气流能直接吹至铸模底部中心。当熔片已成固体并自动脱模后，关掉空气流。将熔片贮存于密封的聚乙烯袋中，再放入干燥器中。长期贮存后，用前应用乙醇或丙酮彻底清洗表面。

40.4.2 用粉末直接压片

40.4.2.1 一般要求

采用粉末压片时，样品应首先进行粉磨，为防止样品粘磨和改善粉末压片质量，可使用不超过 3% 的粘合剂。

40.4.2.2 操作步骤

称取适量的试样（应能够填满模具）及粘合剂，精确至 0.000 1 g，倒入磨盘内混匀后盖上磨盘盖，放入振动磨，按设定好的时间自动粉磨。粉磨完成后，用毛刷把料刷出到一张纸上，小心转移到压片机的钢环内，并用直尺拨平，以使压片表面的密度均匀。按照已设定好的压力、保压时间完成压片。压片厚度应大于 2.5 mm。取出压片，注意观察压片表面是否光洁、无杂物、不开裂。用洗耳球将分析面吹干净，用干布把压片的边缘擦干净。放入荧光分析仪进行检测。把磨盘清洗干净晾干，用毛刷以及吸耳球把压片机上、下压头吹扫干净备用。

40.5 校准方程的建立和确认

40.5.1 校准样品灼烧基浓度

采用玻璃熔片制作校准曲线时，浓度坐标用校准样品的灼烧基浓度。校准样品的灼烧基浓度按式（62）计算：

$$w_{(\text{灼烧基})} = w_{(\text{收到基})} \times \frac{100}{100 - w_{\text{LOI}}} \quad \cdots\cdots\cdots\cdots (62)$$

式中：

$w_{(\text{灼烧基})}$——校准样品的灼烧基中某元素的浓度，%；

$w_{(\text{收到基})}$——校准样品的收到基中某元素的浓度，%；

w_{LOI}——校准样品中烧失量的质量分数，%。

40.5.2 校准方程的建立

在一个合理的计数时间内（例如 40 s 或 200 s），测量系列校准样品熔片或压片中的每种被测元素的谱线强度。利用回归分析，建立每种被测元素的校准曲线。例如根据最小二乘法，在测量得到的 X 射线强度与相应的每种被测元素的浓度之间建立回归校准方程。必要时，对谱线重叠和元素之间的影响进行校正。另外，同时测量强度漂移校准熔片的标准强度。按照 40.5.4 所述，确认校准方程的有效性。

40.5.3 元素间影响的校正

如果存在明显影响校准准确度的元素间效应，例如钾对钙的影响，有必要进行校正。对于每种影响元素的校正，至少制备一个附加的校准熔片或压片。

40.5.4 校准方程的确认

用未参与校准曲线建立的另一标准样品进行测定。对于所有的被测元素，浓度的测定值与标准样品/标准物质的证书值之差应小于重复性限(表2)的0.71倍时,确认校准曲线有效,否则无效,应重新制作。

40.6 测定步骤

按照下述步骤进行试样的分析:

a) 按照40.3所述制备分析用熔片或压片;

b) 按照40.5.2所述,对仪器进行校准;

c) 在相同测定条件下,测量分析熔片或压片的X射线强度。测量的X射线强度应当在校准方程的范围内;

d) 根据40.5.2获得的校准方程,计算被测元素的浓度。

40.7 结果的计算与表示

40.7.1 直接粉末压片法的测定结果

由40.6d)得到的结果以质量分数表示。

40.7.2 熔融法的测定结果

由40.6d)得到的结果为灼烧基结果,根据未灼烧试样(收到基)中烧失量w_{LOI}的结果,按式(63)将灼烧基结果换算成收到基结果:

$$w_{(收到基)} = w_{(灼烧基)} \times \frac{100 - w_{LOI}}{100} \quad \cdots\cdots(63)$$

式中:

$w_{(收到基)}$——试样收到基的测定结果,%;

$w_{(灼烧基)}$——试样灼烧基的测定结果,%;

w_{LOI}——未灼烧试样中烧失量的质量分数,%。

41 水泥化学分析方法及X射线荧光分析方法测定结果的重复性限和再现性限

本标准所列重复性限和再现性限为绝对偏差,以质量分数(%)表示。

在重复性条件下(3.1),采用本标准所列方法分析同一试样时,两次分析结果之差应在所列的重复性限(表1或表2)内。如超出重复性限,应在短时间内进行第三次测定,测定结果与前两次或任一次分析结果之差值符合重复性限的规定时,则取其平均值,否则,应查找原因,重新按上述规定进行分析。

在再现性条件下(3.2),采用本标准所列方法对同一试样各自进行分析时,所得分析结果的平均值之差应在所列的再现性限(表1或表2)内。

化学分析方法测定结果的重复性限和再现性限见表1。

X射线荧光分析方法测定结果的重复性限和再现性限见表2。

表1 化学分析方法测定结果的重复性限和再现性限

成 分	测 定 方 法	含量范围/%	重复性限/%	再现性限/%
烧失量	灼烧差减法		0.15	0.25
不溶物	盐酸-氢氧化钠处理	≤3	0.10	0.10
		>3	0.15	0.20
三氧化硫(基准法)	硫酸钡重量法		0.15	0.20
二氧化硅(基准法)	氯化铵重量法		0.15	0.20
三氧化二铁(基准法)	EDTA直接滴定法		0.15	0.20
三氧化二铝(基准法)	EDTA直接滴定法		0.20	0.30
氧化钙(基准法)	EDTA滴定法		0.25	0.40
氧化镁(基准法)	原子吸收光谱法		0.15	0.25

表 1（续）

成　　分	测　定　方　法	含量范围/%	重复性限/%	再现性限/%
二氧化钛	二安替比林甲烷分光光度法		0.05	0.10
氧化钾(基准法)	火焰光度法		0.10	0.15
氧化钠(基准法)	火焰光度法		0.05	0.10
氯离子(基准法)	硫氰酸铵容量法	≤0.10 >0.10	0.003 0.010	0.005 0.015
硫化物	碘量法		0.03	0.05
一氧化锰(基准法)	高碘酸钾氧化分光光度法		0.05	0.10
五氧化二磷	磷钼酸铵分光光度法		0.05	0.10
二氧化碳	碱石棉吸收重量法	≤5 >5	0.20 0.30	0.35 0.45
二氧化硅(代用法)	氟硅酸钾容量法		0.20	0.30
三氧化二铁(代用法)	邻菲罗啉分光光度法		0.15	0.20
三氧化二铁(代用法)	原子吸收光谱法		0.15	0.20
氧化钙(代用法)	氢氧化钠熔样-EDTA 滴定法		0.25	0.40
氧化钙(代用法)	高锰酸钾滴定法		0.25	0.40
氧化镁(代用法)	EDTA 滴定差减法	≤2 >2	0.15 0.20	0.25 0.30
三氧化硫(代用法)	碘量法		0.15	0.20
三氧化硫(代用法)	离子交换法		0.15	0.20
三氧化硫(代用法)	铬酸钡分光光度法		0.15	0.20
三氧化硫(代用法)	库仑滴定法		0.15	0.20
氧化钾(代用法)	原子吸收光谱法		0.10	0.15
氧化钠(代用法)	原子吸收光谱法		0.05	0.10
氯离子(代用法)	磷酸蒸馏-汞盐滴定法	≤0.10 >0.10	0.003 0.010	0.005 0.015
一氧化锰(代用法)	原子吸收光谱法		0.05	0.10
氟离子	离子选择电极法		0.05	0.10
游离氧化钙(代用法)	甘油酒精法	≤2 >2	0.10 0.20	0.20 0.30
游离氧化钙(代用法)	乙二醇法	≤2 >2	0.10 0.20	0.20 0.30

表 2　X 射线荧光分析方法测定结果的重复性限和再现性限

化学成分	SiO_2	Al_2O_3	Fe_2O_3	TiO_2	CaO	MgO	SO_3	K_2O	Na_2O
重复性限/%	0.20	0.20	0.15	0.05	0.25	0.15	0.15	0.10	0.05
再现性限/%	0.25	0.30	0.20	0.10	0.40	0.25	0.20	0.15	0.10

ICS 55.020
A 80

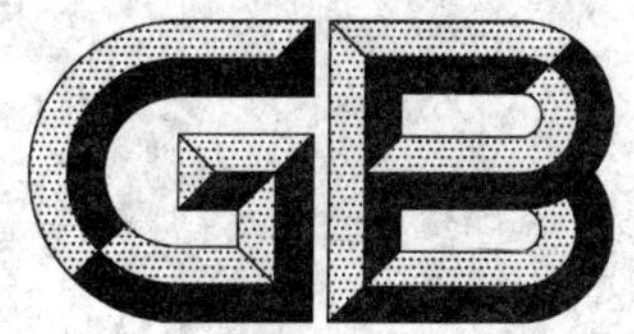

中华人民共和国国家标准

GB/T 191—2008
代替 GB/T 191—2000

包装储运图示标志

Packaging—Pictorial marking for handling of goods

(ISO 780:1997,MOD)

2008-04-01 发布　　2008-10-01 实施

中华人民共和国国家质量监督检验检疫总局
中国国家标准化管理委员会　发布

前　言

本标准修改采用国际标准 ISO 780:1997《包装　储运图示标志》,主要差异如下:

——在国际标准三种规格的基础上,增加了 50 mm 的规格尺寸;

——在 4.1 标志的使用中增加了“印制标志时,外框线及标志名称都要印上,出口货物可省略中文标志名称和外框线;喷涂时,外框线及标志名称可以省略”;

——在表 1 中增加了每个标志的完整图形。

本标准代替 GB/T 191—2000《包装储运图示标志》。

本标准与 GB/T 191—2000 相比主要变化如下:

——取消了标志在包装件上的粘贴位置;

——在表 1 中增加了标志图形一栏。

本标准由全国包装标准化技术委员会提出并归口。

本标准起草单位:铁道部标准计量研究所、北京出入境检验检疫协会。

本标准主要起草人:张锦、赵靖宇、徐思桥、苏学锋。

本标准所代替标准的历次版本发布情况为:

——GB/T 191—1963、GB/T 191—1973、GB/T 191—1985、GB/T 191—1990、GB/T 191—2000;

——GB 5892—1985。

包装储运图示标志

1 范围

本标准规定了包装储运图示标志(以下简称标志)的名称、图形符号、尺寸、颜色及应用方法。

本标准适用于各种货物的运输包装。

2 标志的名称和图形符号

标志由图形符号、名称及外框线组成,共17种,见表1。

表1 标志名称及图形

序号	标志名称	图形符号	标　志	含　义	说明及示例
1	易碎物品		 易碎物品	表明运输包装件内装易碎物品,搬运时应小心轻放	见4.2.2 a)。 位置示例 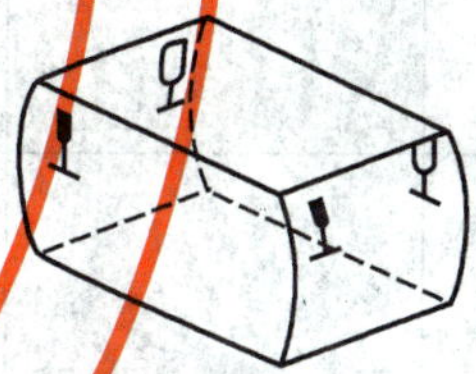
2	禁用手钩		 禁用手钩	表明搬运运输包装件时禁用手钩	

表 1(续)

序号	标志名称	图形符号	标　志	含　义	说明及示例
3	向上		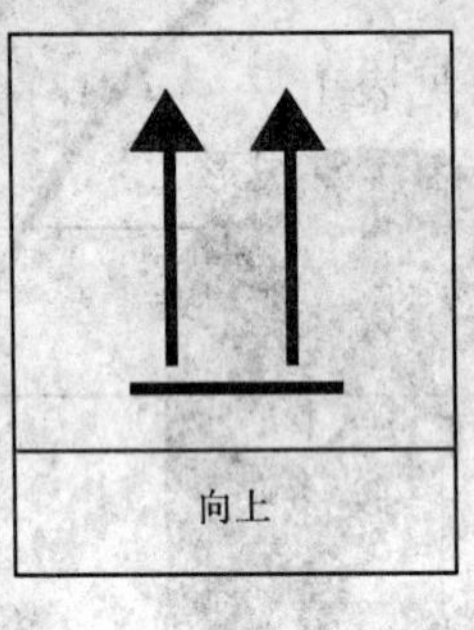 向上	表明该运输包装件在运输时应竖直向上	见 4.2.2 b)。 位置示例 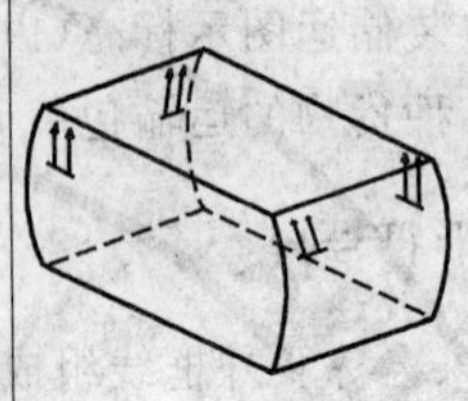 a) 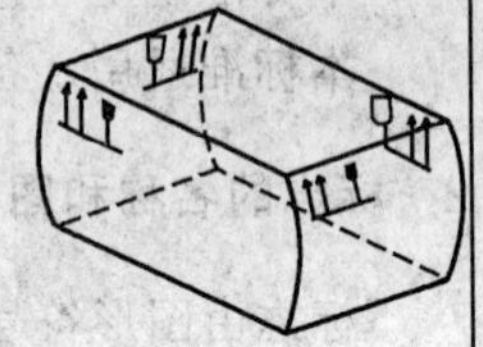　b)  c)
4	怕晒		 怕晒	表明该运输包装件不能直接照晒	
5	怕辐射		 怕辐射	表明该物品一旦受辐射会变质或损坏	

表 1(续)

序号	标志名称	图形符号	标志	含义	说明及示例
6	怕雨		怕雨	表明该运输包装件怕雨淋	
7	重心		重心	表明该包装件的重心位置，便于起吊	见 4.2.2 c)。 位置示例 该标志应标在实际位置上
8	禁止翻滚		禁止翻滚	表明搬运时不能翻滚该运输包装件	
9	此面禁用手推车		此面禁用手推车	表明搬运货物时此面禁止放在手推车上	

表 1(续)

序号	标志名称	图形符号	标　　志	含　义	说明及示例
10	禁用叉车		禁用叉车	表明不能用升降叉车搬运的包装件	
11	由此夹起		由此夹起	表明搬运货物时可用夹持的面	见 4.2.2 d)。
12	此处不能卡夹		此处不能卡夹	表明搬运货物时不能用夹持的面	
13	堆码质量极限	…kg max	…kg max 堆码质量极限	表明该运输包装件所能承受的最大质量极限	

表 1(续)

序号	标志名称	图形符号	标志	含义	说明及示例
14	堆码层数极限	n	n 堆码层数极限	表明可堆码相同运输包装件的最大层数	包含该包装件，*n* 表示从底层到顶层的总层数
15	禁止堆码		禁止堆码	表明该包装件只能单层放置	
16	由此吊起		由此吊起	表明起吊货物时挂绳索的位置	见 4.2.2 e)。 位置示例 应标在实际起吊位置上
17	温度极限		温度极限	表明该运输包装件应该保持的温度范围	…℃max …℃min a) …℃min　…℃max b)

3 标志尺寸和颜色

3.1 标志尺寸

标志外框为长方形，其中图形符号外框为正方形，尺寸一般分为4种，见表2。如果包装尺寸过大或过小，可等比例放大或缩小。

表2 图形符号及标志外框尺寸

单位为毫米

序号	图形符号外框尺寸	标志外框尺寸
1	50×50	50×70
2	100×100	100×140
3	150×150	150×210
4	200×200	200×280

3.2 标志颜色

标志颜色一般为黑色。

如果包装的颜色使得标志显得不清晰，则应在印刷面上用适当的对比色，黑色标志最好以白色作为标志的底色。

必要时，标志也可使用其他颜色，除非另有规定，一般应避免采用红色、橙色或黄色，以避免同危险品标志相混淆。

4 标志的应用方法

4.1 标志的使用

可采用直接印刷、粘贴、拴挂、钉附及喷涂等方法。印制标志时，外框线及标志名称都要印上，出口货物可省略中文标志名称和外框线；喷涂时，外框线及标志名称可以省略。

4.2 标志的数目和位置

4.2.1 一个包装件上使用相同标志的数目，应根据包装件的尺寸和形状确定。

4.2.2 标志应标注在显著位置上，下列标志的使用应按如下规定：

a) 标志1“易碎物品”应标在包装件所有的端面和侧面的左上角处(见表1标志1的说明及示例)；

b) 标志3“向上”应标在与标志1相同的位置[见表1中标志3示例a)所示]。当标志1和标志3同时使用时，标志3应更接近包装箱角[见表1中标志3示例b)所示]；

c) 标志7“重心”应尽可能标在包装件所有六个面的重心位置上，否则至少也应标在包装件2个侧面和2个端面上(见表1中标志7的说明及示例)；

d) 标志11“由此夹起”只能用于可夹持的包装件上，标注位置应为可夹持位置的两个相对面上，以确保作业时标志在作业人员的视线范围内；

e) 标志16“由此吊起”至少应标注在包装件的两个相对面上(见表1中标志16的说明及示例)。

ICS 91.100.10
Q 12

中华人民共和国国家标准

GB/T 203—2008
代替 GB/T 203—1994

用于水泥中的粒化高炉矿渣

Granulated blastfurnace slag used for cement production

2008-06-30 发布 2009-04-01 实施

中华人民共和国国家质量监督检验检疫总局
中国国家标准化管理委员会 发布

前　言

本标准代替 GB/T 203—1994《用于水泥中的粒化高炉矿渣》。

本标准与 GB/T 203—1994 相比主要变化如下：

——增加了术语和定义(本版的 3.2、3.3)；

——对最大粒度指标进行了修改(1994 年版的 5.3；本版的 4.1)；

——增加了玻璃体含量的要求(本版的 4.1)；

——取消了等级和等级划分(1994 年版的第 4 章和 5.1、5.3)。

本标准附录 A 为规范性附录。

本标准由中国建材联合会提出。

本标准由全国水泥标准化委员会(SAC/TC 184)归口。

本标准负责起草单位：中国建筑材料科学研究总院。

本标准参加起草单位：天津钢铁有限公司、邯郸钢铁股份有限公司、山西省闻喜县第二水泥有限公司、重庆钢铁集团产业有限公司源丰公司。

本标准主要起草人：岳云德、王显斌、张树良、温玉刚、贾晋林、魏金华。

本标准所代替标准的历次版本发布情况为：

——GB 203—1963、GB 203—1978、GB/T 203—1994。

用于水泥中的粒化高炉矿渣

1 范围

本标准规定了用于水泥中的粒化高炉矿渣的术语和定义、技术要求、试验方法、检验规则、贮存与运输等。

本标准适用于用作水泥活性混合材料的粒化高炉矿渣。

2 规范性引用文件

下列文件中的条款通过本标准的引用而成为本标准的条款。凡是注日期的引用文件，其随后所有的修改单(不包括勘误的内容)或修订版均不适用于本标准，然而，鼓励根据本标准达成协议的各方研究是否可使用这些文件的最新版本。凡是不注日期的引用文件，其最新版本适用于本标准。

GB/T 176 水泥化学分析方法

GB/T 6003.2 金属穿孔板试验筛

GB 6566 建筑材料放射性核素限量

GB/T 18046—2008 用于水泥和混凝土中的粒化高炉矿渣粉

JC/T 740—2006 磷渣硅酸盐水泥

3 术语和定义

本标准采用下列术语和定义。

3.1

粒化高炉矿渣 granulated blastfurnace slag

在高炉冶炼生铁时，所得以硅铝酸盐为主要成分的熔融物，经淬冷成粒后，具有潜在水硬性材料，即为粒化高炉矿渣(简称矿渣)。

3.2

质量系数 chemical modulus

矿渣中的氧化钙、氧化镁、三氧化二铝质量分数之和与二氧化硅、二氧化钛、氧化亚锰质量分数之和的比值。

3.3

玻璃体 glassy

粒化高炉矿渣中的非晶态固体。

4 技术要求

4.1 性能

矿渣的性能应符合表1要求。

表1 矿渣的性能要求

项　　目	技 术 指 标
质量系数(K)	≥1.2
二氧化钛的质量分数/%	≤2.0[a]

表 1（续）

项　目	技 术 指 标
氧化亚锰的质量分数/%	≤2.0[b]
氟化物的质量分数(以 F 计)/%	≤2.0
硫化物的质量分数(以 S 计)/%	≤3.0
堆积密度/(kg/m^3)	≤1.2×10^3
最大粒度/mm	≤50
大于 10 mm 颗粒的质量分数/%	≤8
玻璃体质量分数/%	≥70

a 以钒钛磁铁矿为原料在高炉冶炼生铁时所得的矿渣，二氧化钛的质量分数可以放宽到 10%。

b 在高炉冶炼锰铁时所得的矿渣，氧化亚锰的质量分数可以放宽到 15%。

4.2 放射性

矿渣中放射性应符合 GB 6566 的规定。

4.3 杂物

矿渣中不得混有外来夹杂物，如含铁尘泥，未经充分淬冷矿渣等。

5 试验方法

5.1 矿渣的理化性能

5.1.1 质量系数

矿渣的质量系数由化学成分的质量分数按式(1)计算：

$$K=\frac{w_{CaO}+w_{MgO}+w_{Al_2O_3}}{w_{SiO_2}+w_{TiO_2}+w_{MnO}} \qquad \cdots\cdots(1)$$

式中：

K——矿渣的质量系数；

w_{CaO}——矿渣中氧化钙的质量分数(%)；

w_{MgO}——矿渣中氧化镁的质量分数(%)；

$w_{Al_2O_3}$——矿渣中三氧化二铝的质量分数(%)；

w_{SiO_2}——矿渣中二氧化硅的质量分数(%)；

w_{TiO_2}——矿渣中二氧化钛的质量分数(%)；

w_{MnO}——矿渣中氧化亚锰的质量分数(%)。

5.1.2 化学成分

矿渣中氧化钙(CaO)、氧化镁(MgO)、三氧化二铝(Al_2O_3)、二氧化硅(SiO_2)、二氧化钛(TiO_2)、氧化亚锰(MnO)、氟化物(F)、硫化物(S)的含量按 GB/T 176 进行，并对有关的试验在本标准附录 A 中进行了补充规定。

5.1.3 堆积密度

以矿渣烘干后的堆积密度计，按 JC/T 740—2006 附录 B 进行测定；其中所用试验筛应符合 GB/T 6003.2 圆孔试验筛，筛孔孔径为 5 mm。

5.1.4 最大粒度

用符合 GB/T 6003.2 要求的孔径为 50 mm 圆孔试验筛，称取 2 kg 矿渣试样进行最大粒度的测定。

5.1.5 大于 10 mm 颗粒的含量

用符合 GB/T 6003.2 要求的孔径为 10 mm 圆孔试验筛，称取 1 kg 矿渣试样置于筛中，人工震动至没有明显试样通过时称其筛余质量。大于 10 mm 颗粒的含量按式(2)计算：

$$R=\frac{m_x}{m}\times 100 \qquad \cdots\cdots(2)$$

式中：

R——矿渣大于 10 mm 颗粒的质量分数(%)；

m_x——筛余矿渣的质量，单位为千克(kg)；

m——筛分前矿渣的质量，单位为千克(kg)。

5.1.6 玻璃体含量

先将矿渣磨细至 400 kg/m² 以上，然后按 GB/T 18046—2008 附录 C 测定其玻璃体含量。

5.2 放射性

矿渣中放射性按 GB 6566 进行测定。

5.3 杂物

目测检测。

6 检验规则

6.1 编号及取样

矿渣出厂前按同等级编号并取样。每一编号为一个取样单位。编号按钢铁厂年产矿渣量规定：

150 万 t 以上，不超过 5 000 t 为一编号；

100 万 t～150 万 t，不超过 4 000 t 为一编号；

50 万 t～100 万 t，不超过 2 000 t 为一编号；

50 万 t 以下，不超过 1 000 t 为一编号。

水泥厂以接收每一编号矿渣为一取样单位。取样应有代表性，可连续取，亦可从 20 个以上不同部位取等量试样约 20 kg，混合后用四分法进行缩分至约 5 kg，供检验用。从堆场取样时应将外表层除去 150 mm～200 mm。

6.2 检验项目

6.2.1 出厂检验

出厂检验项目质量系数、二氧化钛、氧化亚锰、氟化物、硫化物、堆积密度、最大粒度、大于 10 mm 颗粒的含量和杂物。

6.2.2 型式检验

型式检验项目为第 4 章规定的全部技术要求。

有下列情况之一时，应进行型式检验：

——如原材料、生产工艺发生变化；

——正常生产时每年进行一次。

6.3 判定规则

出厂检验和型式检验符合第 4 章规定的作为活性矿渣用于水泥中的活性混合材料；当质量系数、玻璃体含量不符合技术要求的为非活性矿渣。

6.4 检验报告

供矿渣单位应在矿渣发出 7 d 内，寄发矿渣检验报告，内容包括：

a) 厂名和编号；

b) 合格证编号及日期；

c) 矿渣的数量；

d) 检验结果。

6.5 仲裁

矿渣出厂后 3 个月内，当买方对矿渣质量有争议时，买卖双方应到用户储存矿渣现场共同取样，送省级或省级以上国家认可的建材产品质量监督检验机构进行仲裁检验。

7 贮存和运输

7.1 矿渣在未经烘干前，其贮存期限，从淬冷成粒时算起，不宜超过 3 个月。

7.2 矿渣在贮存和运输时不得与其他材料混装，车皮或车厢必须清除干净，以免混入杂质。

附 录 A
（规范性附录）
用于水泥中的粒化高炉矿渣的化学分析方法

A.1 范围

本附录规定了用于水泥中的粒化高炉矿渣的化学分析方法。

A.2 化学分析

A.2.1 氧化钙、氧化镁、三氧化二铝、二氧化硅、二氧化钛、硫化物硫、氟的测定

按 GB/T 176 进行，并作如下补充和规定：

a) 试样在称取前应在 105℃～110℃烘干 2 h。

b) 二氧化硅的测定采用氟硅酸钾容量法进行。按 GB/T 176 制备试样溶液时，准确称取 0.5 g 试样，精确至±0.000 1 g，置于银坩埚中后，先于 650℃～700℃高温炉中预烧 20 min，取出冷却后，再加入 6 g～7 g 氢氧化钠，放入高温炉中，从低温升至 650℃～700℃，熔融 20 min。

c) 氧化钙的测定按 GB/T 176 进行，但氟化钾溶液（20 g/L）的加入量按表 A.1 规定加入，并且三乙醇胺（1+2）的加入量改为 10 mL。

表 A.1 SiO_2 的质量分数与氟化钾溶液的加入量

SiO_2 的质量分数/%	KF 溶液加入量/mL
<30	5～7
30～50	10

d) 氧化镁的测定采用 EDTA 配合滴定差减法。分析步骤按 GB/T 176 进行，但三乙醇胺（1+2）的加入量改为 10 mL。

e) 三氧化二铝的测定按 GB/T 176 进行。

f) 二氧化钛的测定按 GB/T 176 进行；试样溶液的分取量视二氧化钛含量而定。

A.2.2 氧化亚锰的测定

矿渣中氧化亚锰的质量分数不超过 1.0%时，可用分光光度法；氧化亚锰的质量分数大于 1.0%时，用配位滴定法测定。

A.2.2.1 分光光度法

按 GB/T 176 进行测定。

A.2.2.2 配位滴定法

A.2.2.2.1 试剂的配制与标定

——过硫酸铵。

——盐酸羟胺。

——盐酸（1+1）。

——氨水（1+1）。

——三乙醇胺（1+2）。

——氨水-氯化铵缓冲溶液（pH 10）：按 GB/T 176 配制。

——过氧化氢-盐酸溶液：将 0.5 mL 30 %（质量分数）过氧化氢与 100 mL 热盐酸（1+3）混合。

——0.015 mol/L EDTA 标准溶液：按 GB/T 176 配制和标定。

EDTA 标准溶液对氧化亚锰的滴定度按式（A.1）计算：

$$T_{MnO} = c_{EDTA} \times 70.94 \quad \cdots\cdots(A.1)$$

式中：

T_{MnO}——每毫升 EDTA 标准溶液相当于氧化亚锰的毫克数，单位为毫克每毫升(mg/mL)；

c_{EDTA}——EDTA 标准滴定溶液的浓度，单位为摩尔每升(mol/L)；

70.94——MnO 的摩尔质量，单位为克每摩尔(g/mol)。

——酸性铬蓝 K-萘酚绿 B 混合指示剂：按 GB/T 176 配制。

A.2.2.2.2 分析步骤

吸取 50 mL 按 GB/T 176 制备好的试样溶液，放入 300 mL 烧杯中，加水稀释至 150 mL，用氨水(1+1)和盐酸(1+1)调节溶液 pH 至 2.0～2.5(用精密 pH 试纸检验)。加入约 1 g 过硫酸铵，盖上表面皿，加热煮沸待沉淀出现后继续微沸 5 min，取下，加入稍许滤纸浆，静止片刻，以慢速滤纸过滤，用热水洗涤沉淀 8～10 次，弃去滤液。

用热的过氧化氢-盐酸溶液冲洗沉淀及滤纸，使沉淀溶解于原烧杯中，再用热水洗涤滤纸 8～10 次后，弃去滤纸，并以热的过氧化氢-盐酸溶液冲洗杯壁，盖上表面皿，加热微沸 5 min～6 min，冷却至室温。然后加水稀释至约 200 mL，加入 5 mL 三乙醇胺(1+2)，在充分搅拌下滴加氨水(1+1)调节溶液 pH 至 6～7。加入 20 mL 氨水-氯化铵缓冲溶液(pH=10)，再加 0.5 g～1 g 盐酸羟胺，搅拌使其溶解。然后加入适量酸性铬蓝 K-萘酚绿 B 混合指示剂，以 0.015 mol/L EDTA 标准溶液滴定，近终点时应缓慢滴定至纯蓝色。

同时进行空白试验，并对测定结果加以校正。

A.2.2.2.3 氧化亚锰的含量按式(A.2)计算：

$$w = \frac{T_{MnO} \times V \times 5}{m \times 1\,000} \times 100 \quad \cdots\cdots(A.2)$$

式中：

w——氧化亚锰的质量分数(%)；

T_{MnO}——每毫升 EDTA 标准溶液相当于氧化亚锰的毫克数，单位为毫克每毫升(mg/mL)；

V——滴定时消耗 EDTA 标准溶液的体积，单位为毫升(mL)；

m——试样质量，单位为克(g)；

5——全部试样溶液与所分取试样溶液的体积比。

A.3 分析结果的允许差

A.3.1 分析结果的允许差不得超过表(A.2)数值。

表 A.2 分析结果的允许差

%

测定项目		允许差	
		同一试验室	不同试验室
SiO_2		0.30	0.40
Al_2O_3		0.25	0.35
CaO		0.30	0.40
MgO		0.25	0.35
MnO	含量<1	0.10	0.15
	含量>1	0.15	0.25
TiO_2	含量<1	0.10	0.15
	含量>1	0.15	0.25

表 A.2（续）

%

测定项目	允 许 差	
	同一试验室	不同试验室
S	0.10	0.15
F	0.10	0.15

A.3.2 关于允许差的说明应符合 GB/T 176 的规定。

ICS 91.100.10
Q 11

中华人民共和国国家标准

GB/T 205—2008
代替 GB/T 205—2000

铝酸盐水泥化学分析方法

Methods for chemical analysis of aluminate cement

2008-01-21 发布 2008-07-01 实施

中华人民共和国国家质量监督检验检疫总局
中国国家标准化管理委员会 发布

前　言

本标准代替 GB/T 205—2000《铝酸盐水泥化学分析方法》。

本标准与 GB/T 205—2000 相比主要变化如下：

——增加了艾士卡法测定铝酸盐水泥中的全硫测定(本版第 15 章)。

本标准由中国建筑材料联合会提出。

本标准由全国水泥标准化技术委员会(SAC/TC 184)归口。

本标准起草单位：中国建筑材料科学研究总院、中国建筑材料检验认证中心。

本标准起草人：赵鹰立、刘玉兵、游良俭。

本标准所代替标准的历次版本发布情况为：

——GB/T 205—1963、GB/T 205—1981、GB/T 205—2000。

铝酸盐水泥化学分析方法

1 范围

本标准规定了铝酸盐水泥的化学分析方法。

标准中只对铝酸盐水泥的烧失量的测定、不溶物的测定、全硫的测定、氧化钾和氧化钠的测定、氟离子的测定规定了基准法。而对二氧化硅的测定、三氧化二铁的测定、二氧化钛的测定、三氧化二铝的测定、氧化钙的测定、氧化镁的测定规定了基准法和代用法。

本标准适用于铝酸盐水泥和适合采用本方法的其他铝酸盐类水泥以及指定采用本标准的其他材料。

2 规范性引用文件

下列文件中的条款通过本标准的引用而成为本标准的条款。凡是注日期的引用文件，其随后所有的修改单(不包括勘误的内容)或修订版均不适用于本标准，然而，鼓励根据本标准达成协议的各方研究是否可使用这些文件的最新版本。凡是不注日期的引用文件，其最新版本适用于本标准。

GB/T 6682　分析实验室用水规格和试验方法(GB/T 6682—1992，neq ISO 3696:1987)

GB 12573　水泥取样方法

3 试验的基本要求

3.1 试验的次数与要求

每项测定的次数规定为两次。用两次试验平均值表示测定结果。

在进行化学分析时，除另外有说明外，必须同时做烧失量的测定；其他各项测定应同时进行空白试验，并对所测结果加以校正。

3.2 质量、体积、体积比、滴定度和结果的表示

用克(g)表示质量，精确至 0.000 1 g。滴定管体积用毫升(mL)表示，读至 0.05 mL。滴定度单位用毫克每毫升(mg/mL)表示；滴定度和体积比经修约后保留有效数字四位。各项分析结果均以质量分数计，数值以%表示至小数点后二位。

3.3 允许差

本标准所列允许差为绝对偏差。

同一实验室由同一分析人员(或两个分析人员)，采用本标准方法分析同一试样时，两次分析结果应符合本标准允许差规定。如超出允许误差范围，应在短时间内进行第三次测定(或第三者的测定)，测定结果与前两次或任一次分析结果之差符合标准允许差的有关规定时，则取其平均值，否则应查找原因，重新按上述规定进行分析。

不同实验室采用本标准方法对同一试样各自进行分析时，其分析结果的允许差应符合本标准中的相关规定。

3.4 灼烧

将滤纸和沉淀放入预先已灼烧并恒量的坩埚中，烘干。在氧化性气氛中慢慢灰化，不使火焰产生，灰化至无黑色炭颗粒后，放入马弗炉中，在规定的温度下灼烧。在干燥器中冷却至室温，称量。

3.5 恒量

经第一次灼烧、冷却、称量后，通过连续对每次 30 min 的灼烧，然后冷却、称量的方法来检查恒定质量，当连续两次称量之差小于 0.000 5 g 时，即达到恒量。

3.6 检查氯离子(硝酸银检验)

按规定洗涤沉淀数次后,用数滴水淋洗漏斗的下端,用数毫升水洗涤滤纸和沉淀,将滤液收集在试管中,加几滴硝酸银溶液(4.18),观察试管中溶液是否浑浊。如果浑浊,继续洗涤并检查,直至用硝酸银检验不再浑浊为止。

4 试剂和材料

4.1 总则

分析过程中,所用水应符合 GB/T 6682 中规定的三级水要求。所用试剂应为分析纯和优级纯。用于标定与配制标准溶液的试剂,除另有说明为基准试剂或光谱纯。

在本标准中,所用氨水或酸,凡未注浓度者均指市售的浓酸或浓氨水。用体积比表示试剂稀释程度,例如(1+2)表示:1 份体积的浓盐酸与 2 份体积的水混合。

除另有说明外,本标准使用的市售浓液体试剂的密度指 20℃ 的密度(ρ),单位为克每立方厘米(g/cm^3)。

4.2 盐酸(HCl)

密度 1.18 g/cm^3～1.19 g/cm^3,质量分数 36%～38%。

4.3 氢氟酸(HF)

密度 1.13 g/cm^3,质量分数 40%。

4.4 硝酸(HNO_3)

密度 1.39 g/cm^3～1.41 g/cm^3,质量分数 65%～68%。

4.5 冰乙酸(CH_3COOH)

密度 1.049 g/cm^3,质量分数 99.8%。

4.6 过氧化氢(H_2O_2)

密度 1.11 g/cm^3,质量分数 30%。

4.7 氨水($NH_3 \cdot H_2O$)

密度 0.90 g/cm^3～0.91 g/cm^3 质量分数 25%～28%。

4.8 乙醇(C_2H_5OH)

体积分数 95%或无水乙醇。

4.9 硫酸

密度 0.849 g/cm^3,质量分数 95%～98%。

4.10 盐酸(1+1);(1+2);(1+3);(1+11)。

4.11 硝酸(1+1);(1+6);(1+9);(1+49)。

4.12 硫酸(1+1);(1+9)。

4.13 氨水(1+1)。

4.14 乙酸(1+1)。

4.15 氢氧化钾溶液(200 g/L)

将 200 g 氢氧化钾(KOH)溶于水中,加水稀释至 1 L。贮存于塑料瓶中。

4.16 氢氧化钠溶液(150 g/L)

将 150 g 氢氧化钠(NaOH)溶于水,加水稀释至 1 L。贮存于塑料瓶中。

4.17 无水碳酸钠(Na_2CO_3)

将无水碳酸钠用玛瑙研钵研细至粉末状保存。

4.18 硝酸银溶液(5 g/L)

将 5 g 硝酸银($AgNO_3$)溶于水中,加 10 mL 硝酸(HNO_3)用水稀释至 1 L。

4.19 钼酸铵溶液(50 g/L)

将 5 g 钼酸铵[$(NH_4)_6Mo_7O_{24}\cdot4H_2O$]溶于水，加水稀释至 100 mL，过滤后贮存于塑料瓶中。此溶液可保存约一周。

4.20 抗坏血酸溶液(10 g/L)

将 1 g 抗坏血酸(V·C)溶于 100 mL 水中，过滤后使用。用时现配。

4.21 抗坏血酸溶液(5 g/L)

将 0.5 g 抗坏血酸(V·C)溶于 100 mL 水中，过滤后使用。用时现配。

4.22 焦硫酸钾($K_2S_2O_7$)

将市售焦硫酸钾在瓷蒸发皿中加热熔化，待气泡停止发生后，冷却，砸碎，贮存于磨口瓶中。

4.23 氯化钡溶液(100 g/L)

将 100 g 二水氯化钡($BaCl_2\cdot2H_2O$)溶于水中，加水稀释至 1 L。

4.24 艾士卡试剂

以 2 份质量的轻质氧化镁(MgO)与 1 份质量的无水碳酸钠(Na_2CO_3)混匀并研细至粒度小于 0.2 mm后，保存在密闭容器中。每配制一批艾士卡试剂，应进行空白试验(除不加试样外，全部操作按 15.2 进行)，空白计为 m_{13}。

4.25 二安替比林甲烷溶液(30 g/L 盐酸溶液)

将 15 g 二安替比林甲烷($C_{23}H_{24}N_4O_2$)溶于 500 mL 盐酸(1+11)中，过滤后使用。

4.26 邻菲罗啉溶液(10 g/L)

将 1 g 邻菲罗啉($C_{12}H_8N_2\cdot2H_2O$)溶于 100 mL 乙酸(1+1)中，用时现配。

4.27 乙酸铵溶液(100 g/L)

将 10 g 乙酸铵溶于 100 mL 水中。

4.28 碳酸钾-硼砂混合溶剂

将 1 份质量的无水碳酸钾(K_2CO_3)与 1 份质量的无水硼砂($Na_2B_4O_7$)用玛瑙研钵混匀研细，贮存于磨口瓶中。

4.29 碳酸铵溶液(100 g/L)

将 10 g 碳酸铵[$(NH_4)_2CO_3$]溶解于 100 m 水中。用时现配。

4.30 pH 值为 4.3 的缓冲溶液

将 42.3 g 无水乙酸钠(CH_3COONa)溶于水中，加 80 mL 冰乙酸(CH_3COOH)用水稀释至 1 L，摇匀。

4.31 pH 值为 5.5 的缓冲溶液

将 172 g 无水乙酸钠(CH_3COONa)溶于水中，加 20 mL 冰乙酸(CH_3COOH)，用水稀释至 1 L，摇匀。

4.32 pH 值为 6.0 总离子强度配位缓冲溶液

将 294.1 g 柠檬酸钠($C_6H_5Na_3O_7\cdot2H_2O$)溶于水中，用盐酸(1+1)和氢氧化钠(4.16)调整溶液 pH 至 6.0，然后加水稀释至 1 L。

4.33 pH 值为 10 的缓冲溶液

将 67.5 g 的氯化铵(NH_4Cl)溶于水中，加 570 mL 氨水，加水稀释至 1 L。

4.34 氟化钾溶液(150 g/L)

称取 150 g 氟化钾($KF\cdot2H_2O$)于塑料杯中，加水溶解后，用水稀释至 1 L，贮存于塑料瓶中。

4.35 氟化钾溶液(20 g/L)

称取 20 g 氟化钾($KF\cdot2H_2O$)于塑料杯中，加水溶解后，用水稀释至 1 L，贮存于塑料瓶中。

4.36 氯化钾溶液(50 g/L)

将 50 g 氯化钾(KCl)溶于水，用水稀释至 1 L。

4.37 氯化钾-乙醇溶液(50 g/L)

将 5 g 氯化钾(KCl)溶于 50 mL 水中,加入 50 mL95%(体积分数)乙醇(CH_3CH_2OH),混匀。

4.38 三乙醇胺[$N(CH_2CH_2OH)_3$](1+2)。

4.39 酒石酸钾钠溶液(100 g/L)

将 100 g 酒石酸钾钠($C_4H_4KNaO_6 \cdot 4H_2O$)溶于水中,稀释至 1 L。

4.40 二氧化硅(SiO_2)标准溶液

4.40.1 标准溶液的配制

称取 0.200 0 g 经 1 000℃～1 100℃灼烧过 30 min 以上的二氧化硅(SiO_2),精确至 0.000 1 g,置于铂坩埚中,加入 2 g 无水碳酸钠(4.17),搅拌均匀,在 1 000℃～1 100℃高温下熔融 15 min。冷却,用水将熔块浸出于盛有热水的 300 mL 塑料杯中,待全部溶解后冷却至室温,移入 1 000mL 容量瓶中,用水稀释至标线,摇匀,移入塑料瓶中保存。此标准溶液每毫升含有 0.2 mg 二氧化硅。

吸取 10.00 mL 上述标准溶液于 100 mL 容量瓶中,用水稀释至标线,摇匀。移入塑料瓶中保存。此标准溶液每毫升含有 0.02 mg 二氧化钛。

4.40.2 工作曲线的绘制

吸取每毫升含有 0.02 mg 二氧化硅标准溶液 0 mL、4.00 mL、6.00 mL、8.00 mL、10.00 mL、12.00 mL、15.00 mL 分别放入 100 mL 容量瓶中,加水稀释约 40 mL,依次加入 5 mL 盐酸(1+11)、8 mL95%(体积分数)乙醇、6 mL 钼酸铵溶液(4.19)。放置 30 min,加入 20 mL 盐酸(1+1)、5 mL 抗坏血酸(4.21),用水稀释至标线,摇匀。放置 1 h 后,使用分光光度计,10 mm 比色皿,以水作参比,于 660 nm处测定溶液的吸光度。用测得的吸光度作为相应的二氧化硅含量的函数,绘制工作曲线。

4.41 二氧化钛(TiO_2)标准溶液

4.41.1 标准溶液的配制

称取 0.100 0 g 经 950℃灼烧过 10 min 以上的二氧化钛(TiO_2),精确至 0.000 1 g,置于铂(或瓷)坩埚中,加入 2 g 焦硫酸钾(4.22),在 500℃～600℃下熔融至透明。熔块用硫酸(1+9)浸出,加热至 50℃～60℃使熔块完全溶解,冷却后移入 100 mL 容量瓶中。用硫酸(1+9)稀释至标线,摇匀。此标准溶液每毫升含有 0.1 mg 二氧化钛。

4.41.2 工作曲线的绘制

吸取二氧化钛标准溶液 0 mL、1.00 mL、2.00 mL、3.00 mL、4.00 mL、5.00 mL、6.00 mL 分别放入 100 mL 容量瓶中,依次加入 10 mL(1+2)盐酸、10 mL 抗坏血酸(4.20)、5 mL95%(体积分数)乙醇、20 mL二安替比林甲烷溶液(4.25)用水稀释至标线,摇匀。放置 40 min 后,使用分光光度计,10 mm 比色皿,以水作参比,于 420 nm 处测定溶液的吸光度。用测得的吸光度作为相应的二氧化钛含量的函数,绘制工作曲线。

4.42 三氧化二铁(Fe_2O_3)标准溶液

4.42.1 标准溶液的配制

称取 0.100 0 g 三氧化二铁(光谱纯,已于 950℃灼烧 1 h)置于 300 mL 烧杯中,加 30 mL 盐酸(1+1),低温加热至全部溶解,冷却后移入 1 000 mL 容量瓶中,用水稀释至标线,摇匀。此标准溶液每毫升含有 0.1 mg 三氧化二铁。

4.42.2 工作曲线的绘制

吸取每毫升含有 0.1 mg 三氧化二铁标准溶液 0 mL、1.00 mL、2.00 mL、3.00 mL、4.00 mL 分别放入 100 mL 容量瓶中,用水稀释至约 50 mL,加入 5 mL 抗坏血酸溶液(4.20)放置 5 min,再加入 5 mL 邻菲罗啉溶液(4.26)、2 mL乙酸铵溶液(4.27),在不低于 20℃下放置 30 min,之后加水稀释至标线,摇匀。使用分光光度计、10 mm 比色皿,以水作参比,于 510 nm 处测定溶液的吸光度。用测得的吸光度作为相应的三氧化二铁含量的函数,绘制工作曲线。

4.43 氧化钾(K_2O)、氧化钠(Na_2O)标准溶液

4.43.1 氧化钾标准溶液的配制

称取0.792 g已于130℃～150℃烘过2 h的氯化钾(KCl)，精确至0.000 1 g，置于烧杯中，加水溶解后，移入1 000 mL容量瓶中，用水稀释至标线，摇匀。贮存于塑料瓶中。此标准溶液每毫升含有0.5 mg氧化钾。

4.43.2 氧化钠标准溶液的配制

称取0.943 g已于130℃～150℃烘过2 h的氯化钠(NaCl)，精确至0.000 1 g，置于烧杯中，加水溶解后，移入1 000 mL容量瓶中，用水稀释至标线，摇匀。贮存于塑料瓶中。此标准溶液每毫升含有0.5 mg氧化钠。

4.43.3 工作曲线的绘制

吸取按4.43.1要求配制每毫升含有0.5 mg氧化钾标准溶液0 mL、1.00 mL、2.00 mL、4.00 mL、6.00 mL、8.00 mL、10.00 mL、12.00 mL和按4.43.2要求配制的每毫升含有0.5 mg氧化钠标准溶液0 mL、1.00 mL、2.00 mL、4.00 mL、6.00 mL、8.00 mL、10.00 mL、12.00 mL以一一对应的顺序，分别放入100 mL容量瓶中，用水稀释至标线，摇匀。使用火焰光度计，按仪器使用规则进行测定测得的吸光度作为相应的氧化钾或氧化钠含量的函数，绘制工作曲线。

4.44 碳酸钙标准溶液[$c(CaCO_3)=0.024$ mol/L]

称取0.6 g(m_1)已于105℃～110℃烘过2 h的碳酸钙($CaCO_3$)，精确至0.000 1 g，置于400 mL烧杯中，加入约100 mL水，盖上表面皿，沿杯口滴加盐酸(1+1)，至碳酸钙完全溶解，加热煮沸数分钟。将溶液冷却至室温，移入250 mL容量瓶，用水稀释至标线，摇匀。

4.45 EDTA标准滴定溶液[$c(\text{EDTA})=0.015$ mol/L]

4.45.1 标准溶液的配制

称取5.6 g EDTA(乙二胺四乙酸二钠盐)置于烧杯中，加入约200 mL水，加热溶解，过滤，用水稀释至1 L。

4.45.2 EDTA标准滴定溶液浓度的标定

吸取25.00 mL碳酸钙标准溶液(4.44)于400 mL烧杯中，加水稀释至约200 mL，加入适量的CMP混合指示剂(4.55)，在搅拌下加入氢氧化钾溶液(4.15)至出现绿色荧光再过量2 mL～3 mL，以EDTA标准滴定溶液滴定至绿色荧光消失并呈现红色。

EDTA标准滴定溶液的浓度按式(1)计算：

$$c(\text{EDTA})=\frac{m_1\times 25\times 1\,000}{250\times V_1\times 100.09}=\frac{m_1}{V_1}\times\frac{1}{1.000\,9}\quad\cdots\cdots(1)$$

式中：

$c(\text{EDTA})$——EDTA标准滴定溶液的浓度，单位为摩尔每升(mol/L)；

m_1——按4.44配制碳酸钙标准溶液的碳酸钙质量，单位为克(g)；

V_1——滴定时消耗EDTA标准滴定溶液的体积，单位为毫升(mL)；

100.09——$CaCO_3$摩尔质量，单位为克每摩尔(g/mol)。

4.46 EDTA标准滴定溶液对各氧化物滴定度的计算

EDTA标准滴定溶液对三氧化二铁、三氧化二铝、二氧化钛、氧化钙、氧化镁的滴定度分别按式(2)、式(3)、式(4)、式(5)、式(6)计算：

$$T_{Fe_2O_3}=c(\text{EDTA})\times 79.84\quad\cdots\cdots(2)$$

$$T_{Al_2O_3}=c(\text{EDTA})\times 50.98\quad\cdots\cdots(3)$$

$$T_{TiO_2}=c(\text{EDTA})\times 79.90\quad\cdots\cdots(4)$$

$$T_{CaO}=c(\text{EDTA})\times 56.08\quad\cdots\cdots(5)$$

$$T_{MgO}=c(\text{EDTA})\times 40.31\quad\cdots\cdots(6)$$

式中：

$T_{Fe_2O_3}$——每毫升EDTA标准滴定溶液相当于三氧化二铁的质量(mg)，单位为毫克每毫升(mg/mL)；

$T_{Al_2O_3}$——每毫升 EDTA 标准滴定溶液相当于三氧化二铝的质量(mg),单位为毫克每毫升(mg/mL);

T_{TiO_2}——每毫升 EDTA 标准滴定溶液相当于二氧化钛的质量(mg),单位为毫克每毫升(mg/mL);

T_{CaO}——每毫升 EDTA 标准滴定溶液相当于氧化钙的质量(mg),单位为毫克每毫升(mg/mL);

T_{MgO}——每毫升 EDTA 标准滴定溶液相当于氧化镁的质量(mg),单位为毫克每毫升(mg/mL);

c(EDTA)——EDTA 标准滴定溶液的浓度,单位为摩尔每升(mol/L);

79.84——$\left(\frac{1}{2}Fe_2O_3\right)$的摩尔质量,单位为克每摩尔(g/mol);

50.98——$\left(\frac{1}{2}Al_2O_3\right)$的摩尔质量,单位为克每摩尔(g/mol);

79.90——TiO_2 的摩尔质量,单位为克每摩尔(g/mol);

56.08——CaO 的摩尔质量,单位为克每摩尔(g/mol);

40.31——MgO 的摩尔质量,单位为克每摩尔(g/mol)。

4.47 硝酸铋标准滴定溶液{$c[Bi(NO_3)_3]$=0.015 mol/L}

4.47.1 标准滴定溶液的配制

将 7.3 g[$Bi(NO_3)_3 \cdot 5H_2O$]溶于 1 L 硝酸(1+49)中,摇匀。

4.47.2 EDTA 标准滴定溶液与于硝酸铋标准滴定溶液体积比的标定

从 10 mL 滴定管中缓慢放出 3 mL～5 mL EDTA 标准滴定溶液(4.45)于 300 mL 烧杯中,加水稀释至 150 mL,以硝酸(1+1 调节 pH 值 1.0～1.5(用精密试纸检验),加入 2 滴半二甲酚橙指示剂溶液(4.54),用 10 mL 滴定管以硝酸铋标准滴定溶液滴定至橙红色。

EDTA 标准滴定溶液与硝酸铋标准滴定溶液体积比按式(7)计算。

$$K_1 = \frac{V_2}{V_3} \qquad \cdots\cdots(7)$$

式中:

K_1——每毫升硝酸铋标准滴定溶液相当于 EDTA 标准滴定溶液的体积(mL);

V_2——EDTA 标准滴定溶液的体积,单位为毫升(mL);

V_3——滴定时消耗硝酸铋标准滴定溶液的体积,单位为毫升(mL)。

4.48 硫酸锌标准滴定溶液[$c(ZnSO_4)$=0.015 mol/L]

4.48.1 标准滴定溶液的配制

将 4.31 g 硫酸锌($ZnSO_4 \cdot 7H_2O$)溶于水中,加 5 mL 硫酸,用水稀释至 1 L,摇匀。

4.48.2 EDTA 标准滴定溶液与硫酸锌标准滴定溶液体积比的标定

从滴定管中缓慢放出 10 mL～15 mL EDTA 标准滴定溶液(见 4.36)于 400 mL 烧杯中,加水稀释至约 200 mL,加 15 mL pH5.5 缓冲溶液(4.31),加 3～4 滴半二甲酚橙指示剂溶液(4.54),以硫酸锌标准滴定溶液滴定至红色。

EDTA 标准滴定溶液与硫酸锌标准滴定溶液滴积比按式(8)计算。

$$K_2 = \frac{V_4}{V_5} \qquad \cdots\cdots(8)$$

式中:

K_2——每毫升硫酸锌标准滴定溶液相当于 EDTA 标准滴定溶液的体积(mL);

V_4——EDTA 标准滴定溶液的体积,单位为毫升(mL);

V_5——滴定时消耗硫酸锌标准滴定溶液的体积,单位为毫升(mL)。

4.49 氢氧化钠标准滴定溶液[$c(NaOH)$=0.08 mol/L]

4.49.1 标准滴定溶液的配制

将 3.2 g 氢氧化钠(NaOH)溶于 1 L 水中,充分摇匀,贮存于带胶塞(装有钠石灰干燥管)的硬质塑料瓶中。

4.49.2 氢氧化钠标准滴定溶液浓度的标定

称取约0.6 g(m_2)苯二甲酸氢钾($C_8H_5KO_4$),精确至0.000 1 g,置于400 mL烧杯中,加入约150 mL新煮沸过的已用氢氧化钠溶液中和至酚酞呈微红色的冷水,搅拌使其溶解,加入6~7滴酚酞指示剂溶液(4.57),用氢氧化钠标准滴定溶液滴定至呈微红色。

氢氧化钠标准滴定溶液的浓度按式(9)计算。

$$c(\mathrm{NaOH})=\frac{m_2\times 1\ 000}{V_6\times 204.2} \qquad \cdots\cdots(9)$$

式中:

$c(\mathrm{NaOH})$——氢氧化钠标准滴定溶液的浓度,单位为摩尔每升(mol/L);

m_2——苯二甲酸氢钾的质量,单位为克(g);

V_6——滴定时消耗氢氧化钠标准滴定溶液的体积,单位为毫升(mL);

204.2——苯二甲酸氢钾的摩尔质量,单位为克每摩尔(g/mol)。

4.49.3 氢氧化钠标准滴定溶液对二氧化硅的滴定度按式(10)计算

$$T_{\mathrm{SiO_2}}=c(\mathrm{NaOH})\times 15.02 \qquad \cdots\cdots(10)$$

式中:

$T_{\mathrm{SiO_2}}$——每毫升氢氧化钠标准滴定溶液相当于二氧化硅的质量(mg),单位为毫克每毫升(mg/mL);

$c(\mathrm{NaOH})$——氢氧化钠标准滴定溶液的浓度,单位为摩尔每升(mol/L);

15.02——($1/4SiO_2$)的摩尔质量,单位为克每摩尔(g/mol)。

4.50 氟(F)离子标准溶液

4.50.1 标准溶液的配制

称取0.276 3 g已于500℃灼烧10 min(或120℃烘过2 h)的优级纯氟化钠(NaF),精确至0.000 1 g,置于烧杯中,加水溶解后移入500 mL容量瓶中,用水稀释至标线摇匀。贮存于塑料瓶中。此标准溶液每毫升相当于0.25 mg氟离子。

吸取上述标准溶液2.00 mL、10.00 mL、20.00mL分别放入三个500 mL容量瓶中,用水稀释至标线摇匀,贮存于塑料瓶中。上述标准溶液每毫升分别含有1 μg、5 μg、10 μg氟离子。

4.50.2 工作曲线的绘制

吸取4.50.1中系列标准溶液各10 mL,放入置有一根搅拌子的50 mL烧杯中,加入10 mL pH6.0总离子强度配位缓冲溶液(4.32),将烧杯至于磁力搅拌器上(5.8),在溶液中插入氟离子选择性电极和饱和氯化钾甘汞电极,打开磁力搅拌器搅拌2 min,停搅30 s。用离子计或酸度计测量溶液的平衡电位。用单对数坐标纸,以对数坐标为氟离子的浓度,常数坐标为电位值,绘制工作曲线。

4.51 甲基红指示剂溶液(2 g/L)

将0.2 g甲基红溶于100 mL95%(体积分数)乙醇中。

4.52 磺基水杨酸钠指示剂溶液(100 g/L)

将10 g磺基水杨酸钠溶于水中,加水稀释至100 mL。

4.53 茜素磺酸钠指示剂溶液(1 g/L)

将0.1 g茜素磺酸钠溶于100 mL水中。

4.54 半二甲酚橙指示剂溶液(5 g/L)

将0.25 g半二甲酚橙溶于50 mL水中。

4.55 钙黄绿素-甲基百里香酚蓝-酚酞混合指示剂(简称CMP混合指示剂)

称取1.0 g钙黄绿素、1.0 g甲基百里香酚蓝、0.20 g酚酞与50 g已在105℃烘干过的硝酸钾(KNO_3)混合研细,保存在磨口瓶中。

4.56 酸性铬蓝K-萘酚绿B混合指示剂

称取1.0 g酸性铬蓝K与2.5 g萘酚绿B和50 g已在105℃烘过的硝酸钾(KNO_3)混合研细，保存在磨口瓶中。

4.57 酚酞指示剂溶液(10/L)

将1 g酚酞溶于100 mL95%(体积分数)乙醇中。

5 仪器与设备

5.1 测定二氧化硅的仪器装置

测定二氧化硅的仪器装置如图1所示。

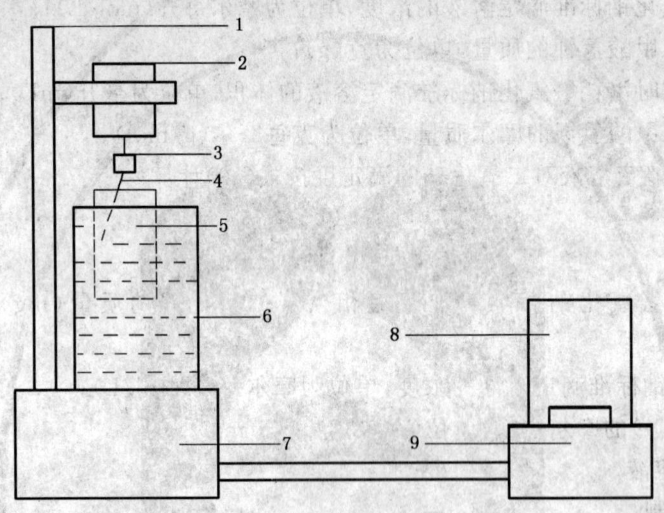

1——支撑杆；

2——搅拌电机；

3——搅拌接头，可将塑料搅拌棒与搅拌电机连接或分开；

4——塑料搅棒，ϕ6 mm×160 mm；

5——400 mL塑料杯；

6——冷却水桶，内盛25℃以下冷却水；

7——控制箱，可控制、调节搅拌速度和高温熔样电炉的温度；

8——保温罩；

9——高温熔样电炉，工作温度600℃～700℃。

图1 仪器装置示意图

5.2 天平

感量为0.000 1 g。

5.3 铂、银、镍或瓷坩埚

带盖，容量15 mL～50 mL。

5.4 铂皿

容量50 mL～100 mL。

5.5 马弗炉

隔焰加热炉，在炉膛外围进行加热。应使用温度控制器，准确控制炉温，并定期进行校检。

5.6 滤纸

无灰的快速、中速、慢速型号的滤纸。

5.7 玻璃容器皿

滴定管、容量瓶、移液管、分液漏斗。

5.8 磁力搅拌器

带有塑料外壳的搅拌子，配置有调速装置。

5.9 分光光度计。

5.10 火焰光度计。

5.11 离子计或酸度计。

6 水泥试样的制备

按 GB 12573 方法进行取样，采用四分法缩分至约 100 g，经 0.080 mm 方孔筛筛析，用磁铁吸去筛余中金属铁，将筛余物经过研磨后使其全部通过 0.080 mm 方孔筛。将样品充分混匀后，装入带有磨口塞的瓶中并密封。

7 烧失量的测定(基准法)

7.1 方法提要

试样在 950℃～1 000℃的马弗炉中灼烧，驱除水分和二氧化碳，同时将存在的易氧化元素氧化。

7.2 分析步骤

称取 1 g 试样(m_3)，精确至 0.000 1 g，置于已灼烧恒量的瓷坩埚中，将盖斜置于坩埚上，放在马弗炉(5.5)内从低温开始升高温度，在 950℃～1 000℃下灼烧 30 min～40 min，取出坩埚置于干燥器中冷却至室温。反复灼烧至恒量。

7.3 结果表示

烧失量的质量分数 w_{LOI} 按式(11)计算：

$$w_{LOI}=\frac{(m_3-m_4)}{m_3}\times 100 \qquad \cdots\cdots(11)$$

式中：

w_{LOI}——烧失量的质量分数，%；

m_3——试料的质量，单位为克(g)；

m_4——灼烧后试料的质量，单位为克(g)。

7.4 允许差

同一实验室的允许差为 0.15%。

8 二氧化硅的测定(基准法)

8.1 方法提要

在酸性溶液中，硅酸与钼酸铵生成黄色配合物，再用抗坏血酸将其还原成蓝色配合物，以分光光度计于 660 nm 处测定溶液吸光度。

8.2 分析步骤

称取 0.5 g 试样(m_5)，精确至 0.000 1 g，置于铂坩埚中，加 3 g 碳酸钾-硼砂混合熔剂(4.28)，混匀，再以 1 g 熔剂擦洗玻璃棒，并铺于试样表面。盖上坩埚盖，从低温开始升高温度，在 950℃～1 000℃熔融 10 min。然后用坩埚钳夹持坩埚旋转，使熔融物均匀地附于坩埚内壁，冷却至室温后，将坩埚和盖一并放入已加热至微沸的盛有 100 mL 硝酸(1+6)的 300 mL 烧杯中，并继续保持微沸状态，直至熔融物完全溶解，用水洗净坩埚及盖，然后将溶液冷却至室温，移入 250 mL 容量瓶，加水稀释至标线，摇匀。此溶液 A 供测定二氧化硅(8.2)、三氧化二铁(9.2)、二氧化钛(10.2)、三氧化二铝(11.2)、氧化钙(12.2)、氧化镁(13.2)用。

从溶液8.2溶液A中吸取10.00 mL试样溶液放入100 mL容量瓶中，用水稀释至标线，摇匀后吸取10.00 mL溶液放入100 mL容量瓶中，用水稀释至约40 mL。加5 mL盐酸(1+11)、8 mL95%(体积分数)乙醇、6 mL钼酸铵溶液(4.19)，按下述试验温度，放置不同时间。见表1。

表1　温度与放置时间表

温度/℃	放置时间/min
10～20	30
20～30	10～20
30～35	5～20

加20 mL盐酸(1+1)、5 mL抗坏血酸溶液(4.21)，用水稀释至标线，摇匀。放置1 h后，使用分光光度计、10 mm比色皿，以水作参比，于660 nm处测定溶液的吸光度，在工作曲线(4.40.2)上查得二氧化硅的含量(m_6)。

8.3　结果表示

二氧化硅质量分数w_{SiO_2}按式(12)计算：

$$w_{SiO_2}=\frac{m_6\times 250}{m_5\times 1\,000}\times 100 \qquad \cdots\cdots(12)$$

式中：

w_{SiO_2}——二氧化硅质量分数，%；

m_6——100 mL测定溶液中二氧化硅的含量，单位为毫克(mg)；

250——全部试样溶液与所分取试样溶液的体积比；

m_5——试料的质量，单位为克(g)。

8.4　允许差

同一试验室的允许差为0.20%；不同试验室的允许差为0.40%。

9　三氧化二铁的测定(基准法)

9.1　方法提要

在酸性溶液中，加入抗坏血酸溶液，使三价铁离子还原为二价铁离子，与邻菲罗啉生成红色配合物，于波长510 nm处测定溶液的吸光度。

9.2　分析步骤

从8.2溶液A中吸取5.00 mL溶液，放入100 mL容量瓶中，用水稀释至约50 mL。加入5 mL抗坏血酸溶液(4.20)，放置5 min，然后再加入5 mL邻菲罗啉溶液(4.26)、2 mL乙酸铵溶液(4.27)。在不低于20℃下放置30 min后，用水稀释至标线，摇匀。使用分光光度计、10 mm比色皿，以水作参比，于510 nm处测定溶液的吸光度。在工作曲线(4.42.2)上查出三氧化二铁的含量(m_7)。

9.3　结果表示

三氧化二铁的质量分数$w_{Fe_2O_3}$按式(13)计算：

$$w_{Fe_2O_3}=\frac{m_7\times 50}{m_5\times 1\,000}\times 100 \qquad \cdots\cdots(13)$$

式中：

$w_{Fe_2O_3}$——三氧化二铁的质量分数，%；

m_7——100 mL测定溶液中三氧化二铁的含量，单位为毫克(mg)；

50——全部试样溶液与所分取试样溶液的体积比；

m_5——试料的质量，单位为克(g)。

9.4　允许差

同一试验室允许差为0.15%；不同试验室允许差为0.25%。

10 二氧化钛的测定(基准法)

10.1 方法提要

在酸性溶液中 TiO^{2+} 与二安替比林甲烷生成黄色配合物,于波长 420 nm 处测定其吸光度。用抗坏血酸消除三价铁离子的干扰。

10.2 分析步骤

从 8.2 溶液 A 中吸取 10.00 mL 试样溶液放入 100 mL 容量瓶中,加 5 mL 盐酸(1+1)、10 mL 抗坏血酸溶液(4.20),放置 5 min,再加 20 mL 二安替比林甲烷溶液(4.25)。用水稀释至标线,摇匀。放置 40 min 后,使用分光光度计、10 mm 比色皿,以水作参比,于 420 nm 处测定溶液的吸光度,在工作曲线(4.41.2)上查出二氧化钛的含量(m_8)。

10.3 结果表示

二氧化钛的质量分数 w_{TiO_2} 按式(14)计算:

$$w_{TiO_2} = \frac{m_8 \times 25}{m_5 \times 1\ 000} \times 100 \quad \cdots\cdots (14)$$

式中:

w_{TiO_2}——二氧化钛的质量分数,%;

m_8——100 mL 测定溶液中二氧化钛的含量,单位为毫克(mg);

25——全部试样溶液与所分取试样溶液的体积比;

m_5——试料的质量,单位为克(g)。

10.4 允许差

同一试验室允许差为 0.15%;不同试验室允许差为 0.25%。

11 三氧化二铝的测定(基准法)

11.1 方法提要

加入对铁铝钛过量的 EDTA 标准滴定溶液,于 pH 值 3.0~3.8 加热煮沸,以半二甲酚橙溶液为指示剂,用硫酸锌标准滴定溶液滴定。

11.2 分析步骤

从 8.2 溶液 A 中吸取 25.00 mL 溶液,放入 400 mL 烧杯中,向溶液中加入 EDTA 标准滴定溶液(4.45)至过量 10 mL~15 mL,加水稀释至 150 mL~200 mL,将溶液加热至 70℃~80℃,用 pH 值 4.3 缓冲溶液(4.30)调节 pH 在 3.0~3.8 之间,再将溶液盖上表面皿加热煮沸 3 min,冷却至室温,以水冲洗表面皿及杯壁,加入 2~3 滴半二甲酚橙指示剂溶液(4.56),用氨水(1+1)调至溶液呈淡紫色,再用硝酸(1+1)中和至淡紫色消失,加入 10 mL pH5.5 缓冲溶液(4.31),向溶液中继续补加 5~6 滴半二甲酚橙指示剂溶液(4.56),以硫酸锌标准滴定溶液(4.48)滴定至稳定的红色。

11.3 结果表示

三氧化二铝的质量分数 $w_{Al_2O_3}$ 按式(15)计算:

$$w_{Al_2O_3} = \frac{T_{Al_2O_3} \times (V_7 - K_2 \times V_8) \times 10}{m_5} \times 100 - (w_{Fe_2O_3} + w_{TiO_2}) \times 0.638 \quad \cdots\cdots (15)$$

式中:

$w_{Al_2O_3}$——三氧化二铝的质量分数,%;

$T_{Al_2O_3}$——每毫升 EDTA 标准滴定溶液相当于三氧化二铝的质量(mg),单位为毫克每毫升(mg/mL);

V_7——加入 EDTA 标准滴定溶液的体积,单位为毫升(mL);

K_2——每毫升硫酸锌标准滴定溶液相当于 EDTA 标准滴定溶液的体积(mL);

V_8——滴定时消耗硫酸锌标准溶液的体积,单位为毫升(mL);

10——全部试样溶液与所分取试样溶液的体积比;

$w_{Fe_2O_3}$——三氧化二铁的质量分数，%；

w_{TiO_2}——二氧化钛的质量分数，%；

0.638——三氧化二铁、二氧化钛对三氧化二铝的换算系数；

m_5——试料的质量，单位为克(g)。

11.4 允许差

同一试验室允许差为0.35%；不同试验室允许差为0.50%。

12 氧化钙的测定(基准法)

12.1 方法提要

预先在酸性溶液中加入适量的氟化钾，以抑制硅酸和硼的干扰，然后在pH值13以上的强碱溶液中，以三乙醇胺为掩蔽剂，用CMP混合指示剂，以EDTA标准滴定溶液滴定。

12.2 分析步骤

从8.2溶液A中吸取25.00 mL溶液放入400 mL烧杯中，加5 mL盐酸(1+1)及15 mL氟化钾溶液(4.35)，搅拌并放置2 min以上，然后用水稀释至约200 mL。加10 mL三乙醇胺溶液(1+2)及适量的CMP混合指示剂(4.55)，在搅拌下加入氢氧化钾溶液(4.15)至出现绿色荧光后再过量7 mL～8 mL，此时溶液在pH值13以上，用EDTA标准滴定溶液(4.45)滴定至绿色荧光消失并呈现红色。

12.3 结果表示

氧化钙的质量分数w_{CaO}按式(16)计算：

$$w_{CaO}=\frac{T_{CaO}\times V_9\times 10}{m_5\times 1\,000}\times 100 \qquad\cdots\cdots(16)$$

式中：

w_{CaO}——氧化钙的质量分数，%；

T_{CaO}——每毫升EDTA标准滴定溶液相当于氧化钙的质量(mg)，单位为毫克每毫升(mg/mL)；

V_9——滴定时消耗EDTA标准滴定溶液的体积，单位为毫升(mL)；

10——全部试样溶液与所分取试样溶液的体积比；

m_5——试料的质量，单位为克(g)。

12.4 允许差

同一试验室允许差为0.25%；不同试验室允许差为0.40%。

13 氧化镁的测定(基准法)

13.1 方法提要

预先在酸性溶液中加入适量氟化钾，以抑制硼的干扰，在pH值10的溶液中，以三乙醇胺、酒石酸钾钠为掩蔽剂，用酸性铬蓝K-萘酚绿B混合指示剂，以EDTA标准滴定溶液滴定。

13.2 分析步骤

从8.2溶液A中吸取25.00 mL溶液放入400 mL烧杯中，加入15 mL氟化钾溶液(4.35)，用水稀释至约200 mL，加入2 mL酒石酸钾钠溶液(4.39)、10 mL三乙醇胺溶液(1+2)，以氨水(1+1)调节溶液pH值为9～10(用精密pH试纸检测)，然后加入20 mL pH10缓冲溶液(4.33)及少许酸性铬蓝K-萘酚绿B混合指示剂(4.56)，用EDTA标准滴定溶液(4.45)滴定，近终点时应缓慢滴定至纯蓝色。

13.3 结果表示

氧化镁的质量分数T_{MgO}按式(17)计算：

$$w_{MgO}=\frac{T_{MgO}\times (V_{10}-V_9)\times 10}{m_5\times 1\,000}\times 100 \qquad\cdots\cdots(17)$$

式中：

w_{MgO}——氧化镁的质量分数，%；

T_{MgO}——每毫升EDTA标准滴定溶液相当于氧化镁的质量(mg),单位为毫克每毫升(mg/mL);

V_{10}——滴定钙、镁总量时消耗EDTA标准滴定溶液的体积,单位为毫升(mL);

V_9——按12.2测定氧化钙时消耗EDTA标准滴定溶液的体积,单位为毫升(mL);

10——全部试样溶液与所分取试样溶液的体积比;

m_5——试料的质量,单位为克(g)。

13.4 允许差

同一试验室允许差为0.20%;不同试验室允许差为0.25%。

14 不溶物的测定(基准法)

14.1 方法提要

试样以盐酸处理,过滤后,残渣在高温下灼烧,称量。

14.2 分析步骤

称取1 g试样(m_9),精确至0.000 1 g,放入300 mL烧杯中,加入100 mL盐酸(1+3),用平头玻璃棒压碎块状物,然后加热至沸,并在不停的搅拌下微沸5 min。取下,加少量滤纸浆。以慢速定量滤纸过滤,用热水洗涤至氯离子反应消失为止,将残渣及滤纸一并放入已恒量的瓷坩埚中,灰化,于950℃～1 000℃灼烧30 min。取出坩埚,置于干燥器中冷却至室温,称量。如此反应灼烧,直至恒量。

14.3 结果表示

不溶物的质量分数w_{IR}按式(18)计算:

$$w_{IR} = \frac{m_{10}}{m_9} \times 100 \quad \cdots\cdots(18)$$

式中:

w_{IR}——不溶物的质量分数,%;

m_{10}——灼烧后不溶物的质量,单位为克(g);

m_9——试料的质量,单位为克(g)。

14.4 允许差

同一试验室允许差为0.10%;不同试验室允许差为0.10%。

15 全硫的测定(基准法)

15.1 方法提要

将试样与艾士卡试剂混合灼烧,试样中硫生成硫酸盐,之后使硫酸根离子生成硫酸钡沉淀,根据硫酸钡的质量计算试样中全硫的含量。

15.2 分析步骤

15.2.1 称取5 g试样(m_{11}),精确至0.000 1 g,置于50 mL瓷坩埚中,再将10 g艾士卡试剂(4.24)置于瓷坩埚中,并混合均匀;

15.2.2 将坩埚盖斜置于坩埚上放入马弗炉内,从室温逐渐加热到800℃～850℃,并在该温度下保持1 h～2 h;

15.2.3 将坩埚从马弗炉中取出,冷却到室温。用玻璃棒将坩埚中的灼烧物仔细搅松捣碎,然后转移到400 mL烧杯中。用热水冲洗坩埚内壁,将洗液收集于烧杯中,再加入100 mL～150 mL热水,充分搅拌,并微沸1 min～2 min;

15.2.4 用慢速定量滤纸(ϕ12.5 cm)以倾泻法过滤,用热水冲洗3次,然后将残渣移入滤纸中,用热水仔细洗涤至少10次,洗液总体积约为250 mL～300 mL;

15.2.5 向滤液中滴入2～3滴甲基红指示剂溶液(4.51),滴加盐酸(1+1)至溶液呈红色,然后加入10 mL盐酸(1+1),将溶液煮沸直至澄清,在近煮沸状态下滴加10 mL氯化钡溶液(4.23),在50℃～

60℃下保温4 h,或常温下12 h～24 h。用慢速定量滤纸(ϕ11 cm)过滤,用热水洗至无氯离子为止[用硝酸银(4.18)检验];

15.2.6 将带沉淀的滤纸移入已恒量的铂坩埚中,先在低温下灰化滤纸,然后在温度为800℃～850℃的马弗炉内灼烧20 min～40 min,取出坩埚,在空气中稍加冷却后放入干燥器中,冷却至室温,称量。反复灼烧,直至恒量。

15.3 结果计算

测定结果按式(19)计算:

$$w_S = \frac{(m_{12} - m_{13}) \times 0.137\,4}{m_{11}} \times 100 \qquad \cdots\cdots(19)$$

式中:

w_S——试样中全硫的质量分数,%;

m_{12}——硫酸钡质量,单位为克(g);

m_{13}——空白试验硫酸钡质量,单位为克(g);

m_{11}——试样质量,单位为克(g);

0.137 4——硫酸钡对全硫的换算系数。

15.4 允许差

同一试验室为0.02%。

16 氧化钾和氧化钠的测定(基准法)

16.1 方法提要

试样经氢氟酸-硫酸处理除去硅,以氨水和碳酸铵分离铁、铝、钙、镁。滤液中的钾、钠用火焰光度计进行测定。

16.2 分析步骤

称取0.2 g试样(m_{14}),精确至0.000 1 g,置于铂皿中,用少量水润湿,加5 mL～7 mL氢氟酸及15～20滴硫酸(1+1),置于低温电热板上蒸发。近干时摇动铂皿,以防溅失待氢氟酸驱赶尽后逐渐升高温度,继续将三氧化硫白烟赶尽。取下放冷,加50 mL热水,压碎残渣使其溶解,加1滴甲基红指示剂溶液(4.51),用氨水(1+1)中和至黄色,加入10 mL碳酸铵溶液(4.29),搅拌,置于电热板上加热20 min～30 min。用快速滤纸过滤,以热水洗涤,滤液及洗液盛于100 mL容量瓶中,冷却至室温。用盐酸(1+1)中和至溶液呈微红色,用水稀释至标线,摇匀。在火焰光度计上,按仪器使用规则进行测定。在工作曲线(4.43.3)上分别查出氧化钾和氧化钠的含量(m_{15}和m_{16})。

16.3 结果表示

氧化钾和氧化钠的质量分数w_{K_2O}和w_{Na_2O}按式(20)和按式(21)计算:

$$w_{K_2O} = \frac{m_{15}}{m_{14} \times 1\,000} \times 100 \qquad \cdots\cdots(20)$$

$$w_{Na_2O} = \frac{m_{16}}{m_{14} \times 1\,000} \times 100 \qquad \cdots\cdots(21)$$

式中:

w_{K_2O}——氧化钾质量分数,%;

w_{Na_2O}——氧化钠质量分数,%;

m_{15}——100 mL测定溶液中氧化钾的含量,单位为毫克(mg);

m_{16}——100 mL测定溶液中氧化钠的含量,单位为毫克(mg);

m_{14}——试料的质量,单位为克(g)。

16.4 允许差

同一试验室允许差氧化钾氧化钠均为 0.10%；不同试验室允许差氧化钾氧化钠均为 0.15%。

17 氟离子的测定(基准法)

17.1 方法提要

在 pH 值 6.0 的总离子强度配位缓冲溶液的存在下，以氟离子选择电极作指示电极，用离子计或酸度计测量含氟溶液的电极电位。

17.2 分析步骤

称取 0.1 g 试样(m_{17})，精确至 0.000 1 g，置于 250 mL 烧杯中，加 5 mL 水使试样分散，然后加入 5 mL盐酸(1+1)，加热至微沸并保持 1 min～2 min。用水稀释至约 150 mL，冷却至室温。加入 5 滴茜素磺酸钠指示剂溶液(4.53)，以盐酸(1+1)和氢氧化钠溶液(4.16)调节溶液颜色刚变为紫红色(应防止氢氧化铝沉淀生成)移入 250 mL 容量瓶中，用水稀释至标线，摇匀，吸取 10.00 mL 清液(必要时干过滤)于 50 mL 烧杯中。加入 10.00 mLpH 值 6.0 的总离子强度配位缓冲溶液(4.32)，将烧杯置于磁力搅拌器(5.8)上，插入氟离子选择电极和饱和氯化钾甘汞电极。搅拌 10 min 后，用酸度计或离子计测量溶液的平衡电位，由测得的电位值，从工作曲线(4.50.2)查得氟的含量。

17.3 结果表示

氟的质量分数 w_F 按式(22)计算：

$$w_F = \frac{c_1 \times 250}{m_{17} \times 1\,000 \times 1\,000} \times 100 \qquad (22)$$

式中：

w_F——氟的质量分数，%；

c_1——测定溶液中氟的质量浓度，单位为微克每毫升(μg/mL)；

250——试样溶液的总体积，单位为毫升(mL)；

m_{17}——试料的质量，单位为克(g)。

17.4 允许差

同一试验室允许差为 0.10%；不同试验室允许差为 0.20%。

18 二氧化硅的测定(代用法)

此方法适用于二氧化硅含量(质量分数)大于 4%的样品。

18.1 方法提要

试样用氢氧化钾溶剂在镍坩埚中熔融，熔块用硝酸溶解后，加入适量的氟离子，使硅酸形成氟硅酸钾沉淀经过滤、洗涤及中和残余酸后，加沸水使氟硅酸钾沉淀水解生成等物质量的氢氟酸，然后用氢氧化钠标准滴定溶液进行滴定。

18.2 分析步骤

称取 0.2 g 试样(m_{18})，精确至 0.000 1 g，置于镍坩埚中，加 4 g～5 g 氢氧化钾(KOH)，在二氧化硅测定装置(5.1)的高温熔样电炉上熔融 5 min～10 min，取下，冷却，向坩埚中加入约 20 mL 水，使熔体全部浸出后，转移到塑料杯中，加入 20 mL 硝酸溶解试样，加 10 mL 氟化钾溶液(4.34)，用盐酸(1+5)洗净坩埚，保持溶液体积 70 mL～80 mL，根据室温按表 2 加入适量的氯化钾(KCl)，将塑料杯放到二氧化硅测定装置上(5.1)，搅拌 5 min，取下塑料杯，用快速滤纸过滤，用氯化钾溶液(4.36)冲洗塑料杯一次，冲洗滤纸 2 次，将滤纸连同沉淀取下，置于塑料杯中，沿杯壁边洗涤边加入 30 mL～40 mL 氯化钾-乙醇溶液(4.37)及 2 滴甲基红指示剂溶液(4.51)，用氢氧化钠标准滴定溶液(4.49)滴定溶液到由红刚刚变黄。向杯中加入 300 mL 已中和至使酚酞指示剂为粉色的沸水及 1 mL 酚酞指示剂(4.57)，用氢氧化钠标准滴定溶液(4.49)滴定到溶液由红变黄，再至微粉色。

表 2 氯化钾加入量表

室验室温度/℃	＜20	20～25	25～30	＞30
氯化钾加入量/g	3	5	7	10

18.3 结果表示

二氧化硅的质量分数 w_{SiO_2} 按式(23)计算：

$$w_{SiO_2}=\frac{T_{SiO_2}\times V_{11}}{m_{18}\times 1\,000}\times 100 \qquad \cdots\cdots(23)$$

式中：

w_{SiO_2}——二氧化硅的质量分数，%；

T_{SiO_2}——每毫升氢氧化钠标准滴定溶液相当于二氧化硅的质量(mg)，单位为毫克每毫升(mg/mL)；

V_{11}——滴定时消耗氢氧化钠标准滴定溶液的体积，单位为毫升(mL)；

m_{18}——试料的质量，单位为克(g)。

18.4 允许差

同一试验室的允许差为 0.20%；不同试验室的允许差为 0.40%。

19 三氧化二铁的测定(代用法)

19.1 方法提要

溶液在室温，酸度为 pH 值 1～1.5 的条件下，加入过量的 EDTA 标准滴定溶液，以半二甲酚橙为指示剂，用硝酸铋标准滴定溶液回滴过量的 EDTA 标准滴定溶液。

19.2 分析步骤

此熔样方法适用于不参加 α-Al_2O_3 经粉磨即得的水泥。

称取 0.5 g 试样(m_{19})，精确至 0.000 1 g，置于银坩埚中，加入 8 g～10 g 氢氧化钠(NaOH)，在750℃±10℃的高温下熔融 40 min 以上。取出冷却，将坩埚放入已盛有 100 mL 近沸水的烧杯中，盖上表面皿，于电热板上适当加热，待熔块完全浸出后，取出坩埚，用水冲洗坩埚和盖，在搅拌下一次加入25 mL～30 mL硝酸。用硝酸(1+9)洗净坩埚和盖，将溶液加热至沸，冷却，然后移入 250 mL 容量瓶中，用水稀释至标线，摇匀。此溶液 B 供测定三氧化二铁(19.2)、二氧化钛(20.2)、三氧化二铝(21.2)、氧化钙(22.2)、氧化镁(23.2)用。

从溶液 B 或 A(8.2)中吸取 25.00 mL 溶液，放入 400 mL 烧杯中，加水稀释至约 100 mL 左右。以硝酸(1+1)与氨水(1+1)调节溶液 pH 值为 1.3～1.5(用精密试纸检测)，加入 2 滴磺基水杨酸钠指示剂溶液(4.52)，在不断搅拌下用滴定管滴加 EDTA 标准滴定溶液(4.45)，至红色消失后再过量 1 mL～2 mL，搅拌并放置 1 min。加入 2 滴半二甲酚橙指示剂溶液(见 4.54)，立即用 10 mL 滴定管以硝酸铋标准滴定溶液(4.47)滴定至橙红色。

19.3 结果表示

三氧化二铁的质量分数 $w_{Fe_2O_3}$ 按式(24)计算：

$$w_{Fe_2O_3}=\frac{T_{Fe_2O_3}\times(V_{12}-K_1\times V_{13})\times 10}{m_{20}\times 1\,000}\times 100 \qquad \cdots\cdots(24)$$

式中：

$w_{Fe_2O_3}$——三氧化二铁的质量分数，%；

$T_{Fe_2O_3}$——每毫升 EDTA 标准滴定溶液相当于三氧化二铁的质量(mg)，单位为毫克每毫升(mg/mL)；

V_{12}——EDTA 标准滴定溶液的体积(mL)，单位为毫升(mL)；

K_1——每毫升硝酸铋标准滴定溶液相当于 EDTA 标准滴定溶液的体积(mL);

V_{13}——滴定时消耗硝酸铋标准滴定溶液的体积(mL),单位为毫升(mL);

10——全部试样溶液与所分取试样溶液的体积比;

m_{20}——19.2(m_{19})或 8.2(m_5)中试料的质量,单位为克(g)。

19.4 允许差

同一试验室允许差为 0.15%;不同试验室允许差为 0.25%。

20 二氧化钛的测定(代用法)

20.1 方法提要

在滴定完铁的溶液后,加少量过氧化氢,使 TiO^{2+} 生成 $TiO(H_2O_2)^{2+}$ 黄色配合物,再向溶液中加入过量的 EDTA 标准滴定溶液,以半二甲酚橙为指示剂,用硝酸铋标准滴定溶液进行滴定。

20.2 分析步骤

在滴定铁后的溶液中,加入 0.2 mL～0.5 mL EDTA 标准滴定溶液(4.45),在 20℃左右,加入2～3 滴过氧化氢,立即在不断搅拌下滴加 EDTA 标准滴定溶液(4.45),至呈现稳定的黄色后再过量 1 mL～2 mL,放置 3 min。加入 1～2 滴半二甲酚橙指示剂溶液(4.54),用 10 mL 滴定管以硝酸铋标准滴定溶液(4.38)滴定至溶液呈现橙红色。

20.3 结果表示

二氧化钛的质量分数 w_{TiO_2} 按式(25)计算:

$$w_{TiO_2} = \frac{T_{TiO_2} \times (V_{14} - K_1 \times V_{15}) \times 10}{m_{20} \times 1\,000} \times 100 \qquad \cdots\cdots(25)$$

式中:

w_{TiO_2}——二氧化钛的质量分数,%;

w_{TiO_2}——每毫升 EDTA 标准滴定溶液相当于二氧化钛的质量(mg),单位为毫克每毫升(mg/mL);

V_{14}——EDTA 标准滴定溶液的体积(mL),单位为毫升(mL);

K_1——每毫升硝酸铋标准滴定溶液相当于 EDTA 标准滴定溶液的体积(mL);

V_{15}——滴定时消耗硝酸铋标准滴定溶液的体积(mL),单位为毫升(mL);

10——全部试样溶液与所分取试样溶液的体积比;

m_{20}——19.2(m_{19})或 8.2(m_5)中试料的质量,单位为克(g)。

20.4 允许差

同一试验室允许差为 0.15%;不同试验室允许差为 0.25%。

21 三氧化二铝的测定(代用法)

21.1 方法提要

铝离子与 EDTA 标准滴定溶液在 pH 值 3.0～3.8 范围内可定量络合,加入过量的 EDTA 标准滴定溶液,于 pH 值 3.0～3.8 的条件下,将溶液放置 10 min,以半二甲酚橙为指示剂,用硫酸锌标准滴定溶液滴定。

21.2 分析步骤

在测完二氧化钛的溶液中,用滴定管加入 EDTA 标准滴定溶液至过量 15 mL 左右。然后在常温下(不低于 20℃)用 pH 值 4.3 缓冲溶液(4.30)调节溶液 pH 值 3.0～3.8(以精密试纸检测),放置10 min。滴加氨水(1+1)至溶液呈淡紫色,再用硝酸(1+1)中和至淡紫色消失(pH 值 5.5～6.0),补加 10 mL pH5.5 缓冲溶液(4.31),补加 7～8 滴半二甲酚橙指示剂溶液(4.54),用硫酸锌标准滴定溶液(4.48)滴定至稳定的红色。

21.3 结果表示

三氧化二铝的质量分数 $w_{Al_2O_3}$ 按式(26)计算:

$$w_{Al_2O_3}=\frac{T_{Al_2O_3}\times(V_{16}-K_2\times V_{17})\times 10}{m_{20}\times 1\ 000}\times 100 \quad\cdots\cdots(26)$$

式中：

$w_{Al_2O_3}$——三氧化二铝的质量分数，%；

$T_{Al_2O_3}$——每毫升 EDTA 标准滴定溶液相当于三氧化二铝的质量(mg)，单位为毫克每毫升(mg/mL)；

V_{16}——EDTA 标准滴定溶液的体积(mL)，单位为毫升(mL)；

K_2——每毫升硫酸锌标准滴定溶液相当于 EDTA 标准滴定溶液的体积(mL)；

V_{17}——滴定时消耗硫酸锌标准滴定溶液的体积(mL)，单位为毫升(mL)；

10——全部试样溶液与所分取试样溶液的体积比；

m_{20}——19.2(m_{19})或 8.2(m_5)中试料的质量，单位为克(g)。

21.4 允许差

同一试验室允许差为 0.35%；不同试验室允许差为 0.50%。

22 氧化钙的测定(代用法)

22.1 方法提要

预先在酸性溶液中加入适量的氟化钾，以抑制硅酸的干扰，然后在 pH 值 13 以上强碱溶液中，以三乙醇胺为掩蔽剂，用 CMP 混合指示剂，以 EDTA 标准滴定溶液滴定。

22.2 分析步骤

从 19.2 溶液 B 中吸取 25.00 mL 溶液放入 400 mL 烧杯中，加 5 mL 盐酸(1+1)及 7 mL 氟化钾溶液(4.36)，搅拌并放置 2 min 以上。以下步骤与 12.2 相同。

22.3 结果表示

氧化钙的质量分数 w_{CaO} 按式(27)计算：

$$w_{CaO}=\frac{T_{CaO}\times V_{18}\times 10}{m_{19}\times 1\ 000}\times 100 \quad\cdots\cdots(27)$$

式中：

w_{CaO}——氧化钙的质量分数，%；

T_{CaO}——每毫升 EDTA 标准滴定溶液相当于氧化钙的质量(mg)，单位为毫克每毫升(mg/mL)；

V_{18}——滴定时消耗 EDTA 标准滴定溶液的体积，单位为毫升(mL)；

10——全部试样溶液与所分取试样溶液的体积比；

m_{19}——19.2 中试料的质量，单位为克(g)。

22.4 允许差

同一试验室允许差为 0.25%；不同试验室允许差为 0.40%。

23 氧化镁的测定(代用法)

23.1 方法提要

在 pH10 的溶液中，以三乙醇胺、酒石酸钾钠为掩蔽剂，用酸性铬蓝 K-萘酚绿 B 混合指示剂，以 EDTA 标准滴定溶液滴定。

23.2 分析步骤

从 19.2 溶液 B 中吸取 25.00 mL 溶液放入 400 mL 烧杯中，用水稀释至约 200 mL，以下步骤与 13.2相同。

23.3 结果表示

氧化镁的质量分数 w_{MgO} 按式(28)计算：

$$w_{MgO}=\frac{T_{MgO}\times(V_{19}-V_{18})\times 10}{m_{19}\times 1\,000}\times 100 \quad\cdots\cdots(28)$$

式中：

w_{MgO}——氧化镁的质量分数，%；

T_{MgO}——每毫升 EDTA 标准滴定溶液相当于氧化镁的质量(mg)，单位为毫克每毫升(mg/mL)；

V_{19}——滴定钙、镁总量时消耗 EDTA 标准滴定溶液的体积，单位为毫升(mL)；

V_{18}——按 22.2 测定氧化钙时消耗 EDTA 标准滴定溶液的体积，单位为毫升(mL)；

10——全部试样溶液与所分取试样溶液的体积比；

m_{19}——18.2 中试料的质量，单位为克(g)。

23.4 允许差

同一试验室允许差为 0.20%；不同试验室允许差为 0.25%。

ICS 73.040
D 21

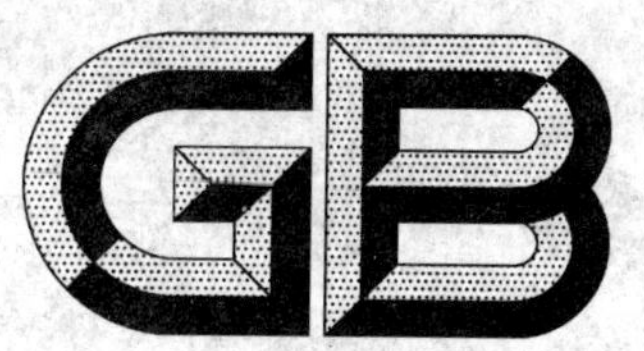

中华人民共和国国家标准

GB/T 212—2008
代替 GB/T 212—2001,GB/T 15334—1994,GB/T 18856.7—2002

煤的工业分析方法

Proximate analysis of coal

(ISO 11722:1999,Solid mineral fuels—Hard coal—Determination of moisture in the general analysis test sample by drying in nitrogen,
ISO 1171:1997,Solid mineral fuels—Determination of ash,
ISO 562:1998,Hard coal and coke—Determination of volatile matter,NEQ)

2008-07-29 发布 2009-04-01 实施

中华人民共和国国家质量监督检验检疫总局
中国国家标准化管理委员会 发布

前言

本标准对应于下列国际标准：ISO 11722：1999《固体矿物燃料——硬煤——通氮干燥法测定一般分析试验煤样的水分》；ISO 1171：1997《固体矿物燃料——灰分测定》；ISO 562：1998《硬煤和焦炭——挥发分的测定》。与以上国际标准的一致性程度为非等效，其主要差异如下：

——增加了水煤浆的工业分析方法；

——增加了水分测定的空气干燥法；

——增加了灰分测定的快速灰化法；

——在挥发分测定程序中，规定回升温度和时间为：(900±10)℃，3 min；

——以附录形式增加了水分测定的微波干燥法。

本标准代替 GB/T 212—2001《煤的工业分析方法》，GB/T 15334—1994《煤的水分测定方法　微波干燥法》和 GB/T 18856.7—2002《水煤浆质量试验方法　第 7 部分：水煤浆工业分析方法》。

本标准与 GB/T 212—2001 相比主要变化如下：

——增加了水煤浆的工业分析方法(本版第 8 章)；

——增加了“煤的水分测定——微波干燥法”(本版附录 A)。

本标准的附录 A 和附录 B 为规范性附录。

本标准由中国煤炭工业协会提出。

本标准由全国煤炭标准化技术委员会归口。

本标准起草单位：煤炭科学研究总院煤炭分析实验室、云南煤田地勘公司 143 队。

本标准主要起草人：韩立亭、林玉佳、陈科全。

本标准所代替标准的历次版本发布情况为：

——GB 212—1963、GB 212—1977、GB/T 212—1991、GB/T 212—2001；

——GB/T 15334—1994；

——GB/T 18856.7—2002。

煤的工业分析方法

1 范围

本标准规定了煤和水煤浆的水分、灰分和挥发分的测定方法和固定碳的计算方法。

本标准适用于褐煤、烟煤、无烟煤和水煤浆。

2 规范性引用文件

下列文件中的条款通过本标准的引用而成为本标准的条款。凡是注日期的引用文件,其随后所有的修改单(不包括勘误的内容)或修订版均不适用于本标准,然而,鼓励根据本标准达成协议的各方研究是否可使用这些文件的最新版本。凡是不注日期的引用文件,其最新版本适用于本标准。

GB/T 218 煤中碳酸盐二氧化碳含量的测定方法(GB/T 218—1996,eqv ISO 925:1980)

GB/T 7560 煤中矿物质的测定方法(GB/T 7560—2001,eqv ISO 602:1983)

GB/T 18510 煤和焦炭试验可替代方法确认准则

GB/T 18856.1 水煤浆试验方法 第1部分:采样

3 水分的测定

本章规定了煤的三种水分测定方法。其中方法A适用于所有煤种,方法B仅适用于烟煤和无烟煤,微波干燥法(见附录A)适用于褐煤和烟煤水分的快速测定。

在仲裁分析中遇到有用一般分析试验煤样水分进行校正以及基的换算时,应用方法A测定一般分析试验煤样的水分。

3.1 方法A(通氮干燥法)

3.1.1 方法提要

称取一定量的一般分析试验煤样,置于(105~110)℃干燥箱中,在干燥氮气流中干燥到质量恒定。然后根据煤样的质量损失计算出水分的质量分数。

3.1.2 试剂

3.1.2.1 氮气:纯度99.9%,含氧量小于0.01%。

3.1.2.2 无水氯化钙(HGB 3208):化学纯,粒状。

3.1.2.3 变色硅胶:工业用品。

3.1.3 仪器、设备

3.1.3.1 小空间干燥箱:箱体严密,具有较小的自由空间,有气体进、出口,并带有自动控温装置,能保持温度在(105~110)℃范围内。

3.1.3.2 玻璃称量瓶:直径40 mm,高25 mm,并带有严密的磨口盖(见图1)。

单位为毫米

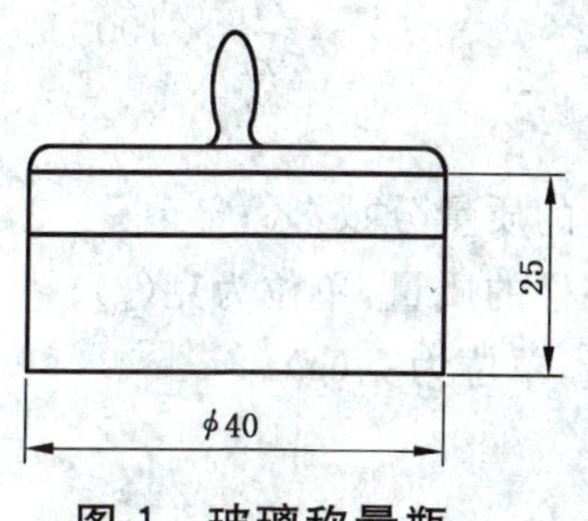

图1 玻璃称量瓶

3.1.3.3 干燥器:内装变色硅胶或粒状无水氯化钙。

3.1.3.4 干燥塔:容量 250 mL,内装干燥剂。

3.1.3.5 流量计:量程为(100~1 000)mL/min。

3.1.3.6 分析天平:感量 0.1 mg。

3.1.4 试验步骤

3.1.4.1 在预先干燥和已称量过的称量瓶内称取粒度小于 0.2 mm 的一般分析试验煤样(1±0.1)g,称准至 0.000 2 g,平摊在称量瓶中。

3.1.4.2 打开称量瓶盖,放入预先通入干燥氮气并已加热到(105~110)℃的干燥箱(3.1.3.1)中。烟煤干燥 1.5 h,褐煤和无烟煤干燥 2 h。在称量瓶放入干燥箱前 10 min 开始通氮气,氮气流量以每小时换气 15 次为准。

3.1.4.3 从干燥箱中取出称量瓶,立即盖上盖,放入干燥器中冷却至室温(约 20 min)后称量。

3.1.4.4 进行检查性干燥,每次 30 min,直到连续两次干燥煤样质量的减少不超过 0.001 0 g 或质量增加时为止。在后一种情况下,采用质量增加前一次的质量为计算依据。当水分小于 2.00%时,不必进行检查性干燥。

3.2 方法 B(空气干燥法)

3.2.1 方法提要

称取一定量的一般分析试验煤样,置于(105~110)℃鼓风干燥箱内,于空气流中干燥到质量恒定。根据煤样的质量损失计算出水分的质量分数。

3.2.2 仪器设备

3.2.2.1 鼓风干燥箱:带有自动控温装置,能保持温度在(105~110)℃范围内。

3.2.2.2 玻璃称量瓶:同 3.1.3.2。

3.2.2.3 干燥器:同 3.1.3.3。

3.2.2.4 分析天平:同 3.1.3.6。

3.2.3 试验步骤

3.2.3.1 在预先干燥并已称量过的称量瓶内称取粒度小于 0.2 mm 的一般分析试验煤样(1±0.1)g,称准至 0.000 2 g,平摊在称量瓶中。

3.2.3.2 打开称量瓶盖,放入预先鼓风并已加热到(105~110)℃的干燥箱(3.2.2.1)中。在一直鼓风的条件下,烟煤干燥 1 h,无烟煤干燥 1.5 h。

注:预先鼓风是为了使温度均匀。可将装有煤样的称量瓶放入干燥箱前(3~5)min 就开始鼓风。

3.2.3.3 从干燥箱中取出称量瓶,立即盖上盖,放入干燥器中冷却至室温(约 20 min)后称量。

3.2.3.4 进行检查性干燥,每次 30 min,直到连续两次干燥煤样的质量减少不超过 0.001 0 g 或质量增加时为止。在后一种情况下,采用质量增加前一次的质量为计算依据。水分小于 2.00%时,不必进行检查性干燥。

3.3 结果的计算

按式(1)计算一般分析试验煤样的水分:

$$M_{ad} = \frac{m_1}{m} \times 100 \qquad \cdots\cdots (1)$$

式中:

M_{ad}——一般分析试验煤样水分的质量分数,%;

m——称取的一般分析试验煤样的质量,单位为克(g);

m_1——煤样干燥后失去的质量,单位为克(g)。

3.4 水分测定的精密度

水分测定的精密度如表 1 规定。

表1 水分测定结果的重复性限

水分质量分数(M_{ad})/%	重复性限/%
<5.00	0.20
5.00～10.00	0.30
>10.00	0.40

4 灰分的测定

本章包括两种测定煤中灰分的方法——缓慢灰化法和快速灰化法。缓慢灰化法为仲裁法。

4.1 缓慢灰化法

4.1.1 方法提要

称取一定量的一般分析试验煤样,放入马弗炉中,以一定的速度加热到(815±10)℃,灰化并灼烧到质量恒定。以残留物的质量占煤样质量的质量分数作为煤样的灰分。

4.1.2 仪器设备

4.1.2.1 马弗炉:炉膛具有足够的恒温区,能保持温度为(815±10)℃。炉后壁的上部带有直径为(25～30)mm 的烟囱,下部离炉膛底(20～30)mm 处有一个插热电偶的小孔。炉门上有一个直径为20 mm的通气孔。

马弗炉的恒温区应在关闭炉门下测定,并至少每年测定一次。高温计(包括毫伏计和热电偶)至少每年校准一次。

4.1.2.2 灰皿:瓷质,长方形,底长 45 mm,底宽 22 mm,高 14 mm(见图 2)。

单位为毫米

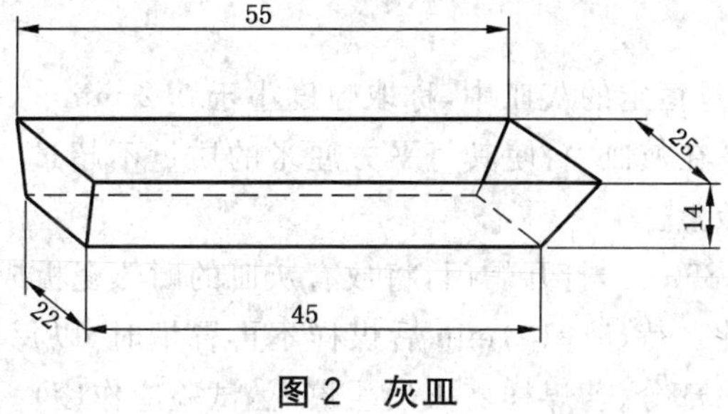

图2 灰皿

4.1.2.3 干燥器:同 3.1.3.3。

4.1.2.4 分析天平:同 3.1.3.6。

4.1.2.5 耐热瓷板或石棉板。

4.1.3 试验步骤

4.1.3.1 在预先灼烧至质量恒定的灰皿中,称取粒度小于 0.2 mm 的一般分析试验煤样(1± 0.1)g,称准至 0.000 2 g,均匀地摊平在灰皿中,使其每平方厘米的质量不超过 0.15 g。

4.1.3.2 将灰皿送入炉温不超过 100 ℃的马弗炉恒温区中,关上炉门并使炉门留有 15 mm 左右的缝隙。在不少于 30 min 的时间内将炉温缓慢升至 500 ℃,并在此温度下保持 30 min。继续升温到(815±10)℃,并在此温度下灼烧 1 h。

4.1.3.3 从炉中取出灰皿,放在耐热瓷板或石棉板上,在空气中冷却 5 min 左右,移入干燥器中冷却至室温(约 20 min)后称量。

4.1.3.4 进行检查性灼烧,温度为(815±10)℃,每次 20 min,直到连续两次灼烧后的质量变化不超过 0.001 0 g 为止。以最后一次灼烧后的质量为计算依据。灰分小于 15.00%时,不必进行检查性灼烧。

4.2 快速灰化法

本部分包括两种快速灰化法：方法 A 和方法 B。

4.2.1 方法 A

4.2.1.1 方法提要

将装有煤样的灰皿放在预先加热至(815±10)℃的灰分快速测定仪的传送带上，煤样自动送入仪器内完全灰化，然后送出。以残留物的质量占煤样质量的质量分数作为煤样的灰分。

4.2.1.2 专用仪器：快速灰分测定仪(见附录 B 中图 B.1)。

4.2.1.3 试验步骤

4.2.1.3.1 将快速灰分测定仪预先加热至(815±10)℃。

4.2.1.3.2 开动传送带并将其传送速度调节到 17 mm/min 左右或其他合适的速度。

注：对于新的灰分快速测定仪，需对不同煤种与缓慢灰化法进行对比试验，根据对比试验结果及煤的灰化情况，调节传送带的传送速度。

4.2.1.3.3 在预先灼烧至质量恒定的灰皿中，称取粒度小于 0.2 mm 的一般分析试验煤样(0.5±0.01)g，称准至 0.000 2 g，均匀地摊平在灰皿中，使其每平方厘米的质量不超过 0.08 g。

4.2.1.3.4 将盛有煤样的灰皿放在快速灰分测定仪的传送带上，灰皿即自动送入炉中。

4.2.1.3.5 当灰皿从炉内送出时，取下，放在耐热瓷板或石棉板上，在空气中冷却 5 min 左右，移入干燥器中冷却至室温(约 20 min)后称量。

4.2.2 方法 B

4.2.2.1 方法提要

将装有煤样的灰皿由炉外逐渐送入预先加热至(815±10)℃的马弗炉中灰化并灼烧至质量恒定。以残留物的质量占煤样质量的质量分数作为煤样的灰分。

4.2.2.2 仪器设备：同 4.1.2。

4.2.2.3 试验步骤

4.2.2.3.1 在预先灼烧至质量恒定的灰皿中，称取粒度小于 0.2 mm 的一般分析试验煤样(1±0.1)g，称准至 0.000 2 g，均匀地摊平在灰皿中，使其每平方厘米的质量不超过 0.15 g。将盛有煤样的灰皿预先分排放在耐热瓷板或石棉板上。

4.2.2.3.2 将马弗炉加热到 850 ℃，打开炉门，将放有灰皿的耐热瓷板或石棉板缓慢地推入马弗炉中，先使第一排灰皿中的煤样灰化。待(5～10)min 后煤样不再冒烟时，以每分钟不大于 2 cm 的速度把其余各排灰皿顺序推入炉内炽热部分(若煤样着火发生爆燃，试验应作废)。

4.2.2.3.3 关上炉门并使炉门留有 15 mm 左右的缝隙，在(815±10)℃温度下灼烧 40 min。

4.2.2.3.4 从炉中取出灰皿，放在空气中冷却 5 min 左右，移入干燥器中冷却至室温(约 20 min)后，称量。

4.2.2.3.5 进行检查性灼烧，温度为(815±10)℃，每次 20 min，直到连续两次灼烧后的质量变化不超过 0.001 0 g 为止。以最后一次灼烧后的质量为计算依据。如遇检查性灼烧时结果不稳定，应改用缓慢灰化法重新测定。灰分小于 15.00%时，不必进行检查性灼烧。

4.3 结果的计算

按式(2)计算煤样的空气干燥基灰分：

$$A_{ad} = \frac{m_1}{m} \times 100 \quad \cdots\cdots (2)$$

式中：

A_{ad}——空气干燥基灰分的质量分数，%；

m——称取的一般分析试验煤样的质量，单位为克(g)；

m_1——灼烧后残留物的质量，单位为克(g)。

4.4 灰分测定的精密度

灰分测定的精密度如表 2 规定。

表 2 灰分测定的精密度

灰分质量分数/%	重复性限 A_{ad}/%	再现性临界差 A_{d}/%
<15.00	0.20	0.30
15.00～30.00	0.30	0.50
>30.00	0.50	0.70

5 挥发分的测定

5.1 方法提要

称取一定量的一般分析试验煤样，放在带盖的瓷坩埚中，在(900±10)℃下，隔绝空气加热 7 min。以减少的质量占煤样质量的质量分数，减去该煤样的水分含量作为煤样的挥发分。

5.2 仪器设备

5.2.1 挥发分坩埚：带有配合严密盖的瓷坩埚，形状和尺寸如图 3 所示。坩埚总质量为(15～20)g 。

单位为毫米

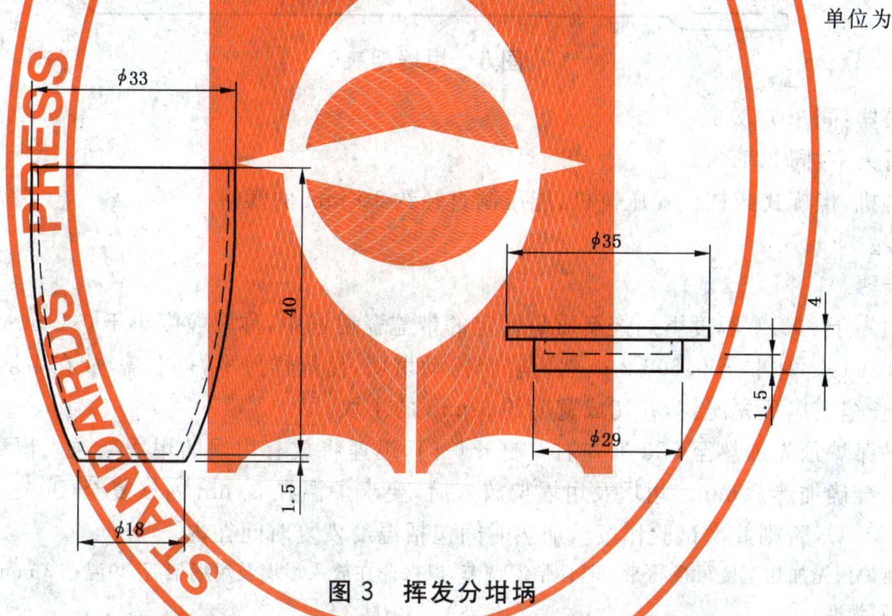

图 3 挥发分坩埚

5.2.2 马弗炉：带有高温计和调温装置，能保持温度在(900±10)℃，并有足够的(900±5)℃的恒温区。炉子的热容量为当起始温度为 920 ℃左右时，放入室温下的坩埚架和若干坩埚，关闭炉门后，在 3 min 内恢复到(900±10)℃。炉后壁有一个排气孔和一个插热电偶的小孔。小孔位置应使热电偶插入炉内后其热接点在坩埚底和炉底之间，距炉底(20～30)mm 处。

马弗炉的恒温区应在关闭炉门下测定，并至少每年测定一次。高温计(包括毫伏计和热电偶)至少每年校准一次。

5.2.3 坩埚架：用镍铬丝或其他耐热金属丝制成。其规格尺寸以能使所有的坩埚都在马弗炉恒温区内，并且坩埚底部紧邻热电偶热接点上方(见图 4)。

单位为毫米

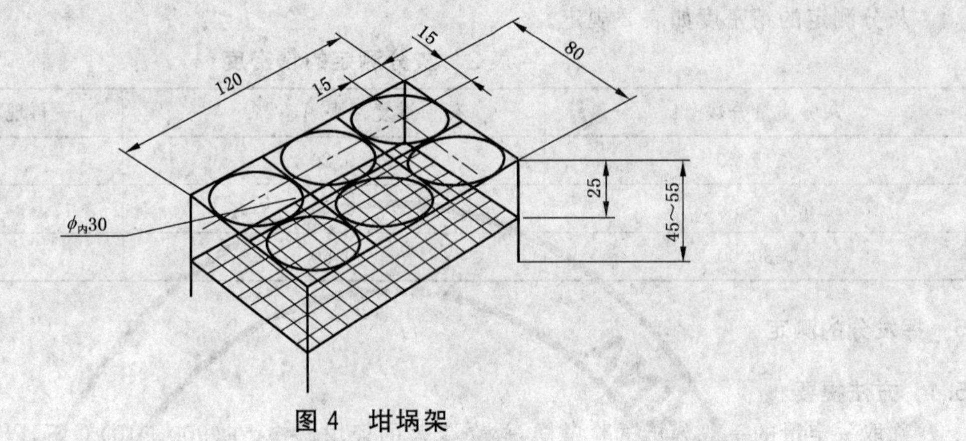

图4　坩埚架

5.2.4　坩埚架夹(见图5)。

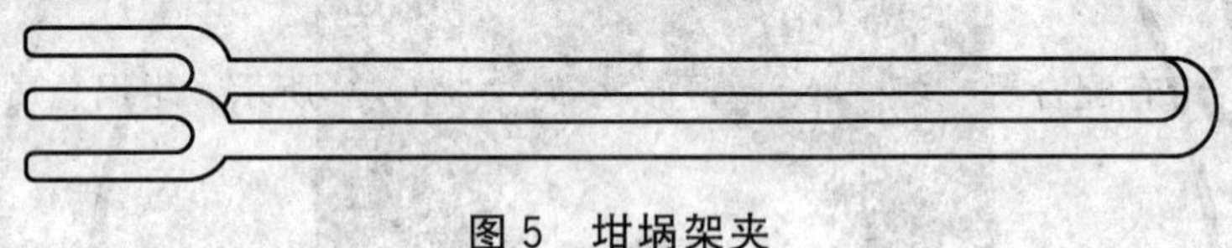

图5　坩埚架夹

5.2.5　干燥器:同3.1.3.3。

5.2.6　分析天平:同3.1.3.6。

5.2.7　压饼机:螺旋式或杠杆式压饼机,能压制直径约10 mm的煤饼。

5.2.8　秒表。

5.3　试验步骤

5.3.1　在预先于900 ℃温度下灼烧至质量恒定的带盖瓷坩埚中,称取粒度小于0.2 mm的一般分析试验煤样(1±0.01)g,称准至0.000 2 g,然后轻轻振动坩埚,使煤样摊平,盖上盖,放在坩埚架上。

褐煤和长焰煤应预先压饼,并切成宽度约3 mm的小块。

5.3.2　将马弗炉预先加热至920 ℃左右。打开炉门,迅速将放有坩埚的坩埚架送入恒温区,立即关上炉门并计时,准确加热7 min。坩埚及坩埚架放入后,要求炉温在3 min内恢复至(900±10)℃,此后保持在(900±10)℃,否则此次试验作废。加热时间包括温度恢复时间在内。

注:马弗炉预先加热温度可视马弗炉具体情况调节,以保证在放入坩埚及坩埚架后,炉温在3 min内恢复至(900±10)℃为准。

5.3.3　从炉中取出坩埚,放在空气中冷却5 min左右,移入干燥器中冷却至室温(约20 min)后称量。

5.4　焦渣特征分类

测定挥发分所得焦渣的特征,按下列规定加以区分:

a)　粉状(1型):全部是粉末,没有相互粘着的颗粒;

b)　粘着(2型):用手指轻碰即成粉末或基本上是粉末,其中较大的团块轻轻一碰即成粉末;

c)　弱粘结(3型):用手指轻压即成小块;

d)　不熔融粘结(4型):以手指用力压才裂成小块,焦渣上表面无光泽,下表面稍有银白色光泽;

e)　不膨胀熔融粘结(5型):焦渣形成扁平的块,煤粒的界线不易分清,焦渣上表面有明显银白色金属光泽,下表面银白色光泽更明显;

f)　微膨胀熔融粘结(6型):用手指压不碎,焦渣的上、下表面均有银白色金属光泽,但焦渣表面具有较小的膨胀泡(或小气泡);

g)　膨胀熔融粘(7型)结:焦渣上、下表面有银白色金属光泽,明显膨胀,但高度不超过15 mm;

h)　强膨胀熔融粘结(8型):焦渣上、下表面有银白色金属光泽,焦渣高度大于15 mm。

为了简便起见,通常用上列序号作为各种焦渣特征的代号。

5.5 结果的计算

按式(3)计算煤样的空气干燥基挥发分:

$$V_{ad}=\frac{m_1}{m}\times 100-M_{ad} \qquad \cdots\cdots (3)$$

式中:

V_{ad}——空气干燥基挥发分的质量分数,%;

m——一般分析试验煤样的质量,单位为克(g);

m_1——煤样加热后减少的质量,单位为克(g);

M_{ad}——一般分析试验煤样水分的质量分数,%。

5.6 挥发分测定的精密度

挥发分测定的精密度如表3规定。

表3 挥发分测定的精密度

挥发分质量分数/%	重复性限 V_{ad}/%	再现性临界差 V_d/%
<20.00	0.30	0.50
20.00~40.00	0.50	1.00
>40.00	0.80	1.50

6 固定碳的计算

按式(4)计算空气干燥基固定碳:

$$FC_{ad}=100-(M_{ad}+A_{ad}+V_{ad}) \qquad \cdots\cdots (4)$$

式中:

FC_{ad}——空气干燥基固定碳的质量分数,%;

M_{ad}——一般分析试验煤样水分的质量分数,%;

A_{ad}——空气干燥基灰分的质量分数,%;

V_{ad}——空气干燥基挥发分的质量分数,%。

7 空气干燥基挥发分换算成干燥无灰基挥发分及干燥无矿物质基挥发分

7.1 干燥无灰基挥发分按式(5)~式(7)换算:

$$V_{daf}=\frac{V_{ad}}{100-M_{ad}-A_{ad}}\times 100 \qquad \cdots\cdots (5)$$

当一般分析试验煤样中碳酸盐二氧化碳的质量分数为(2~12)%时,则:

$$V_{daf}=\frac{V_{ad}-(CO_2)_{ad}}{100-M_{ad}-A_{ad}}\times 100 \qquad \cdots\cdots (6)$$

当一般分析试验煤样中碳酸盐二氧化碳的质量分数大于12%时,则:

$$V_{daf}=\frac{V_{ad}-[(CO_2)_{ad}-(CO_2)_{ad(\text{焦渣})}]}{100-M_{ad}-A_{ad}}\times 100 \qquad \cdots\cdots (7)$$

式中:

V_{ad}——干燥无灰基挥发分的质量分数,%;

$(CO_2)_{ad}$——一般分析试验煤样中碳酸盐二氧化碳的质量分数(按GB 218测定),%;

$(CO_2)_{ad(\text{焦渣})}$——焦渣中二氧化碳对煤样量的质量分数,%。

7.2 干燥无矿物质基挥发分按式(8)~式(10)换算:

$$V_{dmmf} = \frac{V_{ad}}{100-(M_{ad}+MM_{ad})} \times 100 \quad \cdots\cdots (8)$$

当一般分析试验煤样中碳酸盐二氧化碳的质量分数为2%～12%时，则：

$$V_{dmmf} = \frac{V_{ad}-(CO_2)_{ad}}{100-(M_{ad}+MM_{ad})} \times 100 \quad \cdots\cdots (9)$$

当一般分析试验煤样中碳酸盐二氧化碳的质量分数大于12%时，则：

$$V_{dmmf} = \frac{V_{ad}-[(CO_2)_{ad}-(CO_2)_{ad(焦渣)}]}{100-(M_{ad}+MM_{ad})} \times 100 \quad \cdots\cdots (10)$$

式中：

V_{dmmf}——干燥无矿物质基挥发分的质量分数，%；

MM_{ad}——空气干燥基煤样矿物质的质量分数(按 GB/T 7560 测定)，%。

8 水煤浆工业分析

8.1 分析试样的制备

8.1.1 水煤浆试样的准备

试验前搅拌水煤浆试样，使其无软硬沉淀成均一状态。

8.1.2 水煤浆干燥试样的制备

按照 GB/T 18856.1 规定方法制备水煤浆干燥试样。

8.2 水煤浆水分的测定

8.2.1 方法提要

称取一定量搅拌均匀的水煤浆试样，置于(105～110)℃干燥箱中，在空气流中干燥到质量恒定。然后根据水煤浆的质量损失计算出水煤浆水分的质量分数。

8.2.2 仪器设备

同 3.2.2。

8.2.3 试验步骤

8.2.3.1 称取搅拌均匀的水煤浆试样(1.2～1.5)g(称准至 0.000 4 g)于预先干燥并已知质量的称量瓶中，迅速加盖并称量。称量后，将水煤浆平铺于称量瓶底部。

8.2.3.2 打开称量瓶盖，将上述装有水煤浆的称量瓶放入预先鼓风并已加热到(105～110)℃的干燥箱中，在鼓风条件下干燥 1 h。

8.2.3.3 从干燥箱中取出称量瓶，立即盖上盖放入干燥器中，冷却至室温(约 20 min)后称量。

8.2.3.4 检查性干燥同 3.2.3.4。

8.2.4 结果计算

按式(11)计算水煤浆水分：

$$M_{cwm} = \frac{m-m_1}{m} \times 100 \quad \cdots\cdots (11)$$

式中：

M_{cwm}——水煤浆水分的质量分数，%；

m——水煤浆试样质量，单位为克(g)；

m_1——水煤浆试样干燥后的质量，单位为克(g)。

8.2.5 水分测定的精密度

水煤浆水分测定的重复性限如表 4 规定。

表 4　水煤浆水分测定的精密度

水煤浆水分 M_{cwm}	重复性限/%
	0.40

8.3　**水煤浆干燥试样水分的测定**

按照本标准第 3 章规定测定水煤浆干燥试样的水分。

8.4　**水煤浆灰分的测定**

8.4.1　**水煤浆干燥试样灰分的测定**

按照本标准第 4 章规定测定水煤浆干燥试样的空气干燥基灰分。

8.4.2　**水煤浆灰分的计算**

按式(12)计算水煤浆的灰分：

$$A_{cwm} = A_{ad} \times \frac{100 - M_{cwm}}{100 - M_{ad}} \qquad (12)$$

式中：

A_{cwm}——水煤浆灰分的质量分数，%；

A_{ad}——水煤浆干燥试样的空气干燥基灰分，用质量分数表示，%；

M_{ad}——水煤浆干燥试样水分的质量分数，%；

M_{cwm}——水煤浆水分的质量分数，%。

8.5　**水煤浆挥发分的测定**

8.5.1　**水煤浆干燥试样挥发分的测定**

按照本标准第 5 章规定测定水煤浆干燥试样的空气干燥基挥发分。

8.5.2　**水煤浆挥发分的计算**

按式(13)计算水煤浆的挥发分：

$$V_{cwm} = V_{ad} \times \frac{100 - M_{cwm}}{100 - M_{ad}} \qquad (13)$$

式中：

V_{cwm}——水煤浆挥发分的质量分数，%；

V_{ad}——水煤浆干燥试样的空气干燥基挥发分，用质量分数表示，%；

M_{ad}——水煤浆干燥试样水分的质量分数，%；

M_{cwm}——水煤浆水分的质量分数，%。

8.6　**水煤浆固定碳的计算**

水煤浆固定碳按式(14)计算：

$$FC_{cwm} = 100 - (M_{cwm} + A_{cwm} + V_{cwm}) \qquad (14)$$

式中：

FC_{cwm}——水煤浆的固定碳，用质量分数表示，%；

其他符号意义同上。

附 录 A
（规范性附录）
煤的水分测定——微波干燥法

A.1 范围

本附录规定了采用微波干燥快速测定一般分析试验煤样水分的方法。

本方法适用于褐煤和烟煤水分的快速测定。

A.2 方法提要

称取一定量的一般分析试验煤样，置于微波水分测定仪内，炉内磁控管发射非电离微波，使水分子超高速振动，产生摩擦热，使煤中水分迅速蒸发，根据煤样的质量损失计算水分。

A.3 仪器设备

A.3.1 微波水分测定仪（以下简称测水仪）：带程序控制器，输入功率约 1 000 W。仪器内配有微晶玻璃转盘，转盘上置有带标记圈、厚约 2 mm 的石棉垫。

A.3.2 玻璃称量瓶：同 3.1.3.2。

A.3.3 干燥器：同 3.1.3.3。

A.3.4 分析天平：同 3.1.3.6。

A.3.5 烧杯：容量约 250 mL。

A.4 试验步骤

A.4.1 在预先干燥和已称量过的称量瓶内称取粒度小于 0.2 mm 的一般分析试验煤样（1±0.1）g，称准至 0.000 2 g，平摊在称量瓶中。

A.4.2 将一个盛有约 80 mL 蒸馏水、容量约 250 mL 的烧杯置于测水仪内的转盘上，用预加热程序加热 10 min 后，取出烧杯。如连续进行数次测定，只需在第一次测定前进行预热。

A.4.3 打开称量瓶盖，将带煤样的称量瓶放在测水仪的转盘上，并使称量瓶与石棉垫上的标记圈相内切。放满一圈后，多余的称量瓶可紧挨第一圈称量瓶内侧放置。在转盘中心放一盛有蒸馏水的带表面皿盖的 250 mL 烧杯（盛水量与测水仪说明书规定一致），并关上测水仪门。

注 1：水分蒸发效果与微波电磁场分布有关，称量瓶需位于均匀场强区域内。

注 2：烧杯中的盛水量与微波炉磁控管功率大小有关，以加热完毕后烧杯内仅余少量水为宜。

注 3：微波测水仪生产厂家在设计测水仪时，应通过试验确定微波电磁场分布适合水分测定的区域并加以标记（即标记圈），并确定适宜的盛水量。

A.4.4 按测水仪说明书规定的程序加热煤样。

A.4.5 加热程序结束后，从测水仪中取出称量瓶，立即盖上盖，放入干燥器中冷却至室温（约 20 min）后称量。

注：其他类型的微波水分测定仪也可使用，但在使用前应按照 GB/T 18510 进行精密度和准确度测定，以确定设备是否符合要求。

A.5 结果计算

煤样的空气干燥基水分按式(A.1)计算：

$$M_{ad} = \frac{m_1}{m} \times 100 \qquad \cdots\cdots\cdots\cdots (A.1)$$

式中：

M_{ad}——空气干燥基煤样水分的质量分数，%；

m——称取的一般分析试验煤样的质量，单位为克(g)；

m_1——煤样干燥后失去的质量，单位为克(g)。

A.6 精密度

同3.4。

附　录　B
（规范性附录）
快速灰分测定仪

B.1　图 B.1 是一种比较适宜的快速灰分测定仪。它由马蹄形管式电炉、传送带和控制仪三部分组成，各部分结构如下：

a）　马蹄形管式电炉：炉膛长约 700 mm，底宽约 75 mm，高约 45 mm，两端敞口，轴向倾斜度为 5°左右，其恒温带要求：(815±10)℃部分长约 140 mm，750 ℃～825 ℃部分长约 270 mm，出口端温度不高于 100 ℃。

b）　链式自动传送装置（简称传送带）：用耐高温金属制成，传送速度可调。在 1 000 ℃下不变形，不掉皮。

c）　控制仪：主要包括温度控制装置和传送带传送速度控制装置。温度控制装置能将炉温自动控制在(815±10) ℃；传送带传送速度控制装置能将传送速度控制在(15～50)mm/min 之间。

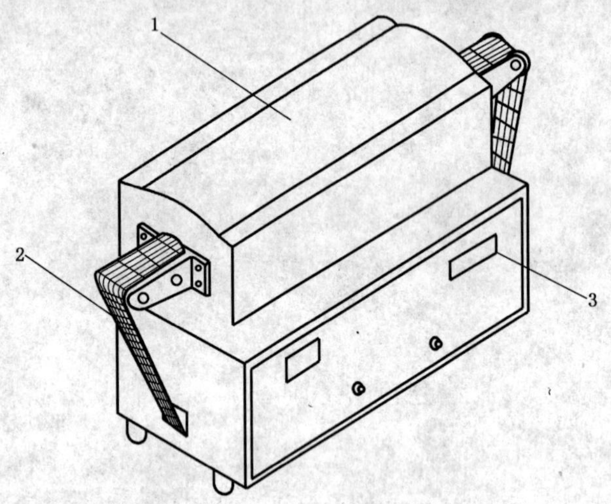

1——管式电炉；
2——传送带；
3——控制仪。

图 B.1　快速灰分测定仪

B.2　凡能达到以下要求的其他形式的灰分快速测定仪都可使用：

a）　高温炉能加热至(815±10)℃并具有足够长的恒温带；

b）　炉内有足够的空气供煤样燃烧；

c）　煤样在炉内有足够长的停留时间，以保证灰化完全；

d）　能避免或最大限度地减少煤中硫氧化生成的硫氧化物与碳酸盐分解生成的氧化钙接触。

ICS 73.040
D 21

中华人民共和国国家标准

GB/T 213—2008
代替 GB/T 213—2003,GB/T 18856.6—2002

煤的发热量测定方法

Determination of calorific value of coal

(ISO 1928:1995,Solid mineral fuels—Determination of gross calorific value by the bomb calorimetric method and calculation of net calorific value,MOD)

2008-07-29 发布　　　　2009-05-01 实施

中华人民共和国国家质量监督检验检疫总局
中国国家标准化管理委员会　发布

前　言

本标准修改采用 ISO 1928:1995《固体矿物燃料——氧弹量热法高位发热量的测定和低位发热量的计算》(英文版)。

本标准根据 ISO 1928:1995(英文版)重新起草。在附录 A 中列出了本标准章条编号与 ISO 1928:1995 章条编号的对照一览表。

考虑到我国国情,在采用 ISO 1928:1995 时,本标准做了一些修改。有关技术性差异已编入正文中并在它们所涉及的条款的页边空白处用垂直单线标识。在附录 B 中给出了这些技术性差异及其原因的一览表以供参考。

本标准代替 GB/T 213—2003《煤的发热量测定方法》,并将 GB/T 18856.6—2002《水煤浆质量试验方法　第 6 部分:水煤浆发热量测定方法》的内容纳入本标准。

本标准与 GB/T 213—2003 相比。主要变化如下:

——增加了引言;

——增加了适用于水煤浆(本版的第 1 章);

——增加了称取水煤浆试样的内容(本版的 8.2.2);

——增加了无法观测主期内筒温度下降时的终点判断方法(本版的 8.2.8);

——增加了称取水煤浆试样时恒容和恒压低位发热量计算公式(本版的 13.1 和 13.2);

——增加了对恒容和恒压低位发热量计算公式中常数项的解释(本版的公式 13 和公式 15);

——增加了两个附录(本版的附录 A 和附录 B);

——进行了适当的文字修改。

本标准的附录 E 为规范性附录,附录 A、附录 B、附录 C 和附录 D 为资料性附录。

本标准由中国煤炭工业协会提出。

本标准由全国煤炭标准化技术委员会归口。

本标准起草单位:煤炭科学研究总院煤炭分析实验室。

本标准主要起草人:李英华、皮中原。

本标准所代替标准的历次版本发布情况为:

——GB 213—1963、GB 213—1974、GB 213—1979、GB 213—1987、GB/T 213—1996、GB/T 213—2003;

——GB/T 18856.6—2002。

引　言

本标准规定了在用标准苯甲酸标定过的氧弹热量计中进行固体矿物燃料和水煤浆试样的恒容高位发热量的测定方法。

用本方法得到的结果是分析试样的恒容高位发热量,燃烧产物中所有的水均为液态水。实际应用中,燃料是在恒压(大气压)状态下燃烧,水未冷凝而是作为水蒸气随烟道气排放。在这些条件下,有效燃烧热是恒压低位发热量。有时也用恒容低位发热量。本标准给出了两种低位发热量的计算公式。

煤的发热量测定方法

1 范围

本标准规定了用氧弹量热法测定煤的高位发热量的原理、试验条件、试剂和材料、仪器设备、测定步骤、测定结果的计算、热容量、仪器常数标定和方法精密度等，以及低位发热量的计算方法。

本标准适用于泥炭、褐煤、烟煤、无烟煤、焦炭、碳质页岩等固体矿物燃料及水煤浆。

2 规范性引用文件

下列文件中的条款通过本标准的引用而成为本标准的条款。凡是注日期的引用文件，其随后所有的修改单(不包括勘误的内容)或修订版均不适用于本标准，然而，鼓励根据本标准达成协议的各方研究是否可使用这些文件的最新版本。凡是不注日期的引用文件，其最新版本适用于本标准。

GB/T 211 煤中全水分的测定方法(GB/T 211—2007，ISO 589：2003，NEQ)

GB/T 212 煤的工业分析方法(GB/T 212—2008，ISO 11722：1999，ISO 1171：1997，ISO 562：1998，NEQ)

GB/T 214 煤中全硫的测定方法(GB/T 214—2007，ISO 334：1992，ISO 351：1996，NEQ)

GB/T 476 煤中碳和氢的测定方法(GB/T 476—2008，ISO 625：1996，Solid mineral fuels—Determination of carbon and hydrogen—Liebig method，MOD)

GB/T 483 煤炭分析试验方法一般规定(GB/T 483—2007，ISO 1213-2：1992 Solid mineral fuels—Vocabulary—Part 2：Terms relating to sampling，testing and analysis，NEQ)

GB/T 19227 煤中氮的测定方法(GB/T 19227—2008，ISO 333：1996，Coal—Determination of nitrogen—Semi-micro Kjeldahl method，ISO/TS 11725：2002，Solid mineral fuels—Determination of nitrogen—Semi-micro gasification，MOD)

3 术语和定义

下列术语和定义适用于本标准。

3.1

热量单位 heat unit

热量的单位为焦耳(J)。

焦耳(J)是 1 牛顿(N)的力使其作用点在力的方向上移动 1 m 所作的功。

$$1\ \mathrm{J}=1\ \mathrm{N}\cdot\mathrm{m}$$

发热量测定结果以兆焦每千克(MJ/kg)或焦耳每克(J/g)表示。

3.2

弹筒发热量 bomb calorific value

单位质量的试样在充有过量氧气的氧弹内燃烧，其燃烧后的物质组成为氧气、氮气、二氧化碳、硝酸和硫酸、液态水以及固态灰时放出的热量。

注：任何物质(包括煤)的燃烧热，随燃烧产物的最终温度而改变，温度越高，燃烧热越低。因此，一个严密的发热量定义，应对燃烧产物的最终温度(参比温度)有所规定(ISO 1928 规定的参比温度为 25 ℃)。但在实际发热量测定时，由于具体条件的限制，把燃烧产物的最终温度限定在一个特定的温度或一个很窄的范围内都是不现实的。温度每升高 1 K，煤和苯甲酸的燃烧热约降低(0.4～1.3)J/g。当按规定在相近的温度下标定热容量和测定发热量时，温度对燃烧热的影响可近于完全抵消，而无需加以考虑。

3.3

恒容高位发热量　gross calorific value at constant volume

单位质量的试样在充有过量氧气的氧弹内燃烧，其燃烧后的物质组成为氧气、氮气、二氧化碳、二氧化硫、液态水以及固态灰时放出的热量。

恒容高位发热量即由弹筒发热量减去硝酸形成热和硫酸校正热后得到的发热量。

3.4

恒容低位发热量　net calorific value at constant volume

单位质量的试样在恒容条件下，在过量氧气中燃烧，其燃烧后的物质组成为氧气、氮气、二氧化碳、二氧化硫、气态水（假定压力为 0.1 MPa）以及固态灰时放出的热量。

恒容低位发热量即由恒容高位发热量减去水（煤中原有的水和煤中氢燃烧生成的水）的气化热后得到的发热量。

3.5

恒压低位发热量　net calorific value at constant pressure

单位质量的试样在恒压条件下，在过量氧气中燃烧，其燃烧后的物质组成为氧气、氮气、二氧化碳、二氧化硫、气态水（假定压力为 0.1 MPa）以及固态灰时放出的热量。

3.6

热量计的有效热容量　effective heat capacity of the calorimeter

量热系统产生单位温升所需的热量（简称热容量）。通常以焦耳每开尔文（J/K）表示。

4　原理

4.1　高位发热量

煤的发热量在氧弹热量计中进行测定。一定量的分析试样在氧弹热量计中，在充有过量氧气的氧弹内燃烧，热量计的热容量通过在相近条件下燃烧一定量的基准量热物苯甲酸来确定，根据试样燃烧前后量热系统产生的温升，并对点火热等附加热进行校正后即可求得试样的弹筒发热量。

从弹筒发热量中扣除硝酸形成热和硫酸校正热（氧弹反应中形成的水合硫酸与气态二氧化硫的形成热之差）即得高位发热量。

4.2　低位发热量

煤的恒容低位发热量和恒压低位发热量可以通过分析试样的高位发热量计算。计算恒容低位发热量需要知道煤样中水分和氢的含量。原则上计算恒压低位发热量还需知道煤样中氧和氮的含量。

5　试验室条件

进行发热量测定的试验室应满足以下条件：

——进行发热量测定的试验室，应为单独房间，不应在同一房间内同时进行其他试验项目；

——室温应保持相对稳定，每次测定室温变化不应超过 1 ℃，室温以在（15～30）℃范围为宜；

——室内应无强烈的空气对流，因此不应有强烈的热源、冷源和风扇等，试验过程中应避免开启门窗；

——试验室最好朝北，以避免阳光照射，否则热量计应放在不受阳光直射的地方。

6　试剂和材料

6.1　氧气：至少 99.5%纯度，不含可燃成分，不允许使用电解氧；压力足以使氧弹充氧至 3.0 MPa。

6.2　氢氧化钠标准溶液：$c(NaOH)\approx 0.1$ mol/L。

称取优级纯氢氧化钠 4 g，溶解于 1 000 mL 经煮沸冷却后的水中，混合均匀，装入塑料瓶或塑料筒内，拧紧盖子。然后用优级纯苯二甲酸氢钾（GB/T 1257）进行标定。

6.3 甲基红指示剂:2 g/L。

称取 0.2 g 甲基红,溶解在 100 mL 水中。

6.4 苯甲酸:基准量热物质,二等或二等以上,其标准热值经权威计量机构确定或可以明确溯源到权威计量机构。

6.5 点火丝:直径 0.1 mm 左右的铂、铜、镍丝或其他已知热值的金属丝或棉线,如使用棉线,则应选用粗细均匀,不涂蜡的白棉线。各种点火丝点火时放出的热量如下:

铁　丝:6 700 J/g;

镍铬丝:6 000 J/g;

铜　丝:2 500 J/g;

棉　线:17 500 J/g。

6.6 点火导线:直径 0.3 mm 左右的镍铬丝。

6.7 酸洗石棉绒:使用前在 800 ℃下灼烧 30 min。

6.8 擦镜纸:使用前先测出燃烧热:抽取(3～4)张纸,团紧,称准质量,放入燃烧皿中,然后按常规方法测定发热量。取三次结果的平均值作为擦镜纸热值。

7 仪器设备

7.1 热量计

7.1.1 总则

热量计是由燃烧氧弹、内筒、外筒、搅拌器、水、温度传感器、试样点火装置、温度测量和控制系统构成。

通常热量计有两种,恒温式和绝热式,它们的量热系统被包围在充满水的双层夹套(外筒)中,它们的差别只在于外筒的控温方式不同,其余部分无明显区别。

无水热量计的内筒、搅拌器和水被一个金属块代替。氧弹为双层金属构成,其中嵌有温度传感器,氧弹本身组成了量热系统。

自动氧弹热量计原则上应按照本标准第 7 章和第 8 章中的原理和规定设计和构造,并按照第 9 章的规定计算分析试样的弹筒发热量和恒容高位发热量。发热量的结果应以焦耳每克(J/g)或兆焦每千克(MJ/kg)单位报出。

自动氧弹热量计在每次试验中应以打印或其他方式记录并给出详细的信息,如观测温升,冷却校正值(恒温式)、有效热容量、样品质量和样品编号、点火热和其他附加热等;以使操作人员可以对由此进行的所有计算都能进行人工验证,所用的计算公式应在仪器操作说明书中给出。计算中用到的附加热应清楚地确定,所用的点火热,副反应热的校正应该明确说明。

本标准也允许使用其他非经典原理的氧弹热量计,只要它们的标定条件,标定试验和发热量测定时条件的相似性,试样质量与氧弹的容积之比、充氧压力、氧弹中加水量、以及测定的精密度和准确度等都符合本标准的基本要求。

热量计的精密度和准确度要求为,测试精密度:5 次苯甲酸重复测定结果的相对标准差不大于 0.20%;准确度:标准煤样测试结果与标准值之差都在不确定度范围内;或者用苯甲酸作为样品进行 5 次发热量测定,其平均值与标准热值之差不超过 50 J/g。计算中除燃烧不完全的结果外,所有的测试结果不应随意舍弃。

7.1.2 氧弹

由耐热、耐腐蚀的镍铬或镍铬钼合金钢制成,需要具备三个主要性能:

a) 不受燃烧过程中出现的高温和腐蚀性产物的影响而产生热效应;

b) 能承受充氧压力和燃烧过程中产生的瞬时高压;

c) 试验过程中能保持完全气密。

弹筒容积为(250～350)mL,弹头上应装有供充氧和排气的阀门以及点火电源的接线电极。

新氧弹和新换部件(弹筒、弹头、连接环)的氧弹应经 20.0 MPa 的水压试验,证明无问题后方能使用。此外,应经常注意观察与氧弹强度有关的结构,如弹筒和连接环的螺纹、进气阀、出气阀和电极与弹头的连接处等,如发现显著磨损或松动,应进行修理,并经水压试验合格后再用。

氧弹还应定期进行水压试验,每次水压试验后,氧弹的使用时间一般不应超过 2 年。

当使用多个设计制作相同的氧弹时,每一个氧弹都应作为一个完整的单元使用。氧弹部件的交换使用可能导致发生严重的事故。

7.1.3 内筒

用紫铜、黄铜或不锈钢制成,断面可为椭圆形、菱形或其他适当形状。筒内装水通常为 2 000 mL～3 000 mL,以能浸没氧弹(进、出气阀和电极除外)为准。

内筒外面应高度抛光,以减少与外筒间的辐射作用。

7.1.4 外筒

为金属制成的双壁容器,并有上盖。外壁为圆形,内壁形状则依内筒的形状而定;外筒应完全包围内筒,内外筒间应有(10～12)mm 的间距,外筒底部有绝缘支架,以便放置内筒。

恒温式外筒和绝热式外筒的控温方式不同,应分别满足以下要求:

a) 恒温式外筒:恒温式热量计配置恒温式外筒。自动控温的外筒在整个试验过程中,外筒水温变化应控制在±0.1 K 之内;非自动控温式外筒—静态式外筒,盛满水后其热容量应不小于热量计热容量的 5 倍(通常 12.5 L 的水量可以满足外筒恒温的要求),以便试验过程中保持外筒温度基本恒定。外筒的热容量应该是:当冷却常数约为 0.002 0 min^{-1}时,从试样点火到末期结束时的外筒温度变化小于 0.16 K;当冷却常数约为 0.003 0 min^{-1}时,此温度变化应小于 0.11 K。外筒外面可加绝热保护层,以减少室温波动的影响。用于外筒的温度计应有 0.1 K 的最小分度值。

b) 绝热式外筒:绝热式热量计配置绝热式外筒。外筒中水量应较少,最好装有浸没式加热装置,当样品点燃后能迅速提供足够的热量以维持外筒水温与内筒水温相差在 0.1 K 之内。通过自动控温装置,外筒水温能紧密跟踪内筒的温度。外筒的水还应在特制的双层盖中循环。

自动控温装置的灵敏度应能达到使点火前和终点后内筒温度保持稳定(5 min 内温度变化平均不超过 0.000 5 K/min);在一次试验的升温过程中,内外筒间热交换量应不超过 20 J。

7.1.5 搅拌器

螺旋桨式或其他形式。转速(400～600)r/min 为宜,并应保持恒定。搅拌器轴杆应有较低的热传导或与外界采用有效的隔热措施,以尽量减少量热系统与外界的热交换。搅拌器的搅拌效率应能使热容量标定中由点火到终点的时间不超过 10 min,同时又要避免产生过多的搅拌热(当内、外筒温度和室温一致时,连续搅拌 10 min 所产生的热量不应超过 120 J)。

7.1.6 量热温度计

用于内筒温度测量的量热温度计至少应有 0.001 K 的分辨率,以便能以 0.002 K 或更好的分辨率测定 2 K 到 3 K 的温升;它代表的绝对温度应能达到近 0.1 K。量热温度计在它测量的每个温度变化范围内应是线性的或线性化的。它们均应经过计量部门的检定,证明已达到上述要求。

有以下两种类型的温度计可用于此目的:

a) 玻璃水银温度计

常用的玻璃水银温度计有两种:一种是固定测温范围的精密温度计;一种是可变测温范围的贝克曼温度计。两者的最小分度值应为 0.01 K。使用时应根据计量机关检定证书中的修正值做必要的校正。两种温度计都应进行温度校正(贝克曼温度计称为孔径校正),贝克曼温度计除这个校正值外还有一个称为“平均分度值”的校正值。

为了满足所需要的分辨率,需要使用 5 倍的放大镜来读取温度,为防止水银柱在玻璃上的粘滞,通常需要一个机械振荡器来敲击温度计。如果没有机械振荡器，在读取温度前应人工敲击温度计。

b) 数字显示温度计

数字显示温度计可代替传统的玻璃水银温度计，这些温度计是由诸如铂电阻、热敏电阻以及石英晶体共振器等配备合适的电桥，零点控制器、频率计数器或其他电子设备构成，它们应能提供符合要求的分辨率，这些温度计的短期重复性不应超过 0.001 K，6 个月内的长期漂移不应超过 0.05 K，线性温度传感器在发热量测定中引起的偏倚比非线性温度传感器的小。

7.2 附属设备

7.2.1 燃烧皿

铂制品最理想，一般可用镍铬钢制品。规格可采用高(17～18)mm、底部直径(19～20)mm、上部直径(25～26)mm，厚 0.5 mm。其他合金钢或石英制的燃烧皿也可使用，但以能保证试样燃烧完全而本身又不受腐蚀和产生热效应为原则。

7.2.2 压力表和氧气导管

压力表由两个表头组成：一个指示氧气瓶中的压力，一个指示充氧时氧弹内的压力。表头上应装有减压阀和保险阀。压力表每 2 年应经计量部门检定一次，以保证指示正确和操作安全。

压力表通过内径(1～2)mm 的无缝铜管与氧弹连接，或通过高强度尼龙管与充氧装置连接，以便导入氧气。

压力表和各连接部分禁止与油脂接触或使用润滑油。如不慎沾污，应依次用苯和酒精清洗，并待风干后再用。

7.2.3 点火装置

点火采用(12～24)V 的电源，可由 220 V 交流电源经变压器供给。线路中应串接一个调节电压的变阻器和一个指示点火情况的指示灯或电流计。

点火电压应预先试验确定。方法：接好点火丝，在空气中通电试验。在熔断式点火的情况下，调节电压使点火丝在(1～2)s 内达到亮红；在非熔断式点火的情况下，调节电压使点火线在(4～5)s 内达到暗红。

在非熔断式点火的情况下如采用棉线点火，则在遮火罩以上的两电极柱间连接一段直径约0.3 mm 的镍铬丝(6.6)，丝的中部预先绕成螺旋数圈，以便发热集中。通电，准确测出电压、电流和通电时间，以便计算电能产生的热量。

7.2.4 压饼机

螺旋式、杠杆式或其他形式压饼机。能压制直径 10 mm 的煤饼或苯甲酸饼。模具及压杆应用硬质钢制成，表面光洁，易于擦拭。

7.2.5 秒表或其他指示 10 s 的计时器。

7.3 天平

7.3.1 分析天平：感量 0.1 mg。

7.3.2 工业天平：载量(4～5)kg，感量 0.5 g。

8 测定步骤

8.1 概述

发热量的测定由两个独立的试验组成，即在规定的条件下基准量热物质的燃烧试验(热容量标定)和试样的燃烧试验。为了消除未受控制的热交换引起的系统误差，要求两种试验的条件尽量相近。

试验包括定量进行燃烧反应到定义的产物和测量整个燃烧过程引起的温度变化。

试验过程分为初期、主期(燃烧反应期)和末期。对于绝热式热量计，初期和末期是为了确定开始点火的温度和终点温度；对于恒温式热量计，初期和末期的作用是确定热量计的热交换特性，以便在燃烧反应主期内对热量计内筒与外筒间的热交换进行正确的校正。初期和末期的时间应足够长。

8.2 恒温式热量计法

8.2.1 按使用说明书安装调节热量计。

8.2.2 在燃烧皿中称取粒度小于 0.2 mm 的空气干燥煤样或水煤浆干燥试样(0.9～1.1)g,称准到 0.000 2 g。

燃烧时易于飞溅的试样,可用已知质量的擦镜纸(6.8)包紧后再进行测试,或先在压饼机中压饼并切成粒度约为(2～4)mm 的小块使用。不易燃烧完全的试样,可用石棉绒(6.7)做衬垫(先在皿底铺上一层石棉绒,然后以手压实)。石英燃烧皿不需任何衬垫。如加衬垫仍燃烧不完全,可提高充氧压力至 3.2 MPa,或用已知质量和热值的擦镜纸包裹称好的试样并用手压紧,然后放入燃烧皿中。

需快速测定水煤浆的发热量时,也可称取水煤浆试样。称样前搅拌水煤浆试样,使其无软硬沉淀成均一状态。将已知质量的擦镜纸(6.8)双层折叠垫于燃烧皿中,快速称取水煤浆试样(1.5～1.8)g,称准至 0.000 4 g,迅速将试样包裹好后,将燃烧皿放在坩锅架上。立即进行试验。

8.2.3 在熔断式点火的情况下,取一段已知质量的点火丝,把两端分别接在氧弹的两个电极柱上,弯曲点火丝接近试样,注意与试样保持良好接触或保持微小的距离(对易飞溅和易燃的煤);并注意勿使点火丝接触燃烧皿,以免形成短路而导致点火失败,甚至烧毁燃烧皿。同时还应注意防止两电极间以及燃烧皿与另一电极之间的短路。

在非熔断式点火的情况下,当用棉线点火时,把已知质量的棉线的一端固定在已连接到两电极柱上的点火导线上(最好夹紧在点火导线的螺旋中),另一端搭接在试样上,根据试样点火的难易,调节搭接的程度。对于易飞溅的煤样,应保持微小的距离。

往氧弹中加入 10 mL 蒸馏水。小心拧紧氧弹盖,注意避免燃烧皿和点火丝的位置因受震动而改变,往氧弹中缓缓充入氧气,直至压力到(2.8～3.0)MPa,达到压力后的持续充氧时间不得少于 15 s;如果不小心充氧压力超过 3.2 MPa,停止试验,放掉氧气后,重新充氧至 3.2 MPa 以下。当钢瓶中氧气压力降到 5.0 MPa 以下时,充氧时间应酌量延长,压力降到 4.0 MPa 以下时,应更换新的钢瓶氧气。

8.2.4 往内筒中加入足够的蒸馏水,使氧弹盖的顶面(不包括突出的进、出气阀和电极)淹没在水面下(10～20)mm。内筒水量应在所有试验中保持相同,相差不超过 0.5 g。

水量最好用称量法测定。如用容量法,则需对温度变化进行补正。注意恰当调节内筒水温,使终点时内筒比外筒温度高 1 K 左右,以使终点时内筒温度出现明显下降。外筒温度应尽量接近室温,相差不得超过 1.5 K。

8.2.5 把氧弹放入装好水的内筒中,如氧弹中无气泡漏出,则表明气密性良好,即可把内筒放在热量计中的绝缘架上;如有气泡出现,则表明漏气,应找出原因,加以纠正,重新充氧。然后接上点火电极插头,装上搅拌器和量热温度计,并盖上热量计的盖子。温度计的水银球(或温度传感器)对准氧弹主体(进、出气阀和电极除外)的中部,温度计和搅拌器均不得接触氧弹和内筒。靠近量热温度计的露出水银柱的部位(使用玻璃水银温度计时),应另悬一支普通温度计,用以测定露出柱的温度。

8.2.6 开动搅拌器,5 min 后开始计时,读取内筒温度(t_0)后立即通电点火。随后记下外筒温度(t_j)和露出柱温度(t_e)。外筒温度至少读到 0.05 K,内筒温度借助放大镜读到 0.001 K。读取温度时,视线、放大镜中线和水银柱顶端应位于同一水平上,以避免视差对读数的影响。每次读数前,应开动振荡器振动 (3～5)s。

8.2.7 观察内筒温度(注意:点火后 20 s 内不要把身体的任何部位伸到热量计上方)。如在 30 s 内温度急剧上升,则表明点火成功。当用式(4)计算冷却校正值时,点火后 1′40″时读取一次内筒温度($t_{1'40''}$),接近终点时,开始按 1 min 间隔读取内筒温度;当用式(5)计算冷却校正值时,点火后按 1 min 间隔读取内筒温度直至终点。点火后最初几分钟内,温度急剧上升,读温精确到 0.01 K 即可,但只要有可能,读温应精确到 0.001 K。

8.2.8 以第一个下降温度作为终点温度(t_n),试验主期阶段至此结束。一般热量计由点火到终点的时间为(8～10)min。对一台具体热量计,可根据经验恰当掌握。

若终点时不能观察到温度下降(内筒温度低于或略高于外筒温度时),可以随后连续 5 min 内温度读数增量(以 1 min 间隔)的平均变化不超过 0.001 K/min 时的温度为终点温度 t_n。

8.2.9 停止搅拌,取出内筒和氧弹,开启放气阀,放出燃烧废气,打开氧弹,仔细观察弹筒和燃烧皿内部,如果有试样燃烧不完全的迹象或有炭黑存在,试验应作废。

量出未烧完的点火丝长度,以便计算实际消耗量。

需要时,用蒸馏水充分冲洗氧弹内各部分、放气阀,燃烧皿内外和燃烧残渣;把全部洗液(共约 100 mL)收集在一个烧杯中供测硫使用(见本标准 9.3.2)。

8.3 绝热式热量计法

8.3.1 按使用说明书安装和调节热量计。

8.3.2 按本标准 8.2.2 步骤称取试样。

8.3.3 按本标准 8.2.3 步骤准备氧弹。

8.3.4 按本标准 8.2.4 步骤称出内筒中所需的水。调节水温使其尽量接近室温,相差不要超过 5 K,以稍低于室温为最理想。内筒温度过低,易引起水蒸气凝结在内筒外壁;温度过高,易造成内筒水的过多蒸发。这都对获得准确的测定结果不利。

8.3.5 按本标准 8.2.5 步骤安放内筒、氧弹、搅拌器和温度计。

8.3.6 开动搅拌器和外筒循环水泵,开通外筒冷却水和加热器。当内筒温度趋于稳定后,调节冷却水流速,使外筒加热器每分钟自动接通(3～5)次(由电流计或指示灯观察)。如自动控温线路采用可控硅代替继电器,则冷却水的调节应以加热器中有微弱电流为准。

调好冷却水后,开始读取内筒温度,借助放大镜读到 0.001 K,每次读数前,开动振荡器(3～5)s。当以 1 min 为间隔连续 3 次温度读数极差不超过 0.001 K 时,即可通电点火,此时的温度即为点火温度 t_0。否则,调节电桥平衡钮,直到内筒温度达到稳定,再行点火。

点火后(6～7)min,再以 1 min 间隔读取内筒温度,直到连续三次读数极差不超过 0.001 K 为止。取最高的一次读数作为终点温度 t_n。

注:用铂电阻为内、外筒测温元件的自动控温系统中,在内筒初始温度下调定电桥的平衡位置后,到达终点温度(一般比初始温度高 2 K～3 K)后,内筒温度也能自动保持稳定。但在用半导体热敏元件的仪器中,可能出现初始温度下调定的平衡位置,不能保持终点温度的稳定。凡遇此种情况时,平衡钮的调定位置应服从终点温度的需要。具体做法是:先按常规步骤安放氧弹和内筒,但不必装试样和充氧。把内筒水温调节到可能出现的最高终点温度。然后开动仪器,搅拌(5～10)min。精确观察内筒温度。根据温度变化方向(上升或下降)调节平衡钮位置,以达到内筒温度最稳定为止,至少应能达到以每分钟为间隔连续 5 次的温度读数极差不超过 0.002 K。平衡钮的位置一经调定后,就不要再动,只有在又出现终点温度不稳定的情况下,才需重新调定。按照上述方式调定的仪器,在使用步骤上应做如下修正:

装好内筒和氧弹后,开动搅拌器、加热器、循环水泵和冷却水,搅拌 5 min 后(此时内筒温度可能缓慢持续上升),准确读取内筒温度并立即通电点火,而无需等内筒温度稳定。

8.3.7 关闭搅拌器和加热器(循环水泵继续开动),然后按本标准 8.2.9 步骤结束试验。

8.4 自动氧弹热量计法

8.4.1 按照仪器说明书安装和调节热量计。

8.4.2 按本标准的 8.2.2 步骤称取试样。

8.4.3 按本标准的 8.2.3 步骤准备氧弹。

8.4.4 按仪器操作说明书进行其余步骤的试验,然后按本标准 8.2.9 步骤结束试验。

8.4.5 试验结果被打印或显示后,校对输入的参数,确定无误后报出结果。

9 测定结果的计算

9.1 温度校正

9.1.1 温度计校正

使用玻璃温度计时,应根据检定证书对点火温度和终点温度进行校正。

a) 温度计刻度校正

根据检定证书中所给的孔径修正值校正点火温度 t_0 和终点温度 t_n，再由校正后的温度（t_0+h_0）和（t_n+h_n）求出温升，其中 h_0 和 h_n 分别代表 t_0 和 t_n 的孔径修正值。

b) 若使用贝克曼温度计，需进行平均分度值的校正。

试验过程中，当试验时的露出柱温度 t_e 与标准露出柱温度相差 3 ℃以上时，按式(1)计算平均分度值 H：

$$H = H^0 + 0.000\,16(t_s - t_e) \quad \cdots\cdots(1)$$

调定基点温度后，应根据检定证书中所给的平均分度值计算该基点温度下的对应于标准露出柱温度（根据检定证书所给的露出柱温度计算而得）的平均分度值 H^0。

式中：

H^0——该基点温度下对应于标准露出柱温度时的平均分度值；

t_s——该基点温度所对应的标准露出柱温度，单位为摄氏度(℃)；

t_e——试验中的实际露出柱温度，单位为摄氏度(℃)；

0.000 16——水银对玻璃的相对膨胀系数。

9.1.2 冷却校正（热交换校正）

绝热式热量计的热量损失可以忽略不计，因而无需冷却校正。恒温式热量计在试验过程中内筒与外筒间始终发生热交换，对此散失的热量应予校正，办法是在温升中加上一个校正值 C，这个校正值称为冷却校正值，计算方法如下：

首先根据点火时和终点时的内外筒温差（t_0-t_j）和（t_n-t_j）从 $v\sim(t-t_j)$ 关系曲线（按本标准 10.1～10.4 标定）中查出相应的 v_0 和 v_n，或根据预先标定出的式(2)、式(3)计算出 v_0 和 v_n：

$$v_0 = k(t_0 - t_j) + A \quad \cdots\cdots(2)$$

$$v_n = k(t_n - t_j) + A \quad \cdots\cdots(3)$$

式中：

v_0——对应于点火时内外筒温差的内筒降温速度，单位为开尔文每分(K/min)；

v_n——对应于终点时内外筒温差的内筒降温速度，单位为开尔文每分(K/min)；

k——热量计的冷却常数（按本标准 10.3～10.4 标定），单位为每分(min^{-1})；

A——热量计的综合常数（按本标准 10.3～10.4 标定），单位为开尔文每分(K/min)；

t_0-t_j——点火时的内、外筒温差，单位为开尔文(K)；

t_n-t_j——终点时的内、外筒温差，单位为开尔文(K)。

注：当内筒使用贝克曼温度计，外筒使用普通温度计，应从实测的外筒温度（见本标准 8.2.6）中减掉贝克曼温度计的基点温度后再当做外筒温度 t_j，用来计算内、外筒温差（t_0-t_j）和（t_n-t_j）。如内、外筒都使用贝克曼温度计，则应对实测的外筒温度校正内、外筒温度计基点温度之差，以便求得内、外筒的真正温差。

然后按式(4)计算冷却校正值：

$$C = (n-\alpha)v_n + \alpha v_0 \quad \cdots\cdots(4)$$

式中：

C——冷却校正值，单位为开尔文(K)；

n——由点火到终点的时间，单位为分(min)；

α——当 $\Delta/\Delta_{1'40''} \leqslant 1.20$ 时，$\alpha=\Delta/\Delta_{1'40''}-0.10$；

当 $\Delta/\Delta_{1'40''} > 1.20$ 时，$\alpha=\Delta/\Delta_{1'40''}$；

其中 Δ 为主期内总温升（$\Delta=t_n-t_0$），$\Delta_{1'40''}$ 为点火后 1′40″时的温升（$\Delta_{1'40''}=t_{1'40''}-t_0$）。

在自动氧弹热量计中，或在特殊需要的情况下，可使用瑞-方(Regnault-Pfandler)公式，见式(5)：

$$C = nv_0 + \frac{v_n - v_0}{t_n - t_0}\left[\frac{t_0 + t_n}{2} + \sum_{i=1}^{n-1} t_i - nt_0\right] \quad \cdots\cdots(5)$$

式中：

t_i——主期内第 i 分钟时的内筒温度；

其余符号意义同前。

9.2 点火热校正

在熔断式点火法中，应由点火丝的实际消耗量(原用量减掉残余量)和点火丝的燃烧热计算试验中点火丝放出的热量。

在非熔断式点火法中，用棉线点燃样品时，首先算出所用一根棉线的燃烧热(剪下一定数量适当长度的棉线，称出它们的质量，然后算出一根棉线的质量，再乘以棉线的单位热值)，然后按下式确定每次消耗的电能热：

电能产生的热量(J)＝电压(V)×电流(A)×时间(s)。

二者放出的总热量即为点火热。

9.3 弹筒发热量和高位发热量的计算

9.3.1 按式(6)或式(7)计算空气干燥煤样或水煤浆试样的弹筒发热量 $Q_{b,ad}$

使用恒温式热量计时：

$$Q_{b,ad} = \frac{EH[(t_n + h_n) - (t_0 + h_0) + C] - (q_1 + q_2)}{m} \qquad \cdots\cdots(6)$$

式中：

$Q_{b,ad}$——空气干燥煤样(或水煤浆干燥试样)的弹筒发热量，单位为焦耳每克(J/g)；

E——热量计的热容量，单位为焦耳每开尔文(J/K)；

q_1——点火热，单位为焦耳(J)；

q_2——添加物如包纸等产生的总热量，单位为焦耳(J)；

m——试样质量，单位为克(g)；

H——贝克曼温度计的平均分度值；使用数字显示温度计时，$H=1$；

h_0——t_0 的毛细孔径修正值，使用数字显示温度计时，$h_0=0$；

h_n——t_n 的毛细孔径修正值，使用数字显示温度计时，$h_n=0$。

使用绝热式热量计时：

$$Q_{b,ad} = \frac{EH[(t_n + h_n) - (t_0 + h_0)] - (q_1 + q_2)}{m} \qquad \cdots\cdots(7)$$

如果称取的是水煤浆试样，计算的弹筒发热量为水煤浆试样的弹筒发热量 $Q_{b,CWM}$。

9.3.2 按式(8)计算空气干燥煤样或水煤浆试样的恒容高位发热量 $Q_{gr,ad}$

$$Q_{gr,ad} = Q_{b,ad} - (94.1S_{b,ad} + \alpha Q_{b,ad}) \qquad \cdots\cdots(8)$$

式中：

$Q_{gr,ad}$——空气干燥煤样(或水煤浆干燥试样)的恒容高位发热量，单位为焦耳每克(J/g)；

$S_{b,ad}$——由弹筒洗液测得的含硫量，以质量分数表示，%；当全硫低于 4.00%时，或发热量大于 14.60 MJ/kg时，可用全硫(按 GB/T 214 测定)代替 $S_{b,ad}$；

94.1——空气干燥煤样(或水煤浆干燥试样)中每 1.00% 硫的校正值，单位为焦耳每克(J/g)；

α——硝酸形成热校正系数：

当 $Q_b \leqslant 16.70$ MJ/kg，$\alpha=0.001\ 0$；

当 $16.70 < Q_b \leqslant 25.10$ MJ/kg，$\alpha=0.001\ 2$；

当 $Q_b > 25.10$ MJ/kg，$\alpha=0.001\ 6$。

加助燃剂后，应按总释热量考虑。

如果称取的是水煤浆试样，计算的高位发热量为水煤浆试样的高位发热量 $Q_{gr,CWM}$[分别用 $Q_{b,CWM}$ 和 $S_{b,CWM}$ 代替式(8)中的 $Q_{b,ad}$ 和 $S_{b,ad}$]。

在需要测定弹筒洗液(8.2.9)中硫 $S_{b,ad}$ 的情况下,把洗液煮沸(2~3)min,取下稍冷后,以甲基红(6.3)(或相应的混合指示剂)为指示剂,用氢氧化钠标准溶液(6.2)滴定,以求出洗液中的总酸量,然后按式(9)计算出弹筒洗液硫 $S_{b,ad}$(%):

$$S_{b,ad} = (c \times V/m - \alpha Q_{b,ad}/60) \times 1.6 \qquad \cdots\cdots(9)$$

式中:

c——氢氧化钠标准溶液的物质的量浓度(6.2),单位为摩尔每升(mol/L);

V——滴定用去的氢氧化钠溶液体积,单位为毫升(mL);

60——相当 1 mmol 硝酸的形成热,单位为焦耳每毫摩尔(J/mmol);

m——试样质量,单位为克(g);

1.6——将每毫摩尔硫酸($\frac{1}{2}H_2SO_4$)转换为硫的质量分数的转换因子。

$S_{b,ad}$也可按附录 C 进行测定。

注:这里规定的对硫的校正方法中,略去了对煤样中硫酸盐硫的考虑。这对绝大多数煤来说影响不大,因煤的硫酸盐硫含量一般很低。但有些特殊煤样,含量可达 0.5%以上。根据实际经验,煤样燃烧后,由于灰的飞溅,一部分硫酸盐硫也随之落入弹筒,因此无法利用弹筒洗液来分别测定硫酸盐硫和其他硫。遇此情况,为求高位发热量的准确,只有另行测定煤中的硫酸盐硫或可燃硫,然后做相应的校正。关于发热量大于 14.60 MJ/kg 的规定,在用包纸或掺苯甲酸的情况下,应按包纸或掺添加物后放出的总热量来掌握。

各种校正、弹筒发热量和高位发热量的计算举例在附录 D 中给出。

10 热容量和仪器常数标定

10.1 计算发热量所需热容量 E 和恒温式热量计法中计算冷却校正值所需的 v~$(t-t_j)$关系曲线或仪器常数 k 和 A 通过同一试验进行标定。

10.2 在不加衬垫的燃烧皿中称取经过干燥和压片的苯甲酸(6.4),苯甲酸片的质量以 0.9 g~1.1 g 为宜。苯甲酸应预先研细并在盛有浓硫酸的干燥器中干燥 3 天或在(60~70)℃烘箱中干燥(3~4)h,冷却后压片。

苯甲酸也可以在燃烧皿中熔融后使用。熔融可在(121~126)℃的烘箱中放置 1 h,或在酒精灯的小火焰上进行,放入干燥器中冷却后使用。熔体表面出现的针状结晶,应用小刷刷掉,以防燃烧不完全。

10.3 根据所用热量计的类型(恒温式或绝热式),按照发热量测定的相应步骤准备氧弹和内、外筒,然后点火和测量温升。在恒温式热量计情况,开始搅拌 5 min 后准确读取一次内筒温度(T_0),经 10 min 后再读取一次内筒温度(t_0)。随后即按发热量测定步骤点火,记下外筒温度(t_j)和露出柱温度(t_e),并继续进行到得出终点温度(t_n)(见本标准 8.2.6~8.2.8)。然后再继续搅拌 10 min 并记下内筒温度(T_n),试验即告结束。在绝热式热量计情况,步骤同 8.3。打开氧弹,注意检查内部,如发现有炭黑存在,试验应作废。

10.4 根据观测数据,计算出 v_0、v_n 和对应的内、外筒温差$(t-t_j)$。上述的 t_j 为对实测的外筒温度按本标准 9.1 注的方法校正贝克曼温度计基点所得的数值。热容量标定试验结束之后,列出 v_0、v_n 及对应的内、外筒温差(见表 1)。

表 1 v_0、v_n和对应的内、外筒温差 $(t-t_j)$

v	$(t-t_j)$
$v_0 = \frac{T_0 - t_0}{10}$	$\frac{T_0 + t_0}{2} - t_j$
$v_n = \frac{t_n - T_n}{10}$	$\frac{t_n + T_n}{2} - t_j$

以 v 为纵坐标,以 $t-t_j$ 为横坐标作出 v~$(t-t_j)$关系曲线(如图 1)或用一元线性回归的方法计算出 k 和 A(计算方法见附录 E.1)。

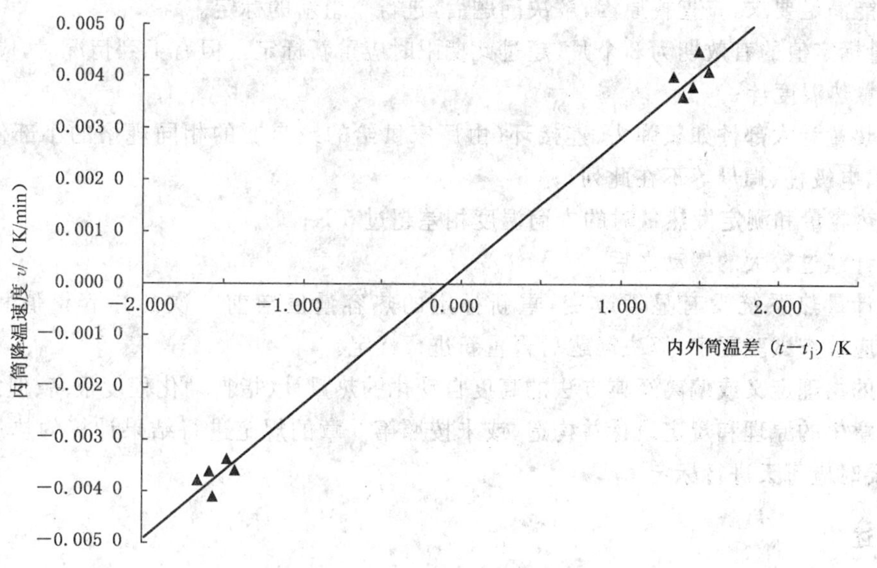

图1 $v \sim (t-t_j)$关系曲线

10.5 热容量标定中硝酸形成热可按式(10)求得：

$$q_n = Q \times m \times 0.0015 \qquad \cdots\cdots(10)$$

式中：

q_n——硝酸形成热，单位为焦耳(J)；

Q——苯甲酸的标准热值，单位焦耳每克(J/g)；

m——苯甲酸的用量，单位为克(g)；

0.001 5——苯甲酸燃烧时的硝酸形成热校正系数。

10.6 按照本标准9.1和9.2的方法进行各项必要的校正。

10.7 热容量 E 按式(11)计算：

$$E = \frac{Q \times m + q_1 + q_2}{H[(t_n + h_n) - (t_0 + h_0) + C]} \qquad \cdots\cdots(11)$$

这里 C 的计算中所用的 v_0 和 v_n 应是根据每次试验中实测的内外筒温差 (t_0-t_j)、(t_n-t_j) 从 $v \sim (t-t_j)$ 关系曲线中查得的值，或是由式(2)和式(3)计算的值，然后代入冷却校正公式以求出 C 值。

当例常测定中采用瑞-方公式计算冷却校正值时，热容量计算中也应采用同一公式。

10.8 热容量标定一般应进行5次重复试验。计算5次重复试验结果的平均值和相对标准差(计算方法见附录E.3)，其相对标准差不应超过0.20%；若超过0.20%，再补做一次试验，取符合要求的5次结果的平均值，修约至1 J/K，作为该仪器的热容量。若任何5次结果的相对标准差都超过0.20%，则应对试验条件和操作技术仔细检查并纠正存在问题后，重新进行标定，舍弃已有的全部结果。

10.9 在使用新型热量计前，需确定其热容量的有效工作范围。方法是：用苯甲酸至少进行8次热容量标定试验，苯甲酸片的质量一般从0.7 g～1.3 g，或根据被测样品可能涉及的热值范围(温升)确定苯甲酸片的质量。在两个端点处，至少分别做2次重复测定。然后，以温升 $\Delta t(t_n-t_0)$ 为横坐标，以热容量 E 为纵坐标，绘制温升与热容量值的关系图。如果从图中观察到的热容量值在整个范围内没有明显的系统性变化，该热量计的热容量可视为常数；如果观察到的热容量值与温升有明显的相关性，用一元线性回归的方法求得 E 和 Δt 的关系式，见式(12)：

$$E = a + b\Delta t \qquad \cdots\cdots(12)$$

并计算线性回归方程的估计方差和相对标准差(计算方法见附录E.1和E.2)，其相对标准差不应超过0.20%。除了燃烧不完全的试验结果必须舍弃，所有的结果都应包括在计算中。如果精密度满足要求，在测定试样的发热量时，就可根据实际的温升 Δt 用式(12)确定所用的热容量值(查图或用公式计算)。

如果精密度不能满足要求，应查找原因，解决问题后，进行一组新的标定。

10.10 热容量标定值的有效期为3个月，超过此期限时应重新标定。但有下列情况时，应立即重测：

a) 更换量热温度计；

b) 更换热量计大部件如氧弹头、连接环(由厂家供给的或自制的相同规格的小部件如氧弹的密封圈、电极柱、螺母等不在此列)；

c) 标定热容量和测定发热量时的内筒温度相差超过5 K；

d) 热量计经过较大的搬动之后。

如果热量计量热系统没有显著改变，重新标定的热容量值与前一次的热容量值相差不应大于0.25%，否则，应检查试验程序，解决问题后再重新进行标定。

缺乏确切的物理定义或偏离经典方法的高度自动化的热量计(指自动化程度很高、但未按照本标准第7章和第8章中的原理和规定设计并构造，或未按照第9章的规定进行结果计算的热量计)，应增加标定频率，必要时应每天进行标定。

11 结果的表述

弹筒发热量和高位发热量的结果计算到1 J/g，取高位发热量的两次重复测定的平均值，按GB/T 483数字修约规则修约到最接近的10 J/g的倍数，按J/g或MJ/kg的形式报出。

12 方法的精密度

发热量测定的重复性限和再现性临界差如表2规定。

表2 发热量测定的重复性限和再现性临界差

高位发热量/(J/g)	重复性限 $Q_{gr,ad}$	再现性临界差 $Q_{gr,d}$
	120	300

13 低位发热量的计算

13.1 恒容低位发热量

煤或水煤浆(称取水煤浆干燥试样时)的收到基恒容低位发热量按式(13)计算：

$$Q_{net,v,ar} = (Q_{gr,v,ad} - 206H_{ad}) \times \frac{100 - M_t}{100 - M_{ad}} - 23M_t \qquad (13)$$

式中：

$Q_{net,v,ar}$——煤或水煤浆的收到基恒容低位发热量，单位为焦耳每克(J/g)；

$Q_{gr,v,ad}$——煤(或水煤浆干燥试样)的空气干燥基恒容高位发热量，单位为焦耳每克(J/g)；

M_t——煤的收到基全水分或水煤浆的水分(M_{cwm})(按GB/T 211测定)的质量分数，%；

M_{ad}——煤(或水煤浆干燥试样)的空气干燥基水分(按GB/T 212测定)的质量分数，%；

H_{ad}——煤(或水煤浆干燥试样)的空气干燥基氢的质量分数(按GB/T 476测定)，%；

206——对应于空气干燥煤样(或水煤浆干燥试样)中每1%氢的气化热校正值(恒容)，单位为焦耳每克(J/g)；

23——对应于收到基煤或水煤浆中每1%水分的气化热校正值(恒容)，单位为焦耳每克(J/g)。

如果称取的是水煤浆试样，其恒容低位发热量按式(14)计算：

$$Q_{net,v,cwm} = Q_{gr,v,cwm} - 206H_{cwm} - 23M_{cwm} \qquad (14)$$

式中：

$Q_{net,v,cwm}$——水煤浆的恒容低位发热量，单位为焦耳每克(J/g)；

$Q_{gr,v,cwm}$——水煤浆的恒容高位发热量，单位为焦耳每克(J/g)；

H_{cwm}——水煤浆氢的质量分数,%;

M_{cwm}——水煤浆水分的质量分数,%。

其余符号意义同前。

13.2 恒压低位发热量

由弹筒发热量算出的高位发热量和低位发热量都属恒容状态,在实际工业燃烧中则是恒压状态,严格地讲,工业计算中应使用恒压低位发热量。如有必要,煤或水煤浆(称取水煤浆干燥试样时)的恒压低位发热量可按式(15)计算:

$$Q_{net,p,ar} = [Q_{gr,v,ad} - 212H_{ad} - 0.8(O_{ad} + N_{ad})] \times \frac{100 - M_t}{100 - M_{ad}} - 24.4M_t \quad \cdots\cdots(15)$$

式中:

$Q_{net,p,ar}$——煤或水煤浆的收到基恒压低位发热量,单位为焦耳每克(J/g);

O_{ad}——空气干燥煤样(或水煤浆干燥试样)中氧的质量分数,%;

N_{ad}——空气干燥煤样(或水煤浆干燥试样)中氮的质量分数(按GB/T 19227测定),%;

212——对应于空气干燥煤样(或水煤浆干燥试样)中每1%氢的气化热校正值(恒压),单位为焦耳每克(J/g);

0.8——对应于空气干燥煤样(或水煤浆干燥试样)中每1%氧和氮的气化热校正值(恒压),单位为焦耳每克(J/g);

24.4——对应于收到基煤或水煤浆中每1%水分的气化热校正值(恒压),单位为焦耳每克(J/g)。

其余符号意义同前。

注:$(O_{ad}+N_{ad})$可按式(16)计算:

$$(O_{ad} + N_{ad}) = 100 - M_{ad} - A_{ad} - C_{ad} - H_{ad} - S_{t,ad} \quad \cdots\cdots(16)$$

如果称取的是水煤浆试样,水煤浆的恒压低位发热量按式(17)计算:

$$Q_{net,p,cwm} = Q_{gr,v,cwm} - 212H_{cwm} - 0.8(O_{cwm} + N_{cwm}) - 24.4M_{cwm} \quad \cdots\cdots(17)$$

式中:

$Q_{net,p,cwm}$——水煤浆的恒压低位发热量,单位为焦耳每克(J/g);

O_{cwm}——水煤浆中氧的质量分数,%;

N_{cwm}——水煤浆中氮的质量分数,%。

其余符号意义同前。

恒容低位发热量和恒压低位发热量的计算举例在附录D.5和D.6中给出。

14 各种不同基的煤的发热量换算

14.1 高位发热量基的换算

煤的各种不同基的高位发热量按式(18)、(19)、(20)换算:

$$Q_{gr,ar} = Q_{gr,ad} \times \frac{100 - M_t}{100 - M_{ad}} \quad \cdots\cdots(18)$$

$$Q_{gr,d} = Q_{gr,ad} \times \frac{100}{100 - M_{ad}} \quad \cdots\cdots(19)$$

$$Q_{gr,daf} = Q_{gr,ad} \times \frac{100}{100 - M_{ad} - A_{ad}} \quad \cdots\cdots(20)$$

式中:

Q_{gr}——高位发热量,单位为焦耳每克(J/g);

A_{ad}——空气干燥基煤样灰分的质量分数,%;

ar,ad,d,daf——分别代表收到基、空气干燥基、干燥基和干燥无灰基。

其余符号意义同前。

14.2 低位发热量基的换算

煤的各种不同水分基的恒容低位发热量按式(21)换算：

$$Q_{net,v,M} = (Q_{gr,v,ad} - 206H_{ad}) \times \frac{100 - M}{100 - M_{ad}} - 23M \qquad \cdots\cdots(21)$$

式中：

$Q_{net,v,M}$——水分为 M 的煤的恒容低位发热量，单位为焦耳每克(J/g)；

M——煤样的水分，以质量分数表示，%；

干燥基时 $M=0$；空气干燥基时 $M=M_{ad}$；收到基时，$M=M_t$。

其余符号意义同前。

15 试验报告

试验结果报告应包括以下信息：

a） 试样编号；

b） 依据标准；

c） 使用的方法；

d） 试验结果；

e） 与标准的任何偏离；

f） 试验中出现的异常现象；

g） 试验日期。

附　录　A
（资料性附录）
本标准章条编号与 ISO 1928:1995 章条编号对照

本标准章条编号与 ISO 1928:1995 章条编号对照见表 A.1。

表 A.1　本标准章条编号与 ISO 1928:1995 章条编号对照

本标准章条编号	对应国际标准章条编号
引言	—
1	1
2	2
3	3
3.1	—
3.2	—
3.3	3.1
3.4	3.2
3.5	3.3
3.6	3.5
4	4
4.1	4.1
4.2	4.2
5	—
6	5
7	6
7.1	6.1,6.2
7.2	6.3～6.5
7.3	6.6
8	8
8.1	8.1
8.2	8.2～8.5 和附录 B
8.3	8.2～8.5 和附录 A
8.4	8.2～8.5 和附录 C
9	8.6,9.4 和 10.4
9.1	8.6
9.2	9.4
9.3	10.4
10	9
11	10.5
12	11
13	12
14	10.5
15	13
附录 A	—
附录 B	—
附录 C	8.5
附录 D	附录 E
附录 E	—

附 录 B
（资料性附录）
本标准与ISO 1928:1995的技术性差异及其原因

表B.1给出了本标准与ISO 1928:1995的技术性差异及其原因一览表。

表B.1 本标准与ISO 1928:1995的技术性差异及其原因

本标准章条编号	技术性差异	原因
1	增加了适用于水煤浆	标准整合需要
2	引用了与国际标准相应的中国标准，而非国际标准	适合中国国情
3	增加3.1 热量单位、3.2 弹筒发热量定义；删去“参比温度”定义	为适合中国国情增加2个定义；删除“参比温度”定义的原因详见本标准中3.2中的注
5	将分散在其他条款中的对实验室环境的要求汇总在一起	方便标准的实施
8	将ISO 1928:1995中的8和附录A、附录B和附录C中的所有实质性内容合并，删去许多重复的内容，并按中国习惯重新编写	强化试验步骤的可理解性和可操作性，简化文字和使标准主线更清晰
9.1.2	冷却校正公式中的经验公式以中国公式代替美国公式(Dickinson外推法)；在恒温式量热法冷却校正值的计算中，用推算法代替实测法计算内筒降温速度 v_0 和 v_n	基于中国研究成果的冷却校正公式的准确度优于美国的Dickinson公式；推算法代替实测法计算内筒降温速度 v_0 和 v_n 可在不影响准确度的情况下缩短测定时间(约)10 min
9.3	将ISO 1928:1995中的10.4中的恒容高位发热量计算公式分解为弹筒发热量和高位发热量两个计算公式； 将温度计的分度值校正(h_0、h_n 和 H)也列入其中； 硝酸校正热按中国的经验系数计算	使发热量的概念更清晰，有利于对煤的各种定义的发热量的理解；适合中国国情和保持标准和数据有更好的延续性； 国际标准允许使用经验系数校正硝酸形成热。本标准给出的经验系数基于大量的试验研究，有很好的准确度，简化了操作步骤和计算过程
10	增加仪器常数标定内容； 重新标定的热容量值与前一次的热容量值的差异由ISO 1928:1995中的0.15%改为0.25%	为推算法计算 v_0 和 v_n 所需； ISO中规定的0.15%太小，绝大多数仪器达不到，根据我国大部分仪器试验数据统计分析，0.25%比较合适
13	增加称取水煤浆试样时恒容和恒压低位发热量的两个计算公式	称取水煤浆试样时恒容和恒压低位发热量的计算公式与称取煤样或水煤浆干燥试样时所用的公式不同
附录D	以中国实验室的发热量测定数据举例代替ISO 1928中的举例	适合中国国情，方便标准的实施
附录E	给出一元线性回归方程及其相关系数、估计方差、相对标准差和重复测定相对标准差的计算方法，ISO 1928中无此内容	加强标准的可操作性

附 录 C
（资料性附录）
氢氧化钡滴定法测定弹筒硫

C.1 试剂

C.1.1 氢氧化钡标准溶液：$c[\frac{1}{2}Ba(OH)_2]=0.1$ mol/L。

C.1.2 碳酸钠标准溶液：$c[\frac{1}{2}Na_2CO_3]=0.1$ mol/L。

C.1.3 盐酸标准溶液：$c(HCl)=0.1$ mol/L。

C.1.4 酚酞溶液：10 g/L。

溶解 2.5 g 酚酞在 250 mL 体积分数为 95%的乙醇溶液中。

C.1.5 甲基橙-溴甲酚绿混合指示剂

溶解 0.25 g 甲基橙和 0.15 g 溴甲酚绿于 50 mL 体积分数为 95%的乙醇溶液中，用蒸馏水稀释至 250 mL。

C.2 测定步骤

C.2.1 煮沸收集到的洗液(8.2.9)(3～4)min，以驱除溶液中的二氧化碳。

C.2.2 稍冷，以酚酞(C.1.4)为指示剂，趁热用氢氧化钡标准溶液(C.1.1)滴定洗液至红色，记下所用的氢氧化钡溶液的体积 V_1。

C.2.3 准确加入 20 mL 碳酸钠标准溶液(C.1.2)，摇匀后放置片刻。过滤，洗涤三角瓶和沉淀。

C.2.4 以甲基橙-溴甲酚绿(C.1.5)为指示剂，用盐酸标准溶液(C.1.3)滴定滤液由绿色变为浅紫红色(忽略酚酞颜色的变化)，记下所用的盐酸溶液的体积 V_2。

C.3 结果计算

按下式计算弹筒洗液中硫含量：

$$S_{b,ad}=\frac{V_1\times c_1+V_2\times c_2-20.0\times c_3}{m}\times 1.6 \qquad \text{(C.1)}$$

式中：

$S_{b,ad}$——试样中弹筒硫的质量分数，%；

V_1——滴定所用的氢氧化钡标准溶液体积，单位为毫升(mL)；

c_1——滴定所用的氢氧化钡标准溶液的浓度，单位为摩尔每升(mol/L)；

V_2——滴定所用的盐酸标准溶液的体积，单位为毫升(mL)；

c_2——滴定所用的盐酸标准溶液的浓度，单位为摩尔每升(mol/L)；

c_3——碳酸钠标准溶液的浓度，单位为摩尔每升(mol/L)；

m——试样质量，单位为克(g)；

1.6——将每摩尔硫酸$\frac{1}{2}(H_2SO_4)$转换为硫的质量分数的转换因子。

附 录 D
（资料性附录）
计 算 举 例

D.1 导言

下面用一个实例说明用恒温式热量计进行的一次发热量测定的记录方式和结果计算，绝热式热量计测定结果的计算可仿此进行，只是免除冷却校正。

D.2 试验记录

试样质量 m：1.005 1 g；

热容量 E：10 053 J/K；

点火热：79 J；

贝克曼温度计的基点温度：22.22 ℃；

露出柱温度 t_e：24.20 ℃；

试样的全硫含量 $S_{t,ad}$：1.20％。

读温记录见表 D.1。

表 D.1 发热量试验读温记录

时间/min	内筒温度读数 t/℃	外筒温度 t_j
0（点火）	0.254（t_0）	24.05 ℃
1′40″	2.820（$t_{1'40''}$）	
⋮		
⋮		
6		
7	3.281	
8	3.279（t_n）	
n=8		

D.3 弹筒发热量计算

D.3.1 冷却校正

校正后的外筒温度：t_j＝24.05－22.22＝1.83

v_0＝－0.004 2（根据 t_0-t_j＝0.254－1.83＝－1.58 查得）

v_n＝0.003 0（根据 t_n-t_j＝3.279－1.83＝1.45 查得）

t_n-t_0＝3.279－0.254＝3.025

$\Delta_{1'40''}$＝2.82－0.254＝2.566

$\Delta/\Delta_{1'40''}$＝1.18＜1.20

α＝1.18－0.10＝1.08

C＝(8－1.08)×0.003 0－1.08×0.004 2＝0.016 2

D.3.2 温度计读数校正

温度计检定证书中给出的孔径修正值（见表 D.2）和平均分度值表（见表 D.3）。

表 D.2 孔径修正值

分度线	0	1	2	3	4	5
孔径修正值 h	0.000	−0.003	−0.001	−0.004	−0.001	0.000

表 D.3 平均分度值表

测温范围/℃	露出柱温度/℃	平均分度值
0～5	16	0.990
10～15	18	0.995
20～25	20	0.999
30～35	22	1.003
⋮	⋮	⋮

根据表 D.2 作出孔径修正值与分度值关系曲线(图 D.1)：

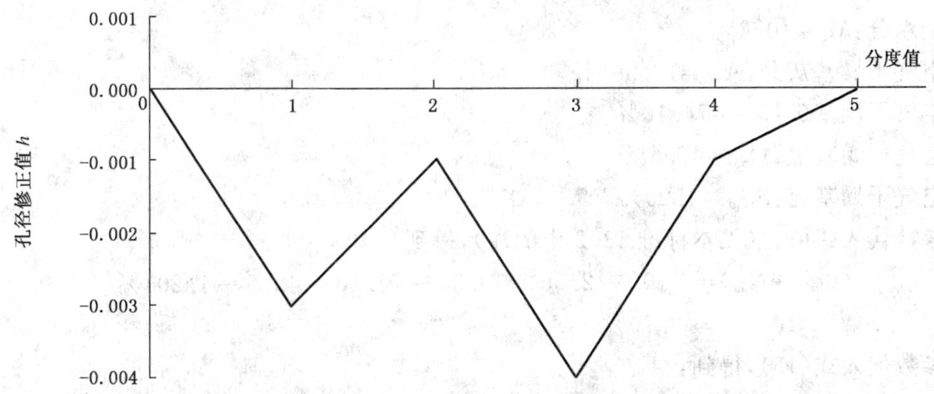

图 D.1 温度计孔径修正值与分度值关系

由图 D.1 中查得：

$h_0 = -0.000\ 8$；

$h_n = -0.003\ 2$。

然后根据表 D.3 计算：

$$H^0 = 0.999 + (22.22 - 20) \times \frac{1.003 - 0.999}{10} = 0.999\ 9$$

$$t_s = 20 + \frac{22 - 20}{10} \times (22.22 - 20) = 20.44$$

$$H = 0.999\ 9 + 0.000\ 16 \times (20.44 - 24.20) = 0.999\ 3$$

D.3.3 弹筒发热量计算

将各已知数值带入弹筒发热量计算式(8)得到：

$$Q_{b,ad} = \frac{10\ 053 \times 0.999\ 3 \times \{[3.279 + (-0.003\ 2)] - [0.254 + (-0.000\ 8)] + 0.001\ 62\} - 79}{1.005\ 1}\ \text{J/g}$$

$$= 30\ 294\ \ \text{J/g}$$

D.4 恒容高位发热量计算

因 $S_{t,ad} < 4\%$，用 $S_{t,ad}$；又因 $Q_{b,ad} > 25.10$ MJ/kg，α 取 0.001 6。

$$Q_{gr,v,ad} = [30\ 294 - (94.1 \times 1.20 + 30\ 294 \times 0.001\ 6)]\text{J/g}$$

$$= 30\ 133\ \text{J/g}$$

$$= 30.13\ \text{MJ/kg}$$

D.5 恒容低位发热量计算

煤样的空气干燥基水分：$M_{ad}=2.56\%$

煤样的全水分：$M_t=10.8\%$

煤样的空气干燥基氢：$H_{ad}=4.56\%$

将计算所得的恒容高位发热量 $Q_{gr,v,ad}$ 和这些参数代入式(13)，得到：

$$
\begin{aligned}
Q_{net,v,ar} &= \left[(30\,133-206\times4.56)\times\frac{100-10.8}{100-2.56}-23\times10.8\right]\ \mathrm{J/g}\\
&= 26\,476\ \mathrm{J/g}\\
&= 26.48\ \mathrm{MJ/kg}
\end{aligned}
$$

D.6 恒压低位发热量计算

煤样的空气干燥基水分：$M_{ad}=2.56\%$

煤样的全水分：$M_t=10.8\%$

煤样的空气干燥基灰分：$A_{ad}=13.88\%$

煤样的空气干燥基碳：$C_{ad}=74.10\%$

煤样的空气干燥基氢：$H_{ad}=4.56\%$

煤样的空气干燥基硫：$S_{t,ad}=1.20\%$

将这些参数代入式(16)(见本标准13.2中的注)，得到：

$$
\begin{aligned}
(O_{ad}+N_{ad}) &= (100-2.56-13.88-74.10-4.56-1.20)\%\\
&= 3.70\%
\end{aligned}
$$

将有关参数代入式(15)，得到：

$$
\begin{aligned}
Q_{net,p,ar} &= \left[(30\,133-212\times4.56-0.8\times3.70)\times\frac{100-10.8}{100-2.56}-24.4\times10.8\right]\ \mathrm{J/g}\\
&= 26\,434\ \mathrm{J/g}\\
&= 26.43\ \mathrm{MJ/kg}
\end{aligned}
$$

附 录 E
（规范性附录）
一元线性回归和标准差计算方法

E.1 一元线性回归法求 *k* 和 *A*

按照以下步骤求 $v=k(t-t_j)+A$ 公式中的 k 和 A。

试验数据[以 v 为 Y，以 $(t-t_j)$ 为 X]：

Y_i	X_i
v_1	$(t-t_j)_1$
v_2	$(t-t_j)_2$
⋮	⋮
v_n	$(t-t_j)_n$

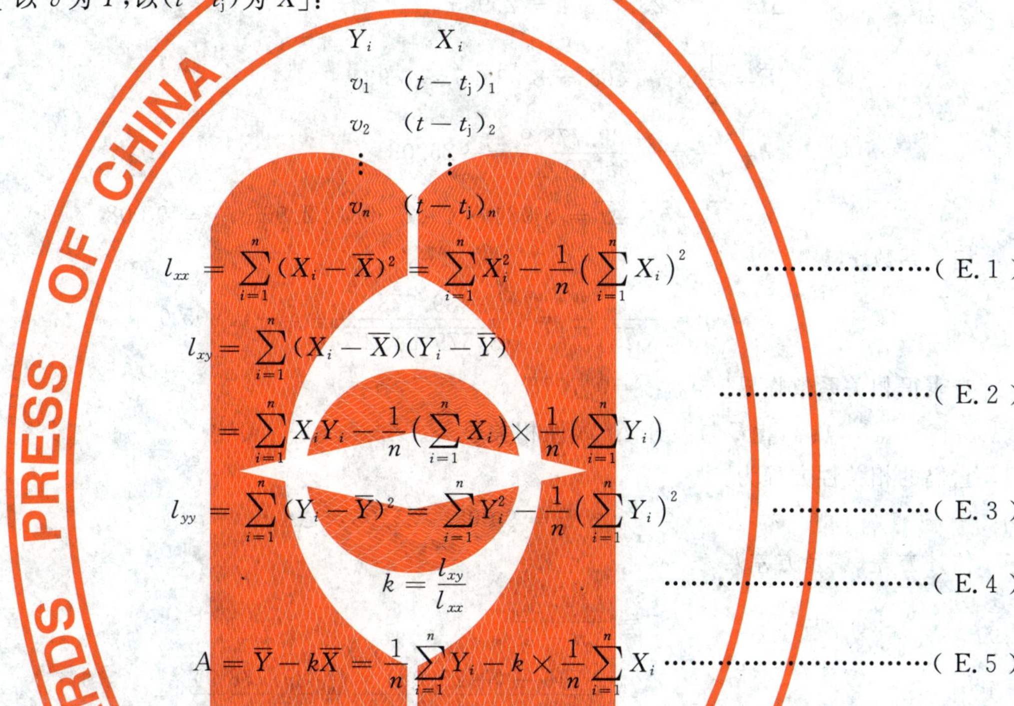

$$l_{xx}=\sum_{i=1}^{n}(X_i-\overline{X})^2=\sum_{i=1}^{n}X_i^2-\frac{1}{n}\left(\sum_{i=1}^{n}X_i\right)^2 \qquad \text{(E.1)}$$

$$\begin{aligned}l_{xy}&=\sum_{i=1}^{n}(X_i-\overline{X})(Y_i-\overline{Y})\\&=\sum_{i=1}^{n}X_iY_i-\frac{1}{n}\left(\sum_{i=1}^{n}X_i\right)\times\frac{1}{n}\left(\sum_{i=1}^{n}Y_i\right)\end{aligned} \qquad \text{(E.2)}$$

$$l_{yy}=\sum_{i=1}^{n}(Y_i-\overline{Y})^2=\sum_{i=1}^{n}Y_i^2-\frac{1}{n}\left(\sum_{i=1}^{n}Y_i\right)^2 \qquad \text{(E.3)}$$

$$k=\frac{l_{xy}}{l_{xx}} \qquad \text{(E.4)}$$

$$A=\overline{Y}-k\overline{X}=\frac{1}{n}\sum_{i=1}^{n}Y_i-k\times\frac{1}{n}\sum_{i=1}^{n}X_i \qquad \text{(E.5)}$$

E.2 一元线性回归法求热容量 *E* 与温升 Δ*t* 的关系

E.2.1 以试验数据中的热容量 E 值为 Y，以温升值 Δt 为 X，按 A.1 的步骤求出 $E=a+b\times\Delta t$ 公式中的 a 和 b。

E.2.2 按式(E.6)计算相关系数 r：

$$r=\frac{l_{xy}}{\sqrt{l_{xx}l_{yy}}} \qquad \text{(E.6)}$$

E.2.3 按式(E.7)计算一元线性回归方程 $E=a+b\times\Delta t$ 的估计方差(剩余方差)$S_{余}^2$：

$$S_{余}^2=\frac{l_{yy}-bl_{xy}}{n-2} \qquad \text{(E.7)}$$

E.2.4 回归方程的相对标准偏差(%)见式(E.8)：

$$相对标准偏差=(S_{余}/\overline{E})\times 100 \qquad \text{(E.8)}$$

式中：

$S_{余}$——剩余标准差，$S_{余}=\sqrt{S_{余}^2}$；

$\overline{E}$——n 个热容量标定值的平均值。

E.2.5 举例

用 0.7 g～1.3 g 苯甲酸标定某台热量计有效热容量的试验数据如表 E.1 所示，据此推断热容量与温升的相关性并计算其相对标准差。

$$l_{xx}=\sum(\Delta t-\overline{\Delta t})^2=\sum\Delta t^2-\frac{1}{n}(\sum\Delta t)^2=3.579\ 4$$

$$l_{xy}=\sum(\Delta t-\overline{\Delta t})\times(E-\overline{E})=\sum\Delta t\times E-\frac{1}{n}(\sum\Delta t)\times\sum E$$

$$=211\ 932.55-\frac{1}{8}\times(23.733\ 4)\times(71\ 468)$$

$$=-89.778\ 9$$

$$l_{yy}=\sum(E-\overline{E})^2=\sum E^2-\frac{1}{n}(\sum E)^2=2\ 746$$

$$\overline{\Delta t}=\frac{1}{8}\times 23.733\ 4=2.966\ 7$$

$$\overline{E}=\frac{1}{8}\times 71\ 468=8\ 933.5\approx 8\ 934$$

$$b=\frac{l_{xy}}{l_{xx}}=\frac{-89.778\ 9}{3.579\ 4}=-25.08$$

$$a=\overline{E}-b\times\overline{\Delta t}=8\ 934-(-25.08\times 2.966\ 7)=9\ 008$$

相关系数 r：

$$r=\frac{l_{xy}}{\sqrt{l_{xx}l_{yy}}}=\frac{-89.778\ 9}{\sqrt{3.579\ 4\times 2\ 746}}=-0.905\ 6$$

查表得相关系数临界值 $r_{0.05,6}=0.707$。

$|r|>r_{0.05,6}$，热容量 E 与温升 Δt 线性相关显著。

它们的相关性方程为：

$$E=9\ 008-25.08\times\Delta t$$

估计方差(剩余方差)：

$$S_{余}^2=\frac{l_{yy}-bl_{xy}}{n-2}$$

$$=\frac{2\ 746-(-25.08)\times(-89.778\ 9)}{8-2}$$

$$=82.39$$

相对标准差：

$$\frac{S_{余}}{\overline{E}}\times 100=\frac{\sqrt{82.39}}{8\ 934}\times 100=0.1\%$$

表 E.1 某热量计有效热容量标定试验数据

序号	苯甲酸片质量/g	温升 Δt/K	测得的热容量值 E/(J/K)
1	0.700 3	2.084 0	8 965
2	0.702 2	2.092 3	8 953
3	0.816 2	2.432 7	8 943
4	0.955 0	2.850 1	8 924
5	1.066 9	3.176 8	8 940
6	1.170 7	3.495 3	8 912
7	1.240 3	3.698 9	8 920
8	1.307 7	3.903 3	8 911

E.3 重复测定值相对标准差的计算

$$S=\sqrt{\frac{\sum X_i^2-\frac{1}{n}(\sum X_i)^2}{n-1}}$$

$$\text{相对标准差}=(S/\overline{X})\times 100$$

式中：

X_i——苯甲酸燃烧试验中热容量值或发热量测定值；

$\overline{X}$——苯甲酸燃烧试验结果的平均值。

ICS 73.040
D 21

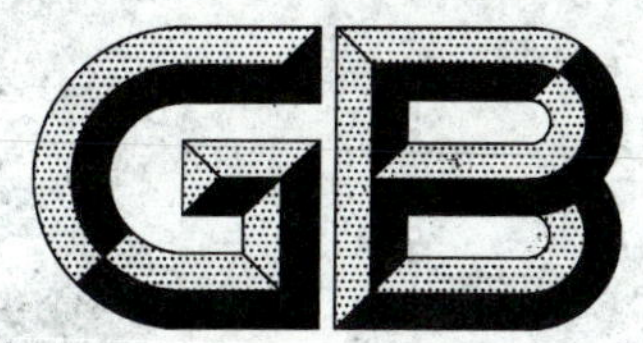

中华人民共和国国家标准

GB/T 217—2008
代替 GB/T 217—1996

煤的真相对密度测定方法

Determination of true relative density of coal

2008-07-29 发布 2009-05-01 实施

中华人民共和国国家质量监督检验检疫总局
中国国家标准化管理委员会 发布

前 言

本标准代替 GB/T 217—1996《煤的真相对密度测定方法》。

本标准与 GB/T 217—1996 相比，主要变化为：

——根据 GB/T 1.1—2000《标准化工作导则　第1部分：标准的结构和编写规则》和 GB/T 483—2007《煤质分析试验方法一般规定》修改了书写格式，增加了前言、术语和定义、试验报告。

——修改了密度瓶图中的错误，即由原 60 mL 改为 50 mL(原版 5.4，本版 6.3)。

本标准由中国煤炭工业协会提出。

本标准由全国煤炭标准化技术委员会归口。

本标准起草单位：煤炭科学研究总院煤炭分析实验室。

本标准主要起草人：邓秀敏、施玉英。

本标准所代替标准的历次版本发布情况为：

——GB/T 217—1963，GB/T 217—1996。

煤的真相对密度测定方法

1 范围

本标准规定了煤的真相对密度测定的术语和定义、方法提要、试剂和材料、仪器设备、测定步骤、结果计算及精密度。

本标准适用于无烟煤、烟煤和褐煤。

2 规范性引用文件

下列文件中的条款通过本标准的引用而成为本标准的条款。凡是注日期的引用文件，其随后所有的修改单(不包括勘误的内容)或修订版均不适用于本标准，然而，鼓励根据本标准达成协议的各方研究是否可使用这些文件的最新版本。凡是不注日期的引用文件，其最新版本适用于本标准。

GB/T 212 煤的工业分析方法(GB/T 212—2008，ISO 11722:1999，ISO 1171:1997,ISO 562:1998,NEQ)

3 术语和定义

下列术语和定义适用于本标准。

3.1

煤的真相对密度 true relative density of coal

20 ℃时煤(不包括煤的孔隙)的质量与同体积水的质量之比。

4 方法提要

以十二烷基硫酸钠溶液为浸润剂，使煤样在密度瓶中润湿沉降并排除吸附的气体，根据煤样排出的同体积的水的质量算出煤的真相对密度。

5 试剂和材料

十二烷基硫酸钠溶液:化学纯,20 g/L。称取十二烷基硫酸钠 20 g 溶于水中，并用水稀释至 1 L。

6 仪器设备

6.1 分析天平:感量 0.1 mg。

6.2 恒温水浴:控温范围 10 ℃～35 ℃，控温精度±0.5 ℃。

6.3 密度瓶:带磨口毛细管塞，容量 50 mL，如图 1 所示。

6.4 刻度移液管:容量 10 mL。

6.5 水银温度计:0 ℃～50 ℃，最小分度 0.2 ℃。

单位为毫米

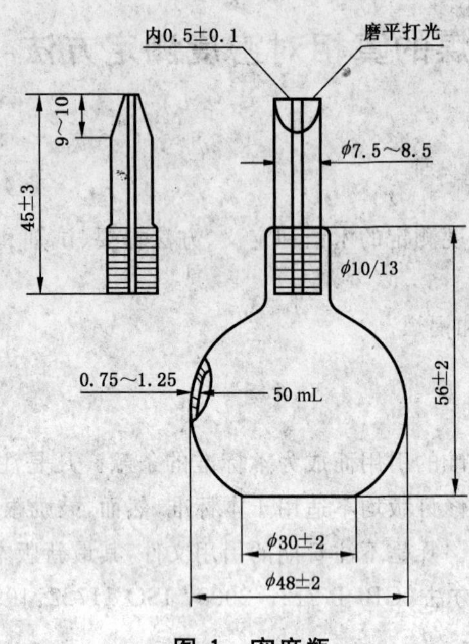

图 1 密度瓶

7 测定步骤

7.1 准确称取粒度小于 0.2 mm 空气干燥煤样 2 g(称准到 0.000 2 g)，通过无颈漏斗全部移入密度瓶中。

7.2 用移液管向密度瓶中注入十二烷基硫酸钠溶液(以下简称浸润剂)3 mL，并将颈上附着的煤粒冲入瓶中，轻轻转动密度瓶，放置 15 min 使煤样浸透，然后沿瓶壁加入约 25 mL 蒸馏水。

7.3 将密度瓶移到沸水浴中加热 20 min，以排除吸附的气体。

7.4 取出密度瓶，加入新煮沸过的蒸馏水至水面低于瓶口约 1 cm 处并冷却至室温。然后于 20 ℃±0.5 ℃的恒温器中保温 1 h(若在室温条件下测定，需将密度瓶在室温下放置 3 h 以上，最好过夜，并记下室温温度)。

7.5 用吸管沿瓶颈滴加新煮沸过的并冷却到 20 ℃的蒸馏水至瓶口(若在室温条件下测定，需加入与室温相同的蒸馏水至瓶口)，盖上瓶塞，使过剩的水从瓶塞上的毛细管溢出(这时瓶口和毛细管内不得有气泡存在，否则应重新加水、盖塞)。

7.6 迅速擦干密度瓶，立即称出密度瓶加煤、浸润剂和水的质量 m_1。

7.7 空白值的测定：按上述方法，但不加煤样，测出密度瓶加浸润剂、水的质量 m_2(在恒温条件下，应每月测空白一次；在室温条件下，应同时测定空白值)。同一密度瓶重复测定的差值不得超过 0.001 5 g。

8 结果计算

煤的真相对密度按式(1)计算：

$$\mathrm{TRD}_{20}^{20}=\frac{m_d}{m_2+m_d-m_1} \quad \cdots\cdots(1)$$

式中：

TRD_{20}^{20}——干燥煤的真相对密度；

m_d——干燥煤样质量，单位为克(g)；

m_2——密度瓶加浸润剂和水的质量，单位为克(g)；

m_1——密度瓶加煤样、浸润剂和水的质量，单位为克(g)。

干煤煤样质量按式(2)计算：

$$m_{\mathrm{d}} = m \times \frac{100 - M_{\mathrm{ad}}}{100} \quad \cdots\cdots (2)$$

式中：

m——空气干燥煤样的质量，单位为克(g)；

M_{ad}——空气干燥煤样水分(按 GB/T 212 规定测定)的质量分数，%。

在室温下真相对密度按式(3)计算：

$$\mathrm{TRD}_{20}^{20} = \frac{m_{\mathrm{d}}}{m_2 + m_{\mathrm{d}} - m_1} \times K_t \quad \cdots\cdots (3)$$

式中：

K_t——t ℃下温度校正系数，K_t值可由表 1 查得。

$$K_t = \frac{d_t}{d_{20}} \quad \cdots\cdots (4)$$

式中：

d_t——水在 t ℃时的真相对密度；

d_{20}——水在 20 ℃时的真相对密度。

表 1 校正系数 K_t 表

温度/℃	校正系数 K_t	温度/℃	校正系数 K_t
6	1.001 74	21	0.999 79
7	1.001 70	22	0.999 56
8	1.001 65	23	0.999 53
9	1.001 58	24	0.999 09
10	1.001 50	25	0.998 83
11	1.001 40	26	0.998 57
12	1.001 29	27	0.998 31
13	1.001 17	28	0.998 03
14	1.001 00	29	0.997 73
15	1.000 90	30	0.997 43
16	1.000 74	31	0.997 13
17	1.000 57	32	0.996 82
18	1.000 39	33	0.996 49
19	1.000 20	34	0.996 16
20	1.000 00	35	0.995 82

9 方法精密度

煤的真相对密度测定重复性限和再现性临界差按表 2 规定。

表 2 煤的真相对密度方法精密度

重复性限	再现性临界差
0.02(绝对值)	0.04(绝对值)

10 试验报告

试验报告应包括下列信息：

a) 试样编号；

b) 依据标准；

c) 试验结果；

d) 与标准的偏离；

e) 试验中观察到的异常现象；

f) 试验日期。

ICS 73.040
D 21

中华人民共和国国家标准

GB/T 219—2008
代替 GB/T 219—1996，GB/T 18856.10—2002

煤灰熔融性的测定方法

Determination of fusibility of coal ash

(ISO 540:1995，Solid mineral fuels—Determination of fusibility of ash—High-temperature tube method，MOD)

2008-07-29 发布　　2009-05-01 实施

中华人民共和国国家质量监督检验检疫总局
中国国家标准化管理委员会　发布

前　言

本标准修改采用 ISO 540:1995(E)《固体矿物燃料——灰熔融性的测定——管式高温炉法》(英文版)。

本标准根据 ISO 540:1995(E)重新起草。本附录 A 中列出了本标准章条编号与 ISO 540:1995 章条编号的对照一览表。

考虑到我国国情,在采用 ISO 540:1995(E)时,本标准做了一些修改。有关技术性差异已编入正文中并在它们所涉及的条款的页边空白处用垂直单线标识。在附录 B 中给出了这些技术性差异及其原因的一览表以供参考。

为了便于使用,对 ISO 540:1995(E)还做了编辑性修改。

本标准代替 GB/T 219—1996《煤灰熔融性的测定方法》,并将 GB/T 18856.10—2002《水煤浆质量试验方法　第 10 部分:水煤浆灰熔融性测定方法》中的内容纳入本标准。

本标准与 GB/T 219—1996 相比主要变化如下:

——适用范围中增加水煤浆;

——增加了对热电偶和高温计进行校准的规定(本版 6.2);

——纠正了 1996 年版气体流量的印刷错误(见 7.1.1.1);

——增加了使用自动测定仪时的规定(本版 9.3)。

本标准的附录 A 和附录 B 为资料性附录。

本标准由中国煤炭工业协会提出。

本标准由全国煤炭标准化技术委员会归口。

本标准起草单位:煤炭科学研究总院煤炭分析实验室。

本标准主要起草人:韩立亭、段云龙、王文亮。

本标准所代替标准的历次版本发布情况为:

——GB 219—1964、GB 219—1973、GB/T 219—1996。

——GB/T 18856.10—2002。

煤灰熔融性的测定方法

1 范围

本标准规定了煤灰熔融性测定的定义、方法提要、试剂和材料、仪器设备、试验条件、测定步骤以及精密度等。

本标准适用于褐煤、烟煤、无烟煤和水煤浆。

2 规范性引用文件

下列文件中的条款通过本标准的引用而成为本标准的条款。凡是注日期的引用文件，其随后所有的修改单(不包括勘误的内容)或修订版均不适用于本标准，然而，鼓励根据本标准达成协议的各方研究是否可使用这些文件的最新版本。凡是不注日期的引用文件，其最新版本适用于本标准。

GB/T 212 煤的工业分析方法(GB/T 212—2008，ISO 11722:1999，ISO 1171:1997，ISO 562:1998，NEQ)

3 术语和定义

下列术语和定义适用于本标准。

3.1

变形温度 deformation temperature

DT

灰锥尖端或棱开始变圆或弯曲时的温度(图1 DT)。

图1 灰锥熔融特征示意图

注：如灰锥尖保持原形则锥体收缩和倾斜不算变形温度。

3.2

软化温度 sphere temperature

ST

灰锥弯曲至锥尖触及托板或灰锥变成球形时的温度(图1 ST)。

3.3

半球温度 hemisphere temperature

HT

灰锥形变至近似半球形，即高约等于底长的一半时的温度(图1 HT)。

3.4

流动温度 flow temperature

FT

灰锥熔化展开成高度在1.5 mm以下的薄层时的温度(图1 FT)。

4　方法提要

将煤灰制成一定尺寸的三角锥，在一定的气体介质中，以一定的升温速度加热，观察灰锥在受热过程中的形态变化，观测并记录它的四个特征熔融温度：变形温度、软化温度、半球温度和流动温度。

5　试剂和材料

5.1　糊精溶液：糊精(化学纯)10 g 溶于 100 mL 蒸馏水中，配成 100 g/L 溶液。

5.2　氧化镁：工业品，研细至粒度小于 0.1 mm。

5.3　碳物质：灰分低于 15%，粒度小于 1 mm 的无烟煤、石墨或其他碳物质。

5.4　煤灰熔融性标准物质：可用来检查试验气氛性质的煤灰熔融性标准物质。

5.5　二氧化碳。

5.6　氢气或一氧化碳。

5.7　刚玉舟(图 2)：耐温 1 500 ℃以上，能盛足够量的碳物质。

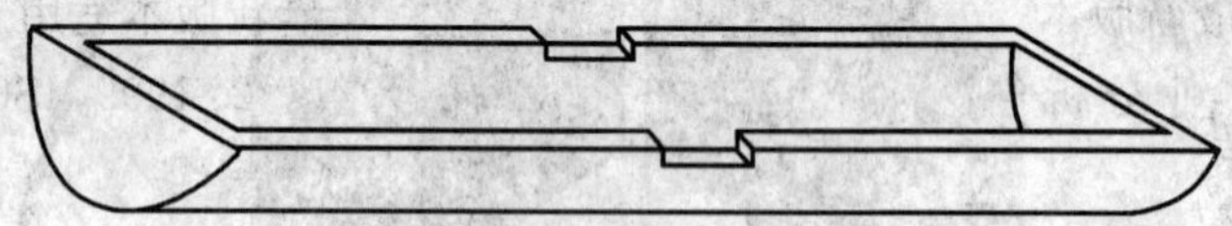

图 2　刚玉舟

5.8　灰锥托板(图 3)：在 1 500 ℃下不变形，不与灰锥发生反应，不吸收灰样。

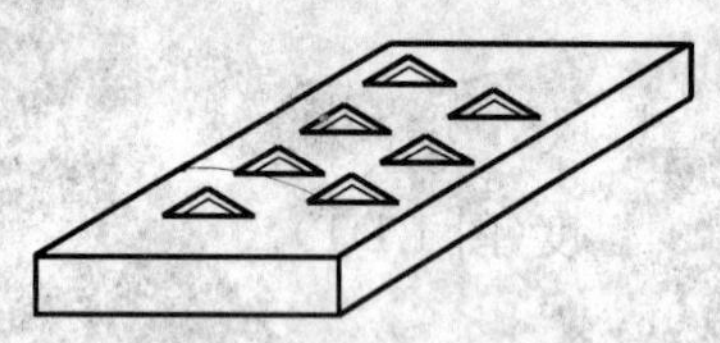

图 3　灰锥托板

灰锥托板可购置或按下述方法制做：

取适量氧化镁(5.2)，用糊精溶液(5.1)润湿成可塑状。将灰锥托板模(6.4)的垫片放入模座，用小刀将氧化镁铲入模中，用小锤轻轻锤打成型。用顶板将成型托板轻轻顶出，先在空气中干燥，然后在高温炉中逐渐加热到 1 500 ℃。

除氧化镁外，也可用三氧化二铝粉(5.9)或用等质量比的高岭土(5.10)和氧化铝粉混合物制做托板。

5.9　三氧化二铝(工业用)。

5.10　高岭土(工业用)。

5.11　可溶性淀粉(工业用)。

5.12　玛瑙研钵。

5.13　金丝：直径不小于 0.5 mm，或金片，厚度 0.5 mm～1.0 mm，纯度 99.99%，熔点 1 064 ℃。

5.14　钯丝：直径不小于 0.5 mm，或钯片，厚度 0.5 mm～1.0 mm，纯度 99.9%，熔点 1 554 ℃。

6　仪器设备

6.1　高温炉

凡满足下列条件的高温炉都可使用：

6.1.1　能加热到 1 500 ℃以上；

6.1.2 有足够的恒温带(各部位温差小于 5 ℃);

6.1.3 能按规定的程序加热;

6.1.4 炉内气氛可控制为弱还原性和氧化性;

6.1.5 能在试验过程中观察试样形态变化。

图 4 为一种适用的管式硅碳管高温炉。

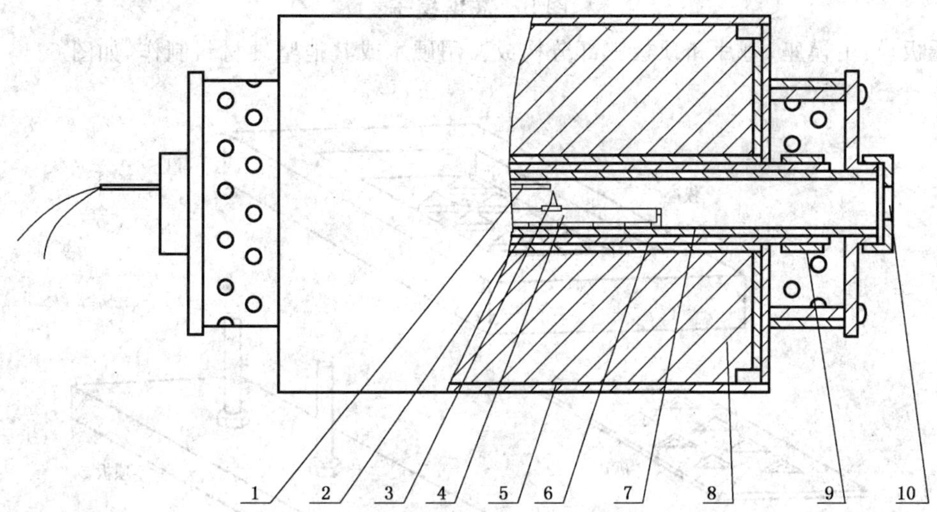

1——热电偶;
2——硅碳管;
3——灰锥;
4——刚玉舟;
5——炉壳;
6——刚玉外套管;
7——刚玉内套管(内径 50 mm,长 600 mm);
8——保温材料;
9——硅碳管电极片;
10——观察孔。

图 4 管式硅碳管高温炉

6.2 热电偶及高温计:测量范围(0～1 500)℃,最小分度 1 ℃,加气密刚玉保护管使用。

高温计和热电偶至少每年校准一次。

用下列方法之一进行高温计和热电偶的校准:

a) 用标准热电偶校准高温计和热电偶;

b) 在日常测定条件下,定期观测金(5.13)的熔点,如可能,和钯(5.14)的熔点。如果观测到的金和钯的熔点与 5.13 和 5.14 中给出的熔点差值超过 10 ℃,则重新进行调节或校准。

6.3 灰锥模子:由对称的两个半块构成的黄铜或不锈钢制品,如图 5。

单位为毫米

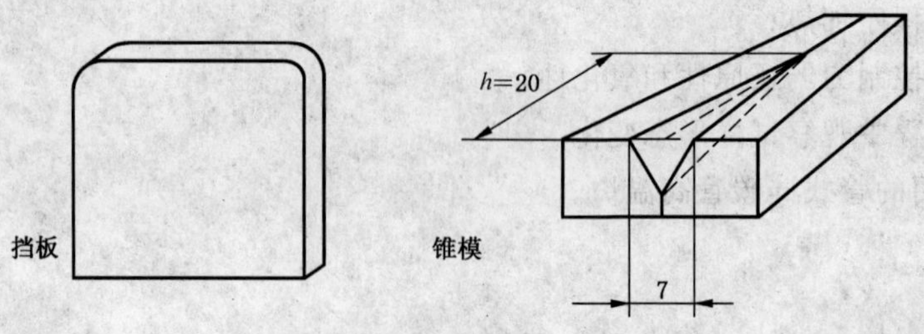

图5 灰锥模子

6.4 灰锥托板模：由模座、垫片和顶板三部分构成。用硬木或其他坚硬材料制作，如图6。

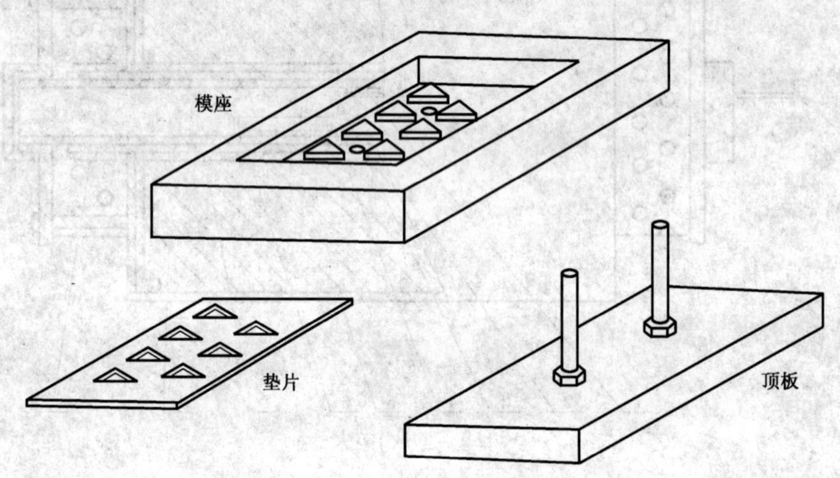

图6 灰锥托板模

6.5 常量气体分析器：可测量一氧化碳、二氧化碳和氧气含量。

7 试验条件

7.1 试验气氛及其控制

7.1.1 弱还原性气氛，可用下述两种方法之一控制：

7.1.1.1 通气法

炉内通入下述两种混合气体之一：

a) 体积分数为(50±10)%的氢气和(50±10)%的二氧化碳混合气体；

b) 体积分数为(60±5)%的一氧化碳和(40±5)%的二氧化碳混合气体。

7.1.1.2 封碳法

炉内封入碳物质(5.3)。

7.1.2 氧化性气氛，炉内不放任何含碳物质，并使空气自由流通。

7.2 试样形状和尺寸

试样为三角锥体，高20 mm，底为边长7 mm的正三角形，锥体的一侧面垂直于底面。

8 灰锥制备

8.1 灰的制备

取粒度小于0.2 mm的空气干燥煤样，按GB/T 212规定将其完全灰化，然后用玛瑙研钵研细至0.1 mm以下。

8.2 灰锥的制做

取(1～2)g 煤灰放在瓷板或玻璃板上，用数滴糊精溶液(5.1)润湿并调成可塑状，然后用小尖刀铲入灰锥模中挤压成型。用小尖刀将模内灰锥小心地推至瓷板或玻璃板上，于空气中风干或于 60 ℃下干燥备用。

注：除糊精溶液外，可视煤灰的可塑性用水或 100 g/L 的可溶性淀粉(5.11)溶液。

9 测定步骤

9.1 在弱还原性气氛中测定

用糊精溶液(5.1)将少量氧化镁(5.2)调成糊状，用它将灰锥固定在灰锥托板(5.8)的三角坑内，并使灰锥垂直于底面的侧面与托板表面垂直。

将带灰锥的托板置于刚玉舟(5.7)上。如用封碳法来产生弱还原性气氛，则预先在舟内放置足够量的碳物质(5.3)。炉内封入的碳物质种类和量根据炉膛大小和密封性用试验的方法确定。

对于图 4 所示高温炉，一般可在刚玉舟中央放置石墨粉(15～20)g，两端放置无烟煤(40～50)g(对气疏高刚玉管炉膛)或在刚玉舟中央放置石墨粉(5～6)g(对气密刚玉管炉膛)。

打开高温炉(6.1)炉盖，将刚玉舟徐徐推入炉内，至灰锥位于高温带并紧邻热电偶(6.2)热端(相距 2 mm 左右)。

关上炉盖，开始加热并控制升温速度为：

900 ℃以下，(15～20)℃/min；

900 ℃以上，(5±1)℃/min。

如用通气法产生弱还原性气氛，则从 600 ℃开始通入氢气或一氧化碳和二氧化碳混合气体(7.1.1.1)，通气速度以能避免空气渗入为准。

流经灰锥的气体线速度不低于 400 mm/min，对于图 4 所示高温炉，可为(800～1 000)mL/min。

警示：从炉内排出的气体中含有部分一氧化碳，因此，应将这些气体排放到外部大气中(可使用排风罩或高效风扇系统)。如果使用了氢气，要特别注意防止发生爆炸，应在通入氢气前和停止氢气供入后用二氧化碳吹扫炉内。

随时观察灰锥的形态变化(高温下观察时，需戴上墨镜)，记录灰锥的四个熔融特征温度——变形温度、软化温度、半球温度和流动温度。

待全部灰锥都达到流动温度或炉温升至 1 500 ℃时断电、结束试验。

待炉子冷却后，取出刚玉舟，拿下托板，仔细检查其表面，如发现试样与托板作用，则另换一种托板重新试验。

9.2 在氧化性气氛下测定

测定手续与 9.1 相同，但刚玉舟内不放任何含碳物质，并使空气在炉内自由流通。

9.3 用自动测定仪测定

使用带有自动判断功能的自动测定仪时，在测定后应对记录下来的图像进行人工核验，且应经常用标准物质检查试验气氛(见 10.1)。

10 弱还原性气氛的检查

定期或不定期地用下述方法之一检查炉内气氛性质：

10.1 标准物质测定法

用煤灰熔融性标准物质(5.4)制成灰锥并测定其熔融特征温度(ST、HT 和 FT)。如其实际测定值与弱还原性气氛下的标准值相差不超过 40 ℃，则证明炉内气氛为弱还原性；如超过 40 ℃，则根据它们与强还原性或氧化性气氛下的参比值的接近程度以及刚玉舟中碳物质的氧化情况来判断炉内气氛，并加以调整。

10.2 取气分析法

用一根气密刚玉管从炉子高温带以一定的速度[以不改变炉内气体组成为准,对于图 4 所示高温炉,一般为(6～7)mL/min]取出气体并进行成分分析。如在(1 000～1 300)℃范围内,还原性气体(一氧化碳、氢气和甲烷等)的体积分数为 10%～70%,同时 1 100 ℃以下还原性气体的总体积和二氧化碳的体积比不大于 1∶1、氧含量低于 0.5%,则炉内气氛为弱还原性。

11 精密度

煤灰熔融性测定的精密度如表 1 规定。

表 1 精密度

熔融特征温度	精密度	
	重复性限/℃	再现性临界差/℃
DT	60	—
ST	40	80
HT	40	80
FT	40	80

12 试验报告

试验报告至少包括以下内容:

a) 试样编号。

b) 依据标准。

c) 灰锥的四个熔融特征温度 DT、ST、HT 和 FT,计算重复测定值的平均值并化整到 10 ℃报出。

d) 试验气氛性质及控制方法。

e) 托板材料及试验后的表面状况。

f) 试验过程中产生的烧结、收缩、膨胀和鼓泡等现象及其相应温度。

附　录　A
（资料性附录）
本标准章条编号与 ISO 540:1995(E)章条编号对照

表 A.1 给出了本标准章条编号与 ISO 540:1995(E)章条编号对照一览表。

表 A.1　本标准章条编号与 ISO 540:1995(E)章条编号对照

本标准章条编号	对应的国际标准章条编号
1	1
2	2
3	3
4	4
5.1	5.1
5.2～5.4	—
5.5	5.6
5.6	5.7
5.7	—
5.8	6.4
5.9～5.11	—
5.12	6.6
5.13	5.3
—	5.4
5.14	5.5
6.1	6.1
6.2	6.2 和 8 的有关温度校正部分内容
6.3	6.3
—	6.5、6.7 和 6.8
7.1.1.1	7.1
7.1.1.2 和 7.1.2	—
8	9
9.1	10
9.2 和 9.3	—
10	—
11	11
12	12

附 录 B
（资料性附录）
本标准与 ISO 540:1995(E)的技术性差异及其原因

表 B.1 给出了本标准与 ISO 540:1995(E)的技术性差异及其原因。

表 B.1 本标准与 ISO 540:1995(E)的技术性差异及其原因

本标准的章条编号	技术性差异	原 因
1	按照国家标准书写方式书写； 适用范围差异：本标准为煤和水煤浆； ISO 标准为固体矿物燃料	适应国家标准的要求； ISO 标准体系中煤和焦炭为一个体系，中国为两个不同体系
2	引用了参照 ISO 标准的我国国家标准 GB/T 212	适合中国国情
3.1	变形温度定义中增加了灰锥弯曲的形状特征状态； 增加特征温度示意图(图 1)	我国国家标准传统特征状态；方便使用，适合中国国情
3.4	规定试样高度在 1.5 mm 以下，代替 ISO 标准中高度为半球温度时高度的三分之一的规定	按照国家标准中规定的灰锥高度，1.5 mm 与半球温度的三分之一基本相同，但国家标准的定义更方便使用
5	删除 ISO 标准的 5.2 石油胶和 5.4 镍丝	适合中国国情，提高气氛校正准确度
5.2～5.4	增加了氧化镁、碳物质、煤灰熔融性标准物质	与本标准规定的方法相对应，适合中国国情
5.7	增加了刚玉舟和示意图(图 2)	方便使用
5.8	增加了灰锥托板的简易制作方法和示意图(图 3)	方便使用
5.9～5.11	增加三种试剂	方便使用
6.1	增加高温炉示意图(图 4)	方便使用
6.2	增加用标准热电偶进行高温计和热电偶校准的方法，并保留 ISO 标准第 8 章中用金丝和钯丝校准温度的方法	适合中国国情
6.3	增加灰锥模子的具体描述和示意图(图 5)	方便使用
7.1.1.2 和 7.1.2	增加用封碳法产生还原性气氛的方法； 增加产生氧化性气氛的方法	适合中国国情； 方便使用者操作
7.2	仅采用 ISO 标准中的角锥体，其特征温度示意图调整至 3 中；删除其规定的立方体、圆柱体和圆锥台体及相应示意图	适合中国国情，规范测定条件
8	按角锥体试块制备方式描述	适合中国国情

表 B.1（续）

本标准的章条编号	技术性差异	原　　因
9	温度控制要求较 ISO 标准严格； 测定步骤描述较 ISO 标准详细； 增加封碳法控制气氛的操作(9.1)； 将 ISO 标准 7.1 中对气体流量的要求和警示语移到此处(9.1)； 增加氧化性气氛操作步骤(9.2)； 增加使用自动判断功能仪器时的规定(9.3)	适合本标准规定的试样形状和尺寸； 适应国情，方便使用； 适应国情，方便使用； 适应国情，方便使用； 适应国情，方便使用； 提高测定准确性
10	用标准物质试验法和气体分析法代替 ISO 标准第 8 章的镍丝方法	比 ISO 标准方法可靠
11	精密度有差异	按照中国的仪器和方法，通过实验得出的精密度，适合中国国情
12	描写方式与 ISO 标准有差异，技术内容一致	适应国家标准的要求和使用习惯

ICS 77.140.01
H 40

中华人民共和国国家标准

GB/T 221—2008
代替 GB/T 221—2000

钢铁产品牌号表示方法

Notations for designations of iron and steel

2008-08-05 发布 2009-04-01 实施

中华人民共和国国家质量监督检验检疫总局
中国国家标准化管理委员会 发布

前　言

本标准代替 GB/T 221—2000《钢铁产品牌号表示方法》。

本标准与 GB/T 221—2000 标准相比，主要变化如下：

——增加热轧光圆钢筋、热轧带肋钢筋、细晶粒热轧带肋钢筋、冷轧带肋钢筋、预应力混凝土用螺纹钢筋、煤机用钢、高性能建筑结构用钢、低焊接裂纹敏感性钢、原料纯铁等产品牌号表示方法的规定（本版表 3、表 4、3.15）；

——删除易切削非调质钢、塑料模具钢、电工用热轧硅钢、电讯用取向高磁感硅钢等产品牌号表示方法的规定（2000 年版 3.6、3.7.3、3.11.1、3.11.2）；

——明确采用汉语拼音字母或英文字母表示产品名称、用途、特性和工艺方法时，通常采用大写字母（2000 年版 2.2；本版 2.2）；

——基本原则中规定牌号各组成部分的排列原则（本版 2.4）；

——删除 GB/T 221—2000 中表 2，将同类牌号表示方法的举例加以归纳，并以表格的形式统一列出（本版表 2、表 5～表 8）；

——改变管线用钢、船用锚链钢符号表示方法（2000 年版表 2；本版表 3）；

——改变桥梁用钢符号表示方法（2000 版表 2；本版表 4）；

——修改高碳铬不锈轴承钢和高温轴承钢牌号表示方法（2000 年版 3.8.3；本版 3.9.3）；

——修改不锈钢和耐热钢牌号表示方法（2000 年版 3.9；本版 3.12）；

——修改高电阻电热合金牌号表示方法（2000 年版 3.13；本版 3.16）。

本标准由中国钢铁工业协会提出。

本标准由全国钢标准化技术委员会归口。

本标准起草单位：冶金工业信息标准研究院。

本标准主要起草人：戴强、栾燕、刘宝石。

本标准所代替的历次版本发布情况为：

GB/T 221—1963，GB/T 221—1979，GB/T 221—2000。

钢铁产品牌号表示方法

1 范围

本标准规定了钢铁产品牌号表示方法。

本标准适用于编写生铁、碳素结构钢、低合金结构钢、优质碳素结构钢、易切削钢、合金结构钢、弹簧钢、工具钢、轴承钢、不锈钢、耐热钢、焊接用钢、冷轧电工钢、电磁纯铁、原料纯铁、高电阻电热合金及有关专用钢等产品牌号。

本标准中未规定的钢铁产品牌号表示方法，应按本标准规定的原则编写牌号。

粉末冶金材料、铸铁(件)、铸钢(件)、铁合金、高温合金和金属间化合物高温材料、耐蚀合金、精密合金等产品的牌号表示方法应分别符合下列国家标准规定。

GB/T 4309 粉末冶金材料分类和牌号表示方法

GB/T 5612 铸铁牌号表示方法

GB/T 5613 铸钢牌号表示方法

GB/T 7738 铁合金产品牌号表示方法

GB/T 14992 高温合金和金属间化合物高温材料的分类和牌号

GB/T 15007 耐蚀合金牌号

GB/T 15018 精密合金牌号

2 基本原则

2.1 凡列入国家标准和行业标准的钢铁产品，均应按本标准规定的牌号表示方法编写牌号。

2.2 钢铁产品牌号的表示，通常采用大写汉语拼音字母、化学元素符号和阿拉伯数字相结合的方法表示。为了便于国际交流和贸易的需要，也可采用大写英文字母或国际惯例表示符号。常用化学元素符号见表1。

2.3 采用汉语拼音字母或英文字母表示产品名称、用途、特性和工艺方法时，一般从产品名称中选取有代表性的汉字的汉语拼音的首位字母或英文单词的首位字母。当和另一产品所取字母重复时，改取第二个字母或第三个字母，或同时选取两个(或多个)汉字或英文单词的首位字母。

采用汉语拼音字母或英文字母，原则上只取一个，一般不超过三个。

2.4 产品牌号中各组成部分的表示方法应符合相应规定，各部分按顺序排列，如无必要可省略相应部分。除有特殊规定外，字母、符号及数字之间应无间隙。

2.5 产品牌号中的元素含量用质量分数表示。

表1

元素名称	化学元素符号	元素名称	化学元素符号	元素名称	化学元素符号	元素名称	化学元素符号
铁	Fe	锂	Li	钐	Sm	铝	Al
锰	Mn	铍	Be	锕	Ac	铌	Nb
铬	Cr	镁	Mg	硼	B	钽	Ta
镍	Ni	钙	Ca	碳	C	镧	La
钴	Co	锆	Zr	硅	Si	铈	Ce
铜	Cu	锡	Sn	硒	Se	钕	Nd
钨	W	铅	Pb	碲	Te	氮	N
钼	Mo	铋	Bi	砷	As	氧	O
钒	V	铯	Cs	硫	S	氢	H
钛	Ti	钡	Ba	磷	P	—	—
注：混合稀土元素符号用“RE”表示。							

3 牌号表示方法

3.1 生铁

生铁产品牌号通常由两部分组成：

第一部分：表示产品用途、特性及工艺方法的大写汉语拼音字母；

第二部分：表示主要元素平均含量(以千分之几计)的阿拉伯数字。炼钢用生铁、铸造用生铁、球墨铸铁用生铁、耐磨生铁为硅元素平均含量。脱碳低磷粒铁为碳元素平均含量，含钒生铁为钒元素平均含量。

示例：见表2。

表 2

序号	产品名称	第一部分			第二部分	牌号示例
		采用汉字	汉语拼音	采用字母		
1	炼钢用生铁	炼	LIAN	L	含硅量为0.85%～1.25%的炼钢用生铁，阿拉伯数字为10	L10
2	铸造用生铁	铸	ZHU	Z	含硅量为2.80%～3.20%的铸造用生铁，阿拉伯数字为30	Z30
3	球墨铸铁用生铁	球	QIU	Q	含硅量为1.00%～1.40%的球墨铸铁用生铁，阿拉伯数字为12	Q12
4	耐磨生铁	耐磨	NAI MO	NM	含硅量为1.60%～2.00%的耐磨生铁，阿拉伯数字为18	NM18
5	脱碳低磷粒铁	脱粒	TUO LI	TL	含碳量为1.20%～1.60%的炼钢用脱碳低磷粒铁，阿拉伯数字为14	TL14
6	含钒生铁	钒	FAN	F	含钒量不小于0.40%的含钒生铁，阿拉伯数字为04	F04

3.2 碳素结构钢和低合金结构钢

3.2.1 碳素结构钢和低合金结构钢的牌号通常由四部分组成：

第一部分：前缀符号＋强度值(以 N/mm^2 或 MPa 为单位)，其中通用结构钢前缀符号为代表屈服强度的拼音的字母“Q”，专用结构钢的前缀符号见表3；

第二部分(必要时)：钢的质量等级，用英文字母A、B、C、D、E、F……表示；

第三部分(必要时)：脱氧方式表示符号，即沸腾钢、半镇静钢、镇静钢、特殊镇静钢分别以“F”、“b”、“Z”、“TZ”表示。镇静钢、特殊镇静钢表示符号通常可以省略；

第四部分：(必要时)产品用途、特性和工艺方法表示符号，见表4。

示例：见表5。

3.2.2 根据需要，低合金高强度结构钢的牌号也可以采用二位阿拉伯数字(表示平均含碳量，以万分之几计)加表1规定的元素符号及必要时加代表产品用途、特性和工艺方法的表示符号，按顺序表示。

示例：碳含量为0.15%～0.26%，锰含量为1.20%～1.60%的矿用钢牌号为20MnK。

表 3

产品名称	采用的汉字及汉语拼音或英文单词			采用字母	位置
	汉字	汉语拼音	英文单词		
热轧光圆钢筋	热轧光圆钢筋	—	Hot Rolled Plain Bars	HPB	牌号头
热轧带肋钢筋	热轧带肋钢筋	—	Hot Rolled Ribbed Bars	HRB	牌号头

表 3(续)

产品名称	采用的汉字及汉语拼音或英文单词			采用字母	位置
	汉字	汉语拼音	英文单词		
细晶粒热轧带肋钢筋	热轧带肋钢筋＋细	—	Hot Rolled Ribbed Bars＋ Fine	HRBF	牌号头
冷轧带肋钢筋	冷轧带肋钢筋	—	Cold Rolled Ribbed Bars	CRB	牌号头
预应力混凝土用螺纹钢筋	预应力、螺纹、钢筋	—	Prestressing、Screw 、Bars	PSB	牌号头
焊接气瓶用钢	焊瓶	HAN PING	—	HP	牌号头
管线用钢	管线	—	Line	L	牌号头
船用锚链钢	船锚	CHUAN MAO	—	CM	牌号头
煤机用钢	煤	MEI	—	M	牌号头

表 4

产品名称	采用的汉字及汉语拼音或英文单词			采用字母	位置
	汉字	汉语拼音	英文单词		
锅炉和压力容器用钢	容	RONG	—	R	牌号尾
锅炉用钢(管)	锅	GUO	—	G	牌号尾
低温压力容器用钢	低容	DI RONG	—	DR	牌号尾
桥梁用钢	桥	QIAO	—	Q	牌号尾
耐候钢	耐候	NAI HOU	—	NH	牌号尾
高耐候钢	高耐候	GAO NAI HOU	—	GNH	牌号尾
汽车大梁用钢	梁	LIANG	—	L	牌号尾
高性能建筑结构用钢	高建	GAO JIAN	—	GJ	牌号尾
低焊接裂纹敏感性钢	低焊接裂纹敏感性	—	Crack Free	CF	牌号尾
保证淬透性钢	淬透性	—	Hardenability	H	牌号尾
矿用钢	矿	KUANG	—	K	牌号尾
船用钢	采用国际符号				

表 5

序号	产品名称	第一部分	第二部分	第三部分	第四部分	牌号示例
1	碳素结构钢	最小屈服强度 235 N/mm²	A 级	沸腾钢	—	Q235AF
2	低合金高强度结构钢	最小屈服强度 345 N/mm²	D 级	特殊镇静钢	—	Q345D
3	热轧光圆钢筋	屈服强度特征值 235 N/mm²	—	—	—	HPB235
4	热轧带肋钢筋	屈服强度特征值 335 N/mm²	—	—	—	HRB335
5	细晶粒热轧带肋钢筋	屈服强度特征值 335 N/mm²	—	—	—	HRBF335
6	冷轧带肋钢筋	最小抗拉强度 550 N/mm²	—	—	—	CRB550
7	预应力混凝土用螺纹钢筋	最小屈服强度 830 N/mm²	—	—	—	PSB830

表 5(续)

序号	产品名称	第一部分	第二部分	第三部分	第四部分	牌号示例
8	焊接气瓶用钢	最小屈服强度 345 N/mm^2	—	—	—	HP345
9	管线用钢	最小规定总延伸强度 415 MPa	—	—	—	L415
10	船用锚链钢	最小抗拉强度 370 MPa	—	—	—	CM370
11	煤机用钢	最小抗拉强度 510 MPa	—	—	—	M510
12	锅炉和压力容器用钢	最小屈服强度 345 N/mm^2	—	特殊镇静钢	压力容器“容”的汉语拼音首位字母“R”	Q345R

3.3 优质碳素结构钢和优质碳素弹簧钢

3.3.1 优质碳素结构钢牌号通常由五部分组成：

第一部分：以二位阿拉伯数字表示平均碳含量(以万分之几计)；

第二部分(必要时)：较高含锰量的优质碳素结构钢，加锰元素符号 Mn；

第三部分(必要时)：钢材冶金质量，即高级优质钢、特级优质钢分别以 A、E 表示，优质钢不用字母表示；

第四部分(必要时)：脱氧方式表示符号，即沸腾钢、半镇静钢、镇静钢分别以“F”、“b ”、“Z”表示，但镇静钢表示符号通常可以省略；

第五部分(必要时)：产品用途、特性或工艺方法表示符号，见表 4。

示例：见表 6。

3.3.2 优质碳素弹簧钢的牌号表示方法与优质碳素结构钢相同。示例见表 6。

表 6

序号	产品名称	第一部分	第二部分	第三部分	第四部分	第五部分	牌号示例
1	优质碳素结构钢	碳含量：0.05%～0.11%	锰含量：0.25%～0.50%	优质钢	沸腾钢	—	08F
2	优质碳素结构钢	碳含量：0.47%～0.55%	锰含量：0.50%～0.80%	高级优质钢	镇静钢	—	50A
3	优质碳素结构钢	碳含量：0.48%～0.56%	锰含量：0.70%～1.00%	特级优质钢	镇静钢	—	50MnE
4	保证淬透性用钢	碳含量：0.42%～0.50%	锰含量：0.50%～0.85%	高级优质钢	镇静钢	保证淬透性钢表示符号“H”	45AH
5	优质碳素弹簧钢	碳含量：0.62%～0.70%	锰含量：0.90%～1.20%	优质钢	镇静钢	—	65Mn

3.4 易切削钢

易切削钢牌号通常由三部分组成：

第一部分：易切削钢表示符号“Y”；

第二部分：以二位阿拉伯数字表示平均碳含量(以万分之几计)；

第三部分：易切削元素符号，如：含钙、铅、锡等易切削元素的易切削钢分别以 Ca、Pb、Sn 表示。加硫和加硫磷易切削钢，通常不加易切削元素符号 S、P。较高锰含量的加硫或加硫磷易切削钢，本部分为锰元素符号 Mn。为区分牌号，对较高硫含量的易切削，在牌号尾部加硫元素符号 S。

例如：碳含量为 0.42%～0.50%、钙含量为 0.002%～0.006%的易切削钢，其牌号表示为 Y45Ca；

碳含量为 0.40%～0.48%、锰含量为 1.35%～1.65%、硫含量为 0.16%～0.24%的易切削钢，其牌号表示为 Y45Mn；

碳含量为 0.40%～0.48%、锰含量为 1.35%～1.65%、硫含量为 0.24%～0.32%的易切削钢，其牌号表示为 Y45MnS。

3.5 车辆车轴及机车车辆用钢

车辆车轴及机车车辆用钢牌号通常由两部分组成：

第一部分：车辆车轴用钢表示符号"LZ"或机车车辆用钢表示符号"JZ"；

第二部分：以二位阿拉伯数字表示平均碳含量(以万分之几计)。

示例：见表 8。

3.6 合金结构钢和合金弹簧钢

3.6.1 合金结构钢牌号通常由四部分组成：

第一部分：以二位阿拉伯数字表示平均碳含量(以万分之几计)；

第二部分：合金元素含量，以化学元素符号及阿拉伯数字表示。具体表示方法为：平均含量小于 1.50%时，牌号中仅标明元素，一般不标明含量；平均含量为 1.50%～2.49%、2.50%～3.49%、3.50%～4.49%、4.50%～5.49%……时，在合金元素后相应写成 2、3、4、5……；

注：化学元素符号的排列顺序推荐按含量值递减排列。如果两个或多个元素的含量相等时，相应符号位置按英文字母的顺序排列。

第三部分：钢材冶金质量，即高级优质钢、特级优质钢分别以 A、E 表示，优质钢不用字母表示；

第四部分(必要时)：产品用途、特性或工艺方法表示符号，见表 4。

示例：见表 7。

3.6.2 合金弹簧钢的表示方法与合金结构钢相同，示例见表 7。

表 7

序号	产品名称	第一部分	第二部分	第三部分	第四部分	牌号示例
1	合金结构钢	碳含量： 0.22%～0.29%	铬含量 1.50%～1.80%、 钼含量 0.25%～0.35%、 钒含量 0.15%～0.30%	高级优质钢	—	25Cr2MoVA
2	锅炉和压力容器用钢	碳含量： ≤0.22%	锰含量 1.20%～1.60%、 钼含量 0.45%～0.65%、 铌含量 0.025%～0.050%	特级优质钢	锅炉和压力容器用钢	18MnMoNbER
3	优质弹簧钢	碳含量： 0.56%～0.64%	硅含量 1.60%～2.00% 锰含量 0.70%～1.00%	优质钢	—	60Si2Mn

3.7 非调质机械结构钢

非调质机械结构钢牌号通常由四部分组成：

第一部分：非调质机械结构钢表示符号"F"；

第二部分：以二位阿拉伯数字表示平均碳含量(以万分之几计)；

第三部分：合金元素含量，以化学元素符号及阿拉伯数字表示，表示方法同合金结构钢第二部分；

第四部分(必要时)：改善切削性能的非调质机械结构钢加硫元素符号 S。

示例：见表 8。

3.8 工具钢

工具钢通常分为碳素工具钢、合金工具钢、高速工具钢三类。

3.8.1 碳素工具钢

碳素工具钢牌号通常由四部分组成：

第一部分：碳素工具钢表示符号"T"；

第二部分：阿拉伯数字表示平均碳含量(以千分之几计)；

第三部分(必要时)：较高含锰量碳素工具钢，加锰元素符号 Mn；

第四部分(必要时)：钢材冶金质量，即高级优质碳素工具钢以 A 表示，优质钢不用字母表示。

示例：见表 8。

3.8.2 合金工具钢

合金工具钢牌号通常由两部分组成：

第一部分：平均碳含量小于 1.00%时，采用一位数字表示碳含量(以千分之几计)。平均碳含量不小于 1.00%时，不标明含碳量数字；

第二部分：合金元素含量，以化学元素符号及阿拉伯数字表示，表示方法同合金结构钢第二部分。低铬(平均铬含量小于 1%)合金工具钢，在铬含量(以千分之几计)前加数字“0”。

示例：见表 8。

3.8.3 高速工具钢

高速工具钢牌号表示方法与合金结构钢相同，但在牌号头部一般不标明表示碳含量的阿拉伯数字。为了区别牌号，在牌号头部可以加“C”表示高碳高速工具钢。

示例：见表 8。

3.9 轴承钢

轴承钢分为高碳铬轴承钢、渗碳轴承钢、高碳铬不锈轴承钢和高温轴承钢等四大类。

3.9.1 高碳铬轴承钢

高碳铬轴承钢牌号通常由两部分组成：

第一部分：(滚珠)轴承钢表示符号“G”，但不标明碳含量。

第二部分：合金元素“Cr”符号及其含量(以千分之几计)。其他合金元素含量，以化学元素符号及阿拉伯数字表示，表示方法同合金结构钢第二部分。

示例：见表 8。

3.9.2 渗碳轴承钢

在牌号头部加符号“G”，采用合金结构钢的牌号表示方法。高级优质渗碳轴承钢，在牌号尾部加“A”。

例如：碳含量为 0.17%～0.23%，铬含量为 0.35%～0.65%，镍含量为 0.40%～0.70%，钼含量为 0.15%～0.30%的高级优质渗碳轴承钢，其牌号表示为“G20CrNiMoA”。

3.9.3 高碳铬不锈轴承钢和高温轴承钢

在牌号头部加符号“G”，采用不锈钢和耐热钢的牌号表示方法。

例如：碳含量为 0.90%～1.00%，铬含量为 17.0%～19.0%的高碳铬不锈轴承钢，其牌号表示为 G95Cr18；碳含量为 0.75%～0.85%，铬含量为 3.75%～4.25%，钼含量为 4.00%～4.50%的高温轴承钢，其牌号表示为 G80Cr4Mo4V。

3.10 钢轨钢、冷镦钢

钢轨钢、冷镦钢牌号通常由三部分组成：

第一部分：钢轨钢表示符号“U”、冷镦钢(铆螺钢)表示符号“ML”；

第二部分：以阿拉伯数字表示平均碳含量，优质碳素结构钢同优质碳素结构钢第一部分；合金结构钢同合金结构钢第一部分；

第三部分：合金元素含量，以化学元素符号及阿拉伯数字表示，表示方法同合金结构钢第二部分。

示例：见表 8。

3.11 不锈钢和耐热钢

牌号采用表 1 规定的化学元素符号和表示各元素含量的阿拉伯数字表示。各元素含量的阿拉伯数字表示应符合 3.11.1～3.11.2 规定。

3.11.1 碳含量

用两位或三位阿拉伯数字表示碳含量最佳控制值(以万分之几或十万分之几计)。

3.11.1.1 只规定碳含量上限者,当碳含量上限不大于0.10%时,以其上限的3/4表示碳含量;当碳含量上限大于0.10%时,以其上限的4/5表示碳含量。

例如:碳含量上限为0.08%,碳含量以06表示;碳含量上限为0.20%,碳含量以16表示;碳含量上限为0.15%,碳含量以12表示。

对超低碳不锈钢(即碳含量不大于0.030%),用三位阿拉伯数字表示碳含量最佳控制值(以十万分之几计)。

例如:碳含量上限为0.030%时,其牌号中的碳含量以022表示;碳含量上限为0.020%时,其牌号中的碳含量以015表示。

3.11.1.2 规定上、下限者,以平均碳含量×100表示。

例如:碳含量为0.16~0.25%时,其牌号中的碳含量以20表示。

3.11.2 合金元素含量

合金元素含量以化学元素符号及阿拉伯数字表示,表示方法同合金结构钢第二部分。钢中有意加入的铌、钛、锆、氮等合金元素,虽然含量很低,也应在牌号中标出。

例如:碳含量不大于0.08%,铬含量为18.00%~20.00%,镍含量为8.00%~11.00%的不锈钢,牌号为06Cr19Ni10。

碳含量不大于0.030%,铬含量为16.00%~19.00%,钛含量为0.10%~1.00%的不锈钢,牌号为022Cr18Ti。

碳含量为0.15%~0.25%,铬含量为14.00%~16.00%,锰含量为14.00%~16.00%,镍含量为1.50%~3.00%,氮含量为0.15%~0.30%的不锈钢,牌号为20Cr15Mn15Ni2N。

碳含量为不大于0.25%,铬含量为24.00%~26.00%,镍含量为19.00%~22.00%的耐热钢,牌号为20Cr25Ni20。

3.12 焊接用钢

焊接用钢包括焊接用碳素钢、焊接用合金钢和焊接用不锈钢等。

焊接用钢牌号通常由两部分组成:

第一部分:焊接用钢表示符号“H”;

第二部分:各类焊接用钢牌号表示方法。其中优质碳素结构钢、合金结构钢和不锈钢应分别符合3.3.1、3.6.1和3.11规定。

示例:见表8。

3.13 冷轧电工钢

冷轧电工钢分为取向电工钢和无取向电工钢,牌号通常由三部分组成:

第一部分:材料公称厚度(单位:mm)100倍的数字;

第二部分:普通级取向电工钢表示符号“Q”、高磁导率级取向电工钢表示符号“QG”或无取向电工钢表示符号“W”;

第三部分:取向电工钢,磁极化强度在1.7 T和频率在50 HZ,以W/kg为单位及相应厚度产品的最大比总损耗值的100倍;无取向电工钢,磁极化强度在1.5 T和频率在50 Hz,以W/kg为单位及相应厚度产品的最大比总损耗值的100倍。

例如:公称厚度为0.30 mm、比总损耗 $P1.7/50$ 为1.30 W/kg的普通级取向电工钢,牌号为30Q130。

公称厚度为0.30 mm、比总损耗 $P1.7/50$ 为1.10 W/kg的高磁导率级取向电工钢,牌号为30QG110。

公称厚度为0.50 mm、比总损耗 $P1.5/50$ 为4.0 W/kg的无取向电工钢,牌号为50W400。

3.14 电磁纯铁

电磁纯铁牌号通常由三部分组成:

第一部分:电磁纯铁表示符号“DT”;

第二部分:以阿拉伯数字表示不同牌号的顺序号;

第三部分：根据电磁性能不同，分别采用加质量等级表示符号“A”、“C”、“E”。

示例：见表8。

3.15 原料纯铁

原料纯铁牌号通常由两部分组成：

第一部分：原料纯铁表示符号“YT”；

第二部分：以阿拉伯数字表示不同牌号的顺序号。

示例：见表8。

3.16 高电阻电热合金

高电阻电热合金牌号采用表1规定的化学元素符号和阿拉伯数字表示。牌号表示方法与不锈钢和耐热钢的牌号表示方法相同(镍铬基合金不标出含碳量)。

例如：铬含量为18.00%～21.00%，镍含量为34.00%～37.00%，碳含量不大于0.08%的合金(其余为铁)，其牌号表示为“06Cr20Ni35”。

表8

章条号	产品名称	第一部分			第二部分	第三部分	第四部分	牌号示例
		汉字	汉语拼音	采用字母				
3.5	车辆车轴用钢	辆轴	LiANG ZHOU	LZ	碳含量：0.40%～0.48%	—	—	LZ45
3.5	机车车辆用钢	机轴	JI ZHOU	JZ	碳含量：0.40%～0.48%	—	—	JZ45
3.7	非调质机械结构钢	非	FEI	F	碳含量：0.32%～0.39%	钒含量：0.06%～0.13%	硫含量 0.035%～0.075%	F35VS
3.8.1	碳素工具钢	碳	TAN	T	碳含量：0.80%～0.90%	锰含量：0.40%～0.60%	高级优质钢	T8MnA
3.8.2	合金工具钢	碳含量：0.85%～0.95%			硅含量：1.20%～1.60% 铬含量：0.95%～1.25%	—	—	9SiCr
3.8.3	高速工具钢	碳含量：0.80%～0.90%			钨含量：5.50%～6.75% 钼含量：4.50%～5.50% 铬含量：3.80%～4.40% 钒含量：1.75%～2.20%	—	—	W6Mo5Cr4V2
3.8.3	高速工具钢	碳含量：0.86%～0.94%			钨含量：5.90%～6.70% 钼含量：4.70%～5.20% 铬含量：3.80%～4.50% 钒含量：1.75%～2.10%	—	—	CW6Mo5Cr4V2
3.9.1	高碳铬轴承钢	滚	GUN	G	铬含量：1.40%～1.65%	硅含量：0.45%～0.75% 锰含量：0.95%～1.25%	—	GCr15SiMn
3.10	钢轨钢	轨	GUI	U	碳含量：0.66%～0.74%	硅含量：0.85%～1.15% 锰含量：0.85%～1.15%	—	U70MnSi

表 8(续)

章条号	产品名称	第一部分			第二部分	第三部分	第四部分	牌号示例
		汉字	汉语拼音	采用字母				
3.10	冷镦钢	铆螺	MAO LUO	ML	碳含量:0.26%~0.34%	铬含量:0.80%~1.10% 钼含量:0.15%~0.25%	—	ML30CrMo
3.12	焊接用钢	焊	HAN	H	碳含量:≤0.10%的高级优质碳素结构钢	—	—	H08A
3.12	焊接用钢	焊	HAN	H	碳含量:≤0.10% 铬含量:0.80%~1.10% 钼含量:0.40%~0.60% 的高级优质合金结构钢	—	—	H08CrMoA
3.14	电磁纯铁	电铁	DIAN TIE	DT	顺序号 4	磁性能 A 级	—	DT4A
3.15	原料纯铁	原铁	YUAN TIE	YT	顺序号 1	—	—	YT1

ICS 77.080.20
H 11

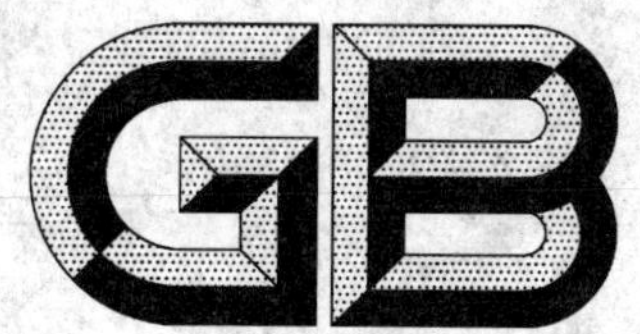

中华人民共和国国家标准

GB/T 223.4—2008
代替 GB/T 223.4—1988

钢铁及合金　锰含量的测定
电位滴定或可视滴定法

Alloyed steel—Determination of manganese content—Potentiometric or visual titration method

2008-05-30 发布　　2008-12-01 实施

中华人民共和国国家质量监督检验检疫总局
中国国家标准化管理委员会　发布

前言

GB/T 223 的本部分代替 GB/T 223.4—1988《钢铁及合金化学分析方法 硝酸铵氧化容量法测定锰量》。

本部分与 GB/T 223.4—1988 相比较主要进行了以下修改：

——修改了本部分名称，增加了电位滴定法；

——增加了分析中对试剂和水的说明内容、修改溶液浓度的表示方法并删除了用滴定法校正钒、铈干扰所用的试剂；

——修改称取试料量的表示并修改含钒、铈样品和不含钒、铈样品分析步骤相关条款，增加钒和铈的理论校正等内容；

——修改了结果计算式及式中量的单位；

——规范了精密度函数式的说明。

本部分的附录 A 和附录 B 是资料性附录。

本部分由中国钢铁工业协会提出。

本部分由全国钢标准化技术委员会归口。

本部分负责起草单位：中国钢研科技集团公司。

本部分主要起草人：王晓辉、俞银谷、罗倩华、柯瑞华。

本部分所代替标准的历次版本发布情况为：

GB/T 223.4—1981、GB 223.4—1988。

钢铁及合金 锰含量的测定 电位滴定或可视滴定法

警告：使用本部分的人员应有正规实验室工作的实践经验。本部分并未指出所有可能的安全问题。使用者有责任采取适当的安全和健康措施，并保证符合国家有关法规规定的条件。

1 范围

本部分规定了用电位滴定法或可视滴定法测定锰含量。

本部分适用于合金钢中质量分数为2%～25%锰含量的测定。

钒、铈干扰测定结果。如果样品中铈含量小于0.01%或钒含量小于0.005%，干扰可以忽略。如果样品中铈含量大于0.01%或钒含量大于0.005%，可进行理论值校正。

2 规范性引用文件

下列文件中的条款通过本部分的引用而成为本部分的条款。凡是注日期的引用文件，其随后所有的修改单(不包括勘误的内容)或修订版均不适用于本部分，然而，鼓励根据本部分达成协议的各方研究是否可使用这些文件的最新版本。凡是不注日期的引用文件，其最新版本适用于本部分。

GB/T 6379.1 测量方法与结果的准确度(正确度与精密度)——第1部分：总则与定义

GB/T 6379.2 测量方法与结果的准确度(正确度与精密度)——第2部分：确定标准测量方法重复性与再现性的基本方法

GB/T 20066 钢和铁 化学成分测定用试样的取样和制样方法(GB/T 20066—2006 ISO 14284：1996，IDT)

ISO 385-1 实验室玻璃仪器——滴定管——第1部分：一般要求

ISO 648 实验室玻璃仪器——单标线移液管

ISO 1042 实验室玻璃仪器——单标线容量瓶

ISO 3696 分析实验室用水——规格及检验方法

ISO 4942 钢铁——钒含量的测定——N-BPHA分光光度法

ISO 4947 钢铁——钒含量的测定——电位滴定法

ISO 5725-3 测量方法与结果的准确度(正确度与精密度)——第3部分：标准测量方法精密度的中间度量

ISO 9647 钢铁——钒含量的测定——火焰原子吸收法

3 原理

试料以适当的酸溶解，加磷酸。在磷酸微冒烟的状态下，用硝酸铵将锰氧化至三价。以N-苯代邻氨基苯甲酸为指示剂，用硫酸亚铁铵标准溶液可视滴定三价锰，或用硫酸亚铁铵标准溶液进行电位滴定。如果试样含钒、铈，应对锰含量进行校正。

4 试剂

分析中，除另有说明外，仅使用认可的分析纯试剂和ISO 3696规定的二级水。

4.1 硝酸铵，NH_4NO_3。

4.2 尿素。

4.3 磷酸，ρ 约 1.69 g/mL。

4.4 硝酸，ρ 约 1.42 g/mL。

4.5 盐酸，ρ 约 1.19 g/mL。

4.6 硫酸，ρ 约 1.84 g/mL，稀释为1+3。

4.7 硫酸，ρ 约 1.84 g/mL，稀释为 5+95。

4.8 N-苯代邻氨基苯甲酸溶液（2 g/L）

将 0.20 g N-苯代邻氨基苯甲酸和 0.20 g 碳酸钠溶解于 100 mL 水中，过滤后使用。

4.9 重铬酸钾溶液：$c\left(\frac{1}{6}K_2Cr_2O_7\right)=0.015\ 00\ mol/L$

称取 0.735 5 g 基准重铬酸钾（预先经 150℃烘干 2 h，置于干燥器中冷却），置于 250 mL 烧杯中，用水溶解。将此溶液定量移入 1 000 mL 的单标线容量瓶中，用水稀释至刻度，混匀。

4.10 锰标准溶液，1.00 g/L

称取 1.000 g 金属锰［纯度≥99.9%（质量分数）］，精确至 0.1 mg。置于 250 mL 烧杯中，加入 40 mL 盐酸（4.5）。盖上表面皿，缓慢加热至完全溶解。冷却，将溶液定量移入 1 000 mL 单标线容量瓶中，用水稀释至刻度，混匀。

此标准溶液 1 mL 含 1.00 mg 锰。

4.11 硫酸亚铁铵标准滴定溶液，$c[(NH_4)_2Fe(SO_4)_2\cdot 6H_2O]=0.015\ mol/L$

4.11.1 溶液的制备

将 5.9 g 硫酸亚铁铵溶于 1 000 mL 硫酸（4.7）中，混匀。

4.11.2 溶液的标定（用前标定）。

4.11.2.1 可视滴定法

4.11.2.1.1 标定

移取 20.00 mL 重铬酸钾溶液（4.9）3 份，分别置于 250 mL 锥形瓶中。加入 20 mL 硫酸（4.6），5 mL 磷酸（4.3）。加水至体积约 150 mL。以下操作按 7.2.2.1。

3 份溶液所消耗硫酸亚铁铵标准溶液毫升数的极差值不超过 0.05 mL，取其平均值为 V_1。

4.11.2.1.2 N-苯代邻氨基苯甲酸校正

移取 5.00 mL 重铬酸钾溶液（4.9）三份，分别置于 250 mL 锥形瓶中。加 20 mL 硫酸（4.6），5 mL 磷酸（4.3）。用硫酸亚铁铵标准溶液（4.11）滴定至接近终点。加 2 滴 N-苯代邻氨基苯甲酸（4.8）指示剂，继续滴定至紫红色消失，记下滴定管读数 V'。再加入 5.00 mL 重铬酸钾溶液（4.9），继续用硫酸亚铁铵标准溶液（4.11）滴定至终点，记下滴定管读数 V''。计算（$V''-V'$），三份溶液（$V''-V'$）的平均值即为 2 滴 N-苯代邻氨基苯甲酸溶液的校正值 V_0。

4.11.2.1.3 计算

将滴定重铬酸钾标准溶液所消耗的硫酸亚铁铵标准滴定溶液的体积进行校正后再进行计算。硫酸亚铁铵标准滴定溶液（4.11）的浓度为 c，数值以 mol/L 表示，按式（1）计算：

$$c=\frac{0.015\ 00\times 20.00}{V_1-V_0} \qquad \cdots\cdots\cdots\cdots(1)$$

式中：

V_1——滴定所消耗的硫酸亚铁铵标准滴定溶液（4.11）的平均体积，单位为毫升（mL）；

V_0——2 滴 N-苯代邻氨基苯甲酸溶液的校正值，单位为毫升（mL）。

4.11.2.2 电位滴定法

4.11.2.2.1 标定

移取 20.00 mL 锰标准溶液（4.10）3 份，分别置于 300 mL 锥形瓶中。加 15 mL 磷酸（4.3），加热蒸发至液面平静刚出现微烟（温度控制在 200℃～240℃）。取下锥形瓶，立即加入 2 g 硝酸铵（4.1），摇动锥形瓶并排除氮氧化物。氮氧化物应除尽,可以吹去或加 0.5 g～1.0 g 尿素(4.2)。放置 1 min～2 min,使溶液降至 80℃～100℃。

将溶液转移至 400 mL 烧杯中。加 60 mL 硫酸(4.7),混匀。然后将溶液体积稀释至约 150 mL,冷却至室温。以下操作按 7.2.2.2 进行。

3 份溶液所消耗硫酸亚铁铵标准滴定溶液毫升数的极差值不超过 0.05 mL,取其平均值为 V_2。

4.11.2.2.2 计算

硫酸亚铁铵标准滴定溶液(4.11)的浓度为 c_1,数值以 mol/L 表示,按式(2)计算:

$$c_1 = \frac{1.00 \times 20.00}{54.94 \times V_2} \qquad \cdots\cdots(2)$$

式中:

V_2——滴定锰标准溶液所需硫酸亚铁铵溶液(4.11)的平均体积,mL;

54.94——锰的摩尔质量,g/mol。

5 仪器

按照 ISO 385-1、ISO 648 或 ISO 1042 的要求,所用容量仪器需符合 A 级规定。

普通实验室仪器及

5.1 电位滴定装置,包括:

5.1.1 Pt 指示电极,表面应保持清洁、光亮。

5.1.2 Ag/AgCl,甘汞或硫酸汞(Ⅰ)参比电极。

注:也可使用氧化还原电极。

6 取制样

按 GB/T 20066 或适当的钢国家标准取制样。

7 分析步骤

7.1 试料量

根据表 1 称取试样,精确至 0.000 1 g。

表 1 试料量

锰质量分数/%	试料/g
2～5	0.50
5～15	0.20
15～25	0.10

7.2 测定

7.2.1 试液制备

将试料(7.1)置于 300 mL 容量瓶中,加入 15 mL 磷酸(4.3)[高合金钢可先用 15 mL 盐酸(4.5)-硝酸(4.4)的混合酸(3+1)溶解],缓慢加热至完全溶解后,滴加硝酸(4.4)破坏碳化物。

继续加热,蒸发至液面平静刚出现微烟(温度控制在 200℃～240℃)。取下锥形瓶,立即加入 2 g 硝酸铵(4.1),摇动锥形瓶并排除氮氧化物。氮氧化物必须除尽,可以吹去或加 0.5 g～1.0 g 尿素(4.2)。放置 1 min～2 min。使溶液温度降至 80℃～100℃。

7.2.2 滴定

7.2.2.1 可视滴定

于溶液(7.2.1)中加入 60 mL 硫酸(4.7),摇匀。将溶液体积稀释至约 150 mL,冷却至室温。用硫酸亚铁铵标准溶液(4.11)滴定至接近终点。加 2 滴 N-苯代邻氨基苯甲酸(4.8)指示剂,继续滴定至紫红色刚好消失，记录所加入的硫酸亚铁铵溶液(4.11)的体积 V_3。

7.2.2.2 **电位滴定**

将溶液(7.2.1)转移至 400 mL 烧杯中，加入 60 mL 硫酸(4.7)，摇匀。将溶液体积稀释至约 150 mL，冷却至室温。将盛有溶液(7.2.1)的烧杯置于磁搅拌器上搅拌。

将指示电极、参比电极(5.1.1 和 5.1.2)或氧化还原电极浸于溶液中，用硫酸亚铁铵溶液(4.11)缓慢滴定至接近终点。继续以每次 0.05 mL 的增量或逐滴加入，记录每次电位平衡时电位读数及滴定体积。继续滴加至过终点。从电位滴定曲线或 dE/dV 曲线确定终点。记录滴定终点所消耗的硫酸亚铁铵标准溶液的体积 V_4。

7.2.3 **钒和铈的理论校正**

含钒和铈的样品，锰含量可以按理论值进行校正。1%钒相当于 1.08%锰，1%铈相当于 0.40%锰。

钒含量可以按 ISO 4942，ISO 4947 或 ISO 9647 规定的操作进行测定，也可以按适当的钢国家标准进行测定。

8 结果表示

8.1 计算方法

8.1.1 **可视滴定**

样品中的锰质量分数为 $w(\mathrm{Mn})$，数值以%表示，按式(3)计算：

$$w(\mathrm{Mn}) = \frac{c \times (V_3 - V_0) \times 54.94}{m_0 \times 1\,000} \times 100 - 1.08 \times w(\mathrm{V}) - 0.40 \times w(\mathrm{Ce}) \quad \cdots\cdots(3)$$

式中：

c——硫酸亚铁铵标准滴定溶液(4.11)的浓度，mol/L；

V_0——2 滴 N-苯代邻氨基苯甲酸溶液的校正值，mL；

V_3——滴定锰、钒、铈消耗硫酸亚铁铵标准滴定溶液(4.11)的体积，mL；

m_0——试料量，g；

54.94——锰的摩尔质量，g/mol；

$w(\mathrm{V})$——样品中钒的质量分数，%；

$w(\mathrm{Ce})$——样品中铈的质量分数，%。

如果样品中铈含量小于 0.01%或钒含量小于 0.005%，计算锰含量时可以忽略，上述公式(3)可简化为式(4)：

$$w(\mathrm{Mn}) = \frac{c \times (V_3 - V_0) \times 54.94}{m_0 \times 1\,000} \times 100 \quad \cdots\cdots(4)$$

8.1.2 **电位滴定**

样品中的锰含量为 $w(\mathrm{Mn})$，数值以质量分数表示，按式(5)计算：

$$w(\mathrm{Mn}) = \frac{c_1 \times V_4 \times 54.94}{m_0 \times 1\,000} \times 100 - 1.08 \times w(V) - 0.40 \times w(\mathrm{Ce}) \quad \cdots\cdots(5)$$

式中：

c——硫酸亚铁铵标准滴定溶液(4.11)的浓度，mol/L；

V_4——滴定锰、钒、铈消耗硫酸亚铁铵标准滴定溶液(4.11)的体积，mL；

m_0——试料量，g；

54.94——锰的摩尔质量，g/mol；

$w(V)$——样品中钒的质量分数，%；

$w(\mathrm{Ce})$——样品中铈的质量分数，%。

如果样品中铈含量小于 0.01%或钒含量小于 0.005%，计算锰含量时可以忽略，上述公式(5)可简化为式(6)：

$$w(\mathrm{Mn}) = \frac{c_1 \times V_4 \times 54.94}{m_0 \times 1\ 000} \times 100 \quad \cdots\cdots(6)$$

8.2 精密度

本部分的精密度试验由11个实验室，对7个水平的锰含量进行测定，每个实验室对每个水平的锰含量测定3次。

注1：3次测定中的前两次是在GB/T 6379.1规定的重复性条件下进行，即由同一实验员、用同一仪器、相同的实验条件、同一校准，在最短的时间内进行测定。

注2：第三次测定由注1中的实验员，用同一台仪器，在不同时间(不同天)，用新的校准进行。

所用试样和得到的平均值列于表A.1和表A.2。

根据GB/T 6379.1、GB/T 6379.2和ISO 5725-3，对得到的结果进行统计分析。

结果表明，锰含量与实验结果的重复性限(r)和再现性限(R和R_W)间呈对数关系(见注3)，汇总于表2。数据图示由附录B给出。

注3：第一天所得的两个结果和第二天所得的结果，按ISO 5725-3规定的方法，计算重复性限(r)和再现性限(R和R_W)。

表2 重复性限和再现性限结果

锰含量(质量分数)/%	重复性限 r	再现性限	
		R_W	R
2.00	0.023 227	0.036 768	0.066 777
5.00	0.041 239	0.061 381	0.131 181
10.00	0.063 665	0.090 448	0.218 625
12.00	0.071 369	0.100 158	0.250 063
15.00	0.082 077	0.113 472	0.294 755
20.00	0.098 287	0.133 280	0.364 359
22.00	0.104 334	0.140 578	0.390 869
25.00	0.113 034	0.150 997	0.429 479

9 试验报告

试验报告应包括下列内容：

a) 鉴别试料、实验室和分析日期等资料；

b) 遵守本部分规定的程度；

c) 分析结果及其表示；

d) 测定中观察到的异常现象；

e) 对分析结果可能有影响而本部分未包括的操作或者任选的操作。

附 录 A
（资料性附录）
国际合作试验附加资料

试验所用样品列于表 A.1，国际合作试验所得详细结果见表 A.2。

表 A.2 是 2006 年由 5 个国家的 10 个实验室对钢铁样品进行国际合作分析试验的结果。

试验结果已经报出。精密度数据图示见附录 B。

表 A.1 所用试样

样品序号	试 样	化学成分(质量分数)/%									
		C	Si	Mn	P	S	Cr	Ni	Mo	V	Cu
1	GBW 01301	0.9	0.06	2.09	0.05	0.03	0.1	0.08			0.2
2	GBW 01657	0.07	0.5	4.76	0.03	0.01	11.5	4.5	3.1	0.02	0.1
3	YSBC 11301-93	0.06	0.9	10.03	0.02	0.003	18	5.7			
4	YSBC 11315-94	1.2	0.6	12.61	0.08	0.007	0.2	0.1			
5	BH 1004-1	0.06	0.6	17.22	0.09	0.008	9.3				
6	BH 0227	0.2	0.2	22.44	0.02	0.001	0.02	0.003			Al 2.2

表 A.2 国际合作试验所得详细结果

序号	试 样	锰含量(质量分数)/%			精密度数据		
		认可值	测定值 $\overline{w}_1(\mathrm{Mn})$	测定值 $\overline{w}_2(\mathrm{Mn})$	重复性限 r	再现性限 R_W	再现性限 R
1	GBW 01301	2.09	2.087 9	2.088 9	0.020 264	0.034 535	0.072 097
2	GBW 01657	4.76	4.753 0	4.752 3	0.056 380	0.063 467	0.113 486
3	YSBC 11301-93	10.03	10.081 6	10.079 9	0.054 582	0.082 630	0.250 511
4	YSBC 11315-94	12.61	12.654 9	12.658 5	0.060 017	0.118 712	0.263 062
5	BH 1004-1	17.22	17.214 8	17.227 6	0.130 946	0.164 007	0.284 362
6	BH 0227	22.44	22.349 1	22.362 8	0.087 042	0.116 929	0.398 643
7	BH 0227	29.17[a]	29.084 4	29.091 7	0.123 965	0.146 246	0.505 787

$\overline{w}_1(\mathrm{Mn})$：同一天的平均值；$\overline{w}_2(\mathrm{Mn})$：不同天的平均值。

[a] 在进行国际合作试验时，本草案锰的含量(质量分数)范围为 2%～30%。但对于 30%的锰，没有找到合适的有证参考物质(CRM)。CRM BH0227 被当作两个样品进行试验，一个作为 22.44%的锰，另一个通过增加试料量，称取 0.13 g 试料，按 0.10 g 计算，作为 30%的锰。该列中，29.17%为 22.44%的 1.3 倍，高于正常认可值。根据 TC 17/SC 1 在 2006 年 10 月 18～20 的决定，范围变为 2%～25%。

附　录　B
（资料性附录）
精密度数据图示

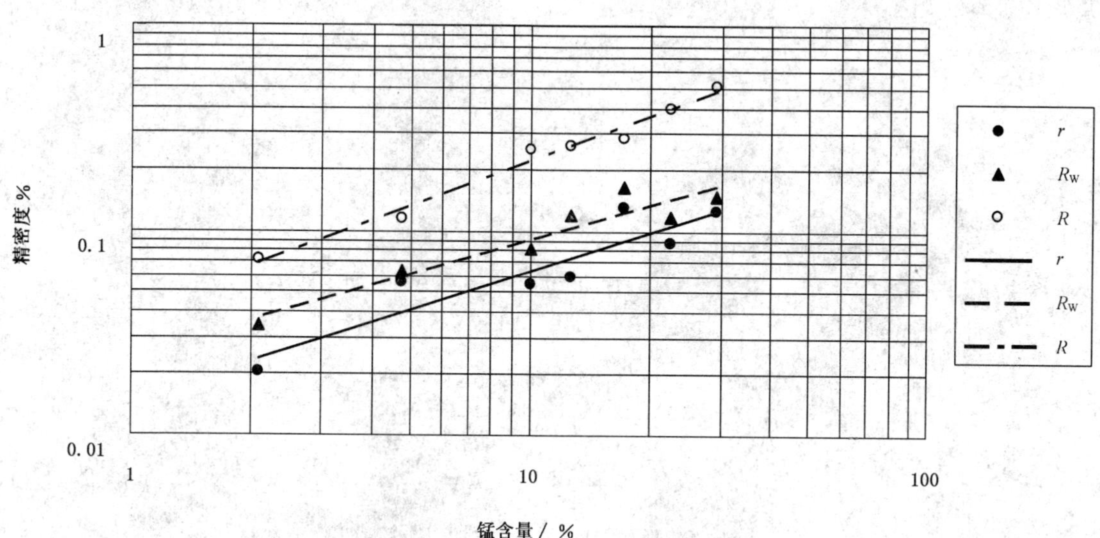

X——锰的含量(质量分数),%

Y——精密度（质量分数),%

$\lg r = 0.626\ 5\lg \overline{w}_1(\mathrm{Mn}) - 1.822\ 6$

$\lg R_W = 0.559\ 3\lg \overline{w}_2(\mathrm{Mn}) - 1.602\ 9$

$\lg R = 0.736\ 9\lg \overline{w}_1(\mathrm{Mn}) - 1.397\ 2$

图 B.1　锰含量($(\overline{w}_1(\mathrm{Mn})$或$\overline{w}_2(\mathrm{Mn}))$)与重复性 r 及再现性 R_W 和 R 的对数关系

ICS 77.080.01
H 11

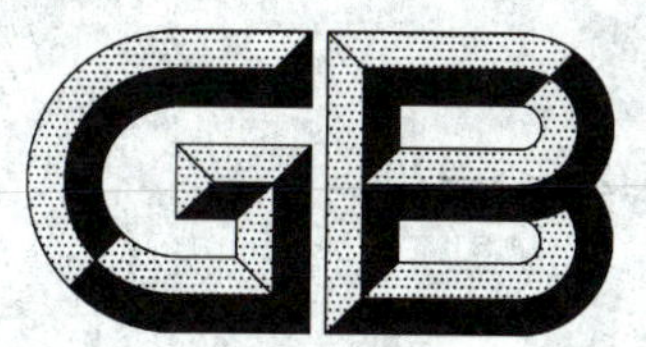

中华人民共和国国家标准

GB/T 223.5—2008
代替 GB/T 223.5—1997

钢铁　酸溶硅和全硅含量的测定 还原型硅钼酸盐分光光度法

Steel and iron—Determination of acid-soluble silicon and total silicon content—Reduced molybdosilicate spectrophotometric method

(ISO 4829-1:1986 Steel and cast iron—Determination of total silicon content—Reduced molybosilicate spectrophotometric method—Part 1:Silicon contents between 0.05 and 1.0% & ISO 4829-2:1988 Steel and iron—Determination of total silicon content—Reduced molybosilicate spectrophotometric method—Part 2: Silicon contents between 0.01 and 0.05%, MOD)

2008-08-19 发布　　　　2009-04-01 实施

中华人民共和国国家质量监督检验检疫总局
中国国家标准化管理委员会　发布

前　言

GB/T 223 的本部分修改采用 ISO 4829-1:1986《钢和铸铁　全硅含量测定　还原型硅钼酸盐分光光度法　第 1 部分:硅含量 0.05%～1.0%》和 ISO 4829-2:1988《钢铁　全硅含量测定　还原型硅钼酸盐分光光度法　第 2 部分:硅含量 0.01%～0.05%》,并整合成一个标准。

本部分的原理、溶解酸、显色体系、测量方式等与 ISO 4829-1:1986 和 ISO 4829-2:1988 一致。在不影响方法的准确度和精密度前提下,主要做了以下修改:

——原试料处理后,试液稀释于 1 000 mL 容量瓶中定容,改为在 100 mL 容量瓶中定容,相应减少溶解酸量和分取显色溶液量。

——原试料量一律为 0.50 g,改为分别称取 0.40 g、0.20 g 或 0.10 g。

——原残渣在锆坩埚中用过氧化钠于 600 ℃熔融,改为在铂坩埚中用碳酸钠-硼酸混合熔剂于 950 ℃熔融。

——原纯铁硅含量分别小于 5 μg/g 和 2 μg/g,改为纯铁硅含量小于 0.002%(质量分数),并已知其准确含量。

——原绘制校准曲线时,称取多份纯铁,在混合酸分解后,分别加入不同量硅标准溶液,改为称取一份纯铁,加混合酸分解定容,分液后分别加入不同量硅标准溶液。试剂中硅标准溶液的浓度亦作相应变动。

——分析结果的计算式作了修改。

本部分代替 GB/T 223.5—1997《钢铁及合金化学分析方法　还原型硅钼酸盐光度法测定酸溶硅含量》。

本部分与 GB/T 223.5—1997 相比较,主要做了以下修改:

——扩大了适用范围;

——增加了全硅含量的测定方法;

——显色时用抗坏血酸作还原剂,原标准采用硫酸亚铁铵作还原剂。

本部分的附录 A、附录 B 都是资料性附录。

本部分由中国钢铁工业协会提出。

本部分由全国钢标准化技术委员会归口。

本部分负责起草单位:首钢总公司技术中心。

本部分参加起草单位:武汉钢铁(集团)公司、钢铁研究总院。

本部分主要起草人:张东生、宁伟光、曹宏燕、柯瑞华。

本部分所代替标准的历次版本发布情况为:

GB/T 223.5(二)—1981、GB/T 223.5—1988、GB/T 223.5—1997。

钢铁　酸溶硅和全硅含量的测定
还原型硅钼酸盐分光光度法

警告：使用GB/T 223的本部分的人员应有正规实验室工作的实践经验。本部分并未指出所有可能的安全问题。使用者有责任采取适当的安全和健康措施，并保证符合国家有关法规规定的条件。

1　范围

GB/T 223的本部分规定了用还原型硅钼酸盐分光光度法测定钢铁中酸溶硅和全硅含量。

本部分适用于钢铁中质量分数为0.010%～1.00%的硅含量测定。

2　规范性引用文件

下列文件中的条款通过GB/T 223的本部分的引用而成为本部分的条款。凡是注日期的引用文件，其随后所有的修改单(不包括勘误的内容)或修订版均不适用于本部分，然而，鼓励根据本部分达成协议的各方研究是否可使用这些文件的最新版本。凡是不注日期的引用文件，其最新版本适用于本部分。

GB/T 6379.1　测量方法与结果的准确度(正确度与精密度)　第1部分：总则与定义(GB/T 6379.1—2004,ISO 5725-1:1994,IDT)

GB/T 6379.2　测量方法与结果的准确度(正确度与精密度)　第2部分：确定标准测量方法重复性与再现性的基本方法(GB/T 6379.2—2004,ISO 5725-2:1994,IDT)

GB/T 20066　钢和铁　化学成分测定用试样的取样和制样方法(GB/T 20066—2006,ISO 14284:1996,IDT)

3　原理

将试料以适宜比例的硫酸-硝酸或盐酸-硝酸溶解，用碳酸钠和硼酸混合熔剂熔融酸不溶残渣。在弱酸性溶液中，硅酸与钼酸盐生成氧化型硅钼酸盐(硅钼黄)。增加硫酸浓度，加入草酸消除磷、砷、钒的干扰，以抗坏血酸选择性还原，将硅钼酸盐还原成蓝色的还原型硅钼酸盐(硅钼蓝)。

在波长810 nm处，对蓝色的还原型硅钼酸盐进行分光光度测定。

4　试剂和材料

除非另有说明，分析中仅使用认可的分析纯试剂和二级水或三级水。

所有溶液应是现制备的，并储存于聚丙烯或聚四氟乙烯容器中。

4.1　纯铁，硅含量小于0.004%并已知其准确含量。

4.2　混合熔剂，二份碳酸钠和一份硼酸研磨至粒度小于0.2 mm，混匀。

4.3　硫酸，1+3。于600 mL水中，边搅拌边小心加入250 mL硫酸(ρ约1.84 g/mL)，冷却后，用水稀释至1 000 mL，混匀。

4.4　硫酸，1+9。于800 mL水中，边搅拌边小心加入100 mL硫酸(ρ约1.84 g/mL)，冷却后，用水稀释至1 000 mL，混匀。

4.5　硫酸-硝酸混合酸。于500 mL水中，边搅拌边小心加入35 mL硫酸(ρ约1.84 g/mL)和45 mL硝酸(ρ约1.42 g/mL)，冷却后，用水稀释至1 000 mL，混匀。

4.6　盐酸-硝酸混合酸。于500 mL水中，加入180 mL盐酸(ρ约1.19 g/mL)和65 mL硝酸(ρ约

1.42 g/mL)，冷却后，用水稀释至 1 000 mL，混匀。

4.7 高锰酸钾溶液，22.5 g/L。将 2.25 g 高锰酸钾溶于 50 mL 水中，用水稀释至 100 mL，混匀，用前过滤。

4.8 过氧化氢溶液，1+4。

4.9 钼酸钠溶液：将 2.5 g 二水合钼酸钠（$Na_2MoO_4 \cdot 2H_2O$）溶于 50 mL 水中，以中密度滤纸过滤。使用前加入 15 mL 硫酸(4.4)，用水稀释至 100 mL，混匀。

4.10 草酸溶液，50 g/L。将 5 g 二水合草酸（$C_2H_2O_4 \cdot 2H_2O$）溶于水中，用水稀释至 100 mL，混匀。

4.11 抗坏血酸溶液，20 g/L。将 2 g 抗坏血酸溶于 50 mL 水中，用水稀释至 100 mL，混匀。用前配制。

4.12 硅标准溶液

4.12.1 硅储备液，0.50 mg/mL。称取 1.069 7 g 经 1 100 ℃灼烧 1 h 并冷却至室温的高纯二氧化硅（质量分数>99.9%），置于铂坩埚中。加 10 g 无水碳酸钠充分混匀，于 1 050 ℃熔融 30 min。在聚丙烯或聚四氟乙烯烧杯中，以 100 mL 水浸取熔融物（见注）。将全部溶清的浸取液转移至 1 000 mL 单标线容量瓶中，用水稀释至刻度，混匀。立即转移至密封好的聚四氟乙烯瓶中储存。此储备液 1 mL 含 0.500 mg 硅。

注：熔融物浸取可能需要缓慢加热。

4.12.2 硅标准溶液，10.0 μg/mL。移取 20.00 mL 硅储备液(4.12.1)于 1 000 mL 单标线容量瓶中，用水稀释至刻度，混匀。立即转移至密封好的聚四氟乙烯瓶中储存，使用前配制。此标准溶液 1 mL 含 10.0 μg 硅。

4.12.3 硅标准溶液，4.0 μg/mL。移取 100.0 mL 硅储备液(4.12.2)于 250 mL 单标线容量瓶中，用水稀释至刻度，混匀。立即转移至密封较好聚四氟乙烯瓶中储存，使用前配制。此标准溶液 1 mL 含 4.0 μg 硅。

5 仪器与设备

通常的实验室仪器、设备。

5.1 聚丙烯或聚四氟乙烯烧杯，容积 250 mL。

5.2 铂坩埚，容积 30 mL。

5.3 分光光度计

分光光度计应具备在波长 810 nm 处测量吸光度时，光谱带宽小于或等于 10 nm。波长测量应精确到±2 nm，可通过测量钕镨混合物滤光片的最大吸收值在 803 nm 进行校正，或采用其他合适的校正方法。对于最大吸光度溶液的吸收测量应满足相对偏差为 0.3%或更小。

6 取制样

按 GB/T 20066 或适当的国家标准取制样。

7 分析步骤

7.1 试料

硅含量 0.010%～0.050%时称取 0.40±0.01 g 试料（粉末或屑样），精确至 0.000 1 g。

硅含量 0.050%～0.25%时称取 0.20±0.01 g 试料（粉末或屑样），精确至 0.000 1 g。

硅含量 0.25%～1.00%时称取 0.10±0.01 g 试料（粉末或屑样），精确至 0.000 1 g。

7.2 铁基空白试验

称取与试料相同量的纯铁(4.1)代替试料，用同样的试剂、按 7.3 相同的分析步骤与试料平行操作，此铁基空白试验溶液作底液绘制校准曲线。

7.3 试料分解和试液制备

7.3.1 酸溶性硅测定的试料分解和试液制备

将试料(7.1)置于 250 mL 聚丙烯或聚四氟乙烯烧杯中(5.1),称量为 0.20 g 和 0.10 g 时加入 25 mL 硫酸-硝酸混合酸(4.5);称量为 0.40 g 时加入 30 mL 硫酸-硝酸混合酸(4.5),盖上盖子,微热溶解试料,溶解过程中不断补加水,保持溶液体积无明显减少。

或将试料(7.1)置于 250 mL 聚丙烯或聚四氟乙烯烧杯中(5.1),称量为 0.20 g 和 0.10 g 时加入 15 mL 盐酸-硝酸混合酸(4.6);称量为 0.40 g 时加入 20 mL 盐酸-硝酸混合酸(4.6),盖上盖子,微热溶解试料,溶解过程中不断补加水,保持溶液体积无明显减少。

用水稀释至约 60 mL,小心将试液加热至沸,滴加高锰酸钾溶液(4.7)至析出水合二氧化锰沉淀,保持微沸 2 min。滴加过氧化氢(4.8)至二氧化锰沉淀恰好溶解,并加热微沸 5 min 使过氧化氢分解。冷却,将试液转移至 100 mL 单标线容量瓶中,用水稀释至刻度,混匀。

7.3.2 全硅测定的试料分解和试液制备

将试料(7.1)置于 250 mL 聚丙烯或聚四氟乙烯烧杯中(5.1),称量为 0.20 g 和 0.10 g 时加入 30 mL 硫酸-硝酸混合酸(4.5);测量为 0.40 g 时加入 35 mL 硫酸-硝酸混合酸(4.5),盖上盖子,微热溶解试料,溶解过程中不断补加水,以保持溶液体积无明显减少。

或将试料(7.1)置于 250 mL 聚丙烯或聚四氟乙烯烧杯中(5.1),称量为 0.20 g 和 0.10 g 时加入 20 mL 盐酸-硝酸混合酸(4.6);称量为 0.40 g 时加入 25 mL 盐酸-硝酸混合酸(4.6),盖上盖子,微热溶解试料,溶解过程中不断补加水,保持溶液体积无明显减少。

当溶液反应停止时,用低灰分慢速滤纸过滤溶液,滤液收集于 250 mL 烧杯中。用 30 mL 热水洗涤烧杯和滤纸,用带橡皮头的棒擦下粘附在杯壁上的颗粒并全部转移至滤纸上。

将滤纸及残渣置于铂坩埚中(5.2),干燥,灰化,在高温炉中于 950 ℃灼烧。冷却后,加 0.25 g 混合熔剂(4.2)与残渣混合,再覆盖 0.25 g 混合熔剂(4.2),在高温炉中于 950 ℃熔融 10 min。冷却后,擦净坩埚外壁,将坩埚置于盛有滤液的 250 mL 烧杯中,缓缓搅拌使熔融物溶解,用水洗净坩埚。

小心将试液加热至沸,滴加高锰酸钾溶液(4.7)至析出水合二氧化锰沉淀,保持微沸 2 min。滴加过氧化氢(4.8)至二氧化锰沉淀恰好溶解,加热微沸 5 min 使过氧化氢分解。冷却,将试液转移至 100 mL 单标线容量瓶中,用水稀释至刻度,混匀。

7.4 显色

分取 10.00 mL 由 7.3.1 或 7.3.2 得到的试液两份于两个 50 mL 硼硅酸盐玻璃单标线容量瓶中,加 10 mL 水。一份溶液制备显色液,另一份溶液制备参比液。

在 15 ℃～25 ℃温度的条件下,按下述方法处理每一种试液和参比液,用移液管加入所有试剂溶液。

显色液按下列顺序加入试剂溶液,每次加入一种溶液后都要摇动:

——10.0 mL 钼酸钠溶液(4.9),静置 20 min;

——5.0 mL 硫酸(4.3);

——5.0 mL 草酸溶液(4.10);

——立即加入 5.0 mL 抗坏血酸溶液(4.11)。

参比液按下列顺序加入试剂溶液,每次加入一种溶液后都要摇动:

——5.0 mL 硫酸(4.3);

——5.0 mL 草酸溶液(4.10);

——10.0 mL 钼酸钠溶液(4.9);

——立即加入 5.0 mL 抗坏血酸(4.11)。

用水稀释至刻度,混匀。每一种试液(试料溶液和空白液)及各自的参比液静置 30 min。

注:在稀释时,含有铌、钽试样溶液中会有细小的分散的沉淀。待沉淀下沉后,用密滤纸干过滤上层清液于干燥容器中,弃去开始的几毫升滤液。

7.5 分光光度测定

用适合的吸收皿(见表1),于分光光度计(5.3)波长810 nm处,测量每份显色溶液(7.4)对各自参比溶液的吸光度。

注:除在810 nm测量外,亦可在680 nm或760 nm波长处测量吸光度(并选择适当的吸收皿)。

7.6 校准曲线的建立

7.6.1 校准曲线溶液的制备

分取10.00 mL铁基空白试验溶液(7.2)7份于7个硼硅酸盐玻璃单标线50 mL容量瓶中。按表1分别加入硅标准溶液(4.12.2或4.12.3),补加水至20 mL。

其中一份不加硅标准溶液的空白试验溶液按7.4制备参比溶液。另6份试液按7.4制备显色溶液。

表 1

硅含量(质量分数)/%	硅标准溶液加入量/mL	硅标准溶液	吸收皿厚度/cm
0.010~0.050	0、0、1.00、2.00、3.00、4.00、5.00	4.12.3(4.0 μg/mL)	2
0.050~0.25	0、0、1.00、2.00、3.00、4.00、5.00	4.12.2(10.0 μg/mL)	1
0.25~1.00	0、0、2.00、4.00、6.00、8.00、10.00	4.12.2(10.0 μg/mL)	0.5

7.6.2 分光光度测定

用适合的吸收皿(表1),于分光光度计(5.3)波长810 nm处(7.5注),测量各校准曲线显色溶液对参比溶液的吸光度。

7.6.3 校准曲线的绘制

以校准曲线溶液的吸光度为纵坐标,校准曲线溶液中加入的硅量与分取纯铁溶液中的硅量之和为横坐标,绘制校准曲线。

8 结果表示

8.1 结果计算

硅的含量以质量分数 w_{Si} 计,数值以%表示,按式(1)计算:

$$w_{Si}=\frac{m_1\times V}{m\times V_1\times 10^6}\times 100 \qquad (1)$$

式中:

m_1——从校准曲线上查得显色溶液中的硅量,单位为微克(μg);

V——试料溶液总体积,单位为毫升(mL);

V_1——分取试液的体积,单位为毫升(mL);

m——试料量,单位为克(g)。

8.2 精密度

本部分精密度由两部分组成:

硅含量在0.050%~1.00%是由18个实验室对10个水平的硅含量进行测定,每个实验室对每个水平硅含量测定4次。

所用试样列于附录A表A.1中。

根据 GB/T 6379.1、GB/T 6379.2,对得到的测定结果进行统计处理。

结果表明,硅含量与试验结果的重复性限(r)和再现性限(R)间呈对数关系,汇总于表 2,数据图示由附录 B 给出。

表 2

硅含量(质量分数)/%	重复性限 r	再现性限 R
0.05	0.004	0.008
0.1	0.006	0.012
0.2	0.009	0.018
0.5	0.015	0.032
1.0	0.023	0.049

硅含量在 0.010%～0.050%是由 15 个实验室对 5 个水平的硅含量进行测定,每个实验室对每个水平硅含量测定 3 次。

根据 GB/T 6379.1、GB/T 6379.2(见注 1、注 2 和注 3),对得到的测定结果进行统计处理。

结果表明,硅含量与重复性限(r)或再现性限(R_W 和 R)间无系统关系。典型的数据为:对重复性限 r 为 0.004%,室内再现性限 R_W 为 0.005%,再现性限 R 为 0.006%。

所用的试样及测定结果汇总于附录 A 表 A.2 中。

注 1:3 次测定中的前两次是在 GB/T 6379.1 规定的重复性条件下进行,即由同一实验员、用同一仪器、相同的实验条件、同一校准,在最短的时间内进行测定。

注 2:第三次测定由注 1 中的实验员,用同一台仪器,在不同时间(不同天),用新的校准进行。

注 3:由第一天所得的两个结果,按 GB/T 6379.2 计算重复性限(r)和再现性限(R)。由第一天所得的第一个结果和第二天所得的结果,计算实验室内的再现性限(R_W)。

9 试验报告

试验报告应包括下列内容:

a) 鉴别试料、实验室和分析日期等资料;

b) 遵守本部分规定的程度;

c) 分析结果及其表示;

d) 测定中观察到的异常现象;

e) 对分析结果可能有影响而本部分未包括的操作或者任选的操作。

附 录 A
（资料性附录）
国际共同试验附加资料

A.1 1983 年由 7 个国家 18 个试验室对 1 个铁样、9 个钢样进行国际合作试验，结果列于 8.2 表 2。

试验结果在 1984 年 4 月 ISO/TC 17/SC 1 文件报出。

精密度数据的图示见附录 B。

试验样品列于表 A.1。

表 A.1

样　　品	硅含量（质量分数）/%
ECRM 085-1(0.3%S 易切钢)	0.008
JSS 023-5(非合金钢)	0.024
BCS 452/1(1.30%Mn 钢)	0.055
ECRM 020-1(非合金钢)	0.072
ECRM 081-1(非合金钢)	0.105
ECRM 0254-1(7%W,5%Mo,2%V,5%Cr 钢)	0.190
ECRM 077-2(1.25%Mn 钢)	0.293
ECRM 277-1(18%Cr,10%Ni 钢)	0.417
ECRM 484-1(白口可锻铸铁)	0.717
ECRM 276-1(5%Cr,1.5%Mo,0.5%V 钢)	0.785

注 1：按 GB/T 6379.1、GB/T 6379.2 进行数据统计分析。

注 2：共同试验采用 10 个样品，附录 B 显示的数据为硅含量（质量分数）在 0.050%～1.00%的 8 个样品，ECRM 085-1，JSS 023-5 两个样品测定数据未包括在内。

A.2 1985 年由 7 个国家的 15 个实验室对 5 个钢样进行国际合作试验，结果列于表 A.2。

试验结果在 1986 年 3 月 ISO/TC 17/SC 1 N655 文件报出。

表 A.2

样　　品	硅含量(质量分数)/%			
	含量	r	R_W	R
ECRM 085-1(0.3%S 易切钢)	0.008	0.002 0	0.002 8	0.006 51
ECRM 285-1(9%Co,5%Mo,18%Ni,0.7%Ti 钢)	0.015	0.002 2	0.005 7	0.007 2
JSS 023-5(非合金钢)	0.024	0.004 5	0.005 3	0.005 2
BCS 432/1(非合金钢)	0.043	0.006 0	0.007 0	0.009 8
BCS 452/1(1.3%Mn 钢)	0.055	0.003 8	0.003 2	0.003 8

附　录　B
（资料性附录）
精密度数据的图示

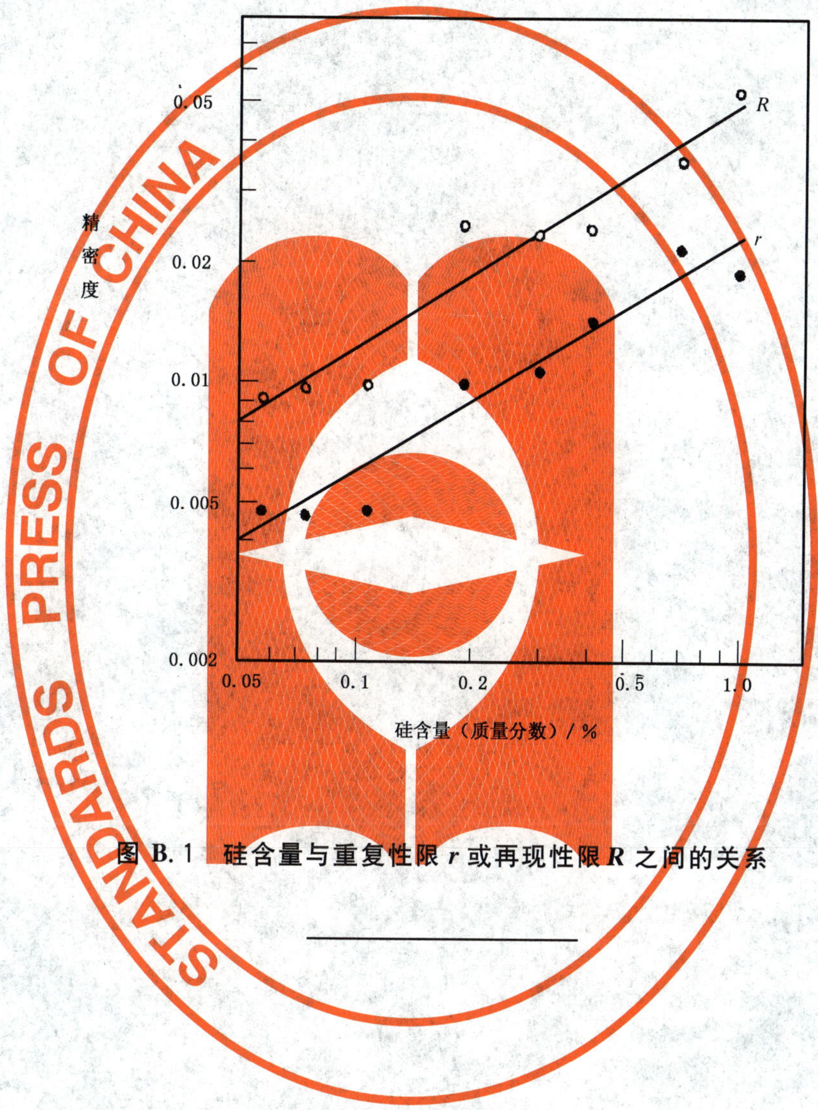

图 B.1　硅含量与重复性限 r 或再现性限 R 之间的关系

ICS 77.080.01
H 11

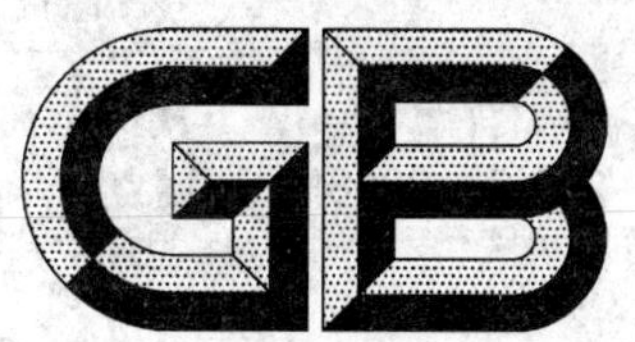

中华人民共和国国家标准

GB/T 223.9—2008
代替 GB/T 223.9～223.10—2000

钢铁及合金　铝含量的测定　铬天青S分光光度法

Iron, steel and alloy—Determination of aluminium content—Chrome azurol S photometric method

2008-05-13 发布　　　　2008-11-01 实施

中华人民共和国国家质量监督检验检疫总局
中国国家标准化管理委员会　发布

前　言

GB/T 223 的本部分是对 GB/T 223.9—2000《钢铁及合金化学分析方法　铬天青 S 分光光度法测定铝量》和 GB/T 223.10—2000《钢铁及合金化学分析方法　铜铁试剂分离-铬天青 S 分光光度法测定铝量》的整合修订。

本部分代替 GB/T 223.9—2000 和 GB/T 223.10—2000。

本部分与 GB/T 223.9—2000、GB/T 223.10—2000 相比较主要进行了以下修改：

——名称改为《钢铁及合金　铝含量的测定　铬天青 S 分光光度法》；

——将原两个标准合并为一个标准，内含两个分析方法；

——方法一：修改了镍溶液的配制；

——方法二：修改了铝标准溶液的配制；

——修改了结果计算式及式中量的单位；

——修改规范了精密度函数式的说明。

本部分的附录 A 是资料性附录。

本部分由中国钢铁工业协会提出。

本部分由全国钢标准化技术委员会归口。

本部分起草单位：中国钢研科技集团公司、宝山钢铁股份有限公司特殊钢分公司、大冶钢厂。

本部分主要起草人：崔秋红、王玉娟、涂仁杰。

本部分所代替标准的历次版本发布情况为：

——GB/T 223.9—1982、GB/T 223.9—1989、GB/T 223.9—2000；

——GB/T 223.10—1982、GB/T 223.10—1991、GB/T 223.10—2000。

钢铁及合金 铝含量的测定 铬天青S分光光度法

警告：使用本部分的人员应有正规实验室工作的实践经验。本部分并未指出所有可能的安全问题。使用者有责任采取适当的安全和健康措施，并保证符合国家有关法规规定的条件。

1 范围

GB/T 223 的本部分规定了用铬天青 S 分光光度法测定酸溶铝的含量和用铜铁试剂分离-铬天青 S 分光光度法测定铝的含量。

本部分方法一适用于钢铁及合金中质量分数为 0.050%～1.00%酸溶铝含量的测定；本部分方法二适用于钢铁及合金中质量分数为 0.015%～0.50%铝含量的测定。

2 规范性引用文件

下列文件中的条款通过 GB/T 223 的本部分的引用而成为本部分的条款。凡是注日期的引用文件，其随后所有的修改单(不包括勘误的内容)或修订版均不适用于本部分，然而，鼓励根据本部分达成协议的各方研究是否可使用这些文件的最新版本。凡是不注日期的引用文件，其最新版本适用于本部分。

GB/T 6379.1 测量方法与结果的准确度(正确度与精密度) 第 1 部分：总则与定义

GB/T 6379.2 测量方法与结果的准确度(正确度与精密度) 第 2 部分：确定标准测量方法的重复性和再现性的基本方法

GB/T 20066 钢和铁 化学成分测定用试样的取样和制样方法

3 方法一 铬天青 S 直接光度法

3.1 原理

试料用酸溶解后，在 pH 值为(5.3～5.9)的弱酸性介质中，铝与铬天青 S 生成紫红色络合物，测量其吸光度。

在显色液中含 100 μg 钒、2 mg 铬不干扰测定，铁、镍的干扰可用 Zn-EDTA 掩蔽，300 μg 钛可用 0.15 g 甘露醇掩蔽。

3.2 试剂与材料

除非另有说明，分析中仅使用确认为分析纯的试剂和蒸馏水或与其纯度相当的水。

3.2.1 纯铁，不含铝或已知残余铝含量。

3.2.2 盐酸，ρ 约 1.19 g/mL。

3.2.3 盐酸，ρ 约 1.19 g/mL，稀释为 5+95。

3.2.4 硝酸，ρ 约 1.42 g/mL。

3.2.5 高氯酸，ρ 约 1.67 g/mL。

3.2.6 甘露醇溶液，50 g/L。

3.2.7 六次甲基四胺溶液，400 g/L，储存于塑料瓶中。

3.2.8 氟化铵溶液，5 g/L，储存于塑料瓶中。

3.2.9 铬天青 S 溶液，0.5 g/L。

3.2.10 乙二胺四乙酸锌(Zn-EDTA)溶液：称取 8.1 g 氧化锌于烧杯中，加 40 mL 盐酸(1+1)加热溶解。另称取 37.2 g EDTA(含二个结晶水)溶于 800 mL 水中,加 15 mL 氨水(ρ 约 0.90 g/mL)。将两溶液合并,搅匀,用氨水(1+1)和盐酸(1+1)调节溶液至 pH 值为(4～6),用水稀释至 1 L,混匀。

3.2.11 铁溶液:称取 0.1 g 纯铁,置于石英烧杯中,加 6 mL 盐酸(3.2.2)、1 mL 硝酸(3.2.4),加热溶解,冷却。移入 100 mL 容量瓶中,以水稀释至刻度,混匀。此溶液 1 mL 含 1 mg 铁。

3.2.12 镍溶液:称取 0.1 g 纯镍,置于石英烧杯中,加 10 mL 硝酸(1+1),加热溶解,冷却。移入 100 mL容量瓶中,以水稀释至刻度,混匀。此溶液 1 mL 含 1 mg 镍。

3.2.13 钴溶液:称取 0.1 g 纯钴,置于石英烧杯中,加 4 mL 盐酸(3.2.2)、4 mL 硝酸(3.2.4),加热溶解,冷却。移入 100 mL 容量瓶中,以水稀释至刻度,混匀。此溶液 1 mL 含 1 mg 钴。

3.2.14 铝标准溶液

3.2.14.1 铝储备液(100 μg/mL):称取 0.100 0 g 纯铝(质量分数为 99.9%以上)置于塑料瓶中,加 10 mL 氢氧化钠溶液(200 g/L),在水浴中加热溶解,加 100 mL 水,滴加盐酸(1+1)至呈酸性后过量 10 mL,冷却。移入 1 000 mL 容量瓶中,用水稀释至刻度,混匀。

3.2.14.2 铝标准溶液(5.0 μg/mL):移取 50.00 mL 铝储备液(3.2.14.1)置于 1 000 mL 容量瓶中,加 10 mL 盐酸(1+1),用水稀释至刻度,混匀。

3.3 仪器与设备

分析中,仅用通常的实验室仪器设备及分光光度计。

3.4 取制样

按照 GB/T 20066 或适当的国家标准取制样。

3.5 分析步骤

警告:通常在有氨、氮的氧化物和有机物存在时,冒高氯酸烟可能引起爆炸。

3.5.1 试料量

称取约 0.10 g 试样,精确至 0.1 mg。

3.5.2 空白试验

加与试料相同量的纯铁(3.2.1)两份,按试料同样的操作步骤做空白试验。

3.5.3 测定

3.5.3.1 试料溶解

将试料(3.5.1)置于石英烧杯中,加 6 mL 盐酸(3.2.2)、1 mL 硝酸(3.2.4),加热溶解。若试料难溶,可适当补加盐酸(3.2.2)或硝酸(3.2.4)溶解。

3.5.3.2 蒸发冒高氯酸烟

3.5.3.2.1 一般试样

于试液(3.5.3.1)中加 2 mL 高氯酸(3.2.5),加热蒸发至冒高氯酸烟,使铬全部氧化至高价,并控制冒高氯酸烟至近干,取下。稍冷,加 1 mL 高氯酸(3.2.5)。

3.5.3.2.2 高铬低铝或含钨、钼、硅较高的试样

于试液(3.5.3.1)中加 3 mL～5 mL 高氯酸(7.2.5),加热蒸发至冒高氯酸烟,使铬氧化至高价,滴加盐酸(3.2.2)将铬挥除,继续加热蒸发至残余铬全部氧化至高价,并控制冒高氯酸烟至近干,取下。稍冷,加 1 mL 高氯酸(3.2.5)。

3.5.3.3 盐类的溶解

于试液(3.5.3.2)中加 30 mL 水,加热溶解盐类,冷却至室温。

干过滤于 100 mL[铝质量分数在 0.4%以上时,补加 1.5mL 高氯酸(3.2.5),干过滤于 250 mL]容量瓶中,以水稀释至刻度,混匀。

3.5.3.4 显色

3.5.3.4.1 移取 5.00 mL 或 10.00 mL 试液(3.5.3.3)(控制铝含量不大于 20 μg)两份。分别置于 50 mL 容量瓶中,以下按显色液(3.5.3.4.2)及参比液(3.5.3.4.3)进行。

3.5.3.4.2 显色液：加 5 mL 甘露醇溶液(3.2.6)(不含钛的试样可不加，含钛超过 300 μg 加 8 mL)、加 5 mL 盐酸(3.2.3)、5 mL 或 10 mL Zn-EDTA 溶液(3.2.10)(如为镍基合金均加 5 mL，铁基试样移取 5 mL试液加 5 mL，移取 10 mL 试液加 10 mL)，加 4.0 mL 铬天青 S 溶液(3.2.9)、5 mL 六次甲基四胺溶液(3.2.7)。每加一种试剂均需混匀后再加第二种试剂。用水稀释至刻度，混匀。

3.5.3.4.3 参比液：加 1 mL 氟化铵溶液(3.2.8)，摇匀，以下按 3.5.3.4.2 进行。

3.5.3.5 吸光度测量

将显色液(3.5.3.4.2)与参比液(3.5.3.4.3)放置 20 min 后，分别移入适宜的吸收皿中，以参比液为参比，于分光光度计波长 545 nm 处测量吸光度，减去空白溶液的平均吸光度后，从校准曲线上查出显色液中相应的铝含量。

注：两份空白溶液的吸光度之差不得超过 0.02，取其平均值。

3.5.4 绘制校准曲线

3.5.4.1 取与试料主要成分铁、镍、钴含量相近的铁溶液(3.2.11)、镍溶液(3.2.12)、钴溶液(3.2.13)于石英烧杯中，按 3.5.3.2.1 及 3.5.3.3 进行。

3.5.4.2 分别移取七份与试液相同量的溶液(3.5.4.1)置于 50 mL 容量瓶中，于其中六个容量瓶中分别加 0，0.50 mL，1.00 mL，2.00 mL，3.00 mL，4.00 mL 铝标准溶液(3.2.14.2)，以下按 3.5.3.4.2 进行。第七个容量瓶中的溶液按 3.5.3.4.3 进行，作为参比液。

3.5.4.3 分别按 3.5.3.5 进行，以参比液为参比测量吸光度，减去不加铝标准溶液的吸光度后，以铝含量为横坐标，吸光度为纵坐标绘制校准曲线。

3.6 结果计算

铝含量以质量分数 w_{Al} 计，数值以%表示，按公式(1)计算：

$$w_{Al} = \frac{m_1 \times V}{m \times V_1} \times 100 + w_{Fe} \qquad \cdots\cdots (1)$$

式中：

V_1——分取试液体积的数值，单位为毫升(mL)；

V——试液总体积的数值，单位为毫升(mL)；

m_1——从校准曲线上查得的铝量的数值，单位为克(g)；

m——试料质量的数值，单位为克(g)；

w_{Fe}——纯铁(4.1)中铝的含量，以质量分数计，数值以%表示。

3.7 精密度

本部分的精密度是在 1988 年由 8 个实验室选出 7 个铝的水平，每个实验室对每个铝的水平按照 GB/T 6379.1 的规定测定三次所作的共同试验确定的。各实验室报出的原始数据(测定值)见附录 A。原始数据按照 GB/T 6379.2 进行统计分析，精密度见表 1。

表 1 精密度

铝的质量分数/%	重复性限 r	再现性限 R
0.050～1.00	$\lg r = -1.5946 + 0.4717 \lg m$	$\lg R = -1.2559 + 0.5556 \lg m$
式中 m 是两个测定值的平均值，单位为%(质量分数)。		

重复性限(r)、再现性限(R)按表 1 给出的方程求得。

在重复性条件下，获得的两次独立测试结果的绝对差值不大于重复性限(r)，大于重复性限(r)的情况以不超过 5%为前提；

在再现性条件下，获得的两次独立测试结果的绝对差值不大于再现性限(R)，大于再现性限(R)的情况以不超过 5%为前提。

4 方法二 铜铁试剂分离-铬天青S分光光度法

4.1 原理

试料以盐酸、硝酸溶解,以铜铁试剂沉淀分离铁、钒、钛等干扰元素,用高氯酸冒烟破坏铜铁试剂后,在弱酸性介质中铝与铬天青S生成紫红色络合物,进行分光光度法测定。计算出铝的质量分数。

在显色液中含有40 μg以上铬有干扰,处理试料时以高氯酸氧化铬成六价后,用盐酸挥除。

4.2 试剂与材料

除非另有说明,分析中仅使用确认为分析纯的试剂和蒸馏水或与其纯度相当的水。

4.2.1 焦硫酸钠。

4.2.2 盐酸,ρ约1.19 g/mL。

4.2.3 盐酸,ρ约1.19 g/mL,稀释为1+1。

4.2.4 盐酸,ρ约1.19 g/mL,稀释为5+95。

4.2.5 硝酸,ρ约1.42 g/mL。

4.2.6 硝酸,ρ约1.42 g/mL,稀释为1+20。

4.2.7 高氯酸,ρ约1.67 g/mL。

4.2.8 氨水,ρ约0.90 g/mL。

4.2.9 氨水,ρ约0.90 g/mL,稀释为1+1。

4.2.10 氨水,ρ约0.90 g/mL,稀释为1+9。

4.2.11 抗坏血酸溶液,5 g/L,用时现配。

4.2.12 N-亚硝基苯胲胺(铜铁试剂)溶液,60 g/L,用时现配。

4.2.13 氟化铵溶液,2 g/L,储于塑料瓶中。

4.2.14 六次甲基四胺溶液(250 g/L):pH值应为7.5,储于塑料瓶中。

4.2.15 铬天青S溶液,1 g/L,以乙醇(1+1)配制。

4.2.16 2,4-二硝基酚溶液,2 g/L,以乙醇(1+1)配制。

4.2.17 硫代硫酸钠溶液,10 g/L。

4.2.18 铝标准溶液

4.2.18.1 铝储备液(100 μg/mL):称取0.100 0 g纯铝(质量分数为99.9%以上)置于塑料瓶中,加10 mL氢氧化钠溶液(200 g/L),在水浴中加热溶解,加100 mL水,滴加盐酸(1+1)至呈酸性后过量10 mL,冷却。移入1 000 mL容量瓶中,用水稀释至刻度,混匀。

4.2.18.2 铝标准溶液(2.0 μg/mL):移取20.00 mL铝储备液(4.2.18.1)置于1 000 mL容量瓶中,加4 mL盐酸(4.2.3),用水稀释至刻度,混匀。

4.3 仪器与设备

分析中,仅用通常的实验室仪器设备及分光光度计。

4.4 取制样

按照GB/T 20066或适当的国家标准取制样。

4.5 分析步骤

警告:通常在有氨、氮的氧化物和有机物存在时,冒高氯酸烟可能引起爆炸。

4.5.1 试料量

测定酸溶铝时,称取约0.10 g试料,精确至0.1 mg;测定残渣铝时,称取约1.00 g试料,精确至0.1 mg。

4.5.2 空白试验

随同试料做两份空白试验。

4.5.3 测定

4.5.3.1 试料溶解

4.5.3.1.1 酸溶铝:将试料(4.5.1)置于石英锥形瓶或石英烧杯中,加6 mL盐酸(4.2.2)、1 mL硝酸

(4.5)缓缓加热溶解[难溶试料可适当补加盐酸(4.2.2)和硝酸(4.2.5)]。加 3 mL 高氯酸(4.2.7),继续加热蒸发至冒高氯酸烟[试液中含铬大于 400 μg 时,将铬氧化为六价后,分次滴加盐酸(4.2.2)使铬形成氯化铬酰挥除],并蒸发至近干,稍冷,加 30 mL 水,加热溶解盐类,冷却至室温。

4.5.3.1.2 残渣铝:将试料(4.5.1)置于石英烧杯中,加 12 mL 盐酸(4.2.2)、2 mL 硝酸(4.2.5)缓缓加热溶解[难溶试料可适当补加盐酸(4.2.2)和硝酸(4.2.5)]。加 5 mL 高氯酸(4.2.7),继续加热蒸发至冒高氯酸烟,稍冷,加 60 mL 水溶解盐类,用加少量纸浆的慢速滤纸过滤,沉淀全部移入滤纸中,用盐酸(4.2.4)洗涤滤纸及沉淀(7～8)次,再用热水洗涤(2～3)次,弃去滤液。残渣和滤纸置于铂坩埚中,干燥灰化后,于 600℃灼烧 10 min～15 min,冷却,加 1.5 g 焦硫酸钠(4.2.1)熔融,冷却,铂坩埚外壁用水洗净后,置于原烧杯中,加 5 mL 盐酸(4.2.3)溶解熔块,用水洗净,取出坩埚,冷却至室温。

4.5.3.1.3 将 4.5.3.1.1 或 4.5.3.1.2 得到的溶液移入 100 mL 容量瓶中,控制溶液体积约 60 mL,加 8 mL 盐酸(4.2.2),冷却至 15℃以下,立即在摇动下加入 20 mL 铜铁试剂溶液(4.2.12)(测定残渣铝时加 5 mL),用水稀释至刻度,混匀,放置 1 min～2 min,用慢速滤纸干过滤。

4.5.3.2 **试液处理**

4.5.3.2.1 移取 50.00 mL 试液(铝质量分数在 0.35%以上时移取 25.00 mL)置于石英烧杯中,加 10 mL 硝酸(4.2.5)、2 mL 高氯酸(4.2.7),盖上表面皿,加热蒸发至冒高氯酸烟,取下稍冷,用水洗涤表面皿及杯壁,再加 1 mL 硝酸(4.2.5),继续加热蒸发至冒烟[但不能蒸干,如已蒸干则待溶液稍冷后,加 2 滴盐酸(4.2.2)和 10 滴高氯酸(4.2.7),加热溶解并蒸发至冒烟],使铜铁试剂完全分解并浓缩至体积约 0.5 mL。此时试液应为无色或微黄色(未除尽铬的颜色),如呈绿色或褐色则是铜铁试剂未完全分解,可补加 2 mL 硝酸(4.2.5)和 2 mL 高氯酸(4.2.7),再次加热冒高氯酸烟至近干。

4.5.3.2.2 加 10 mL 水,加热溶解盐类,冷却至室温,移入 50 mL 容量瓶中,用水稀释至刻度,混匀。

4.5.3.3 **分取试液**

4.5.3.3.1 酸溶铝:当铝的质量分数为 0.015%～0.10%时,移取 20.00 mL 试液(4.5.3.2.2)两份;当铝的质量分数大于 0.10%～0.50%时,移取 5.00 mL 试液两份,分别置于 50 mL 容量瓶中。

4.5.3.3.2 残渣铝:移取 20.00 mL 试液(4.5.3.2.2)两份,分别置于 50 mL 容量瓶中。

4.5.3.4 **显色与测量**

4.5.3.4.1 加 2 滴 2,4-二硝基酚溶液(4.2.16),滴加氨水(先用 4.2.9 后用 4.2.10)至试液恰呈黄色,再滴加硝酸(4.2.6)至黄色刚消失并过量 2.00 mL。分别按 4.5.3.4.2 及 4.5.3.4.3 处理。

4.5.3.4.2 显色液加 1 mL 抗坏血酸溶液(4.2.11)、1 mL 硫代硫酸钠溶液(4.2.17)、2.00 mL 铬天青 S 溶液(4.2.15)、2 mL 六次甲基四胺溶液(4.2.14),每加入一种试剂均必须摇匀后再加第二种试剂,用水稀释至刻度,混匀。

注:加抗坏血酸溶液后在 5 min 内加显色剂,否则结果偏低。

4.5.3.4.3 参比液:用塑料滴管滴加 5 滴氟化铵溶液(4.2.13),混匀,以下按 4.5.3.4.2 进行。

4.5.3.4.4 放置 5 min 后,将部分溶液分别移入适宜的吸收皿中,以参比液为参比,在分光光度计上于波长 550 nm 处测量其吸光度,减去空白溶液的平均吸光度后,从校准曲线上查取相应的铝含量。

注 1:若室温高于 30℃,必须在 45 min 内测量完毕。

注 2:两份空白溶液的吸光度之差不得超过 0.020,取其平均值。

4.5.4 **绘制校准曲线**

4.5.4.1 酸溶铝:当铝的质量分数为 0.015%～0.10%时,移取 0、0.50 mL、1.00 mL、2.00 mL、3.00 mL、4.00 mL、5.00 mL 铝标准溶液(4.2.18.2);当铝的质量分数大于 0.10%～0.50%时,移取 0、1.00 mL、4.00 mL、6.00 mL、8.00 mL、10.00 mL 铝标准溶液(4.2.18.2),分别置于一组 50 mL 容量瓶中,按 4.5.3.4.1 和 4.5.3.4.2 操作进行,以试剂空白为参比测量其吸光度,以铝的含量为横坐标,吸光度为纵坐标,绘制校准曲线。

4.5.4.2 残渣铝:移取 0、0.50 mL、1.00 mL、2.00 mL、3.00 mL、6.00 mL、8.00 mL、10.00 mL 铝标准

溶液(4.2.18.2),分别置于一组 50 mL 容量瓶中,按 4.5.3.4.1 和 4.5.3.4.2 操作进行,以试剂空白为参比,测量吸光度,以铝的含量为横坐标,吸光度为纵坐标,绘制校准曲线。

4.6 结果计算

铝含量以质量分数 w_{Al} 计,数值以%表示,按公式(2)计算:

$$w_{Al} = \frac{m_1 \times V \times V_2}{m \times V_1 \times V_3 \times 10^6} \times 100 \qquad \cdots\cdots(2)$$

式中:

V_1——铜铁试剂分离后分取试液体积的数值,单位为毫升(mL);

V_2——破坏铜铁试剂后稀释体积的数值,单位为毫升(mL);

V_3——显色时分取试液体积的数值,单位为毫升(mL);

V——用铜铁试剂分离时稀释体积的数值,单位为毫升(mL);

m_1——从校准曲线上查得铝含量的数值,单位为微克(μg);

m——试料质量的数值,单位为克(g)。

4.7 精密度

本部分的精密度是在 1989 年由 8 个实验室选出 7 个铝的水平,每个实验室对每个铝的水平按照 GB/T 6379.1 的规定测定三次所做的共同试验确定的。各实验室报出的原始数据(测定值)见附录 A。原始数据按照 GB/T 6379.2 进行统计分析,精密度见表 2。

表 2 精密度

铝的质量分数/%	重复性限 r	再现性限 R
0.015~0.50	$\lg r = -1.4187 + 0.6975 \lg m$	$R = 0.004641 + 0.08053\, m$
式中: m 是两个测定值的平均值,单位为%(质量分数)。		

重复性限(r)、再现性限(R)按表 2 给出的方程求得。

在重复性条件下,获得的两次独立测试结果的绝对差值不大于重复性限(r),大于重复性限(r)的情况以不超过 5%为前提;

在再现性条件下,获得的两次独立测试结果的绝对差值不大于再现性限(R),大于再现性限(R)的情况以不超过 5%为前提。

5 试验报告

试验报告应包括下列内容:

a) 鉴别试料、实验室和分析日期等资料;

b) 遵守本部分规定的程度;

c) 分析结果及其表示;

d) 测定中观察到的异常现象;

e) 对分析结果可能有影响而本部分未包括的操作或者任选的操作。

附 录 A
（资料性附录）
共同精密度试验附加资料

A.1 铬天青S直接光度法测定酸溶铝含量精密度试验原始数据见表A.1。

表 A.1

实验室	铝含量(质量分数)/%						
	Al-1	Al-2	Al-3	Al-4	Al-5	Al-6	Al-7
1	0.945 0.940 0.945	0.810 0.804 0.810	0.068 0 0.067 0 0.064 0	0.270 0.276 0.280	0.194 0.210 0.210	0.465 0.468 0.462	0.370 0.380 0.374
2	0.945 0.945 0.940	0.800 0.810 0.800	0.065 0 0.064 0 0.065 0	0.275 0.270 0.274	0.192 0.186 0.184	0.455 0.445 0.450	0.364 0.363 0.360
3	0.938 0.945 0.938	0.800 0.795 0.800	0.062 0 0.055 0 0.057 0	0.285 0.260 0.270	0.207 0.188 0.192	0.460 0.450 0.448	0.380 0.362 0.370
4	1.000 0.972 1.003	0.800 0.784 0.801	0.067 0 0.069 0 0.072 0	0.267 0.256 0.262	0.184 0.192 0.188	0.422 0.431 0.447	0.351 0.331 0.340
5	0.990 0.990 0.985	0.830 0.845 0.835	0.064 0.065 0.063	0.290 0.289 0.287	0.180 0.183 0.184	0.460 0.465 0.465	0.364 0.362 0.368
6	0.960 0.966 0.960	0.840 0.820 0.818	0.059 0 0.060 0 0.060 0	0.270 0.268 0.278	0.193 0.188 0.194	0.450 0.454 0.458	0.363 0.360 0.369
7	0.946 0.959 0.950	0.831 0.827 0.825	0.065 0 0.064 0 0.067 0	0.268 0.268 0.274	0.188 0.184 0.190	0.444 0.448 0.445	0.361 0.369 0.362
8	0.970 0.983 0.985	0.815 0.835 0.837	0.058 0 0.058 5 0.057 5	0.272 0.268 0.266	0.186 0.188 0.191	0.449 0.447 0.447	0.350 0.359 0.360

A.2 铜铁试剂分离-铬天青S分光光度法测定铝含量精密度试验原始数据见表A.2。

表 A.2

实验室	铝含量(质量分数)/%						
	Al-1	Al-2	Al-3	Al-4	Al-5	Al-6	Al-7
1	0.0176 0.0154 0.0158	0.0768 0.0785 0.0777	0.120 0.122 0.119	0.260 0.250 0.248	0.354 0.342 0.346	0.494 0.492 0.504	0.439 0.419 0.420

表 A.2（续）

实验室	铝含量(质量分数)/%						
	Al-1	Al-2	Al-3	Al-4	Al-5	Al-6	Al-7
2	0.0132 0.0140 0.0122	0.0787 0.0788 0.0788	0.102 0.112 0.105	0.232 0.244 0.240	0.323 0.336 0.330	0.488 0.498 0.473	0.400 0.406 0.405
3	0.0165 0.0170 0.0170	0.0820 0.0800 0.0815	0.113 0.113 0.112	0.243 0.238 0.240	0.340 0.340 0.340	0.500 0.493 0.498	0.428 0.410 0.412
4	0.0180 0.0180 0.0190	0.0780 0.0790 0.0810	0.116 0.125 0.125	0.237 0.248 0.248	0.350 0.340 0.354	0.521 0.533 0.545	0.397 0.405 0.400
5	0.0140 0.0136 0.0152	0.0742 0.0756 0.0800	0.114 0.102 0.105	0.251 0.241 0.244	0.344 0.344 0.350	0.484 0.494 0.480	0.394 0.412 0.400
6	0.0119 0.0118 0.0122	0.0762 0.0728 0.0754	0.129 0.116 0.121	0.241 0.246 0.239	0.327 0.334 0.338	0.522 0.508 0.510	0.414 0.411 0.408
7	0.0160 0.0140 0.0145	0.0765 0.0810 0.0781	0.124 0.124 0.124	0.241 0.244 0.243	0.347 0.360 0.364	0.504 0.504 0.490	0.397 0.403 0.404
8	0.0153 0.0151 0.0150	0.0741 0.0760 0.0764	0.120 0.113 0.114	0.232 0.240 0.242	0.326 0.327 0.337	0.472 0.483 0.474	0.384 0.396 0.400

ICS 77.080.01
H 11

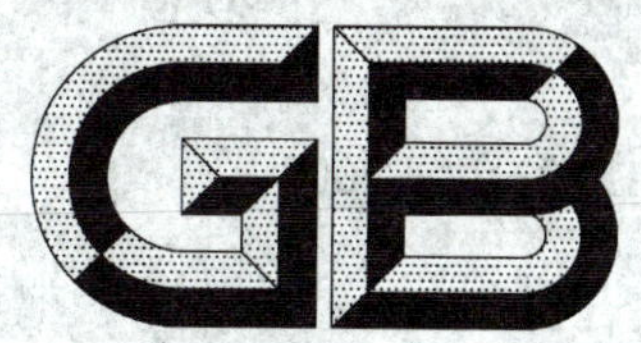

中华人民共和国国家标准

GB/T 223.11—2008
代替 GB/T 223.11—1991

钢铁及合金　铬含量的测定　可视滴定或电位滴定法

Iron, steel and alloy—Determination of chromium content—Visual titration or potentiometric titration method

(ISO 4937:1986,MOD)

2008-09-11 发布　　2009-05-01 实施

中华人民共和国国家质量监督检验检疫总局
中国国家标准化管理委员会　发布

前　言

GB/T 223 的本部分代替 GB/T 223.11—1991《钢铁及合金化学分析方法　过硫酸铵氧化容量法测定铬量》。

本部分此次修订，名称改为《钢铁及合金　铬含量的测定　可视滴定或电位滴定法》，包括二个分析方法：方法一可视滴定法和方法二电位滴定法。

本部分方法一与 GB/T 223.11—1991 相比较，主要做了以下修改：

——修改了测定含量范围；

——增加了用理论计算法校正钒干扰的内容；

——增加了分析中对试剂和水的说明内容并修改溶液浓度的表示方法；

——修改了试料量及其表示；

——修改了结果计算式中量的表示并增加了用理论计算法校正钒干扰的计算公式；

——重新组织精密度试验。

本部分方法二修改采用 ISO 4937:1986《钢铁　铬含量的测定　电位或可视滴定法》，与 ISO 4937:1986 相比较，主要做了以下修改：

——仅采用了其中的电位滴定法，技术内容与其一致；

——在“仪器”和对“含钒试样的滴定”中各增加一个注。

本部分的附录 A、附录 B、附录 C 均为资料性附录。

本部分由中国钢铁工业协会提出。

本部分由全国钢标准化技术委员会归口。

本部分负责起草单位：钢铁研究总院、太原钢铁公司。

本部分主要起草人：王克娟、畅小军、罗倩华、戴学谦。

本部分所代替标准的历次版本发布情况为：

——GB/T 223—1963，GB/T 223.11—1982，GB/T 223.11—1991。

钢铁及合金　铬含量的测定
可视滴定或电位滴定法

警告：使用GB/T 223的本部分的人员应有正规实验室工作的实践经验。本部分并未指出所有可能的安全问题。使用者有责任采取适当的安全和健康措施，并保证符合国家有关法规规定的条件。

1　范围

GB/T 223的本部分规定了用可视滴定或电位滴定法测定铬含量。

本部分方法一适用于生铁、碳素钢、合金钢、高温合金和精密合金中质量分数为0.10%～35.00%铬含量的测定；方法二适用于钢铁中质量分数为0.25%～35.00%铬含量的测定。

2　规范性引用文件

下列文件中的条款通过GB/T 223的本部分的引用而成为本部分的条款。凡是注日期的引用文件，其随后所有的修改单（不包括勘误的内容）或修订版均不适用于本部分，然而，鼓励根据本部分达成协议的各方研究是否可使用这些文件的最新版本。凡是不注日期的引用文件，其最新版本适用于本部分。

GB/T 223.13　钢铁及合金化学分析方法　硫酸亚铁铵滴定法测定钒量

GB/T 223.14　钢铁及合金化学分析方法　钽试剂萃取光度法测定钒量

GB/T 223.76　钢铁及合金化学分析方法　火焰原子吸收光谱法测定钒量

GB/T 6379.1　测量方法与结果的准确度（正确度与精密度）　第1部分：总则与定义(GB/T 6379.1—2004,ISO 5725-1:1994,IDT)

GB/T 6379.2　测量方法与结果的准确度（正确度与精密度）　第2部分：确定标准测量方法重复性与再现性的基本方法(GB/T 6379.2—2004,ISO 5725-2:1994,IDT)

GB 12805　实验室玻璃仪器　滴定管

GB 12806　实验室玻璃仪器　单标线容量瓶

GB 12808　实验室玻璃仪器　单标线吸量管

GB/T 20066　钢和铁　化学成分测定用试样的取样和制样方法(GB/T 20066—2006,ISO 14284:1996,IDT)

GB/T 20125　低合金钢　多元素含量的测定　电感耦合等离子体原子发射光谱法

3　方法一　可视滴定法

3.1　原理

试料用酸溶解后，在硫酸、磷酸介质中，以硝酸银为催化剂，用过硫酸铵将铬氧化至铬(VI)，用硫酸亚铁铵标准溶液滴定。

含钒试样，以亚铁-邻菲罗啉溶液为指示剂，加过量的硫酸亚铁铵标准滴定溶液，以高锰酸钾溶液回滴；或者采用适当的钒国家标准测定后，用理论计算法校正钒的干扰。

试液中存在2 mg以下铈不干扰测定。

3.2　试剂

除非另有说明，在分析中仅使用确认为分析纯的试剂和蒸馏水或去离子水或相当纯度的水。

3.2.1 无水乙酸钠。

3.2.2 盐酸,ρ约1.19 g/mL。

3.2.3 盐酸,ρ约1.19 g/mL,稀释为1+3。

3.2.4 硝酸,ρ约1.42 g/mL。

3.2.5 磷酸,ρ约1.69 g/mL。

3.2.6 硫酸,ρ约1.84 g/mL,稀释为1+1。

3.2.7 硫酸,ρ约1.84 g/mL,稀释为5+95。

3.2.8 氢氟酸,ρ约1.15 g/mL。

3.2.9 硫酸-磷酸混合酸:于600 mL水中加入320 mL硫酸(3.2.6)及80 mL磷酸(3.2.5)混匀。

3.2.10 硝酸银溶液,10 g/L。称取1.0 g硝酸银溶于100 mL水中,滴加数滴硝酸(3.2.4),贮于棕色瓶中。

3.2.11 过硫酸铵溶液,300 g/L,用前配制。

3.2.12 氯化钠溶液,50 g/L。

3.2.13 硫酸锰溶液,40 g/L。

3.2.14 苯代邻氨基苯甲酸溶液,2 g/L。称取0.2 g试剂置于300 mL烧杯中,加0.2 g无水碳酸钠,加20 mL水加热溶解,用水稀释至100 mL,混匀。

3.2.15 亚铁-邻菲罗啉溶液:称取1.49 g邻菲罗啉、0.98 g硫酸亚铁铵置于300 mL烧杯中,加50 mL水,加热溶解,冷却,用水稀释至100 mL,混匀。

3.2.16 铬标准溶液

3.2.16.1 铬储备液,2.000 g/L。

称取5.657 8 g预先经150 ℃烘1 h后,置于干燥器中冷却至室温的重铬酸钾(基准),置于烧杯中,用水溶解,移入1 000 mL容量瓶中,用水稀释至刻度,混匀。

此溶液1 mL含2.000 mg铬。

3.2.16.2 铬标准溶液A,1.000 g/L。

移取50.00 mL铬储备液(3.2.16.1)置于100 mL容量瓶中,用水稀释至刻度,混匀。

此溶液1 mL含1.000 mg铬。

3.2.16.3 铬标准溶液B,0.500 g/L。

移取25.00 mL铬储备液(3.2.16.1)置于100 mL容量瓶中,用水稀释至刻度,混匀。

此溶液1 mL含0.500 mg铬。

3.2.17 硫酸亚铁铵标准滴定溶液

3.2.17.1 配制

称取6 g、12 g、24 g硫酸亚铁铵〔$(NH_4)_2Fe(SO_4)_2 \cdot 6H_2O$〕,分别溶解于硫酸(3.2.7)中,并用硫酸(3.2.7)稀释至1 000 mL混匀。得到浓度分别为0.015 mol/L、0.03 mol/L、0.06 mol/L的硫酸亚铁铵溶液。

3.2.17.2 标定及指示剂的校正

于3个500 mL锥形瓶中,各加50 mL硫酸-磷酸混合酸(3.2.9),加热蒸发至冒硫酸烟,稍冷,加水50 mL,冷却至室温,分别加入铬标准溶液(其铬含量应与试料中铬质量相近),用水稀释至200 mL,用硫酸亚铁铵标准滴定溶液(3.2.17.1)滴定至溶液呈淡黄色,加3滴苯代邻氨基苯甲酸溶液(3.2.14),继续滴定至由玫瑰红色变为亮绿色为终点。读取所消耗硫酸亚铁铵标准滴定溶液的体积(mL)。再加相同量的铬标准溶液,再用硫酸亚铁铵标准滴定溶液(3.2.17.1)滴定至由玫瑰红色变为亮绿色为终点。两者消耗硫酸亚铁铵标准滴定溶液体积的差值,即为3滴苯代邻氨基苯甲酸溶液的校正值。将此值加入滴定所消耗的硫酸亚铁铵标准滴定溶液的体积(mL)中,再行计算。3份铬标准溶液所消耗硫酸亚铁铵标准滴定溶液体积(mL)的极差值,不超过0.05 mL,取其平均值。

按式(1)计算单位体积硫酸亚铁铵标准滴定溶液相当于铬的质量：

$$T = \frac{V \times c}{V_1} \qquad \cdots\cdots (1)$$

式中：

T——单位体积硫酸亚铁铵标准滴定溶液相当于铬的质量，单位为克每毫升(g/mL)；

V——移取铬标准溶液的体积，单位为毫升(mL)；

V_1——滴定所消耗硫酸亚铁铵标准滴定溶液体积(包括指示剂校正值)的平均值，单位为毫升(mL)；

c——铬标准溶液的浓度，单位为克每毫升(g/mL)。

3.2.18 高锰酸钾溶液的配制及标定

3.2.18.1 配制

称取 0.48 g、0.95 g 或 1.9 g 高锰酸钾，分别置于 1 000 mL 烧杯中，用水溶解后加 5 mL～10 mL 磷酸(3.2.5)，用水稀释至 1 000 mL，贮于棕色瓶中，在阴凉处放置 6 d～10 d，使用前用坩埚式过滤器过滤后使用。

3.2.18.2 标定

移取 25.00 mL 硫酸亚铁铵标准滴定溶液(3.2.17.1)3 份，分别置于 250 mL 锥形瓶中，以相应浓度的高锰酸钾溶液滴定至溶液呈粉红色，在 1 min～2 min 内不消失为终点，3 份硫酸亚铁铵标准滴定溶液所消耗高锰酸钾体积(mL)的极差值，不超过 0.05 mL，取其平均值。

按式(2)计算高锰酸溶液相当于硫酸亚铁铵标准滴定溶液的体积比：

$$K = \frac{25.00}{V_2} \qquad \cdots\cdots (2)$$

式中：

K——高锰酸钾溶液相当于硫酸亚铁铵标准滴定溶液的体积比；

V_2——滴定所消耗高锰酸钾溶液的体积，单位为毫升(mL)；

25.00——移取硫酸亚铁铵标准滴定溶液的体积，单位为毫升(mL)。

3.3 取制样

按 GB/T 20066 或适当的国家标准取制样。

3.4 分析步骤

3.4.1 试料量

按表 1 称取试样，精确至 0.000 1 g。

表 1

铬含量(质量分数)/%	称样量/g
0.10～2.00	2.00
>2.00～10.00	2.00～0.50
>10.00～35.00	0.50～0.15

注：在称取的试料中含钨、含锰量控制在 100 mg 以下，否则终点不易辨认。

3.4.2 空白试验

随同试料做空白试验。

3.4.3 测定

3.4.3.1 试料溶解与处理

3.4.3.1.1 一般试样

将试料(3.4.1)置于500 mL锥形瓶中,加50 mL硫酸-磷酸混合酸(3.2.9),加热至试料全部溶解。

3.4.3.1.2 硫酸-磷酸混合酸不易溶解的试样

将试料(3.4.1)置于500 mL锥形瓶中,加适量的盐酸(3.2.2)及硝酸(3.2.4),加热溶解,再加50 mL硫酸-磷酸混合(3.2.9)。

3.4.3.1.3 含高硅的试样

将试料(3.4.1)置于500 mL锥形瓶中,加50 mL硫酸-磷酸混合酸(3.2.9),加热至试料全部溶解,滴加数滴氢氟酸(3.2.8)。

3.4.3.1.4 试料处理

向3.4.3.1.1、3.4.3.1.2、3.4.3.1.3试液中滴加硝酸(3.2.4)氧化,直至激烈作用停止后,按表2补加磷酸(3.2.5),继续加热蒸发至冒硫酸烟。高碳、高铬、高钼试料在冒硫酸烟时滴加硝酸(3.2.4)氧化至溶液清晰,碳化物全部破坏为止。

表2

品种	称取试样情况	补加磷酸(3.2.5) mL	加无水乙酸钠(3.2.1) g
不含钨及不含钒	称取试样2 g	5~10	—
	称取试样中小于2 g但试样中含碳化物高	5~10	—
含钨不含钒	称取试样中含钨小于30 mg	10	—
	称取试样中含钨大于30 mg~100 mg	20	—
含钒不含钨	称取试样小于1 g	10	10
	称取试样1 g~2 g	15	15
	称取试样大于2 g	20	20
钒钨共存	称取试样中含钨小于10 mg	15~25	15~25
	称取试样中含钨大于10 mg~100 mg	25~30	25~30

3.4.3.2 氧化铬

将3.4.3.1.4得到的试液,稍冷,用水稀释至200 mL(生铁试料如有沉淀时,用水稀释至100 mL,以中等密滤纸过滤,用水洗涤5次~6次,并稀释至200 mL),加5 mL硝酸银溶液(3.2.10)〔试液中含铬量大于50 mg时加10 mL硝酸银溶液(3.2.10)〕、20 mL过硫酸铵溶液(3.2.9)(如试液中含50 mg铬、40 mg锰时加30 mL),摇匀,加热煮沸至溶液呈现稳定的紫红色〔如试液中含锰量低,可滴加2滴~4滴硫酸锰溶液(3.2.13)〕,继续煮沸5 min,取下,加5 mL盐酸(3.2.3),煮沸至红色消失,此时若因含锰量高,加5 mL盐酸(3.2.3)未完全分解高锰酸,溶液呈红色时,再补加2 mL~3 mL盐酸(3.2.3),煮沸2 min~3 min至完全分解。取下,冷却至室温。

3.4.3.3 滴定

3.4.3.3.1 不含钒的试样

将3.4.3.2得到的试液,先用硫酸亚铁铵标准滴定溶液(3.2.17.1)滴定至溶液呈淡黄色,加3滴苯代邻氨基苯甲酸溶液(3.2.14)继续滴定至由玫瑰红色转变为亮绿色为终点。

3.4.3.3.2 含钒的试样

3.4.3.3.2.1 高锰酸钾返滴定法

将3.4.3.2得到的试液,先用适宜浓度的硫酸亚铁铵标准滴定溶液(3.2.17.1)滴定至六价铬的黄色转变为亮绿色之前，加5滴亚铁-邻菲罗啉溶液(3.2.15)，继续滴定至溶液呈现稳定的红色，并过量5 mL，再加5滴亚铁-邻菲罗啉溶液(3.2.15)，以浓度相近的高锰酸钾溶液(3.2.18)回滴至红色初步消失，按表2加入无水乙酸钠(3.2.1)，待乙酸钠溶解后，继续用高锰酸钾溶液(3.2.18)缓慢滴定至淡蓝色(含铬量高时为蓝绿色)为终点。

亚铁-邻菲罗啉溶液要消耗高锰酸钾溶液(3.2.18)须按下法校正：

在作完高锰酸钾相当于硫酸亚铁铵标准滴定溶液体积比的标定后的两份溶液中，一份加10滴亚铁-邻菲罗啉溶液(3.2.15)，另一份加20滴，各用与滴定试液相同浓度的高锰酸钾溶液(3.2.18)滴定，两者消耗高锰酸钾溶液(3.2.18)体积的差值，即为10滴亚铁-邻菲罗啉溶液(3.2.15)的校正值。此值应从过量的硫酸亚铁铵标准滴定溶液所消耗高锰酸钾溶液的体积(mL)中减去。

3.4.3.3.2.2 理论值计算法

先按3.4.3.3.1进行滴定，得到铬和钒的合量；再按理论值进行校正。1%钒相当于0.34%铬。

钒含量可以按GB/T 223.13、GB/T 223.14、GB/T 223.76或GB/T 20125规定的操作进行测定，也可以按适当的钒国际标准进行测定。

注：当溶液中铬含量小于等于10 mg时，用浓度为0.015 mol/L的硫酸亚铁铵溶液进行滴定；当溶液中铬含量在10 mg～25 mg时，用浓度为0.03 mol/L的硫酸亚铁铵溶液进行滴定；当溶液中铬含量大于25 mg时，用浓度为0.06 mol/L的硫酸亚铁铵溶液进行滴定。

3.5 结果计算

3.5.1 不含钒的试样

按式(3)计算试样中的铬含量 w_{Cr}，以质量分数表示：

$$w_{Cr}=\frac{V_3\times T}{m}\times 100 \qquad (3)$$

式中：

V_3——滴定所消耗硫酸亚铁铵标准滴定溶液体积(包括指示剂校正值)，单位为毫升(mL)；

T——单位体积硫酸亚铁铵标准滴定溶液相当于铬的质量，单位为克每毫升(g/mL)；

m——试料量，单位为克(g)。

3.5.2 含钒的试样

3.5.2.1 高锰酸钾返滴定法

按式(4)计算试样中的铬含量 w_{Cr}，以质量分数表示：

$$w_{Cr}=\frac{(V_4-V_5\times K)\times T}{m}\times 100 \qquad (4)$$

式中：

V_4——滴定所消耗硫酸亚铁铵标准滴定溶液体积，单位为毫升(mL)；

V_5——过量硫酸亚铁铵标准滴定溶液所消耗高锰酸钾溶液的体积减去亚铁-邻菲罗啉溶液的校正值后的体积，单位为毫升(mL)；

K——高锰酸钾溶液相当于硫酸亚铁铵标准滴定溶液的体积比；

T——硫酸亚铁铵标准滴定溶液对铬的滴定度，单位为克每毫升(g/mL)；

m——试料量，单位为克(g)。

3.5.2.2 理论值计算法

按式(5)计算试样中的铬含量 w_{Cr}，以质量分数表示：

$$w_{Cr}=\frac{V_6\times T}{m}\times 100-w_V\times 0.34 \qquad (5)$$

式中：

V_6——滴定铬和钒合量所消耗的硫酸亚铁铵标准滴定溶液的体积(包括指示剂校正值)，单位为毫升(mL)；

T——硫酸亚铁铵标准滴定溶液对铬的滴定度，单位为克每毫升(g/mL)；

m——试料量，单位为克(g)；

w_V——钒的质量分数；

0.34——钒的校正系数。

3.6 精密度

方法一的精密度是在2007年选择11个水平由8个实验室进行共同试验，每个实验室对每个铬的水平按照GB/T 6379.1的规定重复性条件下测定3次确定的。各实验室报出的原始数据(测定值)见附录A(资料性附录)。原始数据按照GB/T 6379.2进行统计分析，精密度见表3。

表3

铬含量(质量分数)/%	重复性限 r	再现性限 R
0.11～33.00	$\lg r=-1.7720+0.6181\lg m$	$\lg R=-1.4604+0.6590\lg m$
m是两个测定值的平均值(质量分数)。		

重复性限(r)、再现性限(R)按以上表3给出的方程求得。

在重复性条件下，获得的两次独立测试结果的绝对差值不大于重复性限(r)，以大于重复性限(r)的情况不超过5%为前提；

在再现性条件下，获得的两次独立测试结果的绝对差值不大于再现性限(R)，以大于再现性限(R)的情况不超过5%为前提。

4 方法二 电位滴定法

4.1 原理

试料用适当的酸溶解，在硫酸银存在下，在酸性介质中，用过硫酸铵将铬氧化至铬(VI)，用盐酸还原锰(VII)，用硫酸亚铁铵标准溶液还原铬(VI)。

在电位滴定中，随着硫酸亚铁铵标准溶液的不断加入，通过测量电位的变化，确定等当点。

4.2 试剂

除非另有说明，分析中仅使用认可的分析纯试剂和蒸馏水或纯度相当的水，不存在氧化或还原行为。

4.2.1 尿素。

4.2.2 高氯酸，ρ约1.67 g/mL。

4.2.3 氢氟酸，ρ约1.15 g/mL。

4.2.4 磷酸，ρ约1.69 g/mL。

4.2.5 硝酸 ρ约1.42 g/mL。

4.2.6 盐酸，ρ约1.19 g/mL，稀释为1+1。

4.2.7 盐酸，ρ约1.19 g/mL，稀释为1+10。

4.2.8 硫酸，ρ约1.84 g/mL，稀释为1+1。

4.2.9 硫酸，ρ约1.84 g/mL，稀释为1+5。

4.2.10 硫酸，ρ约1.84 g/mL，稀释为1+19。

4.2.11 硫酸银溶液，5 g/L。

4.2.12 过硫酸铵[$(NH_4)_2S_2O_8$]溶液，500 g/L，用前配制。

4.2.13 硫酸锰[$MnSO_4\cdot H_2O$]溶液，4 g/L。

4.2.14 硫酸锰[$MnSO_4\cdot H_2O$]溶液，100 g/L。

4.2.15 高锰酸钾溶液，5 g/L。

4.2.16 亚硝酸钠溶液，3 g/L，用前配制。

4.2.17 氨基磺酸溶液[NH_2SO_3H],100 g/L。

该溶液仅能稳定1周。

4.2.18 硫酸亚铁铵标准溶液,硫酸介质中,此溶液1 mL相当于2 mg铬。

4.2.18.1 溶液的配制

称取46 g六水合硫酸亚铁铵[$Fe(NH_4)_2(SO_4)_2 \cdot 6H_2O$],溶于500 mL水中,加入110 mL硫酸(4.2.8),冷却,稀释至1 000 mL,混匀。

4.2.18.2 溶液的电位标定(使用前进行)

量取30.0 mL重铬酸钾标准溶液(4.2.19),移入600 mL烧杯中,加入45 mL硫酸(4.2.9),加水至约400 mL。按照4.5.3.3.1规定的条件进行滴定。

由式(6)计算相应的硫酸亚铁铵浓度c_1,以每毫升铬的质量(mg)表示。

$$c_1 = \frac{30.0 \times 1.733}{V_7} \qquad (6)$$

式中:

V_7——标定消耗的硫酸亚铁铵的体积,单位为毫升(mL);

30.0——量取的重铬酸钾标准溶液(4.2.19)的体积,单位为毫升(mL);

1.733——1 mL重铬酸钾标准溶液(4.2.19)中铬(VI)的质量,单位为毫克(mg)。

4.2.19 重铬酸钾标准溶液

称取4.903 1 g(精确至0.000 1 g)预先在150 ℃干燥至恒重并在干燥器中冷却后的重铬酸钾,用水溶解并定量转移至1 000 mL的单标容量瓶中,用水稀释至刻度,混匀。

此标准溶液1 mL含1.733 mg的铬。

4.3 仪器

普通的实验仪器及下列仪器:

电位滴定装置:可以用铂-甘汞电极(见注)测定电位的不同。

注:也可以用铂和其他参比电极进行测定,但需要重新做滴定曲线,以确定滴定终点。

所有玻璃量器均应符合GB 12805、GB 12806或GB 12808规定的A级。

4.4 取制样

按照GB/T 20066或适当的钢铁国家标准进行制样。

4.5 分析步骤

警告:通常在有氨、亚硝酸烟雾或有机物存在时,高氯酸蒸发可能会引起爆炸。

4.5.1 试料

按表4称取试样,精确至0.000 1 g。

表4

铬含量(质量分数)/%	称样量/g
0.25%~2.00%	2.00
>2.00%~10.00%	1.00
>10.00%~25.00%	0.50
>25.00%~35.00%	0.25

4.5.2 空白试验

按照相同的步骤,用相同试剂,但不加试料,随同试料做空白试验。

4.5.3 测定

4.5.3.1 试料的制备

4.5.3.1.1 非合金钢和铁

将试料(4.5.1)置于600 mL烧杯中,加入60 mL的硫酸(4.2.9)和10 mL的磷酸(4.2.4),加热溶解,然后用15 mL硝酸(4.2.5)氧化,加热至冒白色浓烟,冷却并加入100 mL水。

为了加速高硅试料的溶解,可加几滴氢氟酸(4.2.3)(见4.5.3.2注1)。

4.5.3.1.2 铬镍合金钢和铁

将试料(4.5.1)置于600 mL烧杯中,加入25 mL盐酸(4.2.6),加热溶解,然后用15 mL硝酸(4.2.5)氧化。若特别难溶,加入1 mL~2 mL氢氟酸(4.2.3),然后加入20 mL硫酸(4.2.8)和10 mL磷酸(4.2.4),加热至冒白色浓烟。

冷却后,再加15 mL硝酸(4.2.5)于冒烟的溶液中,如有必要再加硝酸,直到碳化物被完全分解,继续冒烟赶尽氮氧化物,冷却,加入100 mL水(见4.5.3.2注1)。

4.5.3.1.3 含钨钢

将试料(4.5.1)置于600 mL烧杯中,加入25 mL盐酸(4.2.6),然后加入20 mL硫酸(4.2.8)和10 mL磷酸(4.2.4),加热至停止冒泡。若特别难溶,加入1 mL~2 mL氢氟酸(4.2.3),用15 mL硝酸(4.2.5)氧化,然后加热至冒白色浓烟。

冷却后,再加15 mL硝酸(4.2.5)于冒烟的溶液中,如有必要再加硝酸,直到碳化物被完全分解,继续冒烟赶尽氮氧化物,冷却,加入100 mL水(见4.5.3.2注1)。

4.5.3.1.4 高合金钢和铁或高硅钢和铁

将试料(4.5.1)置于750 mL的锥形瓶中,加入20 mL盐酸(4.2.6),10 mL硝酸(4.2.5)和1 mL氢氟酸(4.2.3)。

当停止冒泡后,加入30 mL高氯酸(4.2.2),加热至冒白烟,盖上表面皿,继续加热至合金完全溶解(白烟保留在锥形瓶中),冷却。

加30 mL水,煮沸5 min,冷却(见4.5.3.2注1)。定量转移至600 mL烧杯中,加20 mL硫酸(4.2.8),10 mL磷酸(4.2.4)和70 mL水。

4.5.3.2 铬的氧化和滴定的准备

如有必要,用衬有纸浆的过滤器过滤除去石墨碳,用硫酸(4.2.10)冲洗,用温水稀释至约350 mL,加20 mL硫酸银溶液(4.2.11)和10 mL过硫酸铵溶液(4.2.12),盖上表面皿,并煮沸10 min(见注2)。

为分解高锰酸,先加入15 mL盐酸(4.2.7),继续煮沸3 min后,如有必要再逐滴加入盐酸(4.2.7),直至紫色消失(见注3)。煮沸10 min直到形成的氯化物的气味消失,迅速冷却至室温。

注1:对于特殊样品(如高铬和高碳样品)可能溶解不完全。在这种情况下,需要对残渣进行熔融,并与试液合并。

注2:可观察到高锰酸的紫色,如果试料中仅含有少量的锰,加入约5 mL硫酸锰溶液(4.2.13),以确保高锰酸紫色易观察。

注3:完全氧化后,可看到高锰酸的紫色,必须加入盐酸(4.2.7)。

4.5.3.3 滴定

4.5.3.3.1 不含钒的试样

将电位滴定装置的电极(4.3.1)置于盛有待滴定的溶液(4.5.3.2)的烧杯中,最好用电磁搅拌器搅拌,用滴定管加入硫酸亚铁铵标准溶液(4.2.18),直至出现电位突跃(见注),在终点附近要缓慢滴定,记录滴定体积V_9(mL)。

用铂-甘汞电极测量，电位突跃在 300 mV 左右，而等当点在 700 mV～900 mV。

注：溶液中铬含量小于 40 mg 时，用 20 mL 的滴定管；铬含量大于 40 mg 时，用 50 mL 滴定管。

4.5.3.3.2 含钒的试样

按 4.5.3.3.1 所述滴定，在这种情况下，钒和铬同时测定，记录滴定体积 V_{10}(mL)，高锰酸钾把钒和铬同时氧化。要想只氧化钒，在加入高锰酸钾溶液(4.2.15)的同时，用铂-甘汞电极测定氧化电位，逐滴加入高锰酸钾溶液(4.2.15)，直到电位由 1 000 mV 突跃到 1 160 mV。

维持该电位 2 min 之后，

——可以加入约 10 mL 亚硝酸钠溶液(4.2.16)，还原过量的高锰酸钾，大约 1 min 后再加入 3 g 尿素(4.2.1)，待电位稳定在 800 mV 附近后，搅拌并按 4.5.3.3.1 所述滴定。

——也可以通过逐滴加入亚硝酸钠溶液(4.2.16)，还原过量的高锰酸钾，直到电位稳定在 770 mV 附近。加入 5 mL 氨基磺酸溶液(4.2.17)(电位为 780 mV)，然后加入 30 mL 磷酸(4.2.4)，搅拌，按 4.5.3.3.1 所述滴定。

记录滴定体积 V_{11}(mL)。

注：也可按 4.5.3.3.1 所述滴定，测定出铬和钒的含量，再按理论值进行校正。1%钒相当于 0.34%铬。

4.6 结果表示

4.6.1 计算方法

4.6.1.1 不含钒的试样

按式(7)计算铬含量 w_{Cr}，以质量分数表示：

$$w_{Cr} = \frac{(V_9 - V_8) \times c_1}{m \times 1\,000} \times 100 \qquad \cdots\cdots(7)$$

式中：

V_8——滴定空白试液(4.5.2)所消耗的硫酸亚铁铵标准溶液(4.2.18)的体积，单位为毫升(mL)；

V_9——滴定铬(4.5.3.3.1)所消耗的硫酸亚铁铵标准溶液(4.2.18)的体积，单位为毫升(mL)；

c_1——相应的硫酸亚铁铵标准溶液(4.2.18)浓度，以每毫升铬的质量(mg)表示；

m——试料量，单位为克(g)。

4.6.1.2 含钒的试样

按式(8)计算铬含量 w_{Cr}，以质量分数表示：

$$w_{Cr} = \frac{(V_{10} - V_{11}) \times c_1}{m \times 1\,000} \times 100 \qquad \cdots\cdots(8)$$

式中：

V_{10}——滴定铬和钒所消耗的硫酸亚铁铵标准溶液(4.2.18)的体积，单位为毫升(mL)；

V_{11}——滴定钒所消耗的硫酸亚铁铵标准溶液(4.2.18)的体积，单位为毫升(mL)；

c_1——相应的硫酸亚铁铵标准溶液(4.2.18)浓度，以每毫升铬的质量(mg)表示；

m——试料量，单位为克(g)。

4.6.2 精密度

方法二的精密度试验是在 1983 年～1984 年由 11 个实验室，对 10 个水平的铬含量进行测试，每个实验室对每个水平的铬含量按 GB/T 6379.1 规定的重复性条件下，测定 2 次。

使用的测试样品资料见附录 B。

根据 GB/T 6379.2，对得到的测定结果进行统计分析。

结果表明，铬含量与实验结果的重复性限(r)和再现性限(R)间呈对数关系，汇总于表 5。数据图示由附录 C 给出。

表 5

铬含量(质量分数)/%	重复性限/r	再现性限/R
0.250	0.013	0.019
0.500	0.019	0.028
1.00	0.027	0.041
2.5	0.044	0.067
5.0	0.064	0.098
10.0	0.092	0.143
15.0	0.114	0.179
20.0	0.132	0.209
25.0	0.149	0.236
35.0	0.178	0.284

5 试验报告

试验报告应包括下列内容：

a) 鉴别试料、实验室和分析日期等资料；

b) 遵守本部分规定的程度；

c) 分析结果及其表示；

d) 测定中观察到的异常现象；

e) 对分析结果可能有影响而本部分未包括的操作或者任选的操作。

附　录　A
（资料性附录）
方法一　共同精密度试验原始数据

方法一中铬原始数据见表A.1。

表 A.1

实验室	铬含量(质量分数)/%										
	水平-1	水平-2	水平-3	水平-4	水平-5	水平-6	水平-7	水平-8	水平-9	水平-10	水平-11
1	0.113	0.245	0.556	2.14	5.20	7.45	12.09	18.90	22.88	28.03	32.98
	0.114	0.247	0.555	2.14	5.23	7.44	12.06	18.91	22.91	28.01	33.10
	0.114	0.246	0.557	2.14	5.22	7.44	12.05	18.90	22.95	28.12	33.04
2	0.117	0.246	0.552	2.12	5.20	7.69	12.07	18.93	22.97	28.10	32.85
	0.118	0.247	0.553	2.11	5.22	7.67	12.02	18.85	22.93	28.05	32.89
	0.120	0.248	0.554	2.11	5.21	7.68	12.00	18.90	22.89	28.14	32.87
3	0.121	0.252	0.544	2.05	5.15	7.66	12.12	18.88	22.77	28.22	33.16
	0.122	0.247	0.552	2.08	5.08	7.68	12.08	19.02	22.77	28.27	33.07
	0.118	0.245	0.542	2.13	5.19	7.71	12.04	18.92	22.82	28.13	32.97
4	0.112	0.241	0.544	2.07	5.14	7.68	12.01	18.93	22.87	28.05	32.88
	0.113	0.243	0.544	2.08	5.14	7.66	12.01	18.95	22.94	28.04	32.88
	0.112	0.242	0.545	2.08	5.15	7.68	12.00	18.94	22.90	28.08	32.87
5	0.112	0.243	0.537	2.09	5.17	7.67	11.98	18.92	22.89	28.08	32.87
	0.112	0.243	0.544	2.07	5.17	7.67	12.00	18.94	22.90	28.09	32.86
	0.111	0.242	0.545	2.07	5.15	7.66	11.98	18.94	22.92	28.06	32.89
6	0.106	0.242	0.537	2.04	5.16	7.63	11.90	18.74	22.73	27.88	32.80
	0.106	0.243	0.539	2.03	5.17	7.61	11.91	18.77	22.77	27.86	32.86
	0.107	0.241	0.540	2.04	5.17	7.61	11.91	18.75	22.75	27.78	32.83
7	0.113	0.244	0.549	2.04	5.10	7.65	12.11	18.99	22.89	28.14	33.33
	0.117	0.249	0.556	2.09	5.18	7.72	12.09	18.96	22.91	28.14	33.38
	0.119	0.246	0.561	2.11	5.23	7.68	12.19	19.01	22.91	28.22	33.38
8	0.115	0.249	0.548	2.10	5.16	7.71	12.00	18.90	22.97	28.02	32.88
	0.113	0.248	0.546	2.09	5.15	7.69	12.02	18.92	22.95	28.04	32.92
	0.114	0.246	0.546	2.09	5.14	7.70	12.03	18.88	22.96	27.99	33.02

附　录　B
（资料性附录）
方法二　国际合作试验附加资料

在方法二中 4.6.2 的表 5 是源自 1983 年～1984 年由 4 个国家的 11 个实验室对 10 个钢铁样品进行国际合作分析试验的结果。

试验结果在 1984 年 ISOTC17/SC1N578、N588 和 N599 文件报出。

所用试样的成分见表 B.1。

表 B.1　试样组成

样　品	化学成分(质量分数)/%								
	Cr	C	Si	Mn	Mo	Ni	V	W	Co
IRSID102-1	0.261	0.389	0.281	0.367	1.2	4.4	—	—	—
BAM182-1	0.591	0.790	0.368	0.389	—	0.152	0.177	—	—
IRSID110-1	1.54	0.987	0.446	0.367	—	0.378	0.259	—	—
IRSID210-1	3.92	0.762	0.200	0.250	8.15	—	1.650	1.54	0.185
IRSID276-1	5.29	0.364	0.985	0.368	1.47	0.178	0.541	—	—
IRSID201-1	12.33	0.291	0.843	0.363	—	0.202	(0.02)	—	—
IRSID279-1	15.64	0.088	0.516	0.258	—	1.603	(0.02)	—	—
CTIFA	(19.5)	(2.5)	(0.45)	(0.655)	(1.4)	(1.2)	(0.02)	—	—
IRSIDB	(27.0)	(0.02)	(0.27)	(0.115)	(0.016)	(0.15)	(0.014)	—	(0.32)
NBS890	32.4	2.91	0.67	0.62	0.018	0.397	0.45	—	—
注：带括号的数值表示不确定值。									

附　录　C
（资料性附录）
方法二　精密度数据的图示

方法二中铬含量与重复性限(r)和再现性限(R)之间的对数关系见图 C.1。

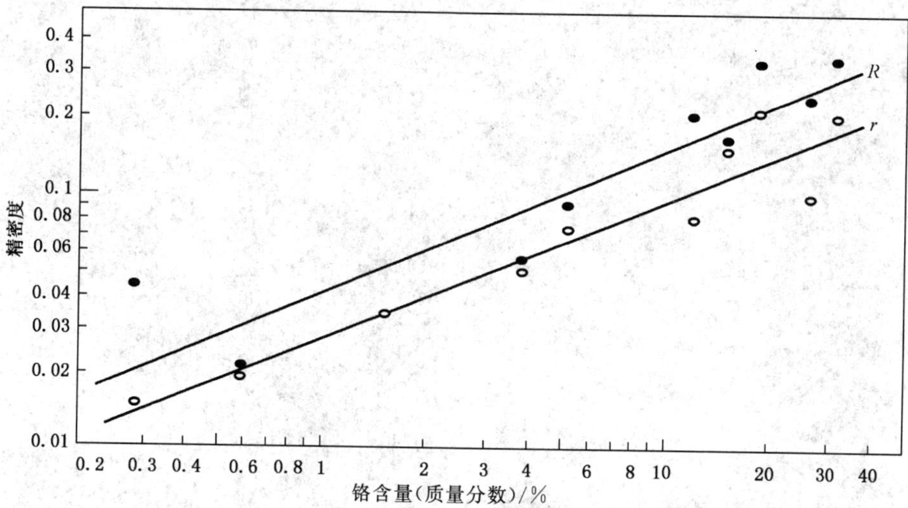

图 C.1　方法二中铬含量与重复性限(r)和再现性限(R)之间的对数关系

ICS 77.080.01
H 11

中华人民共和国国家标准

GB/T 223.23—2008
代替 GB/T 223.23～223.24—1994

钢铁及合金　镍含量的测定 丁二酮肟分光光度法

Iron, steel and alloy—Determination of nickel content—The dimethylglyoxime spectrophotometric method

2008-05-13 发布　　　　2008-11-01 实施

中华人民共和国国家质量监督检验检疫总局
中国国家标准化管理委员会　发布

前　言

GB/T 223 的本部分是对 GB/T 223.23—1994《钢铁及合金化学分析方法　丁二酮肟分光光度法测定镍量》和 GB/T 223.24—1994《钢铁及合金化学分析方法　萃取分离-丁二酮肟分光光度法测定镍量》的整合修订。

本部分代替 GB/T 223.23—1994 和 GB/T 223.24—1994。

本部分与 GB/T 223.23—1994、GB/T 223.24—1994 相比较主要进行了以下修改：

——名称改为《钢铁及合金　镍含量的测定　丁二酮肟分光光度法》；

——将原两个标准合并为一个标准，内含两个分析方法；

——增加了分析中对试剂和水的说明内容并修改溶液浓度的表示方法；

——增加了安全须知及称取试料量的表示；

——修改了结果计算式及式中量的单位；

——修改规范了精密度函数式的说明。

本部分的附录 A 是资料性附录。

本部分由中国钢铁工业协会提出。

本部分由全国钢标准化技术委员会归口。

本部分起草单位：宝山钢铁股份有限公司特殊钢分公司、中国钢研科技集团公司、天津特殊钢厂。

本部分主要起草人：王玉娟、崔秋红、郭蕴珊。

本部分所代替标准的历次版本发布情况为：

——GB 223.23—1982、GB 223.23—1994；

——GB 223.24—1982、GB 223.24—1994。

钢铁及合金　镍含量的测定
丁二酮肟分光光度法

警告：使用本部分的人员应有正规实验室工作的实践经验。本部分并未指出所有可能的安全问题。使用者有责任采取适当的安全和健康措施，并保证符合国家有关法规规定的条件。

1　范围

GB/T 223 的本部分规定了用丁二酮肟直接光度法和用萃取分离-丁二酮肟分光光度法测定镍含量。

本部分方法一适用于生铁、铁粉、碳素钢、合金钢中质量分数为 0.030%～2.00%镍含量的测定；本部分方法二适用于生铁、碳素钢、合金钢和精密合金中质量分数为 0.010%～0.50%镍含量的测定。

2　规范性引用文件

下列文件中的条款通过本部分的引用而成为 GB/T 223 的本部分的条款。凡是注日期的引用文件，其随后所有的修改单(不包括勘误的内容)或修订版均不适用于本部分，然而，鼓励根据本部分达成协议的各方研究是否可使用这些文件的最新版本。凡是不注日期的引用文件，其最新版本适用于本部分。

GB/T 6379.1　测量方法与结果的准确度(正确度与精密度)　第 1 部分：总则与定义

GB/T 6379.2　测量方法与结果的准确度(正确度与精密度)　第 2 部分：确定标准测量方法的重复性和再现性的基本方法

GB/T 20066　钢和铁　化学成分测定用试样的取样和制样方法

3　方法一　丁二酮肟直接光度法

3.1　原理

试样经酸溶解，高氯酸冒烟氧化铬至六价，以酒石酸钠掩蔽铁，在强碱性介质中，以过硫酸铵为氧化剂，镍与丁二酮肟生成红色络合物，测量其吸光度。

显色液中锰量大于 1.5 mg、铜量大于 0.2 mg、钴量大于 0.1 mg 干扰测定。

3.2　试剂和材料

除非另有说明，分析中仅使用确认为分析纯的试剂和蒸馏水或与其纯度相当的水。

3.2.1　乙醇，95%(体积分数)以上。

3.2.2　高氯酸，ρ 约 1.67 g/mL。

3.2.3　硝酸，ρ 约 1.42 g/mL，稀释为 2+3。

3.2.4　盐酸-硝酸混合酸，将一份盐酸(ρ 约 1.19 g/mL)、一份硝酸(ρ 约 1.42 g/mL)和二份水相混合。

3.2.5　酒石酸钠溶液，300 g/L。

3.2.6　氢氧化钠溶液，100 g/L。

3.2.7　丁二酮肟溶液，10 g/L，用乙醇(3.2.1)配制。

3.2.8　过硫酸铵溶液，40 g/L。

3.2.9　镍标准溶液

3.2.9.1　镍储备液，100 μg/mL。称取 0.100 0 g 纯镍(质量分数 99.99%以上)，置于 150 mL 锥形瓶中，加 20 mL 硝酸(3.2.3)，加热溶解后，冷却至室温，移入 1 000 mL 容量瓶中，用水稀释至刻度，混匀。

3.2.9.2 镍标准溶液，10.0 μg /mL。移取 25.00 mL 镍储备液(3.2.9.1)，置于 250 mL 容量瓶中，加 5 mL 硝酸(3.2.3)，用水稀释至刻度，混匀。

3.3 仪器与设备

分析中，仅用通常的实验室仪器设备及分光光度计。

3.4 取制样

按照 GB/T 20066 或适当的国家标准取制样。

3.5 分析步骤

警告：通常在有氨、亚硝酸烟雾或有机物存在时，冒高氯酸烟可能会引起爆炸。

3.5.1 试料量

根据镍含量(质量分数)按表 1 称取试样，精确至 0.000 1 g。

表 1

镍含量(质量分数)/%	试料量/g
0.03～0.10	0.50
>0.10～0.50	0.20
>0.50～2.00	0.10

3.5.2 空白试验

随同试料作空白试验。

3.5.3 测定

3.5.3.1 将试料(3.5.1)置于 150 mL 锥形瓶中，加 5 mL～10 mL 硝酸(3.2.3)或盐酸-硝酸混合酸(3.2.4)，加热溶解后，加 3 mL～5 mL 高氯酸(3.2.2)，蒸发至冒高氯酸烟氧化铬呈六价，稍冷。

3.5.3.2 加少量水使盐类溶解，冷却后移入 100 mL 容量瓶中(镍的质量分数为 0.03%～0.10%时，移入 50 mL 容量瓶中)，用水稀释至刻度，混匀。如有沉淀干过滤除去。

移取 10.00 mL(镍的质量分数为 1.00%～2.00%时，移取 5.00 mL)试液二份，分别置于 50 mL 容量瓶中，分别按 3.5.3.2.1 和 3.5.3.2.2 进行。

3.5.3.2.1 显色液：加 10 mL 酒石酸钠溶液(3.2.5)、10 mL 氢氧化钠溶液(3.2.6)、2 mL 丁二酮肟溶液(3.2.7)和 5 mL 过硫酸铵溶液(3.2.8)，每加一种试剂后均要混匀，用水稀释至刻度，混匀。

3.5.3.2.2 参比液：加 10 mL 酒石酸钠溶液(3.2.5)、10 mL 氢氧化钠溶液(3.2.6)、2 mL 乙醇(3.2.1)、5 mL 过硫酸铵溶液(3.2.8)，用水稀释至刻度，混匀。

3.5.3.3 放置 10 min～20 min 后将部分溶液移入 2 cm 或 3 cm 吸收皿中，以参比液为参比，在分光光度计上于波长 530 nm 处，测量其吸光度。减去空白试验的吸光度，从校准曲线上查出相应的镍质量(μg)。

3.5.4 校准曲线的绘制

移取 0、2.00 mL、4.00 mL、6.00 mL、8.00 mL、10.00 mL 镍标准溶液(3.2.9.2)，分别置于 50 mL 容量瓶中，按 3.5.3.2.1 显色，以试剂空白为参比按 3.5.3.3 测量其吸光度。以镍质量为横坐标，吸光度为纵坐标绘制校准曲线。

3.6 结果计算

镍含量以质量分数 w_{Ni} 计，数值以%表示，按式(1)计算：

$$w_{Ni}=\frac{m_1\times V}{m\times V_1\times 10^6}\times 100 \qquad \cdots\cdots(1)$$

式中：

V_1——分取试液体积的数值，单位为毫升(mL)；

V——试液总体积的数值，单位为毫升(mL)；

m_1——从校准曲线上查得的镍质量的数值，单位为微克(μg)；

m——试料量的数值，单位为克(g)。

3.7 精密度

本部分的精密度试验是在1990年由8个实验室，对9个水平的镍含量进行测定；每个实验室对每个水平的镍含量在GB/T 6379.1规定的重复性条件下测定3次。

各实验室报出的原始数据(测定结果)见附录A。

根据GB/T 6379.2，对得到的测定结果进行统计分析，精密度见表2。

表2

镍的质量分数/%	重复性限 r	再现性限 R
0.024～2.08	$\lg r = -1.7146 + 0.8221 \lg m$	$\lg R = -1.4495 + 0.8563 \lg m$
式中： m 是两个测定值的平均值，单位为%(质量分数)。		

重复性限 r、再现性限 R 按表2给出的方程求得。

在重复性条件下，获得的两次独立测试结果的绝对差值不大于重复性限(r)，大于重复性限(r)的情况以不超过5%为前提；

在再现性条件下，获得的两次独立测试结果的绝对差值不大于再现性限(R)，大于再现性限(R)的情况以不超过5%为前提。

4 方法二 萃取分离-丁二酮肟分光光度法

4.1 原理

试料用酸溶解，以柠檬酸铵掩蔽铁，加丁二酮肟与镍生成丁二酮肟镍，用三氯甲烷萃取，再用稀硝酸反萃取于水相中，然后在强碱性介质中，以过硫酸铵为氧化剂，镍与丁二酮肟生成红色络合物，测量其吸光度。

显色液中锰量小于25 mg，铜量小于3.5 mg，钴量小于15 mg不干扰测定。

4.2 试剂和材料

除非另有说明，分析中仅使用确认为分析纯的试剂和蒸馏水或与其纯度相当的水。

4.2.1 三氯甲烷。

4.2.2 乙醇，95%(体积分数)以上。

4.2.3 高氯酸，ρ约1.67 g/mL。

4.2.4 氨水，ρ约0.90 g/mL。

4.2.5 氨水，ρ约0.90 g/mL，稀释为1+30。

4.2.6 硝酸，ρ约1.42 g/mL，稀释为2+3。

4.2.7 硝酸，ρ约1.42 g/mL，稀释为1+20。

4.2.8 盐酸-硝酸混合酸：将1份盐酸(ρ约1.19 g/mL)、1份硝酸(ρ约1.42 g/mL)和2份水相混合。

4.2.9 柠檬酸铵溶液，200 g/L。

4.2.10 溴麝香草酚蓝溶液，1 g/L。称取0.1 g溴麝香草酚蓝，加1 mL氢氧化钠溶液(4.2.13)和50 mL水溶解后，用水稀释至100 mL，混匀。

4.2.11 丁二酮肟溶液，10 g/L。用乙醇(4.2.2)配制。

4.2.12 酒石酸钠溶液，300 g/L。

4.2.13 氢氧化钠溶液，100 g/L。

4.2.14 过硫酸铵溶液，40 g/L。

4.2.15 镍标准溶液

4.2.15.1 镍储备液，100 μg/mL。称取 0.100 0 g 纯镍(质量分数 99.99%以上)，置于 150 mL 锥形瓶中，加 20 mL 硝酸(4.2.6)，加热溶解后，冷却至室温，移入 1 000 mL 容量瓶中，用水稀释至刻度，混匀。

4.2.15.2 镍标准溶液，10.0 μg/mL。移取 50.00 mL 镍标准溶液(4.2.15.1)，置于 500 mL 容量瓶中，加 10 mL 硝酸(4.2.6)，用水稀释至刻度，混匀。

4.3 仪器与设备

分析中，仅用通常的实验室仪器设备及分光光度计。

4.4 取制样

按照 GB/T 20066 或适当的国家标准取制样。

4.5 分析步骤

警告：通常在有氨、亚硝酸烟雾或有机物存在时，冒高氯酸烟可能会引起爆炸。

4.5.1 试料量

称取 0.10 g 试样，精确至 0.000 1 g。

4.5.2 空白试验

随同试料作空白试验。

4.5.3 测定

4.5.3.1 将试料(4.5.1)置于 150 mL 锥形瓶中，加 3 mL 硝酸(4.2.6)或盐酸-硝酸混合酸(4.2.8)，加热溶解，加 2 mL～3 mL 高氯酸(4.2.3)，蒸发至冒高氯酸烟氧化铬至六价，稍冷。

4.5.3.2 加 5 mL 水溶解盐类(当镍质量分数大于 0.10%时，稀释分取 10/50)，加 10 mL 柠檬酸铵溶液(4.2.9)，加 2～5 滴溴麝香草酚蓝溶液(4.2.10)，然后滴加氨水(4.2.4)至溶液呈深绿色，再多加 10 滴，加 5 mL 丁二酮肟溶液(4.2.11)[若试液中含高铜、高钴时，每 1 mg 铜应多加 0.2 mL 丁二酮肟溶液(4.2.11)，每 1 mg 钴应多加 0.5 mL 丁二酮肟溶液(4.2.11)]，流水冷却。

4.5.3.3 将溶液移入 1 00mL 分液漏斗中，使其体积为 25 mL～30 mL，加 10 mL 三氯甲烷(4.2.1)，振荡 1 min，静置分层。将有机相放入另一个分液漏斗中。在水相中再加 5 mL 三氯甲烷(4.2.1)，振荡 30 s，分层后合并有机相，弃去水相。

4.5.3.4 在合并后的有机相中，加 10 mL 氨水(4.2.5)，振荡 1 min，静置分层。将有机相放入另一个分液漏斗中[若含 0.5 mg 以上铜时，再加 10 mL 氨水(4.2.5)振荡有机相一次]，在水相中加 5 mL 三氯甲烷(4.2.1)，轻轻振荡 30 s，待完全分层后，将有机相合并，弃去水相。

4.5.3.5 在有机相中加 5.0 mL 硝酸(4.2.7)，振荡 1 min，静置分层，将有机相放入另一个分液漏斗中，再加 5.0 mL 硝酸(4.2.7)，重复振荡有机相一次，分层后，弃去有机相，合并水相于原锥形瓶中。

4.5.3.6 将水相蒸发至体积约为 5 mL，冷却后移入 50 mL 容量瓶中。

4.5.3.7 加 2 mL 酒石酸钠溶液(4.2.12)、5 mL 氢氧化钠溶液(4.2.13)、2 mL 丁二酮肟溶液(4.2.11)和 5 mL 过硫酸铵溶液(4.2.14)，每加一种试剂后均要摇匀，用水稀释至刻度，混匀。

4.5.3.8 放置 15 min 后，将部分溶液移入 2 cm 吸收皿中，以水为参比，在分光光度计上，于波长 465 nm 处，测量其吸光度，减去空白试验吸光度，从校准曲线上查出相应的镍质量(μg)。

4.5.4 校准曲线的绘制

移取 0、2.00 mL、4.00 mL、6.00 mL、8.00 mL、10.00 mL 镍标准溶液(4.2.15.2)，分别置于 50 mL 容量瓶中，按 4.5.3.7 和 4.5.3.8 进行至测量其吸光度。减去试剂空白吸光度。以镍质量为横坐标，吸光度为纵坐标，绘制校准曲线。

4.6 结果计算

镍含量以质量分数 w_{Ni} 计，数值以%表示，按式(2)计算：

$$w_{Ni} = \frac{m_1 \times V}{m \times V_1 \times 10^6} \times 100 \qquad \cdots\cdots(2)$$

式中：

V_1——分取试液体积的数值，单位为毫升(mL)；

V——试液总体积的数值，单位为毫升(mL)；

m_1——从校准曲线上查得的镍质量的数值，单位为微克(μg)；

m——试料质量的数值，单位为克(g)。

4.7 精密度

本部分的精密度试验是在1990年由8个实验室，对6个水平的镍含量进行测定；每个实验室对每个水平的镍含量在GB/T 6379.1规定的重复性条件下测定3次。

各实验室报出的原始数据(测定结果)见附录A。

根据GB/T 6379.2，对得到的测定结果进行统计分析，精密度见表3。

表3

镍的质量分数/%	重复性限 r	再现性限 R
0.024 0～0.510	$r=0.000\ 572\ 9+0.030\ 19\ m$	$R=0.000\ 433\ 5+0.075\ 15\ m$
式中： m 是两个测定值的平均值，单位为%(质量分数)。		

重复性限 r、再现性限 R 按表3给出的方程求得。

在重复性条件下，获得的两次独立测试结果的绝对差值不大于重复性限(r)，大于重复性限(r)的情况以不超过5%为前提。

在再现性条件下，获得的两次独立测试结果的绝对差值不大于再现性限(R)，大于再现性限(R)的情况以不超过5%为前提。

5 试验报告

试验报告应包括下列内容：

a) 鉴别试料、实验室和分析日期等资料；

b) 遵守本部分规定的程度；

c) 分析结果及其表示；

d) 测定中观察到的异常现象；

e) 对分析结果可能有影响而本部分未包括的操作或者任选的操作。

附　录　A
（资料性附录）
共同精密度试验附加资料

A.1　丁二酮肟直接光度法精密度原始数据见表 A.1。

表 A.1

实验室	镍含量（质量分数）/%								
	Ni-1	Ni-2	Ni-3	Ni-4	Ni-5	Ni-6	Ni-7	Ni-8	Ni-9
1	0.024 8	0.054 0	0.083 2	0.201	0.545	0.718	1.137	1.660	2.091
	0.024 0	0.053 4	0.083 0	0.204	0.543	0.716	1.146	1.628	2.113
	0.023 5	0.053 1	0.082 2	0.206	0.542	0.718	1.143	1.628	2.096
2	0.024 0	0.051 6	0.081 6	0.200	0.542	0.710	1.152	1.632	2.064
	0.023 6	0.053 0	0.083 3	0.195	0.532	0.700	1.130	1.622	2.052
	0.024 0	0.052 2	0.082 0	0.200	0.534	0.706	1.130	1.622	2.042
3	0.024 1	0.054 0	0.083 0	0.207	0.541	0.720	1.136	1.640	2.090
	0.024 1	0.053 8	0.083 7	0.207	0.540	0.722	1.136	1.640	2.082
	0.023 5	0.054 0	0.083 0	0.200	0.541	0.720	1.142	1.658	2.100
4	0.024 7	0.053 8	0.084 9	0.210	0.550	0.724	1.170	1.673	2.096
	0.024 8	0.054 4	0.085 6	0.206	0.554	0.732	1.183	1.667	2.111
	0.025 3	0.055 1	0.083 9	0.212	0.558	0.727	1.168	1.679	2.089
5	0.024 0	0.053 0	0.083 0	0.200	0.538	0.710	1.150	1.650	2.080
	0.024 0	0.053 2	0.083 3	0.200	0.543	0.712	1.162	1.648	2.090
	0.024 1	0.053 2	0.083 4	0.205	0.545	0.716	1.160	1.650	2.088

表 A.1（续）

实验室	镍含量(质量分数)/%								
	Ni-1	Ni-2	Ni-3	Ni-4	Ni-5	Ni-6	Ni-7	Ni-8	Ni-9
6	0.024 9	0.055 1	0.084 5	0.207	0.547	0.729	1.150	1.634	2.108
	0.024 2	0.054 4	0.085 0	0.208	0.540	0.725	1.162	1.660	2.113
	0.023 8	0.054 1	0.083 5	0.203	0.545	0.720	1.157	1.659	2.112
7	0.023 7	0.054 5	0.085 0	0.200	0.520	0.705	1.126	1.635	2.100
	0.023 2	0.054 3	0.084 0	0.195	0.530	0.700	1.130	1.643	2.118
	0.023 1	0.054 0	0.085 0	0.205	0.530	0.700	1.160	1.640	2.100
8	0.023 5	0.053 2	0.083 1	0.199	0.551	0.721	1.135	1.612	2.051
	0.023 9	0.052 5	0.081 2	0.200	0.541	0.711	1.135	1.640	2.071
	0.023 5	0.052 5	0.082 5	0.201	0.542	0.720	1.161	1.625	2.075

A.2 萃取分离-丁二酮肟分光光度法测定法精密度原始数据见表A.2。

表 A.2

实验室	镍含量/%					
	Ni-1	Ni-2	Ni-3	Ni-4	Ni-5	Ni-6
1	0.023 0	0.053 3	0.082 1	0.142	0.366	0.508
	0.022 9	0.052 9	0.082 4	0.145	0.357	0.512
	0.023 1	0.054 0	0.083 2	0.150	0.368	0.514
2	0.023 4	0.049 8	0.080 8	0.151	0.356	0.514
	0.023 5	0.049 5	0.080 1	0.150	0.351	0.521
	0.024 0	0.049 0	0.080 6	0.146	0.365	0.506
3	0.024 0	0.051 0	0.078 8	0.150	0.358	0.508
	0.023 4	0.052 0	0.078 8	0.142	0.350	0.508
	0.023 2	0.051 6	0.080 0	0.146	0.347	0.480
4	0.024 2	0.054 3	0.083 9	0.155	0.375	0.530
	0.024 2	0.054 3	0.084 0	0.155	0.376	0.531
	0.024 0	0.054 3	0.084 0	0.156	0.376	0.530
5	0.024 0	0.052 0	0.085 0	0.152	0.370	0.525
	0.026 2	0.053 5	0.085 5	0.148	0.370	0.525
	0.024 2	0.052 6	0.086 0	0.149	0.362	0.520
6	0.023 2	0.052 0	0.080 4	0.149	0.366	0.512
	0.023 2	0.052 6	0.081 2	0.150	0.368	0.518
	0.023 0	0.052 8	0.081 8	0.152	0.370	0.515
7	0.020 2	0.050 0	0.080 5	0.145	0.360	0.507
	0.024 1	0.053 9	0.082 0	0.150	0.360	0.497
	0.025 0	0.051 7	0.083 5	0.150	0.365	0.510
8	0.023 3	0.053 8	0.079 5	0.147	0.350	0.487
	0.024 2	0.053 7	0.080 0	0.146	0.356	0.485
	0.022 8	0.054 5	0.079 5	0.147	0.340	0.485

ICS 77.080.01
H 11

中华人民共和国国家标准

GB/T 223.26—2008
代替 GB/T 223.26—1989 和 GB/T 223.27—1994

钢铁及合金　钼含量的测定　硫氰酸盐分光光度法

Iron, steel and alloy—Determination of molybdenum content—The thiocyanate spectrophotometric method

2008-05-13 发布　　2008-11-01 实施

中华人民共和国国家质量监督检验检疫总局
中国国家标准化管理委员会　发布

前　言

GB/T 223 的本部分是对 GB/T 223.26—1989《钢铁及合金化学分析方法　硫氰酸盐直接光度法测定钼量》和 GB/T 223.27—1994《钢铁及合金化学分析方法　硫氰酸盐-乙酸丁酯萃取分光光度法测定钼量》的整合修订。

本部分代替 GB/T 223.26—1989 和 GB/T 223.27—1994。

本部分与 GB/T 223.26—1989、GB/T 223.27—1994 相比较主要进行了以下修改：

——名称改为《钢铁及合金　钼含量的测定　硫氰酸盐分光光度法》；

——将原两个标准合并为一个标准，内含两个分析方法；

——增加了分析中对试剂和水的说明内容并修改溶液浓度的表示方法；

——修改了称取试料量的表示；

——修改了结果计算式及式中量的表示；

——修改规范了精密度函数式的说明。

本部分的附录 A 是资料性附录。

本部分由中国钢铁工业协会提出。

本部分由全国钢标准化技术委员会归口。

本部分起草单位：鞍钢股份有限公司、中国钢研科技集团公司。

本部分主要起草人：张国民、王海丹、陈旭、罗倩华。

本部分所代替标准的历次版本发布情况为：

——GB 223.26—1984、GB 223.26—1989；

——GB 223.27—1984、GB 223.27—1994。

钢铁及合金　钼含量的测定　硫氰酸盐分光光度法

警告：使用本部分的人员应有正规实验室工作的实践经验。本部分并未指出所有可能的安全问题。使用者有责任采取适当的安全和健康措施，并保证符合国家有关法规规定的条件。

1　范围

GB/T 223 的本部分规定了用硫氰酸盐直接光度法和用硫氰酸盐-乙酸丁酯萃取分光光度法测定钼含量。

本部分方法一适用于中低合金钢、高温合金钢和精密合金中质量分数为 0.10%～2.00%钼含量的测定；本部分方法二适用于生铁、碳钢、合金钢中质量分数为 0.002 5%～0.20%钼含量的测定。

2　规范性引用文件

下列文件中的条款通过 GB/T 223 的本部分的引用而成为本部分的条款。凡是注日期的引用文件，其随后所有的修改单(不包括勘误的内容)或修订版均不适用于本部分，然而，鼓励根据本部分达成协议的各方研究是否可使用这些文件的最新版本。凡是不注日期的引用文件，其最新版本适用于本部分。

GB/T 6379.1　测量方法与结果的准确度(正确度与精密度)　第 1 部分：总则与定义

GB/T 6379.2　测量方法与结果的准确度(正确度与精密度)　第 2 部分：确定标准测量方法的重复性和再现性的基本方法

GB/T 20066　钢和铁　化学成分测定用试样的取样和制样方法

3　方法一　硫氰酸盐直接光度法

3.1　原理

在硫酸-高氯酸介质中，用氯化亚锡还原铁和钼，钼与硫氰酸钠生成橙红色络合物，测量其吸光度。显色液中，铜量小于 0.2 mg、钒量小于 0.05 mg、钴量小于 0.8 mg、铌量小于 0.8 mg、铬量小于 2.4 mg 无影响。

3.2　试剂和材料

除非另有说明，分析中仅使用确认为分析纯的试剂和蒸馏水或与其纯度相当的水。

3.2.1　盐酸，ρ 约 1.19 g/mL。

3.2.2　硝酸，ρ 约 1.42 g/mL。

3.2.3　硫酸，ρ 约 1.84 g/mL，稀释为 1+1。

3.2.4　硫酸，ρ 约 1.84 g/mL，稀释为 5+95。

3.2.5　硫酸-磷酸混合酸，于 700 mL 水中，缓慢加入 150 mL 硫酸(ρ 约 1.84 g/mL)，稍冷后，加入 150 mL 磷酸(ρ 约 1.70 g/mL)，混匀。

3.2.6　高氯酸，ρ 约 1.67 g/mL，稀释为 1+5。

3.2.7　氯化亚锡溶液，100 g/L，称取 10 g 氯化亚锡($SnCl_2 \cdot 2H_2O$)，置于 250 mL 烧杯中，加入 10 mL 盐酸(3.2.1)，加热溶解并煮沸，冷却，用水稀释至 100 mL，混匀。用前配制。

3.2.8　硫氰酸钠溶液，100 g/L。

3.2.9　铁溶液，20 g/L。称取 2.0 g 纯铁(钼含量的质量分数须小于 0.001%)，置于 250 mL 烧杯中，加入 40 mL 硫酸-磷酸混合酸(3.2.5),加热溶解,滴加硝酸(3.2.2)氧化,加热至冒硫酸烟,取下稍冷,加入 40 mL 水,加热溶解盐类,冷却至室温,移入 100 mL 容量瓶中,用水稀释至刻度,混匀。此溶液 1 mL 含 20 mg 铁。

3.2.10 钼标准溶液,0.50 mg/mL。称取 0.250 0 g 纯钼(质量分数 99.9%以上),置于 250 mL 烧杯中,加入 10 mL 硝酸(1+3),加热溶解后,加入 5 mL 磷酸(ρ约 1.70 g/mL)、5 mL 硫酸(ρ约 1.84 g/mL),继续加热至冒硫酸烟,取下稍冷,加入 20 mL 水,加热溶解盐类。冷却至室温,移入 500 mL 容量瓶中,用水稀释至刻度,混匀。此溶液 1 mL 含 0.50 mg 钼。

3.3 仪器与设备

分光光度计。

3.4 取制样

按照 GB/T 20066 或适当的国家标准取制样。

3.5 分析步骤

3.5.1 试料量

根据钼含量(质量分数)按表 1 称取试样,精确至 0.1 mg。

表 1

钼含量(质量分数)/%	试料量/g
0.10~0.50	0.25
>0.50~1.00	0.20
>1.00~2.00	0.10

3.5.2 空白试验

随同试料做空白试验。分析时,需同时加入 15 mL 铁溶液(3.2.9)。

3.5.3 测定

3.5.3.1 将试料(3.5.1)置于 250 mL 锥形瓶中,加入 40 mL 硫酸-磷酸混合酸(3.2.5),加热溶解后,滴加硝酸(3.2.2),破坏碳化物[难溶试料,可用适宜比例的盐酸(3.2.1)、硝酸(3.2.2)混合酸溶解,然后加入 40 mL 硫酸-磷酸混合酸(3.2.5)冒烟]。

3.5.3.2 继续加热冒硫酸烟 2 min~3 min,取下稍冷,加入 20 mL 水,加热溶解盐类。冷却后,移入 100 mL 容量瓶中,用水稀释至刻度,混匀。

3.5.3.3 移取 10.00 mL 试液两份,分别置于 50 mL 容量瓶中[含铁量不足 30 mg 时,加铁溶液(3.2.9)补足]。

3.5.3.4 于一份溶液中加入 4 mL 硫酸(3.2.3)、10 mL 高氯酸(3.2.6),混匀。加入 10 mL 硫氰酸钠溶液(3.2.8),充分混匀后,边摇动边加入 10 mL 氯化亚锡溶液(3.2.7),用硫酸(3.2.4)稀释至刻度,混匀,此为显色液。

于另一份试液中,除不加硫氰酸钠溶液(3.2.8)外,其他同显色液操作。此为参比液。

3.5.3.5 在室温下放置 10 min~15 min,将部分溶液移入 1 cm~2 cm 吸收皿中,以参比液为参比,于分光光度计波长 470 nm 处测量其吸光度,减去随同试料所做空白溶液的吸光度。从校准曲线上查出显色液中相应的钼质量(μg)。

3.5.4 校准曲线的绘制

称取 0.30 g 纯铁(钼质量分数小于 0.001%)9 份,分别置于 250 mL 锥形瓶中,分别移取 0、0.50 mL、1.00 mL、1.50 mL、2.00 mL、2.50 mL、3.00 mL、3.50 mL、4.00 mL 钼标准溶液(3.2.10),加入 40 mL 硫酸-磷酸混合酸(3.2.5),加热溶解,以下按 3.5.3.2~3.5.3.5 进行至测量吸光度,减去补偿溶液的吸光度。以钼质量(μg)为横坐标,吸光度为纵坐标绘制校准曲线。

3.6 结果计算

钼含量以质量分数 w_{Mo} 计，数值以%表示，按式(1)计算：

$$w_{Mo}=\frac{m_1\times V}{m\times V_1\times 10^6}\times 100 \quad\cdots\cdots(1)$$

式中：

V_1——分取试液体积的数值，单位为毫升(mL)；

V——试液总体积的数值，单位为毫升(mL)；

m_1——从校准曲线上查得的钼质量的数值，单位为微克(μg)；

m——试料质量的数值，单位为克(g)。

3.7 精密度

本部分的精密度试验是在1988年由12个实验室，对5个水平的钼含量进行测定；每个实验室对每个水平的钼含量在GB/T 6379.1规定的重复性条件下测定2次。

各实验室报出的原始数据(测定结果)见附录A(资料性附录)。

根据GB/T 6379.2，对得到的测定结果进行统计分析，精密度见表2。

表2 精密度结果

钼的质量分数/%	重复性限 r	再现性限 R
0.20～2.00	$\lg r=-1.557\,2+0.656\,2\lg m$	$\lg R=-1.355\,1+0.606\,6\lg m$
式中：m 是两个测定值的平均值，单位为%(质量分数)。		

重复性限 r、再现性限 R 按表2给出的方程求得。

在重复性条件下，获得的两次独立测试结果的绝对差值不大于重复性限(r)，大于重复性限(r)的情况以不超过5%为前提；

在再现性条件下，获得的两次独立测试结果的绝对差值不大于再现性限(R)，大于再现性限(R)的情况以不超过5%为前提。

4 方法二 硫氰酸盐-乙酸丁酯萃取分光光度法

4.1 原理

试样用酸溶解后，在硫酸介质中，使钼(Ⅴ)与硫氰酸盐作用生成橙红色配合物，用乙酸丁酯萃取，测量其吸光度。

在试样中钨小于5 mg时，用磷酸掩蔽；钨大于5 mg～20 mg时，加2～3 g酒石酸掩蔽；当钼小于0.010%时，钼与钨之比不能大于1∶80。在移取液中，铜大于5 mg时，加硫脲掩蔽；锑大于0.15 mg时，对本方法有干扰。

4.2 试剂和材料

除非另有说明，分析中仅使用确认为分析纯的试剂和蒸馏水或与其纯度相当的水。

4.2.1 酒石酸。

4.2.2 纯铁(钼质量分数应小于0.000 3%)。

4.2.3 乙酸丁酯。

4.2.4 盐酸，ρ 约1.19 g/mL。

4.2.5 硝酸，ρ 约1.42 g/mL。

4.2.6 磷酸，ρ 约1.70 g/mL。

4.2.7 高氯酸，ρ 约1.67 g/mL。

4.2.8 硫酸，ρ 约1.84 g/mL，稀释为1+1。

4.2.9 硫酸，ρ 约1.84 g/mL，稀释为1+3。

4.2.10 氢氧化钠溶液,200 g/L。

4.2.11 硫脲溶液,100 g/L。

4.2.12 硫氰酸铵溶液,200 g/L。

4.2.13 氯化亚锡溶液,100 g/L。称取 10 g 氯化亚锡($SnCl_2 \cdot 2H_2O$)置于 250 mL 烧杯中,加入 10 mL 盐酸 (4.2.4),加热溶解并煮沸,冷却,用水稀释至 100 mL,混匀。用前配制。

4.2.14 钼标准溶液

4.2.14.1 钼储备液,500 μg/mL。称取 0.250 0 g 纯钼(质量分数 99.9%以上),置于 250 mL 烧杯中,加入 10 mL 硝酸(1+3),加热溶解后,取下稍冷,移入 500 mL 容量瓶中,用水稀释至刻度,混匀。此溶液 1 mL 含 500 μg 钼。

4.2.14.2 钼标准溶液,50 μg/mL。移取 50.00 mL 钼储备液(4.2.14.1),置于 500 mL 容量瓶中,用水稀释至刻度,混匀。此溶液 1 mL 含 50 μg 钼。

4.2.14.3 钼标准溶液,20 μg/mL。移取 20.00 mL 钼储备液(4.2.14.1),置于 500 mL 容量瓶中,用水稀释至刻度,混匀。此溶液 1 mL 含 20 μg 钼。

4.3 仪器

分光光度计。

4.4 取制样

按照 GB/T 20066 或适当的国家标准取制样。

4.5 分析步骤

4.5.1 试料量

根据钼含量按表 3 称取试样,精确至 0.1 mg。

表 3

钼含量(质量分数)/%	试料量/g
0.002～0.010	1.00
>0.010～0.050	0.50
>0.050～0.20	0.10

4.5.2 空白试验

称取与试料量相同的纯铁(4.2.2),随同试料做空白试验。

4.5.3 测定

4.5.3.1 将试料(4.5.1)置于 125 mL 锥形瓶中,加入 10 mL～20 mL 适宜比例的盐酸(4.2.4)-硝酸(4.2.5)混合酸[对含钨小于 5 mg 的试样,需加入 5 mL 磷酸(4.2.6)],缓慢加热溶解,加入 10 mL～15 mL高氯酸(4.2.7),加热蒸发冒高氯酸烟至瓶口[铬大于 10 mg 时滴加盐酸(4.2.4)挥铬;对含钨 5 mg～20 mg 的试样冒高氯酸烟至体积为 2 mL～3 mL]。

4.5.3.2 将锥形瓶取下稍冷,加入 20 mL 水溶解盐类[对含钨 5 mg～20 mg 的试样,另加入 2 g～3 g 酒石酸(4.2.1),搅拌使其溶解后,滴加氢氧化钠溶液(4.2.10)使钨溶解,再用硫酸(4.2.8)中和至酸性]。冷却至室温,移入 100 mL 容量瓶中,用水稀释至刻度,混匀。

4.5.3.3 移取 20.00 mL 试液,置于预先盛有 10 mL 硫酸(4.2.9)的 125 mL 分液漏斗中,混匀。加入 5 mL 硫氰酸铵溶液(4.2.12),混匀。加入 10 mL 氯化亚锡溶液(4.2.13)[含铜量大于 5 mg 时,加入 10 mL硫脲(4.2.11)],充分混匀,待铁的硫氰酸盐褪至淡红色时,立即加入 20.0 mL 乙酸丁酯(4.2.3),振荡 1 min,静置分层后,弃去水相,再沿瓶口加入 5 mL 硫酸(4.2.9),混匀,加入 5 mL 氯化亚锡(4.2.13),振荡 30 s,静置分层后,弃去水相。

4.5.3.4 将有机相用脱脂棉干过滤(弃去最初滤液)于 1 cm 或 2 cm 吸收皿(与校准曲线所用的一致)中,以乙酸丁酯(4.2.3)为参比,于分光光度计波长 470 nm 处测量其吸光度(试样含钨时波长使用

500 nm)，减去随同试样的空白溶液的吸光度。从校准曲线上查出显色液中相应的钼质量(μg)。

4.5.4 校准曲线的绘制

4.5.4.1 钼质量分数为 0.002 0%～0.010%

4.5.4.1.1 称取 1.000 g 纯铁(4.2.2)6 份，分别置于 6 个 125 mL 锥形瓶中，加入 0、1.00 mL、2.00 mL、3.00 mL、4.00 mL、5.00 mL 钼标准溶液(4.2.14.3)，以下根据试料含钨、铜情况按 4.5.3.1～4.5.3.3 进行。

4.5.4.1.2 将有机相用脱脂棉干过滤(弃去最初滤液)于 2 cm 吸收皿中，以乙酸丁酯(4.2.3)为参比，于分光光度计波长 470 nm(试样含钨时使用 500 nm)处测量其吸光度，减去试剂空白的吸光度。以钼质量为横坐标，吸光度为纵坐标绘制校准曲线。

4.5.4.2 钼质量分数大于 0.010%～0.050%

4.5.4.2.1 称取 0.500 0 g 纯铁(4.2.2)6 份，分别置于 6 个 125 mL 锥形瓶中，加入 0、1.00 mL、2.00 mL、3.00 mL、4.00 mL、5.00 mL 钼标准溶液(4.2.14.2.2)，以下根据试料含钨、铜情况按 4.5.3.1～4.5.3.3 进行。

4.5.4.2.2 将有机相用脱脂棉干过滤(弃去最初滤液)于 1 cm 吸收皿中，以乙酸丁酯(4.2.3)为参比，于分光光度计波长 470 nm(试样含钨时使用 500 nm)处测量其吸光度，减去试剂空白的吸光度。以钼质量为横坐标，吸光度为纵坐标绘制校准曲线。

4.5.4.3 钼质量分数大于 0.05%～0.20%

4.5.4.3.1 称取 0.100 0 g 纯铁(4.2.2)5 份，分别置于 5 个 125 mL 锥形瓶中，加入 0、1.00 mL、2.00 mL、3.00 mL、4.00 mL 钼标准溶液(4.2.14.2)，以下根据试样含钨、铜情况按 4.5.3.1～4.5.3.3 进行。

4.5.4.3.2 将有机相用脱脂棉干过滤(弃去最初滤液)于 1 cm 吸收皿中，以乙酸丁酯(4.2.3)为参比，于分光光度计波长 470 nm(试样含钨时使用 500 nm)处测量其吸光度，减去试剂空白的吸光度。以钼质量为横坐标，吸光度为纵坐标绘制校准曲线。

4.6 结果计算

钼含量以质量分数 w_{Mo} 计，数值以%表示，按式(2)计算：

$$w_{Mo} = \frac{m_1 \times V}{m \times V_1 \times 10^6} \times 100 \quad \cdots\cdots(2)$$

式中：

V_1——分取试液体积的数值，单位为毫升(mL)；

V——试液总体积的数值，单位为毫升(mL)；

m_1——从校准曲线上查得的钼质量的数值，单位为微克(μg)；

m——试料质量的数值，单位为克(g)。

4.7 精密度

本部分的精密度试验是在 1990 年由 9 个实验室，对 6 个水平的钼含量进行测定；每个实验室对每个水平的钼含量在 GB/T 6379.1 规定的重复性条件下测定 3 次。

各实验室报出的原始数据(测定结果)见附录 A(资料性附录)。

根据 GB/T 6379.2，对得到的测定结果进行统计分析，精密度见表 4。

表 4 精密度结果

钼的质量分数/%	重复性限 r	再现性限 R
0.002 5～0.200	$r=0.000\,129\,0+0.107\,8m$	$\lg R=-1.164\,6+0.653\,8\lg m$
式中：m 是两个测定值的平均值，单位为%(质量分数)。		

重复性限(r)、再现性限(R)按表4给出的方程求得。

在重复性条件下,获得的两次独立测试结果的绝对差值不大于重复性限(r),大于重复性限(r)的情况以不超过5%为前提;

在再现性条件下,获得的两次独立测试结果的绝对差值不大于再现性限(R),大于再现性限(R)的情况以不超过5%为前提。

5 试验报告

试验报告应包括下列内容:

a) 鉴别试料、实验室和分析日期等资料;

b) 遵守本部分规定的程度;

c) 分析结果及其表示;

d) 测定中观察到的异常现象;

e) 对分析结果可能有影响而本部分未包括的操作或者任选的操作。

附 录 A
（资料性附录）
共同精密度试验原始数据

A.1 硫氰酸盐直接光度法精密度试验原始数据见表 A.1。

表 A.1

实验室	钼含量(质量分数)/%				
	Mo-1	Mo-2	Mo-3	Mo-4	Mo-5
1	0.18 0.18	0.40 0.41	0.58 0.59	1.09 1.09	4.87 4.86
2	0.19 0.19	0.40 0.40	0.55 0.56	1.06 1.06	4.82 4.76
3	0.19 0.20	0.40 0.40	0.56 0.58	1.09 1.07	4.82 4.78
4	0.18 0.18	0.40 0.40	0.56 0.58	1.09 1.08	4.87 4.90
5	0.19 0.18	0.39 0.39	0.57 0.56	1.08 1.11	4.88 4.86
6	0.18 0.18	0.40 0.39	0.59 0.59	1.08 1.06	4.90 4.86
7	0.18 0.18	0.40 0.41	0.59 0.58	1.10 1.11	4.92 4.88
8	0.18 0.18	0.39 0.39	0.61 0.61	1.07 1.05	4.88 4.84
9	0.18 0.18	0.40 0.40	0.59 0.58	1.07 1.09	4.86 4.86
10	0.18 0.18	0.41 0.41	0.58 0.59	1.05 1.04	4.87 4.88
11	0.18 0.19	0.40 0.41	0.58 0.59	1.08 1.08	4.84 4.88
12	0.18 0.18	0.40 0.40	0.58 0.59	1.08 1.07	4.89 4.82

A.2 硫氰酸盐-乙酸丁酯萃取分光光度法精密度试验原始数据见表 A.2。

表 A.2

实验室	钼含量(质量分数)/%					
	Mo-1	Mo-2	Mo-3	Mo-4	Mo-5	Mo-6
1	0.002 45 0.002 55 0.002 60	0.009 00 0.009 20 0.008 90	0.052 0 0.053 1 0.055 7	0.106 0.113 0.115	0.146 0.160 0.166	0.200 0.216 0.217

表 A.2（续）

实验室	钼含量(质量分数)/%					
	Mo-1	Mo-2	Mo-3	Mo-4	Mo-5	Mo-6
2	0.002 54	0.009 17	0.058 4	0.119	0.159	0.211
	0.002 33	0.008 88	0.054 1	0.114	0.156	0.214
	0.002 45	0.008 73	0.055 9	0.115	0.154	0.214
3	0.002 40	0.009 20	0.054 5	0.117	0.163	0.222
	0.002 50	0.009 60	0.055 0	0.115	0.158	0.222
	0.002 60	0.009 70	0.055 5	0.118	0.160	0.225
4	0.002 15	0.009 20	0.049 0	0.102	0.150	0.219
	0.002 10	0.009 16	0.048 0	0.102	0.157	0.217
	0.001 95	0.009 02	0.046 0	0.106	0.148	0.210
5	0.002 60	0.009 80	0.052 0	0.106	0.158	0.216
	0.002 55	0.009 40	0.052 0	0.110	0.152	0.207
	0.002 10	0.009 30	0.056 0	0.112	0.149	0.202
6	0.002 40	0.008 10	0.053 0	0.128	0.152	0.200
	0.002 00	0.008 20	0.052 0	0.114	0.164	0.210
	0.002 20	0.008 50	0.058 0	0.122	0.157	0.208
7	0.002 93	0.010 6	0.050 9	0.105	0.155	0.212
	0.002 85	0.011 0	0.053 5	0.113	0.159	0.220
	0.002 96	0.011 6	0.056 1	0.115	0.153	0.215
8	0.001 08	0.008 52	0.050 0	0.110	0.150	0.205
	0.001 04	0.008 56	0.056 0	0.108	0.150	0.207
	0.001 14	0.008 58	0.057 0	0.123	0.171	0.233
9	0.002 00	0.007 65	0.048 4	0.101	0.138	0.201
	0.002 20	0.008 40	0.052 1	0.105	0.144	0.202
	0.002 35	0.007 90	0.047 1	0.102	0.134	0.197

ICS 77.080.01
H 11

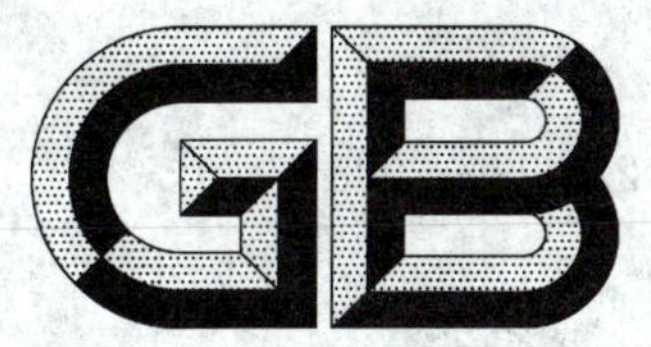

中华人民共和国国家标准

GB/T 223.29—2008
代替 GB/T 223.29—1984

钢铁及合金 铅含量的测定 载体沉淀-二甲酚橙分光光度法

Iron, steel and alloy—Determination of lead content—Carrier precipitation-xylenol orange spectrophotometric method

2008-05-13 发布　　　　2008-11-01 实施

中华人民共和国国家质量监督检验检疫总局
中国国家标准化管理委员会　发布

前言

GB/T 223 的本部分代替 GB/T 223.29—1984《钢铁及合金化学分析方法　载体沉淀-二甲酚橙光度法测定铅量》。

本部分与 GB/T 223.29—1984 相比较，主要进行了以下修改：

——增加了分析中对试剂和水的说明内容及标准溶液的标题，规范了试剂的表述，并修改溶液浓度的表示方法；

——修改了称取试料量表示；

——修改结果计算式中量的表示。

本部分由中国钢铁工业协会提出。

本部分由全国钢标准化技术委员会归口。

本部分负责起草单位：中国钢研科技集团公司。

本部分主要起草人：闫冬霞、柯瑞华。

本部分所代替标准的历次版本发布情况为：

GB/T 223.29—1984。

钢铁及合金　铅含量的测定
载体沉淀-二甲酚橙分光光度法

警告：使用本部分的人员应有正规实验室工作的实践经验。本部分并未指出所有可能的安全问题。使用者有责任采取适当的安全和健康措施，并保证符合国家有关法规规定的条件。

1　范围

GB/T 223的本部分规定了用载体沉淀-二甲酚橙分光光度法测定铅含量。

本部分适用于碳钢、合金钢、高温合金和精密合金中质量分数为0.000 5%～0.25%铅含量的测定。

2　规范性引用文件

下列文件中的条款通过GB/T 223的本部分的引用而成为本部分的条款。凡是注日期的引用文件，其随后所有的修改单(不包括勘误的内容)或修订版均不适用于本部分，然而，鼓励根据本部分达成协议的各方研究是否可使用这些文件的最新版本。凡是不注日期的引用文件，其最新版本适用于本部分。

GB/T 20066　钢和铁　化学成分测定用试料的取样和制样方法

3　原理

在硫酸介质中，以锶为载体沉淀分离铅，用碳酸钾转化硫酸盐为碳酸盐，用盐酸溶解。在pH值为(5.2～5.5)时，铅与二甲酚橙生成橙红色络合物，测量其吸光度。

显色液中，钴含量小于3 μg，镍含量、铁含量、钼含量各小于5 μg，锡含量、锰含量各小于10 μg，钒含量、铝含量各小于15 μg，铬含量小于20 μg，钛含量小于24 μg，钨含量、铜含量、硅含量、砷含量各小于30 μg，锌含量小于50 μg，钙含量、镁含量各小于300 μg，钠含量小于3 mg，钾含量小于5 mg，对测定无影响。锑由于水解，使显色液发浑影响测定。

4　试剂

除非另有说明，在分析中仅使用认可的分析纯试剂和蒸馏水或相当纯度的水。

4.1　盐酸，ρ约1.19 g/mL，优级纯。

4.2　盐酸，ρ约1.19 g/mL，优级纯，稀释为1+1。

4.3　盐酸，ρ约1.19 g/mL，优级纯，稀释为1+10。

4.4　盐酸，ρ约1.19 g/mL，优级纯，稀释为5+95。

4.5　硝酸，ρ约1.42 g/mL，优级纯。

4.6　硫酸，ρ约1.84 g/mL，优级纯。

4.7　硫酸，ρ约1.84 g/mL，优级纯，稀释为1+100。

4.8　磷酸，ρ约1.70 g/mL，优级纯。

4.9　氨水，ρ约0.90 g/mL，优级纯。

4.10　氨水，ρ约0.90 g/mL，优级纯，稀释为1+10。

4.11　氯化锶溶液，15 g/L。称取3 g氯化锶($SrCl_2 \cdot 6H_2O$)溶于水中并稀释至200 mL，混匀。

4.12　碳酸钾(优级纯)溶液，100 g/L。

4.13　碳酸钾(优级纯)溶液，10 g/L。

4.14 乙酸-乙酸钠缓冲溶液,pH 值=5.3。称取 116 g 乙酸钠($CH_3COONa \cdot 3H_2O$)溶于水,加 10 mL 冰乙酸,稀释至 1 L,混匀,于 pH 计上调节 pH 值为 5.3。

4.15 百里酚蓝溶液,1 g/L,用乙醇(1+4)配制。

4.16 抗坏血酸溶液,10 g/L,用时配制。

4.17 亚铁氰化钾溶液,1 g/L,用时配制。

4.18 氟化铵溶液,5 g/L,存储于塑料瓶中。

4.19 二甲酚成橙溶液,0.5 g/L。

4.20 铅标准溶液

4.20.1 铅储备液,500 μg/mL。称取 0.500 0 g 纯铅(质量分数大于 99.99%),置于 200 mL 烧杯中,加 20 mL 硝酸(1+1)溶解,煮沸驱除氮氧化物,冷却至室温,移入 1 000 mL 容量瓶中,用水稀释至刻度,混匀。此溶液 1 mL 含 500 μg 铅。

4.20.2 铅标准溶液,10.0 μg/mL。移取 20.00 mL 铅储备液 A(4.20.1),置于 1 000 mL 容量瓶中,用水稀释至刻度,混匀。此溶液 1 mL 含 10.0 μg 铅。

5 仪器

分光光度计。

6 取制样

按照 GB/T 20066 或适当的钢国家标准取制样。

7 操作步骤

7.1 试料量

按表 1 称取试料量,精确至 0.000 1 g。

表 1

铅的质量分数/%	试料量/g
0.000 5~0.001	2.000
>0.001~0.01	1.000
>0.01~0.05	0.500
>0.05~0.10	0.200
>0.10~0.25	0.100

7.2 空白试验

随同试料做空白试验。

7.3 测定

7.3.1 将试料置于 300 mL 石英或不含铅的烧杯中,根据称取试料量加入 15 mL~70 mL 适宜比例的盐酸(4.1)、硝酸(4.5)混合酸,缓慢加热溶解,取下稍冷,加入 10 mL 磷酸(4.8)、20 mL 硫酸(4.6),混匀。于电热板上加热至冒硫酸烟,取下冷却。

7.3.2 加水低温溶解盐类,稀释至体积约 150 mL,加热煮沸,在不断搅拌下,加入 10 mL 氯化锶溶液(4.11),煮沸 2 min~5 min,于低温电热板上保温 1 h 后,冷却至室温,冷却过程中注意搅拌几次。

7.3.3 用慢速滤纸过滤,用硫酸(4.7)洗涤烧杯及沉淀数次,水洗 2~3 次。打开滤纸将沉淀用水仔细冲入原烧杯中,充分洗净滤纸。加入 25 mL 碳酸钾溶液(4.12),加热至沸,微沸 1 min~2 min,于低温电热板上保温 30 min,冷却至室温。

7.3.4 用盐酸(4.1)中和并过量 1 mL,加热使沉淀溶解,用水稀释至体积约 100 mL,加 10 mL~15 mL 硫酸(4.6),煮沸 2 min~5 min,于低温电热板上保温 1 h,冷却至室温,冷却过程中注意搅拌几次。以下按 7.3.3 进行(如称取 0.100 0 g~0.200 0 g 时,可省去此款操作)。

7.3.5 用慢速滤纸过滤并将沉淀全部移入滤纸上，用擦棒擦净烧杯，用碳酸钾溶液(4.13)洗涤烧杯及沉淀数次，水洗(2～3)次。用 8 mL～10 mL 热盐酸(4.4)分 5 次溶解沉淀于 25 mL 容量瓶中，用水洗涤滤纸(3～4)次，总体积不超过 15 mL(称取的试料中，含铅超过 50 μg 时，则需将溶液稀释至刻度，混匀，分取 5 mL 显色)。

7.3.6 加入 1 滴～2 滴百里酚蓝溶液(4.15)，用氨水(4. 9)中和至黄色，用盐酸(4.3)中和至微红色，再用氨水(4.10)中和至黄色。加入 1 mL 抗坏血酸溶液(4.16)、1 mL 亚铁氰化钾溶液(4.17)、3 mL 乙酸-乙酸钠缓冲溶液(4.14)，用水稀释至约 22 mL，混匀，加入 1 mL 氟化铵溶液(4.18)、1.0 mL 二甲酚橙溶液(4.19)，稀释至刻度，混匀。放置 10 min，将部分溶液移入 3 cm 吸收皿(含量高时用 2 cm 吸收皿)中，以水为参比，于分光光度计波长 580 nm 处测量其吸光度，减去随同试料所做空白的吸光度。从校准曲线上查出相应的铅量。

7.4 工作曲线的绘制

移取 0、0.50 mL、1.00 mL、2.00 mL、3.00 mL、4.00 mL、5.00 mL 铅标准溶液(4.20.2)，分别置于 7 个 25 mL 容量瓶中，用水调节至体积约 5 mL，以下按 7.3.6 款进行，测量其吸光度，减去试剂空白的吸光度。以铅量为横坐标，吸光度为纵坐标绘制工作曲线。

8 结果计算

铅含量以质量分数 w_{Pb} 计，数值以%表示，按式(1)计算：

$$w_{Pb} = \frac{m_1 \times V}{m \times V_1} \times 100 \qquad \cdots\cdots (1)$$

式中：

V_1——分取试液体积，单位为毫升(mL)；

V——试液总体积，单位为毫升(mL)；

m_1——从校准曲线上查得的铅量，单位为克(g)；

m——试料量，单位为克(g)。

9 允许差

实验室之间分析结果的差值应不大于表 2 所列允许差。用标准试样校验时，结果偏差不得超过表 2所列允许差得二分之一。

表 2

%

铅含量(质量分数)	允许差	铅含量(质量分数)	允许差
0.000 5～0.002 5	0.000 3	>0.025～0.050	0.010
>0.002 5～0.005	0.000 8	>0.050～0.100	0.015
>0.005～0.010	0.002	>0.100～0.250	0.025
>0.010～0.025	0.004		

10 试验报告

试验报告应包括下列内容：

a) 鉴别试料、实验室和分析日期等资料；

b) 遵守本部分规定的程度；

c) 分析结果及其表示；

d) 测定中观察到的异常现象；

e) 对分析结果可能有影响而本部分未包括的操作或者任选的操作。

ICS 77.080.01
H 11

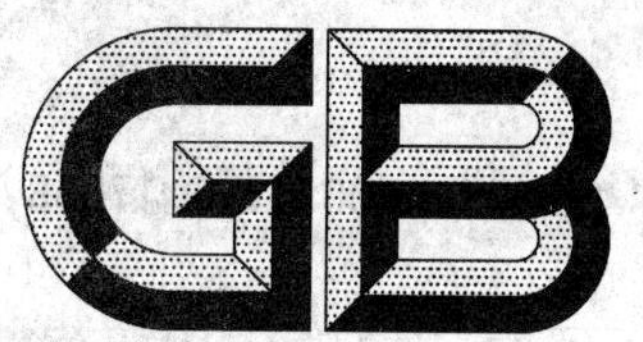

中华人民共和国国家标准

GB/T 223.31—2008/ISO 17058:2004
代替 GB/T 223.31—1994

钢铁及合金　砷含量的测定 蒸馏分离-钼蓝分光光度法

Iron, steel and alloy—Determination of arsenic content—Distillation-molybdenum blue spectrophotometric method

(ISO 17058:2004, IDT)

2008-05-13 发布　　　　2008-11-01 实施

中华人民共和国国家质量监督检验检疫总局
中国国家标准化管理委员会　发布

前 言

GB/T 223 的本部分等同采用 ISO 17058:2004《钢铁　砷含量的测定　分光光度法》。

为便于使用，本部分做了下列编辑性修改：

a) “本国际标准”一词改为“本部分”；

b) 用小数点“.”代替作为小数点的逗号“,”；

c) 删除国际标准的前言；

d) “规范性引用文件”中，被引用的国际文件或所引用的具体章条与国内文件完全一致的，用国内文件代替。

本部分代替 GB/T 223.31—1994《钢铁及合金化学分析方法　蒸馏分离-钼蓝分光光度法测定砷量》。

本部分与 GB/T 223.31—1994 相比较，主要做了以下修改：

——还原剂由“20 mL 硫酸肼-溴化钾混合溶液”改为“2 g 硫酸肼-溴化钾混合物”，同时，减少了加入蒸馏瓶中酸的体积，缩短了蒸馏时间；

——校准曲线由统一采用 10 μg/mL 砷标准溶液配制调整为对不同含量段的校准曲线采用不同浓度的砷标准溶液配制；

——增加了 2.0 μg/mL 砷标准溶液。

本部分的附录 A、附录 B 为资料性附录。

本部分由中国钢铁工业协会提出。

本部分由全国钢标准化技术委员会归口。

本部分主要起草单位：中国钢研科技集团公司。

本部分主要起草人：罗倩华、余定志、戈儒彬。

本部分所代替标准的历次版本发布情况为：

——GB/T 223.31—1984、GB/T 223.31—1994。

钢铁及合金　砷含量的测定 蒸馏分离-钼蓝分光光度法

警告:使用本部分的人员应有正规实验室工作的实践经验。本部分并未指出所有可能的安全问题。使用者有责任采取适当的安全和健康措施,并保证符合国家有关法规规定的条件。

1　范围

GB/T 223 的本部分规定了用蒸馏分离-钼蓝分光光度法测定砷含量。

本部分适用于钢铁及合金中质量分数为 0.000 5%~0.10%砷含量的测定。

2　规范性引用文件

下列文件中的条款通过本部分的引用而成为 GB/T 223 的本部分的条款。凡是注日期的引用文件,其随后所有的修改单(不包括勘误的内容)或修订版均不适用于本部分,然而,鼓励根据本部分达成协议的各方研究是否可使用这些文件的最新版本。凡是不注日期的引用文件,其最新版本适用于本部分。

GB/T 6379.1　测量方法与结果的准确度(正确度与精密度)　第 1 部分:总则与定义(GB/T 6379.1—2004,ISO 5725-1:1994,IDT)

GB/T 6379.2　测量方法与结果的准确度(正确度与精密度)　第 2 部分:确定标准测量方法的重复性和再现性的基本方法(GB/T 6379.2—2004, ISO 5725-2:1994, IDT)

GB/T 20066—2006　钢和铁　化学成分测定用试样的取样和制样方法(ISO 14284:1996,IDT)

ISO 385-1:1984　实验室玻璃仪器　滴定管　第 1 部分:基本要求

ISO 648:1977　实验室玻璃仪器　单标线吸量管

ISO 1042:1998　实验室玻璃仪器　单标线容量瓶

ISO 3696:1987　分析实验室用水规格和试验方法

ISO 5725-3　测量方法与结果的准确度(正确度与精密度)　第 3 部分:标准测量方法精密度的中间度量

3　原理

将试料溶于盐酸、硝酸混合酸中,加入硫酸,继续加热至冒硫酸白烟。在硫酸及盐酸介质中,加硫酸肼及溴化钾使砷还原,并以 $AsCl_3$ 形式蒸馏分离。蒸馏液以硝酸吸收,并使 As(Ⅲ)氧化为 As(Ⅴ)。以硫酸肼为还原剂,砷与钼酸铵形成钼蓝络合物。在波长 840 nm 处进行分光光度测定。

4　试剂与材料

分析中,除另有说明外,仅使用认可的分析纯试剂和 ISO 3696:1987 规定的三级水。

4.1　盐酸,ρ 约 1.19 g/mL。

4.2　硝酸,ρ 约 1.40 g/mL。

4.3　硝酸,ρ 约 1.40 g/mL,稀释为 3+1。

4.4　混合酸:将一体积的硝酸(4.2)加入到四体积的盐酸(4.1)中。

4.5　硫酸,ρ 约 1.84 g/mL。

4.6　硫酸,ρ 约 1.84 g/mL,稀释为 1+1。在水中冷却并不断搅拌的同时,将一定体积的硫酸(4.5)分若干次加入等体积的水中。

4.7 硫酸，ρ 约 1.84 g/mL，稀释为 1+6。在水中冷却并不断搅拌的同时，将一定体积的硫酸(4.5)分若干次加入六倍体积的水中。

4.8 还原剂粉末混合物。按一定比例，称取 2.5 g 硫酸肼和 10 g 溴化钾，置于研钵中，用研棒研细，并混合好，备用。

4.9 钼酸铵溶液，$(NH_4)_6Mo_7O_{24} \cdot 4H_2O$，10 g/L。

4.10 硫酸肼溶液，$N_2H_6SO_4$，0.6 g/L。

4.11 砷标准溶液

4.11.1 贮备液，每升相当于 0.20 g 砷。称取 0.132 0 g 三氧化二砷(As_2O_3)，精确至 0.000 1 g，置于 100 mL 烧杯中，慢慢加入 10 mL 硝酸(4.2)，盖上表面皿，缓慢加热，直到完全溶解。加入 2 mL 硫酸(4.6)，缓慢加热，赶尽氮氧化物，继续蒸发至冒大量白烟。取下稍冷，以少量水冲洗表面皿及杯壁，再次加热蒸发冒大量白烟。取下冷却，加约 10 mL 水，微热，直到盐类溶解，溶液变得清澈为止。冷至室温，将溶液定量转移至 500 mL 单标线容量瓶中，用水稀释至刻度，混匀。此贮备液 1 mL 含 0.2 mg 砷。

4.11.2 标准溶液 A，每升相当于 0.01 g 砷。移取 25.00 mL 贮备液(4.11.1)，于 500 mL 单标线容量瓶中，以水稀释至刻度，混匀。用时现配。此标准溶液 1 mL 含 10 μg 砷。

4.11.3 标准溶液 B，每升相当于 0.002 g 砷。移取 50.00 mL 标准溶液(4.11.2)，于 250 mL 单标线容量瓶中，以水稀释至刻度，混匀。用时现配。此标准溶液 1 mL 含 2 μg 砷。

4.12 溴化钾。

5 仪器与设备

所有玻璃量器均应符合 ISO 385-1:1984，ISO 648:1997 和 ISO 1042:1998 规定的 A 级。

通常使用普通实验室设备及下列仪器：

5.1 分光光度计，适合在 840 nm 处，用 4 cm(或 1 cm)吸收皿测定溶液的吸光度。

5.2 蒸馏装置，见图 1。

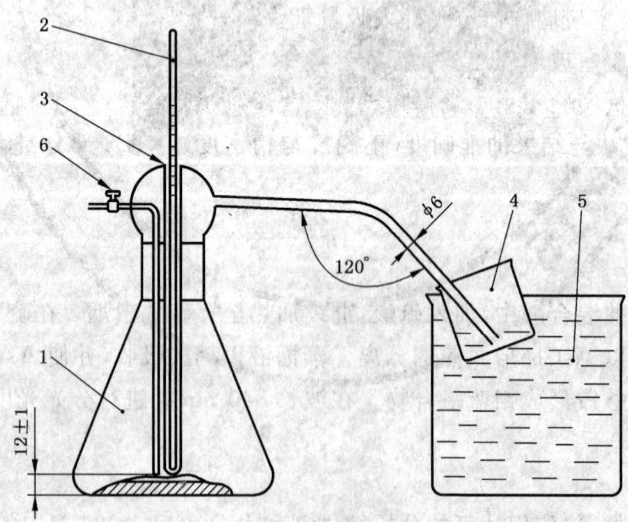

1——锥形瓶(蒸馏瓶)，250 mL；

2——温度计；

3——温度计套管；

4——吸收液烧杯，100 mL；

5——冷却水烧杯，1 000 mL；

6——阀。

图 1 定砷蒸馏装置

6 取制样

按照 GB/T 20066—2006 或适当的钢的国家标准进行取制样。

7 分析步骤

7.1 试料量

按表 1 称取试料,精确至 0.1 mg。

表 1 试料量

砷含量(质量分数)/%	试料量/g
0.000 5～0.001	1.0
>0.001～0.006	0.50
>0.006～0.100	0.10

7.2 空白试验

与试料分析平行,用同样的分析步骤、同样质量的试剂做空白试验。

7.3 测定

7.3.1 试液的制备

将试料(7.1)置于 150 mL 烧杯中,加入 10 mL～20 mL 混合酸(4.4),盖上表面皿,缓慢加热,直到完全溶解。冷却,移去表面皿,加入 20 mL 硫酸(4.6),盖上表面皿并留一小口,使得烟能排出,并蒸发冒大量白烟。取下,冷却。

7.3.2 蒸馏

定量地将试液(7.3.1)移入蒸馏瓶中,用约 10 mL 水冲洗表面皿及杯壁。如有不溶硫酸盐存在,加少量水,微热,直到盐类完全溶解为止。用水冷却后,加入 10 mL 盐酸(4.1)、2.0 g 还原剂粉末混合物(4.8),混匀。加入 10 mL 硝酸(4.3)于吸收液烧杯中,将吸收液烧杯置于盛有冷水的冷却水烧杯中。连接好蒸馏装置,于低温电炉上加热蒸馏瓶,直到温度达到 125℃时停止加热,整个蒸馏过程在 6 min～10 min 之内。打开阀,以免溶液从吸收液烧杯倒流。取下蒸馏瓶,用少量水冲洗出气管下端,将洗涤液并入吸收液烧杯中。加入 3.5 mL 硫酸(4.7),混匀。

盖上表面皿并留一小口,使得烟能够排出,并蒸发至冒大量白色硫酸烟。在此过程中不应起泡。取下,冷却,用水冲洗表面皿和烧杯壁,再次蒸发至冒白烟,以驱赶氮氧化物。取下,冷却,用水冲洗表面皿,定量地将溶液移入 50 mL 单标线容量瓶中。

7.3.3 有色络合物的形成

加入 2.5 mL 钼酸铵溶液(4.9)和 2.5 mL 硫酸肼溶液(4.10)于容量瓶中,用水稀至刻度,混匀。于沸水浴中加热 10 min,取出,冷却至室温。

7.3.4 分光光度测定

以水为参比,调节分光光度计吸光度为零。用 4 cm(或 1 cm)吸收皿,于波长约 840 nm 处,对显色液进行分光光度测定。

7.4 校准曲线的建立

7.4.1 校准溶液的制备

对砷含量(质量分数)为 0.000 5%～0.030%和砷含量(质量分数)为 0.030%～0.100%的,分别按表 2 和表 3,将相应体积的砷标准溶液(4.11.2,4.11.3)加入一系列 50 mL 单标线容量瓶中。于每个容量瓶中分别加入 2.5 mL 硫酸(4.7)。按 7.3.3 进行。

7.4.2 分光光度测定

以水为参比,调节分光光度计吸光度为零。用 4 cm(或 1 cm)吸收皿,于波长约 840 nm 处,对一定范围的校准溶液进行分光光度测定。

7.4.3 校准曲线的绘制

计算校准溶液和校准空白液的差值得净吸光度。

由净吸光度与相应的砷的质量(μg)作通过原点的直线。

对砷含量(质量分数)为 0.000 5%~0.030%的校准溶液,用 4 cm 吸收皿,见表 2。

对砷含量(质量分数)为 0.030%~0.100%的校准溶液,用 1 cm 吸收皿,见表 3。

表 2

砷标准溶液(4.11.3)体积/mL	相应砷质量/μg	试样中砷含量(质量分数)/%		
		0.10 g 试料	0.50 g 试料	1.00 g 试料
0[a]	0	0	0	0
2.0	4			0.000 4
4.0	8	0.008	0.001 6	0.000 8
6.0	12	0.012	0.002 4	
8.0	16	0.016	0.003 2	
10.0	20	0.020	0.004	
15.0	30	0.030	0.006	

[a] 空白。

表 3

砷标准溶液(4.11.2)体积/mL	相应砷质量/μg	试样中砷含量(质量分数)/% 0.10 g 试料
0[a]	0	0
2.0	20	0.020
4.0	40	0.040
6.0	60	0.060
8.0	80	0.080
10.0	100	0.100

[a] 空白。

8 结果表示

8.1 计算方法

利用校准曲线(见 7.4),将试液和空白液的吸光度转换为砷的质量(μg)。

按式(1)计算 w_{As},以质量分数(%)表示:

$$w_{As} = \frac{(m_1 - m_0)}{m \times 10^6} \times 100 \quad \cdots\cdots(1)$$

式中:

m_1——试液中砷的质量,μg;

m_0——空白液中砷的质量,μg;

m——试料质量(7.1),g。

8.2 精密度

本部分的精密度试验由 8 个实验室,对 9 个水平的砷含量进行测定,每个实验室对每个水平的砷含量测定 4 次。

注 1:4 次测定中的前两次是在 GB/T 6379.1 规定的重复性条件下进行,即由同一实验员、用同一仪器、相同的实验条件、同一校准,在最短的时间内进行测定。

注 2:第三次和第四次测定由注 1 中的实验员,用同一台仪器,在不同时间(不同天),用新的校准进行。

所用试样和得到的平均值列于表 A.2。

根据 GB/T 6379.1、GB/T 6379.2 和 ISO 5725-3,对得到的结果进行统计分析。

结果表明,砷含量与实验结果的重复性限(r)和再现性限(R_W 和 R)间呈对数关系(见注 3),汇总于表 4。数据图示由附录 B 给出。

注 3:由第一天所得的两个结果,按 GB/T 6379.2 计算重复性限(r)和再现性限(R)。由第一天所得的第一个结果和第二天所得的结果,按 GB/T 6379.3 计算实验室内的再现性限(R_W)。

表 4 重复性限和再现性限结果

砷含量(质量分数)/%	重复性限 r	再现性限	
		R_W	R
0.000 50	0.000 178	0.000 167	0.000 184
0.001 00	0.000 267	0.000 263	0.000 313
0.002 00	0.000 400	0.000 412	0.000 532
0.005 00	0.000 682	0.000 747	0.001 072
0.010 00	0.001 022	0.001 173	0.001 823
0.020 00	0.001 531	0.001 840	0.003 098
0.050 00	0.002 611	0.003 338	0.006 248
0.100 00	0.003 911	0.005 238	0.010 620

9 试验报告

试验报告应包括下列内容:

a) 鉴别试料、实验室和分析日期等资料;

b) 遵守本部分规定的程度;

c) 分析结果及其表示;

d) 测定中观察到的异常现象;

e) 对分析结果可能有影响而本部分未包括的操作或者任选的操作。

附 录 A
(资料性附录)
国际合作试验附加资料

所用试样列于表 A.1。国际合作试验中获得的砷含量的详细结果,见表 A.2。

表 A.2 是 1999 年由 3 个国家的 8 个实验室对钢铁样品进行国际分析试验的结果得到的。试验结果在 2000 年 ISO/TC 17/SC 1 N 1272 文件报出。图示精密度数据见附录 B。

表 A.1 所用样品

编号	样品	As	C	Si	Mn	Cr	Ni	其他
1	NIST SRM 2167	0.000 5	0.051	0.026	0.022	0.001 5	0.002	Cu0.001 4;Sn0.006;Sb0.002 0
2	GSBH41009-93	0.001 0	3.89	1.58	0.65	0.008 1	0.005 8	Ti0.042;Sb0.000 16
3	GSBH40107-96	0.002 2	0.24	0.24	0.49	0.013	0.015	Cu0.017
4	JSS 169-7	0.005	0.047	0.21	0.42	(0.1)	0.046	Mo0.068;Ti(0.01);Sn(0.01)
5	BCS461	0.011	0.082	0.44	0.64	15.20	5.16	
6	NIST SRM 50c	0.022	0.719	0.311	0.342	4.13	0.069	V1.16;W18.44
7	GBW 01361	0.037	0.318	0.325	0.348	1.93	0.204	Mo1.19;V0.301;Sn0.014;Sb0.008 6
8	BCS453	0.052	0.210	0.36	—	0.24	0.114	Cu0.15;Sn0.019;Ti0.016;W0.30
9	BYSC 18201-94	0.092	0.076	1.64	1.10	0.013	0.025	Mo0.020;Nb0.012;Sn0.009;Pb0.003 8

表 A.2 国际合作试验中获得的砷含量的详细结果

编号	样品	砷含量(质量分数)/%			精密度数据		
		认可值	测定值		重复性限	再现性限	
			$\overline{w}_{As1}$	$\overline{w}_{As2}$	r	R_W	R
1	NIST SRM 2167	0.000 5	0.000 517	0.000 500	0.000 140	0.000 181	0.000 221
2	GSBH41009-93	0.001 0	0.001 000	0.000 985	0.000 349	0.000 360	0.000 302
3	GSBH40107-96	0.002 2	0.001 983	0.001 983	0.000 379	0.000 198	0.000 437
4	JSS 169-7	0.005	0.005 13	0.005 19	0.000 343	0.000 469	0.000 648
5	BCS461	0.011	0.010 0	0.010 3	0.002 800	0.003 757	0.002 892
6	NIST SRM 50c	0.022	0.022 3	0.022 2	0.001 980	0.001 771	0.004 606
7	GBW 01361	0.037	0.037 4	0.037 75	0.001 617	0.002 914	0.005 879
8	BCS453	0.052	0.054 0	0.053 9	0.003 130	0.003 130	0.005 099
9	BYSC 18201-94	0.092	0.090 7	0.090 9	0.002 800	0.004 246	0.009 116

$\overline{w}_{As1}$:同一天的平均值;

$\overline{w}_{As2}$:不同天的平均值。

附 录 B
（资料性附录）
精密度数据图示

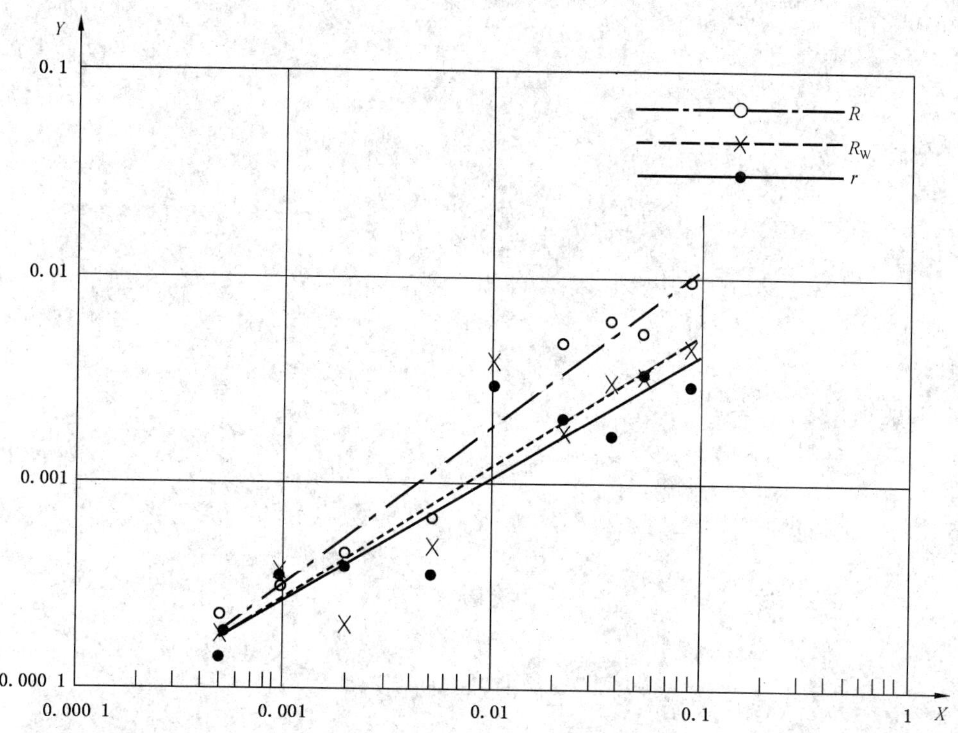

X——砷含量(质量分数),%；

Y——精密度(质量分数),%。

$\log r = 0.5829 \log \overline{w}_{As1} - 1.8248$

$\log R_W = 0.65 \log \overline{w}_{As2} - 1.6308$

$\log R = 0.7654 \log \overline{w}_{As1} - 1.2084$

图 B.1 砷含量($\overline{w}_{As1}$ 或 $\overline{w}_{As2}$)与重复性限(r)和再现性限(R_W 和 R)的对数关系图

ICS 77.080.01
H 11

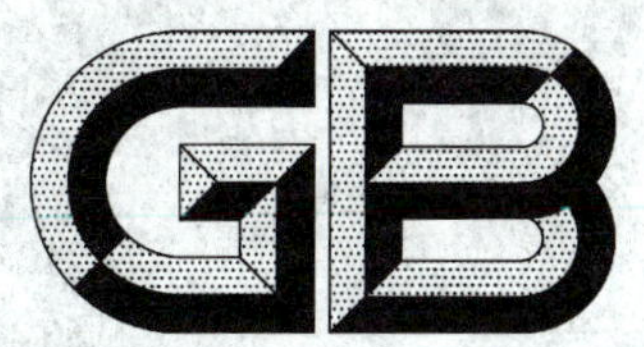

中华人民共和国国家标准

GB/T 223.43—2008
代替 GB/T 223.43—1994

钢铁及合金　钨含量的测定 重量法和分光光度法

Iron, steel and alloy—Determination of tungsten content—Gravimetric method and spectrophotometric method

2008-05-13 发布　　2008-11-01 实施

中华人民共和国国家质量监督检验检疫总局
中国国家标准化管理委员会　发布

前　言

GB/T 223 的本部分代替 GB/T 223.43—1994《钢铁及合金化学分析方法　钨量的测定》。

本部分与 GB/T 223.43—1994 相比较主要进行了以下修改：

——名称改为《钢铁及合金　钨含量的测定　重量法和分光光度法》；

——增加了分析中对试剂和水的说明内容并修改溶液浓度的表示方法；

——修改了称取试料量表示；

——修改了结果计算式中量的表示；

——修改规范了对精密度函数式的说明。

本部分的附录 A 是资料性附录。

本部分由中国钢铁工业协会提出。

本部分由全国钢标准化技术委员会归口。

本部分起草单位：中国科学院金属研究所、大冶钢厂。

本部分主要起草人：朱跃进、许子珊。

本部分所代替标准的历次版本发布情况为：

——GB 223.43—1985、GB 223.43—1994；

——GB 223.44—1985。

钢铁及合金 钨含量的测定 重量法和分光光度法

警告:使用本部分的人员应有正规实验室工作的实践经验。本部分并未指出所有可能的安全问题。使用者有责任采取适当的安全和健康措施,并保证符合国家有关法规规定的条件。

1 范围

GB/T 223的本部分规定了用辛可宁重量法和氯化四苯胂-硫氰酸盐-三氯甲烷萃取分光光度法测定钨含量。

本部分辛可宁重量法适用于合金钢、高温合金和精密合金中质量分数为1.00%~22.00%钨量的测定。

本部分氯化四苯胂-硫氰酸盐-三氯甲烷萃取分光光度法适用于碳钢、合金钢和高温合金中质量分数为0.050%~1.50%钨含量的测定。

2 规范性引用文件

下列文件中的条款通过GB/T 223的本部分的引用而成为本部分的条款。凡是注日期的引用文件,其随后所有的修改单(不包括勘误的内容)或修订版均不适用于本部分,然而,鼓励根据本部分达成协议的各方研究是否可使用这些文件的最新版本。凡是不注日期的引用文件,其最新版本适用于本部分。

GB/T 223.12 钢铁及合金化学分析方法 碳酸钠分离-二苯碳酰二肼光度法测定铬量

GB/T 223.14 钢铁及合金化学分析方法 钽试剂萃取光度法测定钒含量

GB/T 223.26 钢铁及合金化学分析方法 硫氰酸盐直接光度法测定钼量

GB/T 6379.1 测量方法与结果的准确度(正确度与精密度) 第1部分:总则与定义

GB/T 6379.2 测量方法与结果的准确度(正确度与精密度) 第2部分:确定标准测量方法的重复性和再现性的基本方法

GB/T 20066 钢和铁 化学成分测定用试样的取样和制样方法

3 方法一 辛可宁重量法

3.1 原理

不含铌的试样:在盐酸溶液中,经硝酸氧化、钨形成钨酸沉淀,加入辛可宁使钨沉淀完全,过滤,灼烧后用氢氟酸挥散除硅,灼烧至恒量,即为不纯三氧化钨质量。

含铌试样:将五氧化二铌和三氧化钨沉淀用碳酸钠熔融,经镁合剂沉淀分离铌后,再用β-萘酚喹啉或罗丹明B沉淀钨,灼烧至恒量,为不纯三氧化钨质量。

将不纯三氧化钨用碳酸钠熔融,过滤。滤液中的钼、铬、钒分别以光度法测定校正之。滤纸上的沉淀为铁、钛等杂质,灼烧成氧化物后称量。由不纯三氧化钨质量中减去这些氧化物的质量,即得纯三氧化钨质量。

3.2 试剂

除非另有说明,分析中仅使用确认为分析纯的试剂和蒸馏水或去离子水或相当纯度的水。

3.2.1 无水碳酸钠。

3.2.2 硝酸,ρ约1.42 g/mL。

3.2.3 氢氟酸，ρ约1.15 g/mL。

3.2.4 盐酸，ρ约1.19 g/mL，稀释为1+1。

3.2.5 硫酸，ρ约1.84 g/mL，稀释为1+1。

3.2.6 硫酸，ρ约1.84 g/mL，稀释为1+6。

3.2.7 磷酸，ρ约1.70 g/mL，稀释为1+1。

3.2.8 氨水，ρ约0.90 g/mL，稀释为1+1。

3.2.9 辛可宁溶液，125 g/L。用盐酸(3.2.4)配制，过滤后使用。

3.2.10 辛可宁洗液。移取30 mL辛可宁溶液(3.2.9)用水稀释至1 L，混匀。

3.2.11 碳酸铵溶液，50 g/L。

3.2.12 镁合剂溶液。称取4 g硫酸镁及8 g氯化铵，溶于适量水中，加入8 mL氨水(ρ约0.90 g/mL)，用水稀释至100 mL，混匀。

3.2.13 镁合剂洗液。移取25 mL镁合剂溶液(3.2.12)用水稀释至100 mL，混匀。

3.2.14 甲基红乙醇溶液，1 g/L。

3.2.15 酚酞乙醇溶液，1 g/L。

3.2.16 β-萘酚喹啉溶液，20 g/L。称取2 g β-萘酚喹啉，置于200 mL烧杯中，加入50 mL水，滴加硫酸(3.2.5)使其溶解，以氨水(3.2.8)调至刚出现沉淀，立即加入4 mL硫酸(3.2.5)，用水稀释至100 mL。混匀。

3.2.17 β-萘酚喹啉洗液。移取5 mL β-萘酚喹啉溶液(3.2.16)，用水稀释至100 mL，混匀。

3.2.18 罗丹明B溶液。称取1 g罗丹明B，溶于100 mL热水中，混匀。

3.2.19 罗丹明B洗液。移取10 mL罗丹明B溶液(3.2.18)，用水稀释至1 L，加入3 mL盐酸(ρ1.19 g/mL)，混匀。

3.2.20 酒石酸溶液，500 g/L。

3.3 取制样

按GB/T 20066或适当的国家标准取制样。

3.4 分析步骤

3.4.1 试料量

按表1称取试样，精确至0.001 g。

表1 称取试样量表

含钨量(质量分数)/%	试样量/g
1.00～3.00	5.00～3.00
>3.00～6.00	3.00～1.50
>6.00～10.00	1.50～1.00
>10.00～22.00	1.00

试料量以其溶液中钨量为100 mg为宜。试样中钨量在1%～2%时，试料量可控制在溶液中钨量为50 mg以上。钛量高于钨量时，可适量减少试料量。

3.4.2 测定

3.4.2.1 不含铌试样

3.4.2.1.1 将试料(3.4.1)置于400 mL烧杯中，加入50 mL盐酸(3.2.4)，低温加热溶解，边搅拌边缓慢滴加硝酸(3.2.2)至试料完全溶解，蒸发至糖浆状。加入1 mL～2 mL硝酸(3.2.2)，再蒸发至糖浆状(含高钛的试样则蒸发至溶液体积约为10 mL)。

3.4.2.1.2 加入30 mL盐酸(3.2.4)，加热使盐类溶解。加入130 mL热水，加热微沸1 h，缓慢加入5 mL辛可宁溶液(3.2.9)，充分搅拌后，在70℃～80℃保温4 h或放置过夜。用带有少量纸浆的慢速定量滤纸过滤，用辛可宁洗液(3.2.10)以倾泻法洗涤烧杯中沉淀3次，用相同洗液将沉淀移入漏斗中，并洗涤沉淀和滤纸10次。

3.4.2.1.3 将沉淀连同滤纸置于铂坩埚中，并将原烧杯壁沾有的钨酸用氨水(3.2.8)湿润过的滤纸片擦下，一并放入铂坩埚中。炭化，于750℃～800℃的高温炉中灼烧40 min。取出，冷却，用水湿润沉淀，加入2滴硫酸(3.2.5)，加入2 mL～3 mL氢氟酸(3.2.3)，小心加热蒸发至冒尽硫酸白烟为止，再于750℃～800℃的高温炉中灼烧30 min。

3.4.2.1.4 取出，置于干燥器中冷却至室温，称量。再灼烧至恒量(m_1)，即为坩埚及不纯三氧化钨的质量。

3.4.2.1.5 于坩埚中加入5 g碳酸钠(3.2.1)，熔融，冷却，置于200 mL烧杯中，用热水浸取，加热溶解熔块，洗净坩埚后取出。将溶液煮沸并在70℃～80℃保温(1～2)h。用带有少量纸浆的慢速定量滤纸过滤于100 mL容量瓶中，以热碳酸铵溶液(3.2.11)洗涤沉淀和滤纸10次，再用热水洗(1～2)次并入滤液中，冷却至室温，用水稀释至刻度，混匀。溶液供测定钼、铬、钒用。

3.4.2.1.6 将沉淀连同滤纸置于原铂坩埚中，炭化，用750℃～800℃的高温炉中灼烧30 min，取出，置于干燥器中，冷却至室温，称量，并灼烧至恒量(m_2)，即为坩埚及铁、钛等氧化物质量。

3.4.2.1.7 钼的测定：移取1.00 mL～10.00 mL溶液(3.4.2.1.5)两份[视钼量而定，如移取的溶液中钼量小于0.25 mg，则可适当多取滤液]，分别置于100 mL烧杯中，用硫酸(3.2.5)酸化后，加入4 mL酒石酸溶液(3.2.20)，加热蒸发至溶液体积小于10 mL，移入50 mL容量瓶中(溶液体积不得超过10 mL)。按GB/T 223.26测定钼量，并换算为三氧化钼的质量(m_3)。

3.4.2.1.8 钒的测定：移取25.00 mL溶液(3.4.2.1.5)，置于100 mL烧杯中，用硫酸(3.2.5)酸化并过量1.6 mL，加入1.6 mL磷酸(3.2.7)，加热蒸发至约10 mL，移入60 mL分液漏斗中，按GB/T 223.14测定钒量(m_4)。

3.4.2.1.9 铬的测定：移取25.00 mL溶液(3.4.2.1.5)，置于100 mL容量瓶中，加入2滴酚酞乙醇溶液(3.2.15)，滴加磷酸(3.2.7)至粉红色消失，加入4 mL硫酸(3.2.6)。按GB/T 223.12测量铬量，并换算为三氧化二铬的质量(m_5)。

3.4.2.2 **含铌试样**

3.4.2.2.1 按3.4.2.1.1～3.4.2.1.3进行操作。

3.4.2.2.2 于铂坩埚中加入5 g碳酸钠(3.2.1)熔融，冷却，置于300 mL烧杯中，用热水浸取，稀释约150 mL，加热溶解熔块，洗净坩埚后取出。向溶液中加入纸浆，在不断的搅拌下加入25 mL镁合剂溶液(3.2.12)，充分搅拌，于60℃～80℃保温2 h以上。用慢速定量滤纸过滤，以镁合剂洗液(3.2.13)洗涤沉淀和滤纸10次。保留滤液，弃去沉淀。

3.4.2.2.3 滤液(3.4.2.2.2)中加入2滴甲基红乙醇溶液(3.2.14)，用盐酸(3.2.4)调至溶液呈红色再过量3滴～4滴，加入35 mL β-萘酚喹啉溶液(3.2.16)[溶液中超过100 mg钨量时，按每30 mg钨量补加10 mL β-萘酚喹啉溶液(3.2.16)计算补充加入β-萘酚喹啉溶液]，加热至60℃～70℃并保温1 h。用慢速定量滤纸过滤，以β-萘酚喹啉溶液(3.2.17)洗涤沉淀和滤纸15次，将沉淀连同滤纸置于已灼烧至恒量的铂坩埚中，炭化，于750℃～800℃的高温炉中，灼烧40 min，取出，置于干燥器中冷却至室温，称量，并灼烧至恒量(m_1)(试样含钼时，以下按3.4.2.1.5～3.4.2.1.7进行)。

如用罗丹明B沉淀钨时，则于滤液(3.4.2.2.2)中加入2滴甲基红乙醇溶液(3.2.14)，用盐酸(3.2.4)中和至溶液呈红色，再按每100 mL溶液加入1 mL过量盐酸(3.2.4)。加热至沸腾，边搅拌边加入25 mL罗丹明B溶液(3.2.18)，煮沸，稍放置片刻，待沉淀沉降后用加入少量纸浆的慢速定量滤纸过滤，以罗丹明B洗液(3.2.19)洗涤沉淀和滤纸10次，将沉淀连同滤纸置于已灼烧至恒量的铂坩埚中，炭化，于750℃～800℃高温炉中，灼烧40 min，取出，置于干燥器中，冷却至室温，称量，并灼烧至恒量(m_1)(试样含钼时，以下按3.4.2.1.5～3.4.2.1.7进行)。

3.5 结果计算

钨含量以质量分数 w_W 计，数值以%表示，按公式(1)计算：

$$w_W = \frac{[(m_1 - m_2) - (m_3 + m_4 + m_5)] \times 0.7930}{m} \times 100 \qquad \cdots\cdots(1)$$

式中：

m_1——坩埚及不纯氧化钨质量的数值，单位为克(g)；

m_2——坩埚及铁、钛等氧化物质量的数值，单位为克(g)；

m_3——三氧化钼质量的数值，单位为克(g)；

m_4——五氧化二钒质量的数值，单位为克(g)；

m_5——三氧化二铬质量的数值，单位为克(g)；

m——试料质量的数值，单位为克(g)；

0.793 0——三氧化钨换算为钨的换算系数。

3.6 精密度

本部分的精密度试验是在1993年由8个实验室，对7个水平的钨含量进行测定。每个实验室对每个钨的水平，按照GB/T 6379.1规定的重复性条件下测定三次。各实验室报出的原始数据(测定值)见附录A中表A.1。原始数据按照GB/T 6379.2进行统计分析，精密度见表2。

表2 重复性限 *r* 和再现性限 *R*

水平范围(质量分数)/%	重复性限 r	再现性限 R
1.00～21.30	$\lg r = -1.3331 + 0.3587 \lg m$	$\lg R = -1.1764 + 0.4769m$
式中： m 是两个测定值的平均值，单位为%(质量分数)。		

重复性限 r、再现性限 R 按以上表2给出的方程求得。

在重复性条件下，获得的两次独立测试结果的绝对差值不大于重复性限(r)，大于重复性限(r)的情况以不超过5%为前提；

在再现性条件下，获得的两次独立测试结果的绝对差值不大于再现性限(R)，大于再现性限(R)的情况以不超过5%为前提。

4 方法二 氯化四苯胂-硫氰酸盐-三氯甲烷萃取分光光度法

4.1 原理

用酸溶解试料，在9.5 mol/L盐酸溶液中，用氯化亚锡将高价铁、钨等离子还原为低价，加入氯化四苯胂后，再加入硫氰酸钠形成黄色的离子缔合物。在7.5 mol/L盐酸介质中，以三氯甲烷萃取缔合物，并于分光光度计波长408 nm处测量其吸光度。

显色液中存在1.5 mg钼、6.0 mg锰、0.075 mg锆、0.75 mg铜、7.5 mg铬、0.75 mg硼、3.75 mg钴、0.75 mg钒、0.125 mg稀土、20.0 mg镍、0.125 mg钛、2.0 mg铝对测定无影响。

4.2 试剂与材料

除非另有说明，分析中仅使用确认为分析纯的试剂和蒸馏水或去离子水或相当纯度的水。

4.2.1 三氯甲烷，分析纯。

4.2.2 硝酸，ρ 约1.42 g/mL。

4.2.3 盐酸，ρ 约1.19 g/mL，稀释为1+1。

4.2.4 磷酸，ρ 约1.70 g/mL，稀释为1+1。

4.2.5 硝酸-盐酸混合酸：以1份硝酸(4.2.2)与1份盐酸(ρ 约1.19 g/mL)混匀。

4.2.6 硫酸-磷酸混合酸：以3份硫酸(ρ 约1.84 g/mL)与3份磷酸(ρ 约1.70 g/mL)和14份水混匀。

4.2.7 氯化亚锡溶液,50 g/L。称取 5.0 g 氯化亚锡($SnCl_2 \cdot 2H_2O$),溶于适量盐酸(ρ 约 1.19 g/mL)中,并用该盐酸稀释至 100 mL,混匀。用时现配。

4.2.8 氯化亚锡洗液,30 g/L。称取 3.0 g 氯化亚锡($SnCl_2 \cdot 2H_2O$),溶于 70 mL 盐酸(ρ 约 1.19 g/mL)中,用水稀释至 100 mL,混匀。用时现配。

4.2.9 硫氰酸钠溶液,500 g/L。

4.2.10 氯化四苯胂溶液,10 g/L。称取 1.0 g 氯化四苯胂溶于 80 mL 水中,过滤后用水稀释至 100 mL,混匀(如稍有浑浊对测定无影响)。

4.2.11 钨标准溶液

4.2.11.1 钨储备液,1.00 mg/mL。称取 0.630 5 g 预先于 800℃灼烧 30 min 并于干燥器中冷却至室温的三氧化钨(质量分数 99.9%以上),置于 200 mL 烧杯中,加入 30 mL 氢氧化钠溶液(100 g/L),加热至溶解,冷却,移入 500 mL 容量瓶中用水稀释至刻度,混匀。此溶液 1 mL 含 1.00 mg 钨。

4.2.11.2 钨标准溶液 A,300 μg/mL。移取 30.00 mL 钨储备液(4.2.11.1),置于 100 mL 容量瓶中,用水稀释至刻度,混匀。此溶液 1 mL 含 300 μg 钨。

4.2.11.3 钨标准溶液 B,250 μg/mL。移取 50.00 mL 钨储备液(4.2.11.1),置于 200 mL 容量瓶中,用水稀释至刻度,混匀。此溶液 1 mL 含 250 μg 钨。

4.2.11.4 钨标准溶液 C,50 μg/mL。移取 10.00 mL 钨储备液(4.2.11.1),置于 200 mL 容量瓶中,用水稀释至刻度,混匀。此溶液 1 mL 含 50 μg 钨。

4.2.12 脱脂棉。

4.3 仪器

分光光度计。

4.4 取制样

按照 GB/T 20066 或适当的国家标准取制样。

4.5 分析步骤

4.5.1 试料量

根据钨含量按表 3 称取试样,精确至 0.1 mg。

表 3

钨含量(质量分数)/%	试料量/g
0.05~0.50	0.25
>0.50~1.00	0.15
>1.00~1.50	0.10

4.5.2 空白试验

随同试料做空白试验。

4.5.3 测定

4.5.3.1 将试料(4.5.1)置于 150 mL 锥形瓶中(如试料为高温合金或高合金钢,且称取试料中含铁量小于 50 mg 时,补充铁至试料中铁量为 50 mg),加入 15 mL 硫酸-磷酸混合酸(4.2.6),[难溶试料可加入硝酸-盐酸混合酸 4.2.5),含硅高的试料,滴加氢氟酸助溶],加热溶解。滴加硝酸(4.2.2)氧化,高温加热至冒白烟并持续冒烟 1 min~2 min,取下,冷却,加入 20 mL 水,低温加热煮沸至盐类溶解后,冷却,转移至 50 mL 容量瓶中,用水稀释至刻度,混匀。

4.5.3.2 移取 5.00 mL 溶液于 100 mL 锥形瓶中,加入 20 mL 氯化亚锡溶液(4.2.7),低温加热至微沸 30 s~60 s(煮沸温度不能过高,时间不能过长)。取下,冷却。移入 125 mL 分液漏斗中,用 10 mL 盐酸(4.2.3)[试样含铌、钽时,改用 5 mL 磷酸(4.2.4)和 5 mL 盐酸(4.2.3),校准曲线也同条件操作]分两次洗涤锥形瓶,洗涤液合并于分液漏斗中。

4.5.3.3 加入 2.0 mL 氯化四苯胂溶液(4.2.10),振荡 30 s,加入 2.0 mL 硫氰酸钠溶液(4.2.9),混匀。加入 20.0 mL 三氯甲烷(4.2.1),充分振荡 1 min(黄色缔合物在有机相中,温度低于 25℃时可稳定 2 h,高于 25℃时,稳定性较差,宜逐个萃取)。静置,待有机相与水相完全分开后,将有机相移入另一只 125 mL 分液漏斗中[三价铁与氧化性物质能使有机相返红。为此,吸收皿、分液漏斗需预先用盐酸(4.2.3)清洗,再用水清洗,晾干],加入 20 mL 氯化亚锡洗液(4.2.8),振荡 1 min,静置,待两相分开,将有机相通过预先置于分液漏斗末端排液管中的脱脂棉(4.2.12)至放出的有机相无红色,再放掉 1 mL～2 mL,将部分余下的有机相移入吸收皿中(钨质量分数为 0.5%～1.5%时,用 1 cm～2 cm 吸收皿;钨质量分数为 0.02%～0.5%时,用 3 cm 吸收皿)。以水为参比,于分光光度计波长 408 nm 处测量吸光度。

4.5.3.4 测得的试液的吸光度值减去空白溶液的吸光度值,得到净吸光度值。从校准曲线上查出相应的钨质量(μg)。

4.5.4 校准曲线的绘制

称取与试料量相同的纯铁或碳素钢(钨质量分数小于 0.002%)6 份,分别置于 6 只 150 mL 锥形瓶中,按表 4 加入钨标准溶液,以下按 4.5.3.1～4.5.3.3 进行。测得的标准溶液的吸光度值减去零校准溶液的吸光度值,得净吸光度值。

以钨质量为横坐标,净吸光度值为纵坐标,绘制校准曲线。

表 4

钨的质量分数/%	加入的钨标准溶液	加入钨标准溶液的体积/mL
0.05～0.10	4.11.4	0.00、1.00、2.00、3.00、4.00、5.00
0.10～0.50	4.11.3	0.00、1.00、2.00、3.00、4.00、5.00
0.50～1.00	4.11.2	0.00、2.00、3.00、4.00、5.00、6.00
1.00～1.50	4.11.3	0.00、3.00、4.00、5.00、6.00、7.00

4.6 结果计算

钨含量以质量分数 w_W 计,数值以%表示,按公式(2)计算:

$$w_W = \frac{m_1 \times V}{m \times V_1 \times 10^6} \times 100 \quad \cdots\cdots(2)$$

式中:

V_1——分取试液体积的数值,单位为毫升(mL);

V——试液总体积的数值,单位为毫升(mL);

m_1——从校准曲线上查得的钨质量的数值,单位为微克(μg);

m——试料量的数值,单位为克(g)。

4.7 精密度

本部分的精密度试验是在 1993 年由 8 个实验室,对 7 个水平的钨含量进行测定;每个实验室对每个水平的钨含量在 GB/T 6379.1 规定的重复性条件下测定 3 次。

各实验室报出的原始数据(测定结果)见附录 A 中表 A.2。

根据 GB/T 6379.2,对得到的测定结果进行统计分析,精密度见表 5。

表 5

钨的质量分数/%	重复性限 r	再现性限 R
0.05～1.50	$\lg r = -1.4559 + 0.6611 \lg m$	$\lg R = -1.3112 + 0.6327 \lg m$
式中: m 是两个测定值的平均值,单位为%(质量分数)。		

重复性限 r、再现性限 R 按以上表 5 给出的方程求得。

在重复性条件下，获得的两次独立测试结果的绝对差值不大于重复性限(r)，大于重复性限(r)的情况以不超过5%为前提；

在再现性条件下，获得的两次独立测试结果的绝对差值不大于再现性限(R)，大于再现性限(R)的情况以不超过5%为前提。

5 试验报告

试验报告应包括下列内容：

a) 鉴别试料、实验室和分析日期等资料；

b) 遵守本部分规定的程度；

c) 分析结果及其表示；

d) 测定中观察到的异常现象；

e) 对分析结果可能有影响而本部分未包括的操作或者任选的操作。

附 录 A
(资料性附录)
共同精密度试验原始数据

A.1 辛可宁重量法精密度实验原始数据见表 A.1。

表 A.1

实验室	钨含量(质量分数)/%						
	W-1	W-2	W-3	W-4	W-5	W-6	W-7
1	1.760	4.440	5.807	8.358	9.405	15.100	21.150
	1.724	4.409	5.820	8.344	9.443	15.062	21.210
	1.753	4.395	5.844	8.388	9.481	15.060	21.250
2	1.730	4.440	5.920	8.400	9.380	14.950	21.330
	1.740	4.460	6.000	8.430	9.390	14.940	21.360
	1.720	4.450	5.920	8.420	9.330	15.870	21.320
3	1.728	4.324	5.730	8.280	9.397	14.880	21.440
	1.690	4.456	5.778	8.382	9.484	15.075	21.270
	1.725	4.410	5.700	8.327	9.413	15.020	21.250
4	1.731	4.445	5.940	8.398	9.353	14.937	21.398
	1.738	4.445	5.948	8.414	9.365	14.953	21.395
	1.748	4.450	6.011	8.422	9.390	14.981	21.451
5	1.680	4.360	5.710	8.303	9.334	14.893	21.250
	1.720	4.326	5.710	8.310	9.312	14.885	21.240
	1.733	4.354	5.650	8.327	9.343	14.944	21.300
6	1.773	4.515	5.734	8.404	9.340	15.059	21.492
	1.762	4.594	5.773	8.449	9.394	15.098	21.469
	1.737	4.559	5.746	8.422	9.309	15.115	21.511
7	1.700	4.410	5.730	8.400	9.360	14.920	21.300
	1.750	4.470	5.770	8.380	9.410	14.860	21.200
	1.750	4.430	5.780	8.350	9.410	14.830	21.280
8	1.760	4.420	5.960	8.358	9.403	14.980	21.283
	1.733	4.425	5.854	8.342	9.463	14.969	21.387
	1.752	4.455	5.921	8.382	9.408	14.892	21.348

A.2 氯化四苯胂-硫氰酸盐-三氯甲烷萃取分光光度法精密度试验原始数据见表 A.2。

表 A.2

实验室	钨含量(质量分数)/%						
	W-1	W-2	W-3	W-4	W-5	W-6	W-7
1	0.050 5	0.138	0.465	0.686	1.042	1.344	1.466
	0.049 4	0.140	0.477	0.697	1.018	1.357	1.456
	0.049 1	0.138	0.469	0.704	1.033	1.348	1.469

表 A.2（续）

<table>
<tr><th rowspan="2">实验室</th><th colspan="7">钨含量(质量分数)/%</th></tr>
<tr><th>W-1</th><th>W-2</th><th>W-3</th><th>W-4</th><th>W-5</th><th>W-6</th><th>W-7</th></tr>
<tr><td>2</td><td>0.052 8
0.056 0
0.055 8</td><td>0.134
0.128
0.136</td><td>0.485
0.467
0.475</td><td>0.688
0.680
0.695</td><td>1.040
1.025
1.050</td><td>1.355
1.320
1.340</td><td>1.520
1.480
1.520</td></tr>
<tr><td>3</td><td>0.052 0
0.050 0
0.050 0</td><td>0.140
0.142
0.145</td><td>0.505
0.500
0.492</td><td>0.675
0.668
0.665</td><td>1.025
0.985
1.000</td><td>1.330
1.350
1.370</td><td>1.490
1.530
1.490</td></tr>
<tr><td>4</td><td>0.052 0
0.056 0
0.056 0</td><td>0.138
0.140
0.142</td><td>0.500
0.493
0.508</td><td>0.697
0.683
0.718</td><td>1.035
1.023
0.992</td><td>1.355
1.355
1.330</td><td>1.527
1.506
1.550</td></tr>
<tr><td>5</td><td>0.054 9
0.053 4
0.057 2</td><td>0.134
0.145
0.143</td><td>0.472
0.464
0.483</td><td>0.660
0.664
0.675</td><td>1.050
1.042
1.050</td><td>1.350
1.348
1.334</td><td>1.480
1.469
1.480</td></tr>
<tr><td>6</td><td>0.053 0
0.055 0
0.058 0</td><td>0.137
0.141
0.143</td><td>0.479
0.482
0.486</td><td>0.671
0.681
0.660</td><td>1.018
1.034
1.053</td><td>1.320
1.332
1.357</td><td>1.510
1.530
1.500</td></tr>
<tr><td>7</td><td>0.049 8
0.054 0
0.051 6</td><td>0.144
0.137
0.144</td><td>0.475
0.469
0.484</td><td>0.687
0.678
0.676</td><td>1.020
1.016
1.046</td><td>1.364
1.340
1.352</td><td>1.494
1.506
1.480</td></tr>
<tr><td>8</td><td>0.054 0
0.053 2
0.056 0</td><td>0.135
0.134
0.138</td><td>0.468
0.464
0.464</td><td>0.667
0.660
0.660</td><td>1.015
1.023
1.006</td><td>1.285
1.292
1.290</td><td>1.475
1.470
1.475</td></tr>
</table>

ICS 77.080.01
H 11

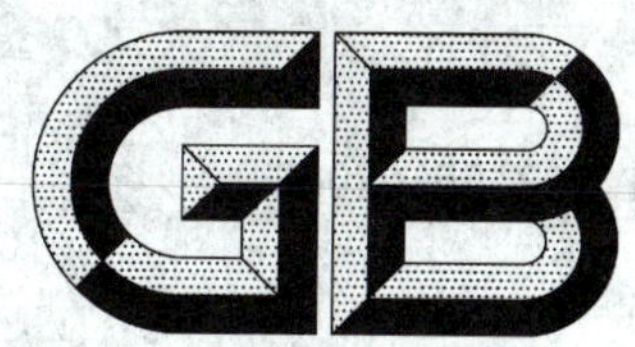

中华人民共和国国家标准

GB/T 223.55—2008
代替 GB/T 223.55～223.56—1987

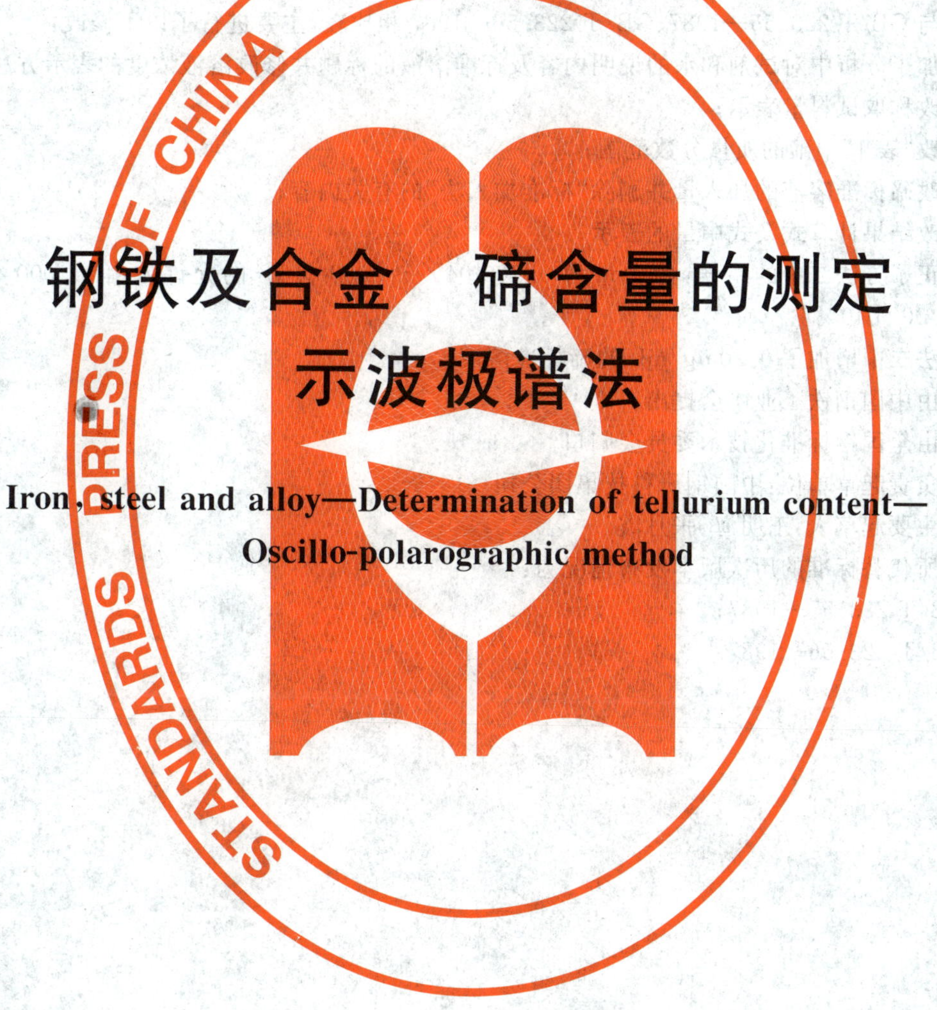

钢铁及合金　碲含量的测定　示波极谱法

Iron, steel and alloy—Determination of tellurium content—Oscillo-polarographic method

2008-05-13 发布　　2008-11-01 实施

中华人民共和国国家质量监督检验检疫总局
中国国家标准化管理委员会　发布

前　言

GB/T 223 的本部分是对 GB/T 223.55—1987《钢铁及合金化学分析方法　示波极谱(直接)法测定碲量》和 GB/T 223.56—1987《钢铁及合金化学分析方法　巯基棉分离-示波极谱法测定碲量》的整合修订。

本部分代替 GB/T 223.55—1987 和 GB/T 223.56—1987。

本部分与 GB/T 223.55—1987、GB/T 223.56—1987 相比较,主要进行了以下修改:

——增加了分析中对试剂和水的说明内容及标准溶液的标题并修改溶液浓度的表示方法;

——修改称取试料量表示;

——修改"表 1"中碲的质量分数范围;

——修改碲标准溶液的加入量并删除"标准加入法"的有关内容;

——修改结果计算式及式中量的表示;

——改正了方法二中的错误:碲含量为 0.000 04%～0.000 10% 的允许差由"0.000 40%"改为"0.000 040%";

——方法二中增加了 0.20 μg/mL 的碲标准溶液。

本部分由中国钢铁工业协会提出。

本部分由全国钢标准化技术委员会归口。

本部分负责起草单位:中国钢研科技集团公司。

本部分主要起草人:王明海、张月霞。

本部分所代替标准的历次版本发布情况为:

——GB/T 223.55—1987;

——GB/T 223.56—1987。

钢铁及合金　碲含量的测定 示波极谱法

警告：使用本部分的人员应有正规实验室工作的实践经验。本部分并未指出所有可能的安全问题。使用者有责任采取适当的安全和健康措施，并保证符合国家有关法规规定的条件。

1　范围

GB/T 223 的本部分规定了用示波极谱(直接)法和巯基棉分离-示波极谱法测定钢铁及合金中的碲含量。

本部分示波极谱(直接)法适用于纯铁、生铸铁及低合金钢中质量分数 0.001%～0.050%碲含量的测定；本部分巯基棉分离-示波极谱法适用于生铸铁，高、中、低合金钢及高温合金中质量分数为 0.000 04%～0.001%的碲含量的测定。

2　规范性引用文件

下列文件中的条款通过 GB/T 223 的本部分的引用而成为本部分的条款。凡是注日期的引用文件，其随后所有的修改单(不包括勘误的内容)或修订版均不适用于本部分，然而，鼓励根据本部分达成协议的各方研究是否可使用这些文件的最新版本。凡是不注日期的引用文件，其最新版本适用于本部分。

GB/T 20066　钢和铁　化学成分测定用试样的取样和制样方法

3　方法一：示波极谱(直接)法

3.1　原理

用盐酸硝酸分解试料，蒸发除尽硝酸，在硫酸-氯化钠-盐酸羟胺混合底液中，碲(Ⅳ)在峰电位 −0.78 V(对饱和甘汞电极)处，有一稳定、灵敏的示波极谱电流峰。测量其导数电流峰高，碲的浓度在 0.20 μg/25 mL～15 μg/25 mL 范围内，峰高与浓度成正比。

75 mg 钙(Ⅱ)，50 mg 镁(Ⅱ)、钴(Ⅱ)，15 mg 铁(Ⅲ)，10 mg 锌(Ⅱ)，5 mg 铅(Ⅱ)、铝(Ⅲ)，2.5 mg 铬(Ⅲ)、铊(Ⅰ)、锆(Ⅳ)，2.0 mg 锰(Ⅱ)、钼(Ⅵ)，1.0 mg 铜(Ⅱ)、镍(Ⅱ)，0.5 mg 砷(Ⅲ)、铍(Ⅱ)、铋(Ⅲ)、镉(Ⅱ)、镓(Ⅲ)、铟(Ⅲ)、铌(Ⅴ)、锡(Ⅳ)、钽(Ⅴ)、钛(Ⅳ)、钒(Ⅴ)，250 μg 锑(Ⅲ)，50 μg 银(Ⅰ)、金(Ⅲ)、锡(Ⅱ)、钨(Ⅵ)，100 μg 铪(Ⅳ)，15 μg 铬(Ⅳ)，5 μg 铼(Ⅶ)存在，不干扰 2.5 μg 碲(Ⅳ)的测定。硒(Ⅳ)严重干扰，可加入氢溴酸蒸发除去。凡未超过上述限量者，试样经处理后，可以直接测定其中碲含量。

3.2　试剂

除非另有说明，在分析中仅使用确认为分析纯的试剂和蒸馏水或相当纯度的水。

3.2.1　盐酸，ρ 约 1.19 g/mL。

3.2.2　硝酸，ρ 约 1.42 g/mL。

3.2.3　高氯酸，ρ 约 1.67 g/mL。

3.2.4　氢溴酸，ρ 约 1.49 g/mL。

3.2.5　硫酸，1＋1。取 100 mL 水，置于有刻度的 250 mL 烧杯中，缓缓加入 100 mL 硫酸(ρ 约 1.84 g/mL)，边加边搅拌，冷却后，用水稀释至 200 mL 刻度处，搅匀，放入试剂瓶中，备用。

3.2.6　氯化钠溶液，300 g/L。

3.2.7　盐酸羟胺溶液，200 g/L。

3.2.8　碲标准溶液

3.2.8.1　碲储备液，100 μg /mL。称取 0.100 0 g 金属碲(质量分数不小于 99.95%)，置于 100 mL 烧杯中，加 20 mL 硝酸(1+1)，加热熔解。加 10 mL 硫酸(ρ 约 1.84 g/mL)，蒸发至冒烟，稍冷，以少量水冲洗杯壁、表面皿，再反复冒烟两次，赶尽硝酸。冷却至室温，用水溶解，并移入 1 000 mL 容量瓶中，用水稀释至刻度，混匀。此溶液 1 mL 含 100 μg 碲。

3.2.8.2　碲标准溶液，10.0 μg/mL。移取 20.00 mL 碲储备液(3.2.8.1)，置于 200 mL 容量瓶中，加 2 mL 硫酸(ρ 约 1.84 g/mL)，用水稀释至刻度，混匀。此溶液 1 mL 含 10.0 μg 碲。

3.3　仪器

使用通常的实验室仪器及下列仪器：

示波极谱仪、三电极系统、滴汞电极为工作电极、饱和甘汞电极为参比电极。

3.4　取制样

按照 GB/T 20066 或适当的国家标准取制样。

3.5　分析步骤

3.5.1　试料量

称取约 0.100 g 试样，精确至 0.000 1 g。

3.5.2　空白试验

称取与试样料量相同纯铁(不含碲)随同试料做空白试验。

3.5.3　测定

3.5.3.1　将试料(3.5.1)置于 100 mL 烧杯中。

3.5.3.2　加入 5 mL 盐酸(3.2.1)、1 mL 硝酸(3.2.2)，加热至完全溶解后，加 1 mL 高氯酸(3.2.3)，加热蒸发至冒烟。稍冷，加 1 mL 盐酸(3.2.1)、1 mL 氢溴酸(3.2.4)，于较低温度下蒸发至冒烟。吹少量水，再蒸发至冒白烟，并使溶液呈湿盐状。加 5 mL 盐酸(3.2.1)微热溶解盐类。移入 50 mL 容量瓶中，用水稀释至刻度，混匀。

3.5.3.3　按表 1 分取试液(3.5.3.2)置于 100 mL 烧杯中。加入 1 mL 硫酸(3.2.5)，加热蒸发至冒硫酸烟。稍冷，加入 1 mL 硫酸(3.2.5)、15 mL 氯化钠溶液(3.2.6)，微热至全溶。移入已盛有 1.25 mL 盐酸羟胺溶液(3.2.7)的 25 mL 容量瓶中，用水稀释至刻度，混匀。

表 1

碲质量分数/%	分取试液量/mL	相当取样量/g
≥0.001～0.005 0	10.00	0.02
>0.005 0～0.025	5.00	0.01
>0.025～0.05	2.50	0.005

3.5.3.4　将部分溶液(3.5.3.3)移入电解池中，示波极谱(导数)，原点电位 −0.55 V，于适当倍率下，测量峰电位为 −0.78 V 处电流峰高。

3.5.3.5　减去随同试料空白试验的碲电流峰高，通过校准曲线转换为相应的碲的质量。

3.5.4　校准曲线绘制

移取 0，0.10 mL，0.20 mL，0.50 mL，1.00 mL，2.50 mL，5.00 mL 碲标准溶液(3.2.8.2)，置于 7 个已预先称好 0.100 0 g 纯铁(质量分数≥ 99.98%)的 100 mL 烧杯中，按照 3.5.3.2～3.5.3.4 进行。减去试剂空白电流峰高，以碲的质量(μg)为横坐标，峰高(h)与倍率(s)的乘积($h \times s$)值为纵坐标，绘制校准曲线。

3.6　结果计算

碲的含量以质量分数 w_{Te} 计，数值以%表示，按式(1)计算：

$$w_{Te} = \frac{m_1 \times V}{m \times V_1 \times 10^6} \times 100 \quad \cdots\cdots(1)$$

式中：

V——试液总体积的数值，单位为毫升(mL)；

V_1——试液分取体积的数值，单位为毫升(mL)；

m——试料质量的数值，单位为克(g)；

m_1——从校准曲线上查得的碲的质量的数值，单位为微克(μg)。

3.7 允许差

实验室之间分析结果的差值，应不大于表 2 所列允许差。用标准试样校验时，分析结果与标准试样的标准值之差，应不大于表 2 所列允许差的二分之一。

表 2

碲的质量分数/%	允许差/%
0.001 0～0.002 5	0.000 3
>0.002 5～0.005 0	0.000 8
>0.005 0～0.007 5	0.001 0
>0.007 5～0.025	0.002 0
>0.025～0.050	0.003

4 方法 2：巯基棉分离-示波极谱法

4.1 原理

试料用盐酸、硝酸分解，蒸发除尽硝酸，于含有足够量酒石酸的 6 mol/L 的盐酸溶液中，以一定流速经巯基棉柱，可使痕量碲与大量主体及共存元素分离。破坏巯基棉，以氢溴酸除去硒后，在硫酸、氯化钠、盐酸羟胺底液中，碲(Ⅳ)在峰电位－0.78 V(对饱和甘汞电极)处，有一稳定电流峰，测量左侧峰高。碲(Ⅳ)的浓度在 0.04 μg/5 mL～3 μg/5 mL 范围内，峰高与浓度成正比。

在 100 mL 溶液中，含有 0.6 g 铁(Ⅲ)、0.15 g 镍(Ⅱ)、40 mg 铬(Ⅲ)，不影响碲在巯基棉上的定量吸附。易水解元素如钨、铌等，于过滤除去，不影响碲的定量回收。

4.2 试剂

除非另有说明，在分析中仅使用认可的优级纯试剂和二次蒸馏水或相当纯度的水。

4.2.1 酒石酸，固体。

4.2.2 盐酸，ρ 约 1.19 g/mL。

4.2.3 盐酸，ρ 约 1.19 g/mL，稀释为 1＋1。

4.2.4 硝酸，ρ 约 1.42 g/mL。

4.2.5 高氯酸，ρ 约 1.67 g/mL。

4.2.6 氢溴酸，ρ 约 1.49 g/mL。

4.2.7 硫酸，1＋1。取 100 mL 水，置于有刻度的 250 mL 烧杯中，缓缓加入 100 mL 硫酸(ρ 约 1.84 g/mL)，边加边搅拌，冷却后，用水稀释至 200 mL 刻度处，搅匀，放入试剂瓶中，备用。

4.2.8 洗涤液：300 mL 盐酸(4.2.3)中加入 1 g 酒石酸(4.2.1)，并用适量氯化钠(固体)饱和，混匀。

4.2.9 混合底液：于 200 mL 容量瓶中依次加入 8 mL 硫酸(4.2.7)、120 mL 氯化钠溶液(300 g/L)和 10 mL 盐酸羟胺溶液(200 g/L)，以水稀释至刻度，混匀。

4.2.10 巯基棉的制备：棕色广口瓶中，依次加入 100 mL 硫代乙醇酸(ρ 约 1.3 g/mL)、70 mL 乙酸酐(ρ 约 1.08 g/mL)、32 mL 乙酸(ρ 约 1.05 g/mL)、0.3 mL 硫酸(ρ 约 1.84 g/mL)、10 mL 水，混匀。冷却后，加入 30 g 医用脱脂棉，放平，浸泡均匀，盖盖。置于烘箱内，控温在 38℃～39℃。四天后取出，以水冲洗到中性，平放于搪瓷盘中，其中盖以粗滤纸，再置于烘箱内，控温在38℃～39℃烘干。将制得的巯基棉放于棕色广口瓶中，暗处保存，备用。

4.2.11 巯基棉柱的制备：均匀放0.1 g巯基棉于聚乙烯管（内径7 mm，长120 mm，下端内径1.5 mm～2 mm）内（放巯基棉长约70 mm～80 mm）。将其上端紧套于已放满水（包括相连的下口管中）的60 mL梨形分液漏斗的下管口，控制流速为（1～2）滴/s，以水洗两遍后，备用。

4.2.12 碲标准溶液

4.2.12.1 碲储备液，100 μg /mL。称取0.100 0 g金属碲（光谱纯），置于100 mL烧杯中，加20 mL硝酸（1+1），加热溶解。加10 mL硫酸（ρ约1.84 g/mL），蒸发至冒烟，稍冷，以少量水冲洗杯壁及表面皿，再反复冒烟两次，赶尽硝酸。稍冷，加20 mL～30 mL水溶解盐类，并移入1 000 mL容量瓶中，用水稀释至刻度，混匀。此溶液1 mL含100 μg碲。

4.2.12.2 碲标准溶液A，10.0 μg/mL。移取20.00 mL碲储备液（4.2.12.1），置于200 mL容量瓶中，加2 mL硫酸（ρ约1.84 g/mL），用水稀释至刻度，混匀。此溶液1 mL含10.0 μg碲。

4.2.12.3 碲标准溶液B，2.0 μg/mL。移取20.00 mL碲标准溶液A（4.2.12.2），置于100 mL容量瓶中，加1 mL硫酸（ρ约1.84 g/mL），用水稀释至刻度，混匀。此溶液1 mL含2.0 μg碲。

4.2.12.4 碲标准溶液C，0.20 μg/mL。移取10.00 mL碲标准溶液B（4.2.12.3），置于100 mL容量瓶中，加1 mL硫酸（ρ约1.84 g/mL），用水稀释至刻度，混匀。此溶液1 mL含0.20 μg碲。

4.3 仪器

使用通常的实验室仪器及下列仪器：

示波极谱仪、三电极系统、滴汞电极为工作电极、饱和甘汞电极为参比电极。

4.4 取制样

按照GB/T 20066或适当的国家标准取制样。

4.5 分析步骤

4.5.1 试料量

称取0.500 g试样，精确至0.000 1 g。

4.5.2 空白试验

随同试料做空白试验。

4.5.3 测定

4.5.3.1 将试料（4.5.1）置于100 mL烧杯中，加入10 mL盐酸（4.2.2）和2 mL硝酸（4.2.4），加热至完全溶解。加5 mL高氯酸（4.2.5），加热蒸发至冒浓烟。稍冷，用少量水冲洗杯壁及表面皿，再蒸发至冒浓烟。加少量水（不大于10 mL）、10 mL盐酸（4.2.2）、10 g酒石酸（4.2.1），加热使完全溶解，并微沸。移入50 mL容量瓶中，用水稀释至刻度，混匀。用快速滤纸干过滤。移取10.00 mL滤液，置于150 mL烧杯中，补加水和盐酸（4.2.2），使盐酸最后浓度为6 mol/L，体积为100 mL。

4.5.3.2 将试液（4.5.3.1）分两次倒入连有巯基棉柱的分液漏斗中，以一定流速流经巯基棉柱（4.2.11）（注意保持分液漏斗下口水柱），弃去流出液，每次用20 mL洗涤液（4.2.8）洗柱两次，每次用20 mL盐酸（4.2.3）洗柱三次，再用水洗柱三次，最后一次让水流尽。用洗耳球压尽巯基棉中的水分。

4.5.3.3 取下柱，取出其中巯基棉，置于50 mL烧杯中。加10 mL硝酸（4.2.4）、1 mL高氯酸（4.2.5），加热破坏巯基棉，并至冒高氯酸烟，此时溶液清澈、透亮。

4.5.3.4 取下烧杯，以少量水洗烧杯壁及表面皿。加5滴硫酸（4.2.7）、1 mL盐酸（4.2.2）、1 mL氢溴酸（4.2.6）蒸发至冒高氯酸烟。取下烧杯，稍冷，用少量水洗杯壁，再加1 mL盐酸（4.2.2）、1 mL氢溴酸（4.2.6），重复上述操作，至冒高氯酸烟殆尽，取下烧杯，用少量水洗杯壁，蒸发至冒高氯酸烟。再重复三次，直至高氯酸烟除尽。吹水，蒸发至冒少许硫酸烟，取下。

4.5.3.5 沿杯壁加入5.00 mL混合底液（4.2.9），摇匀，将该溶液移入小电解池中，示波极谱（导数）。原点电位−0.55 V，适当倍率下，测量峰电位为−0.78 V处电流左侧峰高。

4.5.3.6 减去试料空白电流左侧峰高，通过校准曲线转换为相应的碲的质量。

4.5.4 校准曲线绘制

移取 0,0.20 mL,0.50 mL,1.00 mL,2.00 mL,3.00 mL,4.00 mL,5.00 mL 碲标准溶液 C(4.2.12.4)置于 8 个 50 mL 烧杯中，分别加入 5 滴硫酸(4.2.7)，蒸发至刚冒硫酸烟，取下，以下按 4.5.3.5 进行。减去试剂空白电流峰高。以碲质量(μg)为横坐标，左侧峰高(h)与倍率(s)的乘积值为纵坐标，绘制校准曲线。

4.6 结果计算

碲的含量以质量分数 w_{Te} 计，数值以%表示，按式(2)计算：

$$w_{Te} = \frac{m_1 \times V}{m \times V_1 \times 10^6} \times 100 \qquad \cdots\cdots(2)$$

式中：

V——试液总体积的数值，单位为毫升(mL)；

V_1——试液分取体积的数值，单位为毫升(mL)；

m——试料质量的数值，单位为克(g)；

m_1——从校准曲线上查得的碲的质量的数值，单位为微克(μg)。

4.7 允许差

实验室之间分析结果的差值，应不大于表 2 所列允许差。用标准试样校验时，分析结果与标准试样的标准值之差，应不大于表 3 所列允许差的二分之一。

表 3 允许差

碲的质量分数/%	允许差/%
0.000 04～0.000 10	0.000 04
>0.000 10～0.000 25	0.000 06
>0.000 25～0.000 50	0.000 15
>0.000 50～0.001 0	0.000 2

10 试验报告

试验报告应包括下列内容：

a) 鉴别试料、实验室和分析日期等资料；

b) 遵守本部分规定的程度；

c) 分析结果及其表示；

d) 测定中观察到的异常现象；

e) 对分析结果可能有影响而本部分未包括的操作或者任选的操作。

ICS 77.080.01
H 11

中华人民共和国国家标准

GB/T 223.59—2008
代替 GB/T 223.59—1987

钢铁及合金 磷含量的测定 铋磷钼蓝分光光度法和锑磷钼蓝分光光度法

Iron, steel and alloy—Determination of phosphorus content—Bismuth phosphomolybdate blue spectrophotometric method and antimony phosphomolybdate blue spectrophotometric method

2008-08-19 发布 2009-04-01 实施

中华人民共和国国家质量监督检验检疫总局
中国国家标准化管理委员会 发布

前 言

GB/T 223 的本部分代替 GB/T 223.59—1987《钢铁及合金化学分析方法 锑磷钼蓝光度法测定磷量》。

本部分此次修订，名称修改为《钢铁及合金 磷含量的测定 铋磷钼蓝分光光度法和锑磷钼蓝分光光度法》，包括两个分析方法：方法一 铋磷钼蓝分光光度法和方法二 锑磷钼蓝分光光度法。

方法一为新制定方法。

本部分方法二与 GB/T 223.59—1987 相比较，技术内容主要进行了以下修改：

——增加了分析中对试剂和水的说明内容并修改溶液浓度的表示方法；

——修改了称取试料量的表示；

——修改了结果计算式中量的表示；

——规范了精密度函数式的说明。

本部分的附录 A 是资料性附录。

本部分由中国钢铁工业协会提出。

本部分由全国钢标准化技术委员会归口。

本部分起草单位：马鞍山钢铁股份有限公司、钢铁研究总院。

本部分主要起草人：程坚平、龙如成、崔秋红、徐汾兰、华静。

本部分所代替标准的历次版本发布情况为：

——GB/T 223.3—1981 中方法四；

——GB/T 223.59—1987。

钢铁及合金 磷含量的测定 铋磷钼蓝分光光度法和锑磷钼蓝分光光度法

警告:使用GB/T 223的本部分的人员应有正规实验室工作的实践经验。本部分并未指出所有可能的安全问题。使用者有责任采取适当的安全和健康措施,并保证符合国家有关法规规定的条件。

1 范围

GB/T 223的本部分规定了用铋磷钼蓝分光光度法和锑磷钼蓝分光光度法测定磷含量。

本部分适用于生铁、铸铁、铁粉、碳素钢、低合金钢、合金钢中磷含量的测定,不适用于含铌、钨钢。方法一测定范围为质量分数0.005%~0.300%,方法二测定范围为质量分数0.01%~0.06%。

2 规范性引用文件

下列文件中的条款通过GB/T 223的本部分的引用而成为本部分的条款。凡是注日期的引用文件,其随后所有的修改单(不包括勘误的内容)或修订版均不适用于本部分,然而,鼓励根据本部分达成协议的各方研究是否可使用这些文件的最新版本。凡是不注日期的引用文件,其最新版本适用于本部分。

GB/T 6379.1 测量方法与结果的准确度(正确度与精密度) 第1部分:总则与定义(GB/T 6379.1—2004,ISO 5725-1:1994,IDT)

GB/T 6379.2 测量方法与结果的准确度(正确度与精密度) 第2部分:确定标准测量方法重复性与再现性的基本方法(GB/T 6379.2—2004,ISO 5725-2:1994,IDT)

GB/T 20066 钢和铁 化学成分测定用试样的取样和制样方法(GB/T 20066—2006,ISO 14284:1996,IDT)

3 方法一 铋磷钼蓝分光光度法

3.1 原理

试料经酸溶解后,冒高氯酸烟,使磷全部氧化为正磷酸并破坏碳化物。在硫酸介质中,磷与铋、钼酸铵形成黄色络合物,用抗坏血酸将铋磷钼黄还原为铋磷钼蓝,在分光光度计上于波长700 nm处测量吸光度。计算磷的质量分数。

显色液中存在150 μg钛、10 mg锰、2 mg钴、5 mg铜、0.5 mg钒、10 mg镍、500 μg铬(Ⅲ)、50 μg铈、5 mg锆、5 μg铌、10 μg钨,对测定无影响。砷对测定有严重干扰,可在处理试料时用氢溴酸除去。

3.2 试剂与材料

除非另有说明,分析中仅使用认可的分析纯的试剂和蒸馏水或与其纯度相当的水。

3.2.1 氢氟酸,ρ约1.15 g/mL。

3.2.2 高氯酸,ρ约1.67 g/mL。

3.2.3 盐酸,ρ约1.19 g/mL。

3.2.4 硝酸,ρ约1.42 g/mL。

3.2.5 氢溴酸,ρ约1.49 g/mL。

3.2.6 硫酸,ρ约1.84 g/mL。

3.2.7 硫酸,1+1。将硫酸(3.2.6)缓慢加入水中,边加入边搅动,稀释为1+1。

3.2.8　盐酸-硝酸混合酸,2+1。将二份盐酸(3.2.3)和一份硝酸(3.2.4)混匀。

3.2.9　氢溴酸-盐酸混合酸,1+2。将一份氢溴酸(3.2.5)和二份盐酸(3.2.3)混匀。

3.2.10　抗坏血酸溶液,20 g/L。称取 2 g 抗坏血酸,置于 100 mL 烧杯中,加入 50 mL 水溶解,稀释至 100 mL,混匀。用时现配。

3.2.11　钼酸铵溶液,30 g/L。称取 3 g 钼酸铵[$(NH_4)_6Mo_7O_{24}\cdot 4H_2O$]溶于水中,稀释至 100 mL,混匀。

3.2.12　亚硝酸钠溶液,100 g/L。称取 10 g 亚硝酸钠溶于水中,稀释至 100 mL,混匀。

3.2.13　硝酸铋溶液,10 g/L。称取 10 g 硝酸铋[$Bi(NO_3)_3\cdot 5H_2O$],置于 200 mL 烧杯中,加 25 mL 硝酸(3.2.4),加水溶解后,煮沸驱尽氮氧化物,冷却至室温,移入 1 000 mL 容量瓶中,用水稀释至刻度,混匀。

3.2.14　铁溶液

3.2.14.1　铁溶液 A,5 mg/mL。称取 0.500 0 g 纯铁(磷的质量分数小于 0.000 5%),用 10 mL 盐酸(3.2.3)溶解后,滴加硝酸(3.2.4)氧化,加 3 mL 高氯酸(3.2.2)蒸发至冒高氯酸烟并继续蒸发至呈湿盐状,冷却,用 20 mL 硫酸(3.2.7)溶解盐类,冷却至室温,移入 100 mL 容量瓶中,用水稀释至刻度,混匀。此溶液 1 mL 含 5 mg 铁。

3.2.14.2　铁溶液 B,1 mg/mL。称取 0.100 0 g 纯铁(磷的质量分数小于 0.001%),用 10 mL 盐酸(3.2.3)溶解后,滴加硝酸(3.2.4)氧化,加 3 mL 高氯酸(3.2.2)蒸发至冒高氯酸烟并继续蒸发至呈湿盐状,冷却,用 20 mL 硫酸(3.2.7)溶解盐类,冷却至室温,移入 100 mL 容量瓶中,用水稀释至刻度,混匀。此溶液 1 mL 含 1 mg 铁。

3.2.15　磷标准溶液

3.2.15.1　磷储备液,100 μg/mL。称取 0.439 3 g 预先经 105 ℃烘干至恒量的基准磷酸二氢钾(KH_2PO_4),用适量水溶解,加 5 mL 硫酸(3.2.7),移入 1 000 mL 容量瓶中,用水稀释至刻度,混匀。此溶液 1 mL 含 100 μg 磷。

3.2.15.2　磷标准溶液,5.0 μg/mL。移取 50.00 mL 磷储备溶液(3.2.15.1),置于 1 000 mL 容量瓶中,用水稀释至刻度,混匀。此溶液 1 mL 含 5.0 μg 磷。

3.3　仪器

分光光度计。

3.4　取制样

按 GB/T 20066 或适当的国家标准取制样。

3.5　分析步骤

3.5.1　试料量

根据磷含量按表 1 称取试样,精确至 0.000 1 g。

表 1　试料量

磷含量(质量分数)/%	试料量/g
0.005～0.050	0.50
>0.050～0.300	0.10

3.5.2　空白试验

随同试料做空白试验。

3.5.3　测定

3.5.3.1　试料处理

将试料(3.5.1)置于 150 mL 烧杯中,加 10 mL～15 mL 盐酸-硝酸混合酸(3.2.8),加热溶解,滴加氢氟酸(3.2.1),加入量视硅含量而定。待试样溶解后,加 10 mL 高氯酸(3.2.2),加热至刚冒高氯酸烟，取下，稍冷。加 10 mL 氢溴酸-盐酸混合酸（3.2.9）除砷，加热至刚冒高氯酸烟，再加 5 mL 氢溴酸-盐酸混合酸（3.2.9）再次除砷，继续蒸发冒高氯酸烟[如试料中铬含量超过 5 mg，则将铬氧化至六价后，分次滴加盐酸（3.2.3）除铬]，至烧杯内部透明后回流 3 min～4 min（如试料中锰含量超过 4 mg，回流时间保持 15 min～20 min），蒸发至湿盐状，取下，冷却。

沿杯壁加入 20 mL 硫酸（3.2.7），轻轻摇匀，加热至盐类全部溶解，滴加亚硝酸钠溶液（3.2.12）将铬还原至低价并过量 1 滴～2 滴，煮沸驱除氮氧化物，取下，冷却。移入 100 mL 容量瓶中，用水稀释至刻度，混匀。

移取 10.00 mL 上述试液二份，分别置于 50 mL 容量瓶中。

3.5.3.2 显色

显色液：加 2.5 mL 硝酸铋溶液（3.2.13）、5 mL 钼酸铵溶液（3.2.11）、每加一种试剂必须立即混匀。用水吹洗瓶口或瓶壁，使溶液体积约为 30 mL，混匀。加 5 mL 抗坏血酸溶液（3.2.10），用水稀释至刻度，混匀。

参比液：与显色液同样操作，但不加钼酸铵溶液，用水稀释至刻度，混匀。

在室温下放置 20 min。

3.5.3.3 吸光度测量

将部分溶液（3.5.3.2）移入合适的吸收皿中，以参比液为参比，于分光光度计波长 700 nm 处测量吸光度。减去随同试料所做空白试验（3.5.2）的吸光度，从校准曲线上查出相应的磷含量。

3.5.4 校准曲线的绘制

3.5.4.1 校准溶液的制备

磷的质量分数小于 0.050%时，移取 0 mL、0.50 mL、1.00 mL、2.00 mL、3.00 mL、5.00 mL 磷标准溶液（3.2.15.2），分别置于 6 个 50 mL 容量瓶中，各加入 10.0 mL 铁溶液 A（3.2.14.1）；磷的质量分数大于 0.050%时，移取 0 mL、1.00 mL、2.00 mL、3.00 mL、4.00 mL、6.00 mL 磷标准溶液（3.2.15.2），分别置于 6 个 50 mL 容量瓶中，各加入 10.0 mL 铁溶液 B（3.2.14.2）。以下按 3.5.3.2 中显色液操作。

3.5.4.2 吸光度测量

以零浓度校准溶液为参比，于分光光度计波长 700 nm 处测量各校准溶液的吸光度。以磷的质量为横坐标，吸光度值为纵坐标，绘制校准曲线。

3.6 结果计算

磷含量以质量分数 w_P 计，数值以%表示，按式（1）计算：

$$w_P = \frac{m_1 \times V \times 10^{-6}}{m \times V_1} \times 100 \qquad \cdots\cdots (1)$$

式中：

V_1——分取试液体积的数值，单位为毫升（mL）；

V——试液总体积的数值，单位为毫升（mL）；

m_1——从校准曲线上查得的磷含量的数值，单位为微克（μg）；

m——试料的质量，单位为克（g）。

3.7 精密度

本方法的共同精密度试验是在 2007 年由 8 个实验室对 7 个水平的磷含量进行测定，每个实验室对各含量水平在 GB/T 6379.1 规定的重复性条件下测定 2 次。各实验室报出的原始数据（测定值）见附录 A（资料性附录）中表 A.1。原始数据按照 GB/T 6379.2 进行统计分析，精密度见表 2。

表 2 精密度结果

磷含量（质量分数）/%	重复性限 r	再现性限 R
0.005～0.300	$r=0.000\,18+0.038\,58m$	$R=0.000\,79+0.080\,66m$

表 2 公式中：

m——两个测定值的平均值(质量分数)。

重复性限(r)、再现性限(R)按表 2 给出的方程求得。

在重复性条件下，获得的两次独立测试结果的绝对差值不大于重复性限(r)，以大于重复性限(r)的情况不超过 5%为前提。

在再现性条件下，获得的两次独立测试结果的绝对差值不大于再现性限(R)，以大于再现性限(R)的情况不超过 5%为前提。

4 方法二 锑磷钼蓝分光光度法

4.1 原理

磷在硫酸介质中与锑、钼酸铵生成的黄色络合物，用抗坏血酸将锑磷钼黄还原为锑磷钼蓝，在分光光度计上于波长 700 nm 处测量吸光度。计算磷的质量分数。

在显色液中存在 50 μg 铈、200 μg 锆、硅、600 μg 铜、钛、钒，10 mg 锰，20 mg 镍、铁不干扰测定。铬(Ⅵ)有影响，600 μg 铬(Ⅲ)不干扰，超过此量用盐酸挥除。砷用氢溴酸、盐酸挥除。钨、铌有干扰。

4.2 试剂与材料

除非另有说明，分析中仅使用认可的分析纯的试剂和蒸馏水或与其纯度相当的水。

4.2.1 高氯酸，ρ 约 1.67 g/mL。

4.2.2 盐酸，ρ 约 1.19 g/mL。

4.2.3 硝酸，ρ 约 1.42 g/mL。

4.2.4 硫酸，ρ 约 1.84 g/mL。

4.2.5 氢溴酸，ρ 约 1.49 g/mL。

4.2.6 硫酸，1+5。将硫酸(4.2.4)缓慢加入水中，边加入边搅动，稀释为 1+5。

4.2.7 盐酸-硝酸混合酸，2+1。将二份盐酸(4.2.2)和一份硝酸(4.2.3)混匀。

4.2.8 氢溴酸-盐酸混合酸，1+2。将一份氢溴酸(4.2.5)和二份盐酸(4.2.2)混匀。

4.2.9 抗坏血酸溶液，30 g/L。称取 3 g 抗坏血酸，置于 100 mL 烧杯中，加入 50 mL 水溶解，稀释至 100 mL，混匀。用时现配。

4.2.10 钼酸铵溶液，20 g/L。称取 2 g 钼酸铵[$(NH_4)_6Mo_7O_{24}\cdot 4H_2O$]溶于水中，稀释至 100 mL，混匀。

4.2.11 酒石酸锑钾溶液，2.7 g/L，1 mL 含 1 mg 锑。

4.2.12 亚硝酸钠溶液，100 g/L。称取 10 g 亚硝酸钠溶于水中，稀释至 100 mL，混匀。

4.2.13 淀粉溶液，10 g/L。1 g 可溶性淀粉[若淀粉中含磷量高，先用盐酸(5+95)充分搅拌洗涤，待下沉后倾出酸液，用水洗至中性]，用少量水润湿后，在搅拌下倒入 100 mL 沸水，搅匀，煮沸片刻. 用前加热至溶液呈透明后，冷却至室温使用。

4.2.14 铁溶液，4 g/L。称取 0.4 g 纯铁(磷的质量分数小于 0.001%)，用 10 mL 盐酸(4.2.2)溶解后，滴加硝酸(4.2.3)氧化，加 3 mL 高氯酸(4.2.1)蒸发至冒高氯酸烟并继续蒸发至呈湿盐状，冷却，用 20.0 mL 硫酸(4.2.6)溶解盐类，冷却至室温，移入 100 mL 容量瓶中，用水稀释至刻度，混匀。

4.2.15 磷标准溶液

4.2.15.1 磷储备液，100 μg/mL。称取 0.439 3 g 预先经 105 ℃烘干至恒量的基准磷酸二氢钾(KH_2PO_4)，用适量水溶解，加 5 mL 硫酸(4.2.6)，移入 1 000 mL 容量瓶中，用水稀释至刻度，混匀。此溶液 1 mL 含 100 μg 磷。

4.2.15.2 磷标准溶液，2.0 μg/mL。移取 20.00 mL 磷储备溶液(4.2.15.1)，置于 1 000 mL 容量瓶中，用水稀释至刻度，混匀。此溶液 1 mL 含 2.0 μg 磷。

4.3 仪器

分光光度计。

4.4 取制样

按 GB/T 20066 或适当的国家标准取制样。

4.5 分析步骤

4.5.1 试料量

称取 0.20 g 试样，精确至 0.000 1 g。

4.5.2 空白试验

随同试料做空白试验。

4.5.3 测定

4.5.3.1 将试料(4.5.1)置于 150 mL 烧杯中，加 10 mL 硝酸-盐酸混合酸(4.2.7)，加热溶解，加 8 mL 高氯酸(4.2.1)(需要挥铬的试样多加 2 mL～3 mL 高氯酸)蒸发至刚冒高氯酸烟，稍冷，加 10 mL 氢溴酸-盐酸混合酸(4.2.8)挥砷，加热至刚冒高氯酸烟，再加 5 mL 氢溴酸-盐酸混合酸(4.2.8)再挥砷一次，继续蒸发至冒高氯酸烟[如所取试样中含铬超过 5 mg，则将铬氧化至六价后，分次滴加盐酸(4.2.2)挥铬]至烧杯内部透明并回流 3 min～4 min[如试样中含锰超过 2%，则多加 3 mL～4 mL 高氯酸(4.2.1)，回流时间保持 15 min～20 min]，继续蒸发至湿盐状。

4.5.3.2 冷却，加 10 mL 硫酸(4.2.6)溶解盐类。滴加亚硝酸钠溶液(4.2.12)将铬还原至低价并过量 1 滴～2 滴，煮沸驱除氮氧化物，冷却至室温，移入 100 mL 容量瓶中，用水稀释至刻度，混匀。

移取 10.00 mL 试液二份，分别置于 25 mL 容量瓶中。

4.5.3.3 加 2.0 mL 硫酸(4.2.6)，0.3 mL 酒石酸锑钾溶液(4.2.11)、2 mL 淀粉溶液(4.2.13)、2 mL 抗坏血酸溶液(4.2.9)(每加一种试剂均需混匀。也可将所需用的硫酸、酒石酸锑钾及淀粉溶液按比例在显色时混合后一次加入)。一份加 5.0 mL 钼酸铵溶液(4.7)(从容量瓶口中间加入，沾附在瓶壁上的钼酸铵溶液需用水冲洗，否则瓶壁上的钼酸铵因酸度低，将被还原成蓝色，造成测定误差)，用水稀释至刻度，混匀。

4.5.3.4 另一份不加钼酸铵溶液，用水稀释至刻度，混匀。

4.5.3.5 在 20 ℃～30 ℃放置 10 min 后，移入 2 cm～3 cm 比色皿中。以不加钼酸铵溶液的一份为参比，在分光光度计上，于波长 700 nm 处，测量其吸光度。减去随同试样空白的吸光度，从校准曲线上查出相应的磷量。

4.5.4 校准曲线的绘制

移取 0 mL、1.00 mL、2.00 mL、4.00 mL、6.00 mL、8.00 mL 磷标准溶液(4.2.15.2)，分别置于 6 个25 mL 容量瓶中，加 5 mL 铁溶液(4.2.14)，以下按 4.5.3.3 进行。在 20 ℃～30 ℃放置 10 min 后，移入 2 cm～3 cm 比色皿中，以水为参比，在分光光度计上，于波长 700 nm 处，测量其吸光度，减去试剂空白的吸光度，以磷量为横坐标，吸光度为纵坐标，绘制校准曲线。

4.6 结果计算

磷含量以质量分数 w_P 计，数值以%表示，按式(2)计算：

$$w_P = \frac{m_1 \times V \times 10^{-6}}{m \times V_1} \times 100 \qquad \cdots\cdots(2)$$

式中：

V_1——分取试液体积的数值，单位为毫升(mL)；

V——试液总体积的数值，单位为毫升(mL)；

m_1——从校准曲线上查得的磷含量的数值，单位为微克(μg)；

m——试料的质量，单位为克(g)。

4.7 精密度

本方法的共同精密度试验是在 1986 年由 10 个实验室对 7 个水平的磷含量进行测定，每个实验室对各含量水平在 GB/T 6379.1 规定的重复性条件下测定 3 次。

各实验室报出的原始数据(测定值)见附录 A(资料性附录)中表 A.2。原始数据按照 GB/T 6379.2 进行统计分析,精密度见表 3。

表 3 精密度

磷含量(质量分数)/%	重复性限 r	再现性限 R
0.01～0.06	$r=0.001\,082+0.040\,70m$	$R=0.002\,172+0.038\,84m$

表 3 公式中:

m——两个测定值的平均值(质量分数)。

重复性限(r)、再现性限(R)按以上表 3 给出的方程求得。

在重复性条件下,获得的两次独立测试结果的绝对差值不大于重复性限(r),以大于重复性限(r)的情况不超过 5%为前提。

在再现性条件下,获得的两次独立测试结果的绝对差值不大于再现性限(R),以大于再现性限(R)的情况不超过 5%为前提。

5 试验报告

试验报告应包括下列内容:

a) 鉴别试料、实验室和分析日期等资料;

b) 遵守本部分规定的程度;

c) 分析结果及其表示;

d) 测定中观察到的异常现象;

e) 对分析结果可能有影响而本部分未包括的操作或者任选的操作。

附 录 A
（资料性附录）
共同精密度试验原始数据

A.1 方法一精密度试验原始数据

表 A.1 原始数据

实验室	磷含量(质量分数)/%						
	水平 1	水平 2	水平 3	水平 4	水平 5	水平 6	水平 7
1	0.005 1 0.004 9	0.010 1 0.010 3	0.025 0 0.024 2	0.029 8 0.030 9	0.083 7 0.083 9	0.139 0.143	0.237 0.237
2	0.004 9 0.004 7	0.010 1 0.010 0	0.024 5 0.025 2	0.031 3 0.031 6	0.084 2 0.084 2	0.131 0.131	0.232 0.237
3	0.005 0 0.005 2	0.010 2 0.009 7	0.025 0 0.024 3	0.030 5 0.031 0	0.082 0 0.080 9	0.139 0.141	0.237 0.229
4	0.004 8 0.004 9	0.009 9 0.010 0	0.024 3 0.024 1	0.031 3 0.030 9	0.083 6 0.083 2	0.130 0.134	0.229 0.234
5	0.005 2 0.005 5	0.011 7 0.011 4	0.026 2 0.026 0	0.031 7 0.032 0	0.085 5 0.086 0	0.140 0.138	0.228 0.222
6	0.004 5 0.004 8	0.009 5 0.009 7	0.022 8 0.021 6	0.032 3 0.031 3	0.079 6 0.083 6	0.132 0.132	0.220 0.224
7	0.004 6 0.004 6	0.011 8 0.012 1	0.024 5 0.024 5	0.031 2 0.031 0	0.085 0 0.084 8	0.144 0.146	0.226 0.228
8	0.005 5 0.005 4	0.011 1 0.011 1	0.024 3 0.024 4	0.031 1 0.031 6	0.093 5 0.095 5	0.147 0.151	0.239 0.232

A.2 方法二精密度试验原始数据

表 A.2 原始数据

实验室	磷含量(质量分数)/%						
	水平 1	水平 2	水平 3	水平 4	水平 5	水平 6	水平 7
1	0.012 1 0.012 0 0.012 0	0.018 0 0.017 5 0.017 5	0.021 5 0.021 2 0.021 0	0.032 0 0.031 7 0.031 8	0.045 0 0.044 0 0.044 5	0.053 0 0.052 3 0.053 0	0.061 2 0.060 0 0.060 0
2	0.012 5 0.012 3 0.012 2	0.018 0 0.017 2 0.016 7	0.020 5 0.021 6 0.021 6	0.031 0 0.031 1 0.030 2	0.042 5 0.043 2 0.042 7	0.050 0 0.051 5 0.050 5	0.061 0 0.062 5 0.061 5

表 A.2（续）

实验室	磷含量(质量分数)/%						
	水平 1	水平 2	水平 3	水平 4	水平 5	水平 6	水平 7
3	0.011 0 0.011 5 0.012 5	0.017 0 0.017 0 0.016 5	0.022 5 0.022 0 0.021 0	0.032 0 0.030 5 0.029 5	0.043 0 0.044 0 0.043 5	0.050 5 0.049 0 0.048 5	0.059 0 0.059 0 0.057 5
4	0.009 8 0.008 5 0.010 0	0.015 2 0.017 3 0.017 0	0.019 0 0.018 0 0.020 0	0.029 5 0.030 5 0.031 0	0.044 5 0.042 0 0.045 0	0.052 0 0.049 4 0.051 5	0.059 3 0.054 2 0.059 0
5	0.012 0 0.011 6 0.011 5	0.017 6 0.017 5 0.017 0	0.020 5 0.020 5 0.020 0	0.031 0 0.031 0 0.031 0	0.045 0 0.043 3 0.042 5	0.050 0 0.048 5 0.051 5	0.064 0 0.061 0 0.061 0
6	0.012 0 0.011 5 0.012 5	0.018 9 0.017 5 0.017 8	0.020 5 0.020 0 0.021 2	0.030 5 0.030 0 0.030 5	0.045 5 0.045 0 0.045 0	0.050 0 0.050 5 0.051 2	0.053 8 0.053 2 0.053 2
7	0.008 5 0.008 6 0.008 0	0.017 5 0.017 1 0.017 0	0.020 8 0.021 5 0.019 8	0.030 5 0.030 0 0.030 2	0.044 0 0.045 0 0.042 5	0.050 3 0.050 0 0.050 0	0.058 5 0.059 0 0.058 5
8	0.012 9 0.012 6 0.013 3	0.017 3 0.018 0 0.018 0	0.021 3 0.020 2 0.020 0	0.030 7 0.030 6 0.033 7	0.044 0 0.043 6 0.042 9	0.051 1 0.050 7 0.052 9	0.061 4 0.062 2 0.062 2
9	0.008 2 0.008 5 0.010 4	0.020 0 0.021 0 0.019 4	0.019 7 0.021 0 0.021 0	0.031 0 0.031 5 0.029 0	0.038 0 0.039 5 0.039 8	0.048 4 0.049 0 0.052 5	0.061 5 0.061 5 0.060 0
10	0.012 4 0.012 3 0.012 0	0.018 2 0.018 0 0.017 3	0.022 2 0.021 3 0.021 6	0.030 6 0.030 0 0.031 0	0.043 0 0.045 4 0.045 0	0.053 3 0.051 9 0.053 4	0.061 0 0.061 1 0.062 8

ICS 77.080.01
H 11

中华人民共和国国家标准

GB/T 223.64—2008/ISO 10700:1994
代替 GB/T 223.64—1988

钢铁及合金　锰含量的测定　火焰原子吸收光谱法

Iron, steel and alloy—Determination of manganese content—Flame atomic absorption spectrometric method

(ISO 10700:1994,IDT)

2008-05-13 发布　　2008-11-01 实施

中华人民共和国国家质量监督检验检疫总局
中国国家标准化管理委员会　发布

前　言

GB/T 223 的本部分等同采用 ISO 10700:1994《钢铁　锰含量测定　火焰原子吸收光谱法》。

为便于使用,本部分做了下列编辑性修改:

a)　本"国际标准"一词改为"本部分";

b)　用小数点"."代替作为小数点的",";

c)　删除国际标准的前言。

本部分代替 GB/T 223.64—1988,与其相比较,主要做了以下修改:

——测定范围由 0.1%～2.0%调整为 0.002%～2.0%;

——试料量由 0.500 0 g 调整为 1.0 g;

——试料处理由根据不同试料加入不同的酸改为统一由盐酸、硝酸溶解,高氯酸冒烟;

——由统一的校准曲线改为分段绘制校准曲线。

本部分的附录 A 为规范性附录、附录 B 和附录 C 均为资料性附录。

本部分由中国钢铁工业协会提出。

本部分由全国钢铁标准化技术委员会归口。

本部分主要起草单位:武汉钢铁(集团)公司。

本部分主要起草人:李小杰、沈克、商明惠、周大庆。

本部分所代替标准的历次版本发布情况为:

——GB/T 223.64—1988。

钢铁及合金　锰含量的测定
火焰原子吸收光谱法

警告：使用本部分的人员应有正规实验室工作的实践经验。本部分并未指出所有可能的安全问题。使用者有责任采取适当的安全和健康措施，并保证符合国家有关法规规定的条件。

1　范围

GB/T 223的本部分规定了用火焰原子吸收光谱法测定钢铁中锰含量。

本部分适用于质量分数为0.002%～2.0%锰含量的测定。

2　规范性引用文件

下列文件中的条款通过本部分的引用而成为GB/T 223的本部分的条款。凡是注日期的引用文件，其随后所有的修改单(不包括勘误的内容)或修订版均不适用于本部分，然而，鼓励根据本部分达成协议的各方研究是否可使用这些文件的最新版本。凡是不注日期的引用文件，其最新版本适用于本部分。

ISO 377-2:1989　样品和锻造钢材试样的选择与制备　第2部分：化学成分测定用样品

ISO 385-1:1984　实验室玻璃仪器　滴定管　第1部分：基本要求

ISO 648:1977　实验室玻璃仪器　单标线吸量管

ISO 5725:1986　测量方法的精密度　通过实验室间试验确定标准测量方法的重复性和再现性

ISO 1042:1983　实验室玻璃仪器　单标线容量瓶

ISO 3696:1987　分析实验室用水规格及检验方法

3　原理

试料用盐酸和硝酸分解，加高氯酸蒸发至冒白烟。将溶液喷入空气-乙炔火焰，用锰空心阴极灯作光源，于原子吸收光谱仪波长279.5 nm处，进行原子吸收光谱测量。

4　试剂

分析中除另有说明外，仅使用认可的分析纯试剂和ISO 3696所规定的二级水。

4.1　纯铁，不含锰或已知残余锰含量。

4.2　盐酸，ρ 约1.19 g/mL。

4.3　氢氟酸，ρ 约1.15 g/mL。

4.4　硝酸，ρ 约1.40 g/mL。

4.5　高氯酸，ρ 约1.54 g/mL。

注1：也可使用密度为1.67 g/mL的高氯酸，100 mL密度为1.54 g/mL的高氯酸与79 mL密度为1.67 g/mL的高氯酸相当。

4.6　底液：称取10.00 g纯铁(4.1)，精确至0.01 g，置于1 000 mL的烧杯中，加入200 mL盐酸(4.2)，用表面皿盖住烧杯，低温加热，直到纯铁分解，然后加入50 mL硝酸(4.4)氧化。加入150 mL高氯酸(4.5)，高温加热，直到冒浓的高氯酸白烟。继续冒烟15 min，控制温度使白色高氯酸烟在烧杯壁上形成稳定的回流。冷却，加入300 mL水，低温加热溶解盐类。定量移入1 000 mL单标线容量瓶中，用水稀释至刻度，混匀。1 mL此底液中含0.010 g铁。

4.7 锰标准溶液

4.7.1 锰贮备液，每升相当于1.00 g锰。称取1.000 g纯锰金属[纯度≥99.9%(质量分数)]，精确至0.1 mg，置于250 mL烧杯中，加40 mL盐酸(4.2)，盖上表面皿，低温加热，直到锰完全分解。冷却，将溶液定量移入1 000 mL单标线容量瓶中，用水稀释至刻度，混匀。此标准溶液1 mL含1.00 mg锰。

4.7.2 锰标准溶液，每升相当于0.020 0 g锰。移取20.0 mL贮备液(4.7.1)于1 000 mL单标线容量瓶中，用水稀释至刻度，混匀。用前配制。此标准溶液1 mL含0.020 0 mg锰。

5 仪器

所有玻璃量器均应符合ISO 385-1、ISO 648或ISO 1042规定的A级。

5.1 原子吸收光谱仪，配备锰空心阴极灯，供给的空气-乙炔气体要足够纯净，不含水、油以及锰，以提供稳定清澈的贫燃火焰。

原子吸收光谱仪按照7.3.5优化后，检出限和特征浓度应与仪器制造商提供的参数一致，并满足5.1.1至5.1.3中的指标。

仪器还应达到5.1.4给出的附加性能要求。

5.1.1 最低精密度(见附录A.1)

用最高浓度的校准溶液，测量10次吸光度，计算其标准偏差，此标准偏差不得超过此溶液吸光度平均值的1.5%。

用最低浓度校准溶液(不是零校准溶液)，测量10次吸光度，计算其标准偏差，此标准偏差不得超过最高浓度校准溶液吸光度平均值的0.5%。

5.1.2 检出限(见附录A.2)

检出限定义为，浓度水平略高于零校准溶液的溶液中分析元素的10次吸光度测量值的标准偏差的2倍。

在与最终试料溶液基体相似的溶液中，锰的检出限应当小于0.02 μg/mL。

5.1.3 校准曲线的线性(见附录A.3)

用同样的方法测定时，校准曲线上部20%浓度范围的斜率值(表示为吸光度的变化)与下部20%浓度范围的斜率值之比应不小于0.7。

对于用2个或更多标准样品自动校准的仪器，应在分析之前，用获得的吸光度读数建立满足上述要求的线性校准曲线。

5.1.4 特征浓度(见附录A.4)

在与最终试料溶液基体一致的溶液中，锰的特征浓度应当小于0.1 μg/mL。

5.2 辅助装置

建议使用纸带记录仪或数字读数装置来评价5.1.1至5.1.3中的指标和进行以后的测量。

可放大刻度，直到观察到的噪声大于读数误差，并推荐吸光度低于0.1。如果不得不用到刻度放大，而又无法读取放大倍数时，可用下述方法得到放大倍数：分别在使用和不使用刻度放大的情况下测量合适溶液的吸光度，计算所测信号之比。

6 制样

根据ISO 377-2或适当的国家标准进行制样。

7 分析步骤

警告：通常在有氨、亚硝酸烟雾或有机物存在时，冒高氯酸烟可能会引起爆炸。所有蒸发必须在适合使用高氯酸的通风柜里进行。

应确保在使用高氯酸后，将喷淋系统和排水系统冲洗干净。

7.1 试料量

称取约1.0 g试样，准确至0.001 g。

7.2 空白试验

按照相同的步骤，随同试料做空白试验，测定时使用相同数量的试剂量，纯铁(4.1)的使用量也应相同。

7.3 测定

7.3.1 试液的制备

将试料(7.1)置于250 mL烧杯，加入20 mL盐酸(4.2)，盖上表面皿，低温加热溶解到反应停止。加入5 mL硝酸(4.4)煮沸1 min，驱赶氮氧化物，加入15 mL高氯酸(4.5)，不盖表面皿高温加热，直至冒烟。然后盖上表面皿继续加热，加热温度应使高氯酸烟在烧杯壁上保持稳定的回流，继续加热，直到烧杯中看不到高氯酸烟。

对盐酸和硝酸不易溶解的样品，在加入15 mL高氯酸前加入2 mL氢氟酸(4.3)，继续按上述操作进行。

7.3.2 溶液的处理

7.3.2.1 锰含量(质量分数)在0.10%以下

冷却，加入25 mL水，微热溶解盐类，再次冷却，定量移入250 mL单标线容量瓶中，用水稀释至刻度，混匀。用中速滤纸干过滤，滤掉残渣或沉淀，弃去最初的部分后，将滤液收集在清洁干燥的烧杯中。

此滤液为测定锰含量(质量分数)在0.10%以下的试液。

7.3.2.2 锰含量(质量分数)在0.10%～0.40%

移取50.0 mL滤液(7.3.2.1)于200 mL的单标线容量瓶中，用水稀释至刻度，混匀。

7.3.2.3 锰含量(质量分数)在0.40%～2.0%

移取10.0 mL滤液(7.3.2.1)于200 mL的单标线容量瓶中，用水稀释至刻度，混匀。

7.3.3 校准溶液的制备

7.3.3.1 锰含量(质量分数)在0.10%以下

将40.0 mL底液(4.6)分别加入8个100 mL的单标线容量瓶中，用滴定管或移液管按表1加入相应体积的锰标准溶液(4.7.2)，用水稀释至刻度，混匀。

表1 锰含量在0.10%以下的校准溶液

锰标准溶液(4.7.2)体积/mL	锰的质量/mg	相当于试料中的锰含量(质量分数)/%
0[a]	0	0
0.4	0.008	0.002
2.0	0.04	0.010
4.0	0.08	0.020
8.0	0.16	0.040
12.0	0.24	0.060
16.0	0.32	0.080
20.0	0.40	0.100

[a] 零校准溶液。

7.3.3.2 锰含量(质量分数)为0.10%～0.40%

将10.0 mL底液(4.6)分别加入6个100 mL的单标线容量瓶中，用滴定管或移液管按表2加入相应体积的锰标准溶液(4.7.2)，用水稀释至刻度，混匀。

表 2　锰含量在 0.10%～0.40%的校准溶液

锰标准溶液(4.7.2)体积/mL	锰的质量/mg	相当于试料中的锰含量/%
0[a]	0	0
4.0	0.08	0.080
8.0	0.16	0.16
12.0	0.24	0.24
16.0	0.32	0.32
20.0	0.40	0.40

[a] 零校准溶液。

7.3.3.3　锰含量(质量分数)为 0.40%～2.0%

将 2.0 mL 底液(4.6)分别加入 6 个 100 mL 的单标线容量瓶中,用滴定管或移液管按表 3 加入相应体积的锰标准溶液(4.7.2),用水稀释至刻度,混匀。

表 3　锰含量在 0.40%～2.0%的校准溶液

锰标准溶液(4.7.2)体积/mL	锰的质量/mg	相当于试料中的锰含量/%
0[a]	0	0
4.0	0.08	0.40
8.0	0.16	0.80
12.0	0.24	1.20
16.0	0.32	1.60
20.0	0.40	2.00

[a] 零校准溶液。

7.3.4　原子吸收光谱仪的调整

仪器的调整见表 4。

表 4　仪器的调整

要　　素	特　　性
灯的类型	锰空心阴极灯
波长	279.5 nm
火焰	具有最大锰响应的空气-乙炔贫燃火焰
灯电流	按照制造厂家的建议
带宽	按照制造厂家的建议

警告:必须严格按照制造厂家的建议,尤其应注意以下安全要点:

a) 乙炔具有爆炸性,使用时应时常关注;

b) 戴有色眼镜能保护操作者眼睛不受紫外辐射的伤害;

c) 应保持燃烧头清洁,不结盐,燃烧头堵塞可能会导致回火;

d) 应保证液体阱中充满水;

e) 在两次喷入试液、空白溶液和/或校准溶液之间,应喷入一次水。

7.3.5　原子吸收装置的最优化

按照仪器制造厂家的说明书准备仪器。

调节灯电流、波长、气体流量,点燃火焰,喷入水,直到装置显示已达到稳定状态。

用水调节吸光度为零。

选择缓冲设定或积分时间,使仪器信号足够稳定,达到 5.1.1 至 5.1.3 中的指标。

将火焰调整为贫燃,将燃烧头高度调整在光路以下 10 mm 处,交替喷入最高浓度校准溶液和零校准溶液(见表1～表3)。调节气体流量和燃烧头位置(水平、垂直和旋转),直至校准溶液之间的吸光度之差达到最大值。

检查光谱仪,使光谱仪设定在要求波长的准确位置。

评价5.1.1至5.1.3指标,以及附加特性要求5.1.4,保证仪器适用于锰的测定。

7.3.6 光谱测量

设置刻度比例,使最高浓度校准溶液的吸光度接近满刻度,按浓度递增的顺序喷入校准溶液,重复进行测定,直到达到规定的精度,此时表明仪器达到稳定状态。选取两个校准溶液,一个略低于试液的吸光度,另一个略高于试液的吸光度,先按浓度递增顺序,然后按递减顺序喷入校准溶液,试液夹在中间测量,每次均测量相对于水的吸光度。再按递增和递减顺序测量校准范围内的所有校准溶液,包括零校准溶液,最后将校准溶液递增与递减吸光度的平均值用于绘制校准曲线。

应当指出,这些步骤不适用于只用两个校准溶液的自动原子吸收光谱仪,在这种情况下,建议不要将两个“夹层”溶液用于绘制校准曲线,而应与试液交替分析。

在成批样品的测定过程中,过一段时间就喷一下校准溶液,如果结果显示因堵塞而导致精度降低,应清理燃烧头。

得到各校准溶液的平均吸光度。

得到试液和空白溶液的平均吸光度。

7.4 校准曲线的绘制

对于每次测量和待测锰含量范围,都需要制作新的校准曲线。

通常零校准溶液的吸光度非常低,但是如果有显著的吸收,则需要按式(1)计算零校准溶液中锰的浓度:

$$\rho_{\mathrm{Mn,z}} = \rho_{\mathrm{Mn,c1}} \times \frac{A_{\mathrm{z}}}{A_{\mathrm{Mn,c1}} - A_{\mathrm{z}}} \qquad \cdots\cdots(1)$$

式中:

$\rho_{\mathrm{Mn,c1}}$——加到第一份校准溶液的锰浓度,单位为微克每毫升(μg/mL);

A_{z}——零校准溶液的吸光度;

$A_{\mathrm{Mn,c1}}$——第一份校准溶液的吸光度。

将计算出的ρ值加到各校准浓度中去,使校准曲线通过坐标原点。

校准曲线上相邻的两个校准溶液的吸光度,如果读数偏离曲线未超出允许精密度指标,则试液的读数值也是可以接受的。

8 结果表示

8.1 计算方法

用校准曲线(7.4)将试液和空白试液的吸光度转换成锰含量,以μg/mL计。

按式(2)计算锰含量w_{Mn},以质量分数(%)表示:

$$w_{\mathrm{Mn}} = \frac{(\rho_{\mathrm{Mn,1}} - \rho_{\mathrm{Mn,0}}) \times 250}{10^6} \times \frac{100}{m} \times D = \frac{(\rho_{\mathrm{Mn,1}} - \rho_{\mathrm{Mn,0}}) \times 25D}{10^3 m} \qquad \cdots\cdots(2)$$

式中:

$\rho_{\mathrm{Mn,0}}$——空白试液(7.2)中的锰浓度,单位为微克每毫升(μg/mL);

$\rho_{\mathrm{Mn,1}}$——从校准曲线得到的试液(7.4)中的锰浓度,单位为微克每毫升(μg/mL);

m——试料量(7.1),单位为克(g);

D——稀释因子：

$D=1$ 用于锰含量(质量分数)低于 0.10%；

$D=4$ 用于锰含量(质量分数)在 0.10%～0.40%；

$D=20$ 用于锰含量(质量分数)在 0.40%～2.0%。

8.2 精密度

本部分精密度试验，以 10 个水平，在 20 个实验室进行，每个实验室对每个水平锰含量测定 3 次(见注 2 和注 3)。

所用试样列于附录 B 中表 B.1。

根据 ISO 5725，对得到的结果进行统计处理。

结果表明，锰含量与实验结果(见注 4)的重复性限(r)和再现性限(R 和 R_W)间呈对数关系，汇总于表 5，数据图示由附录 C.1 给出。

表 5 精密度数据

锰含量(质量分数)/%	重复性限 r	再现性限	
		R	R_W
0.002	0.000 29	0.000 62	0.000 30
0.005	0.000 52	0.001 2	0.000 59
0.010	0.000 81	0.001 8	0.000 99
0.020	0.001 3	0.002 9	0.001 7
0.050	0.002 3	0.005 3	0.003 3
0.100	0.003 6	0.008 4	0.005 5
0.20	0.005 6	0.013	0.009 2
0.50	0.010	0.024	0.001 8
1.00	0.016	0.038	0.030
2.00	0.024	0.061	0.051

注 2：3 次测定中的两次测定是在 ISO 5725 规定的重复性条件下进行的，即由同一实验员、用同一仪器、相同的实验条件、同一校准，在最短的时间内进行测定。

注 3：第三次测定由注 1 中的实验员，用同一台仪器，在不同的时间(不同天)，用新的校准进行。

注 4：由第一天所得结果，按 ISO 5725 计算重复性限(r)和再现性界限(R)。由第一天所得的第一个结果和第二天所得的结果，计算实验室内的再现性限(R_W)。

9 试验报告

试验报告应包括下列内容：

a) 鉴别试料、实验室和分析日期等资料；

b) 遵守本部分规定的程度；

c) 分析结果及其表示；

d) 测定中观察到的异常现象；

e) 对分析结果可能有影响而本部分未包括的操作或者任选的操作。

附　录　A
（规范性附录）
仪器指标的测量步骤

要建立火焰原子吸收光谱分析标准方法，应由工作组根据实验室间测量结果确定仪器指标的数值。

A.1　最低精密度的测定

测量10次最高浓度校准溶液，得到10个吸光度读数 A_{Ai}，并计算平均值 $\overline{A}_A$。

测量10次最低浓度校准溶液（不包括零浓度），得到10个吸光度读数 A_{Bi}，并计算平均值 $\overline{A}_B$。

最高和最低浓度校准溶液测量值的标准偏差 s_A 和 s_B 分别由公式（A.1）和公式（A.2）得出：

$$s_A = \sqrt{\frac{\sum(A_{Ai} - \overline{A}_A)^2}{9}} \qquad \text{(A.1)}$$

$$s_B = \sqrt{\frac{\sum(A_{Bi} - \overline{A}_B)^2}{9}} \qquad \text{(A.2)}$$

最高和最低浓度校准溶液的最低精度分别为 $s_A \times 100/\overline{A}_A$ 和 $s_B \times 100/\overline{A}_B$。

A.2　检出限的测定 $\boldsymbol{\rho}_{\mathrm{Mn,min}}$

制取2份与样品溶液基体一致的溶液，但是，测定元素的浓度为下述已知浓度：

——ρ'_{Mn}（μg/mL）的溶液所产生的吸光度 A' 约为0.01；

——基体空白溶液的吸光度为 A_0。

测量 ρ'_{Mn} 溶液和空白溶液各10次，每次读数时间约为10 s，应使用足够大的标尺，以便能清楚地看到信号波动。得到吸光度平均值 $\overline{A}'$ 和 $\overline{A}_0$。

用式（A.3）计算标准偏差 $s_{A'}$：

$$s_{A'} = \sqrt{\frac{\sum(A'_i - \overline{A}')^2}{9}} \qquad \text{(A.3)}$$

式中：

A'_i——单次吸光度读数；

$\overline{A}'$——A'_i 的平均值。

由式（A.4）计算检出限 $\rho_{\mathrm{Mn,min}}$（k 通常取2）：

$$\rho_{\mathrm{Mn,min}} = \frac{\rho'_{\mathrm{Mn}} \times s_{A'} \times k}{\overline{A}' - \overline{A}_0} \qquad \text{(A.4)}$$

A.3　校准曲线线性判据

对绘制的校准曲线（见图A.1）进行任何校直处理之前，得到校准浓度范围上端20%的净吸光度值 A_A，以及校准浓度范围下端20%的净吸光度值 A_B，计算 A_A/A_B，该值必须不小于0.7。

A.4　特征浓度的测定 $\boldsymbol{\rho}_{\mathrm{Mn},k}$

制备1份与样品溶液基体一致的溶液，但是，被测元素的浓度为下述已知浓度：

ρ_{Mn}（μg/mL）溶液所产生的吸光度 A 约为0.1。

在不扩展标尺的条件下，测量 ρ_{Mn} 溶液与空白溶液，分别得到吸光度 A 和 A_0，由式（A.5）计算特征浓度 $\rho_{\mathrm{Mn},k}$：

$$\rho_{\mathrm{Mn},k} = \frac{\rho_{\mathrm{Mn}} \times 0.0044}{A - A_0} \quad \cdots\cdots(A.5)$$

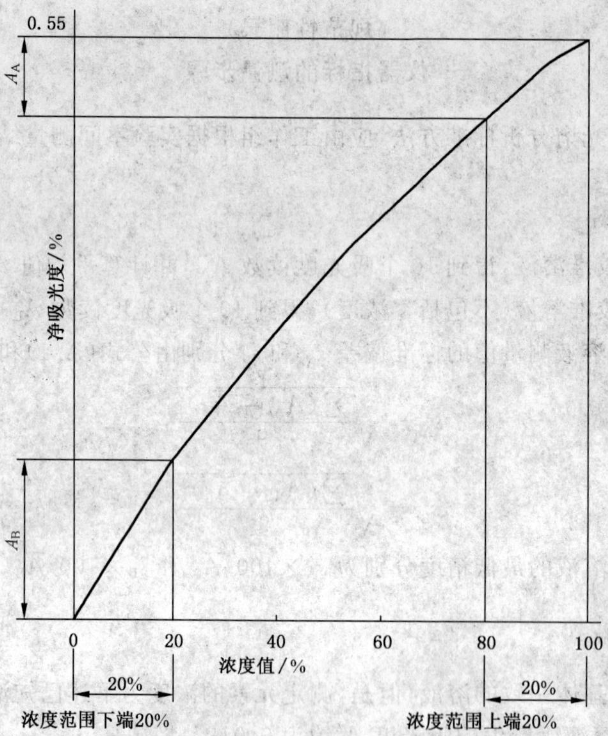

图 A.1

附 录 B
（资料性附录）
国际合作试验附加资料

1987 年和 1991 年，由 9 个国家的 20 个实验室对 8 个钢样和 2 个铁样进行国际合作分析试验结果得到表 5。

试验结果在 1992 年 1 月 ISO/TC 17/SC 1 N 910 文件报出。图示精密度数据见附录 C。

所用试样列于表 B.1。

表 B.1 实验室间试验所得结果

试样	锰含量(质量分数)/%			精密度数据		
	认可值	测定值		重复性值	再现性值	
		$\overline{w}_{Mn,1}$	$\overline{w}_{Mn,2}$	r	R	R_W
JSS003-1(高纯铁)	0.001 8	0.001 82	0.001 85	0.000 72	0.001 06	0.000 47
ECRM 097-1(高纯铁)	0.006 4	0.006 90	0.006 84	0.000 61	0.001 26	0.000 79
ECRM 285-1(18Ni, 5Mo, 9Co 钢)	0.013	0.012 2	0.012 2	0.000 48	0.001 54	0.000 79
ECRM 114-1(4Si 钢)	0.065 5	0.066 4	0.066 4	0.001 40	0.003 61	0.002 68
ECRM 090-1(1C, 0.2V 钢)	0.226	0.225	0.226	0.004 3	0.014 7	0.009 4
JSS 608-8(4Cr, 1V, 9Co, 17W 钢)	0.33	0.331	0.311	0.006 8	0.018 1	0.011 7
ECRM 081-1(非合金钢)	0.605	0.606	0.608	0.009 3	0.027 0	0.015 0
ECRM0 51-1(0.1S 钢)	1.18	1.190	1.191	0.020 4	0.049 1	0.049 1
ECRM 227-1(10Ni, 18Cr, 0.2Mo 钢)	1.535	1.546	1.544	0.033 8	0.050 6	0.046 9
ECRM 126-1(0.3Cr, 0.1V 钢)	1.817	1.808	1.805	0.034 1	0.076 8	0.062 2

$\overline{w}_{Mn,1}$：同一天测定数据的平均值。

$\overline{w}_{Mn,2}$：不同天测定数据的平均值。

附 录 C
（资料性的附录）
精密度数据图示

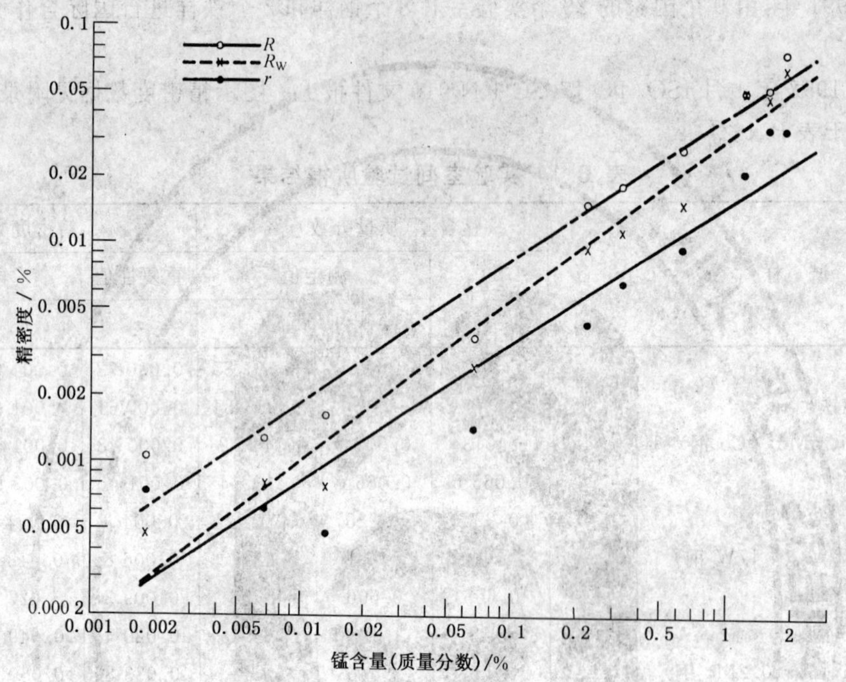

$\lg r = 0.641\ 8\ \lg\overline{w}_{Mn,1} - 1.806\ 3$

$\lg R_W = 0.742\ 0\ \lg\overline{w}_{Mn,2} - 1.519\ 5$

$\lg R = 0.661\ 71\ \lg\overline{w}_{Mn,1} - 1.415\ 7$

式中：

$\overline{w}_{Mn,1}$——同一天所得锰含量(质量分数)的平均值，%；

$\overline{w}_{Mn,2}$——不同天所得锰含量(质量分数)的平均值，%。

图 C.1 锰含量(w_{Mn})与重复性值(r)及再现性值(R 和 R_W)间的对数关系

ICS 77.080.01
H 11

中华人民共和国国家标准

GB/T 223.67—2008/ISO 10701:1994
代替 GB/T 223.67—1989

钢铁及合金　硫含量的测定
次甲基蓝分光光度法

Iron, steel and alloy—Determination of sulfur content—Methylene blue spectrophotometric method

(ISO 10701:1994, IDT)

2008-05-13 发布　　　　2008-11-01 实施

中华人民共和国国家质量监督检验检疫总局
中国国家标准化管理委员会　发布

前　　言

GB/T 223 的本部分等同采用 ISO 10701:1994《钢铁及合金　硫含量测定　次甲基蓝分光光度法》。

本部分等同翻译 ISO 10701:1994。

为便于使用，本部分做了下列编辑性修改：

a)　本“国际标准”一词改为“本部分”；

b)　用小数点“.”代替为用小数点“,”；

c)　删除国际标准的前言。

本部分代替 GB/T 223.67—1989《钢铁及合金化学分析方法　还原蒸馏-次甲基蓝光度法测定硫量》，与其相比较，主要做了以下修改：

——测定范围由 0.001%～0.030%调整为 0.000 3%～0.01%；

——“用溴使硫氧化，并蒸发驱尽硝酸”改为“用高氯酸冒烟氧化，并驱赶硝酸”；

——试料量由 1.000 0 g 调整为根据含量不同分别为 0.50 g 和 1.0 g；

——蒸馏和提纯装置有所改动。

本部分的附录 A、附录 B 都是资料性附录。

本部分由中国钢铁工业协会提出。

本部分由全国钢铁标准化技术委员会归口。

本部分主要起草单位：中国钢研科技集团公司。

本部分主要起草人：杨桂香、滕璇。

本部分所代替标准的历次版本发布情况为：

GB 223.2(三)—1981、GB 223.67—1989。

钢铁及合金　硫含量的测定　次甲基蓝分光光度法

警告：使用本部分的人员应有正规实验室工作的实践经验。本部分并未指出所有可能的安全问题。使用者有责任采取适当的安全和健康措施，并保证符合国家有关法规规定的条件。

1　范围

GB/T 223 的本部分规定了次甲基蓝光度法测定钢铁及合金中的硫含量。

本部分适用于钢铁及合金中质量分数为 0.000 3%～0.01%硫含量的测定。铌、硅、钽和钛对硫的测定有干扰。根据干扰元素的含量，适用范围和试料量由表 1 给出。

表 1

干扰元素的最大允许含量(质量分数)/%				试料量 g	适用范围(质量分数)/%
Nb	Si	Ta	Ti		
0.5	1.0	0.3	1.0	1.0	0.000 3～0.001 0
1.0	2.0	0.6	2.0	0.50	0.001 0～0.010

2　规范性引用文件

下列文件中的条款通过 GB/T 223 的本部分的引用而成为本部分的条款。凡是注日期的引用文件，其随后所有的修改单(不包括勘误的内容)或修订版均不适用于本部分，然而，鼓励根据本部分达成协议的各方研究是否可使用这些文件的最新版本。凡是不注日期的引用文件，其最新版本适用于本部分。

ISO 377-2:1989　样品和锻造钢材试样的选择与制备　第 2 部分：化学成分测定用样品

ISO 385-1:1984　实验室玻璃仪器　滴定管　第 1 部分：基本要求

ISO 648:1977　实验室玻璃仪器　单标线移液管

ISO 1042:1983　实验室玻璃仪器　单标线容量瓶

ISO 3696:1987　分析实验室用水规格及检验方法

ISO 5725:1986　测量方法的精密度　通过实验室间试验确定标准测量方法的重复性和再现性

3　原理

试料溶解于盐酸-硝酸混合酸中，用高氯酸蒸发至冒白烟，驱赶盐酸和硝酸。用盐酸溶解盐类，以氢碘酸和次磷酸的混合物为还原剂，在氮气流下生成的硫化氢，蒸馏，用乙酸锌溶液吸收。通过与 N，N-二甲基对苯二胺溶液和三价铁溶液作用，生成次甲基蓝。于波长 665 nm 处测量其吸光度。

4　试剂

除非另有说明，在分析中仅使用硫含量很低的、认可的分析纯试剂和新制备的、ISO 3696 中规定的 2 级水。

4.1　盐酸，ρ 约 1.19 g/mL。

4.2　盐酸，ρ 约 1.19 g/mL，稀释为 1+15。

4.3　高氯酸，ρ 约 1.54 g/mL。

4.4 氢溴酸,ρ 约 1.48 g/mL。

4.5 盐酸-硝酸混合酸。将 1 体积的盐酸(4.1)和 1 体积的硝酸(ρ 约为 1.40/mL)混合,用前配制。

4.6 还原剂溶液。将 200 mL 氢碘酸[约 57%(质量分数)]和 50 mL 次磷酸[约 50%(质量分数)]转入提纯装置中(见图 1)。用流速为 100 mL/min 的氮气冲洗 10 min,使酸混匀并排出系统中的空气。打开电热罩,加热至沸腾,然后在氮气流中约为 115℃的温度下,保持微沸约 120 min。完成提纯后(见 10.3),关掉电热罩。然后将溶液冷却,并保存于棕色瓶中。

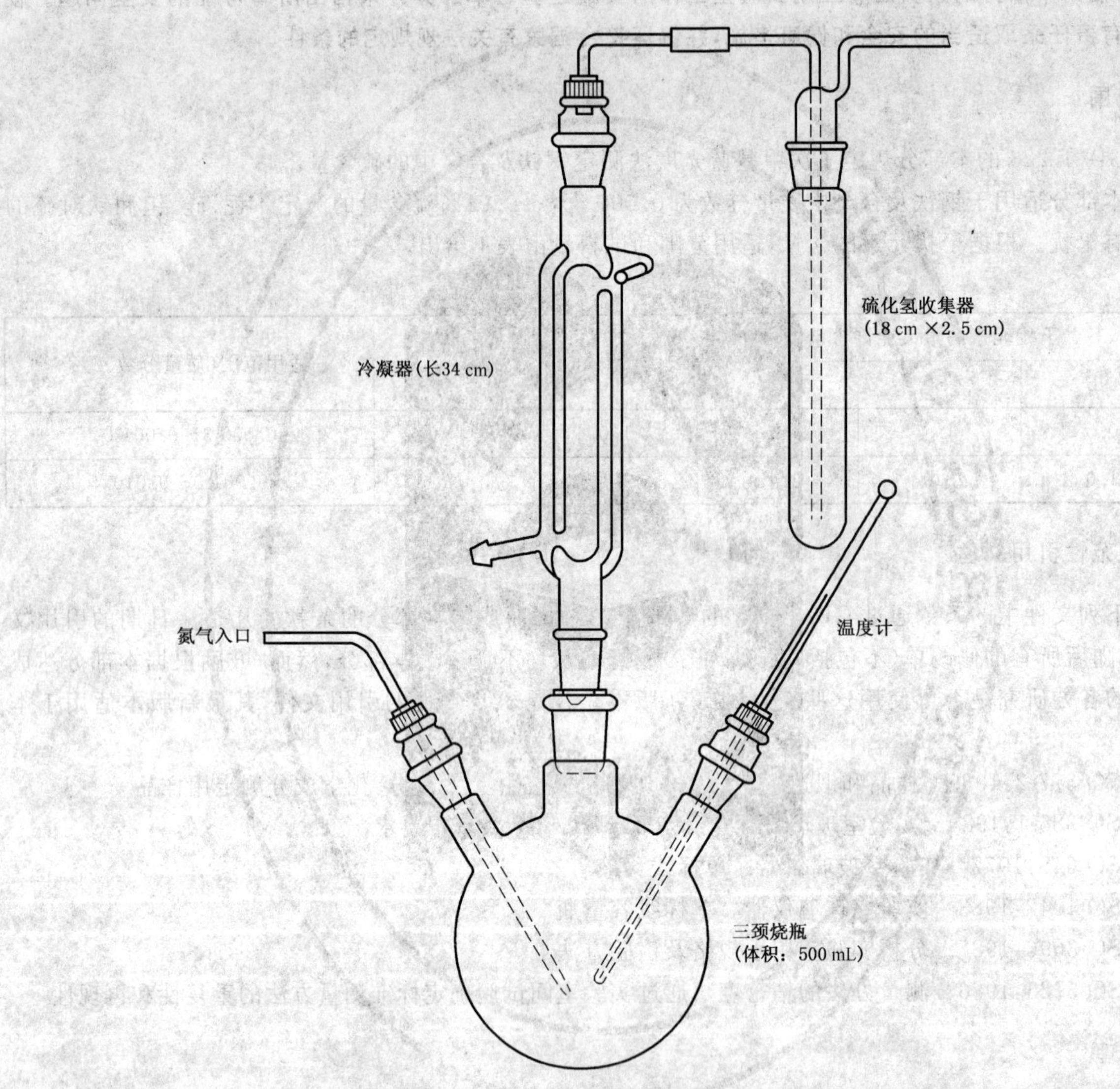

图 1 还原溶液纯化装置图

4.7 吸收溶液。将 5 g 二水合乙酸锌[$(CH_3COO)_2Zn \cdot 2H_2O$]溶于 400 mL 水中,加入 200 mL 氢氧化钠溶液(30 g/L)和 70 g 氯化铵,然后用水稀释至 1 000 mL,混匀。

4.8 铁溶液,10 g/ L。称取 1.00 g 不含硫的纯铁,转入 300 mL 的烧杯中,加入 20 mL 盐酸(ρ 约 1.19 g/mL,稀释至 1+1),盖上表面皿,加热溶解,并微沸约 10 min。然后,滴加 2 mL 硝酸(ρ 约 1.40 g/mL),使铁被氧化。煮沸驱赶氮氧化物,冷却至室温。转入 100 mL 单标线容量瓶中,用水稀释至刻度,混匀。

4.9 三氯化铁溶液。将 1 g 六水合三氯化铁($FeCl_3 \cdot 6H_2O$)溶于约 40 mL 水中,加入 10 mL 盐酸(4.1),用水稀释至 100 mL,混匀。

4.10 N,N-二甲基对苯二胺溶液,盐酸介质。将 0.5 g N,N-二甲基对苯二胺盐酸盐[$NH_2C_6H_4N(CH_3)_2 \cdot 2HCl$]溶于约 100 mL 水中,加入 230 mL 盐酸(4.1),用水稀释至 500 mL,混匀。

4.11 硫标准溶液

4.11.1 硫储备液,每升相当于 1 g 硫。称取预先经 110℃烘干 2 h、并在干燥器中冷却到室温的硫酸钾 5.435 2 g [纯度≥99.5%(质量分数)],溶于水中,定量转入 1 000 mL 单标线容量瓶,稀释至刻度,混匀。此储备液 1 mL 含 1 mg 硫。

4.11.2 硫标准溶液 A,每升相当于 10 mg 硫。移取 10.00 mL 硫储备液(4.11.1)置于 1 000 mL 单标线容量瓶中,用水稀释到刻度,混匀。此溶液 1 mL 含 10 μg 硫。

4.11.3 硫标准溶液 B,每升相当于 1 mg 硫。移取 10 mL 标准溶液(4.11.2)置于 100 mL 单标线容量瓶中,用水稀释到刻度,混匀。用前配制。此溶液 1 mL 含 1 μg 硫。

4.12 氮气。

5 装置

所有玻璃量器均应符合 ISO 385-1,ISO 648 或 ISO 1042 规定的 A 级。

通常使用普通实验室设备及下列仪器:

5.1 还原蒸馏装置

单位为毫米

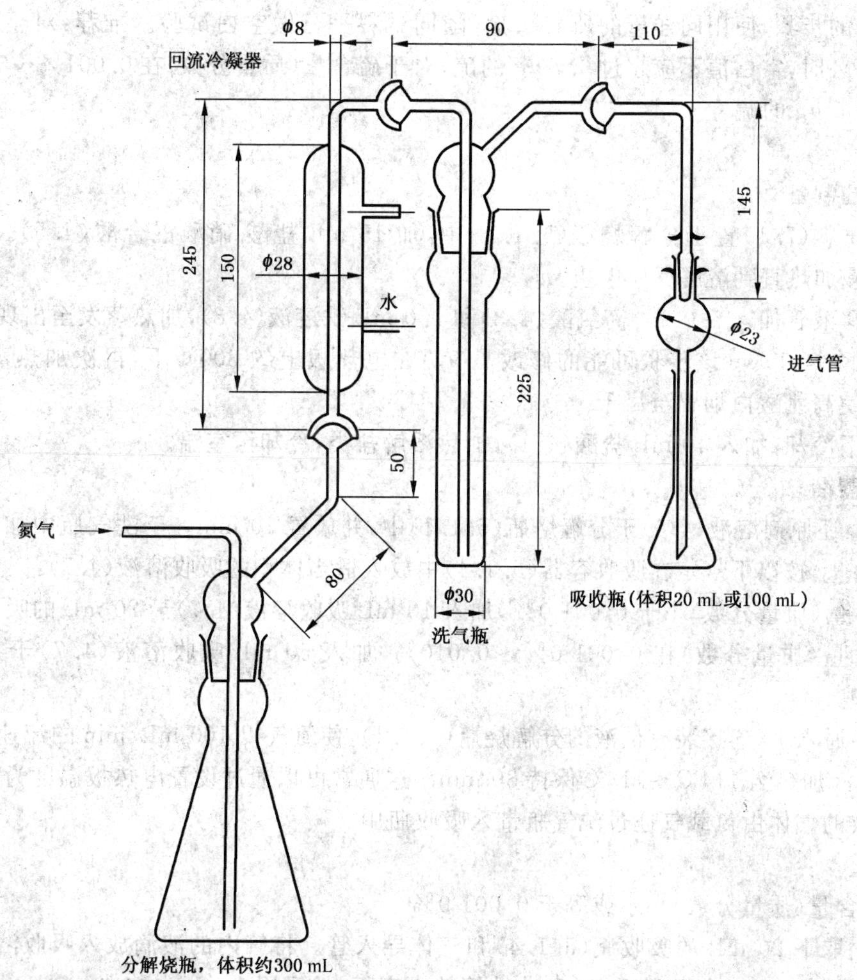

图 2 还原蒸馏装置图

如图 2 所示组装还原蒸馏装置,均使用紧密的磨口玻璃接口。如果该装置第一次使用,或长时间不用,应重复进行空白测试,直到获得稳定的低空白值。

5.1.1 分解烧瓶，体积约 300 mL。

5.1.2 回流冷凝器，长约 150 mm。

5.1.3 洗气瓶，体积约 150 mL。

5.1.4 吸收瓶，20 mL 或 100 mL 的单标线容量瓶。

5.2 分光光度计，可在 665 nm 波长处测量吸光度。

6 取制样

按 ISO 377-2 或适当的钢铁国家标准取制样。

7 操作步骤

警告：高氯酸蒸气一般在氨、亚硝酸烟雾或有机物存在时，可能引起爆炸。

7.1 试料

按估计的硫含量，称取试样，精确至 1 mg。

a) 硫含量(质量分数)在 0.000 3%～0.001 0%，试料量约为 1.00 g。

b) 硫含量(质量分数)在 0.001 0%～0.010%，试料量约为 0.50 g。

7.2 空白试验

按照相同的步骤，使用同样量的所有试剂，随同试料平行做空白试验。推荐：对于硫含量(质量分数)小于0.001%时，空白值不应超过 0.7 μg 的硫；对于硫含量(质量分数)在 0.001%～0.010%时，空白值不应超过 1.5 μg 的硫。

7.3 测定

7.3.1 试液的制备

7.3.1.1 将试料(7.1)置于分解烧瓶(5.1.1)中，加 15 mL 盐酸-硝酸混合酸(4.5)。在室温下放置 30 min后，缓慢加热直到溶解反应停止。

7.3.1.2 用移液管加入 5.0 mL 高氯酸(4.3)和 1.0 mL 铁溶液(4.8)，加热蒸发至出现白烟。冷却后，加入 5 mL 盐酸(4.1)。(该步骤可能的修改见 9。)在电热板上约 300℃下，再次加热蒸发至冒烟。然后，继续蒸发使高氯酸白烟冒至尽干。

7.3.1.3 取下冷却，加入 10 mL 盐酸(4.1)，加热溶解盐类，冷却至室温。

7.3.2 还原蒸馏

加 20 mL 还原剂溶液(4.6)于分解烧瓶(5.1.1)中，并放置 10 min。于洗气瓶中加入 30 mL 水，根据待测的硫含量，按以下规定在吸收容器(5.1.4)中放入适当体积的吸收溶液(4.7)：

a) 硫含量(质量分数)小于 0.001 0%，加入 10 mL 吸收溶液(4.7)于 20 mL 的吸收瓶中。

b) 硫含量(质量分数)在 0.001 0%～0.010%，加入 50 mL 吸收溶液(4.7)于 100 mL 的吸收瓶中。

冷凝器中通入水，连接装有试液的分解烧瓶(5.1.1)，使氮气以 100 mL/min 的流速通入装置，如图 2 所示。将试液加热至 114℃～118℃保持 30 min。这通常可以通过设置电热板温度为 250℃(见 10.2)来完成。生成的气体由氮载气通过洗气瓶带入吸收瓶中。

7.3.3 显色

7.3.3.1 硫含量(质量分数)小于或等于 0.001 0%

从装置上取下 20 mL 的吸收瓶(5.1.4)和气体导入管。将管内的液滴放入吸收溶液中，用微量移液器从管的上端加入 1.0 mL 盐酸(4.2)冲洗管的内表面，然后用 1 mL 水冲洗。

移去气体导入管，轻轻旋动 20 mL 吸收瓶，在恒温器中 25℃下放置 20 min。然后于吸收瓶中(5.1.4)加入 2.0 mL N,N-二甲基对苯二胺溶液(4.10)，轻微振荡。立即加入 0.4 mL 三氯化铁溶液(4.9)，激烈振荡 1 min。用水稀释至刻度，混匀。放置 15 min。

7.3.3.2 硫含量(质量分数)在 0.001 0%～0.010%

从装置上取下 100 mL 的吸收瓶(5.1.4)和气体导入管。将管内的液滴放入吸收溶液中,用微量移液器从管的上端加入 1.0 mL 盐酸(4.2)冲洗管的内表面,然后用 1 mL 或 2 mL 水冲洗。

移去气体导入管,轻轻旋动 100 mL 吸收瓶,在恒温器中 25℃下放置 20 min。然后于吸收瓶中(5.1.4)加入 10.0 mL N,N-二甲基对苯二胺溶液(4.10),轻微振荡。立即加入 2.0 mL 三氯化铁溶液(4.9),激烈振荡 1 min。用水稀释到刻度,混匀。放置 15 min。

7.3.4 分光光度测量

以水作参比将分光光度计(5.2)调零后,用 1 cm 的吸收皿,在波长 665 nm 处进行分光光度测定。

7.4 校准曲线的建立

7.4.1 校准溶液的制备

分别将 1.0 mL 铁溶液(4.8)置于 6 个分解烧瓶(5.1.1)中,按表 2 分别加入相应体积的硫标准溶液。然后加入 15 mL 盐酸-硝酸混合酸(4.5),5.0 mL 高氯酸(4.3),加热蒸发至冒烟。以下按 7.3.1.2 到 7.3.3 进行。

表 2

硫含量(质量分数)/%	硫标准溶液 A(4.11.2)的体积/mL	硫标准溶液 B(4.11.3)的体积/mL	相应硫的质量/μg
小于等于 0.001 0	—	0[a]	0
	—	1.0	1.0
	—	3.0	3.0
	—	5.0	5.0
	—	7.5	7.5
	—	10.0	10.0
0.001 0～0.010	0[a]	—	0
	0.5	—	5
	1.0	—	10
	2.0	—	20
	3.0	—	30
	5.0	—	50

[a] 零校准溶液。

7.4.2 分光光度测量

以零校准溶液(见表 2)为参比将分光光度计(5.2)调零后,用 1 cm 的吸收皿,在波长 665 nm 处进行分光光度测定。

7.4.3 校准曲线的绘制

以吸光度对硫浓度绘制校准曲线,硫浓度以每 20 mL(见 7.3.3.1)或每 100 mL(见 7.3.3.2)显色液中含硫的质量(μg)表示。

8 结果计算

8.1 计算方法

根据校准曲线(见 7.4.3),将 7.3.4 中测定的显色液(见 7.3.3.1 或 7.3.3.2)的吸光度转化为相应的质量,以硫的质量(μg)表示。

硫含量 w_S,以质量分数(%)表示,由式(1)给出:

$$w_S = (m_{S,1} - m_{S,0}) \times \frac{1}{10^6} \times \frac{100}{m} = (m_{S,1} - m_{S,0}) \times \frac{1}{10^4 m} \quad \cdots\cdots(1)$$

式中：

$m_{S,0}$——空白试液中硫的质量，以微克(μg)表示；

$m_{S,1}$——试液中硫的质量，以微克(μg)表示；

m——试料量，以克(g)表示。

8.2 精密度

本部分精密度试验，以16个硫水平，在11或13个实验室进行，每个实验室对每个水平硫含量测定3次(见注1和注2)。

所用试样列于附录A中表A.1。

根据ISO 5725，对得到的结果进行统计处理。

结果表明，硫含量与实验结果(见注3)的重复性限(r)和再现性限(R和R_W)间呈对数关系，汇总于表3，数据图示由附录B给出。

表 3

硫含量(质量分数)/%	重复性限 r	再现性限	
		R	R_W
0.000 3	0.000 08	0.000 17	0.000 11
0.000 5	0.000 11	0.000 23	0.000 14
0.001 0	0.000 17	0.000 37	0.000 21
0.002 0	0.000 27	0.000 60	0.000 31
0.005 0	0.000 47	0.001 11	0.000 51
0.010 0	0.000 72	0.001 71	0.000 74

注1：3次测定中的两次测定是在ISO 5725规定的重复性条件下进行的，即由同一实验员、用同一仪器、相同的实验条件、同一校准，在最短的时间内进行测定。

注2：第三次测定由注1中的实验员，用同一台仪器，在不同的时间(不同天)，用新的校准进行。

注3：由第一天所得结果，按ISO 5725计算重复性限(r)和再现性限(R)。由第一天所得的第一个结果和第二天所得的结果，计算实验室内的再现性限(R_W)。

9 特殊情况

对于含硒试料，7.3.1第二段中“冷却后，加入5 mL盐酸(4.1)”应改为“冷却后，加入5 mL盐酸(4.1)及5 mL氢溴酸(4.4)。”

10 操作步骤注释

10.1 由于本方法灵敏度很高，消除硫的污染源非常重要。实际上，提供专门的房间用于这类分析可能更有效。如果测试人员测定出两个试剂空白，则较低的一个通常是正确的。当使用新的经王水仔细清洗的烧瓶时，会观察到虚假的硫污染。

重要的是所有的样品处理过程应该在严格净化的实验室环境(没有硫酸烟及任何含硫或硫化合物的蒸汽或粉尘)中进行。

为使硫空白值低而且恒定(例如 $x=0.5$ μg，$\sigma=0.15$ μg 的硫)，选择酸时应该格外小心，但不需要通过蒸馏来进行净化。

10.2 从化学反应角度，硫酸盐还原为硫化氢是一个难于进行的反应。为了确保硫的回收率，应严格控制反应条件。最佳还原温度是114℃～118℃。如果还原溶液被样品溶液过度稀释，则其沸点降低，还原反应速率略有变缓。在120℃以上，酸性混合物有次磷酸分解及磷化氢生成的现象。

电炉所需的温度应通过对加热溶液中插入温度计的预先空白试验来设定。

10.3 为了检验提纯效果，连接含有10 mL吸收液(4.7)的硫化氢收集器(见图1)，继续加热30 min。拆除收集器。按照7.3.3.1显色，根据需要选用磨口玻璃塞。加入8 mL水混匀，稀释至约20 mL。放置15 min。

以水作参比将分光光度计(5.2)调零后，用1 cm的吸收皿，在波长665 nm处进行分光光度测定。当测定的吸光度值小于0.055(对应于1 μg的硫)时，提纯完成。

11 试验报告

试验报告应包括下列内容：

a) 鉴别试料、实验室和分析日期等资料；

b) 遵守本部分规定的程度；

c) 分析结果及其表示；

d) 测定中观察到的异常现象；

e) 对分析结果可能有影响而本部分未包括的操作或者任选的操作。

附 录 A
（资料性附录）
国际合作试验的附加资料

表 3 是 1989 年和 1991 年由 9 个国家的 11 或 13 个实验室对 12 个钢样和 4 个铁样进行国际分析试验的结果得到的。

试验结果在 1990 年 3 月 ISO/TC 17/SC 1 N 839 文件和 1992 年 2 月 ISO/TC 17/SC 1 N 915 文件报出。图示精密度数据见附录 B。

所用试样列于表 A.1。

表 A.1

试样	硫含量(质量分数)/%			精密度数据		
	认可值	测定值		重复性限 r	再现性限	
		$\overline{w}_{S,1}$	$\overline{w}_{S,2}$		R	R_W
1) JSS 002-2(纯铁)	0.000 08	0.000 08	0.000 09	0.000 06	0.000 10	0.000 09
2) JSS 003-2(纯铁)	0.000 4	0.000 42	0.000 42	0.000 10	0.000 16	0.000 16
3) ECRM 096-1(非合金钢)	0.000 9	0.000 84	0.000 84	0.000 17	0.000 32	0.000 23
4) JSS 244-4(非合金钢)	0.001 5	0.001 54	0.001 55	0.000 24	0.000 77	0.000 40
5) JSS 240-8(非合金钢)	0.006 0	0.005 73	0.005 69	0.000 82	0.001 12	0.000 78
6) ECRM 480-1(铸铁)	0.008 6	0.008 17	0.008 19	0.001 07	0.002 03	0.000 95
7) NBS 348a(不锈钢)	0.000 7	0.000 53	0.000 52	0.000 11	0.000 39	0.000 09
8) JSS 654-10(不锈钢)	0.000 7	0.000 64	0.000 62	0.000 13	0.000 29	0.000 10
9) JSS 611-8(高速钢)	0.001 3	0.001 33	0.001 34	0.000 16	0.000 53	0.000 23
10) ECRM 191-1(高硅钢)	0.001 7	0.001 93	0.001 89	0.000 41	0.001 44	0.000 72
11) ECRM 285-1(高合金钢)	0.002 4	0.002 14	0.002 11	0.000 41	0.000 76	0.000 28
12) ECRM 481-1(球墨铸铁)	0.004	0.003 24	0.003 20	0.000 53	0.001 69	0.000 41
13) JSS 650-9(不锈钢)	0.005 3	0.005 38	0.005 40	0.000 62	0.000 87	0.000 39
14) ECRM 235-1(高合金钢)	0.007 2	0.006 81	0.006 80	0.000 16	0.000 63	0.000 33
15) JSS 654-7(不锈钢)	0.009 3	0.009 12	0.009 06	0.000 42	0.001 58	0.000 57
16) NBS 339(含硒不锈钢)	0.013[a]	0.012 5	0.012 4	0.001 25	0.003 13	0.001 08

$\overline{w}_{S,1}$：同一天测定数据的平均值。

$\overline{w}_{S,2}$：不同天测定数据的平均值。

[a] 试料量 = 0.25 g。

注：以下四个样品由于以下原因在回归计算中被略掉了：

样品 1)(纯铁)：硫含量低于本方法测定下限；

样品 7)(不锈钢)：钛含量 2.1%(质量分数)；

样品 10)(高硅钢)：硅含量 3.7%(质量分数)；

样品 12)(球墨铸铁)：硅含量 2.3%(质量分数)。

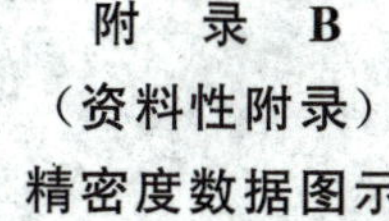

附 录 B
（资料性附录）
精密度数据图示

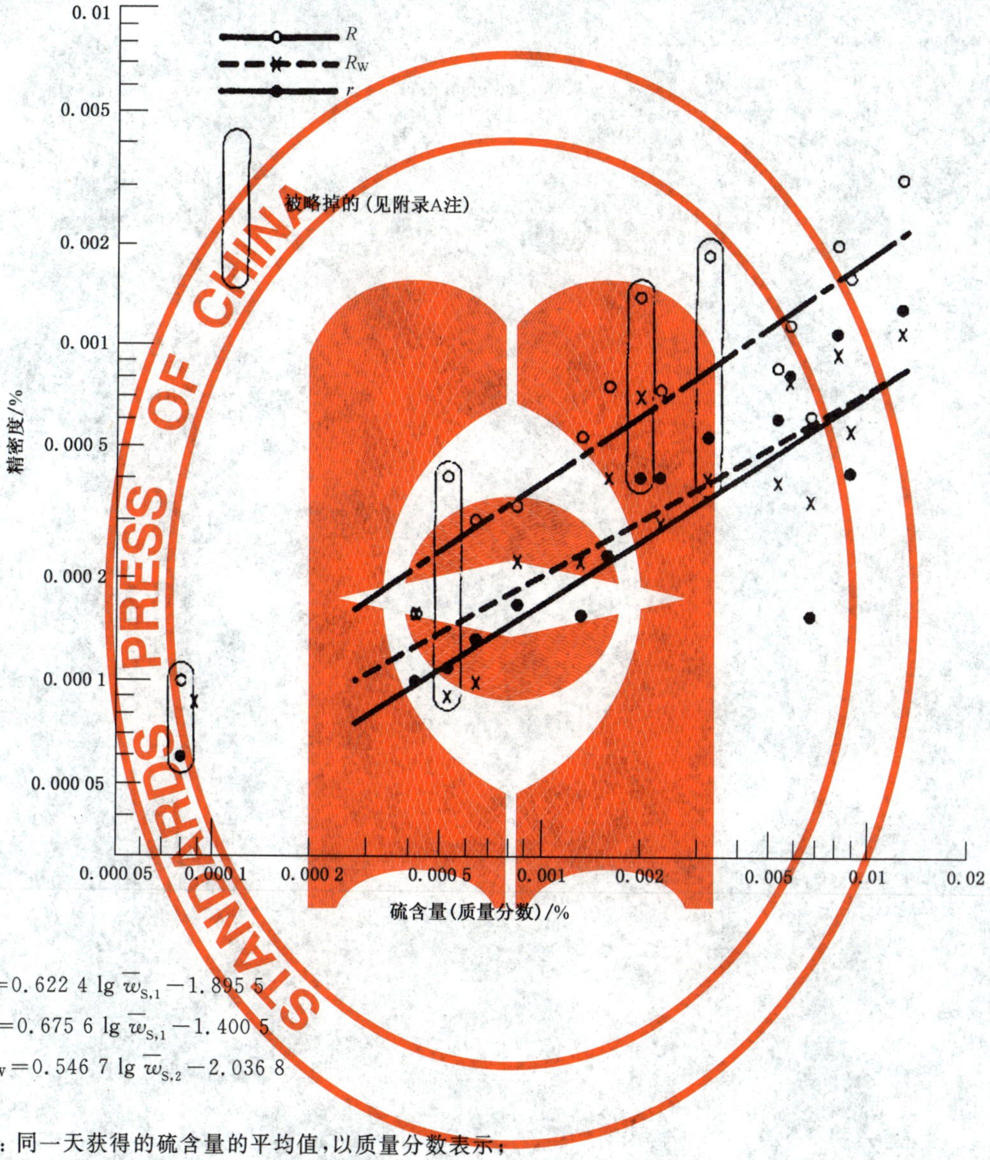

$\lg r=0.622\ 4\ \lg \overline{w}_{S,1}-1.895\ 5$

$\lg R=0.675\ 6\ \lg \overline{w}_{S,1}-1.400\ 5$

$\lg R_W=0.546\ 7\ \lg \overline{w}_{S,2}-2.036\ 8$

其中：

$\overline{w}_{S,1}$：同一天获得的硫含量的平均值，以质量分数表示；

$\overline{w}_{S,2}$：不同天获得的硫含量的平均值，以质量分数表示。

图 B.1 硫含量（$\overline{w}_S$）与重复性限（r）及再现性限（R 和 R_W）间的对数关系

ICS 77.080.01
H 11

中华人民共和国国家标准

GB/T 223.69—2008
代替 GB/T 223.69—1997

钢铁及合金　碳含量的测定 管式炉内燃烧后气体容量法

Iron, steel and alloy—Determination of carbon contents—Gas-volumetric method after combustion in the pipe furnace

2008-05-13 发布　　　　2008-11-01 实施

中华人民共和国国家质量监督检验检疫总局
中国国家标准化管理委员会　发布

前　言

GB/T 223 的本部分代替 GB/T 223.69—1997《钢铁及合金化学分析方法　管式炉内燃烧后气体容量体》。

本部分与 GB/T 223.69—1997 相比较主要进行了以下修改：

——名称改为《钢铁及合金　碳含量的测定　管式炉内燃烧后气体容量法》。

——修改结果计算式及式中量的单位；

——规范精密度函数式的说明。

本部分的附录 A 和附录 B 都是资料性附录。

本部分由中国钢铁工业协会提出。

本部分由全国钢标准化技术委员会归口。

本部分起草单位：中国钢研科技集团公司。

本部分主要起草人：崔秋红、王玉兴。

本部分所代替标准的历次版本发布情况为：

GB 223.69—1989、GB/T 223.69—1997。

钢铁及合金　碳含量的测定
管式炉内燃烧后气体容量法

警告:使用本部分的人员应有正规实验室工作的实践经验。本部分并未指出所有可能的安全问题。使用者有责任采取适当的安全和健康措施,并保证符合国家有关法规规定的条件。

1　范围

GB/T 223 的本部分规定了用管式炉内燃烧后气体容量法测定碳含量。

本部分适用于钢、铁、高温合金和精密合金中质量分数为 0.10%～2.00%碳含量的测定。

2　规范性引用文件

下列文件中的条款通过 GB/T 223 的本部分的引用而成为本部分的条款。凡是注日期的引用文件,其随后所有的修改单(不包括勘误的内容)或修订版均不适用于本部分,然而,鼓励根据本部分达成协议的各方研究是否可使用这些文件的最新版本。凡是不注日期的引用文件,其最新版本适用于本部分。

GB/T 6379.1　测量方法与结果的准确度(正确度与精密度)　第 1 部分:总则与定义

GB/T 6379.2　测量方法与结果的准确度(正确度与精密度)　第 2 部分:确定标准测量方法的重复性和再现性的基本方法

GB/T 20066　钢和铁　化学成分测定用试样的取样和制样方法

3　原理

试料与助熔剂在高温(1 200℃～1 350℃)管式炉内通氧燃烧,碳被完全氧化成二氧化碳。除去二氧化硫后将混合气体收集于量气管中,测量其体积。然后以氢氧化钾溶液吸收二氧化碳,再测量剩余气体的体积。吸收前后气体体积之差即为二氧化碳之体积,以其计算碳含量。

4　试剂和材料

4.1　氧,纯度不低于 99.5%(体积分数)。

若怀疑氧中含有机杂质,则必须在氧净化装置之前增加一只加热温度至 450℃以上的氧化催化剂[氧化铜(Ⅱ)或铂]管予以处理。

4.2　溶剂,适于洗涤试样表面的油质或污垢,如丙酮等。

4.3　活性二氧化锰(或钒酸银),粒状。

当没有适宜的化学活性品级的二氧化锰时,可按下述方法进行制备。

为制备约 50 g 的活性二氧化锰,在 4 L 烧杯中将 200 g 四合水硫酸锰($MnSO_4 \cdot 4H_2O$)溶解于 2.5 L 水中,用氨水(ρ 约 0.90 g/mL)调节成碱性后,加入 1 L 新制备的过硫酸铵溶液(225 g/L),将溶液加热至沸,继续煮沸 10 min。加热煮沸期间,为保持溶液呈氨性要不断地加氨水,让沉淀沉降。如果澄清液不清亮或沉淀沉降不快,可再加入 50 mL～100 mL 过硫酸铵溶液(225 g/L),煮沸 10 min 并保持溶液始终呈氨性。将溶液放置一些时间,让二氧化锰沉降完全,仔细虹吸出澄清液,用 3 L 或 4 L 温水,每次 500 mL～600 mL 以倾析法洗涤沉淀,在每次洗涤后和倾析之前,都要充分搅拌水中的二氧化锰,让其沉降。最后用很稀的硫酸溶液[每 1 000 mL 溶液中滴加 2 滴硫酸(ρ 约 1.84 g/mL)]以同样的方法再洗涤两次。

在这期间，准备一只口径 15 cm 漏斗，另取一只直径 5 cm 的滤盘放置于漏斗上，并在滤盘上铺上一薄层净化过的石棉浆(也可用布氏瓷漏斗代替滤盘)。在最后一次洗涤后，将二氧化锰移到过滤器上，用温水洗涤至无硫酸根离子为止，然后将其放于瓷盘上，在 105℃的烘箱中烘干。在研钵中将二氧化锰研细以便它通过孔径 0.8 mm 的筛，再于 105℃下充分烘干。

4.4　高锰酸钾-氢氧化钾溶液，称取 30 g 氢氧化钾溶于 70 mL 高锰酸钾饱和溶液中。

4.5　硫酸封闭溶液，1 000 mL 水中加 1 mL 硫酸(ρ 约 1.84 g/mL)，滴加数滴的甲基橙溶液(1 g/L)，至呈稳定的浅红色。

4.6　氯化钠封闭溶液，称取 26 g 氯化钠溶于 74 mL 水中，滴加数滴的甲基橙溶液(1 g/L)，滴加硫酸(1+2)至呈稳定的浅红色。

4.7　助熔剂，锡粒、铜、氧化铜、五氧化二钒、铁粉。各助溶剂中碳的含量一般都不应超过质量分数为 0.005 0%。使用前应做空白试验，并从试料的测定值中扣去。

4.8　玻璃棉。

5　仪器与设备

分析中，除下列规定外，仅用通常的实验室仪器、设备。

仪器与设备装置见图 1。

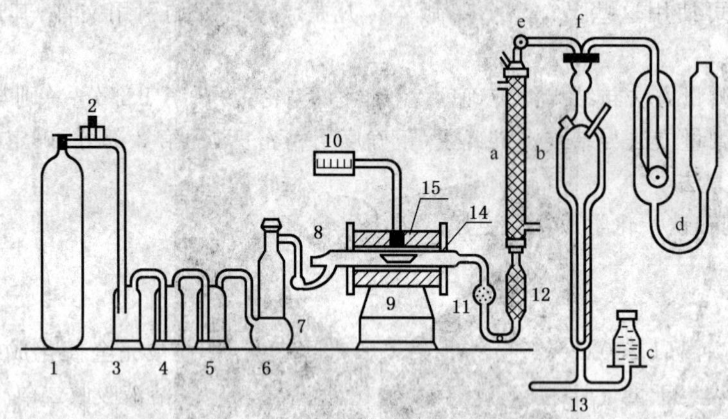

1——氧瓶；
2——分压表(带流量计和缓冲阀)；
3——缓冲瓶；
4——洗气瓶Ⅰ；
5——洗气瓶Ⅱ；
6——干燥塔；
7——供氧活塞；
8——玻璃磨口塞；
9——管式炉；
10——温度控制器(或调压器)；
11——球形干燥管；
12——除硫管；
13——容量定碳仪(包括蛇形管 a、量气管 b、水准瓶 c、吸收器 d、小活塞 e、三通活塞 f)；
14——瓷管；
15——瓷舟。

图 1　仪器与设备图

5.1 **氧净化装置**

5.1.1 缓冲瓶(见图1)

5.1.2 洗气瓶Ⅰ(见图1),内盛高锰酸钾-氢氧化钾溶液(4.4),溶液的装入量约为洗气瓶Ⅰ容积的三分之一。

5.1.3 洗气瓶Ⅱ(见图1),内盛硫酸(ρ约1.84 g/mL),硫酸装入量约为洗气瓶Ⅱ容积的三分之一。

5.1.4 干燥塔(见图1),上层装碱石棉(或碱石灰)、下层装无水氯化钙,中间隔以玻璃棉(4.8),底部及顶端也铺以玻璃棉。

5.2 **管式炉**(见图1)

附热电偶与温度控制器。高温加热设备也可用高频加热装置。

5.3 **瓷管**(见图1)

瓷管长600 mm、内径23 mm(亦可采用近似规格的瓷管)。瓷管的粗口端连接玻璃磨口塞,锥形端用橡皮管连接于球形干燥管。使用时先检查是否漏气,然后灼烧。瓷管与氧净化装置(5.1)以及干燥管、除硫管连接用的橡皮塞,用硅橡胶好。

5.4 **瓷舟**(见图1)

瓷舟长88 mm或97 mm,使用前应在1 200℃的管式炉中通氧灼烧2 min~4 min。也可于1 000℃的高温炉中灼烧1 h以上,冷却后贮于盛有碱石棉或碱石灰及无水氯化钙的未涂油脂的干燥器中备用。

5.5 **球形干燥管**(见图1)

球形干燥管内装干燥的玻璃棉。

5.6 **除硫管**(见图1)

除硫管长约100 mm、直径10 mm~15 mm的玻璃管、内装4 g颗粒活性二氧化锰(或粒状钒酸银),两端塞有脱脂棉。如试样硫含量质量分数在0.20%以上,应增加除硫剂的用量,或多加一个除硫管。

5.7 **定碳仪(气体体积测量仪)**

部件及装置见定碳仪说明书。

量气管中装硫酸封闭溶液(4.5)或氯化钠封闭溶液(4.6)。

定碳仪应装置在距离管式炉300 mm~500 mm的地方并避免阳光直接照射。量气管必须保持清洁,有水滴附着在气管内壁时,须用铬酸洗液清洗。

5.8 **长钩**

用低碳镍铬丝或耐热合金丝制成,用以推进、拉出瓷舟。

6 取制样

按照GB/T 20066或适当的国家标准取制样。

7 分析步骤

警告:对燃烧分析来说,危险主要来自预先灼烧瓷舟和熔融时的烧伤。分析中无论何时取用瓷舟都必须使用镊子并用适宜的容器盛放。操作盛氧钢瓶必须有正规的预防措施。由于狭窄空间中存在高浓度氧时有引发火灾的危险,必须将燃烧过程的氧有效地从设备中排出。

7.1 装上瓷管,接通电源,升温。铁、碳钢和低合金钢试样,升温至1 200℃~1 250℃,中高合金钢、高温合金等难熔试样,升温至1 350℃。

注:部分高温合金,如钴基合金、钛基合金,用管式炉难以熔融,可以采用高频炉内燃烧后红外吸收法测定。

7.2 通入氧,检查整个装置的管路及活塞是否漏气。调节并保持仪器装置在正常的工作状态。当更换水准瓶内的封闭溶液(4.5或4.6)、玻璃棉(4.8),除硫剂(4.3)和高锰酸钾-氢氧化钾溶液(4.4)后,均应先燃烧几次高碳试样,以其二氧化碳饱和后才能开始分析操作。

7.3 空白试验

吸收瓶、水准瓶内的溶液与待测混合气体的温度应基本一致,不然,将会产生正、负空白值。在分析试样前应按7.6.1(但不加试样)和7.6.2反复做空白试验,直至得到稳定的空白试验值。由于室温的变化和分析中引起的冷凝管内水温的变动,在测量试料的过程中须经常做空白试验。

7.4 选择适当的标准试样按分析步骤7.5~7.6.3的规定测量,以检查仪器装置,在装置达到要求后才能开始试样分析。

7.5 试料量

以适当的溶剂(4.2)洗涤试样表面的油质或污垢。加热蒸发除去残留的洗涤液。

按表1称取试料量。

表1 试料量

碳含量(质量分数)/%	试料量/g
0.10~0.50	2.00±0.01,精确至5 mg
>0.50~1.00	1.00±0.01,精确至1 mg
>1.00~2.00	0.50±0.01,精确至0.1 mg

7.6 测定

7.6.1 将试料(7.5)置于瓷舟中,按表2规定取适量助熔剂(4.7)覆盖于试料上。

表2 助熔剂量

试样种类	加入量/g				
	锡粒	铜或氧化铜	锡粒+铁粉(1+1)	氧化铜+铁粉(1+1)	五氧化二钒+铁粉(1+1)
铁、碳钢和低合金钢	0.25~0.50	0.25~0.50	—	—	—
中高合金钢、高温合金等难熔试样	—	—	0.25~0.50	0.25~0.50	0.25~0.50

7.6.2 启开玻璃磨口塞(见图注8),将装好试料和助熔剂的瓷舟放入瓷管内,用长钩推至瓷管加热区的中部,立即塞紧磨口塞,预热1 min。按照定碳仪操作规程操作,记录读数(体积或含量),并从记录的读数中扣除所有的空白试验值。

注:如分析高碳试样后要测低碳试样,应做空白试验(7.3),直至空白试验值稳定后,才能接着做低碳试样的分析。

7.6.3 启开玻璃磨口塞,用长钩将瓷舟拉出。检查试料是否燃烧完全。如熔渣不平,熔渣断面有气孔,表明燃烧不完全,须重新称试料测定。

8 结果计算

8.1 当标尺的读数是体积(mL)时,碳含量以质量分数w_C计,数值以%表示,按式(1)计算:

$$w_C = \frac{A \times V \times f}{m} \times 100 \qquad \cdots\cdots(1)$$

式中:

A——温度16℃、气压101.3 kPa,封闭溶液液面上每毫升二氧化碳中含碳质量(g)。用硫酸封闭溶液作封闭时,A值为0.000 500 0 g。用氯化钠封闭溶液作封闭时,A值为0.000 502 2 g;

V——吸收前与吸收后气体的体积差,即二氧化碳的体积的数值,单位为毫升(mL);

f——温度、气压补正系数,采用不同封闭溶液时其值不同,参见附录A;

m——试料质量的数值,单位为克(g)。

8.2 采用水银气压计时,气压值按式(2)校正:

$$P = P'(1 - 0.000\,163t - 0.002\,6\cos 2\varphi - 0.000\,000\,2H) \qquad \cdots\cdots(2)$$

式中:

P——校正后气压的数值,单位为千帕(kPa);

P'——水银气压计测得的气压的数值，单位为千帕(kPa)；

t——水银气压计所在处温度的数值，单位为摄氏度(℃)；

φ——水银气压计所在处纬度；

H——水银气压计所在处海拔高度的数值，单位为米(m)。

8.3 当标尺的刻度是碳含量[例如有的定碳仪把 25 mL 体积刻成碳含量的质量分数为 1.250%，有的把 30 mL 体积刻成碳含量的质量分数为 1.500%]时，碳含量以质量分数 w_C 计，数值以%表示，按式(3)计算：

$$w_C = \frac{A \times x \times 20 \times f}{m} \times 100 \quad \cdots\cdots(3)$$

式中：

x——标尺读数(碳含量)换算成二氧化碳气体体积(mL)的系数(即 25/1.250 或 30/1.500)。

A、f、m 所代表的意义与式(1)中的相同。

8.4 与 8.2 相同。

9 精密度

本部分的精密度试验是在 1988 年由 9 个实验室，对 8 个水平的碳含量进行测定；每个实验室对每个水平的碳含量在 GB/T 6379.1 规定的重复性条件下测定 3 次。

试验用试样参见附录 B 中表 B.1；各实验室报出的原始数据(测定结果)参见附录 B 中表 B.2。

根据 GB/T 6379.2 对得到的测定结果进行统计分析，精密度见表 3。

表 3 精密度结果

碳的质量分数/%	重复性限 r	再现性限 R
0.10～2.00	$r=0.004\,870+0.013\,42m$	$R=0.013\,57+0.021\,38m$
式中：m 是两个测定值的平均值，单位为%(质量分数)。		

重复性限(r)、再现性限(R)按表 3 给出的方程求得。

在重复性条件下，获得的两次独立测试结果的绝对差值不大于重复性限(r)，大于重复性限(r)的情况以不超过 5%为前提。

在再现性条件下，获得的两次独立测试结果的绝对差值不大于再现性限(R)，大于再现性限(R)的情况以不超过 5%为前提。

10 试验报告

试验报告应包括下列内容：

a) 鉴别试料、实验室和分析日期等资料；

b) 遵守本部分规定的程度；

c) 分析结果及其表示；

d) 测定中观察到的异常现象；

e) 对分析结果可能有影响而本部分未包括的操作或者任选的操作。

附 录
(资料性
温度、气压

表 A.1 管式炉内燃烧后容量法测定碳量的温度、

气压/ 10^2 Pa	温度																	
	5	6	7	8	9	10	11	12	13	14	15	16	17	18	19	20	21	22
750	0.774	0.771	0.768	0.764	0.761	0.757	0.754	0.750	0.746	0.743	0.739	0.735	0.732	0.728	0.724	0.720	0.716	0.712
752	0.777	0.773	0.770	0.766	0.763	0.759	0.756	0.752	0.748	0.745	0.741	0.737	0.734	0.730	0.726	0.722	0.718	0.714
754	0.779	0.775	0.772	0.768	0.765	0.761	0.758	0.754	0.751	0.747	0.743	0.740	0.736	0.732	0.728	0.724	0.720	0.716
756	0.781	0.777	0.774	0.770	0.767	0.763	0.760	0.756	0.753	0.749	0.745	0.742	0.738	0.734	0.730	0.726	0.722	0.718
758	0.783	0.779	0.776	0.772	0.769	0.765	0.762	0.758	0.755	0.751	0.747	0.744	0.740	0.736	0.732	0.728	0.724	0.720
760	0.785	0.781	0.778	0.774	0.771	0.767	0.764	0.760	0.757	0.753	0.749	0.746	0.742	0.738	0.734	0.730	0.726	0.722
762	0.787	0.784	0.780	0.777	0.773	0.769	0.766	0.762	0.759	0.755	0.751	0.748	0.744	0.740	0.735	0.732	0.728	0.724
764	0.789	0.786	0.782	0.779	0.775	0.771	0.768	0.764	0.761	0.757	0.753	0.750	0.746	0.742	0.738	0.734	0.730	0.726
766	0.791	0.788	0.784	0.781	0.777	0.774	0.770	0.766	0.763	0.759	0.755	0.752	0.748	0.744	0.740	0.736	0.732	0.728
768	0.793	0.790	0.786	0.783	0.779	0.776	0.772	0.768	0.765	0.761	0.757	0.754	0.750	0.746	0.742	0.738	0.734	0.730
770	0.795	0.792	0.788	0.785	0.781	0.778	0.774	0.770	0.767	0.763	0.759	0.756	0.752	0.748	0.744	0.740	0.736	0.732
772	0.797	0.794	0.790	0.787	0.783	0.780	0.776	0.772	0.769	0.765	0.761	0.758	0.754	0.750	0.746	0.742	0.738	0.734
774	0.800	0.796	0.792	0.789	0.785	0.782	0.778	0.774	0.771	0.767	0.763	0.760	0.756	0.752	0.748	0.744	0.740	0.736
776	0.802	0.798	0.795	0.791	0.787	0.784	0.780	0.776	0.773	0.769	0.765	0.762	0.758	0.754	0.750	0.746	0.742	0.738
778	0.804	0.800	0.797	0.793	0.789	0.786	0.782	0.778	0.775	0.771	0.767	0.764	0.760	0.756	0.752	0.748	0.744	0.740
780	0.806	0.802	0.799	0.795	0.792	0.788	0.784	0.781	0.777	0.773	0.769	0.766	0.762	0.758	0.754	0.750	0.746	0.742
782	0.808	0.804	0.801	0.797	0.794	0.790	0.786	0.783	0.779	0.775	0.771	0.768	0.764	0.760	0.756	0.752	0.748	0.744
784	0.810	0.806	0.803	0.799	0.796	0.792	0.788	0.785	0.781	0.777	0.773	0.770	0.766	0.762	0.758	0.754	0.750	0.746
786	0.812	0.809	0.805	0.801	0.798	0.794	0.790	0.787	0.783	0.779	0.775	0.772	0.768	0.764	0.760	0.756	0.752	0.748
788	0.814	0.811	0.807	0.803	0.800	0.796	0.792	0.789	0.785	0.781	0.777	0.774	0.770	0.766	0.762	0.758	0.754	0.750

A

附录）

补正系数

气压补正系数表[用硫酸封闭溶液(4.5)作封闭溶液]

/℃

23	24	25	26	27	28	29	30	31	32	33	34	35	36	37	38	39	40	41	42
0.708	0.704	0.700	0.696	0.692	0.687	0.683	0.678	0.674	0.669	0.664	0.659	0.654	0.649	0.644	0.639	0.633	0.628	0.622	0.616
0.710	0.706	0.702	0.698	0.694	0.689	0.685	0.680	0.676	0.671	0.666	0.661	0.656	0.651	0.646	0.640	0.635	0.629	0.624	0.618
0.712	0.708	0.704	0.700	0.695	0.691	0.687	0.682	0.677	0.673	0.668	0.663	0.658	0.653	0.648	0.642	0.637	0.631	0.626	0.620
0.714	0.710	0.706	0.702	0.697	0.693	0.689	0.684	0.679	0.675	0.670	0.665	0.660	0.655	0.650	0.644	0.639	0.633	0.627	0.622
0.716	0.712	0.708	0.704	0.699	0.695	0.691	0.686	0.681	0.677	0.672	0.667	0.662	0.657	0.651	0.646	0.641	0.635	0.629	0.623
0.718	0.714	0.710	0.706	0.701	0.697	0.693	0.688	0.683	0.678	0.674	0.669	0.664	0.659	0.653	0.648	0.642	0.637	0.631	0.625
0.720	0.716	0.712	0.708	0.703	0.699	0.694	0.690	0.685	0.680	0.676	0.671	0.666	0.660	0.655	0.650	0.644	0.639	0.633	0.627
0.722	0.718	0.714	0.710	0.705	0.701	0.696	0.692	0.687	0.682	0.677	0.672	0.667	0.662	0.657	0.652	0.646	0.641	0.635	0.629
0.724	0.720	0.716	0.711	0.707	0.703	0.698	0.694	0.689	0.684	0.679	0.674	0.669	0.664	0.659	0.654	0.648	0.642	0.637	0.631
0.726	0.722	0.718	0.713	0.709	0.705	0.700	0.696	0.691	0.686	0.681	0.676	0.671	0.666	0.661	0.655	0.650	0.644	0.638	0.633
0.728	0.724	0.720	0.715	0.711	0.707	0.702	0.697	0.693	0.688	0.683	0.678	0.673	0.668	0.663	0.657	0.652	0.646	0.640	0.634
0.730	0.726	0.722	0.717	0.713	0.708	0.704	0.699	0.695	0.690	0.685	0.680	0.675	0.670	0.665	0.659	0.654	0.648	0.642	0.636
0.732	0.728	0.724	0.719	0.715	0.710	0.706	0.701	0.697	0.692	0.687	0.682	0.677	0.672	0.666	0.661	0.655	0.650	0.644	0.638
0.734	0.730	0.725	0.721	0.717	0.712	0.708	0.703	0.698	0.694	0.689	0.684	0.679	0.674	0.668	0.663	0.657	0.652	0.646	0.640
0.736	0.732	0.727	0.723	0.719	0.714	0.710	0.705	0.700	0.696	0.691	0.686	0.681	0.676	0.670	0.665	0.659	0.654	0.648	0.642
0.738	0.734	0.729	0.725	0.721	0.716	0.712	0.707	0.702	0.698	0.693	0.688	0.683	0.678	0.672	0.667	0.661	0.655	0.650	0.644
0.740	0.735	0.731	0.727	0.722	0.718	0.714	0.709	0.704	0.699	0.695	0.690	0.684	0.679	0.674	0.668	0.663	0.657	0.651	0.645
0.742	0.738	0.733	0.729	0.725	0.720	0.716	0.711	0.706	0.701	0.696	0.691	0.686	0.681	0.676	0.670	0.665	0.659	0.653	0.647
0.744	0.739	0.735	0.731	0.726	0.722	0.717	0.713	0.708	0.703	0.698	0.693	0.688	0.683	0.678	0.672	0.667	0.661	0.655	0.649
0.746	0.741	0.737	0.733	0.728	0.724	0.719	0.715	0.710	0.705	0.700	0.695	0.660	0.685	0.680	0.674	0.669	0.663	0.657	0.651

表 A.1

气压/10^2 Pa	温度																	
	5	6	7	8	9	10	11	12	13	14	15	16	17	18	19	20	21	22
790	0.816	0.813	0.809	0.805	0.802	0.798	0.794	0.791	0.787	0.783	0.779	0.776	0.772	0.768	0.764	0.760	0.756	0.752
792	0.818	0.815	0.811	0.808	0.804	0.800	0.796	0.793	0.789	0.785	0.782	0.778	0.774	0.770	0.766	0.762	0.758	0.754
794	0.820	0.817	0.813	0.810	0.806	0.802	0.799	0.795	0.791	0.787	0.783	0.780	0.776	0.772	0.768	0.764	0.760	0.756
796	0.823	0.819	0.815	0.812	0.808	0.804	0.801	0.797	0.793	0.789	0.785	0.782	0.778	0.774	0.770	0.766	0.762	0.758
798	0.825	0.821	0.817	0.814	0.810	0.806	0.803	0.799	0.795	0.791	0.788	0.784	0.780	0.776	0.772	0.768	0.764	0.760
800	0.827	0.823	0.819	0.816	0.812	0.808	0.805	0.801	0.797	0.793	0.790	0.786	0.782	0.778	0.774	0.770	0.766	0.762
802	0.829	0.825	0.822	0.818	0.814	0.810	0.807	0.803	0.799	0.795	0.792	0.788	0.784	0.780	0.776	0.772	0.768	0.764
804	0.831	0.827	0.824	0.820	0.816	0.812	0.809	0.805	0.801	0.797	0.794	0.790	0.786	0.782	0.778	0.774	0.770	0.766
806	0.833	0.829	0.826	0.822	0.818	0.815	0.811	0.807	0.803	0.799	0.796	0.792	0.788	0.784	0.780	0.776	0.772	0.768
808	0.835	0.831	0.828	0.824	0.820	0.817	0.813	0.809	0.805	0.802	0.798	0.794	0.790	0.786	0.782	0.778	0.774	0.770
810	0.837	0.833	0.830	0.826	0.822	0.819	0.815	0.811	0.807	0.804	0.800	0.796	0.792	0.788	0.784	0.780	0.776	0.771
812	0.839	0.836	0.832	0.828	0.824	0.821	0.817	0.813	0.809	0.806	0.802	0.798	0.794	0.790	0.786	0.782	0.778	0.773
814	0.841	0.838	0.834	0.830	0.826	0.823	0.819	0.815	0.811	0.808	0.804	0.800	0.796	0.792	0.788	0.784	0.780	0.775
816	0.843	0.840	0.836	0.832	0.829	0.825	0.821	0.817	0.813	0.810	0.806	0.802	0.798	0.794	0.790	0.786	0.782	0.777
818	0.845	0.842	0.838	0.834	0.831	0.827	0.823	0.819	0.816	0.812	0.808	0.804	0.800	0.796	0.792	0.788	0.784	0.779
820	0.848	0.844	0.840	0.836	0.833	0.829	0.825	0.821	0.818	0.814	0.810	0.806	0.802	0.798	0.794	0.790	0.786	0.781
822	0.850	0.846	0.842	0.838	0.835	0.831	0.827	0.823	0.820	0.816	0.812	0.808	0.804	0.800	0.796	0.792	0.788	0.783
824	0.852	0.848	0.844	0.841	0.837	0.833	0.829	0.825	0.822	0.818	0.814	0.810	0.806	0.802	0.798	0.794	0.789	0.785
826	0.854	0.850	0.846	0.843	0.839	0.835	0.831	0.827	0.824	0.820	0.816	0.812	0.808	0.804	0.800	0.796	0.791	0.787
828	0.856	0.852	0.848	0.845	0.841	0.837	0.833	0.830	0.826	0.822	0.818	0.814	0.810	0.806	0.802	0.798	0.793	0.789
830	0.858	0.854	0.850	0.847	0.843	0.839	0.835	0.832	0.828	0.824	0.820	0.816	0.812	0.808	0.804	0.800	0.795	0.791
832	0.860	0.856	0.853	0.849	0.845	0.841	0.837	0.834	0.830	0.826	0.822	0.818	0.814	0.810	0.806	0.802	0.797	0.793

（续）

/℃

23	24	25	26	27	28	29	30	31	32	33	34	35	36	37	38	39	40	41	42
0.748	0.743	0.739	0.735	0.730	0.726	0.721	0.717	0.712	0.707	0.702	0.697	0.692	0.687	0.681	0.676	0.670	0.665	0.659	0.653
0.750	0.745	0.741	0.737	0.732	0.728	0.723	0.719	0.714	0.709	0.704	0.699	0.694	0.689	0.683	0.678	0.672	0.667	0.661	0.655
0.752	0.747	0.743	0.739	0.734	0.730	0.725	0.720	0.716	0.711	0.706	0.701	0.696	0.691	0.685	0.680	0.674	0.668	0.663	0.657
0.754	0.749	0.745	0.741	0.736	0.732	0.727	0.722	0.718	0.713	0.708	0.703	0.698	0.692	0.687	0.682	0.676	0.670	0.664	0.658
0.755	0.751	0.747	0.743	0.738	0.734	0.729	0.724	0.720	0.715	0.710	0.705	0.700	0.694	0.689	0.683	0.678	0.672	0.666	0.660
0.757	0.753	0.749	0.744	0.740	0.735	0.731	0.726	0.721	0.717	0.712	0.707	0.701	0.696	0.691	0.685	0.680	0.674	0.668	0.662
0.759	0.755	0.751	0.746	0.742	0.737	0.733	0.728	0.723	0.718	0.714	0.708	0.703	0.698	0.693	0.687	0.682	0.676	0.670	0.664
0.761	0.757	0.753	0.748	0.744	0.739	0.735	0.730	0.725	0.720	0.715	0.710	0.705	0.700	0.694	0.689	0.683	0.678	0.672	0.666
0.763	0.759	0.755	0.750	0.746	0.741	0.737	0.732	0.727	0.722	0.717	0.712	0.707	0.702	0.696	0.691	0.685	0.680	0.674	0.668
0.765	0.761	0.757	0.752	0.748	0.743	0.739	0.734	0.729	0.724	0.719	0.714	0.709	0.704	0.698	0.693	0.687	0.681	0.675	0.669
0.767	0.763	0.759	0.754	0.750	0.745	0.741	0.736	0.731	0.726	0.721	0.716	0.711	0.706	0.700	0.695	0.689	0.683	0.677	0.671
0.769	0.765	0.760	0.756	0.752	0.747	0.742	0.738	0.733	0.728	0.723	0.718	0.713	0.707	0.702	0.696	0.691	0.685	0.679	0.673
0.771	0.767	0.762	0.758	0.754	0.749	0.744	0.740	0.735	0.730	0.725	0.720	0.715	0.709	0.704	0.698	0.693	0.687	0.681	0.675
0.773	0.769	0.764	0.760	0.756	0.751	0.746	0.742	0.737	0.732	0.727	0.722	0.716	0.711	0.706	0.700	0.694	0.689	0.682	0.677
0.775	0.771	0.766	0.762	0.757	0.753	0.748	0.743	0.739	0.734	0.729	0.724	0.718	0.713	0.708	0.702	0.696	0.691	0.685	0.679
0.777	0.773	0.768	0.764	0.759	0.755	0.750	0.745	0.740	0.736	0.731	0.725	0.720	0.715	0.709	0.704	0.698	0.692	0.686	0.680
0.779	0.775	0.770	0.766	0.761	0.757	0.752	0.747	0.742	0.738	0.732	0.727	0.722	0.717	0.711	0.706	0.700	0.694	0.688	0.682
0.781	0.777	0.772	0.768	0.763	0.759	0.754	0.749	0.744	0.739	0.734	0.729	0.724	0.719	0.713	0.708	0.702	0.696	0.690	0.684
0.783	0.779	0.774	0.770	0.765	0.760	0.756	0.751	0.746	0.741	0.736	0.731	0.726	0.721	0.715	0.710	0.704	0.698	0.692	0.686
0.785	0.781	0.776	0.772	0.767	0.762	0.758	0.753	0.748	0.743	0.738	0.733	0.728	0.722	0.717	0.711	0.706	0.700	0.694	0.688
0.787	0.783	0.778	0.774	0.769	0.764	0.760	0.755	0.750	0.745	0.740	0.735	0.730	0.724	0.719	0.713	0.708	0.702	0.696	0.690
0.789	0.784	0.780	0.776	0.771	0.766	0.762	0.757	0.752	0.747	0.742	0.737	0.732	0.726	0.721	0.715	0.709	0.704	0.698	0.692

表 A.1

气压/10^2 Pa	温度																
	5	6	7	8	9	10	11	12	13	14	15	16	17	18	19	20	21	22
834	0.862	0.858	0.855	0.851	0.847	0.843	0.839	0.836	0.832	0.828	0.824	0.820	0.816	0.812	0.808	0.804	0.799	0.795
836	0.864	0.860	0.857	0.853	0.849	0.845	0.842	0.838	0.834	0.830	0.826	0.822	0.818	0.814	0.810	0.806	0.801	0.791
838	0.866	0.863	0.859	0.855	0.851	0.847	0.844	0.840	0.836	0.832	0.828	0.824	0.820	0.816	0.812	0.808	0.803	0.799
840	0.868	0.865	0.861	0.857	0.853	0.849	0.846	0.842	0.838	0.834	0.830	0.826	0.822	0.818	0.814	0.810	0.805	0.801
842	0.871	0.867	0.863	0.859	0.855	0.852	0.848	0.844	0.840	0.836	0.832	0.828	0.824	0.820	0.816	0.811	0.807	0.803
844	0.873	0.869	0.865	0.861	0.857	0.854	0.850	0.846	0.842	0.838	0.834	0.830	0.826	0.822	0.818	0.813	0.809	0.805
846	0.875	0.871	0.867	0.863	0.859	0.856	0.852	0.848	0.844	0.840	0.836	0.832	0.828	0.824	0.820	0.815	0.811	0.807
848	0.877	0.873	0.869	0.865	0.862	0.858	0.854	0.850	0.846	0.842	0.838	0.834	0.830	0.826	0.822	0.817	0.813	0.809
850	0.879	0.875	0.871	0.867	0.864	0.860	0.856	0.852	0.848	0.844	0.840	0.836	0.832	0.828	0.824	0.819	0.815	0.811
852	0.881	0.877	0.873	0.870	0.866	0.862	0.858	0.854	0.850	0.846	0.842	0.838	0.834	0.830	0.826	0.821	0.817	0.813
854	0.883	0.879	0.875	0.872	0.868	0.864	0.860	0.856	0.852	0.848	0.844	0.840	0.836	0.832	0.828	0.823	0.819	0.815
856	0.885	0.881	0.878	0.874	0.870	0.866	0.862	0.858	0.854	0.850	0.846	0.842	0.838	0.834	0.830	0.825	0.821	0.817
858	0.887	0.883	0.880	0.876	0.872	0.868	0.864	0.860	0.856	0.852	0.848	0.844	0.840	0.836	0.832	0.827	0.823	0.819
860	0.889	0.886	0.882	0.878	0.874	0.870	0.866	0.862	0.858	0.854	0.850	0.846	0.842	0.838	0.834	0.829	0.825	0.821
862	0.891	0.888	0.884	0.880	0.876	0.872	0.868	0.864	0.860	0.856	0.852	0.848	0.844	0.840	0.836	0.831	0.827	0.823
864	0.894	0.890	0.886	0.882	0.878	0.874	0.870	0.866	0.862	0.858	0.854	0.850	0.846	0.842	0.838	0.833	0.829	0.825
866	0.896	0.892	0.888	0.884	0.880	0.876	0.872	0.868	0.864	0.860	0.856	0.852	0.848	0.844	0.840	0.835	0.831	0.827
868	0.898	0.894	0.890	0.886	0.882	0.878	0.874	0.870	0.866	0.862	0.858	0.854	0.850	0.846	0.842	0.837	0.833	0.829
870	0.900	0.896	0.892	0.888	0.884	0.880	0.876	0.872	0.868	0.864	0.860	0.856	0.852	0.848	0.844	0.839	0.835	0.831
872	0.902	0.898	0.894	0.890	0.886	0.882	0.878	0.874	0.870	0.866	0.862	0.858	0.854	0.850	0.846	0.841	0.837	0.833
874	0.904	0.900	0.896	0.892	0.888	0.884	0.880	0.876	0.872	0.868	0.864	0.860	0.856	0.852	0.847	0.843	0.839	0.834
876	0.906	0.902	0.898	0.894	0.890	0.886	0.882	0.878	0.874	0.870	0.866	0.862	0.858	0.854	0.849	0.845	0.841	0.836
878	0.908	0.904	0.900	0.896	0.892	0.888	0.884	0.880	0.876	0.872	0.868	0.864	0.860	0.856	0.851	0.847	0.843	0.838

（续）

/℃

23	24	25	26	27	28	29	30	31	32	33	34	35	36	37	38	39	40	41	42
0.791	0.786	0.782	0.777	0.773	0.768	0.764	0.759	0.754	0.749	0.744	0.739	0.733	0.728	0.723	0.717	0.711	0.706	0.700	0.693
0.793	0.788	0.784	0.779	0.775	0.770	0.766	0.761	0.756	0.751	0.746	0.741	0.735	0.730	0.724	0.719	0.713	0.707	0.701	0.695
0.795	0.790	0.786	0.781	0.777	0.772	0.767	0.763	0.758	0.753	0.748	0.742	0.737	0.732	0.726	0.721	0.715	0.709	0.703	0.697
0.797	0.792	0.788	0.783	0.779	0.774	0.769	0.764	0.760	0.755	0.750	0.744	0.739	0.734	0.728	0.723	0.717	0.711	0.705	0.699
0.799	0.794	0.790	0.785	0.781	0.776	0.771	0.766	0.762	0.756	0.751	0.746	0.741	0.736	0.730	0.724	0.719	0.713	0.707	0.701
0.801	0.796	0.792	0.787	0.783	0.778	0.773	0.768	0.763	0.758	0.753	0.748	0.743	0.738	0.732	0.726	0.721	0.715	0.709	0.703
0.802	0.798	0.794	0.789	0.785	0.780	0.775	0.770	0.765	0.760	0.755	0.750	0.745	0.739	0.734	0.728	0.722	0.717	0.711	0.704
0.804	0.800	0.796	0.791	0.786	0.782	0.777	0.772	0.767	0.762	0.757	0.752	0.747	0.741	0.736	0.730	0.724	0.718	0.712	0.706
0.806	0.802	0.798	0.793	0.788	0.784	0.779	0.774	0.769	0.764	0.759	0.754	0.748	0.743	0.738	0.732	0.726	0.720	0.714	0.708
0.808	0.804	0.800	0.795	0.790	0.786	0.781	0.776	0.771	0.766	0.761	0.756	0.750	0.745	0.740	0.734	0.728	0.722	0.716	0.710
0.810	0.806	0.801	0.797	0.792	0.788	0.783	0.778	0.773	0.768	0.763	0.758	0.752	0.747	0.741	0.736	0.730	0.724	0.718	0.712
0.812	0.808	0.803	0.799	0.794	0.790	0.785	0.780	0.775	0.770	0.765	0.760	0.754	0.749	0.743	0.738	0.732	0.726	0.720	0.714
0.814	0.810	0.805	0.801	0.796	0.791	0.787	0.782	0.777	0.772	0.767	0.761	0.756	0.751	0.745	0.739	0.734	0.728	0.722	0.716
0.816	0.812	0.807	0.803	0.798	0.793	0.789	0.784	0.779	0.774	0.768	0.763	0.758	0.752	0.747	0.741	0.736	0.730	0.724	0.717
0.818	0.814	0.809	0.805	0.800	0.795	0.791	0.786	0.781	0.776	0.770	0.765	0.760	0.754	0.749	0.743	0.737	0.731	0.725	0.719
0.820	0.816	0.811	0.807	0.802	0.797	0.792	0.788	0.782	0.778	0.772	0.767	0.762	0.756	0.751	0.745	0.739	0.733	0.727	0.721
0.822	0.818	0.813	0.809	0.804	0.799	0.794	0.789	0.784	0.779	0.774	0.769	0.764	0.758	0.753	0.747	0.741	0.735	0.729	0.723
0.824	0.820	0.815	0.810	0.806	0.801	0.796	0.791	0.786	0.781	0.776	0.771	0.766	0.760	0.754	0.749	0.743	0.737	0.731	0.725
0.826	0.822	0.817	0.812	0.808	0.803	0.798	0.793	0.788	0.783	0.778	0.773	0.767	0.762	0.756	0.751	0.745	0.739	0.733	0.727
0.828	0.824	0.819	0.814	0.810	0.805	0.800	0.795	0.790	0.785	0.780	0.775	0.769	0.764	0.758	0.752	0.747	0.741	0.735	0.728
0.830	0.826	0.821	0.816	0.812	0.807	0.802	0.797	0.792	0.787	0.782	0.776	0.771	0.766	0.760	0.754	0.748	0.743	0.736	0.730
0.832	0.828	0.823	0.818	0.814	0.809	0.804	0.799	0.794	0.789	0.784	0.778	0.773	0.768	0.763	0.756	0.750	0.744	0.738	0.732
0.834	0.829	0.825	0.820	0.816	0.811	0.806	0.801	0.796	0.791	0.786	0.780	0.775	0.769	0.764	0.758	0.752	0.746	0.740	0.734

表 A.1

气压/10^2 Pa	温度																	
	5	6	7	8	9	10	11	12	13	14	15	16	17	18	19	20	21	22
880	0.901	0.906	0.902	0.898	0.894	0.890	0.886	0.882	0.878	0.874	0.870	0.866	0.862	0.858	0.853	0.849	0.845	0.840
882	0.912	0.908	0.904	0.900	0.897	0.893	0.889	0.884	0.880	0.876	0.872	0.868	0.864	0.860	0.855	0.851	0.847	0.842
884	0.914	0.910	0.907	0.903	0.899	0.895	0.891	0.887	0.882	0.878	0.874	0.870	0.866	0.862	0.857	0.853	0.849	0.844
886	0.917	0.913	0.909	0.905	0.901	0.897	0.893	0.889	0.884	0.880	0.876	0.872	0.868	0.864	0.859	0.855	0.851	0.846
888	0.919	0.915	0.911	0.907	0.903	0.899	0.895	0.891	0.887	0.882	0.878	0.874	0.870	0.866	0.861	0.857	0.853	0.848
890	0.921	0.917	0.913	0.909	0.905	0.901	0.897	0.893	0.889	0.884	0.880	0.876	0.872	0.868	0.863	0.859	0.855	0.850
892	0.923	0.919	0.915	0.911	0.907	0.903	0.899	0.895	0.891	0.886	0.882	0.878	0.874	0.870	0.865	0.861	0.857	0.852
894	0.925	0.921	0.917	0.913	0.909	0.905	0.901	0.897	0.893	0.888	0.884	0.880	0.876	0.872	0.867	0.863	0.859	0.854
896	0.927	0.923	0.919	0.915	0.911	0.907	0.903	0.899	0.895	0.890	0.886	0.882	0.878	0.874	0.869	0.865	0.861	0.856
898	0.929	0.925	0.921	0.917	0.913	0.909	0.905	0.901	0.897	0.893	0.888	0.884	0.880	0.876	0.871	0.867	0.863	0.858
900	0.931	0.927	0.923	0.919	0.915	0.911	0.907	0.903	0.899	0.895	0.890	0.886	0.882	0.878	0.873	0.869	0.864	0.860
902	0.932	0.929	0.925	0.921	0.917	0.913	0.909	0.905	0.901	0.897	0.892	0.888	0.884	0.880	0.875	0.871	0.866	0.862
904	0.935	0.931	0.927	0.923	0.919	0.915	0.911	0.907	0.903	0.899	0.894	0.890	0.886	0.882	0.877	0.873	0.868	0.864
906	0.937	0.933	0.929	0.925	0.921	0.917	0.913	0.909	0.905	0.901	0.896	0.892	0.888	0.884	0.879	0.875	0.870	0.866
908	0.940	0.936	0.931	0.927	0.923	0.919	0.915	0.911	0.907	0.903	0.898	0.894	0.890	0.886	0.881	0.877	0.872	0.868
910	0.942	0.938	0.934	0.929	0.925	0.921	0.917	0.913	0.909	0.905	0.900	0.896	0.892	0.888	0.883	0.879	0.874	0.870
912	0.944	0.940	0.936	0.932	0.927	0.923	0.919	0.915	0.911	0.907	0.902	0.898	0.894	0.890	0.885	0.881	0.876	0.872
914	0.946	0.942	0.938	0.934	0.930	0.925	0.921	0.917	0.913	0.909	0.904	0.900	0.896	0.892	0.887	0.883	0.878	0.874
91.6	0.948	0.944	0.940	0.936	0.932	0.927	0.923	0.919	0.915	0.911	0.907	0.902	0.898	0.894	0.889	0.885	0.880	0.876
918	0.950	0.946	0.942	0.938	0.934	0.930	0.925	0.921	0.917	0.913	0.909	0.904	0.900	0.896	0.891	0.887	0.882	0.878
920	0.952	0.948	0.944	0.940	0.936	0.932	0.927	0.923	0.919	0.915	0.911	0.906	0.902	0.898	0.893	0.889	0.884	0.880
922	0.954	0.950	0.946	0.942	0.938	0.934	0.929	0.925	0.921	0.917	0.913	0.908	0.904	0.900	0.895	0.891	0.886	0.882

（续）

/℃

23	24	25	26	27	28	29	30	31	32	33	34	35	36	37	38	39	40	41	42
0.836	0.831	0.827	0.822	0.818	0.813	0.808	0.803	0.798	0.793	0.788	0.782	0.777	0.771	0.766	0.760	0.754	0.748	0.742	0.736
0.838	0.833	0.829	0.824	0.819	0.815	0.810	0.805	0.800	0.795	0.789	0.784	0.779	0.773	0.768	0.762	0.756	0.750	0.744	0.738
0.840	0.835	0.831	0.826	0.821	0.817	0.812	0.807	0.802	0.796	0.791	0.786	0.781	0.775	0.769	0.764	0.758	0.752	0.746	0.740
0.842	0.837	0.833	0.828	0.823	0.818	0.814	0.809	0.804	0.798	0.793	0.788	0.782	0.777	0.771	0.766	0.760	0.754	0.748	0.741
0.844	0.839	0.835	0.830	0.825	0.820	0.816	0.810	0.806	0.800	0.795	0.790	0.784	0.779	0.773	0.767	0.762	0.756	0.750	0.743
0.846	0.841	0.837	0.832	0.827	0.822	0.817	0.812	0.807	0.802	0.797	0.792	0.786	0.781	0.775	0.769	0.763	0.757	0.751	0.745
0.848	0.843	0.839	0.834	0.829	0.824	0.819	0.814	0.809	0.804	0.799	0.794	0.788	0.783	0.777	0.771	0.765	0.759	0.753	0.747
0.850	0.845	0.840	0.836	0.831	0.826	0.821	0.816	0.811	0.806	0.801	0.795	0.790	0.784	0.779	0.773	0.767	0.761	0.755	0.749
0.852	0.847	0.842	0.838	0.833	0.828	0.823	0.818	0.813	0.808	0.803	0.797	0.792	0.786	0.781	0.775	0.769	0.763	0.757	0.751
0.854	0.849	0.844	0.840	0.835	0.830	0.825	0.820	0.815	0.810	0.805	0.799	0.794	0.788	0.783	0.777	0.771	0.765	0.759	0.752
0.856	0.851	0.846	0.842	0.837	0.832	0.827	0.822	0.817	0.812	0.806	0.801	0.796	0.790	0.784	0.779	0.773	0.767	0.761	0.754
0.858	0.853	0.848	0.844	0.839	0.834	0.829	0.824	0.819	0.814	0.808	0.803	0.798	0.792	0.786	0.780	0.775	0.769	0.762	0.756
0.859	0.855	0.850	0.845	0.841	0.836	0.831	0.826	0.821	0.816	0.810	0.805	0.799	0.794	0.788	0.782	0.776	0.770	0.764	0.758
0.861	0.857	0.852	0.847	0.843	0.838	0.833	0.828	0.823	0.818	0.812	0.807	0.801	0.796	0.790	0.784	0.778	0.772	0.766	0.760
0.863	0.859	0.854	0.849	0.845	0.840	0.835	0.830	0.825	0.819	0.814	0.809	0.803	0.798	0.792	0.786	0.780	0.774	0.768	0.762
0.865	0.861	0.856	0.851	0.846	0.842	0.837	0.832	0.826	0.821	0.816	0.811	0.805	0.800	0.794	0.788	0.782	0.776	0.770	0.763
0.867	0.863	0.858	0.853	0.848	0.844	0.839	0.834	0.828	0.823	0.818	0.812	0.807	0.801	0.796	0.790	0.784	0.778	0.772	0.765
0.869	0.865	0.860	0.855	0.850	0.845	0.840	0.835	0.830	0.825	0.820	0.814	0.809	0.803	0.798	0.792	0.786	0.780	0.774	0.767
0.871	0.867	0.862	0.857	0.852	0.847	0.842	0.837	0.832	0.827	0.822	0.816	0.811	0.805	0.799	0.794	0.788	0.782	0.775	0.769
0.873	0.869	0.864	0.859	0.854	0.849	0.844	0.839	0.834	0.829	0.824	0.818	0.813	0.807	0.801	0.796	0.790	0.783	0.777	0.771
0.875	0.871	0.866	0.861	0.856	0.851	0.846	0.841	0.836	0.831	0.825	0.820	0.814	0.809	0.803	0.797	0.791	0.785	0.779	0.773
0.877	0.872	0.868	0.863	0.858	0.853	0.848	0.843	0.838	0.833	0.827	0.822	0.816	0.811	0.805	0.799	0.793	0.787	0.781	0.774

表 A.1

气压/10^2 Pa	温度																	
	5	6	7	8	9	10	11	12	13	14	15	16	17	18	19	20	21	22
924	0.956	0.952	0.948	0.944	0.940	0.936	0.932	0.927	0.923	0.919	0.915	0.910	0.906	0.902	0.897	0.893	0.888	0.884
926	0.958	0.954	0.950	0.946	0.942	0.938	0.934	0.929	0.925	0.921	0.917	0.912	0.908	0.904	0.899	0.895	0.890	0.886
928	0.960	0.956	0.952	0.948	0.944	0.940	0.936	0.931	0.927	0.923	0.919	0.914	0.910	0.906	0.901	0.897	0.892	0.888
930	0.962	0.958	0.954	0.950	0.946	0.942	0.938	0.933	0.929	0.925	0.921	0.916	0.912	0.908	0.903	0.899	0.894	0.890
932	0.965	0.960	0.956	0.952	0.948	0.944	0.940	0.936	0.931	0.927	0.923	0.918	0.914	0.910	0.905	0.901	0.896	0.892
934	0.967	0.962	0.958	0.954	0.950	0.946	0.942	0.938	0.933	0.929	0.925	0.920	0.916	0.912	0.907	0.903	0.898	0.894
936	0.969	0.965	0.960	0.956	0.952	0.948	0.944	0.940	0.935	0.931	0.927	0.922	0.918	0.914	0.909	0.905	0.900	0.896
938	0.971	0.967	0.963	0.958	0.954	0.950	0.946	0.942	0.937	0.933	0.929	0.924	0.920	0.916	0.911	0.907	0.902	0.897
940	0.973	0.969	0.965	0.960	0.956	0.952	0.948	0.944	0.939	0.935	0.931	0.926	0.922	0.918	0.913	0.909	0.904	0.899
942	0.975	0.971	0.967	0.962	0.958	0.954	0.950	0.946	0.941	0.937	0.933	0.928	0.924	0.920	0.915	0.911	0.906	0.901
944	0.977	0.973	0.969	0.965	0.960	0.956	0.952	0.948	0.943	0.939	0.935	0.930	0.926	0.922	0.917	0.913	0.908	0.903
946	0.979	0.975	0.971	0.967	0.962	0.958	0.954	0.950	0.945	0.941	0.937	0.932	0.928	0.924	0.919	0.915	0.910	0.905
948	0.981	0.977	0.973	0.969	0.964	0.960	0.956	0.952	0.948	0.943	0.939	0.934	0.930	0.926	0.921	0.916	0.912	0.907
950	0.983	0.979	0.975	0.971	0.967	0.962	0.958	0.954	0.950	0.945	0.941	0.936	0.932	0.928	0.923	0.918	0.914	0.909
952	0.985	0.981	0.977	0.973	0.969	0.964	0.960	0.956	0.952	0.947	0.943	0.938	0.934	0.930	0.925	0.920	0.916	0.911
954	0.988	0.983	0.979	0.975	0.971	0.966	0.962	0.958	0.954	0.949	0.945	0.940	0.936	0.932	0.927	0.922	0.918	0.913
956	0.990	0.985	0.981	0.977	0.973	0.968	0.964	0.960	0.956	0.951	0.947	0.942	0.938	0.934	0.929	0.924	0.920	0.915
958	0.992	0.988	0.983	0.979	0.975	0.971	0.966	0.962	0.958	0.953	0.949	0.944	0.940	0.935	0.931	0.926	0.922	0.917
960	0.994	0.990	0.985	0.981	0.977	0.973	0.968	0.964	0.960	0.955	0.951	0.946	0.942	0.938	0.933	0.928	0.924	0.919
962	0.996	0.992	0.987	0.983	0.979	0.975	0.970	0.966	0.962	0.957	0.953	0.948	0.944	0.940	0.935	0.930	0.926	0.921
964	0.998	0.994	0.990	0.985	0.981	0.977	0.972	0.968	0.964	0.959	0.955	0.950	0.946	0.942	0.937	0.932	0.928	0.923
966	1.000	0.996	0.992	0.987	0.983	0.979	0.974	0.970	0.966	0.961	0.957	0.952	0.948	0.944	0.939	0.934	0.930	0.925
968	1.002	0.998	0.994	0.989	0.985	0.981	0.976	0.972	0.968	0.963	0.959	0.954	0.950	0.946	0.941	0.936	0.932	0.927

（续）

/℃

23	24	25	26	27	28	29	30	31	32	33	34	35	36	37	38	39	40	41	42
0.879	0.874	0.870	0.865	0.860	0.855	0.850	0.845	0.840	0.835	0.829	0.824	0.818	0.813	0.807	0.801	0.795	0.789	0.783	0.776
0.881	0.876	0.872	0.867	0.862	0.857	0.852	0.847	0.842	0.836	0.831	0.826	0.820	0.815	0.809	0.803	0.797	0.791	0.785	0.778
0.883	0.878	0.874	0.869	0.864	0.859	0.854	0.849	0.844	0.838	0.833	0.828	0.822	0.816	0.811	0.805	0.799	0.793	0.786	0.780
0.885	0.880	0.876	0.871	0.866	0.861	0.856	0.851	0.846	0.840	0.835	0.830	0.824	0.818	0.813	0.807	0.801	0.795	0.788	0.782
0.887	0.882	0.878	0.873	0.868	0.863	0.858	0.853	0.848	0.842	0.837	0.831	0.826	0.820	0.814	0.808	0.802	0.796	0.790	0.784
0.889	0.884	0.879	0.875	0.870	0.865	0.860	0.855	0.849	0.844	0.839	0.833	0.828	0.822	0.816	0.810	0.804	0.798	0.792	0.786
0.891	0.886	0.881	0.877	0.872	0.867	0.862	0.856	0.851	0.846	0.841	0.835	0.830	0.824	0.818	0.812	0.806	0.800	0.794	0.787
0.893	0.888	0.883	0.879	0.874	0.869	0.864	0.858	0.853	0.848	0.843	0.837	0.832	0.826	0.820	0.814	0.808	0.802	0.796	0.789
0.895	0.890	0.885	0.880	0.876	0.871	0.866	0.860	0.855	0.850	0.844	0.839	0.833	0.828	0.822	0.816	0.810	0.804	0.798	0.791
0.897	0.892	0.887	0.882	0.878	0.873	0.867	0.862	0.857	0.852	0.846	0.841	0.835	0.830	0.824	0.818	0.812	0.806	0.799	0.793
0.899	0.894	0.889	0.884	0.879	0.874	0.869	0.864	0.859	0.854	0.848	0.843	0.837	0.832	0.826	0.820	0.814	0.808	0.801	0.795
0.901	0.896	0.891	0.886	0.881	0.876	0.871	0.866	0.861	0.856	0.850	0.845	0.839	0.833	0.828	0.822	0.816	0.809	0.803	0.797
0.903	0.898	0.893	0.888	0.883	0.878	0.873	0.868	0.863	0.858	0.852	0.846	0.841	0.835	0.829	0.824	0.817	0.811	0.805	0.798
0.905	0.900	0.895	0.890	0.885	0.880	0.875	0.870	0.865	0.859	0.854	0.848	0.843	0.837	0.831	0.825	0.819	0.813	0.807	0.800
0.907	0.902	0.897	0.892	0.887	0.882	0.877	0.872	0.867	0.861	0.856	0.850	0.845	0.839	0.833	0.827	0.821	0.815	0.809	0.802
0.908	0.904	0.899	0.894	0.889	0.884	0.879	0.874	0.868	0.863	0.858	0.852	0.847	0.841	0.835	0.829	0.823	0.817	0.810	0.804
0.910	0.906	0.901	0.896	0.891	0.886	0.881	0.876	0.870	0.865	0.860	0.854	0.848	0.843	0.837	0.831	0.825	0.819	0.812	0.806
0.912	0.908	0.903	0.898	0.893	0.888	0.883	0.878	0.872	0.867	0.862	0.856	0.850	0.845	0.839	0.833	0.827	0.821	0.814	0.808
0.914	0.910	0.905	0.900	0.895	0.890	0.885	0.880	0.874	0.869	0.863	0.858	0.852	0.846	0.841	0.835	0.829	0.822	0.816	0.810
0.916	0.912	0.907	0.902	0.897	0.892	0.887	0.881	0.876	0.871	0.865	0.860	0.854	0.848	0.843	0.837	0.830	0.824	0.818	0.811
0.918	0.914	0.909	0.904	0.899	0.894	0.889	0.883	0.878	0.873	0.867	0.862	0.856	0.850	0.844	0.838	0.832	0.826	0.820	0.813
0.920	0.916	0.911	0.906	0.901	0.896	0.891	0.885	0.880	0.875	0.869	0.864	0.858	0.852	0.846	0.840	0.834	0.828	0.822	0.815
0.922	0.917	0.913	0.908	0.903	0.898	0.892	0.887	0.882	0.876	0.871	0.866	0.860	0.854	0.848	0.842	0.836	0.830	0.823	0.817

表 A.1

气压/10^2 Pa	温度																	
	5	6	7	8	9	10	11	12	13	14	15	16	17	18	19	20	21	22
970	1.004	1.000	0.996	0.991	0.987	0.983	0.979	0.974	0.970	0.965	0.961	0.957	0.952	0.948	0.943	0.938	0.934	0.929
972	1.006	1.002	0.998	0.994	0.989	0.985	0.981	0.976	0.972	0.967	0.963	0.959	0.954	0.950	0.945	0.940	0.936	0.931
974	1.008	1.004	1.000	0.996	0.991	0.987	0.983	0.978	0.974	0.970	0.965	0.961	0.956	0.952	0.947	0.942	0.938	0.933
976	1.011	1.006	1.002	0.998	0.993	0.989	0.985	0.980	0.976	0.972	0.967	0.963	0.958	0.954	0.949	0.944	0.940	0.935
978	1.013	1.008	1.004	1.000	0.995	0.991	0.987	0.982	0.978	0.974	0.969	0.965	0.960	0.956	0.951	0.946	0.942	0.937
980	1.015	1.010	1.006	1.002	0.998	0.993	0.989	0.984	0.980	0.976	0.971	0.967	0.962	0.958	0.953	0.948	0.944	0.939
982	1.017	1.012	1.008	1.004	1.000	0.995	0.991	0.986	0.982	0.978	0.973	0.969	0.964	0.960	0.955	0.950	0.946	0.941
984	1.019	1.015	1.010	1.006	1.002	0.997	0.993	0.988	0.984	0.980	0.975	0.971	0.966	0.962	0.957	0.952	0.948	0.943
986	1.021	1.017	1.012	1.008	1.004	0.999	0.995	0.990	0.986	0.982	0.977	0.973	0.968	0.964	0.959	0.954	0.950	0.945
988	1.023	1.019	1.014	1.010	1.006	1.001	0.997	0.993	0.988	0.984	0.979	0.975	0.970	0.966	0.961	0.956	0.951	0.947
990	1.025	1.021	1.016	1.012	1.008	1.003	0.999	0.995	0.990	0.986	0.981	0.977	0.972	0.968	0.963	0.958	0.953	0.949
992	1.027	1.023	1.019	1.014	1.010	1.005	1.001	0.997	0.992	0.988	0.983	0.979	0.974	0.970	0.965	0.960	0.955	0.951
994	1.029	1.025	1.021	1.016	1.012	0.008	1.003	0.999	0.994	0.990	0.985	0.981	0.976	0.972	0.967	0.962	0.957	0.953
996	1.031	1.027	1.023	1.018	1.014	1.010	1.005	1.001	0.996	0.992	0.987	0.983	0.978	0.974	0.969	0.964	0.959	0.955
998	1.034	1.029	1.025	1.020	1.016	1.012	1.007	1.003	0.998	0.994	0.989	0.985	0.980	0.976	0.971	0.966	0.961	0.957
1 000	1.036	1.031	1.027	1.022	1.018	1.014	1.009	1.005	1.000	0.996	0.991	0.987	0.982	0.978	0.973	0.968	0.963	0.959
1 002	1.038	1.033	1.029	1.024	1.020	1.016	1.011	1.007	1.002	0.998	0.993	0.989	0.984	0.979	0.975	0.970	0.965	0.961
1 004	1.040	1.035	1.031	1.027	1.022	1.018	1.013	1.009	1.004	1.000	0.995	0.991	0.986	0.981	0.977	0.972	0.967	0.962
1 006	1.042	1.038	1.033	1.029	1.024	1.020	1.015	1.011	1.006	1.002	0.997	0.993	0.988	0.983	0.979	0.974	0.969	0.964
1 008	1.044	1.040	1.035	1.031	1.026	1.022	1.017	1.013	1.008	1.004	0.999	0.995	0.990	0.985	0.981	0.976	0.971	0.966
1 010	1.046	1.042	1.037	1.033	1.028	1.024	1.019	1.015	1.010	1.006	1.001	0.997	0.992	0.987	0.983	0.978	0.973	0.968
1 012	1.048	1.044	1.039	1.035	1.030	1.026	1.022	1.017	1.012	1.008	1.003	0.999	0.994	0.989	0.985	0.980	0.975	0.970

（续）

/℃

23	24	25	26	27	28	29	30	31	32	33	34	35	36	37	38	39	40	41	42
0.924	0.919	0.914	0.910	0.905	0.900	0.894	0.889	0.884	0.878	0.873	0.867	0.862	0.856	0.850	0.844	0.838	0.832	0.825	0.819
0.926	0.921	0.916	0.912	0.906	0.901	0.896	0.891	0.886	0.880	0.875	0.869	0.864	0.858	0.852	0.846	0.840	0.834	0.827	0.821
0.928	0.923	0.918	0.913	0.908	0.903	0.898	0.893	0.888	0.882	0.877	0.871	0.865	0.860	0.854	0.848	0.842	0.835	0.829	0.822
0.930	0.925	0.920	0.915	0.910	0.905	0.900	0.895	0.890	0.884	0.879	0.873	0.867	0.862	0.856	0.850	0.844	0.837	0.831	0.824
0.932	0.927	0.922	0.917	0.912	0.907	0.902	0.897	0.891	0.886	0.880	0.875	0.869	0.863	0.858	0.852	0.845	0.839	0.833	0.826
0.934	0.929	0.924	0.919	0.914	0.909	0.904	0.899	0.893	0.888	0.882	0.877	0.871	0.865	0.859	0.853	0.847	0.841	0.835	0.828
0.936	0.931	0.926	0.921	0.916	0.911	0.906	0.901	0.895	0.890	0.884	0.879	0.873	0.867	0.861	0.855	0.849	0.843	0.836	0.830
0.938	0.933	0.928	0.923	0.918	0.913	0.908	0.903	0.897	0.892	0.886	0.881	0.875	0.869	0.863	0.857	0.851	0.845	0.838	0.832
0.940	0.935	0.930	0.925	0.920	0.915	0.910	0.904	0.899	0.894	0.888	0.882	0.877	0.871	0.865	0.859	0.853	0.846	0.840	0.834
0.942	0.937	0.932	0.927	0.922	0.917	0.912	0.906	0.901	0.896	0.890	0.884	0.879	0.873	0.867	0.861	0.855	0.848	0.842	0.835
0.944	0.939	0.934	0.929	0.924	0.919	0.914	0.908	0.903	0.898	0.892	0.886	0.881	0.875	0.869	0.863	0.856	0.850	0.844	0.837
0.946	0.941	0.936	0.931	0.926	0.921	0.916	0.910	0.905	0.899	0.894	0.888	0.882	0.877	0.871	0.865	0.858	0.852	0.846	0.839
0.948	0.943	0.938	0.933	0.928	0.923	0.917	0.912	0.907	0.901	0.896	0.890	0.884	0.878	0.872	0.866	0.860	0.854	0.848	0.841
0.950	0.945	0.940	0.935	0.930	0.925	0.919	0.914	0.909	0.903	0.898	0.892	0.886	0.880	0.874	0.868	0.862	0.856	0.849	0.843
0.952	0.947	0.942	0.937	0.932	0.927	0.921	0.916	0.911	0.905	0.900	0.894	0.888	0.882	0.876	0.870	0.864	0.858	0.851	0.845
0.954	0.949	0.944	0.939	0.934	0.928	0.923	0.918	0.913	0.907	0.901	0.896	0.890	0.884	0.878	0.872	0.866	0.860	0.853	0.846
0.956	0.951	0.946	0.941	0.936	0.930	0.925	0.920	0.914	0.909	0.903	0.898	0.892	0.886	0.880	0.874	0.868	0.861	0.855	0.848
0.958	0.953	0.948	0.943	0.938	0.932	0.927	0.922	0.916	0.911	0.905	0.900	0.894	0.888	0.882	0.876	0.870	0.863	0.857	0.850
0.960	0.955	0.950	0.945	0.939	0.934	0.929	0.924	0.918	0.913	0.907	0.901	0.896	0.890	0.884	0.878	0.871	0.865	0.859	0.852
0.962	0.957	0.952	0.947	0.941	0.936	0.931	0.926	0.920	0.915	0.909	0.903	0.898	0.892	0.886	0.880	0.873	0.867	0.860	0.854
0.963	0.959	0.954	0.948	0.943	0.938	0.933	0.928	0.922	0.916	0.911	0.905	0.899	0.894	0.888	0.881	0.875	0.869	0.862	0.856
0.965	0.961	0.955	0.950	0.945	0.940	0.935	0.929	0.924	0.918	0.913	0.907	0.901	0.895	0.889	0.883	0.877	0.871	0.864	0.858

表 A.1

气压/ 10^2 Pa	温度																	
	5	6	7	8	9	10	11	12	13	14	15	16	17	18	19	20	21	22
1 014	1.050	1.046	1.041	1.037	1.032	1.028	1.024	1.019	1.014	1.010	1.005	1.001	0.996	0.991	0.987	0.982	0.977	0.972
1 016	1.052	1.048	1.043	1.039	1.035	1.030	1.026	1.021	1.017	1.012	1.007	1.003	0.998	0.993	0.989	0.984	0.979	0.974
1 018	1.054	1.050	1.046	1.041	1.037	1.032	1.028	1.023	1.019	1.014	1.009	1.005	1.000	0.995	0.991	0.986	0.981	0.976
1 020	1.057	1.052	1.048	1.043	1.039	1.034	1.030	1.025	1.021	1.016	1.011	1.007	1.002	0.997	0.993	0.988	0.983	0.978
1 022	1.059	1.054	1.050	1.045	1.041	1.036	1.032	1.027	1.023	1.018	1.013	1.009	1.004	0.999	0.995	0.990	0.985	0.980
1 024	1.061	1.056	1.052	1.047	1.043	1.038	1.034	1.029	1.025	1.020	1.015	1.011	1.006	1.001	0.997	0.992	0.987	0.982
1 026	1.063	1.058	1.054	1.049	1.045	1.040	1.036	1.031	1.027	1.022	1.018	1.013	1.008	1.003	0.999	0.994	0.989	0.984
1 028	1.065	1.060	1.056	1.051	1.047	1.042	1.038	1.033	1.029	1.024	1.020	1.015	1.010	1.005	1.001	0.996	0.991	0.986
1 030	1.067	1.062	1.058	1.054	1.049	1.044	1.040	1.035	1.031	1.026	1.022	1.017	1.012	1.007	1.003	0.998	0.993	0.988
1 032	1.069	1.065	1.060	1.056	1.051	1.046	1.042	1.037	1.033	1.028	1.024	1.019	1.014	1.009	1.005	1.000	0.995	0.990
1 034	1.071	1.067	1.062	1.058	1.053	1.049	1.044	1.039	1.035	1.030	1.026	1.021	1.016	1.011	1.007	1.002	0.997	0.992
1 036	1.073	1.069	1.064	1.060	1.055	1.051	1.046	1.041	1.037	1.032	1.028	1.023	1.018	1.013	1.009	1.004	0.999	0.994
1 038	1.075	1.071	1.066	1.062	1.057	1.053	1.048	1.044	1.039	1.034	1.030	1.025	1.020	1.015	1.011	1.006	1.001	0.996
1 040	1.077	1.073	1.068	1.064	1.059	1.055	1.050	1.046	1.041	1.036	1.032	1.027	1.022	1.017	1.013	1.008	1.003	0.998

（续）

/℃

23	24	25	26	27	28	29	30	31	32	33	34	35	36	37	38	39	40	41	42
0.967	0.962	0.957	0.952	0.947	0.942	0.937	0.931	0.929	0.920	0.915	0.909	0.903	0.897	0.891	0.885	0.879	0.872	0.866	0.859
0.969	0.964	0.957	0.954	0.949	0.944	0.939	0.933	0.928	0.922	0.917	0.911	0.905	0.899	0.893	0.887	0.881	0.871	0.868	0.861
0.971	0.966	0.961	0.956	0.951	0.946	0.941	0.935	0.930	0.924	0.918	0.913	0.907	0.901	0.895	0.889	0.883	0.876	0.870	0.863
0.973	0.968	0.963	0.958	0.953	0.948	0.942	0.937	0.932	0.926	0.920	0.915	0.909	0.903	0.897	0.891	0.881	0.878	0.872	0.865
0.975	0.970	0.965	0.960	0.955	0.950	0.944	0.939	0.924	0.928	0.922	0.916	0.911	0.905	0.899	0.893	0.886	0.880	0.873	0.867
0.977	0.972	0.967	0.962	0.957	0.952	0.946	0.941	0.935	0.930	0.924	0.918	0.913	0.907	0.901	0.894	0.888	0.882	0.875	0.869
0.979	0.974	0.969	0.964	0.959	0.954	0.948	0.943	0.937	0.932	0.926	0.920	0.914	0.909	0.902	0.896	0.890	0.884	0.877	0.870
0.981	0.976	0.971	0.966	0.961	0.956	0.950	0.945	0.939	0.934	0.928	0.922	0.916	0.910	0.904	0.898	0.892	0.886	0.879	0.872
0.983	0.978	0.973	0.968	0.963	0.957	0.952	0.947	0.941	0.936	0.930	0.924	0.918	0.912	0.906	0.900	0.894	0.887	0.881	0.874
0.985	0.980	0.975	0.970	0.965	0.959	0.954	0.949	0.943	0.938	0.932	0.926	0.920	0.914	0.908	0.902	0.896	0.889	0.883	0.876
0.987	0.982	0.977	0.972	0.967	0.961	0.956	0.950	0.945	0.939	0.934	0.928	0.922	0.916	0.910	0.904	0.898	0.891	0.884	0.878
0.989	0.984	0.979	0.974	0.968	0.963	0.958	0.952	0.947	0.941	0.936	0.930	0.924	0.918	0.912	0.906	0.899	0.893	0.886	0.880
0.991	0.986	0.981	0.976	0.970	0.965	0.960	0.954	0.949	0.943	0.938	0.932	0.926	0.920	0.914	0.908	0.901	0.895	0.888	0.882
0.993	0.988	0.983	0.978	0.972	0.967	0.962	0.956	0.951	0.945	0.939	0.934	0.928	0.922	0.916	0.909	0.903	0.987	0.890	0.883

表 A.2 管式炉内燃烧后容量法测定碳量的温度、

气压/10^2 Pa	温度																	
	5	6	7	8	9	10	11	12	13	14	15	16	17	18	19	20	21	22
750	0.773	0.770	0.767	0.763	0.760	0.757	0.753	0.750	0.747	0.743	0.740	0.737	0.733	0.730	0.726	0.723	0.719	0.716
752	0.775	0.772	0.769	0.765	0.762	0.759	0.756	0.752	0.749	0.745	0.742	0.739	0.735	0.732	0.728	0.725	0.721	0.717
754	0.777	0.774	0.771	0.768	0.764	0.761	0.758	0.754	0.751	0.747	0.744	0.741	0.737	0.734	0.730	0.727	0.723	0.719
756	0.779	0.776	0.773	0.770	0.766	0.763	0.760	0.756	0.753	0.749	0.746	0.743	0.739	0.736	0.732	0.729	0.725	0.721
758	0.782	0.778	0.775	0.772	0.768	0.765	0.762	0.758	0.755	0.751	0.748	0.745	0.741	0.738	0.734	0.731	0.727	0.723
760	0.784	0.780	0.777	0.774	0.770	0.767	0.764	0.760	0.757	0.754	0.750	0.747	0.743	0.740	0.736	0.733	0.729	0.725
762	0.786	0.782	0.779	0.776	0.772	0.769	0.766	0.762	0.759	0.756	0.752	0.749	0.745	0.742	0.738	0.735	0.731	0.727
764	0.788	0.784	0.781	0.778	0.774	0.771	0.768	0.764	0.761	0.758	0.754	0.751	0.747	0.744	0.740	0.737	0.733	0.729
766	0.790	0.786	0.783	0.780	0.776	0.773	0.770	0.766	0.763	0.760	0.756	0.753	0.749	0.746	0.742	0.739	0.735	0.731
768	0.792	0.788	0.785	0.782	0.779	0.775	0.772	0.768	0.765	0.762	0.758	0.755	0.751	0.748	0.744	0.741	0.737	0.733
770	0.794	0.791	0.787	0.784	0.781	0.777	0.774	0.771	0.767	0.764	0.760	0.757	0.753	0.750	0.746	0.743	0.739	0.735
772	0.796	0.793	0.789	0.786	0.783	0.779	0.776	0.773	0.769	0.766	0.762	0.759	0.755	0.752	0.748	0.744	0.741	0.737
774	0.798	0.795	0.791	0.788	0.785	0.781	0.778	0.775	0.771	0.768	0.764	0.761	0.757	0.754	0.750	0.746	0.743	0.739
776	0.800	0.797	0.793	0.790	0.787	0.783	0.780	0.777	0.773	0.770	0.766	0.763	0.759	0.756	0.752	0.748	0.745	0.741
778	0.802	0.799	0.796	0.792	0.789	0.785	0.782	0.779	0.775	0.772	0.768	0.765	0.761	0.758	0.754	0.750	0.747	0.743
780	0.805	0.801	0.798	0.794	0.791	0.788	0.784	0.781	0.777	0.774	0.770	0.767	0.763	0.760	0.756	0.752	0.749	0.745
782	0.807	0.803	0.800	0.796	0.793	0.790	0.786	0.783	0.779	0.776	0.772	0.769	0.765	0.762	0.758	0.754	0.751	0.747
784	0.809	0.805	0.802	0.798	0.795	0.792	0.788	0.785	0.781	0.778	0.774	0.771	0.767	0.764	0.760	0.756	0.753	0.749
786	0.811	0.807	0.804	0.800	0.797	0.794	0.790	0.787	0.783	0.780	0.776	0.773	0.769	0.765	0.762	0.758	0.755	0.751
788	0.813	0.809	0.806	0.802	0.799	0.796	0.792	0.789	0.785	0.782	0.778	0.775	0.771	0.767	0.764	0.760	0.757	0.753

气压补正系数表[用氯化钠封闭溶液(4.6)作封闭溶液]

/℃

23	24	25	26	27	28	29	30	31	32	33	34	35	36	37	38	39	40	41	42
0.712	0.708	0.705	0.701	0.697	0.693	0.689	0.685	0.681	0.677	0.673	0.669	0.665	0.660	0.656	0.651	0.647	0.642	0.637	0.631
0.714	0.710	0.706	0.703	0.699	0.695	0.691	0.687	0.683	0.679	0.675	0.671	0.667	0.662	0.658	0.653	0.649	0.643	0.638	0.633
0.716	0.712	0.708	0.705	0.701	0.697	0.693	0.689	0.685	0.681	0.677	0.673	0.668	0.664	0.660	0.655	0.651	0.645	0.640	0.635
0.718	0.714	0.710	0.707	0.703	0.699	0.695	0.691	0.687	0.683	0.679	0.674	0.670	0.666	0.662	0.657	0.652	0.647	0.642	0.637
0.720	0.716	0.712	0.709	0.705	0.701	0.697	0.693	0.689	0.685	0.680	0.676	0.672	0.668	0.663	0.659	0.654	0.649	0.644	0.639
0.722	0.718	0.714	0.710	0.707	0.703	0.699	0.695	0.691	0.687	0.682	0.678	0.674	0.670	0.665	0.661	0.656	0.651	0.646	0.640
0.724	0.720	0.716	0.712	0.708	0.705	0.701	0.697	0.693	0.689	0.684	0.680	0.676	0.672	0.667	0.663	0.658	0.653	0.648	0.642
0.726	0.722	0.718	0.714	0.710	0.707	0.702	0.699	0.695	0.690	0.686	0.682	0.678	0.673	0.669	0.664	0.660	0.655	0.649	0.644
0.728	0.724	0.720	0.716	0.712	0.708	0.704	0.700	0.697	0.692	0.688	0.684	0.680	0.675	0.671	0.666	0.662	0.656	0.651	0.646
0.730	0.726	0.722	0.718	0.714	0.710	0.706	0.702	0.698	0.694	0.690	0.686	0.682	0.677	0.673	0.668	0.663	0.658	0.653	0.648
0.731	0.728	0.724	0.720	0.716	0.712	0.708	0.704	0.700	0.696	0.692	0.688	0.683	0.679	0.675	0.670	0.665	0.660	0.655	0.650
0.733	0.730	0.726	0.722	0.718	0.714	0.710	0.706	0.702	0.698	0.694	0.689	0.685	0.681	0.677	0.672	0.667	0.662	0.657	0.651
0.735	0.732	0.728	0.724	0.720	0.716	0.712	0.708	0.704	0.700	0.696	0.691	0.687	0.683	0.678	0.674	0.669	0.664	0.659	0.653
0.737	0.734	0.730	0.726	0.722	0.718	0.714	0.710	0.706	0.702	0.697	0.693	0.689	0.685	0.680	0.676	0.671	0.666	0.660	0.655
0.739	0.736	0.732	0.728	0.724	0.720	0.716	0.712	0.708	0.704	0.699	0.695	0.691	0.687	0.682	0.678	0.673	0.667	0.662	0.657
0.741	0.737	0.734	0.730	0.726	0.722	0.718	0.714	0.710	0.706	0.701	0.697	0.693	0.688	0.684	0.679	0.675	0.669	0.664	0.659
0.743	0.739	0.736	0.732	0.728	0.724	0.720	0.716	0.712	0.708	0.703	0.699	0.695	0.690	0.686	0.681	0.676	0.671	0.666	0.661
0.745	0.741	0.738	0.734	0.730	0.726	0.722	0.718	0.714	0.709	0.705	0.701	0.697	0.692	0.688	0.683	0.678	0.673	0.668	0.662
0.747	0.743	0.739	0.736	0.732	0.728	0.724	0.720	0.716	0.711	0.707	0.703	0.698	0.694	0.690	0.685	0.680	0.675	0.670	0.664
0.749	0.745	0.741	0.738	0.734	0.730	0.725	0.721	0.717	0.713	0.709	0.705	0.700	0.696	0.691	0.687	0.682	0.677	0.672	0.666

表 A.2

气压/10^2 Pa	温度																	
	5	6	7	8	9	10	11	12	13	14	15	16	17	18	19	20	21	22
790	0.815	0.811	0.808	0.805	0.801	0.798	0.794	0.791	0.787	0.784	0.780	0.777	0.773	0.769	0.766	0.762	0.758	0.755
792	0.817	0.813	0.810	0.807	0.803	0.800	0.796	0.793	0.789	0.786	0.782	0.779	0.775	0.771	0.768	0.764	0.760	0.757
794	0.819	0.815	0.812	0.809	0.805	0.802	0.798	0.795	0.791	0.788	0.784	0.781	0.777	0.773	0.770	0.766	0.762	0.759
796	0.821	0.818	0.814	0.811	0.807	0.804	0.800	0.797	0.793	0.790	0.786	0.783	0.779	0.775	0.772	0.768	0.764	0.761
798	0.823	0.820	0.816	0.813	0.809	0.806	0.802	0.799	0.795	0.792	0.788	0.785	0.781	0.777	0.774	0.770	0.766	0.763
800	0.825	0.822	0.818	0.815	0.811	0.808	0.804	0.801	0.797	0.794	0.790	0.787	0.783	0.779	0.776	0.772	0.768	0.765
802	0.827	0.824	0.820	0.817	0.813	0.810	0.806	0.803	0.799	0.796	0.792	0.789	0.785	0.781	0.778	0.774	0.770	0.766
804	0.829	0.826	0.822	0.819	0.815	0.812	0.808	0.805	0.801	0.798	0.794	0.791	0.787	0.783	0.780	0.776	0.772	0.768
806	0.832	0.828	0.824	0.821	0.817	0.814	0.811	0.807	0.803	0.800	0.796	0.793	0.789	0.785	0.782	0.778	0.774	0.770
808	0.834	0.830	0.827	0.823	0.820	0.816	0.813	0.809	0.805	0.802	0.798	0.795	0.791	0.787	0.784	0.780	0.776	0.772
810	0.836	0.832	0.829	0.825	0.822	0.818	0.815	0.811	0.807	0.804	0.800	0.797	0.793	0.789	0.786	0.782	0.778	0.774
812	0.838	0.834	0.831	0.827	0.824	0.820	0.817	0.813	0.809	0.806	0.802	0.799	0.795	0.791	0.788	0.784	0.780	0.776
814	0.840	0.836	0.833	0.829	0.826	0.822	0.819	0.815	0.812	0.808	0.804	0.801	0.797	0.793	0.790	0.786	0.782	0.778
816	0.842	0.838	0.835	0.831	0.828	0.824	0.821	0.817	0.814	0.810	0.806	0.803	0.799	0.795	0.792	0.788	0.784	0.780
818	0.844	0.840	0.837	0.833	0.830	0.826	0.823	0.819	0.816	0.812	0.808	0.805	0.801	0.797	0.794	0.790	0.786	0.782
820	0.846	0.842	0.839	0.835	0.832	0.828	0.825	0.821	0.818	0.814	0.810	0.807	0.803	0.799	0.796	0.792	0.788	0.784
822	0.848	0.845	0.841	0.837	0.834	0.830	0.827	0.823	0.820	0.816	0.812	0.809	0.805	0.801	0.798	0.794	0.790	0.786
824	0.850	0.847	0.843	0.840	0.836	0.832	0.829	0.825	0.822	0.818	0.814	0.811	0.807	0.803	0.800	0.796	0.792	0.788
826	0.852	0.849	0.845	0.842	0.838	0.835	0.831	0.827	0.824	0.820	0.816	0.813	0.809	0.805	0.802	0.798	0.794	0.790
828	0.854	0.851	0.847	0.844	0.840	0.837	0.833	0.829	0.826	0.822	0.818	0.815	0.811	0.807	0.804	0.800	0.796	0.792
830	0.856	0.853	0.849	0.846	0.842	0.839	0.835	0.831	0.828	0.824	0.820	0.817	0.813	0.809	0.806	0.802	0.798	0.794
832	0.859	0.855	0.851	0.848	0.844	0.841	0.837	0.833	0.830	0.826	0.822	0.819	0.815	0.811	0.808	0.804	0.800	0.796

（续）

/℃

23	24	25	26	27	28	29	30	31	32	33	34	35	36	37	38	39	40	41	42
0.751	0.747	0.743	0.740	0.735	0.732	0.727	0.723	0.719	0.715	0.711	0.706	0.702	0.698	0.693	0.689	0.684	0.679	0.673	0.668
0.753	0.749	0.745	0.741	0.737	0.733	0.729	0.725	0.721	0.717	0.713	0.708	0.704	0.700	0.695	0.691	0.686	0.680	0.675	0.670
0.755	0.751	0.747	0.743	0.739	0.735	0.731	0.727	0.723	0.719	0.714	0.710	0.706	0.702	0.697	0.692	0.688	0.682	0.677	0.672
0.757	0.753	0.749	0.745	0.741	0.737	0.733	0.729	0.725	0.721	0.716	0.712	0.708	0.703	0.699	0.694	0.689	0.684	0.679	0.674
0.759	0.755	0.751	0.747	0.743	0.739	0.735	0.731	0.727	0.723	0.718	0.714	0.710	0.705	0.701	0.696	0.691	0.686	0.681	0.675
0.761	0.757	0.753	0.749	0.745	0.741	0.737	0.733	0.729	0.725	0.720	0.716	0.712	0.707	0.703	0.698	0.693	0.688	0.683	0.677
0.763	0.759	0.755	0.751	0.747	0.743	0.739	0.735	0.731	0.726	0.722	0.718	0.713	0.709	0.705	0.700	0.695	0.690	0.684	0.679
0.765	0.761	0.757	0.753	0.749	0.745	0.741	0.737	0.733	0.728	0.724	0.720	0.715	0.711	0.706	0.702	0.697	0.691	0.686	0.681
0.767	0.763	0.759	0.755	0.751	0.747	0.743	0.739	0.735	0.730	0.726	0.721	0.717	0.713	0.708	0.704	0.699	0.693	0.688	0.683
0.769	0.765	0.761	0.757	0.753	0.749	0.745	0.741	0.736	0.732	0.728	0.723	0.719	0.715	0.710	0.705	0.701	0.695	0.690	0.685
0.771	0.767	0.763	0.759	0.755	0.751	0.747	0.742	0.738	0.734	0.730	0.725	0.721	0.717	0.712	0.707	0.702	0.697	0.692	0.686
0.772	0.769	0.765	0.761	0.757	0.753	0.748	0.744	0.740	0.736	0.731	0.727	0.723	0.718	0.714	0.709	0.704	0.699	0.694	0.688
0.774	0.770	0.767	0.763	0.759	0.755	0.750	0.746	0.742	0.738	0.733	0.729	0.725	0.720	0.716	0.711	0.706	0.701	0.695	0.690
0.776	0.772	0.769	0.765	0.761	0.757	0.752	0.748	0.744	0.740	0.735	0.731	0.727	0.722	0.718	0.713	0.708	0.703	0.697	0.692
0.778	0.774	0.771	0.767	0.762	0.758	0.754	0.750	0.746	0.742	0.737	0.733	0.729	0.724	0.719	0.715	0.710	0.704	0.699	0.694
0.780	0.776	0.772	0.769	0.764	0.760	0.756	0.752	0.748	0.744	0.739	0.735	0.730	0.726	0.721	0.717	0.712	0.706	0.701	0.696
0.782	0.778	0.774	0.770	0.766	0.762	0.758	0.754	0.750	0.745	0.741	0.737	0.732	0.728	0.723	0.718	0.714	0.708	0.703	0.697
0.784	0.780	0.776	0.772	0.768	0.764	0.760	0.756	0.752	0.747	0.743	0.738	0.734	0.730	0.725	0.720	0.715	0.710	0.705	0.699
0.786	0.782	0.778	0.774	0.770	0.766	0.762	0.758	0.754	0.749	0.745	0.740	0.736	0.731	0.727	0.722	0.717	0.712	0.707	0.701
0.788	0.784	0.780	0.776	0.772	0.768	0.764	0.760	0.756	0.751	0.747	0.742	0.738	0.733	0.729	0.724	0.719	0.714	0.708	0.703
0.790	0.786	0.782	0.778	0.774	0.770	0.766	0.762	0.757	0.753	0.748	0.744	0.740	0.735	0.731	0.726	0.721	0.716	0.710	0.705
0.792	0.788	0.784	0.780	0.776	0.772	0.768	0.763	0.759	0.755	0.750	0.746	0.742	0.737	0.732	0.728	0.723	0.717	0.712	0.707

表 A.2

气压/10^2 Pa	温度																	
	5	6	7	8	9	10	11	12	13	14	15	16	17	18	19	20	21	22
834	0.861	0.857	0.853	0.850	0.846	0.843	0.839	0.835	0.832	0.828	0.824	0.821	0.817	0.813	0.810	0.806	0.802	0.798
836	0.863	0.859	0.855	0.852	0.848	0.845	0.841	0.837	0.834	0.830	0.826	0.823	0.819	0.815	0.811	0.808	0.804	0.800
838	0.865	0.861	0.858	0.854	0.850	0.847	0.843	0.840	0.836	0.832	0.828	0.825	0.821	0.817	0.813	0.810	0.806	0.802
840	0.867	0.863	0.860	0.856	0.852	0.849	0.845	0.842	0.838	0.834	0.830	0.827	0.823	0.819	0.815	0.812	0.808	0.804
842	0.869	0.865	0.862	0.858	0.854	0.851	0.847	0.844	0.840	0.836	0.832	0.829	0.825	0.821	0.817	0.814	0.810	0.806
844	0.871	0.867	0.864	0.860	0.856	0.853	0.849	0.846	0.842	0.838	0.834	0.831	0.827	0.823	0.819	0.816	0.812	0.808
846	0.873	0.869	0.866	0.862	0.859	0.855	0.851	0.848	0.844	0.840	0.836	0.833	0.829	0.825	0.821	0.818	0.814	0.810
848	0.875	0.871	0.868	0.864	0.861	0.857	0.853	0.850	0.846	0.842	0.838	0.835	0.831	0.827	0.823	0.819	0.816	0.812
850	0.877	0.874	0.870	0.866	0.863	0.859	0.855	0.852	0.848	0.844	0.840	0.837	0.833	0.829	0.825	0.821	0.817	0.814
852	0.879	0.876	0.872	0.868	0.865	0.861	0.857	0.854	0.850	0.846	0.842	0.839	0.835	0.831	0.827	0.823	0.819	0.815
854	0.881	0.878	0.874	0.870	0.867	0.863	0.859	0.856	0.852	0.848	0.844	0.841	0.837	0.833	0.829	0.825	0.821	0.817
856	0.884	0.880	0.876	0.872	0.869	0.865	0.861	0.858	0.854	0.850	0.846	0.843	0.839	0.835	0.831	0.827	0.823	0.819
858	0.886	0.882	0.878	0.875	0.871	0.867	0.863	0.860	0.856	0.852	0.848	0.845	0.841	0.837	0.833	0.829	0.825	0.821
860	0.888	0.884	0.880	0.877	0.873	0.869	0.865	0.862	0.858	0.854	0.850	0.847	0.843	0.839	0.835	0.831	0.827	0.823
862	0.890	0.886	0.882	0.879	0.875	0.871	0.868	0.864	0.860	0.856	0.852	0.849	0.845	0.841	0.837	0.833	0.829	0.825
864	0.892	0.888	0.884	0.881	0.877	0.873	0.870	0.866	0.862	0.858	0.854	0.851	0.847	0.843	0.839	0.835	0.831	0.827
866	0.894	0.890	0.886	0.883	0.879	0.875	0.872	0.868	0.864	0.860	0.856	0.853	0.849	0.845	0.841	0.837	0.833	0.829
868	0.896	0.892	0.888	0.885	0.881	0.877	0.874	0.870	0.866	0.862	0.858	0.855	0.851	0.847	0.843	0.839	0.835	0.831
870	0.898	0.894	0.891	0.887	0.883	0.879	0.876	0.872	0.868	0.864	0.860	0.857	0.853	0.849	0.845	0.841	0.837	0.833
872	0.900	0.896	0.893	0.889	0.885	0.882	0.878	0.874	0.870	0.866	0.862	0.859	0.855	0.851	0.847	0.843	0.839	0.835
874	0.902	0.898	0.895	0.891	0.887	0.884	0.880	0.876	0.872	0.868	0.865	0.861	0.857	0.853	0.849	0.845	0.841	0.837
876	0.904	0.900	0.897	0.893	0.889	0.886	0.882	0.878	0.874	0.870	0.867	0.863	0.859	0.855	0.851	0.847	0.843	0.839
878	0.906	0.903	0.899	0.895	0.891	0.888	0.884	0.880	0.876	0.872	0.869	0.865	0.861	0.857	0.853	0.849	0.845	0.841

（续）

/℃

23	24	25	26	27	28	29	30	31	32	33	34	35	36	37	38	39	40	41	42
0.794	0.790	0.786	0.782	0.778	0.774	0.770	0.765	0.761	0.757	0.752	0.748	0.744	0.739	0.734	0.730	0.725	0.719	0.714	0.708
0.796	0.792	0.788	0.784	0.780	0.776	0.771	0.767	0.763	0.759	0.754	0.750	0.745	0.741	0.736	0.731	0.727	0.721	0.716	0.710
0.798	0.794	0.790	0.786	0.782	0.778	0.773	0.769	0.765	0.761	0.756	0.752	0.747	0.743	0.738	0.733	0.728	0.723	0.718	0.712
0.800	0.796	0.792	0.788	0.784	0.780	0.775	0.771	0.767	0.763	0.758	0.753	0.749	0.745	0.740	0.735	0.730	0.725	0.719	0.714
0.802	0.798	0.794	0.790	0.786	0.781	0.777	0.773	0.769	0.764	0.760	0.755	0.751	0.746	0.742	0.737	0.732	0.727	0.721	0.716
0.804	0.800	0.796	0.792	0.788	0.783	0.779	0.775	0.771	0.766	0.762	0.757	0.753	0.748	0.744	0.739	0.734	0.728	0.723	0.718
0.806	0.802	0.798	0.794	0.789	0.785	0.781	0.777	0.773	0.768	0.764	0.759	0.755	0.750	0.746	0.741	0.736	0.730	0.725	0.719
0.808	0.804	0.800	0.796	0.791	0.787	0.783	0.779	0.775	0.770	0.766	0.761	0.757	0.752	0.747	0.743	0.738	0.732	0.727	0.721
0.810	0.806	0.802	0.798	0.793	0.789	0.785	0.781	0.776	0.772	0.767	0.763	0.759	0.754	0.749	0.744	0.739	0.734	0.729	0.723
0.812	0.808	0.804	0.799	0.795	0.791	0.787	0.783	0.778	0.774	0.769	0.765	0.760	0.756	0.751	0.746	0.741	0.736	0.730	0.725
0.814	0.810	0.805	0.801	0.797	0.793	0.789	0.784	0.780	0.776	0.771	0.767	0.762	0.758	0.753	0.748	0.743	0.738	0.732	0.727
0.815	0.811	0.807	0.803	0.799	0.795	0.791	0.786	0.782	0.778	0.773	0.769	0.764	0.760	0.755	0.750	0.745	0.740	0.734	0.729
0.817	0.813	0.809	0.805	0.801	0.797	0.792	0.788	0.784	0.780	0.775	0.770	0.766	0.761	0.757	0.752	0.747	0.741	0.736	0.730
0.819	0.815	0.811	0.807	0.803	0.799	0.794	0.790	0.786	0.781	0.777	0.772	0.768	0.763	0.759	0.754	0.749	0.743	0.738	0.732
0.821	0.817	0.813	0.809	0.805	0.801	0.796	0.792	0.788	0.783	0.779	0.774	0.770	0.765	0.760	0.756	0.751	0.745	0.740	0.734
0.823	0.819	0.815	0.811	0.807	0.803	0.798	0.794	0.790	0.785	0.781	0.776	0.772	0.767	0.762	0.757	0.752	0.747	0.741	0.736
0.825	0.821	0.817	0.813	0.809	0.805	0.800	0.796	0.792	0.787	0.783	0.778	0.774	0.769	0.764	0.759	0.754	0.749	0.743	0.738
0.827	0.823	0.819	0.815	0.811	0.806	0.802	0.798	0.794	0.789	0.784	0.780	0.775	0.771	0.766	0.761	0.756	0.751	0.745	0.740
0.829	0.825	0.821	0.817	0.813	0.808	0.804	0.800	0.795	0.791	0.786	0.782	0.777	0.773	0.768	0.763	0.758	0.752	0.747	0.741
0.831	0.827	0.823	0.819	0.815	0.810	0.806	0.802	0.797	0.793	0.788	0.784	0.779	0.775	0.770	0.765	0.760	0.754	0.749	0.743
0.833	0.829	0.825	0.821	0.816	0.812	0.808	0.804	0.799	0.795	0.790	0.786	0.781	0.776	0.772	0.767	0.762	0.756	0.751	0.745
0.835	0.831	0.827	0.823	0.818	0.814	0.810	0.805	0.801	0.797	0.792	0.787	0.783	0.778	0.774	0.769	0.764	0.758	0.753	0.747
0.837	0.833	0.829	0.825	0.820	0.816	0.812	0.807	0.803	0.799	0.794	0.789	0.785	0.780	0.775	0.770	0.765	0.760	0.754	0.749

表 A.2

气压/10^2 Pa	温度																	
	5	6	7	8	9	10	11	12	13	14	15	16	17	18	19	20	21	22
880	0.908	0.905	0.901	0.897	0.893	0.890	0.886	0.882	0.878	0.874	0.871	0.867	0.863	0.859	0.855	0.851	0.847	0.843
882	0.911	0.907	0.903	0.899	0.895	0.892	0.888	0.884	0.880	0.876	0.873	0.869	0.865	0.861	0.857	0.853	0.849	0.845
884	0.913	0.909	0.905	0.901	0.897	0.894	0.890	0.886	0.882	0.878	0.875	0.871	0.867	0.863	0.859	0.855	0.851	0.847
886	0.915	0.911	0.907	0.903	0.900	0.896	0.892	0.888	0.884	0.880	0.877	0.873	0.869	0.865	0.861	0.857	0.853	0.849
888	0.917	0.913	0.909	0.905	0.902	0.898	0.894	0.890	0.886	0.882	0.879	0.875	0.871	0.867	0.863	0.859	0.855	0.851
890	0.919	0.915	0.911	0.907	0.904	0.900	0.896	0.892	0.888	0.884	0.881	0.877	0.873	0.869	0.865	0.861	0.857	0.853
892	0.921	0.917	0.913	0.909	0.906	0.902	0.898	0.894	0.890	0.886	0.883	0.879	0.875	0.871	0.867	0.863	0.859	0.855
894	0.923	0.919	0.915	0.912	0.908	0.904	0.900	0.896	0.892	0.888	0.885	0.881	0.877	0.873	0.869	0.865	0.861	0.857
896	0.925	0.921	0.917	0.914	0.910	0.906	0.902	0.898	0.894	0.891	0.887	0.883	0.879	0.875	0.871	0.867	0.863	0.859
898	0.927	0.923	0.919	0.916	0.912	0.908	0.904	0.900	0.896	0.893	0.889	0.885	0.881	0.877	0.873	0.869	0.865	0.861
900	0.929	0.925	0.922	0.918	0.914	0.910	0.906	0.902	0.898	0.895	0.891	0.887	0.883	0.879	0.875	0.871	0.867	0.863
902	0.931	0.927	0.924	0.920	0.916	0.912	0.908	0.904	0.900	0.897	0.893	0.889	0.885	0.881	0.877	0.873	0.869	0.865
904	0.933	0.929	0.926	0.922	0.918	0.914	0.910	0.906	0.903	0.899	0.895	0.891	0.887	0.883	0.879	0.875	0.871	0.866
906	0.936	0.932	0.928	0.924	0.920	0.916	0.912	0.909	0.905	0.901	0.897	0.893	0.889	0.885	0.881	0.877	0.873	0.868
908	0.938	0.934	0.930	0.926	0.922	0.918	0.914	0.911	0.907	0.903	0.899	0.895	0.891	0.887	0.883	0.879	0.875	0.870
910	0.940	0.936	0.932	0.928	0.924	0.920	0.916	0.913	0.909	0.905	0.901	0.897	0.893	0.889	0.885	0.881	0.876	0.872
912	0.942	0.938	0.934	0.930	0.926	0.922	0.918	0.915	0.911	0.907	0.903	0.899	0.895	0.891	0.887	0.883	0.878	0.874
914	0.944	0.940	0.936	0.932	0.928	0.924	0.920	0.917	0.913	0.909	0.905	0.901	0.897	0.893	0.889	0.885	0.880	0.876
916	0.946	0.942	0.938	0.934	0.930	0.926	0.923	0.919	0.915	0.911	0.907	0.903	0.899	0.895	0.891	0.887	0.882	0.878
918	0.948	0.944	0.940	0.936	0.932	0.929	0.925	0.921	0.917	0.913	0.909	0.905	0.901	0.897	0.893	0.889	0.884	0.880
920	0.950	0.946	0.942	0.938	0.934	0.931	0.927	0.923	0.919	0.915	0.911	0.907	0.903	0.899	0.895	0.891	0.886	0.882
922	0.952	0.948	0.944	0.940	0.936	0.933	0.929	0.925	0.921	0.917	0.913	0.909	0.905	0.901	0.897	0.892	0.888	0.884

（续）

/℃

23	24	25	26	27	28	29	30	31	32	33	34	35	36	37	38	39	40	41	42
0.839	0.835	0.831	0.827	0.822	0.818	0.814	0.809	0.805	0.800	0.796	0.791	0.787	0.782	0.777	0.772	0.767	0.762	0.756	0.751
0.841	0.837	0.833	0.828	0.824	0.820	0.815	0.811	0.807	0.802	0.798	0.793	0.789	0.784	0.779	0.774	0.769	0.764	0.758	0.752
0.843	0.839	0.835	0.830	0.826	0.822	0.817	0.813	0.809	0.804	0.800	0.795	0.790	0.786	0.781	0.776	0.771	0.765	0.760	0.754
0.845	0.841	0.836	0.832	0.828	0.824	0.819	0.815	0.811	0.806	0.801	0.797	0.792	0.788	0.783	0.778	0.773	0.767	0.762	0.756
0.847	0.843	0.838	0.834	0.830	0.826	0.821	0.817	0.813	0.808	0.803	0.799	0.794	0.790	0.785	0.780	0.775	0.769	0.764	0.758
0.849	0.845	0.840	0.836	0.832	0.828	0.823	0.819	0.814	0.810	0.805	0.801	0.796	0.791	0.787	0.782	0.777	0.771	0.765	0.760
0.851	0.847	0.842	0.838	0.834	0.830	0.825	0.821	0.816	0.812	0.807	0.802	0.798	0.793	0.788	0.784	0.778	0.773	0.767	0.762
0.853	0.848	0.844	0.840	0.836	0.831	0.827	0.823	0.818	0.814	0.809	0.804	0.800	0.795	0.790	0.785	0.780	0.775	0.769	0.763
0.855	0.850	0.846	0.842	0.838	0.833	0.829	0.825	0.820	0.816	0.811	0.806	0.802	0.797	0.792	0.787	0.782	0.776	0.771	0.765
0.857	0.852	0.848	0.844	0.840	0.835	0.831	0.826	0.822	0.817	0.813	0.808	0.804	0.799	0.794	0.789	0.784	0.778	0.773	0.767
0.858	0.854	0.850	0.846	0.842	0.837	0.833	0.828	0.824	0.819	0.815	0.810	0.806	0.801	0.796	0.791	0.786	0.780	0.775	0.769
0.860	0.856	0.852	0.848	0.843	0.839	0.835	0.830	0.826	0.821	0.817	0.812	0.807	0.803	0.798	0.793	0.788	0.782	0.776	0.771
0.862	0.858	0.854	0.850	0.845	0.841	0.837	0.832	0.828	0.823	0.818	0.814	0.809	0.804	0.800	0.795	0.790	0.784	0.778	0.773
0.864	0.860	0.856	0.852	0.847	0.843	0.838	0.834	0.830	0.825	0.820	0.816	0.811	0.806	0.802	0.797	0.791	0.786	0.780	0.774
0.866	0.862	0.858	0.854	0.849	0.845	0.840	0.836	0.832	0.827	0.822	0.818	0.813	0.808	0.803	0.798	0.793	0.788	0.782	0.776
0.868	0.864	0.860	0.856	0.851	0.847	0.842	0.838	0.834	0.829	0.824	0.819	0.815	0.810	0.805	0.800	0.795	0.789	0.784	0.778
0.870	0.866	0.862	0.857	0.853	0.849	0.844	0.840	0.835	0.831	0.826	0.821	0.817	0.812	0.807	0.802	0.797	0.791	0.786	0.780
0.872	0.868	0.864	0.859	0.855	0.851	0.846	0.842	0.837	0.833	0.828	0.823	0.819	0.814	0.809	0.804	0.799	0.793	0.788	0.782
0.874	0.870	0.866	0.861	0.857	0.853	0.848	0.844	0.839	0.835	0.830	0.825	0.821	0.816	0.811	0.806	0.801	0.795	0.789	0.784
0.876	0.872	0.868	0.863	0.859	0.854	0.850	0.846	0.841	0.836	0.832	0.827	0.822	0.818	0.813	0.808	0.803	0.797	0.791	0.785
0.878	0.874	0.869	0.865	0.861	0.856	0.852	0.847	0.843	0.838	0.834	0.829	0.824	0.819	0.815	0.810	0.804	0.799	0.793	0.787
0.880	0.876	0.871	0.867	0.863	0.858	0.854	0.849	0.845	0.840	0.835	0.831	0.826	0.821	0.816	0.811	0.806	0.800	0.795	0.789

表 A.2

气压/10^2 Pa	温度																	
	5	6	7	8	9	10	11	12	13	14	15	16	17	18	19	20	21	22
924	0.954	0.950	0.946	0.942	0.938	0.935	0.931	0.927	0.923	0.919	0.915	0.911	0.907	0.903	0.899	0.894	0.890	0.886
926	0.956	0.952	0.948	0.944	0.941	0.937	0.933	0.929	0.925	0.921	0.917	0.913	0.909	0.905	0.901	0.896	0.892	0.888
928	0.958	0.954	0.950	0.947	0.943	0.939	0.935	0.931	0.927	0.923	0.919	0.915	0.911	0.907	0.903	0.898	0.894	0.890
930	0.960	0.956	0.953	0.949	0.945	0.941	0.937	0.933	0.929	0.925	0.921	0.917	0.913	0.909	0.905	0.900	0.896	0.892
932	0.963	0.959	0.955	0.951	0.947	0.943	0.939	0.935	0.931	0.927	0.923	0.919	0.915	0.911	0.907	0.902	0.898	0.894
934	0.965	0.961	0.957	0.953	0.949	0.945	0.941	0.937	0.933	0.929	0.925	0.921	0.917	0.913	0.909	0.904	0.900	0.896
936	0.967	0.963	0.959	0.955	0.951	0.947	0.943	0.939	0.935	0.931	0.927	0.923	0.919	0.915	0.911	0.906	0.902	0.898
938	0.969	0.965	0.961	0.957	0.953	0.949	0.945	0.941	0.937	0.933	0.929	0.925	0.921	0.917	0.912	0.908	0.904	0.900
940	0.971	0.967	0.963	0.959	0.955	0.951	0.947	0.943	0.939	0.935	0.931	0.927	0.923	0.919	0.914	0.910	0.906	0.902
942	0.973	0.969	0.965	0.961	0.957	0.953	0.949	0.945	0.941	0.937	0.933	0.929	0.925	0.920	0.916	0.912	0.908	0.904
944	0.975	0.971	0.967	0.963	0.959	0.955	0.951	0.947	0.943	0.939	0.935	0.931	0.927	0.922	0.918	0.914	0.910	0.906
946	0.977	0.973	0.969	0.965	0.961	0.957	0.953	0.949	0.945	0.941	0.937	0.933	0.929	0.924	0.920	0.916	0.912	0.908
948	0.979	0.975	0.971	0.967	0.963	0.959	0.955	0.951	0.947	0.943	0.939	0.935	0.931	0.926	0.922	0.918	0.914	0.910
950	0.981	0.977	0.973	0.969	0.965	0.961	0.957	0.953	0.949	0.945	0.941	0.937	0.933	0.928	0.924	0.920	0.916	0.912
952	0.983	0.979	0.975	0.971	0.967	0.963	0.959	0.955	0.951	0.947	0.943	0.939	0.935	0.930	0.926	0.922	0.918	0.914
954	0.985	0.981	0.977	0.973	0.969	0.965	0.961	0.957	0.953	0.949	0.945	0.941	0.937	0.932	0.928	0.924	0.920	0.915
956	0.988	0.983	0.979	0.975	0.971	0.967	0.963	0.959	0.955	0.951	0.947	0.943	0.939	0.934	0.930	0.926	0.922	0.917
958	0.990	0.985	0.981	0.977	0.973	0.969	0.965	0.961	0.957	0.953	0.949	0.945	0.941	0.936	0.932	0.928	0.924	0.919
960	0.992	0.988	0.983	0.979	0.975	0.971	0.967	0.963	0.959	0.955	0.951	0.947	0.943	0.938	0.934	0.930	0.926	0.921
962	0.994	0.990	0.986	0.982	0.977	0.973	0.969	0.965	0.961	0.957	0.953	0.949	0.945	0.940	0.936	0.932	0.928	0.923
964	0.996	0.992	0.988	0.984	0.979	0.976	0.971	0.967	0.963	0.959	0.955	0.951	0.946	0.942	0.938	0.934	0.930	0.925
966	0.998	0.994	0.990	0.986	0.982	0.978	0.973	0.969	0.965	0.961	0.957	0.953	0.948	0.944	0.940	0.936	0.932	0.927
968	1.000	0.996	0.992	0.988	0.984	0.980	0.975	0.971	0.967	0.963	0.959	0.955	0.950	0.946	0.942	0.938	0.934	0.929

（续）

/℃

23	24	25	26	27	28	29	30	31	32	33	34	35	36	37	38	39	40	41	42
0.882	0.878	0.873	0.869	0.865	0.860	0.856	0.851	0.847	0.842	0.837	0.833	0.828	0.823	0.818	0.813	0.808	0.802	0.797	0.791
0.884	0.880	0.875	0.871	0.867	0.862	0.858	0.853	0.849	0.844	0.839	0.834	0.830	0.825	0.820	0.815	0.810	0.804	0.799	0.793
0.886	0.882	0.877	0.873	0.869	0.864	0.860	0.855	0.851	0.846	0.841	0.836	0.832	0.827	0.822	0.817	0.812	0.806	0.800	0.795
0.888	0.884	0.879	0.875	0.870	0.866	0.861	0.857	0.853	0.848	0.843	0.838	0.834	0.829	0.824	0.819	0.814	0.808	0.802	0.797
0.890	0.885	0.881	0.877	0.872	0.868	0.863	0.859	0.854	0.850	0.845	0.840	0.836	0.831	0.826	0.821	0.815	0.810	0.804	0.798
0.892	0.887	0.883	0.879	0.874	0.870	0.865	0.861	0.856	0.852	0.847	0.842	0.837	0.833	0.828	0.823	0.817	0.812	0.806	0.800
0.894	0.889	0.885	0.881	0.876	0.872	0.867	0.863	0.858	0.854	0.849	0.844	0.839	0.834	0.830	0.824	0.819	0.813	0.808	0.802
0.896	0.891	0.887	0.883	0.878	0.874	0.869	0.865	0.860	0.855	0.851	0.846	0.841	0.836	0.831	0.826	0.821	0.815	0.810	0.804
0.898	0.893	0.889	0.885	0.880	0.876	0.871	0.867	0.862	0.857	0.852	0.848	0.843	0.838	0.833	0.828	0.823	0.817	0.811	0.806
0.899	0.895	0.891	0.887	0.882	0.878	0.873	0.868	0.864	0.859	0.854	0.850	0.845	0.840	0.835	0.830	0.825	0.819	0.813	0.808
0.901	0.897	0.893	0.888	0.884	0.879	0.875	0.870	0.866	0.861	0.856	0.851	0.847	0.842	0.837	0.832	0.827	0.821	0.815	0.809
0.903	0.899	0.895	0.890	0.886	0.881	0.877	0.872	0.868	0.863	0.858	0.853	0.849	0.844	0.839	0.834	0.828	0.823	0.817	0.811
0.905	0.901	0.897	0.892	0.888	0.883	0.879	0.874	0.870	0.865	0.860	0.855	0.851	0.846	0.841	0.836	0.830	0.825	0.819	0.813
0.907	0.903	0.899	0.894	0.890	0.885	0.881	0.876	0.872	0.867	0.862	0.857	0.852	0.848	0.843	0.837	0.832	0.826	0.821	0.815
0.909	0.905	0.900	0.896	0.892	0.887	0.882	0.878	0.873	0.869	0.864	0.859	0.854	0.849	0.844	0.839	0.834	0.828	0.823	0.817
0.911	0.907	0.902	0.898	0.894	0.889	0.884	0.880	0.875	0.871	0.866	0.861	0.856	0.851	0.846	0.841	0.836	0.830	0.824	0.819
0.913	0.909	0.904	0.900	0.895	0.891	0.886	0.882	0.877	0.872	0.868	0.863	0.858	0.853	0.848	0.843	0.838	0.832	0.826	0.820
0.915	0.911	0.906	0.902	0.897	0.893	0.888	0.884	0.879	0.874	0.869	0.865	0.860	0.855	0.850	0.845	0.840	0.834	0.828	0.822
0.917	0.913	0.908	0.904	0.899	0.895	0.890	0.886	0.881	0.876	0.871	0.867	0.862	0.857	0.852	0.847	0.841	0.836	0.830	0.824
0.919	0.915	0.910	0.906	0.901	0.897	0.892	0.887	0.883	0.878	0.873	0.868	0.864	0.859	0.854	0.849	0.843	0.837	0.832	0.826
0.921	0.917	0.912	0.908	0.903	0.899	0.894	0.889	0.885	0.880	0.875	0.870	0.866	0.861	0.856	0.850	0.845	0.839	0.834	0.828
0.923	0.919	0.914	0.910	0.905	0.900	0.896	0.891	0.887	0.882	0.877	0.872	0.867	0.863	0.857	0.852	0.847	0.841	0.835	0.830
0.925	0.921	0.916	0.912	0.907	0.903	0.898	0.893	0.889	0.884	0.879	0.874	0.869	0.864	0.859	0.854	0.849	0.843	0.837	0.831

表 A.2

气压/10^2 Pa																	温度
	5	6	7	8	9	10	11	12	13	14	15	16	17	18	19	20	21	22
970	1.002	0.998	0.994	0.990	0.986	0.982	0.977	0.973	0.969	0.965	0.961	0.957	0.952	0.948	0.944	0.940	0.936	0.931
972	1.004	1.000	0.996	0.992	0.988	0.984	0.980	0.975	0.971	0.967	0.963	0.959	0.954	0.950	0.946	0.942	0.937	0.933
974	1.006	1.002	0.998	0.994	0.990	0.986	0.982	0.977	0.973	0.969	0.965	0.961	0.956	0.952	0.948	0.944	0.939	0.935
976	1.008	1.004	1.000	0.996	0.992	0.988	0.984	0.980	0.975	0.971	0.967	0.963	0.958	0.954	0.950	0.946	0.941	0.937
978	1.010	1.006	1.002	0.998	0.994	0.990	0.986	0.982	0.977	0.973	0.969	0.965	0.960	0.956	0.952	0.948	0.943	0.939
980	1.012	1.008	1.004	1.000	0.996	0.992	0.988	0.984	0.979	0.975	0.971	0.967	0.962	0.958	0.954	0.950	0.945	0.941
982	1.015	1.010	1.006	1.002	0.998	0.994	0.990	0.986	0.981	0.977	0.973	0.969	0.964	0.960	0.956	0.952	0.947	0.943
984	1.017	1.012	1.008	1.004	1.000	0.996	0.992	0.988	0.983	0.979	0.975	0.971	0.966	0.962	0.958	0.954	0.949	0.945
986	1.019	1.014	1.010	1.006	1.002	0.998	0.994	0.990	0.985	0.981	0.977	0.973	0.968	0.964	0.960	0.956	0.951	0.947
988	1.012	1.017	1.012	1.008	1.004	1.000	0.996	0.992	0.987	0.983	0.979	0.975	0.970	0.966	0.962	0.958	0.953	0.949
990	1.023	1.019	1.014	1.010	1.006	1.002	0.998	0.994	0.989	0.985	0.981	0.977	0.972	0.968	0.964	0.960	0.955	0.951
992	1.025	1.021	1.017	1.012	1.008	1.004	1.000	0.996	0.991	0.987	0.983	0.979	0.974	0.970	0.966	0.962	0.957	0.953
994	1.027	1.023	1.019	1.014	1.010	1.006	1.002	0.998	0.993	0.989	0.985	0.981	0.976	0.972	0.968	0.964	0.959	0.955
996	1.029	1.025	1.021	1.017	1.012	1.008	1.004	1.000	0.996	0.991	0.987	0.983	0.978	0.974	0.970	0.966	0.961	0.957
998	1.031	1.027	1.023	1.019	1.014	1.010	1.006	1.002	0.998	0.993	0.989	0.985	0.980	0.976	0.972	0.968	0.963	0.959
1 000	1.033	1.029	1.025	1.021	1.016	1.012	1.008	1.004	1.000	0.995	0.991	0.987	0.982	0.978	0.974	0.969	0.965	0.961
1 002	1.035	1.031	1.027	1.023	1.018	1.014	1.010	1.006	1.002	0.997	0.993	0.989	0.984	0.980	0.976	0.971	0.967	0.963
1 004	1.037	1.033	1.029	1.025	1.021	1.016	1.012	1.008	1.004	0.999	0.995	0.991	0.986	0.982	0.978	0.973	0.969	0.964
1 006	1.040	1.035	1.031	1.027	1.023	1.018	1.014	1.010	1.006	1.001	0.997	0.993	0.988	0.984	0.980	0.975	0.971	0.966
1 008	1.042	1.037	1.033	1.029	1.025	1.020	1.016	1.012	1.008	1.003	0.999	0.995	0.990	0.986	0.982	0.977	0.973	0.968
1 010	1.044	1.039	1.035	1.031	1.027	1.022	1.018	1.014	1.010	1.005	1.001	0.997	0.992	0.988	0.984	0.979	0.975	0.970
1 012	1.046	1.041	1.037	1.033	1.029	1.025	1.020	1.016	1.012	1.007	1.003	0.999	0.994	0.990	0.986	0.981	0.977	0.972

（续）

/℃

23	24	25	26	27	28	29	30	31	32	33	34	35	36	37	38	39	40	41	42
0.927	0.922	0.918	0.914	0.909	0.904	0.900	0.895	0.890	0.886	0.881	0.876	0.871	0.866	0.861	0.856	0.851	0.845	0.839	0.833
0.929	0.924	0.920	0.916	0.911	0.906	0.902	0.897	0.892	0.888	0.883	0.878	0.873	0.868	0.863	0.858	0.853	0.847	0.841	0.835
0.931	0.926	0.922	0.917	0.913	0.908	0.904	0.899	0.894	0.890	0.885	0.880	0.875	0.870	0.865	0.860	0.854	0.849	0.843	0.837
0.933	0.928	0.924	0.919	0.915	0.910	0.905	0.901	0.896	0.891	0.886	0.882	0.877	0.872	0.867	0.862	0.856	0.850	0.845	0.839
0.935	0.930	0.926	0.921	0.917	0.912	0.907	0.903	0.898	0.893	0.888	0.883	0.879	0.874	0.869	0.863	0.858	0.852	0.846	0.841
0.937	0.932	0.928	0.923	0.919	0.914	0.909	0.905	0.900	0.895	0.890	0.885	0.881	0.876	0.871	0.865	0.860	0.854	0.848	0.842
0.939	0.934	0.930	0.925	0.921	0.916	0.911	0.907	0.902	0.897	0.892	0.887	0.882	0.877	0.872	0.867	0.862	0.856	0.850	0.844
0.941	0.936	0.932	0.927	0.922	0.918	0.913	0.908	0.904	0.899	0.894	0.889	0.884	0.879	0.874	0.869	0.864	0.858	0.852	0.846
0.942	0.938	0.934	0.929	0.924	0.920	0.915	0.910	0.906	0.901	0.896	0.891	0.886	0.881	0.876	0.871	0.866	0.860	0.854	0.848
0.944	0.940	0.935	0.931	0.926	0.922	0.917	0.912	0.908	0.903	0.898	0.893	0.888	0.883	0.878	0.873	0.867	0.861	0.856	0.850
0.946	0.942	0.937	0.933	0.928	0.924	0.919	0.914	0.910	0.905	0.900	0.895	0.890	0.885	0.880	0.875	0.869	0.863	0.858	0.852
0.948	0.944	0.939	0.935	0.930	0.926	0.921	0.916	0.911	0.907	0.902	0.897	0.892	0.887	0.882	0.876	0.871	0.865	0.859	0.853
0.950	0.946	0.941	0.937	0.932	0.927	0.923	0.918	0.913	0.908	0.903	0.898	0.894	0.889	0.884	0.878	0.873	0.867	0.861	0.855
0.952	0.948	0.943	0.939	0.934	0.929	0.925	0.920	0.915	0.910	0.905	0.900	0.896	0.891	0.885	0.880	0.875	0.869	0.863	0.857
0.954	0.950	0.945	0.941	0.936	0.931	0.927	0.922	0.917	0.912	0.907	0.902	0.898	0.892	0.887	0.882	0.877	0.871	0.865	0.859
0.956	0.952	0.947	0.943	0.938	0.933	0.928	0.924	0.919	0.914	0.909	0.904	0.899	0.894	0.889	0.884	0.878	0.873	0.867	0.861
0.958	0.954	0.949	0.945	0.940	0.935	0.930	0.926	0.921	0.916	0.911	0.906	0.901	0.896	0.891	0.886	0.880	0.874	0.869	0.863
0.960	0.956	0.951	0.946	0.942	0.937	0.932	0.928	0.923	0.918	0.913	0.908	0.903	0.898	0.893	0.888	0.882	0.876	0.870	0.864
0.962	0.957	0.953	0.948	0.944	0.939	0.934	0.929	0.925	0.920	0.915	0.910	0.905	0.900	0.895	0.890	0.884	0.878	0.872	0.866
0.964	0.959	0.955	0.950	0.946	0.941	0.936	0.931	0.927	0.922	0.917	0.912	0.907	0.902	0.897	0.891	0.886	0.880	0.874	0.868
0.966	0.961	0.957	0.952	0.948	0.943	0.938	0.933	0.929	0.924	0.919	0.914	0.909	0.904	0.899	0.893	0.888	0.882	0.876	0.870
0.968	0.963	0.959	0.954	0.949	0.945	0.940	0.935	0.931	0.926	0.920	0.915	0.911	0.906	0.900	0.895	0.890	0.884	0.878	0.872

表 A.2

气压/ 10^2 Pa	温度																	
	5	6	7	8	9	10	11	12	13	14	15	16	17	18	19	20	21	22
1 014	1.048	1.043	1.039	1.035	1.031	1.027	1.022	1.018	1.014	1.009	1.005	1.001	0.996	0.992	0.988	0.983	0.979	0.974
1 016	1.050	1.046	1.041	1.037	1.033	1.029	1.024	1.020	1.016	1.011	1.007	1.003	0.998	0.994	0.990	0.985	0.981	0.976
1 018	1.052	1.048	1.043	1.039	1.035	1.031	1.026	1.022	1.018	1.013	1.009	1.005	1.000	0.996	0.992	0.987	0.983	0.978
1 020	1.054	1.050	1.045	1.041	1.037	1.033	1.028	1.024	1.020	1.015	1.011	1.007	1.002	0.998	0.994	0.989	0.985	0.980
1 022	1.056	1.052	1.048	1.043	1.039	1.035	1.030	1.026	1.022	1.017	1.013	1.009	1.004	1.000	0.996	0.991	0.987	0.982
1 024	1.058	1.054	1.050	1.045	1.041	1.037	1.032	1.028	1.024	1.019	1.015	1.011	1.006	1.002	0.998	0.993	0.989	0.984
1 026	1.060	1.056	1.052	1.047	1.043	1.039	1.035	1.030	1.026	1.021	1.017	1.013	1.008	1.004	1.000	0.995	0.991	0.986
1 028	1.062	1.058	1.054	1.049	1.045	1.041	1.037	1.032	1.028	1.023	1.019	1.015	1.010	1.006	1.002	0.997	0.993	0.988
1 030	1.065	1.060	1.056	1.051	1.047	1.043	1.039	1.034	1.030	1.026	1.021	1.017	1.012	1.008	1.004	0.999	0.995	0.990
1 032	1.067	1.062	1.058	1.054	1.049	1.045	1.041	1.036	1.032	1.028	1.023	1.019	1.014	1.010	1.006	1.001	0.996	0.992
1 034	1.069	1.064	1.060	1.056	1.051	1.047	1.043	1.038	1.034	1.030	1.025	1.021	1.016	1.012	1.008	1.003	0.998	0.994
1 036	1.071	1.066	1.062	1.058	1.053	1.049	1.045	1.040	1.036	1.032	1.027	1.023	1.018	1.014	1.010	1.005	1.000	0.996
1 038	1.073	1.068	1.064	1.060	1.055	1.051	1.047	1.042	1.038	1.034	1.029	1.025	1.020	1.016	1.012	1.007	1.002	0.998
1 040	1.075	1.070	1.066	1.062	1.057	1.053	1.049	1.044	1.040	1.036	1.031	1.027	1.022	1.018	1.014	1.009	1.004	1.000

（续）

/℃

23	24	25	26	27	28	29	30	31	32	33	34	35	36	37	38	39	40	41	42
0.970	0.965	0.961	0.956	0.951	0.947	0.942	0.937	0.932	0.927	0.922	0.917	0.913	0.907	0.902	0.897	0.891	0.885	0.880	0.874
0.972	0.967	0.963	0.958	0.953	0.949	0.944	0.939	0.934	0.929	0.924	0.919	0.914	0.909	0.904	0.899	0.893	0.887	0.881	0.875
0.974	0.969	0.965	0.960	0.955	0.951	0.946	0.941	0.936	0.931	0.926	0.921	0.916	0.911	0.906	0.901	0.895	0.889	0.883	0.877
0.976	0.971	0.967	0.962	0.957	0.952	0.948	0.943	0.938	0.933	0.928	0.923	0.918	0.913	0.908	0.903	0.897	0.891	0.885	0.879
0.978	0.973	0.968	0.964	0.959	0.954	0.950	0.945	0.940	0.935	0.930	0.925	0.920	0.915	0.910	0.904	0.899	0.893	0.887	0.881
0.980	0.975	0.970	0.966	0.961	0.956	0.951	0.947	0.942	0.937	0.932	0.927	0.922	0.917	0.912	0.906	0.901	0.895	0.889	0.883
0.982	0.977	0.972	0.968	0.963	0.958	0.953	0.948	0.944	0.939	0.934	0.929	0.924	0.919	0.913	0.908	0.903	0.897	0.891	0.885
0.983	0.979	0.974	0.970	0.965	0.960	0.955	0.950	0.946	0.941	0.936	0.931	0.926	0.920	0.915	0.910	0.904	0.898	0.893	0.886
0.985	0.981	0.976	0.972	0.967	0.962	0.957	0.952	0.948	0.943	0.937	0.932	0.928	0.922	0.917	0.912	0.906	0.900	0.894	0.888
0.987	0.983	0.978	0.974	0.969	0.964	0.959	0.954	0.950	0.945	0.939	0.934	0.929	0.924	0.919	0.914	0.908	0.902	0.896	0.890
0.989	0.985	0.980	0.975	0.971	0.966	0.961	0.956	0.951	0.946	0.941	0.936	0.931	0.926	0.921	0.916	0.910	0.904	0.898	0.892
0.991	0.987	0.982	0.977	0.973	0.968	0.963	0.958	0.953	0.948	0.943	0.938	0.933	0.928	0.923	0.917	0.912	0.906	0.900	0.894
0.993	0.989	0.984	0.979	0.975	0.970	0.965	0.960	0.955	0.950	0.945	0.940	0.935	0.930	0.925	0.919	0.914	0.908	0.902	0.896
0.995	0.991	0.986	0.981	0.976	0.972	0.967	0.962	0.957	0.952	0.947	0.942	0.937	0.932	0.927	0.921	0.916	0.910	0.904	0.897

附 录 B
（资料性附录）
精密度共同试验附加资料

表 B.1 管式炉内燃烧后气体容量法精密度试验用的试样

试　　样	非化合碳含量（标准值）/%	试　　样	非化合碳含量（标准值）/%
BH1011-1　Cr18Ni11Nb	0.10	BH0701-1　钒钢	1.07
H1438#　高温合金	0.19	BH0702-1　SiMnV	1.42
445　普碳钢	0.45	217　W_3CrV	1.60
271　易切钢	0.72	210　$Cr_{12}W$	2.06

表 B.2 管式炉内燃烧后气体容量法精密度试验原始数据

实验室	碳含量（质量分数）/%								实验室	碳含量（质量分数）/%							
	水平-1	水平-2	水平-3	水平-4	水平-5	水平-6	水平-7	水平-8		水平-1	水平-2	水平-3	水平-4	水平-5	水平-6	水平-7	水平-8
	0.104	0.200	0.445	0.701	1.060	1.432	1.583	2.072		0.097	0.199	0.448	0.707	1.078	1.437	1.589	2.060
1	0.102	0.202	0.443	0.702	1.061	1.433	1.584	2.066	6	0.097	0.196	0.445	0.708	1.076	1.427	1.589	2.066
	0.103	0.200	0.448	0.703	1.061	1.436	1.587	2.066		0.097	0.195	0.447	0.711	1.076	1.435	1.592	2.065
	0.099	0.197	0.455	0.702	1.074	1.422	1.611	2.044		0.092	0.115	0.451	0.691	1.062	1.447	1.549	
2	0.101	0.190	0.451	0.719	1.071	1.428	1.594	2.037	7	0.088	0.110	0.442	0.691	1.059	1.428	1.557	0
	0.099	0.200	0.453	0.701	1.059	1.441	1.584	2.058		0.091	0.109	0.446	0.692	1.062	1.438	1.566	
	0.108	0.192	0.450	0.710	1.096	1.438	1.609	2.058		0.100	0.196	0.460	0.717	1.069	1.417	1.582	2.024
3	0.106	0.194	0.444	0.704	1.092	1.426	1.602	2.028	8	0.100	0.196	0.460	0.717	1.069	1.417	1.582	2.006
	0.110	0.190	0.447	0.692	1.115	1.411	1.604	2.040		0.102	0.200	0.464	0.713	1.073	1.426	1.591	2.024
	0.104	0.186	0.457	0.704	1.047	1.409	1.580	2.046		0.113	0.194	0.452	0.713	1.087	1.456	1.629	2.127
4	0.098	0.191	0.466	0.708	1.071	1.434	1.583	2.095	9	0.113	0.190	0.452	0.709	1.080	1.445	1.599	2.135
	0.095	0.185	3.446	0.712	1.073	1.424	1.575	2.040		0.115	0.199	0.455	0.715	1.073	1.456	1.624	2.126
	0.115	0.203	0.463	0.739	1.080	1.430	1.610	2.080									
5	0.093	0.196	0.460	0.735	1.096	1.430	1.584	2.060									
	0.108	0.198	0.463	0.750	1.096	1.426	1.606	2.075									

ICS 77.080.01
H 11

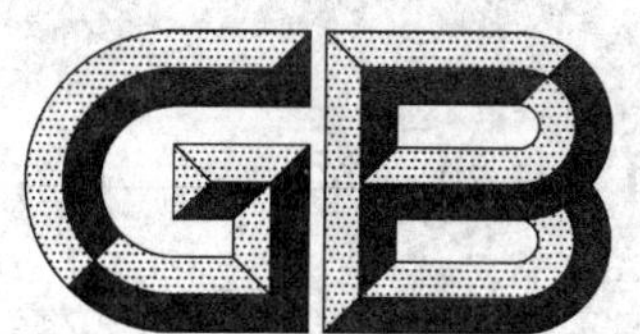

中华人民共和国国家标准

GB/T 223.70—2008
代替 GB/T 223.70—1989

钢铁及合金 铁含量的测定 邻二氮杂菲分光光度法

Iron, steel and alloy—Determination of iron contents—*o*-Phenanthroline spectrophotometric method

2008-05-13 发布 2008-11-01 实施

中华人民共和国国家质量监督检验检疫总局
中国国家标准化管理委员会 发布

前　言

GB/T 223 的本部分代替 GB/T 223.70—1989《钢铁及合金化学分析方法　邻菲啰啉分光光度法测定铁量》。

本部分与 GB/T 223.70—1989 相比较主要进行了以下修改：

——修改了本部分的名称；

——增加了分析中对试剂和水的说明内容并修改溶液浓度的表示方法；

——修改了称取试料量表示；

——修改了结果计算式及式中量的表示；

——规范了对精密度函数式的说明。

本部分的附录 A 是资料性附录。

本部分由中国钢铁工业协会提出。

本部分由全国钢标准化技术委员会归口。

本部分起草单位：中国钢研科技集团公司、大冶钢厂。

本部分主要起草人：罗倩华、王玉兴、叶本启。

本部分所代替标准的历次版本发布情况为：

GB 223.73(三)—1981、GB 223.70—1989。

钢铁及合金　铁含量的测定 邻二氮杂菲分光光度法

警告:使用本部分的人员应有正规实验室工作的实践经验。本部分并未指出所有可能的安全问题。使用者有责任采取适当的安全和健康措施,并保证符合国家有关法规规定的条件。

1　范围

GB/T 223 的本部分规定了用邻二氮杂菲分光光度法测定铁含量。

本部分适用于高温合金和精密合金中质量分数为 0.10%～1.00%铁量的测定。

2　规范性引用文件

下列文件中的条款通过 GB/T 223 的本部分的引用而成为本部分的条款。凡是注日期的引用文件,其随后所有的修改单(不包括勘误的内容)或修订版均不适用于本部分,然而,鼓励根据本部分达成协议的各方研究是否可使用这些文件的最新版本。凡是不注日期的引用文件,其最新版本适用于本部分。

GB/T 6379.1　测量方法与结果的准确度(正确度与精密度)　第 1 部分:总则与定义

GB/T 6379.2　测量方法与结果的准确度(正确度与精密度)　第 2 部分:确定标准测量方法的重复性和再现性的基本方法

GB/T 20066　钢和铁　化学成分测定用试样的取样和制样方法

3　原理

试样经酸溶解后,用高氯酸冒烟氧化铬,并使铌酸、锆酸等充分脱水,再用氨水沉淀铁,使其与镍、铬等元素分离。以稀盐酸溶解氢氧化铁。于微酸性溶液中,用抗坏血酸将铁还原成二价。二价铁与邻二氮杂菲生成橘红色络合物,测量其吸光度。

4　试剂

除非另有说明,在分析中仅使用确认为分析纯的试剂和蒸馏水或去离子水或相当纯度的水。

4.1　盐酸,ρ 约 1.19 g/mL。

4.2　盐酸,ρ 约 1.19 g/mL,稀释为 1+1。

4.3　盐酸,ρ 约 1.19 g/mL,稀释为 5+95。

4.4　硝酸,ρ 约 1.42 g/mL。

4.5　硝酸,ρ 约 1.42 g/mL,稀释为 1+1。

4.6　高氯酸,ρ 约 1.67 g/mL。

4.7　氨水,ρ 约 0.90 g/mL。

4.8　氨水,ρ 约 0.90 g/mL,稀释为 1+1。

4.9　氨水,ρ 约 0.90 g/mL,稀释为 5+95。

4.10　柠檬酸铵溶液,300 g/L。

4.11　抗坏血酸溶液,50 g/L,用时现配。

4.12　邻二氮杂菲溶液,2.5 g/L。

4.13　铁标准溶液

4.13.1 铁储备液，100 μg/mL。称取 0.100 0 g 纯铁（基准物质）置于 100 mL 烧杯中，加入 20 mL 硫酸（1+4），低温溶解，滴加硝酸（4.4）氧化。蒸发至冒硫酸白烟，取下稍冷，用少量水冲洗表面皿和烧杯内壁，再蒸发至冒硫酸白烟。取下稍冷，加水溶解铁盐，冷却，移入 1 000 mL 容量瓶中，以硫酸（5+95）稀释至刻度，混匀。

4.13.2 铁标准溶液，20.0 μg/mL。移取 50.00 mL 铁储备液（4.13.1）置于 250 mL 容量瓶中，用硫酸（5+95）稀释至刻度，混匀。

5 仪器

通常使用普通实验室设备及下列仪器：

5.1 分光光度计，适合在 500 nm 处，用 2 cm（或 1 cm）吸收皿测定溶液的吸光度。

6 取制样

按照 GB/T 20066 或适当的钢国家标准取制样。

7 分析步骤

7.1 试料量

称取 0.200 g 试样，精确至 0.1 mg。

7.2 空白试验

随同试料做空白试验。

7.3 测定

7.3.1 将试料（7.1）置于 400 mL 烧杯中，加入 10 mL～20 mL 溶样酸[高温合金试样用盐酸（4.1）滴加硝酸（4.4）或适宜比例的盐酸（4.1）-硝酸（4.4）混合酸；精密合金试样一般用硝酸（4.5）或适宜比例的硝酸（4.4）-盐酸（4.1）混合酸]，盖上表面皿，微热（溶液温度不超过 105℃）至试样完全溶解。

7.3.2 用少量水冲洗表面皿和烧杯内壁，加入 8 mL～10 mL 高氯酸（4.6），加热至冒烟，并回流 4 min～5 min[如试样铌、锆含量（质量分数）高于 0.1%时，加 12 mL 高氯酸（4.6）回流约 10 min]。

7.3.3 取下烧杯，稍冷，加入 200 mL 热盐酸（4.3）溶解可溶性盐类。加热至 60℃～70℃，搅拌，滴加氨水（4.7）至刚出现氢氧化物沉淀后，迅速一次地加入 15 mL～20 mL 氨水（4.7），不断搅拌使钨酸等全部溶解，加热煮沸 5 min[如试样中钨、钼含量（质量分数）高于 2%，应再加 10 mL 氨水（4.7），搅拌，加热 2 min～3 min，但不要煮沸]。稍静置，用快速滤纸过滤，用热氨水（4.9）洗涤烧杯。如杯壁有沉淀，用带橡皮头的玻璃棒擦净，全部移至滤纸上，用热氨水（4.9）洗涤沉淀（7～10）次，再用热水洗涤（1～2）次。

7.3.4 用 30 mL 热盐酸（4.2）分（3～5）次将氢氧化铁沉淀溶解于原烧杯中，用热盐酸（4.3）洗涤滤纸（5～6）次，溶液冷却至室温，移入 100 mL 容量瓶中，用水稀释至刻度，混匀。如溶液浑浊，可用慢速滤纸干过滤。

7.3.5 移取 10.00 mL～20.00 mL 试液（7.3.4），使铁量在 40 μg～200 μg，置于 100 mL 容量瓶中。

7.3.6 加入 3 mL 柠檬酸铵溶液（4.10），用氨水（4.8）和盐酸（4.2）调节溶液 pH 值为（3～5）（刚果红试纸呈现红色）。加入 5 mL 抗坏血酸溶液（4.11），混匀，稍放置，再加入 10.0 mL 邻二氮杂菲溶液（4.12），混匀，用水稀释至刻度，混匀。放置 10 min。

7.3.7 将部分显色液移入（1～2）cm 吸收皿中，以随同试样空白溶液为参比，于分光光度计波长 500 nm处测量其吸光度。

7.3.8 从校准曲线上查出显色液中相应的铁量（μg）。

7.4 校准曲线的绘制

移取 0，2.00 mL，4.00 mL，6.00 mL，8.00 mL，10.00 mL 铁标准溶液（4.13.2），分别置于100 mL 容量瓶中。以下按分析步骤 7.3.6～7.3.7 进行，但以试剂空白为参比测量其吸光度。

以铁的质量(μg)为横坐标,吸光度为纵坐标绘制校准曲线。

8 结果的计算

按式(1)计算铁的质量分数 w_{Fe},数值以 10^{-2} 或%表示:

$$w_{Fe} = \frac{m_1 \times V}{m \times V_1 \times 10^6} \times 100 \qquad \cdots\cdots(1)$$

式中:

V——试液总体积的数值,单位为毫升(mL);

V_1——分取试液体积的数值,单位为毫升(mL);

m_1——从校准曲线上查得铁质量的数值,单位为微克(μg);

m——试样量的数值,单位为克(g)。

9 精密度

本部分的精密度试验是在1988年由7个实验室,对6个水平的铁含量进行测定。每个实验室对每个铁的水平,按照GB/T 6379.1规定的重复性条件下测定3次。各实验室报出的原始数据(测定值)见附录A。原始数据按照GB/T 6379.2进行统计分析,精密度见表1。

表1 精密度结果

铁的质量分数/%	重复性限 r	再现性限 R
0.10~1.00	$\lg r = -1.4405 + 0.7337 \lg m$	$R = 0.02131 + 0.0300\, m$
式中: m 是两个测定值的平均值,单位为%(质量分数)。		

重复性限(r)、再现性限(R)按以上表1给出的方程求得。

在重复性条件下,获得的两次独立测试结果的绝对差值不大于重复性限(r),大于重复性限(r)的情况以不超过5%为前提;

在再现性条件下,获得的两次独立测试结果的绝对差值不大于再现性限(R),大于再现性限(R)的情况以不超过5%为前提。

10 试验报告

试验报告应包括下列内容:

a) 鉴别试料、实验室和分析日期等资料;

b) 遵守本部分规定的程度;

c) 分析结果及其表示;

d) 测定中观察到的异常现象;

e) 对分析结果可能有影响而本部分未包括的操作或者任选的操作。

附 录 A
（资料性附录）
精密度试验原始数据

A.1 精密度试验原始数据见表 A.1。

表 A.1

实验室	铁含量(质量分数)/%					
	水平-1	水平-2	水平-3	水平-4	水平-5	水平-6
1	0.122 0.120 0.122	0.238 0.242 0.235	0.400 0.408 0.412	0.442 0.432 0.445	0.625 0.625 0.630	1.055 1.055 1.070
2	0.115 0.119 0.119	0.234 0.235 0.234	0.417 0.114 0.413	0.441 0.440 0.134	0.632 0.636 0.622	1.088 1.090 1.090
3	0.130 0.132 0.130	0.256 0.250 0.248	0.412 0.416 0.430	0.440 0.456 0.460	0.672 0.680 0.680	1.120 1.160 1.141
4	0.126 0.119 0.138	0.223 0.233 0.221	0.412 0.116 0.432	—	0.645 0.633 0.663	1.075 1.090 1.113
5	0.115 0.115 0.120	0.230 0.240 0.240	0.405 0.418 0.410	0.444 0.438 0.442	0.640 0.630 0.630	1.055 1.075 1.055
6	0.110 0.112 0.116	0.240 0.234 0.244	0.405 0.395 0.395	0.440 0.422 0.440	0.630 0.645 0.615	1.075 1.060 1.090
7	0.143 0.137 0.138	0.256 0.236 0.249	0.430 0.424 0.426	0.450 0.455 0.447	0.632 0.635 0.628	1.080 1.110 1.080

ICS 77.080.01
H 11

中华人民共和国国家标准

GB/T 223.72—2008
代替 GB/T 223.72—1991

钢铁及合金　硫含量的测定　重量法

Iron, steel and alloy—Determination of sulfur content—Gravimetric method

2008-05-13 发布　　　　2008-11-01 实施

中华人民共和国国家质量监督检验检疫总局
中国国家标准化管理委员会　发布

前　言

GB/T 223 的本部分此次修订，名称改为《钢铁及合金　硫含量的测定　重量法》，内含两个分析方法：

——方法一　重量法；

——方法二　氧化铝色层分离-硫酸钡重量法。

本部分方法一为等同采用 ISO 4934:2003(E)。

为便于使用，本部分做了下列编辑性修改：

——“本国际标准”一词改为“本部分”；

——用小数点“.”代替作为小数点的逗号“,”；

——删除国际标准的前言；

——“规范性引用文件”中，被引用的国际文件或所引用的具体章条与国内文件完全一致的，用国内文件代替。

本部分代替 GB/T 223.72—1991《钢铁及合金化学分析方法　氧化铝色层分离-硫酸钡重量法测定硫量》。

本部分方法一与 GB/T 223.72—1991 相比较，主要做了以下修改：

——溶样时盛有试料和试剂的锥形瓶和一冷凝器相连，以更好地控制试样溶解速度，以免试样溶解太快，有少量硫未被氧化成硫酸根而以硫化氢形式逸出。

——加入沉淀剂时，先加入将 SO_4^{2-} 全部沉淀所需的 $BaCl_2$ 的大约量，放置 1 h 后，再加入约 25 mg 的 $BaCl_2$。试料中 S 含量控制在约(1.5～5.5)mg 的范围内，沉淀剂 $BaCl_2$ 过量约(0.7～3)倍；而 GB/T 223.72—1991 中一次加入 $BaCl_2$ 约 500 mg，沉淀剂 $BaCl_2$ 过量约(15～30)倍。

本部分方法二与 GB/T 223.72—1991 相比较，主要做了以下修改：

——增加了分析中对试剂和水的说明内容并修改溶液浓度的表示方法；

——修改了结果计算式中量的表示；

——规范了精密度函数式的说明。

本部分的附录 A 和附录 B 均为资料性附录。

本部分由中国钢铁工业协会提出。

本部分由全国钢标准化技术委员会归口。

本部分主要起草单位：中国钢研科技集团公司。

本部分主要起草人：范晓芸、柯瑞华、范椿祺。

本部分所代替标准的历次版本发布情况为：

——GB/T 223.72—1981、GB/T 223.72—1991。

钢铁及合金　硫含量的测定　重量法

警告：使用本部分的人员应有正规实验室工作的实践经验。本部分并未指出所有可能的安全问题。使用者有责任采取适当的安全和健康措施，并保证符合国家有关法规规定的条件。

1　范围

GB/T 223 的本部分规定了用重量法测定钢铁中硫的含量，含硒钢除外。本方法特别适合作为标准样品定值用的参考方法。

本部分方法一适用于质量分数为 0.003%～0.35%的硫含量的测定；本部分方法二适用于质量分数为 0.003%～0.20%的硫含量的测定。

2　规范性引用文件

下列文件中的条款通过 GB/T 223 的本部分的引用而成为本部分的条款。凡是注日期的引用文件，其随后所有的修改单(不包括勘误的内容)或修订版均不适用于本部分，然而，鼓励根据本部分达成协议的各方研究是否可使用这些文件的最新版本。凡是不注日期的引用文件，其最新版本适用于本部分。

GB/T 6379.1　测量方法与结果的准确度(正确度与精密度)　第 1 部分：总则与定义(GB/T 6379.1—2004，ISO 5725-1：1994，IDT)

GB/T 6379.2　测量方法与结果的准确度(正确度与精密度)　第 2 部分：确定标准测量方法的重复性和再现性的基本方法(GB/T 6379.2—2004，ISO 5725-2：1994，IDT)

GB/T 20066　钢和铁　化学成分测定用试样的取样和制样方法(GB/T 20066—2006，ISO 14284：1996，IDT)

ISO 565　试验筛　金属丝网和穿孔板-孔径公称尺寸

ISO 3696　分析实验室用水　规格和试验方法

ISO 5725-3　测量方法与结果的准确度(正确度与精密度)　第 3 部分：标准测量方法精密度的中间度量

3　方法一　重量法

3.1　原理

在有溴的情况下，试样在稀硝酸或盐酸-硝酸的混合酸中溶解(借助适当设备防止硫的损失)。冒高氯酸烟，过滤除去硅、钨、铌等脱水物。滤液中准确加入一定量的硫酸根离子辅助沉淀，通过色层分离，硫酸根离子被吸附在氧化铝色层柱上，用稀氨水将其洗脱，硫酸根以硫酸钡形式沉淀，过滤，洗涤，灼烧，称量。

3.2　试剂与材料

分析中仅使用确认为分析纯的试剂和 ISO 3696 中规定的二级水。

3.2.1　氧化铝，为色层分离制备的氧化铝，颗粒大小相当于 75 μm～150 μm 筛目(ISO 565 补充系列 R40/3)。

可使用标明碱性、中性、酸性的氧化铝。

将大约 200 g 干燥的氧化铝放入盛有 300 mL 水的 400 mL 烧杯中，将烧杯放在水槽中，插入一根内径 5 mm 的玻璃管，并伸到烧杯底部，另一端与供水管相接，调节水流使悬浮的细颗粒从烧杯边缘溢出。连续这个操作直到停止水流一分钟内不沉淀的所有细颗粒全部溢出。倒出粗粒上面的清液，加入盐酸(3.2.5),使其覆盖氧化铝,搅拌后放置不少于 12 h,倒出盐酸按照上一段步骤用水洗涤氧化铝。将洗涤过的氧化铝与盐酸溶液(3.2.8)制成悬浮液,以制备吸附柱。

3.2.2　溴,质量分数不少于 99%。

3.2.3　硝酸,ρ 约 1.40 g/mL。

3.2.4　硝酸,ρ 约 1.40 g/mL,稀释为 1+1。

3.2.5　盐酸,ρ 约 1.19 g/mL。

3.2.6　盐酸,ρ 约 1.19 g/mL,稀释为 1+1。

3.2.7　盐酸,ρ 约 1.19 g/mL,稀释为 1+9。

3.2.8　盐酸,ρ 约 1.19 g/mL,稀释为 1+19。

3.2.9　高氯酸,ρ 约 1.54 g/mL。

注:如证明这种试剂有较高含量的硫酸根,则将此试剂通过吸附柱(3.3.4)以清除之。

3.2.10　高氯酸,ρ 约 1.54 g/mL,稀释为 1+49。

3.2.11　混合酸,盐酸(3.2.5)和硝酸(3.2.3)以适宜比例混合以保证试料全部溶解。该溶液须现用现配。

3.2.12　氨水,ρ 约 0.90 g/mL。

3.2.13　氨水,ρ 约 0.90 g/mL,稀释为 1+19。

3.2.14　氨水,ρ 约 0.90 g/mL,稀释为 1+99。

3.2.15　硫酸,相当于每升约含 48 mg 硫的溶液。加入 2.8 mL 硫酸(ρ 约 1.84 g/mL)到大约 500 mL 水中,稀释到 1 000 mL 并混匀。取出 30 mL 该溶液稀释到 1 000 mL 并混匀。

3.2.16　氯化钡($BaCl_2 \cdot 2H_2O$)溶液,1.22 g/L。溶解 1.22 g 氯化钡($BaCl_2 \cdot 2H_2O$)于水中,稀释到 1 000 mL,并混匀。使用前用致密滤纸过滤。1 mL 该溶液约相当于 0.16 mg 的硫。

3.2.17　甲基橙($C_{14}H_{14}N_3NaO_3S$)溶液,0.50 g/L。

3.2.18　冰乙酸(CH_3COOH),ρ 约 1.05 g/mL。

3.2.19　过氧化氢(H_2O_2),ρ 约 1.10 g/mL。

3.3　仪器

分析中,仅用通常的实验室仪器设备及:

3.3.1　分析天平,用国家或国际可溯源的砝码进行校准,以提供测量的溯源性。

3.3.2　锥形瓶,磨口缩颈,容积 1 000 mL。

3.3.3　Allihn 冷凝管(4 或 6 个球型)。

3.3.4　色层分离吸附柱(见图 1)

制备吸附柱如下:

将柱管的下端装入单孔橡皮塞中,使塞子正好在柱管活塞的下面,起到固定柱管在抽滤瓶中的密封衬垫作用。将管子装入抽滤瓶中,并在管子细端放置约 20 mm 厚的玻璃棉。打开活塞,将足够的氧化铝悬浮液(3.2.1)倒入管中,制成 100 mm~120 mm 长的柱,用盐酸溶液(3.2.8)沿蓄水器边缘将所有氧化铝颗粒冲洗进入管中。嵌入玻璃棉塞并用玻璃棒往下压至与氧化铝接触并压紧。应确保顶部塞子上面、柱壁无氧化铝颗粒。

加入 20 mL 盐酸溶液(3.2.8)通过柱子,再加入 20 mL 水。然后加入 20 mL 氨水溶液(3.2.13)过柱,之后用 20 mL 水洗柱,合并后面两种洗出液并调整溶液 pH 值直至氨性消失,检查是否有铝盐存在。若放置时有氢氧化铝沉淀出现,先用 20 mL 盐酸溶液(3.2.7),再用 20 mL 水洗柱。用 20 mL 氨水溶液(3.2.13)和 20 mL 水重复处理,同前,检查氨洗出液中是否有铝盐。

若仍有氢氧化铝沉淀,在不空吸的情况下,用盐酸溶液(3.2.6)过柱 1 h,再用 50 mL 水洗涤。将 20 mL 氨水(3.2.13)和 20 mL 水通过柱,检查洗出液中是否有铝盐。

重复这个洗涤程序直至证明柱子的洗出液中没有铝盐为止。最后,用 30 mL 盐酸溶液(3.2.8)洗涤柱子。

柱子不用时,关上活塞,将柱管充满盐酸溶液(3.2.8),蓄水器塞上一个橡皮塞。

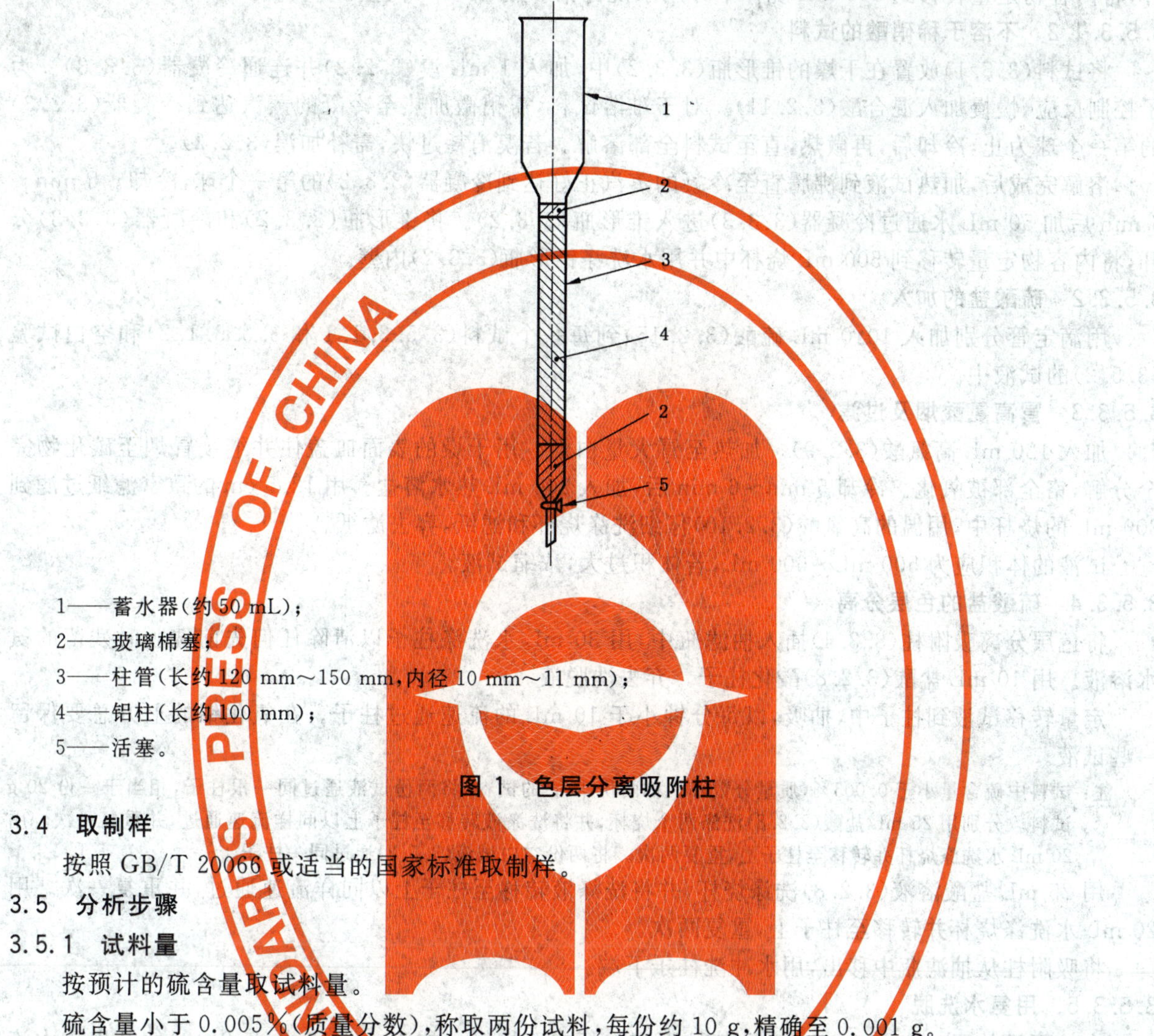

1——蓄水器(约50 mL);

2——玻璃棉塞;

3——柱管(长约120 mm～150 mm,内径10 mm～11 mm);

4——铝柱(长约100 mm);

5——活塞。

图 1 色层分离吸附柱

3.4 取制样

按照 GB/T 20066 或适当的国家标准取制样。

3.5 分析步骤

3.5.1 试料量

按预计的硫含量取试料量。

硫含量小于 0.005%(质量分数),称取两份试料,每份约 10 g,精确至 0.001 g。

硫含量在 0.005%～0.05%(质量分数),称取一份试料约 10 g,精确至 0.001 g。

硫含量大于 0.05%(质量分数),选适当试料量,以使被测定的硫量在 0.001 g～0.005 g,精确至 0.001 g。

注:本方法操作的理想条件是要求知道试料中硫的大约含量,若不知道,应进行燃烧法测定,以便确定试料的最佳称取量和沉淀所需的氯化钡的适当量。

3.5.2 空白试验

每次试验,在相同条件下,使用测定中所使用的规定量的试剂,但省去试料,进行空白试验。

硫含量低于 0.005%(质量分数)时,用的是两份 10 g 试料,因此在同样条件下,应进行两份空白试验(见 3.5.3.4)。

3.5.3 测定

3.5.3.1 试料的溶解

3.5.3.1.1 可溶于稀硝酸的试料

将试料(3.5.1)放置在干燥的锥形瓶(3.3.2)中,加入 1 mL 溴(3.2.2)并连通冷凝器(3.3.3)。为了尽可能控制反应,慢慢加入 50 mL 硝酸(3.2.4)。稍后再慢慢加入 50 mL 硝酸(3.2.4)。当停止冒烟时,用少量水冲洗冷凝器(3.3.3)内壁,收集洗涤物于锥形瓶中。

溶解完成后,加热试液到沸腾直至冷凝的蒸汽正好达到冷凝器(3.3.3)的第一个球。冷却,5 min~6 min后加50 mL水通过冷凝器(3.3.3)进入锥形瓶(3.3.2)。将锥形瓶(3.3.2)和冷凝器(3.3.3)分开,将内容物定量转移到500 mL烧杯中并用水洗涤锥形瓶(3.3.2)内壁。

3.5.3.1.2 **不溶于稀硝酸的试料**

将试料(3.5.1)放置在干燥的锥形瓶(3.3.2)中,加入1 mL溴(3.2.2)并连通冷凝器(3.3.3)。为了控制反应,慢慢加入混合酸(3.2.11)。对于难溶试料,需稍微加热至冷凝的蒸汽达到冷凝器(3.3.3)的第一个球为止,冷却后,再微热,直至试料全部溶解。若溴消耗过快,需补加溴(3.2.2)。

溶解完成后,加热试液到沸腾直至冷凝的蒸汽正好达到冷凝器(3.3.3)的第一个球,冷却。5 min~6 min后加50 mL水通过冷凝器(3.3.3)进入锥形瓶(3.3.2)。将锥形瓶(3.3.2)和冷凝器(3.3.3)分开,将内容物定量转移到500 mL烧杯中并用水洗涤锥形瓶(3.3.2)内壁。

3.5.3.2 **硫酸盐的加入**

用滴定管分别加入10.0 mL硫酸(3.2.15)到每一个试料(3.5.3.1.1和3.5.3.1.2)和空白试验(3.5.2)的试液中。

3.5.3.3 **冒高氯酸烟及过滤**

加入120 mL高氯酸(3.2.9)。加热至冒大量白烟。用干燥的表面皿盖住并继续冒烟至碳化物完全分解,铬全部被氧化。冷却5 min~6 min后,加入200 mL热水溶盐。用12.5 cm的致密滤纸过滤到800 mL的烧杯中,用温的高氯酸(3.2.10)仔细洗涤烧杯和滤纸,弃去滤纸。

试液的体积应为500 mL~600 mL,若体积过大,浓缩试液。

3.5.3.4 **硫酸盐的色层分离**

将色层分离吸附柱(3.3.4)插入抽滤瓶中,用30 mL水洗涤柱子以清除任何先前洗脱时残留的氨水溶液。用10 mL盐酸(3.2.8)酸化柱子。弃去洗脱液。

定量转移试液到柱子中,抽吸,以每分钟小于10 mL的流速通过柱子。在氧化铝的上方总要保留一些试液。

注:试料中硫含量小于0.005%(质量分数)时,称两份10 g的试料,将两份试液通过同一根柱子,相当于一份20 g试料。分别用25 mL盐酸(3.2.8)洗涤两个烧杯,并将洗涤液转移至柱子上以同样流速通过,并重复一次。用20 mL水洗涤烧杯并转移至柱子上,重复两次。将两份空白试液(3.5.2)通过同一柱子。

用25 mL盐酸溶液(3.2.8)洗涤烧杯,并将洗涤液转移至柱子上以同样流速通过,并重复一次。用20 mL水洗涤烧杯并转移至柱子上,重复两次。

将吸附柱从抽滤瓶中移出,用水冲洗柱子下端。

3.5.3.5 **用氨水洗脱**

在柱下面放置一个250 mL烧杯,使柱下端与杯内壁接触。加15 mL氨水(3.2.13)使其以重力流过,再加40 mL氨水(3.2.14),使其完全流入杯内。加30 mL~40mL水通过柱子,收集到烧杯中。

3.5.3.6 **硫酸盐的沉淀和称量**

于洗脱液中加几滴甲基橙溶液(3.2.17),用盐酸(3.2.7)中和并过量2 mL。蒸发溶液至约50 mL,用直径9 cm的致密滤纸过滤,收集滤液至250 mL烧杯中,用少量水洗涤原烧杯和滤纸4次。

加1 mL冰乙酸(3.2.18)和5滴过氧化氢(3.2.19)还原溶液中少量的铬离子,待蓝色消失,边不断搅拌边用滴定管滴加一定量的氯化钡溶液(3.2.16)(氯化钡溶液的加入量与试样中硫的估计量以及加入硫酸量是化学计量关系)。放置1 h后,再用同一滴定管加入20 mL过量的氯化钡溶液(3.2.16)。搅拌后盖上表皿,放置约12 h。

用直径9 cm致密滤纸或一个小的无灰纸浆垫过滤。冷水洗涤6次,每次5 mL~10 mL。

将铂坩埚预先加热到800℃,在干燥器中冷却并称至恒量,准确至0.1 mg后,放入沉淀和滤纸。在尽可能低的温度下(不超过550℃)干燥、灰化,直到烧除碳化物,最后加热到800℃。在干燥器中冷却,在分析天平(3.3.1)上称量,准确至0.1 mg,反复至恒量。

3.6 结果表示

3.6.1 计算方法

硫含量以质量分数$w(S)$计,数值以%表示,按公式(1)计算:

$$w(S)=\frac{m_1-m_2}{m_0}\times 0.1374\times 100 \quad\cdots\cdots(1)$$

式中：

m_1——试料中测得硫酸钡的质量，单位为克(g)；

m_2——空白试验中得到的硫酸钡的质量，单位为克(g)；

m_0——试料的质量，单位为克(g)；

0.137 4——由硫酸钡换算到硫的换算系数。

3.6.2 精密度

本方法精密度试验由8个实验室对8个水平的硫的含量进行测定，每个实验室对每个水平的硫含量提供4个测定结果。

第一、第二次测定是依据GB/T 6379.1在重复性条件下进行，即同一操作人员，同样的仪器设备、操作条件和校准曲线，在很短的时间间隔内完成。

第三、第四次测定是在不同的时间(在不同天)由第一、二次测定的操作人员使用相同的仪器设备完成。

试料的使用和平均值列于附件A中表A.1。

试验数据的统计处理依据GB/T 6379.1、GB/T 6379.2和ISO 5725-3。

通过对试验数据的处理得到硫的含量与测定结果的重复性限r和再现性限R_W,R之间的对数关系，见表1。数据的曲线图见附件B。

依据GB/T 6379.2，由同一天得到的两个结果计算出重复性限r和再现性限R。依据ISO 5725-3，由第一次的测定结果和另一天的测定结果计算出实验室内的再现性限R_W。

表1 精密度结果

硫含量(质量分数)/%	重复性限 r	再现性限	
		R_W	R
0.003	0.000 65	0.000 60	0.000 68
0.005	0.000 83	0.000 84	0.001 06
0.01	0.001 16	0.001 34	0.001 93
0.02	0.001 62	0.002 14	0.003 51
0.05	0.002 52	0.003 98	0.007 74
0.1	0.003 52	0.006 36	0.014 07
0.2	0.004 92	0.010 15	0.025 59
0.35	0.006 44	0.014 82	0.041 47

4 方法二 氧化铝色层分离-硫酸钡重量法

4.1 原理

试样在饱和溴水中用盐酸-硝酸溶解，高氯酸冒烟，过滤除去硅、钨、铌等，试液通过活性氧化铝色层柱与大量干扰元素分离，用稀氢氧化铵洗脱色层柱上的硫酸根，以硫酸钡重量法测定硫量。

4.2 试剂与材料

除非另有说明，分析中仅使用确认为分析纯的试剂和蒸馏水或与其纯度相当的水。

4.2.1 氯酸钾。

4.2.2 氢氟酸，ρ约1.15 g/mL，优级纯。

4.2.3 冰乙酸，ρ约1.05 g/mL，优级纯。

4.2.4 过氧化氢，ρ约1.10 g/mL。

4.2.5 乙醇。

4.2.6　溴，质量分数不低于99%。

4.2.7　饱和溴水。

4.2.8　高氯酸，ρ约1.67 g/mL，优级纯。

4.2.9　高氯酸，ρ约1.67 g/mL，稀释为1+100。

4.2.10　盐酸，ρ约1.19 g/mL，优级纯。

4.2.11　盐酸，ρ约1.19 g/mL，优级纯，稀释为1+1。

4.2.12　盐酸，ρ约1.19 g/mL，优级纯，稀释为1+20。

4.2.13　活性氧化铝，色层分析用。粒度小于0.177 μm。用盐酸(4.2.11)浸泡数小时，再用清水漂洗3次～4次，每次将经搅动后20 s未下沉的细粒倾去，沉下的备用。

4.2.14　硝酸，ρ约1.42 g/mL，优级纯。

4.2.15　王水，3份盐酸(4.2.10)和1份硝酸(4.2.14)混合。

4.2.16　硝酸银溶液，10 g/L。

4.2.17　氢氧化铵，ρ约0.90 g/mL。

4.2.18　氢氧化铵，ρ约0.90 g/mL，稀释为1+13。

4.2.19　氢氧化铵，ρ约0.90 g/mL，稀释为1+139。

4.2.20　硝酸铵溶液，1 g/L。

4.2.21　氯化钡溶液，100 g/L。

4.2.22　甲基红溶液，1 g/L。

4.2.23　硫标准溶液，称取0.746 7 g预先经105℃烘干至恒量的硫酸钾(优级纯)置于250 mL烧杯中，加水溶解后，移入500 mL容量瓶中，用水稀释至刻度，混匀。此溶液1 mL相当于2.00 mg硫酸钡。

4.3　仪器

分析中，仅用通常的实验室仪器设备及：

4.3.1　氧化铝色层分离装置(见图2)。

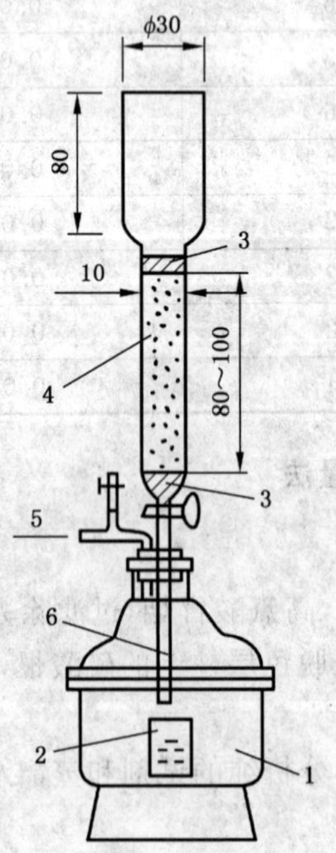

1——干燥器；

2——烧杯；

3——玻璃棉；

4——充填活性氧化铝；

5——接机械泵；

6——软塑料管。

图2　氧化铝色层分离装置图

4.3.2 色层柱的准备

先在色层柱底放入少量玻璃棉，再以少量水将活性氧化铝(4.2.13)转入柱内至80 mm～100 mm的高度，在活性氧化铝上端再放入少量玻璃棉，用50 mL盐酸(4.2.12)分两次洗涤色层柱，用水洗涤色层柱两次，再用氢氧化铵(4.2.18)和氢氧化铵(4.2.19)洗脱色层柱上可能存在的硫酸根，收集部分氢氧化铵洗脱液，中和后加入氯化钡溶液(4.2.21)，溶液如无浑浊现象即可(否则应继续用氢氧化铵洗涤)。依次用20 mL水和20 mL盐酸(4.2.12)通过色层柱后即可进行色层分离。

4.4 取制样

按照GB/T 20066或适当的国家标准取制样。

4.5 分析步骤

4.5.1 试料量

按表2称取试料。

表 2

硫含量(质量分数)/%	试料量/g
0.003～0.005	20.000
>0.005～0.050	10.000
>0.050～0.100	5.000
>0.100～0.200	2.500
注：硫质量分数为0.003%～0.005%的试料，分两份称取，每份10 g，分别置于烧杯中溶解处理，色层分离时用同一色层柱；每份试料要求含钨量不超过800 mg，对高钨低硫试料，可分几份称取试料，滤去钨酸后合并为一份。	

4.5.2 空白试验

随同试料平行做两份空白试验。每份空白试液中加4.00 mL硫标准溶液(4.2.23)。从测得结果中减去加入的硫量(以硫酸钡计)后为空白试验值。两个空白试验值的极差值不超过0.000 3 g，取其平均值。

4.5.3 测定

4.5.3.1 将称取的试料(4.5.1)置于500 mL烧杯中，加80 mL饱和溴水(4.2.7)和1 mL溴(4.2.6)[称取5 g以下试料加40 mL饱和溴水(4.2.7)，溶样时如溴消耗过快(如生铁等高碳试料)，应随时补加溴(4.2.6)，高合金钢和高温合金等难溶试料亦可用氯酸钾(4.2.1)代替溴和饱和溴水，每份加0.2 g]，加80 mL王水(4.2.15)[称取5 g以下试料加40 mL，易溶试料也可用硝酸(4.2.14)代替，难溶试料可适当增加盐酸(4.2.10)比例]，使试料缓慢溶解(如反应剧烈，王水应分次加入，也可用冷水或冰水冷却)。

4.5.3.2 试料溶解完全后(含钨量大于5%的试料，加热蒸发至糖浆状)，加80 mL高氯酸(4.2.8)及数滴氢氟酸(4.2.2)[称取5 g以下试料加40 mL高氯酸(4.2.8)，高硅试料多加几滴氢氟酸(4.2.2)]，加热至冒烟，继续冒烟10 min～20 min使铬全部氧化[称取试料中含铬1.25 g以上，需加盐酸(4.2.10)挥除大部分铬]，稍冷，加200 mL水，加热溶解盐类，保温20 min(含钨等试料应在60℃～80℃保温2 h并静置过夜)，冷却，用中等密滤纸过滤(含钨试样用密滤纸过滤)，并用高氯酸(4.2.9)洗涤7次～8次，滤液收集于500 mL烧杯中。

4.5.3.3 称取的试料中，含硫量以硫酸钡计低于7 mg时，加2.00 mL硫标准溶液(4.2.23)(如试料称取两份时，只于一份中加入即可)。

4.5.3.4 将试液通过已准备好的色层柱(4.3.2)(如试料称取两份时用同一色层柱分离)，流速控制在10 mL/min～15 mL/min，试液全部通过后，用50 mL盐酸(4.2.12)分两次洗涤烧杯并通过色层柱，用

30 mL 水分两次洗涤色层柱，弃去试液及洗液。用水将色层柱下端洗净，换一个 100 mL 烧杯，依次用 10 mL 氢氧化铵(4.2.18)和 35 mL 氢氧化铵(4.2.19)洗脱色层柱上的硫酸根，流速控制在 5 mL/min～6 mL/min，将收集洗脱液的烧杯取出。色层柱先用 20 mL 水，再用 20 mL 盐酸(4.2.12)洗涤后供下次分离用。如不继续使用，应再加 20 mL 盐酸(4.2.12)保存在柱内。

4.5.3.5　于洗脱液中加 1 滴甲基红溶液(4.2.22)，滴加盐酸(4.2.11)中和至出现红色不退并过量 0.5 mL(溶液中如发现有活性氧化铝从色层柱中漏出，需过滤除去，用水洗涤烧杯及滤纸 5 次～6 次，滤液蒸发浓缩体积至约 45 mL)。

4.5.3.6　加 1 mL 冰乙酸(4.2.3)，加 5 滴过氧化氢(4.2.4)还原并络合带下的少量的铬离子，待蓝色完全退去后，加 10 mL 乙醇(4.2.5)，混匀，加热至近沸，滴加 5 mL 氯化钡溶液(4.2.21)，同时搅拌至出现沉淀，盖上表面皿，在 60℃～80℃保温 2 h 或静置过夜。

4.5.3.7　用 9 cm 密滤纸过滤，用硝酸铵溶液(4.2.20)洗净烧杯及滤纸，每次用 2 mL，洗至无氯离子[用硝酸银溶液(4.2.16)检查]，沉淀及滤纸移入已恒量的铂坩埚中，于低温碳化后在 800℃～850℃的高温炉中灼烧 30 min 以上，取出置于干燥器中，冷却至室温，称量。反复灼烧至恒量。减去空坩埚的质量即为硫酸钡的质量。

注：用硝酸铵溶液转移和洗涤沉淀时，用小滴管便于控制体积。洗涤时宜将漏斗颈中的水柱断开，以防止氯离子扩散不易洗净。一般需洗 12 次～13 次。

4.5.3.8　校正曲线的绘制：移取相当于 7 mg、15 mg、20 mg、30 mg、40 mg 硫酸钡的硫标准溶液(4.2.23)两份，分别置于 100 mL 烧杯中，加 13 mL 氢氧化铵(4.2.18)，用水稀释体积约为 45 mL，以下按 4.5.3.5～4.5.3.7 进行。加入的硫量(以硫酸钡计)为横坐标，测得的硫酸钡的质量减去理论值所得差值的平均值为纵坐标绘制校正曲线。

注：在一般情况下，如果硫酸钡沉淀控制在 7 mg～40 mg，其测得硫酸钡质量与理论值相对误差在 1%以下，可不予校正。

4.6　结果计算

4.6.1　计算方法

硫含量以质量分数 $w(\mathrm{S})$ 计，数值以%表示，按公式(2)计算：

$$w(\mathrm{S})=\frac{[(m_1-m_2)+m_3]\times 0.1374}{m}\times 100 \qquad \cdots\cdots(2)$$

式中：

m_1——试料中测得硫酸钡的质量，单位为克(g)；

m_2——空白试验两次结果的平均值，单位为克(g)；

m_3——从校正曲线上查得 m_1 的校正值，单位为克(g)；

m——试料的质量，单位为克(g)；

0.137 4——由硫酸钡换算到硫的换算系数。

4.6.2　精密度

本部分的精密度是由 11 个实验室对 8 个硫的水平进行测定，每个实验室对每个硫的水平按照 GB/T 6379.1 的规定重复性条件下测定 3 次。

根据 GB/T 6379.2，对得到的结果进行统计分析，精密度见表 3。

表 3　精密度结果

硫的质量分数/%	重复性限 r	再现性限 R
0.004～0.122	$\lg r=-1.4685+0.7597\lg m$	$\lg R=-1.1662+0.8219\lg m$
式中： m 是两个测定值的平均值，单位为%(质量分数)。		

重复性限(r)、再现性限(R)按以上表 3 给出的方程求得。

在重复性条件下，获得的两次独立测试结果的绝对差值不大于重复性限(r)，大于重复性限(r)的情况以不超过5％为前提；

在再现性条件下，获得的两次独立测试结果的绝对差值不大于再现性限(R)，大于再现性限(R)的情况以不超过5％为前提。

5 试验报告

试验报告应包括下列内容：

a) 鉴别试料、实验室和分析日期等资料；

b) 遵守本部分规定的程度；

c) 分析结果及其表示；

d) 测定中观察到的异常现象；

e) 对分析结果可能有影响而本部分未包括的操作或者任选的操作。

附 录 A
（资料性附录）
国际合作试验补充信息

试验数据源自于 2000 年 ISO 文件 ISO/TC 17/SC 1N 1267。精密度数据的曲线图见附录 B。

试验采用的样品列于表 A.1。国际合作试验结果见表 A.2。

表 A.2 的数据来源于 1999 年 3 个国家 8 个实验室对钢铁样品进行国际分析试验的结果。

表 A.1 试验用样品

编号	样品	S	C	Si	Mn	Cr	Ni	其 他
1	YSB C 11417b-95	0.003	0.72	0.34	0.18	—	0.013	Cu 0.024
2	JSS 651-14	0.005 8	0.046	0.005 8	1.19	18.26	9.03	Cu 0.12，Mo 0.11，Co 0.17
3	GBW01122	0.010	1.89	1.27	1.29	24.58	2.18	Mo 0.61，V 0.26，Ti 0.038
4	JSS 519-1	0.022	0.39	0.25	0.70	0.120	0.056	Cu 0.105，Pb 0.097
5	GSB H 40123	0.056	0.741	0.821	1.39	0.016	0.016	Cu 0.015 4，V 0.157
6	NIST SRM368	0.132	0.089	0.007	0.82	0.030	0.008	Mo 0.003，V 0.001
7	ECRM484-1	0.230	3.20	0.717	0.395	0.155	—	
8	ECRM085-1	0.336	0.067	0.008	0.977	—	—	Cu 0.291，Co 0.019 Pb 0.001 0，Sb 0.007 3 V 0.002 1

表 A.2 国际合作试验数据

编号	样 品	标准值	测定值		精密度数据		
					重复性	再现性	
			$\overline{w}_{S1}$	$\overline{w}_{S2}$	r	R_W	R
1	YSB C 11417b-95	0.003	0.002 683	0.002 679	0.000 539	0.000 416	0.000 638
2	JSS 651-14	0.005 8	0.006 036	0.006 018	0.000 808	0.001 000	0.001 334
3	GBW01122	0.010	0.009 521	0.009 357	0.001 771	0.001 601	0.002 279
4	JSS 519-1	0.022	0.021 69	0.022 017	0.001 833	0.002 592	0.004 769
5	GSB H 40123	0.056	0.053 62	0.052 938	0.002 100	0.005 377	0.010 715
6	NIST SRM368	0.132	0.128 2	0.127 346	0.003 182	0.004 464	0.014 285
7	ECRM484-1	0.230	0.235 5	0.237 517	0.004 200	0.012 886	0.031 861
8	ECRM085-1	0.336	0.340	0.338 906	0.009 431	0.014 758	0.035 301

$\overline{w}_{S1}$ 同一天测定数据的平均值。

$\overline{w}_{S2}$ 不同天测定数据的平均值。

附 录 B
(资料性附录)
精密度数据曲线

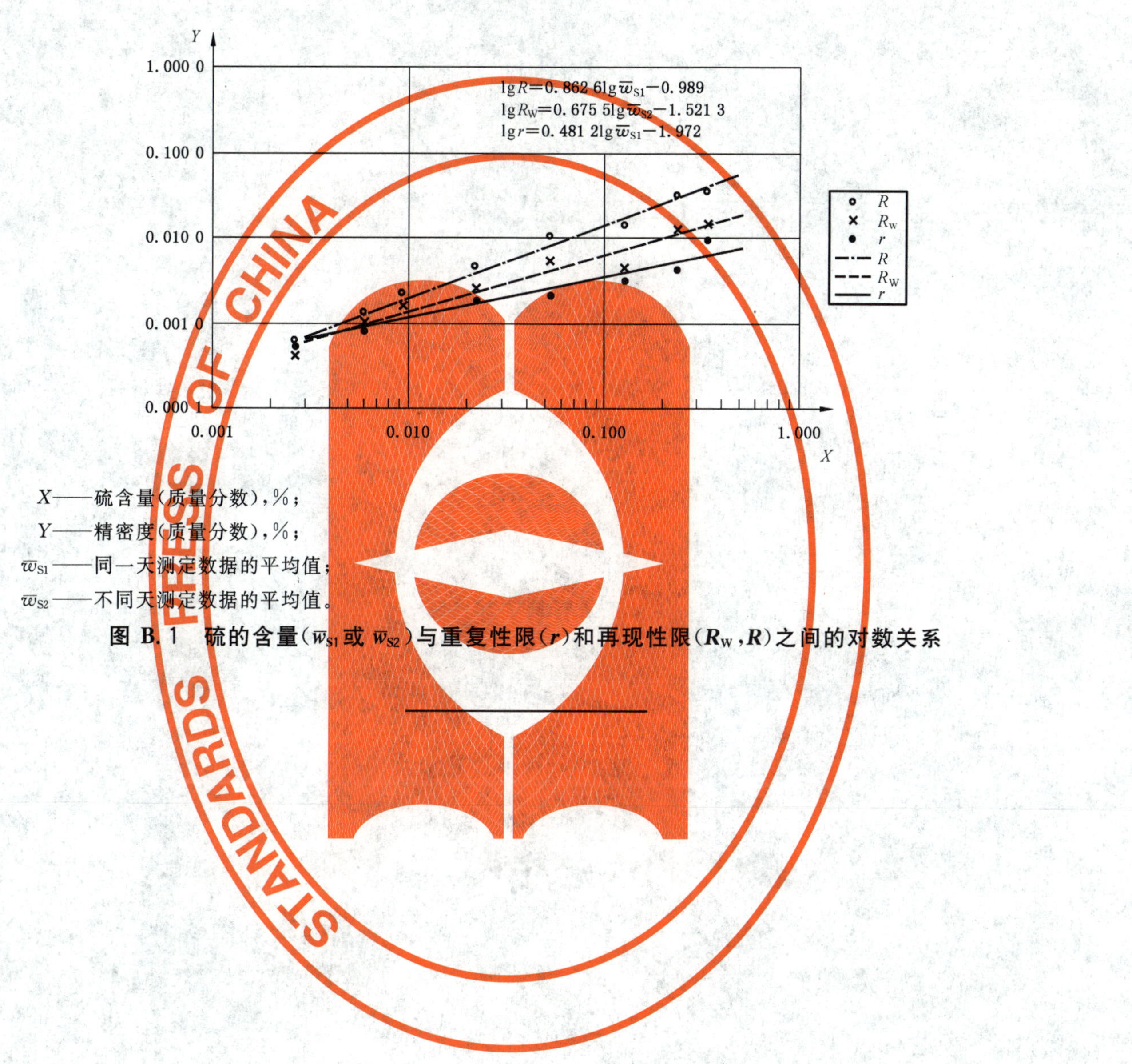

X——硫含量(质量分数),%;

Y——精密度(质量分数),%;

$\overline{w}_{S1}$——同一天测定数据的平均值;

$\overline{w}_{S2}$——不同天测定数据的平均值。

图 B.1 硫的含量($\overline{w}_{S1}$或$\overline{w}_{S2}$)与重复性限(r)和再现性限(R_W,R)之间的对数关系

ICS 77.080.01
H 11

中华人民共和国国家标准

GB/T 223.73—2008
代替 GB/T 223.73—1991

钢铁及合金　铁含量的测定 三氯化钛-重铬酸钾滴定法

Iron, steel and alloy—Determination of iron contents—Titanium trichloride-potassium dichromate titration method

2008-05-13 发布　　2008-11-01 实施

中华人民共和国国家质量监督检验检疫总局
中国国家标准化管理委员会　发布

前　言

GB/T 223 的本部分代替 GB/T 223.73—1991《钢铁及合金化学分析方法　三氯化钛-重铬酸钾容量法测定铁量》。

本部分与 GB/T 223.73—1991 相比较主要进行了以下修改：

——修改标准名称；

——增加了分析中对试剂和水的说明内容并修改溶液浓度的表示方法；

——修改称取试料量的表示；

——修改结果计算式及式中量的单位；

——规范精密度函数式的说明。

本部分的附录 A 是资料性附录。

本部分由中国钢铁工业协会提出。

本部分由全国钢标准化技术委员会归口。

本部分起草单位：中国钢研科技集团公司。

本部分主要起草人：崔秋红、王玉兴。

本部分所代替标准的历次版本发布情况为：

GB 223.73(一)—1981、GB 223.73—1991。

钢铁及合金　铁含量的测定 三氯化钛-重铬酸钾滴定法

警告：使用本部分的人员应有正规实验室工作的实践经验。本部分并未指出所有可能的安全问题。使用者有责任采取适当的安全和健康措施，并保证符合国家有关法规规定的条件。

1　范围

GB/T 223 的本部分规定了用三氯化钛-重铬酸钾滴定法测定铁含量。

本部分适用于高温合金和精密合金中质量分数为 0.50%～8.00%铁含量的测定。

2　规范性引用文件

下列文件中的条款通过 GB/T 223 的本部分的引用而成为本部分的条款。凡是注日期的引用文件，其随后所有的修改单(不包括勘误的内容)或修订版均不适用于本部分，然而，鼓励根据本部分达成协议的各方研究是否可使用这些文件的最新版本。凡是不注日期的引用文件，其最新版本适用于本部分。

GB/T 6379.1　测量方法与结果的准确度(正确度与精密度)　第 1 部分：总则与定义

GB/T 6379.2　测量方法与结果的准确度(正确度与精密度)　第 2 部分：确定标准测量方法的重复性和再现性的基本方法

GB/T 20066　钢和铁　化学成分测定用试样的取样和制样方法

3　原理

试样用盐酸-硝酸混合酸溶解，用高氯酸冒烟、氧化铬并使铌酸等充分脱水，以热盐酸溶解可溶性盐类，再用氨水沉淀铁，使其与镍、铬等元素分离。用稀盐酸溶解氢氧化铁，以钨酸钠为指示剂，三氯化钛将三价铁还原为二价。过量的低价钛用重铬酸钾氧化为高价。再以二苯胺磺酸钠作指示剂、重铬酸钾标准溶液滴定二价铁。

4　试剂与材料

除非另有说明，分析中仅使用确认为分析纯的试剂和蒸馏水或与其纯度相当的水。

4.1　氯化铵。

4.2　盐酸，ρ 约 1.19 g/mL。

4.3　盐酸，ρ 约 1.19 g/mL，稀释为 1+3。

4.4　盐酸，ρ 约 1.19 g/mL，稀释为 5+95。

4.5　硝酸，ρ 约 1.42 g/mL。

4.6　硝酸，ρ 约 1.42 g/mL，稀释为 1+1。

4.7　高氯酸，ρ 约 1.67 g/mL。

4.8　硫酸-磷酸混合酸：将 150 mL 硫酸(ρ 约 1.84 g/mL)、200 mL 磷酸(ρ 约 1.69 g/mL)缓慢倒入 650 mL水中，并不断搅拌，冷却。

4.9　氨水，ρ 约 0.90 g/mL。

4.10　氨水，ρ 约 0.90 g/mL，稀释为 5+95。

4.11　氢氧化钠溶液，200 g/L。

4.12 氢氧化钠溶液,10 g/L。

4.13 钨酸钠溶液,250 g/L。称取 25 g 钨酸钠置于 200 mL 烧杯中,以 90 mL 水溶解。如有沉淀,则需过滤。加入 3 mL 磷酸(ρ 约 1.69 g/mL),混匀。

4.14 三氯化钛溶液,10 g/L。取三氯化钛溶液(15%～20%)用盐酸(4.4)稀释 20 倍,混匀。

4.15 二苯胺磺酸钠溶液,2 g/L。

4.16 硫酸亚铁铵溶液,45 g/L。称取 4.5 g 硫酸亚铁铵[$(NH_4)_2Fe(SO_4)_2 \cdot 6H_2O$]溶解于 1 000 mL 硫酸(5+95)中,混匀。

4.17 重铬酸钾标准滴定溶液,$c(\frac{1}{6}K_2Cr_2O_7)=0.010\ 00$ mol/L。称取 0.490 3 g 预先经 145℃～150℃烘 1 h 并置于干燥器中冷却至室温的基准试剂重铬酸钾,用水溶解,移入 1 000 mL 容量瓶中,用水稀释至刻度,混匀。

5 取制样

按照 GB/T 20066 或适当的国家标准取制样。

6 分析步骤

6.1 试样量

根据铁含量按表 1 称取试样,精确至 0.000 1 g。

表 1

铁含量(质量分数)/%	称料量/g
0.50～1.00	2.00
>1.00～3.00	1.00
>3.00～8.00	0.500
注:如试样中钴、铝等元素的含量都高,可将称取 2.00 g 的试料量减少为 1.00 g。	

6.2 空白试验

随同试料做空白试验。

6.3 测定

6.3.1 将试料(6.1)置于 400 mL 烧杯中,加入 20 mL～30 mL 溶样酸[高温合金试样用盐酸(4.2)滴加硝酸(4.5)或适宜比例的盐酸(4.2)-硝酸(4.5)混合酸;精密合金试样一般用硝酸(4.6)或适宜比例的硝酸(4.5)-盐酸(4.2)混合酸],盖上表面皿,温热至试料完全溶解。

6.3.2 用少量水冲洗表面皿和烧杯内壁,加入 10 mL～12 mL 高氯酸(4.7),徐徐加热至冒烟,盖上表面皿,回流 4 min～5 min[如试样中铌、锆含量(质量分数)高于 0.1%时,加入 15 mL 高氯酸(4.7)回流约 10 min]。移开表面皿,继续加热蒸发至糖浆状。

6.3.3 取下烧杯,稍冷,加入 200 mL 热盐酸(4.4)溶解可溶性盐类。加热至 60℃～70℃,搅拌,滴加氨水(4.9)[如试样含钴,在滴加氨水(4.9)前加入 2 g～5 g 氯化铵(4.1)]至出现的氢氧化物沉淀溶解比较缓慢后,再迅速一次地加入 15 mL～20 mL 氨水(4.9)并不断搅拌使钨酸等全部溶解,加热煮沸 5 min[如试样中钨、钼含量(质量分数)高于 2%,应再加 10 mL 氨水(4.9),搅拌,加热 2 min～3 min,但不要煮沸]。稍静置,趁热用快速滤纸过滤,用热氨水(4.10)洗涤烧杯。如杯壁有沉淀,用带橡皮头的玻璃棒擦净,全部移至滤纸上。用热氨水(4.10)洗涤沉淀 7～10 次后,再用热水洗涤 1～2 次。

6.3.4 用 30 mL 热盐酸(4.3)分(4～5)次将氢氧化铁沉淀溶解于原烧杯中,并用热盐酸(4.4)洗涤滤纸(5～6)次[如试样中钨、钼的含量高,一次分离不好,应进行二次分离。如试样中钒的质量分数在 0.1%以上,应预分离:将所得溶液和洗液用水稀释至 200 mL,加热至 60℃～70℃,不断搅拌,缓慢滴加氢氧化钠溶液(4.11)。待生成的氢氧化铁沉淀溶解变慢后,再一次加入 5 mL 氢氧化钠溶液(4.11)并煮沸 5 min,取下,稍静置,趁热用快速滤纸过滤。用氢氧化钠溶液(4.12)洗净烧杯,并洗涤滤纸(3～4)次,再用热水洗涤(3～4)次,用 30 mL 热盐酸(4.3)分(4～5)次将氢氧化铁沉淀溶解于原烧杯中,并用热盐酸(4.4)洗涤滤纸(5～6)次]。

6.3.5 用水稀释溶液至 130 mL,搅拌,加 15 滴钨酸钠溶液(4.13)。滴加三氯化钛溶液(4.14)至出现稳定的蓝色,缓慢滴加重铬酸钾滴定溶液(4.17)至蓝色消失(最好在 30℃左右氧化剩余的三氯化钛),不记体积。立即加入 10 mL 硫酸-磷酸混合酸(4.8),滴入 3 滴二苯胺磺酸钠溶液(4.15),用重铬酸钾标准滴定溶液(4.17)滴定至溶液呈紫色 30 s 不消失为终点。

6.3.6 以空白试验(6.2)溶液为试剂空白溶液,但在加入硫酸-磷酸混合酸(4.8)之前,应加入 2.00 mL 硫酸亚铁铵溶液(4.16),后再加硫酸-磷酸混合酸(4.8),并滴加 3 滴二苯胺磺酸钠溶液(4.15),以重铬酸钾标准滴定溶液(4.17)滴定至终点,记下所消耗的体积(mL)。再加入 2.00 mL 硫酸亚铁铵溶液(4.16)后,以重铬酸钾标准滴定溶液(4.17)滴定至终点,记下所消耗的体积(mL)。

7 结果计算

铁含量以质量分数 w_{Fe} 计,数值以%表示,按公式(1)计算:

$$w_{Fe} = \frac{c \times [V - (V_1 - V_2)] \times 55.85}{m \times 1\,000} \times 100 \quad \cdots\cdots (1)$$

式中:

c——重铬酸钾标准滴定溶液浓度的数值,单位为摩尔每升(mol/L);

V——滴定试样溶液所消耗重铬酸钾标准滴定溶液体积的数值,单位为毫升(mL);

V_1——第一次滴定试剂空白溶液所消耗重铬酸钾标准滴定溶液体积的数值,单位为毫升(mL);

V_2——第二次滴定试剂空白溶液所消耗重铬酸钾标准滴定溶液体积的数值,单位为毫升(mL);

m——试料质量的数值,单位为克(g);

55.85——铁的摩尔质量,单位为克每摩尔(g/mol)。

8 精密度

本部分的精密度试验是在 1989 年由 8 个实验室,对 6 个水平的铁含量进行测定;每个实验室对每个水平的铁含量在 GB/T 6379.1 规定的重复性条件下测定 3 次。

各实验室报出的原始数据(测定结果)见附录 A。

根据 GB/T 6379.2,对得到的测定结果进行统计分析,精密度见表 2。

表 2 精密度结果

铁的质量分数/%	重复性限 r	再现性限 R
0.50～5.00	$\lg r = -1.587\,9 + 0.425\,5 \lg m$	$R = 0.039\,18 + 0.020\,97\, m$
式中: m 是两个测定值的平均值,单位为%(质量分数)。		

重复性限(r)、再现性限(R)按以上表 2 给出的方程求得。

在重复性条件下,获得的两次独立测试结果的绝对差值不大于重复性限(r),大于重复性限(r)的情况以不超过 5%为前提;

在再现性条件下,获得的两次独立测试结果的绝对差值不大于再现性限(R),大于再现性限(R)的情况以不超过 5%为前提。

9 试验报告

试验报告应包括下列内容:

a) 鉴别试料、实验室和分析日期等资料;

b） 遵守本部分规定的程度；

c） 分析结果及其表示；

d） 测定中观察到的异常现象；

e） 对分析结果可能有影响而本部分未包括的操作或者任选的操作。

附　录　A
（资料性附录）
共同精密度试验附加资料

A.1　三氯化钛-重铬酸钾滴定法测定铁含量精密度试验原始数据见表A.1。

表 A.1

实验室	铁含量(质量分数)/%					
	水平-1	水平-2	水平-3	水平-4	水平-5	水平-6
1	0.436 0.433 0.427	1.109 1.100 1.095	1.938 1.916 1.921	3.250 3.273 3.234	3.915 3.870 3.910	4.837 4.792 4.786
2	0.433 0.430 0.447	1.089 1.094 1.089	1.954 1.914 1.944	3.256 3.275 3.271	3.818 3.809 3.807	4.747 4.742 4.736
3	0.490 0.470 0.480	1.110 1.108 1.106	1.926 1.920 1.926	3.273 3.275 3.273	3.910 3.920 3.915	4.814 4.790 4.814
4	0.537 0.521 0.540	1.100 1.082 1.072	1.966 1.983 1.982	3.221 3.256 3.215	4.013 4.025 4.060	4.853 4.662 4.846
5	0.501 0.504 0.491	1.083 1.086 1.092	1.955 1.907 1.913	3.267 3.244 3.239	3.920 3.937 3.937	4.719 4.742 4.775
6	—	1.093 1.085 1.105	1.923 1.918 1.929	3.275 3.252 3.260	3.976 3.981 4.004	4.811 4.845 4.867
7	0.422 0.423 0.424	1.076 0.087 1.082	1.891 1.902 1.896	3.231 3.234 3.234	3.840 3.837 3.840	4.703 4.723 4.691
8	0.431 0.427 0.435	1.070 1.097 1.075	1.967 1.942 1.940	3.256 3.253 3.240	3.910 3.891 3.882	4.745 4.765 4.751

ICS 77.080.01
H 11

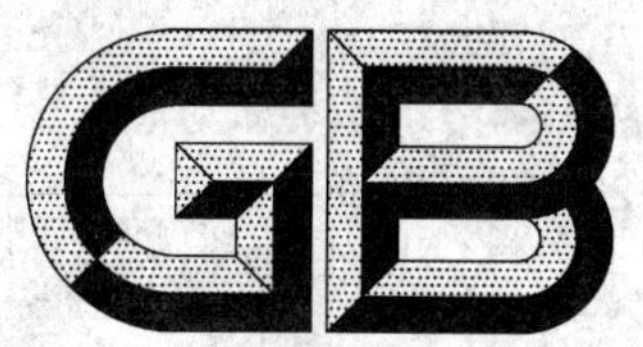

中华人民共和国国家标准

GB/T 223.75—2008
代替 GB/T 223.75—1991

钢铁及合金　硼含量的测定　甲醇蒸馏-姜黄素光度法

Iron, steel and alloy—Determination of boron content—Methanol distillation-curcumin photometric method

2008-05-13 发布　　2008-11-01 实施

中华人民共和国国家质量监督检验检疫总局
中国国家标准化管理委员会　发布

前　言

GB/T 223 的本部分代替 GB/T 223.75—1991《钢铁及合金化学分析方法　甲醇蒸馏-姜黄素光度法测定硼量》。

本部分与 GB/T 223.75—1991 相比较主要进行了以下修改：

——试样处理：采用硫-磷混酸分解硼化物测定全硼；

——蒸馏分离：使用改进的卧式同步蒸馏装置；

——显色条件：于沸水浴上蒸干，在苯酚稳定条件下显色。

本部分的附录 A 是资料性附录。

本部分由中国钢铁工业协会提出。

本部分由全国钢标准化技术委员会归口。

本部分起草单位：中国钢研科技集团公司、本溪钢铁（集团）有限责任公司技术中心理化检测所、中科院沈阳金属所、马鞍山钢铁股份有限公司技术中心、重庆钢铁公司钢研所。

本部分起草人：戈儒彬、胡修伟、胡晓燕。

本部分所代替标准的历次版本发布情况为：

GB/T 223.75—1981、GB/T 223.75—1991。

钢铁及合金　硼含量的测定　甲醇蒸馏-姜黄素光度法

警告：使用本部分的人员应有正规实验室工作的实践经验。本部分并未指出所有可能的安全问题。使用者有责任采取适当的安全和健康措施，并保证符合国家有关法规规定的条件。

1　范围

GB/T 223 的本部分规定了用甲醇蒸馏-姜黄素光度法测定硼含量。

本部分适用于碳钢、合金钢、高温合金及精密合金中质量分数为 0.000 5%～0.20%硼含量的测定。

2　规范性引用文件

下列文件中的条款通过 GB/T 223 的本部分的引用而成为本部分的条款。凡是注日期的引用文件，其随后所有的修改单（不包括勘误的内容）或修订版均不适用于本部分，然而，鼓励根据本部分达成协议的各方研究是否可使用这些文件的最新版本。凡是不注日期的引用文件，其最新版本适用于本部分。

GB/T 6379.1　测试方法与结果的准确度（正确度和精确度）　第 1 部分　总则与定义

GB/T 6379.2　测试方法与结果的准确度（正确度和精确度）　第 2 部分　确定标准测量方法的重复性和再现性的基本方法

GB/T 20066　钢和铁　化学成分测定用试样的取样和制样方法

3　原理

试料经酸溶解后，用磷酸和硫酸分解硼化合物，硼与甲醇生成硼酸甲酯经蒸馏与其他元素分离。在草酸存在下，硼与姜黄素形成红色配合物，于波长 545 nm 处测量吸光度。

4　试剂

除另有说明，在分析中仅使用确认为优级纯试剂和二次蒸馏水或相当纯度的水。

4.1　甲醇，分析纯。

4.2　丙酮，分析纯。

4.3　过氧化氢，ρ 约 1.10 g/mL。

4.4　硫酸，ρ 约 1.84 g/mL。

4.5　硫酸，1+6，以 ρ 约 1.84 g/mL 稀释。

4.6　磷酸，ρ 约 1.69 g/mL。MOS 级。

4.7　硝酸，ρ 约 1.42 g/mL。

4.8　盐酸，ρ 约 1.19 g/mL。

4.9　盐酸，1+4，以 ρ 约 1.19 g/mL 稀释。

4.10　硫-磷混酸，2+5+3，以水、磷酸、硫酸混匀。

4.11　氢氧化钙悬浮液，称取 3.7 g 氢氧化钙加水至体积为 500 mL，贮于塑料瓶中，用时混匀。

4.12　草酸溶液，100 g/L。

4.13　姜黄素-乙醇溶液，0.5 g/L。称取 0.05 g 姜黄素溶于 100 mL 无水乙醇中，用快速滤纸过滤于塑料瓶中贮存。

4.14 苯酚-冰醋酸溶液,称取 70 g 苯酚溶于 200 mL 冰醋酸中,贮于塑料瓶中。

4.15 硼标准溶液

4.15.1 硼贮备液,50.0 μg/mL。称取 0.285 9 g 硼酸(质量分数大于 99.9 %)置于 100 mL 烧杯中,加水溶解,移入 1 000 mL 容量瓶中,用水稀释至刻度,混匀,贮于塑料瓶中。

4.15.2 硼标准溶液,5.0 μg/mL。移取 50.00 mL 硼贮备液(4.15.1)置于 500 mL 容量瓶中,用水稀释至刻度,混匀。

5 仪器

5.1 石英蒸馏器(见图 1)。

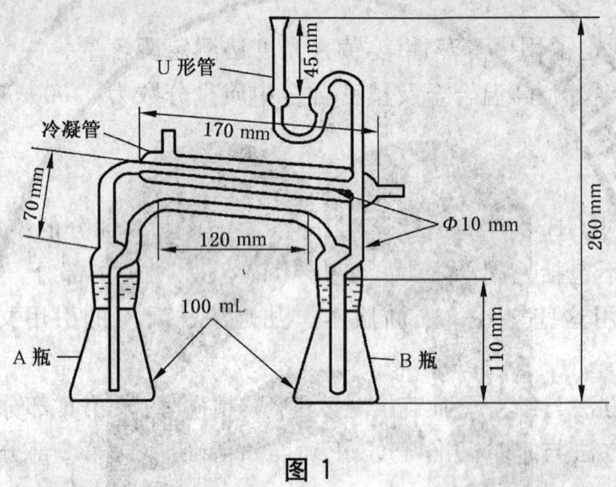

图 1

5.2 分光光度计。

6 取制样

按 GB/20066 或适当的国家标准取制样。

7 分析步骤

7.1 试料量

根据硼含量按表 1 称取试料量,精确至 0.000 1 g。

表 1

硼含量(质量分数)/%	试料量/g
0.000 5~0.005	0.50
>0.005~0.010	0.25
>0.010~0.020	0.10
>0.020~0.050	0.05
>0.050~0.20	0.10

7.2 空白试验

随同试料做空白试验。

7.3 试料处理

7.3.1 测定酸溶硼的试料

将试料(7.1)置于 100 mL 石英烧杯中,加入 20 mL 硫酸(4.5),盖上表面皿,于沸水浴中加热至试料完全溶解 ,取下稍冷,用慢速滤纸加纸浆过滤于石英蒸馏瓶 A 中,用热水洗残渣 6 次~8 次合并于 A 瓶中[硼的质量分数为 0.050%~0.20%试料,先将试液移入 50 mL 容量瓶中,用水稀释至刻度,混匀,再分取 5.0 mL 于石英蒸馏瓶 A 中]，加 5 mL 磷酸(4.6)、3 mL 硫酸(4.4)、1 mL 过氧化氢(4.3)，加热蒸发至刚冒烟，取下冷后，加 5 mL 水，在冷却下加入 20 mL 甲醇(4.1)。

7.3.2 测定全硼的试料

将试料(7.1)置于 50 mL 石英烧杯中，加入 6 mL 适宜比例的盐酸(4.8)、硝酸(4.7)，缓慢加热至试料完全溶解，加入 10 mL 硫-磷混酸(4.10)，蒸发至冒烟，盖上表皿，移到高温处加热溶液至沸并持续 10 min，取下冷后，用水转移至石英蒸馏瓶 A 中[硼的质量分数为 0.050%～0.20%同 7.3.1 括号内处理，补加 5 mL 磷酸(4.6)、3 mL 硫酸(4.4)]，总体积不得超过 13 mL，在冷却下加入 20 mL 甲醇(4.1)。

7.4 蒸馏分离

于石英蒸馏瓶 B 中加入 6 mL 氢氧化钙悬浮液(4.11)及 10 mL 甲醇(4.1)，并于 U 形管 C 中加约 2 mL 氢氧化钙悬浮液(4.11)，按图连接蒸馏器装置，将 A、B 两瓶置于水浴中，开放冷凝管中冷却水后，同时加热水浴并保持微沸，当 A 瓶开始有馏出液至 B 瓶时，即为对流开始计时，20 min 后停止加热，冷却 B 瓶，将 B 瓶及 U 型管中溶液移入 50 mL 容量瓶中，加 4 滴盐酸(4.9)溶解 B 瓶中干涸物，用水洗净合并于容量瓶中，并稀释至刻度，混匀。

7.5 显色

分取 10.0 mL 试液置于 100 mL 瓷蒸发皿中，在沸水浴上蒸干，取下冷却至室温，加 20 滴盐酸(4.9)将干涸物溶解，加 0.5 mL 草酸溶液(4.12)、1.5 mL 姜黄素溶液(4.13)、1.5 mL 苯酚-醋酸溶液(4.14)，混匀，于沸水浴上蒸干，取下冷至室温。用 25 mL 丙酮(4.2)分数次溶解干涸物，移入 50 mL 容量瓶中，用水洗净蒸发皿，并入容量瓶中，并稀释至刻度，混匀，用中速滤纸干过滤。

7.6 测量

将部分溶液(7.5)移入 1 cm 比色皿中，以水为参比，于分光光度计波长 545 nm 处测量吸光度。

测得的试液吸光度值减去空白溶液的吸光度值，得净吸光度值。从工作曲线上查出相应的硼量。

7.7 工作曲线的绘制

移取 0、0.50 mL、1.00 mL、2.00 mL、3.00 mL、4.00 mL、5.00 mL 硼标准溶液(4.15.2)分别置于石英蒸馏瓶 A 中，各加入 5.0 mL、4.5 mL、4.0 mL、3.0 mL、2.0 mL、1.0 mL、0 mL 水，各加入 3 mL 硫酸(4.4)及 5 mL 磷酸(4.6)，混匀。在冷却下各加入 20 mL 甲醇(4.1)。以下按 7.4～7.6 进行。测得净吸光度值(标准溶液的吸光度值减去零校准溶液的吸光度值)。

以硼的质量为横坐标，净吸光度值为纵坐标，绘制工作曲线。

8 结果计算

硼含量以质量分数 w_B，数值以%表示，按式(1)计算：

$$w_B = \frac{m_1 \times V \times 10^6}{m \times V_1} \times 100 \qquad \cdots\cdots(1)$$

式中：

V_1——分取试液体积的数值，单位为毫升(mL)；

V——试液总体积的数值，单位为毫升(mL)；

m_1——从工作曲线上查得的硼含量的数值，单位为微克(μg)；

m——试料质量的数值，单位为克(g)。

9 精密度

本部分的精密度是在 2007 年由 7 个实验室选出 6 个全硼的水平，每个实验室对每个全硼的水平按照 GB/T 6379.1 的规定测定 4 次所作的共同试验确定的。各实验室报出的原始数据(测定值)见附录 A。原始数据按照 GB/T 6379.2 进行统计分析，精密度见表 2。

表 2 精密度结果

元素	水平范围/%	重复性限 r	再现性限 R
硼	0.000 5～0.200	r=0.000 06+0.095 57 m	R=0.000 18+0.151 70 m
式中： m 是两个测定值的平均值，单位为%(质量分数)。			

重复性限(r)、再现性限(R)按以上表 2 给出的方程求得。

在重复性条件下，获得的两次独立测试结果的绝对差值不大于重复性限(r)，大于重复性限(r)的情况以不超过 5%为前提；

在再现性条件下，获得的两次独立测试结果的绝对差值不大于再现性限(R)，大于再现性限(R)的情况以不超过 5%为前提。

10 试验报告

试验报告应包括下列内容：

a) 鉴别试料、实验室和分析日期等资料；

b) 遵守本部分规定的程度；

c) 分析结果及其表示；

d) 测定中观察到的异常现象；

e) 对分析结果可能有影响而本部分未包括的操作或者任选的操作。

附 录 A
（资料性附录）
共同精密度试验原始数据

A.1 甲醇蒸馏-姜黄素光度法测定硼含量精密度试验原始数据见表 A.1。

表 A.1

实验室	硼含量/%					
	B-1	B-2	B-3	B-4	B-5	B-6
1	0.000 54	0.003 65	0.008 87	0.012 9	0.029 6	0.162
	0.000 55	0.003 62	0.009 07	0.013 6	0.029 6	0.164
	0.000 59	0.003 95	0.008 98	0.013 4	0.028 9	0.151
	0.000 61	0.003 97	0.009 22	0.013 9	0.028 5	0.152
2	0.000 68	0.004 04	0.008 79	0.012 9	0.028 5	0.153
	0.000 69	0.004 05	0.008 81	0.013 0	0.029 6	0.157
	0.000 71	0.004 24	0.008 95	0.013 3	0.029 8	0.159
	0.000 77	0.004 31	0.009 32	0.013 7	0.030 6	0.161
3	0.000 66	0.003 97	0.008 66	0.013 1	0.029 5	0.156
	0.000 69	0.004 00	0.008 91	0.013 4	0.029 9	0.158
	0.000 71	0.004 12	0.009 00	0.013 6	0.030 9	0.159
	0.000 73	0.004 20	0.009 11	0.014 0	0.031 9	0.161
4	0.000 69	0.004 16	0.008 90	0.013 4	0.029 8	0.157
	0.000 65	0.004 00	0.009 10	0.013 9	0.029 0	0.158
	0.000 70	0.003 96	0.009 20	0.013 3	0.031 0	0.155
	0.000 68	0.004 05	0.008 85	0.013 0	0.030 2	0.155
5	0.000 77	0.004 56	0.009 86	0.015 6	0.035 1	0.161
	0.000 82	0.004 56	0.010 1	0.015 2	0.034 5	0.162
	0.000 74	0.004 64	0.009 74	0.015 1	0.034 8	0.161
6	0.000 72	0.004 08	0.009 10	0.014 6	0.029 2	0.165
	0.000 81	0.004 06	0.008 78	0.013 2	0.031 2	0.156
	0.000 86	0.005 48	0.009 85	0.013 9	0.031 9	0.167
	0.000 77	0.005 36	0.010 05	0.014 9	0.032 9	0.156
7	0.000 74	0.004 60	0.009 18	0.012 5	0.033 9	0.162
	0.000 78	0.004 57	0.009 10	0.012 7	0.033 0	0.158
	0.000 81	0.004 83	0.008 98	0.012 6	0.032 0	0.161
	0.000 78	0.004 83	0.009 06	0.012 4	0.031 2	0.155

ICS 77.040.99
H 24

中华人民共和国国家标准

GB/T 224—2008
代替 GB/T 224—1987

钢的脱碳层深度测定法

Determination of depth of decarburization of steels

（ISO 3887:2003,MOD）

2008-08-05 发布　　2009-04-01 实施

中华人民共和国国家质量监督检验检疫总局
中国国家标准化管理委员会　发布

前　言

本标准修改采用ISO 3887:2003《钢——脱碳层深度的测定》,并根据ASTM E 1077-01《钢样脱碳层深度测定的标准方法》,添加了取样要求和金相法评定参考照片。

为了便于使用,本标准还对ISO 3887:2003作了下列修改:

a) “本国际标准”一词改为“本标准”;

b) 用小数点“.”代替作为小数点的逗号“,”;

c) 引用标准中的国际标准采用相应的国家标准代替;

d) 参考ASTM E 1077的内容,修改了“完全脱碳”的定义;

e) 增加了不同规格样品的取样示意图;

f) 硬度法中增加了洛氏硬度法;

g) 增加了脱碳金相组织的照片作为资料性附录A。

本标准代替GB/T 224—1987《钢的脱碳层深度测定法》。

本标准与GB/T 224—1987的主要区别如下:

a) 增加了“前言”和“规范性引用文件”;

b) 对术语及定义作了修改,并增加了“完全脱碳”、“总脱碳层深度”、“有效脱碳层深度”的术语及定义和“典型脱碳示意图”;

c) 增加了不同规格样品的取样示意图;

d) 4.2.2“试样制备”推荐使用自动或半自动制样;

e) 4.2.3.1“总脱碳层的测定”增加高倍数确定过渡层的方法;

f) 增加了脱碳金相组织的照片作为参考附录;

g) 第5章“试验报告”取消了c)中测量结果的百分数表示法。

本标准附录A为资料性附录。

本标准由中国钢铁工业协会提出。

本标准由全国钢标准化技术委员会归口。

本标准起草单位:钢铁研究总院、冶金工业信息标准研究院。

本标准主要起草人:李继康、栾燕。

本标准所代替标准的历次版本发布情况为:

——GB 224—1963、GB 224—1978、GB/T 224—1987。

钢的脱碳层深度测定法

1 范围

本标准规定了钢的脱碳层术语和定义、测定方法和试验报告等。

本标准规定的方法适用于测定钢材(坯)及其零件的脱碳层深度。

2 规范性引用文件

下列文件中的条款通过本标准的引用而成为本标准的条款。凡是注日期的引用文件,其随后所有的修改单(不包括勘误的内容)或修订版均不适用于本标准,然而,鼓励根据本标准达成协议的各方研究是否可使用这些文件的最新版本。凡是不注日期的引用文件,其最新版本适用于本标准。

GB/T 230.1 金属洛氏硬度试验 第1部分:试验方法(A、B、C、D、E、F、G、H、K、N、T标尺)(GB/T 230.1—2004,ISO 6508-1:1999,MOD)

GB/T 1172 黑色金属硬度及强度换算值

GB/T 4340.1 金属维氏硬度试验 第1部分:试验方法(GB/T 4340.1—1999,eqv ISO 6507-1:1997)

GB/T 20126 非合金钢 低含碳量的测定 第2部分:感应炉(经预加热)内燃烧后的红外线吸收方法(GB/T 20126—2006,ISO 15349-2:1999,IDT)

3 术语和定义

下列术语和定义适用于本标准。

3.1

脱碳 decarburization

钢表层上碳的损失。这种碳的损失包括:

a) 部分脱碳 partial decarburization;

b) 完全脱碳 complete decarburization,即钢样表层碳含量水平低于碳在铁素体中最大溶解度。

注:b)中所描述的完全脱碳层只有铁素体组织存在。

3.2

有效脱碳层深度 depth of functional decarburization

从产品表面到规定的碳含量或硬度水平的点的距离,规定的碳含量或硬度水平以不因脱碳而影响使用性能为准(例如:产品标准中规定的碳含量最小值)。

3.3

总脱碳层深度 depth of total decarburization

从产品表面到碳含量等于基体碳含量的那一点的距离,等于部分脱碳和完全脱碳之和。

3.4

铁素体脱碳层深度 depth of ferrite decarburization

表面完全脱碳层的深度。

注:铁素体的脱碳层深度由显微组织检验确定。

不同的脱碳带如图1所示。

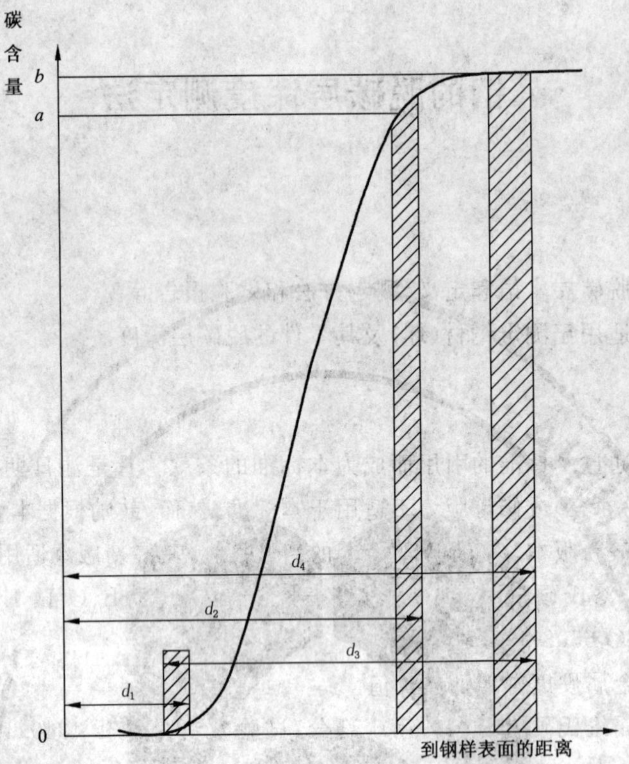

d_1——完全脱碳层深度，单位为毫米(mm)；

d_2——有效脱碳层深度，单位为毫米(mm)；

d_3——部分脱碳层深度，单位为毫米(mm)；

d_4——总脱碳层深度，单位为毫米(mm)；

a——产品标准中规定的碳含量最小值；

b——基体碳含量。

注1：不同脱碳类型的分界线如阴影带所示，阴影带宽度表示在测量过程中由于不确定度所产生的实际差异。

注2：如果制品经过渗碳处理，"基体"的定义由有关各方商定。允许的脱碳层深度将被列入产品技术标准中，或者由有关各方商定。

图1 碳含量作为产品表面距离的函数：典型脱碳的示意图

4 测定方法

4.1 总则

测定方法的选择及其准确度取决于产品的脱碳程度、显微组织、碳含量以及部件的形状。

通常采用金相法(见4.2)、硬度法(见4.3)、化学法或光谱分析法测定碳含量(见4.4)的方法测定最终产品。各种测定方法都有其应用范围，采用何种方法测定，由产品标准或双方协议确定。无明确规定时采用金相法。

试样在供货状态下检验，不需进一步热处理。如经有关各方商定，需要采取附加热处理，则要从多方面注意防止碳的分布状态和质量分数的变化，例如：采用小试样、短的奥氏体化时间，中性的保护气氛。

4.2 金相法

4.2.1 总则

此方法是在光学显微镜下观察试样从表面到基体随着碳含量的变化而产生的组织变化。

此方法适用于具有退火或正火(铁素体-珠光体)组织的钢种，也可有条件的用于那些硬化、回火、轧制或锻造状态的产品。

4.2.2 试样的选取和制备

选取的试样检验面应垂直于产品纵轴，如产品无纵轴，试样检验面的选取应由有关各方商定。

小试样(如公称直径不大于 25 mm 的圆钢或边长不大于 20 mm 的方钢)要检测整个周边。对大试样(如公称直径大于 25 mm 的圆钢或边长大于 20 mm 的方钢),为保证取样的代表性,可截取试样同一截面的一个或几个部位(可参考图 2～图 4),只要保证总检测周长不小于 35 mm 即可。但不要选取多边形产品的棱角处或脱碳极深的点。

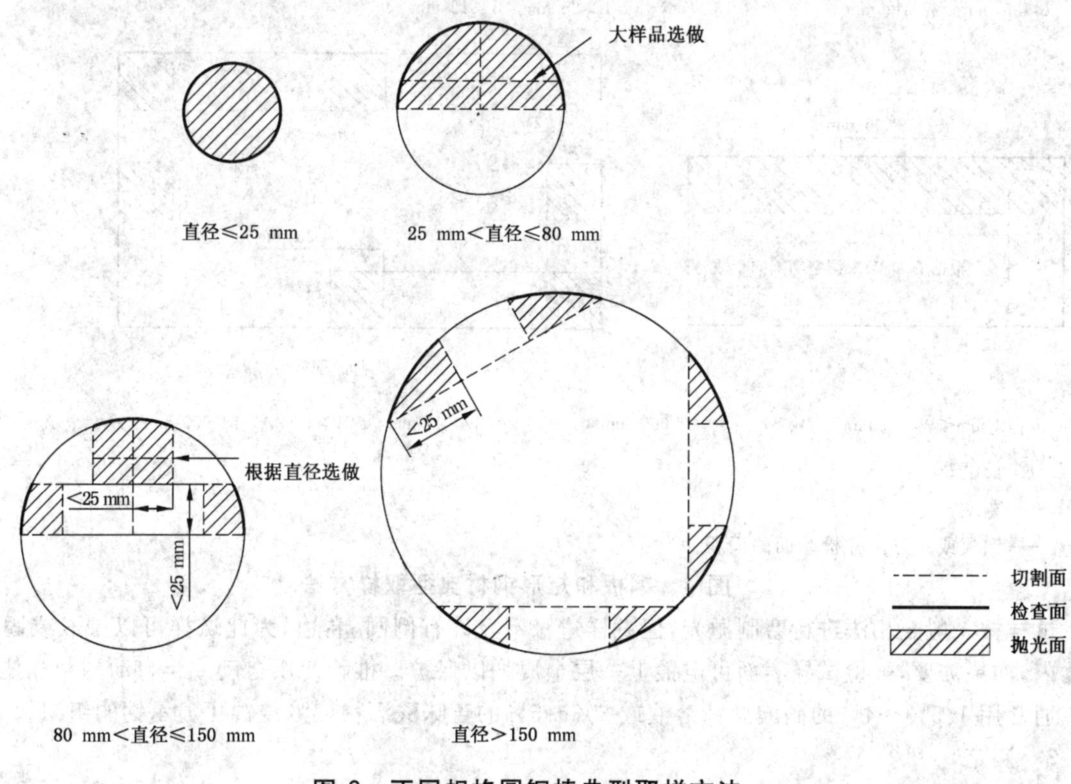

图 2　不同规格圆钢棒典型取样方法

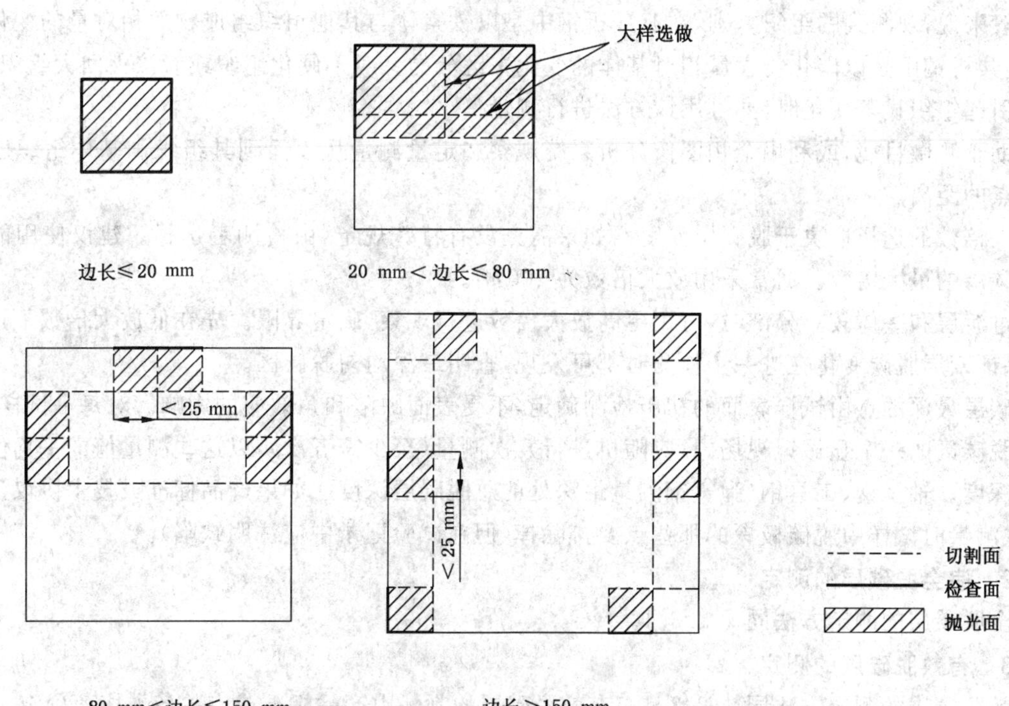

图 3　不同规格方钢典型取样方法

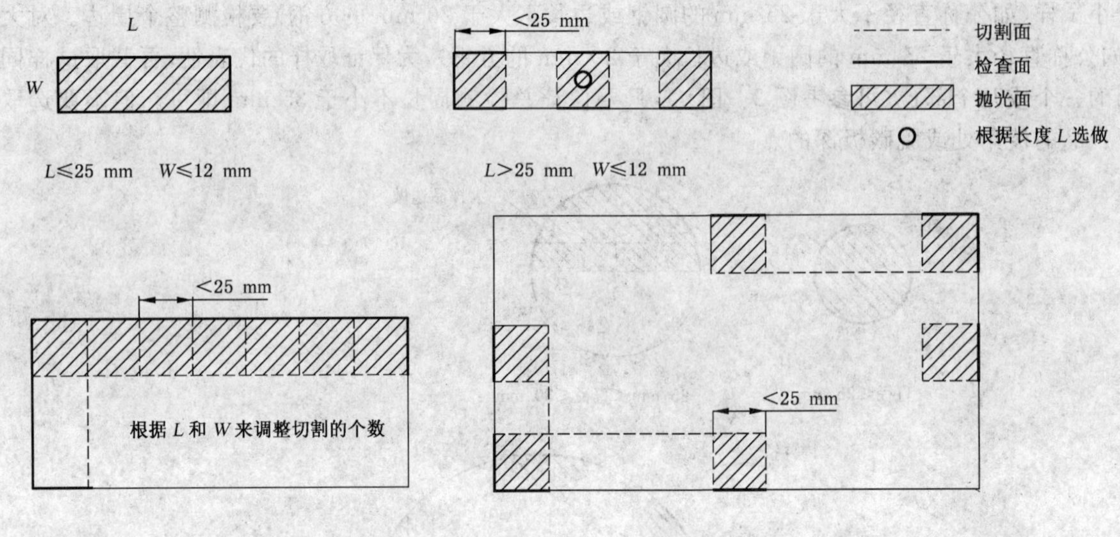

L——长度；

W——宽度；

A——钢板或矩形试样检验面的面积。

图 4 钢板和矩形钢材典型取样方法

试样按一般金相法进行磨制抛光，但试样边缘不允许有倒圆、卷边，为此试样可以镶嵌或固定在夹持器内，如果需要，被检试样表面可电镀上一层金属加以保护。推荐使用自动或半自动的制样技术。

通常用 1.5%～4% 的硝酸酒精溶液或 2%～5% 的苦味酸酒精溶液浸蚀可显示钢的组织。

4.2.3 测定

4.2.3.1 总脱碳层的测定

一般来说，观测到的组织差别，在亚共析钢中是以铁素体与其他组织组成物的相对量的变化来区别的；在过共析钢中是以碳化物含量相对基体的变化来区分的。对于硬化组织或者淬火回火组织，当碳含量变化引起组织显著变化时，亦可用该方法进行测量。

借助于测微目镜，或利用金相图像分析系统观察和定量测量从表面到其组织和基体组织已无区别的那一点的距离。

放大倍数的选择取决于脱碳层深度。如果需方没有特殊规定，由检测者选择。建议使用能观测到整个脱碳层的最大倍数。通常采用放大倍数为 100 倍。

当过渡层和基体较难分辨时，可用更高放大倍数进行观察，确定界限。先在低放大倍数下进行初步观测，保证四周脱碳变化在进一步检测时都可发现，查明最深均匀脱碳区。

脱碳层最深的点由试样表面的初步检测确定，不受表面缺陷和角效应的影响。对每一试样，在最深的均匀脱碳区的一个显微镜视场内，应随机进行几次测量（至少需五次），以这些测量值的平均值作为总脱碳层深度。轴承钢、工具钢、弹簧钢测量最深处的总脱碳层深度。如果产品标准或技术协议没有特殊规定，在测量时试样中脱碳极深的那些点要排除掉（但在试验记录中应注明缺陷）。

4.2.3.2 完全脱碳层的测定

完全脱碳层的测定方法同 4.2.3.1。

4.2.3.3 有效脱碳层的测定

有效脱碳层的测定方法同 4.2.3.1。有效脱碳层的判断由产品标准或有关各方协商确定。

4.2.3.4 金相法测定脱碳层深度的典型组织照片

金相法测定脱碳层深度的典型组织照片举例参见附录 A。

4.3 硬度法

4.3.1 显微(维氏)硬度测量方法

此方法是测量在试样横截面上沿垂直于表面方向上的显微硬度值的分布梯度。

这种方法只适用于脱碳层相当深但和淬火区厚度相比却又很小的亚共析钢、共析钢和过共析钢,这样脱碳层完全在硬化区,避免淬火不完全引起的硬度波动。这种方法对低碳钢不准确。

4.3.1.1 试样的选取和制备

试样的选取和制备与金相法(4.2.2)一样,但试样腐蚀与否,以准确测定压痕尺寸为准,并应小心防止试样的过热。

4.3.1.2 测定

测试方法按 GB/T 4340.1 规定进行。

为减少测量数据的分散性,要尽可能用大的载荷,原则上此载荷应在 0.49 N～4.9 N(50 gf～500 gf)之间。压痕之间的距离至少应为压痕对角线长度的 2.5 倍。

脱碳层深度规定为从表面到已达到所要求硬度值的那一点的距离(要把测量的分散性估计在内)。

原则上,至少要在相互距离尽可能远的位置进行两组测定,其测定值的平均值作为脱碳层深度。

脱碳层深度的测量界限可以是:

a) 由试样边缘测至产品标准或技术协议规定的硬度值处;

b) 由试样边缘测至硬度值平稳处;

c) 由试样边缘测至硬度值平稳处的某一百分数。

采用何种测量界限由产品标准或双方协议规定。

4.3.2 洛氏硬度测量法

用洛氏硬度计测定时,对不允许有脱碳层的产品,直接在试样的原产品表面上测定,对允许有脱碳的样品,在去除允许脱碳层的面上测定。

洛氏硬度法根据 GB/T 230.1 测定洛氏硬度值 HRC,只用于判定产品是否合格。

4.3.3 硬度值换算

根据 GB/T 1172 标准可进行硬度与强度的换算。

4.4 测定碳含量法

此方法测定碳含量在垂直于试样表面方向上的分布梯度,它可用于钢的任何组织状态。

4.4.1 化学分析法

本方法只适用于那些具有恰当的几何形状(圆柱体或具有平面体的多面体),并且其尺寸适合于容易机械加工,不需进行任何热处理的试样(如确实需要,经各方协商后,可进行适当热处理,但要保证不影响脱碳层深度)。除非双方认可,本方法一般不适用于部分脱碳。

4.4.1.1 试样的选取和试验

用机械加工的方法,平行于试样表面逐层剥取每层为 0.1 mm 厚的试屑。注意防止任何玷污,事先应清除氧化膜。收集每一层上剥取的金属试屑,按 GB/T 20126 测定碳含量。

4.4.2 光谱分析法

此方法只适用于那些具有合适尺寸的平面试样。

4.4.2.1 试样的选择和试验

将平面试样逐层磨剥,每层间隔 0.1 mm,在每一层上进行碳的光谱测定。要设法使逐层的光谱火花放电区不重叠。

4.4.3 试验结果的分析(化学分析法和光谱分析法)

用 4.4.1(化学分析法)和 4.4.2(光谱分析法)可以测定脱碳层深度。方法是测量从表面到碳含量达到规定数值的那一点的距离。如果碳含量数值没有规定,则测定终止点的碳含量应在考虑了分析中的允许的波动余量之后,和产品的碳含量公称范围的最小值的差别不大于以下数值:

产品的公称碳含量	最大允许偏差
C<0.6%	0.03%C
C≥0.6%	产品公称碳含量的5%

5 试验报告

试验报告推荐包括以下内容：

a） 试样数量及取样部位；

b） 测定方法；

c） 脱碳层深度(以 mm 表示)，精确到小数点后两位。

附　录　A
（资料性附录）
金相法测定脱碳层深度的典型组织照片举例

金相法测定脱碳层时，具有退火或正火（铁素体-珠光体）组织的钢种一般来说，脱碳量取决于珠光体的减少量（见图 A.1）；硬化组织或淬回火后的回火马氏体组织由晶界铁素体的变化来判定完全脱碳层（见图 A.2）；球化退火组织可由表面碳化物明显减少区或出现片状珠光体区确定部分脱碳区（见图 A.3）。图 A.1～图 A.3 中样品均为 2％硝酸酒精腐蚀，图中箭头标出的区域为脱碳层。

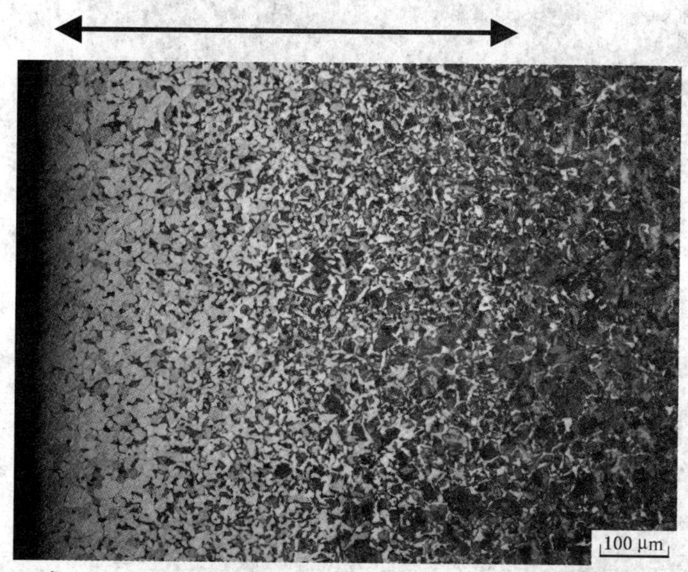

成分：C：0.81％，Si：0.18％，Mn：0.33％；处理工艺：960 ℃加热 2.5 h 炉冷；
组织说明：珠光体减少区域为部分脱碳

图 A.1　碳素钢表面脱碳 100×

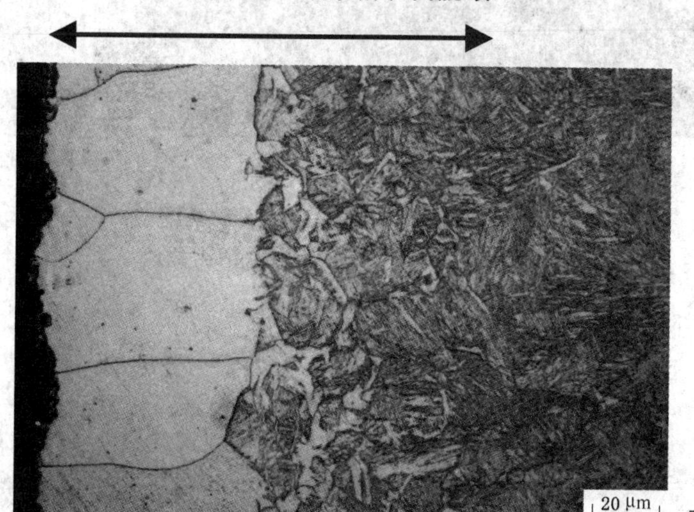

500×

处理工艺：先 870 ℃加热 20 min 油淬，之后 440 加热 90 min 空冷；
组织说明：白色铁素体部分为完全脱碳区，含有片状铁素体区为部分脱碳

图 A.2　60Si2MnA 弹簧钢表面脱碳

处理工艺:800 ℃保温 4 h,以 10 ℃每小时缓冷至 650 ℃,空冷。

组织说明:白色铁素体部分为完全脱碳区,碳化物减少区为部分脱碳

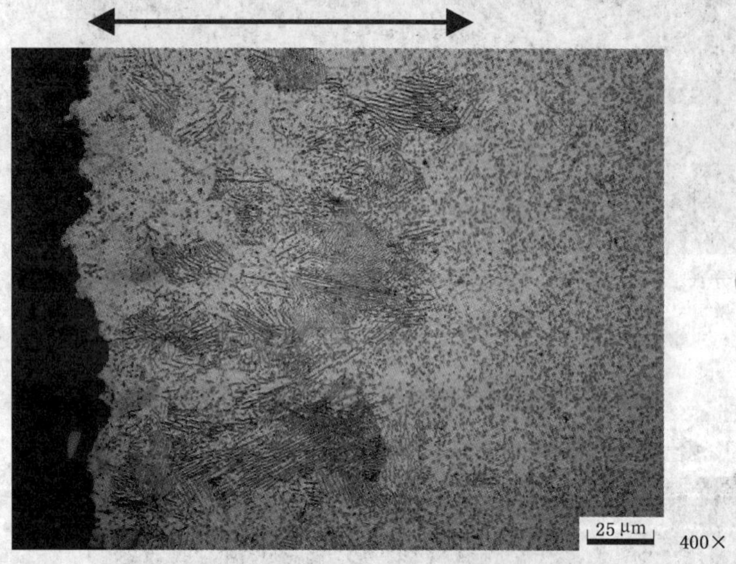

组织说明:片状珠光体区域为部分脱碳

图 A.3 GCr15 表面脱碳的金相组织

ICS 77.040.10
H 23

中华人民共和国国家标准

GB/T 244—2008/ISO 8491:1998
代替 GB/T 244—1997

金属管 弯曲试验方法

Metallic materials-tube—Bend test

(ISO 8491:1998,IDT)

2008-05-13 发布

2008-11-01 实施

中华人民共和国国家质量监督检验检疫总局
中国国家标准化管理委员会 发布

前　言

本标准等同采用 ISO 8491:1998《金属管　弯曲试验方法》(英文版)。

本标准等同翻译 ISO 8491:1998《金属管　弯曲试验方法》(英文版)。

本标准做了下列编辑性修改:

a) “本国际标准”一词改为“本标准”;

b) 用小数点“.”代替作为小数点的“,”;

c) 删除了国际标准的前言,增加了本标准前言;

d) 将原标准第 1 章备注中“根据国际标准 ISO 7438”改为“根据国家标准 GB/T 232”;

e) 将原标准第 7 章 a)条“参考本国际标准,例如:ISO 8491”改为“本标准号”。

本标准代替 GB/T 244—1997《金属管　弯曲试验方法》,对原标准做了如下修改:

1) 扩大了适用范围;

2) 重新规定了试样的要求;

3) 对试验步骤和试验条件进行了更详细规定;

4) 增加了参考文献。

本标准由中国钢铁工业协会提出。

本标准由全国钢标准化技术委员会归口。

本标准起草单位:常熟出入境检验检疫局、冶金工业信息标准研究院。

本标准主要起草人:王卫忠、顾伟、袁建良、董莉、易海清。

本标准所代替标准的历次版本发布情况为:

GB 244—1963、GB 244—1982、GB/T 244—1997。

金属管　弯曲试验方法

1　范围

本标准规定了测定圆形横截面金属管全截面弯曲塑性变形能力的试验方法。

本标准适用于外径不超过 65 mm 的金属管，本标准适用金属管的外径范围可以在相关的产品标准中做更详细的规定。

注：金属管横向条状试样的弯曲试验应根据 GB/T 232 来进行，以增加试样的原始弯曲率。

2　符号、名称和单位

本标准使用的符号、名称和单位在表 1 和图 1 中规定。

表 1

符号	名　称	单位
a [a]	管壁厚度	mm
D	金属管原始外径	mm
L	试样原始长度	mm
r	弯心半径	mm
α	弯曲角度	(°)
[a] 在钢管标准中也用符号 T 表示此参数。		

3　原理

将一根全截面的金属直管绕着一个规定半径和带槽的弯心弯曲，直至弯曲角度达到相关产品标准所规定的值(见图 1)。

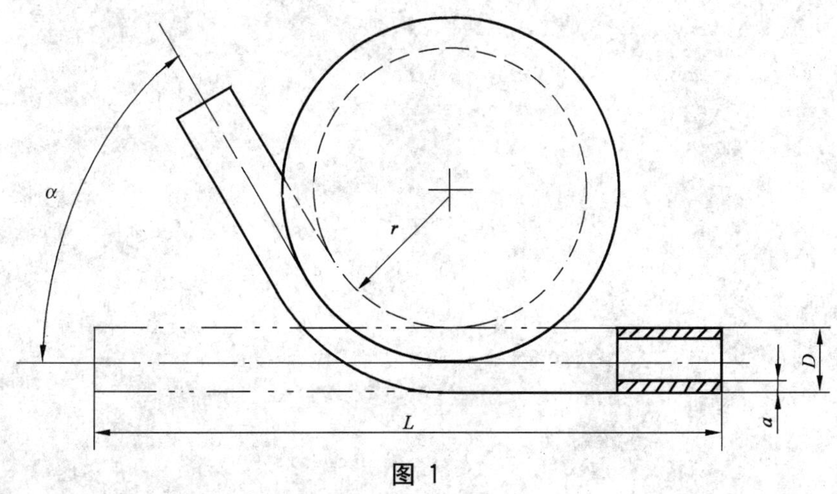

图 1

4　试验设备

弯管试验应在弯管试验机上进行，试验时试验机应能防止管的横截面产生椭圆变形。

弯管试验机的弯心应具有与管外径轮廓相适应的沟槽。弯心半径由相关产品标准规定。

注:弯心半径的偏差、沟槽的深度和椭圆度均对试验结果有影响。

5 试样

试样应是金属直管的一部分,并能在弯管试验机上进行试验。

6 试验程序

6.1 试验一般应在10℃～35℃的室温范围内进行。对要求在控制条件下进行的试验,试验温度应为23℃±5℃。

6.2 通过弯管试验机将不带填充物的管试样弯曲,试验时应确保试样弯曲变形段与金属管弯心紧密接触,直至达到规定的弯曲角度。

6.3 在进行焊接管的弯曲试验时,焊缝相对于弯曲平面的位置应符合相关产品标准规定的要求。如未规定具体要求,焊缝应置于与弯曲平面呈90°(即弯曲中性线)的位置。

6.4 对弯曲试验结果的说明应依据相关产品标准的要求。当产品标准中未做规定时,在不使用放大镜的情况下,如果无可见裂纹,应评定为合格。

7 试验报告

应根据相关产品标准的要求提供试验报告。试验报告至少应包含下列内容:

a) 本标准号;

b) 试样标识;

c) 试样尺寸;

d) 弯曲角度 α 和弯心半径 r;

e) 如为焊接管,焊缝相对于弯曲平面的位置;

f) 试验结果。

参 考 文 献

[1] GB/T 232　金属材料　弯曲试验方法(GB/T 232—1999,eqv ISO 7438:1985)

ICS 77.040.10
H 23

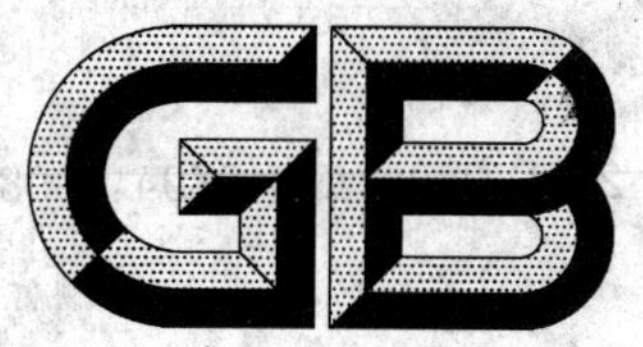

中华人民共和国国家标准

GB/T 245—2008/ISO 8494:1998
代替 GB/T 245—1997

金属管 卷边试验方法

Metallic materials-tube—Flanging test

(ISO 8494:1998,IDT)

2008-05-13 发布 2008-11-01 实施

中华人民共和国国家质量监督检验检疫总局
中国国家标准化管理委员会 发布

前　言

本标准等同采用 ISO 8494:1998 (E)《金属管　卷边试验方法》(英文版)。

本标准等同翻译 ISO 8494:1998 (E)《金属管　卷边试验方法》。

本标准做了下列编辑性修改：

a) “本国际标准”一词改为“本标准”；

b) 用小数点“.”代替作为小数点的“,”；

c) 删除了国际标准的前言,增加了本标准前言；

d) 将原标准第 7 章 a)“参考本国际标准,例如:ISO 8494”改为“本标准号”；

e) 在第 6 章 6.7 以附加信息的方式补充了卷边率计算公式。

本标准代替 GB/T 245—1997《金属管　卷边试验方法》,对原标准做了如下修改：

1) 对适用范围做了补充；

2) 重新规定了试样的要求；

3) 对试验步骤和试验条件进行了更详细规定。

本标准由中国钢铁工业协会提出。

本标准由全国钢标准化技术委员会归口。

本标准起草单位:常熟出入境检验检疫局、冶金工业信息标准研究院。

本标准主要起草人:易海清、顾伟、董莉、袁建良、王卫忠。

本标准所替代标准的历次版本发布情况为：

GB 245—1963、GB 245—1982、GB/T 245—1997。

金属管 卷边试验方法

1 范围

本标准规定了测定圆形横截面金属管塑性变形能力的卷边试验方法。

本标准适用于外径不超过 150 mm、管壁厚度不超过 10 mm 的金属管。本标准适用的金属管外径和壁厚范围可以在相关产品标准中做更详细的规定。

2 符号、名称和单位

本标准使用的符号、名称和单位在表 1 和图 1 中规定。

表 1

符号	名 称	单位
a[a]	管壁厚度	mm
D	金属管原始外径	mm
D_u	金属管最大卷边外径	mm
L	试样的原始长度	mm
R	卷边模具圆角半径	mm
β	顶芯角度	(°)

[a] 在钢管标准中也用符号 T 表示此参数。

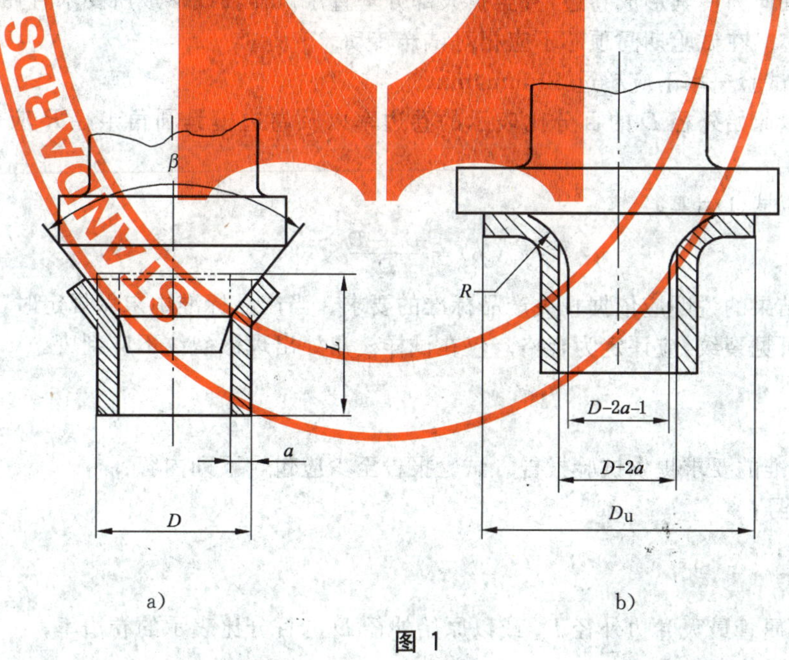

a) b)

图 1

3 原理

在金属管试样的端部，垂直于管轴线的平面上进行卷边，直至卷边后的外径达到相关产品标准的规定值。

4 试验设备

4.1 速率可调的压力机或万能试验机。

4.2 成形装置要求具有足够硬度并经抛光,包括:

a) 具有合适角度的圆锥形顶芯(一般为90°);

b) 满足如下要求的卷边模具:

——圆柱端的直径比管的内径小1 mm;

——同心的平台部分垂直于卷边模具的轴线,其直径不小于金属管最大卷边外径;

c) 卷边过程中用于支撑金属管另一端的支撑平台。

5 试样

5.1 试样长度 L 应近似为1.5 D。如果在卷边试验后剩余的圆柱部分长度不小于0.5 D 时,可以使用较短的试样。

5.2 试样的两端面应垂直于金属管轴线。试验端的棱边允许用锉或其他方法将其倒圆或倒角。

注:如果试验结果满足试验要求,可以不对试样的棱边倒圆或倒角。

5.3 试验焊接管时,可以去除管内的焊缝余高。

6 试验程序

6.1 试验一般应在10℃~35℃的室温范围内进行。对要求在控制条件下进行的试验,试验温度应为23℃±5℃。

6.2 对圆锥形顶芯施加力使其压入试样一端进行预扩口,直至扩大试样的边缘达到可以进行卷边试验所规定的外径[见图1a)]。

6.3 卸下圆锥形顶芯,换上卷边模具[见图1b)]。

6.4 对试样施加轴向力使其形成卷边,直至扩大部分垂直于试样轴线形成所要求直径的卷边。

6.5 允许润滑顶芯。在试验期间顶芯不应相对试样转动。

6.6 出现争议时,试验速率不应超过50 mm/min。

6.7 卷边直径或以原始外径 D 的百分比表示的卷边率以及卷边模具圆角半径 R 应由相关产品标准规定。

注:卷边率(X_f)按式(1)计算:

$$X_f(\%)=\frac{D_u-D}{D}\times 100 \quad \cdots\cdots\cdots\cdots(1)$$

6.8 对卷边试验结果的说明应依据相关产品标准的要求。当产品标准中未做规定时,在不使用放大镜的情况下,如果无可见裂纹,应评定为合格。仅在试样棱角处出现微裂纹不应判废。

7 试验报告

应根据产品标准的要求提供试验报告。试验报告至少应包含下列内容:

a) 本标准编号;

b) 试样标识;

c) 试样尺寸;

d) 试验后金属管最大卷边外径 D_u 或以原始外径 D 的百分比表示的卷边率;

e) 卷边模具圆角半径 R;

f) 试验结果。

ICS 77.140.50
H 46

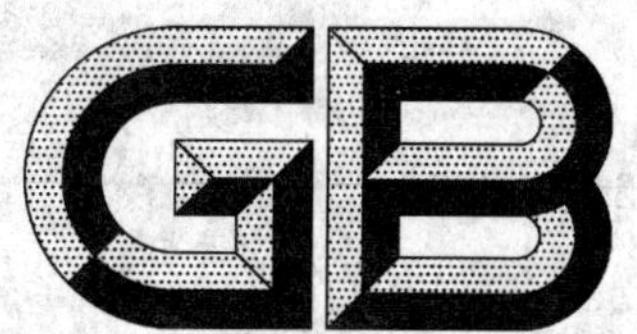

中华人民共和国国家标准

GB/T 247—2008
代替 GB/T 247—1997

钢板和钢带包装、标志及质量证明书的一般规定

General rule of package, mark and certification for steel plates(sheets) and strips

2008-12-06 发布　　2009-10-01 实施

中华人民共和国国家质量监督检验检疫总局
中国国家标准化管理委员会　发布

前 言

本标准参照ASTM A 700:2005《装运钢铁产品的包装、标记和装载方法实施规范》(英文版),并结合我国钢板、钢带的实际包装情况以及国内物流运输实际情况对GB/T 247—1997《钢板和钢带检验、包装、标志及质量证明书的一般规定》进行修订。

本标准代替GB/T 247—1997《钢板和钢带检验、包装、标志及质量证明书的一般规定》。

本标准与GB/T 247—1997相比,对以下主要技术内容进行了修改:

——本标准名称修改为《钢板和钢带包装、标志及质量证明书的一般规定》;

——删除了原标准检验规则部分;

——调整了部分术语和相关定义;

——增加了部分包装材料环保要求;

——删除原标准中不再适用的包装方式;

——根据国内物流条件对原标准中的部分包装方式进行了细化。

本标准由中国钢铁工业协会提出。

本标准由全国钢标准化技术委员会归口。

本标准主要起草单位:武汉钢铁股份有限公司、天津钢铁有限公司、济钢集团有限公司、首钢总公司、冶金工业信息标准研究院。

本标准主要起草人:陈平、魏远征、曾小平、孙根领、师莉、邹锡怀、陈晓红、姚平、谢懋亮、史丽欣、李树庆、王晓虎。

本标准所代替标准的历次版本发布情况为:

GB/T 247—1963、GB/T 247—1976、GB/T 247—1980、GB/T 247—1988、GB/T 247—1997。

钢板和钢带包装、标志及质量证明书的一般规定

1 范围

本标准规定了钢板和钢带的包装、标志、运输、贮存及质量证明书的一般技术要求。

本标准适用于热轧、冷轧及涂镀钢板和钢带的包装、标志、运输、贮存及质量证明书。

2 规范性引用文件

下列文件中的条款通过本标准的引用而成为本标准的条款。凡是注日期的引用文件，其随后所有的修改单(不包括勘误的内容)或修订版均不适用于本标准，然而，鼓励根据本标准达成协议的各方研究是否可使用这些文件的最新版本。凡是不注日期的引用文件，其最新版本适用于本标准。

GB/T 15574 钢产品分类

GB/T 18253 钢及钢产品 检验文件的类型

3 术语和定义

下列术语和定义适用于本标准。

3.1

包装 package

将一件或一件以上产品裹包或捆扎成一个货物单元。

3.2

标签 label

固定在包装件上的纸条或其他材料制品，上面标有产品名称、规格、生产厂等内容。

3.3

标志 mark

用于标识钢材特性的任何一种方法，如喷印、打印等。

3.4

吊牌 tap

用钢丝、U形钉等固定在包装件或容器上的一种活动标签。

3.5

护角 corner protector

安放在产品或包装件边部或棱边上起保护作用的构件。

3.6

捆带 strapping

用来捆扎产品或包装件的挠性材料。

3.7

锁扣 locker

锁紧捆带的构件。

3.8

捆带防护材料 hand protector

放在产品或包装件与捆带之间的材料，防止产品或包装件损坏和防止包装捆带被切断。

3.9

托架　platform

用木质、金属或其他材料制成的构架,由为机械搬运方便而设的支架及其支撑的面板或垫木组成。面板可以是整体的或骨架式的。

3.10

捆扎方向　bundle direction

3.10.1

横向　transverse direction

垂直于钢板轧制方向的方向。

3.10.2

纵向　longitudinal direction

钢板的轧制方向。

3.10.3

周向　circle direction

钢带(卷)的外圆周方向。

3.10.4

径向　eye direction

钢带(卷)中心轴方向。

3.11

重量(包装件)　weight(package)

3.11.1

毛重　gross weight

货物本身的重量和所有包装材料重量之和。

3.11.2

净重　net weight

货物本身的重量。

3.11.3

理论计重　theoretical weight

根据钢材的公称尺寸和密度计算的重量。

3.12

字模喷印　stencil

利用预先裁制好的模板进行喷印作标志。

4　包装

4.1　一般规定

4.1.1　包装应能保证产品在正常运输和贮存期间不致松散、受潮、变形和损坏。

4.1.2　各类产品的包装要求应按其相应产品标准的规定执行。当相应产品标准中无明确规定时,应按本标准的规定执行,并应在合同中注明包装种类或包装代号。若未注明则由供方选择。需方有责任向供方提出它对防护包装材料的要求以及提供其卸货方法和有关设备的资料。

4.1.3　供需双方协商,亦可采用其他包装方式。

4.1.4　本标准中钢产品的分类按 GB/T 15574 的规定执行。

4.2　包装材料

4.2.1　包装材料应符合有关标准和环境保护法律法规的规定。本标准中没有包括的或没有具体规定的材料，其质量应当与预定的用途相适应。包装材料可根据技术和经济的发展而改变。

4.2.2 产品交付后，需方要面临包装材料的处置问题，因此，包装所使用包装材料应是简单而有效，且便于分类处置，回收。

4.2.3 防护包装材料

包装时采用防护包装材料的目的是：(1)防止湿气渗入；(2)尽量减少油损；(3)防止沾污产品；(4)防止产品撞伤。常用的防护包装材料有防锈纸、防锈膜、塑料膜、瓦楞纸、纤维板等。

4.2.4 辅助包装材料

包装时采用辅助包装材料的目的是避免防护包装材料自身受损伤或避免防护包装材料对钢板(卷)产生损伤。常用的辅助包装材料有护角、锁扣、垫片等。

4.2.5 包装捆带

包装件应通过包装捆带捆紧，包装捆带可以是窄带或钢丝。捆带锁紧方式可分为有锁扣和无锁扣两种。

4.2.6 保护涂层

在运输和贮存期间，为保护钢材而选用防腐剂时，应考虑涂敷的方法和涂层的厚度，这些涂层应容易去除，涂层的种类由供方确定。如需方有特殊要求时，应在合同中注明。

4.3 重量和捆扎道数

本标准规定包装件的最大重量与规定的捆扎方式和捆扎道数是相匹配的。经供需双方协商，可以增加包装件重量，当增加包装件重量时，可相应增加捆扎道数，必要时还可改变捆扎方式。

当包装件重量小于 2 t 时，捆扎道数可以酌减。

4.4 钢板包装

4.4.1 热轧钢板包装

热轧钢板的包装应符合表 1 的规定。

表 1 热轧钢板包装

序号	技术要求	图例	备注
1	—	图 1	适用于热轧裸露散装钢板
2	捆带：横向不少于 4 根，边部可加护角	图 2	适用于热轧裸露包装钢板
3	防锈纸 塑料薄膜 底垫板(可不加) 包装盒 垫木或托架 捆带视托架或垫木数量而定	图 3	适用于表面质量要求较高的热轧钢板
4	护角 防锈纸 塑料薄膜 顶部缓冲材料 底垫板(可不加) 包装盒 垫木或托架 捆带视托架或垫木数量而定	图 4	适用于表面质量要求更高，且运输距离长或运输环节多的热轧钢板
注：包装盒可用上盖板＋侧护板进行替代。如采用整体式包装盒，可不用塑料薄膜。			

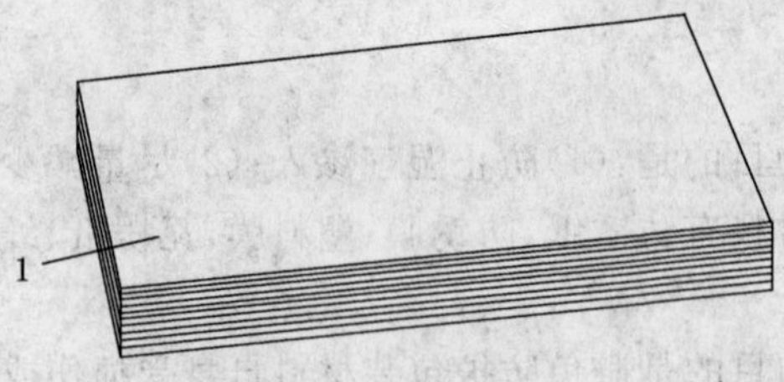

1——钢板。

图 1

1——钢板；

2——护角；

3——捆带；

4——锁扣。

图 2

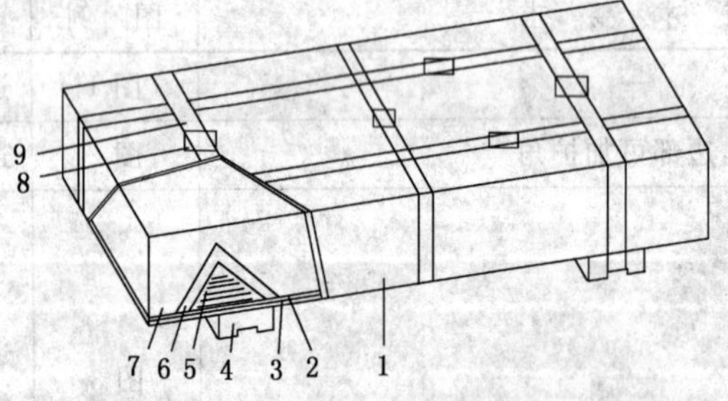

1——包装盒；

2——底垫板；

3——托架；

4——垫木；

5——钢板；

6——防锈纸；

7——塑料薄膜；

8——锁扣；

9——捆带。

图 3

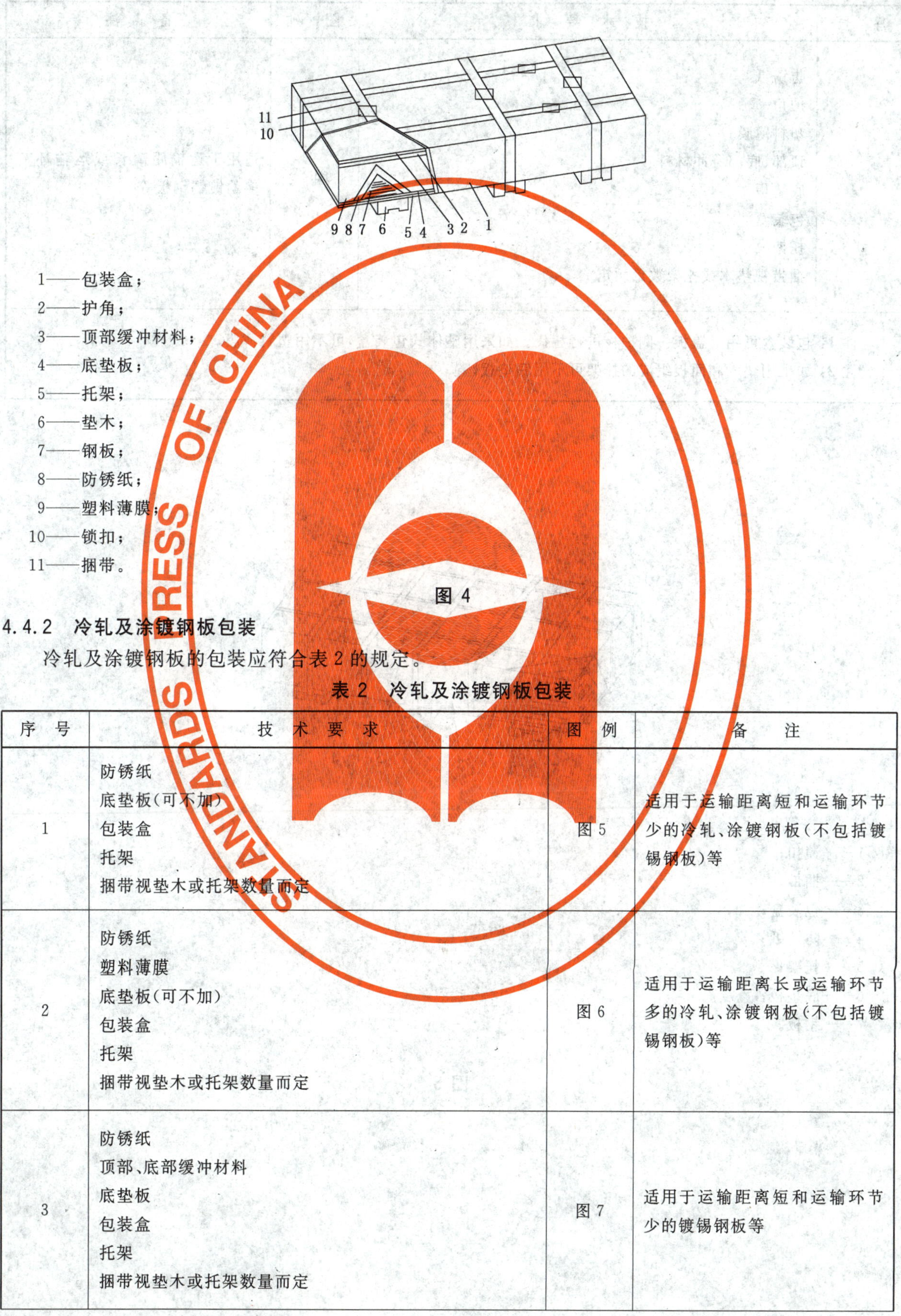

1——包装盒；
2——护角；
3——顶部缓冲材料；
4——底垫板；
5——托架；
6——垫木；
7——钢板；
8——防锈纸；
9——塑料薄膜；
10——锁扣；
11——捆带。

图 4

4.4.2 冷轧及涂镀钢板包装

冷轧及涂镀钢板的包装应符合表2的规定。

表 2 冷轧及涂镀钢板包装

序　号	技　术　要　求	图　例	备　　注
1	防锈纸 底垫板(可不加) 包装盒 托架 捆带视垫木或托架数量而定	图 5	适用于运输距离短和运输环节少的冷轧、涂镀钢板(不包括镀锡钢板)等
2	防锈纸 塑料薄膜 底垫板(可不加) 包装盒 托架 捆带视垫木或托架数量而定	图 6	适用于运输距离长或运输环节多的冷轧、涂镀钢板(不包括镀锡钢板)等
3	防锈纸 顶部、底部缓冲材料 底垫板 包装盒 托架 捆带视垫木或托架数量而定	图 7	适用于运输距离短和运输环节少的镀锡钢板等

表 2(续)

序 号	技 术 要 求	图 例	备 注
4	防锈纸 护角 塑料薄膜 顶部、底部缓冲材料 底垫板 包装盒 托架 捆带视垫木或托架数量而定	图 8	适用于运输距离长或运输环节多的镀锡钢板等
注 1：包装盒可用上盖板+侧护板进行替代。如采用整体式包装盒，可不用塑料薄膜。 注 2：如采用垫木和面板组成的托架可不用底垫板。			

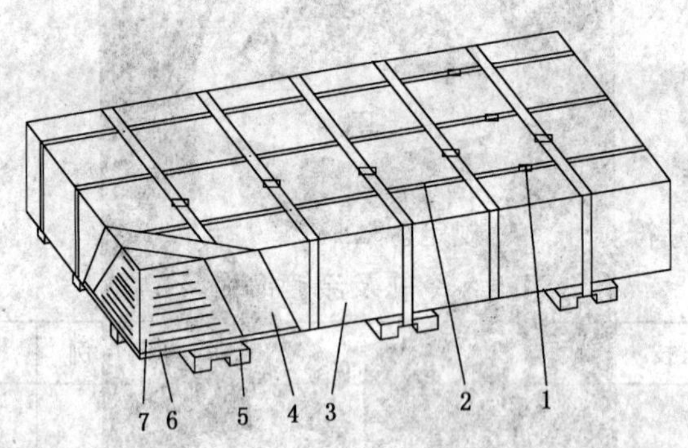

1——锁扣；
2——捆带；
3——包装盒；
4——防锈纸；
5——托架；
6——底垫板；
7——钢板。

图 5

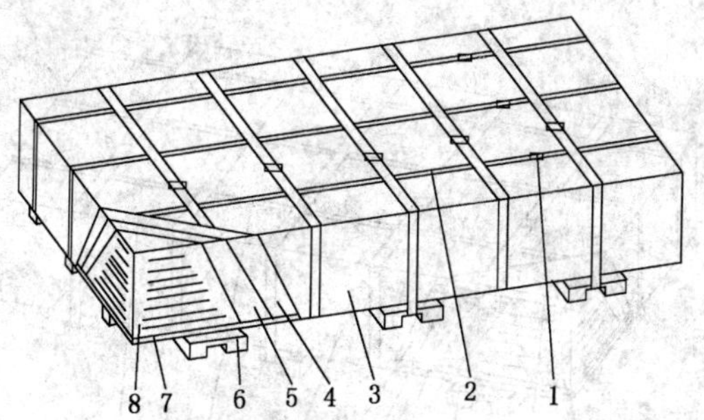

1——锁扣；
2——捆带；
3——包装盒；
4——塑料薄膜；
5——防锈纸；
6——托架；
7——底垫板；
8——钢板。

图 6

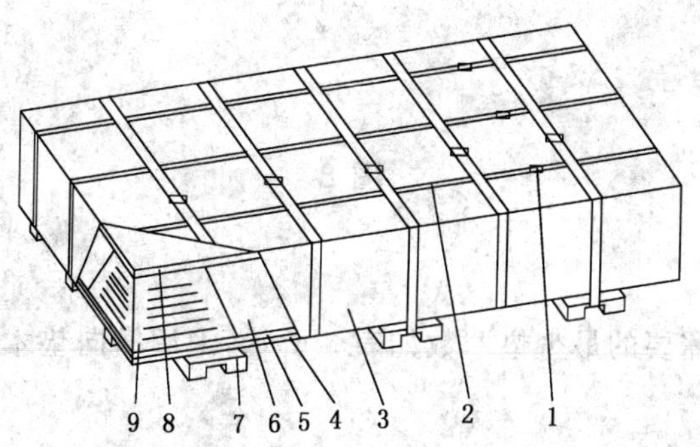

1——锁扣；
2——捆带；
3——包装盒；
4——底垫；
5——底部缓冲材料；
6——防锈纸；
7——托架；
8——顶部缓冲材料；
9——钢板。

图 7

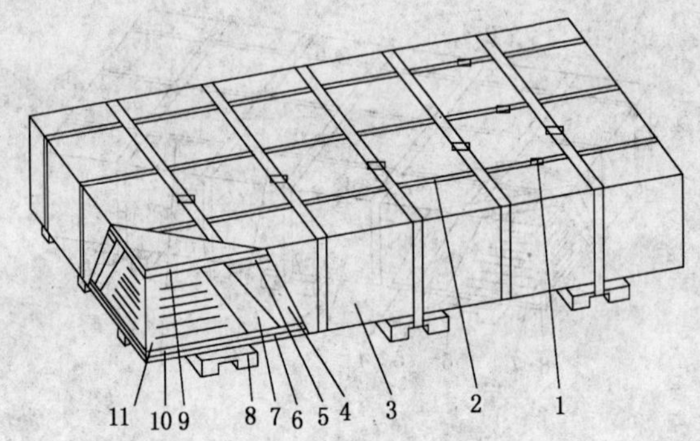

1——锁扣；
2——捆带；
3——包装盒；
4——塑料薄膜；
5——护角；
6——底垫板；
7——防锈纸；
8——托架；
9——顶部缓冲材料；
10——底部缓冲材料；
11——钢板。

图 8

4.4.3 垫木和托架

4.4.3.1 垫木

采用纵向垫木的包装件需要的最少垫木数如表 3 所示，采用横向垫木的包装件需要的最少垫木数如表 4 所示。

4.4.3.2 托架

托架可由横纵垫木组成，或者由垫木和面板组成，如图 9、图 10 所示。垫木的最少数目应当与表 3 和表 4 所示的纵向或横向垫木相同，实际结构可以有所不同。

4.4.3.3 经供需双方商定，可以另行规定垫木和托架的数量。

表 3 采用纵向垫木的包装件需要的最少垫木

钢板公称厚度 t/mm	垫木根数		
	2 根	3 根	4 根
	钢板宽度 W/mm		
$t \leqslant 0.5$	$500 \leqslant W \leqslant 1\,000$	$1\,000 < W \leqslant 1\,500$	$1\,500 < W \leqslant 2\,000$
$0.5 < t \leqslant 1.0$	$500 \leqslant W \leqslant 1\,000$	$1\,000 < W \leqslant 1\,700$	$1\,700 < W \leqslant 2\,500$
$1.0 < t \leqslant 1.5$	$500 \leqslant W \leqslant 1\,250$	$1\,250 < W \leqslant 2\,000$	$W > 2\,000$
$t > 1.5$	所有宽度	—	—
注：长度大于 5 000 mm 或宽度小于 500 mm 的钢板不用纵向垫木。			

表 4 采用横向垫木的包装件需要的最少垫木[a]

钢板公称厚度 t/mm	垫木根数		
	2 根	3 根	5 根
	钢板长度 L/mm		
$t \leqslant 0.5$	$L<1\ 000$	$1\ 000 \leqslant L \leqslant 2\ 000$	$L>2\ 000$
$0.5<t \leqslant 1.0$	$L<1\ 000$	$1\ 000 \leqslant L \leqslant 2\ 500$	$L>2\ 500$
$1.0<t \leqslant 1.5$	$L<1\ 250$	$1\ 250 \leqslant L \leqslant 3\ 000$	$L>3\ 000$
$1.5<t \leqslant 2.5$	$L<1\ 800$	$1\ 800 \leqslant L \leqslant 4\ 000$	$L>4\ 000$
$t>2.5$	$L<2\ 000$	$2\ 000 \leqslant L \leqslant 5\ 000$	$L>5\ 000$

[a] 横向垫木的根数应能保证板包在吊运过程中不产生明显变形，端部垫木距钢板端部距离应不超过 300 mm。

a)

b)

图 9

a)

b)

图 10

4.5 钢带包装

4.5.1 热轧钢带包装

热轧钢带的包装应符合表 5 的规定。

表 5 热轧钢带包装

序号	技术要求	图例	备注
1	每小卷周向不少于 1 根捆带； 整卷径向不少于 3 根捆带	图 11	适用于合包窄钢带和纵切钢带
2	每小卷周向不少于 1 根捆带； 整卷径向紧固器一副	图 12	适用于合包窄钢带和纵切钢带
3	捆带：周向不少于 3 根； 拐角可加护角	图 13	适用于热轧钢带(卧式)
4	捆带：周向不少于 3 根，径向不少于 2 根； 拐角加护角	图 14	适用于热轧钢带(立式)
5	紧固器：至少 1 副	图 15	适用于热轧高强度厚钢带

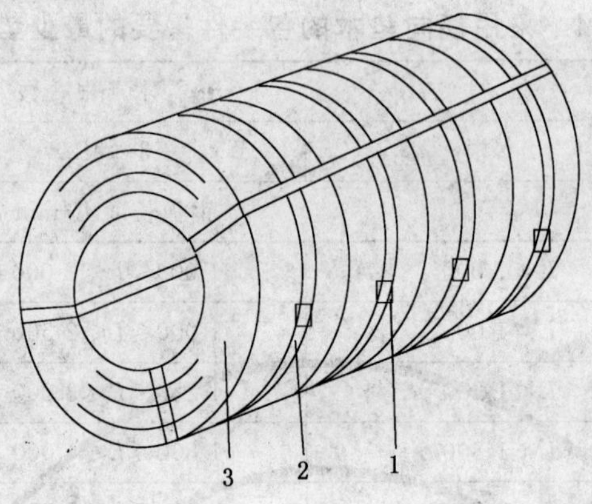

1——锁扣；
2——捆带；
3——钢带。

图 11

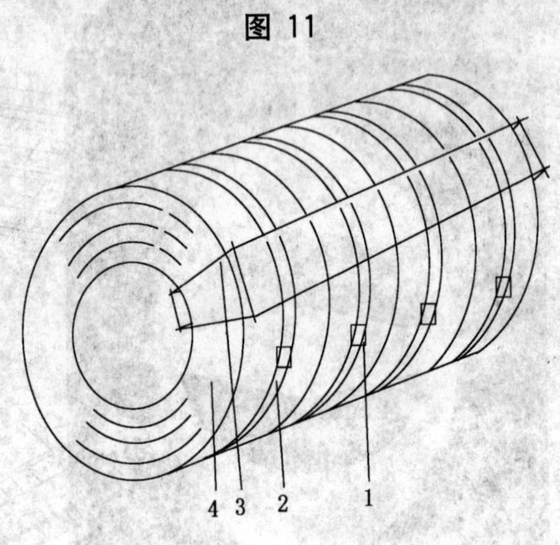

1——锁扣；
2——捆带；
3——紧固器；
4——钢带。

图 12

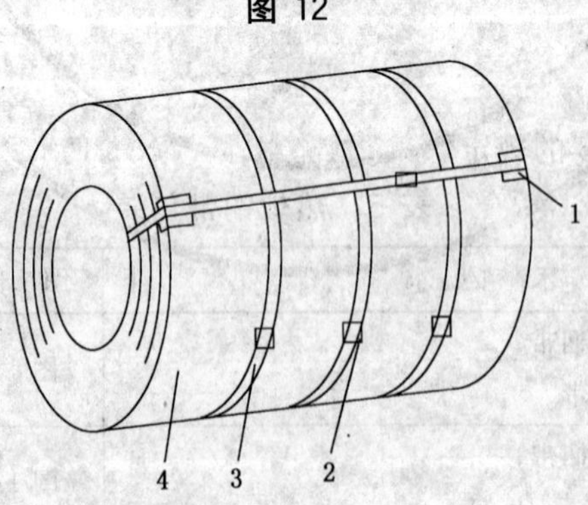

1——护角；
2——捆带；
3——锁扣；
4——钢带。

图 13

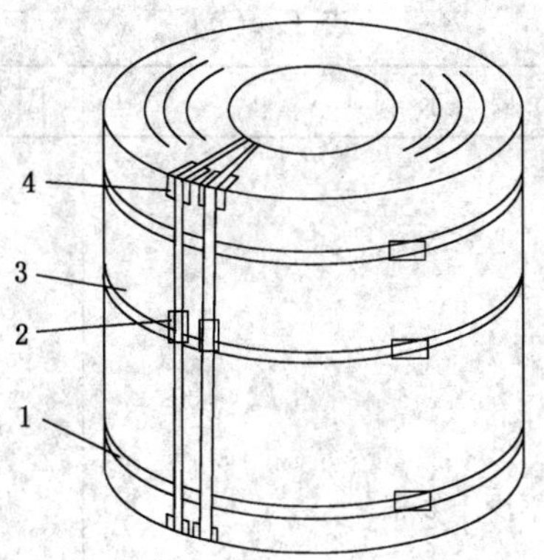

1——捆带；
2——锁扣；
3——钢带；
4——护角。

图 14

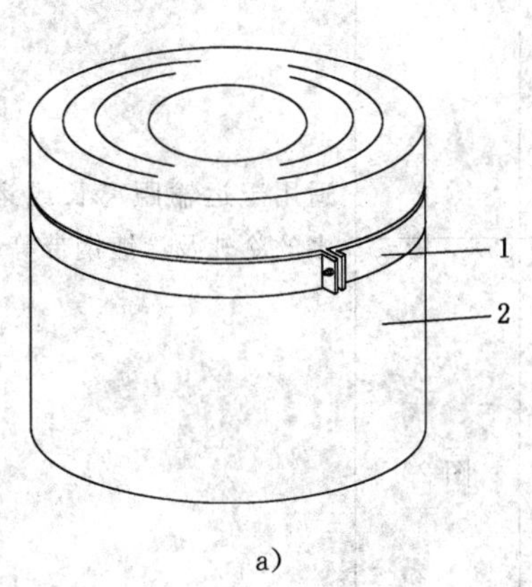

a)

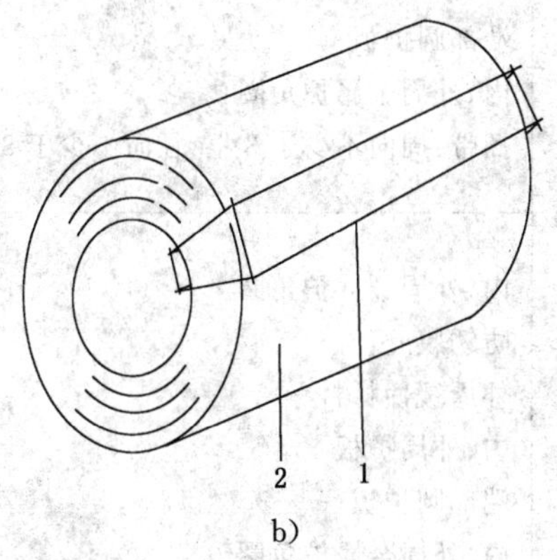

b)

1——紧固器；
2——钢带。

图 15

4.5.2 冷轧及涂镀钢带包装

冷轧及涂镀钢带的包装应符合表 6 的规定。

表 6 冷轧及涂镀钢带包装

序 号	技 术 要 求	图 例	备 注
1	防锈纸或塑料薄膜 内周金属护角圈 捆带：周向不少于 3 根，径向不少于 3 根	图 16	适用于筒包装冷轧及涂镀钢带
2	内、外周缓冲护角圈 塑料薄膜 外周缓冲材料 内、外周护板 端部圆护板 内、外周金属护角圈 捆带：周向不少于 3 根，径向不少于 3 根	图 17	适用于彩涂钢带

表 6（续）

<table>
<tr><th>序 号</th><th>技 术 要 求</th><th>图 例</th><th>备 注</th></tr>
<tr><td>3</td><td>内、外周缓冲护角圈
防锈纸或防锈膜
内、外周护板
端部圆护板
内、外周金属护角圈
捆带：周向不少于 3 根，径向不少于 3 根</td><td>图 18</td><td>适用于运输距离短和运输环节少的冷轧及涂镀钢带等</td></tr>
<tr><td>4</td><td>防锈纸
塑料薄膜
内、外周缓冲护角圈
外周缓冲材料
内、外周护板
端部圆护板
内、外周金属护角圈
捆带：周向不少于 3 根，径向不少于 3 根</td><td>图 19</td><td rowspan="2">适用于运输距离长或运输环节多的冷轧及涂镀钢带等</td></tr>
<tr><td>5</td><td>内、外周缓冲护角圈
防锈膜
外周缓冲材料
内、外周护板
端部圆护板
内、外周金属护角圈
捆带：周向不少于 3 根，径向不少于 3 根</td><td>图 20</td></tr>
<tr><td>6</td><td>防锈纸
塑料薄膜
外周护板
顶部圆盖
顶部外周金属护角圈
顶部外周缓冲护角圈
托架
捆带：周向不少于 3 根，径向不少于 2 根</td><td>图 21</td><td>适用于运输距离长或运输环节多的冷轧及涂镀立式钢带</td></tr>
<tr><td>7</td><td>防锈纸或防锈膜
外周护板
顶部圆盖
顶部外周金属护角圈
顶部外周缓冲护角圈
托架
捆带：周向不少于 3 根，径向不少于 2 根</td><td>图 22</td><td>适用于运输距离短和运输环节少的冷轧及涂镀立式钢带</td></tr>
</table>

表 6（续）

序　号	技　术　要　求	图　例	备　　注
8	钢带之间增加缓冲材料 防锈纸 塑料薄膜 外周护板 顶部圆盖 顶部外周金属护角圈 顶部外周缓冲护角圈 托架 捆带：周向不少于 3 根，径向不少于 2 根	图 23	适用于运输距离长或运输环节多的冷轧及涂镀立式分条钢带
9	钢带之间增加缓冲材料 防锈纸或防锈膜 外周护板 顶部圆盖 顶部外周金属护角圈 顶部外周缓冲护角圈 托架 捆带：周向不少于 3 根，径向不少于 2 根	图 24	适用于运输距离短和运输环节少的冷轧及涂镀立式分条钢带

1——锁扣；

2——捆带；

3——防锈纸或防锈薄膜；

4——钢带；

5——内周金属护角圈。

图 16

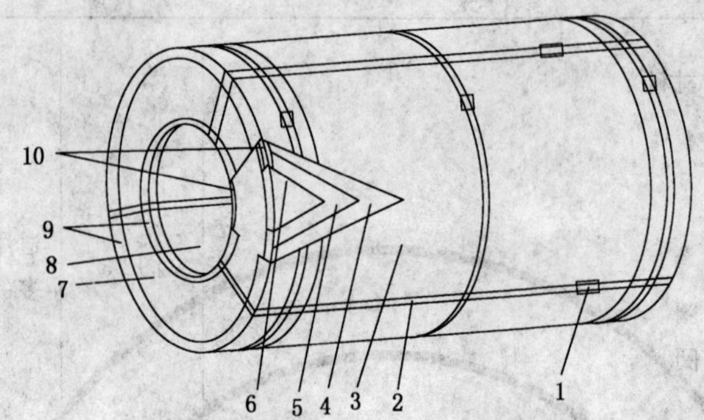

1——锁扣；

2——捆带；

3——外周护板；

4——外周缓冲材料；

5——塑料薄膜；

6——钢带；

7——端部圆护板；

8——内周护板；

9——内、外周金属护角圈；

10——内、外周缓冲护角圈。

图 17

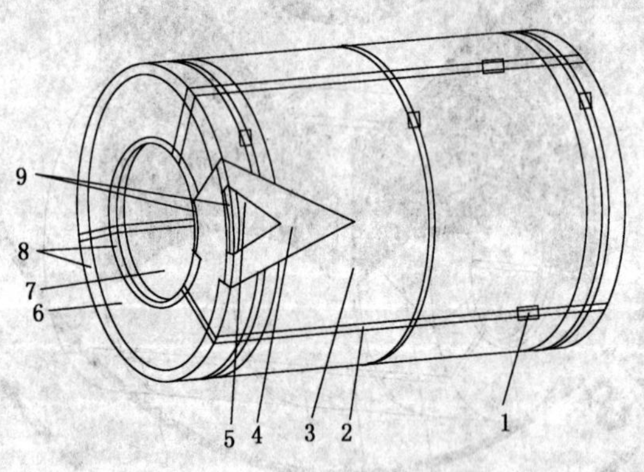

1——锁扣；

2——捆带；

3——外周护板；

4——防锈纸或防锈薄膜；

5——钢带；

6——端部圆护板；

7——内周护板；

8——内、外周金属护角圈；

9——内、外周缓冲护角圈。

图 18

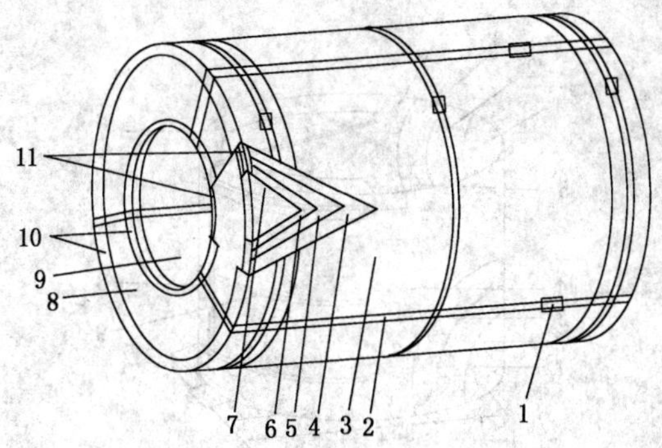

1——锁扣；

2——捆带；

3——外周护板；

4——外周缓冲材料；

5——塑料薄膜；

6——防锈纸；

7——钢带；

8——端部圆护板；

9——内周护板；

10——内、外周金属护角圈；

11——内、外周缓冲护角圈。

图 19

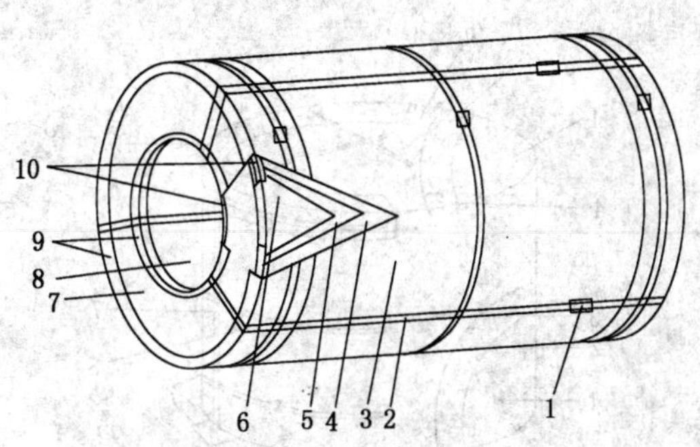

1——锁扣；

2——捆带；

3——外周护板；

4——外周缓冲材料；

5——防锈膜；

6——钢带；

7——端部圆护板；

8——内周护板；

9——内、外周金属护角圈；

10——内、外周缓冲护角圈。

图 20

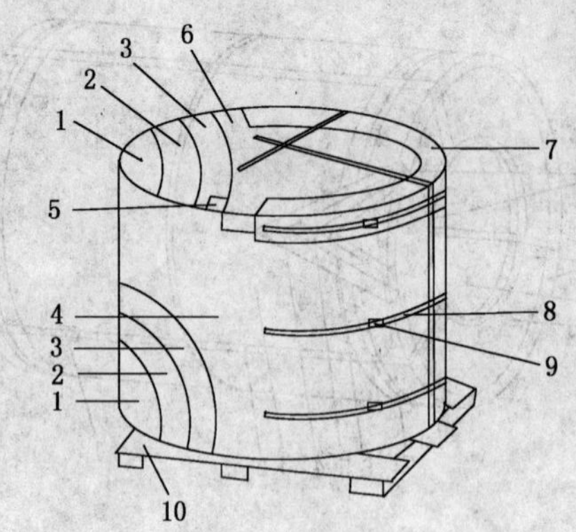

1——钢带；
2——防锈纸；
3——塑料薄膜；
4——外周护板；
5——顶部外周缓冲护角圈；
6——顶部圆盖；
7——顶部外周金属护角圈；
8——捆带；
9——锁扣；
10——托架。

图 21

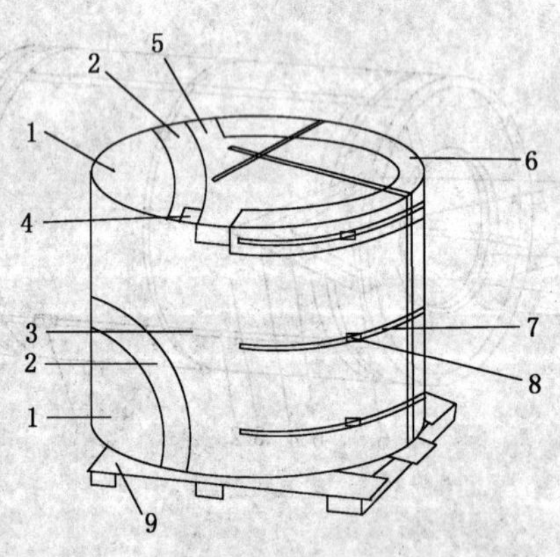

1——钢带；
2——防锈纸或防锈膜；
3——外周护板；
4——顶部外周缓冲护角圈；
5——顶部圆盖；
6——顶部外周金属护角圈；
7——捆带；
8——锁扣；
9——托架。

图 22

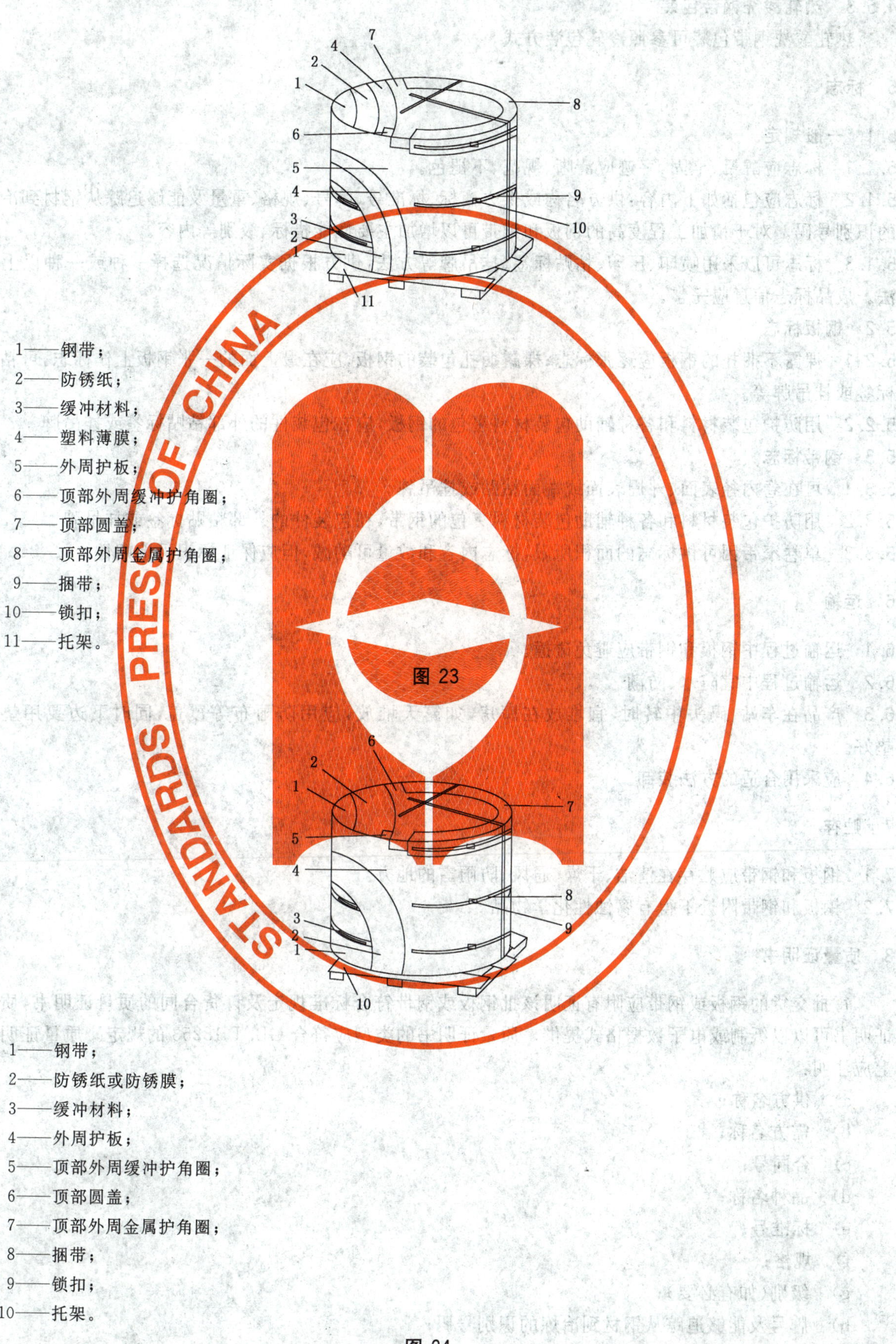

1——钢带；
2——防锈纸；
3——缓冲材料；
4——塑料薄膜；
5——外周护板；
6——顶部外周缓冲护角圈；
7——顶部圆盖；
8——顶部外周金属护角圈；
9——捆带；
10——锁扣；
11——托架。

图 23

1——钢带；
2——防锈纸或防锈膜；
3——缓冲材料；
4——外周护板；
5——顶部外周缓冲护角圈；
6——顶部圆盖；
7——顶部外周金属护角圈；
8——捆带；
9——锁扣；
10——托架。

图 24

4.5.3 **热轧酸洗钢带包装**

热轧酸洗钢带包装可参照冷轧包装方式。

5 标志

5.1 一般规定

5.1.1 标志应醒目、牢固，字迹应清晰、规范、不褪色。

5.1.2 标志应包括如下内容：供方名称或供方商标、标准号、牌号、规格、重量及能够追踪从钢材到冶炼的识别号码。对于精加工程度高的钢板和钢带可以增加主要性能指标、级别等内容。

5.1.3 标志可以采用喷印、压印、粘贴标签、挂吊牌等方法，供方根据实际情况选择一种或一种以上方法。成品标志信息应完整。

5.2 钢板标志

5.2.1 裸露不捆扎的钢板应逐张标志；裸露捆扎包装的钢板，应在最上面的一张钢板上作标志，可粘贴标签或挂吊牌等。

5.2.2 用防护包装材料和各种辅助包装材料裹包的钢板，应在包装件的外部粘贴标签或挂吊牌。

5.3 钢带标志

5.3.1 可在卷内径表面、外周表面或端面粘贴或挂吊牌。

5.3.2 用防护包装材料和各种辅助包装材料裹包的钢带，在包装件的外部粘贴标签或挂吊牌。

5.3.3 单卷窄带因可供标志的面积所限，标志内容和数量可酌减，但应保证标识可追朔性。

6 运输

6.1 运输过程中钢板和钢带应避免碰撞。

6.2 运输过程中宜防水、防潮。

6.3 产品在车站、码头中转时，宜堆放在库房，如露天堆放，应用防雨布等覆盖，同时下边要用垫块垫好。

6.4 应采用合适的方法装卸。

7 贮存

7.1 钢板和钢带应贮存在清洁、干燥、通风、防雨雪的地方。

7.2 钢板和钢带附近不得有腐蚀性化学物品。

8 质量证明书

每批交货的钢板或钢带应附有证明该批钢板或钢带符合标准规定及订货合同的质量证明书，质量证明书可以以纸制或电子数据格式提供。质量证明书的类型应符合 GB/T 18253 的规定。质量证明书上应注明：

a) 供方名称；

b) 需方名称；

c) 合同号；

d) 品种名称；

e) 标准号；

f) 规格；

g) 级别(如有必要)；

h) 牌号及能够追踪从钢材到冶炼的识别号码；

i) 交货状态(如有必要)；

j) 重量,件数;

k) 规定的各项试验结果;

l) 供方有关部门的印记或有关部门签字;

m) 发货日期或生产日期;

n) 相关标准规定的认证标记(如有必要)。

ICS 59.080.01
W 04

中华人民共和国国家标准

GB/T 250—2008/ISO 105-A02:1993
代替 GB 250—1995

纺织品 色牢度试验 评定变色用灰色样卡

Textiles—Tests for colour fastness—Grey scale for assessing change in colour

(ISO 105-A02:1993,IDT)

2008-08-06 发布 2009-06-01 实施

中华人民共和国国家质量监督检验检疫总局
中国国家标准化管理委员会 发布

前　言

本标准使用翻译法等同采用 ISO 105-A02:1993《纺织品　色牢度试验　A02 部分:评定变色用灰色样卡》(英文版)及其技术勘误 2:2005。

本标准做了下列编辑性修改:

——“ISO 105 本部分”一词改为“本标准”;

——删除了 ISO 105-A02:1993 的前言;

——将 ISO 105-A02:2005—Technical Corrigendum 2 的内容纳入相关条款中。

本标准代替 GB 250—1995《评定变色用灰色样卡》。本标准与 GB 250—1995 相比主要变化如下:

——标准名称改为“纺织品　色牢度试验　评定变色用灰色样卡”;

——由强制性标准调整为推荐性标准;

——增加了灰色样卡使用时的背景和遮盖材料颜色的要求。

本标准由中国纺织工业协会提出。

本标准由全国纺织品标准化技术委员会基础分会(SAC/TC 209/SC 1)归口。

本标准起草单位:上海市纺织工业技术监督所、上海纺织科学研究院。

本标准主要起草人:陈小诚、张志峰、王仲昭。

本标准所代替标准的历次版本发布情况为:

——GB 250—1964、GB 250—1984、GB 250—1995。

纺织品　色牢度试验
评定变色用灰色样卡

1　范围

本标准规定了纺织品色牢度试验中评定纺织品颜色变化的灰色样卡及其使用方法。本标准提供了灰色样卡的精确测色级距值，可以作为永久记录以供新制作的灰色样卡及可能发生变化的灰色样卡对比之用。

2　原理

2.1　基本灰色样卡即五档灰色样卡由五对无光的灰色卡片(或灰色布片)组成，根据观感色差分为五个整级色牢度档次，即5、4、3、2、1。在每两个档次中再补充一个半级档次，即4-5、3-4、2-3、1-2，就扩编为九档卡。每对的第一组成均是中性灰色，第二组成只有色牢度是5级的与第一组成相一致。其他各对的第二组成依次变浅，色差逐级增大，各级观感色差均经色度确定。整个色度规定如下。

2.2　纸片或布片应是中性灰色，并应在含有镜面反射光的条件下使用分光光度测色仪加以测定。色度数据应以CIE 1964补充标准色度系统(10°观察者)和D_{65}照明体计算。

2.3　每对第一组成的三刺激值Y应为12±1。

2.4　每对第二组成与第一组成的色差应符合如下规定：

牢度等级	CIELAB色差	容差
5	0	0.2
(4-5)	0.8	±0.2
4	1.7	±0.3
(3-4)	2.5	±0.35
3	3.4	±0.4
(2-3)	4.8	±0.5
2	6.8	±0.6
(1-2)	9.6	±0.7
1	13.6	±1.0

括号里的数值仅适用于九档灰色样卡。

2.5　灰色样卡的使用：将纺织品原样和试后样各一块按同一方向并列紧靠置于同一平面，灰色样卡也靠近置于同一平面上。背景宜为中性灰颜色，近似本灰色样卡1级和2级之间(近似蒙赛尔色卡N5)。如需避免背衬对纺织品外观的影响，可取原样两层或多层垫衬于原样和试后样之下。北半球用北空光照射，南半球用南空光照射，或用600 lx及以上等效光源。入射光宜与纺织品表面成约45°角，观察方向大致垂直于纺织品表面。按照本灰色样卡的级差来目测评定原样和试后样之间的色差。

试样的外观颜色在观察时会受到背景和遮盖材料颜色的影响。为了得到可靠的结果，遮盖原样和遮盖试后样的套板应当使用颜色一致的材料。宜使用中性色的背景材料和套板，若使用得当灰色或黑色的套板也可以。例如：遮盖试后样使用的是黑色套板，那么原样也应当使用完全一致的黑色材料。如果只使用唯一的中性色遮盖物，那么应当把试后样和原样完全包围。

如果使用的是五档灰色样卡，当原样和试后样之间的观感色差相当于灰色样卡某等级所具有的观感色差时，该级数就作为该试样的变色牢度级数。如果原样和试后样之间的观感色差接近于灰色样卡某两个等级的中间，则试样的变色牢度级数评定为中间等级，如 4-5 级或 2-3 级。只有当试后样和原样之间没有观感色差时才可定为 5 级。

如果使用的是九档灰色样卡，当原样和试后样之间的观感色差最接近于灰色样卡某等级所具有的观感色差时，该级数就作为该试样的变色牢度级数。只有当试后样和原样之间没有观感色差时才可定为 5 级。

在作出一批试样的评级之后，要将评定为同级的各对原样和试后样相互间再作比较。这样能看出评级是否一致，因为此时评级上的任何差错都会显得特别突出。若某对的色差程度和同组的其他各对不一致时，宜重新对照灰色样卡再作评定，必要时宜改变原来评定的色牢度级数。

3 色牢度试验中颜色变化的说明

3.1 按照 2.5 规定使用本灰色样卡时，不论色相、深度或明度的单一或组合变色特征，均不作级数上的评定，原样和试后样之间的总色差才是评定的依据。

3.2 如果需要在试验中记录纺织品颜色变化的特征，例如评定纺织品上的染料，可在数字评级中加上适当的品质术语，如表 1 所列。

表 1 颜色变化特征的描述

等级	含义	
	相当于灰色样卡的色差级数	颜色变化特征
3	3 级	仅深度变浅
3 较红	3 级	深度未明显变浅，但颜色较红
3 较浅、较黄	3 级	深度变浅，色相亦有变化
3 较浅、较蓝、较暗	3 级	深度变浅，色相、明度有变化
4-5 较红	4 级和 5 级之间	深度未明显变浅，但颜色稍红

3.3 当颜色在两个或三个特征上发生变化时，表明每一种变化既不可行也没有必要。

3.4 当记录品质术语的空间受到限制时，如在图型卡上，可使用表 2 的缩写词。

表 2 品质术语缩写词

缩写词	含义	法文缩写词
Bl	较蓝	B
G	较绿	V
R	较红	R
Y	较黄	J
W	较浅	C
Str	较深	F
D	较暗	T
Br	较亮	Pu

ICS 59.080.01
W 04

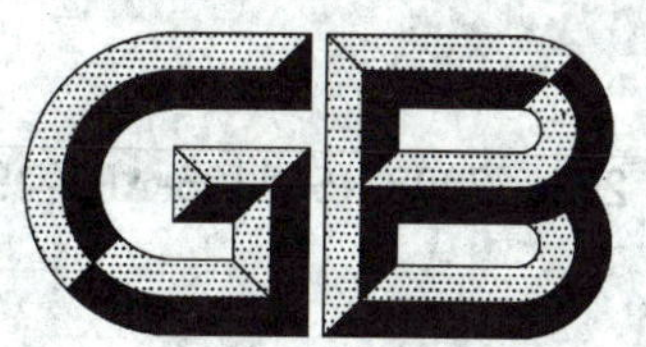

中华人民共和国国家标准

GB/T 251—2008/ISO 105-A03:1993
代替 GB 251—1995

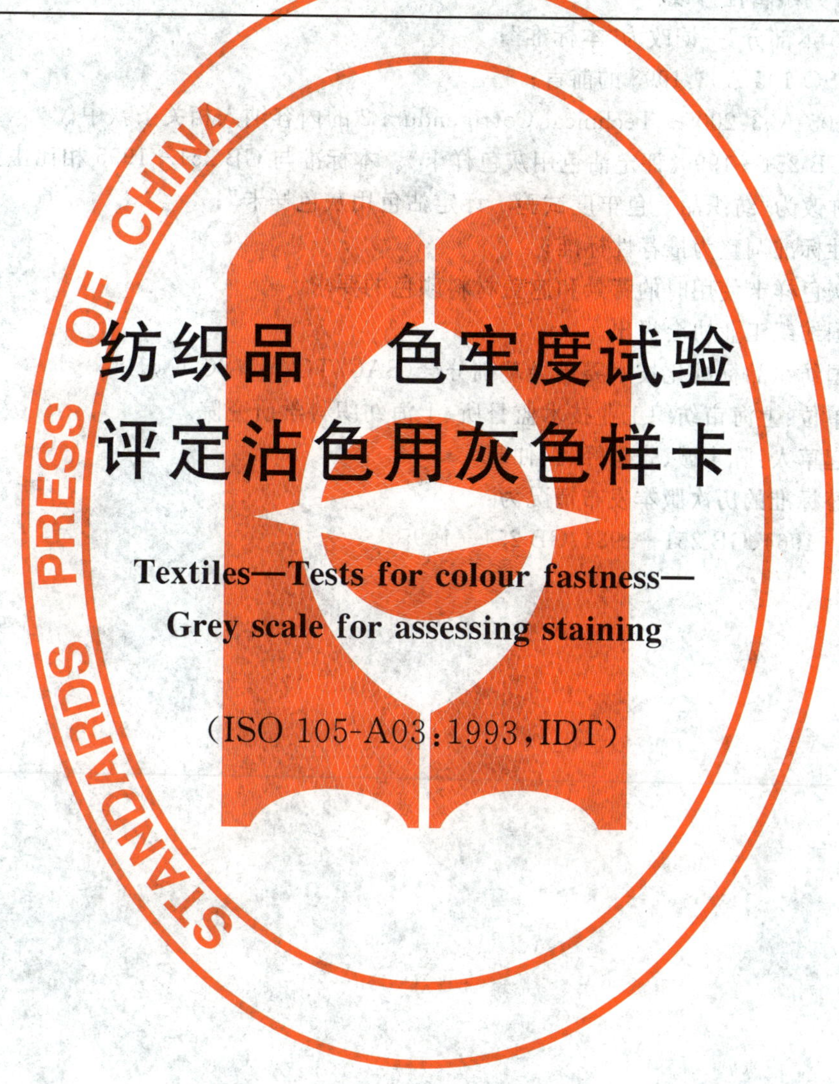

纺织品 色牢度试验 评定沾色用灰色样卡

Textiles—Tests for colour fastness—Grey scale for assessing staining

(ISO 105-A03:1993,IDT)

2008-08-06 发布 2009-06-01 实施

中华人民共和国国家质量监督检验检疫总局
中国国家标准化管理委员会 发布

前　言

本标准使用翻译法等同采用 ISO 105-A03:1993《纺织品　色牢度试验　A03 部分:评定沾色用灰色样卡》(英文版)及其技术勘误 2:2005。

本标准做了下列编辑性修改:

——“ISO 105 本部分”一词改为“本标准”;

——删除了 ISO 105-A03:1993 的前言;

——将 ISO 105-A03:2005—Technical Corrigendum 2 的内容纳入相关条款中。

本标准代替 GB 251—1995《评定沾色用灰色样卡》。本标准与 GB 251—1995 相比主要变化如下:

——标准名称改为“纺织品　色牢度试验　评定沾色用灰色样卡”;

——由强制性标准调整为推荐性标准;

——增加了灰色样卡使用时的背景和遮盖材料颜色的要求。

本标准由中国纺织工业协会提出。

本标准由全国纺织品标准化技术委员会基础分会(SAC/TC 209/SC 1)归口。

本标准起草单位:上海市纺织工业技术监督所、上海纺织科学研究院。

本标准主要起草人:陈小诚、张志峰、王仲昭。

本标准所代替标准的历次版本发布情况为:

——GB 251—1964、GB 251—1984、GB 251—1995。

纺织品　色牢度试验
评定沾色用灰色样卡

1　范围

本标准规定了纺织品色牢度试验中评定贴衬织物沾色程度的灰色样卡及其使用方法。本标准提供了灰色样卡的精确测色级距值,可以作为永久记录以供新制作的灰色样卡及可能发生变化的灰色样卡对比之用。

2　原理

2.1　基本灰色样卡即五档灰色样卡由五对无光的灰色或白色卡片(或灰色、白色布片)组成,根据观感色差分为五个整级色牢度档次,即5、4、3、2、1。在每两个档次中再补充一个半级档次,即4-5、3-4、2-3、1-2,就扩编为九档卡。每对的第一组成均是白色,第二组成只有色牢度是5级的与第一组成相一致。其他各对的第二组成依次变深,色差逐级增大,各级观感色差均经色度确定。整个色度规定如下。

2.2　纸片或布片应是白色或中性灰色,并应在含有镜面反射光的条件下使用分光光度测色仪加以测定。色度数据应以CIE 1964补充标准色度系统(10°观察者)和D_{65}照明体计算。

2.3　每对第一组成的三刺激值Y应不低于85。

2.4　每对第二组成与第一组成的色差应符合如下规定:

牢度等级	CIELAB色差	容差
5	0	0.2
(4-5)	2.2	±0.3
4	4.3	±0.3
(3-4)	6.0	±0.4
3	8.5	±0.5
(2-3)	12.0	±0.7
2	16.9	±1.0
(1-2)	24.0	±1.5
1	34.1	±2.0

括号里的数值仅适用于九档灰色样卡。

2.5　灰色样卡的使用:将一块未沾色的贴衬织物(原贴衬)和色牢度试验中组合试样的一部分(试后贴衬)按同一方向并列紧靠置于同一平面,灰色样卡也靠近置于同一平面上。背景宜为中性灰颜色,近似变色用灰色样卡1级和2级之间(近似蒙赛尔色卡N5)。如需避免背衬对纺织品外观的影响,可取未沾色未染色的纺织品两层或多层垫衬于原贴衬和试后贴衬之下。北半球用北空光照射,南半球用南空光照射,或用600 lx及以上等效光源。入射光宜与纺织品表面成约45°角,观察方向大致垂直于纺织品表面。按照本灰色样卡的级差来目测评定原贴衬和试后贴衬之间的色差。

试样的外观颜色在观察时会受到背景和遮盖材料颜色的影响。为了得到可靠的结果,遮盖原贴衬和遮盖试后贴衬的套板应当使用颜色一致的材料。宜使用中性色的背景材料和套板,若使用得当灰色或黑色的套板也可以。例如:遮盖试后贴衬使用的是黑色套板,那么原贴衬也应当使用完全一致的黑色材料。如果只使用唯一的中性色遮盖物,那么应当把试后贴衬和原贴衬完全包围。

如果使用的是五档灰色样卡，当原贴衬和试后贴衬之间的观感色差相当于灰色样卡某等级所具有的观感色差时，该级数就作为该试样的沾色牢度级数。如果原贴衬和试后贴衬之间的观感色差接近于灰色样卡某两个等级的中间，则试样的沾色牢度级数评定为中间等级，如4-5级或2-3级。只有当试后贴衬和原贴衬之间没有观感色差时才可定为5级。

如果使用的是九档灰色样卡，当原贴衬和试后贴衬之间的观感色差最接近于灰色样卡某等级所具有的观感色差时，该级数就作为该试样的沾色牢度级数。只有当试后贴衬和原贴衬之间没有观感色差时才可定为5级。

在作出一批试样的评级之后，要将评定为同级的各对原贴衬和试后贴衬相互间再作比较。这样能看出评级是否一致，因为此时评级上的任何差错都会显得特别突出。若某对的色差程度和同组的其他各对不一致时，宜重新对照灰色样卡再作评定，必要时宜改变原来评定的色牢度级数。

ICS 75.160.20
E 31

中华人民共和国国家标准

GB 253—2008
代替 GB 253—1989

煤油

Kerosine

2008-06-23 发布　　　　2009-06-01 实施

中华人民共和国国家质量监督检验检疫总局
中国国家标准化管理委员会　发布

前　言

本标准的第4章是强制性，其余为推荐性。

本标准与美国材料与试验协会ASTM D3699-05《煤油标准规范》(英文版)的一致性为非等效。

本标准与ASTM D3699-05的主要差异：

——色度划分为2档，1号煤油色度规定为不小于＋25，2号煤油色度的技术要求采用ASTM D3699-05的不小于＋16；

——增加了机械杂质及水分、水溶性酸或碱、密度指标；

——燃烧性允许采用烟点和8 h试验代替16 h试验；

——2号煤油硫含量的技术要求由不大于0.30％(质量分数)改为不大于0.10％(质量分数)；

——铜片腐蚀的技术要求由不大于3级，改为不大于1级；

——取消了馏程的模拟蒸馏检验项目。

本标准代替GB 253—1989《煤油》。本标准与GB 253—1989的主要变化：

——产品牌号由原标准的优级品、一级品和合格品，改为本标准的1号和2号；

——色度指标由原标准的优级品、一级品和合格品分别为不小于＋25、＋19、＋13，改为本标准的1号不小于＋25，2号不小于＋16；

——硫醇硫、闪点、运动黏度、铜片腐蚀、燃烧性、烟点等指标进行了相应修改；

——增加了硫含量测试方法，明确了仲裁方法；

——增加了冰点、密度测试方法，明确了仲裁方法；

——铜片腐蚀时间由原来的2 h改为3 h；

——取消了浊点指标及测试方法。

本标准由全国石油产品和润滑剂标准化技术委员会(SAC/TC 280)提出。

本标准由中国石油化工集团公司归口。

本标准起草单位：中国石油化工股份有限公司茂名分公司。

本标准主要起草人：徐柏福、何婵英、何志龙、李海焕、党晨霞、林远芳、杨木生、卞亚红、曹莉。

本标准1981年首次发布，1989年第一次修订，本次为第二次修订。

煤　　油

1　范围

本标准规定了原油或其馏分油通过不同加工工艺制得煤油的分类和标记、要求和试验方法、检验规则、标志、包装、运输和贮存。

本标准所属产品主要用于点灯照明、各种煤油燃烧器、溶剂和洗涤剂等。

2　规范性引用文件

下列文件中的条款通过本标准的引用而成为本标准的条款。凡是注日期的引用文件，其随后所有的修改单(不包括勘误的内容)或修订版均不适用于本标准，然而，鼓励根据本标准达成协议的各方研究是否可使用这些文件的最新版本。凡是不注日期的引用文件，其最新版本适用于本标准。

GB/T 259　石油产品水溶性酸及碱测定法

GB/T 260　石油产品水分测定法

GB/T 261　石油产品闪点测定法(闭口杯法)(GB/T 261—1983，neq ISO 2719：1973)

GB/T 265　石油产品运动粘度测定法和动力粘度计算法

GB/T 380　石油产品硫含量测定法(燃灯法)

GB/T 382　煤油烟点测定法

GB/T 511　石油产品和添加剂机械杂质测定法(重量法)

GB/T 1792　馏分燃料中硫醇硫测定法(电位滴定法)

GB/T 1884　原油和液体石油产品密度实验室测定法(密度计法)(GB/T 1884—2000，eqv ISO 3675：1998)

GB/T 1885　石油计量表(GB/T 1885—1998，eqv ISO 91-2：1991)

GB/T 2430　喷气燃料冰点测定法(GB/T 2430—1981，eqv ISO 3013：1974)

GB/T 3555　石油产品赛波特颜色测定法(赛波特比色计法)

GB/T 4756　石油液体手工取样法(GB/T 4756—1998，eqv ISO 3170：1988)

GB/T 5096　石油产品铜片腐蚀试验法

GB/T 6536　石油产品蒸馏测定法

GB/T 11130　煤油燃烧性测定法

GB/T 11140　石油产品硫含量测定法(X 射线光谱法)

GB/T 17040　石油产品硫含量测定法(能量色散 X 射线荧光光谱法)

SH 0164　石油产品、包装贮运及交货验收规则

SH/T 0178　煤油燃烧性测定法(点灯法)

SH/T 0253　轻质石油产品中总硫含量测定法(电量法)

SH/T 0604　原油和石油产品密度测定法(U 形振动管法)(SH/T 0604—2000，eqv ISO 12185：1996)

SH/T 0689　轻质烃及发动机燃料和其他油品的总硫含量测定法(紫外荧光法)

SH/T 0770　航空燃料冰点测定法(自动相转化法)

3　分类和标记

3.1　产品分类

本标准所属产品根据用途和硫含量不同，分为 1 号煤油和 2 号煤油两个牌号。

3.1.1 1号煤油

低硫煤油，适用于点灯照明及无烟道的煤油燃烧器；也可用于煤矿洗煤、铜矿提纯、金属热处理工艺和铝制品加工等方面，也可作为防锈油的基础油原料。

3.1.2 2号煤油

普通煤油，适用于有烟道的煤油燃烧器、清洗设备和作为溶剂使用。

3.2 产品标记

符合本标准表1技术要求的煤油，可标记为1号煤油 GB 253 或2号煤油 GB 253。

4 要求和试验方法

煤油产品的技术要求和试验方法见表1。

表1 煤油的技术要求和试验方法

项目		质量指标		试验方法
		1	2	
色度，号	不小于	+25	+16	GB/T 3555
硫醇硫（质量分数）/%	不大于	0.003		GB/T 1792
硫含量[a]（质量分数）/%	不大于	0.04	0.10	GB/T 380 GB/T 11140 GB/T 17040 SH/T 0253 SH/T 0689
馏程 10%馏出温度/℃ 终馏点/℃	 不高于 不高于	 205 300		GB/T 6536
闪点（闭口）/℃	不低于	38		GB/T 261
冰点[b]/℃	不高于	−30		GB/T 2430 SH/T 0770
运动黏度（40 ℃）/（mm^2/s）		1.0～1.9		GB/T 265
铜片腐蚀（100 ℃，3 h）/级	不大于	1		GB/T 5096
机械杂质及水分		无		目测[c]
水溶性酸或碱		无		GB/T 259

表 1（续）

项　　目		质量指标 1	质量指标 2	试验方法
密度[d]（20 ℃）/（kg/m³）	不大于	840		GB/T 1884 和 GB/T 1885、SH/T 0604
燃烧性[e]：				
1）　16 h 试验				
平均燃烧速率/（g/h）		18～26	—	GB/T 11130
火焰宽度变化/mm	不大于	6	—	
火焰高度降低/mm	不大于	5	—	
灯罩附着物颜色	不深于	轻微白色	—	
或 2）　8 h 试验＋烟点				
8 h 试验		合格	合格	SH/T 0178
烟点/mm	不小于	25	20	GB/T 382

a 有争议时以 SH/T 0253 为仲裁试验方法。

b 有争议时以 GB/T 2430 为仲裁试验方法。

c 目测方法是：将样品注入 100 mL 玻璃量筒中，在室温 20 ℃±5 ℃下观察，透明、没有悬浮和沉降物，即为无机械杂质及水分。有争议时以 GB/T 511 和 GB/T 260 为仲裁试验方法。

d 有争议时以 GB/T 1884 及 GB/T 1885 为仲裁试验方法。

e 有争议时以 GB/T 11130 为仲裁试验方法。

5　检验规则

5.1　出厂检验

出厂检验项目为第 4 章技术要求规定的所有检验项目。

5.2　组批

在原材料和工艺不变的条件下，产品每生产一罐为一批，按批进行检验。

5.3　取样

取样按 GB/T 4756 进行，每批产品取样 5 L 作为检验和留样用。

5.4　判定规则

出厂检验结果全部符合第 4 章技术要求的规定时，则判定该产品为合格。

5.5　复检规则

如出厂检验结果有不符合第 4 章技术要求的规定时，按 GB/T 4756 的规定重新抽取双倍样品进行复检，复检结果如仍有一项不符合本标准第 4 章技术要求的规定时，则判定该批产品为不合格。

6　标志、包装、运输和贮存

标志、包装、运输和贮存及交货验收按 SH 0164 进行。

ICS 75.080
E 30

中华人民共和国国家标准

GB/T 261—2008
代替 GB/T 261—1983

闪点的测定　宾斯基-马丁闭口杯法

Determination of flash point—Pensky-Martens closed cup method

(ISO 2719:2002,MOD)

2008-08-25 发布　　2009-02-01 实施

中华人民共和国国家质量监督检验检疫总局
中国国家标准化管理委员会　发布

前　言

本标准修改采用国际标准 ISO 2719:2002《闪点测定法　宾斯基-马丁闭口杯法》(英文版)。

本标准根据 ISO 2719:2002 重新起草。

为了适合我国国情,本标准在采用 ISO 2719:2002 时进行了修改。本标准与 ISO 2719:2002 的主要技术差异如下:

——本标准范围中以注的形式增加了闪点在 40 ℃以下的喷气燃料也可使用本标准进行测定的相关规定;

——本标准的部分引用标准修改为我国相应的国家标准;

——本标准再现性的规定中增加了注"本精密度的再现性不适用于 20 号航空润滑油"。

本标准代替 GB/T 261—1983《石油产品闪点测定法(闭口杯法)》,GB/T 261—1983 是参照采用 ISO 2719:1973 制定的。

本标准与 GB/T 261—1983 相比主要变化如下:

——本标准扩大了适用范围,除了石油产品之外,本标准还适用于表面不成膜的清漆和油漆等化工产品闪点;

——GB/T 261—1983 对不同类型的样品规定了统一的试验步骤,且未明确规定搅拌转速;本标准的试验步骤对不同类型的样品按步骤 A 和步骤 B 分别进行了叙述,且对升温速率和搅拌转速都做了明确规定;

——本标准增加了术语、样品处理和仪器校验的相关内容;

——GB/T 261—1983 规定了两支内标式温度计。本标准规定了三支棒式温度计,可根据样品的预期闪点选用;

——GB/T 261—1983 中规定试样初次出现闪火后,再次点火,仍能继续闪火,试验结果被认为有效。本标准规定试样的观察闪点与最初点火温度的差值应在 18 ℃～28 ℃范围之内;

——本标准增加了自动仪器的使用,但规定仲裁试验以手动试验结果为准;

——本标准增加了结果精确到 0.5 ℃的规定;

——本标准修改了精密度,且按不同类型的样品以步骤 A 和步骤 B 分别给出;

——本标准增加了四个附录,附录 A《仪器校验》、附录 B《宾斯基-马丁闭口闪点试验仪》、附录 C《温度计技术规格》和附录 D《温度计适配器》。

本标准的附录 B 和附录 C 为规范性附录,附录 A 和附录 D 为资料性附录。

本标准由全国石油产品和润滑剂标准化技术委员会提出。

本标准由全国石油产品和润滑剂标准的技术委员会石油燃料和润滑剂分技术委员会归口。

本标准起草单位:中国石油化工股份有限公司石油化工科学研究院。

本标准主要起草人:郭涛、陈洁。

本标准所代替标准的历次版本发布情况为:

——GB 261—1964、GB 261—1977、GB/T 261—1983。

引　言

闪点值能够用于运输、贮存、操作和安全管理等方面，可作为分类参数来定义“易燃物质”和“可燃物质”，其准确定义参见它们各自的特殊法规和相关标准。

闪点值可用于表示在相对非挥发或非可燃性物质中是否存在高挥发性或可燃性物质。闪点试验是对未知组成材料进行其他研究的第一步。

闪点试验不能用于有潜在不稳定的、易分解的或爆炸性的样品，除非事先确认在本标准规定的温度范围内，加热与闪点测定仪金属部件相接触的规定量的此类样品不会产生分解、爆炸或其他不良影响。

对含卤代烃样品得到的闪点试验结果要谨慎分析，因为此类样品可能会产生异常结果。

闪点的测定　宾斯基-马丁闭口杯法

警告：本标准的应用可能涉及到某些有危险性的材料、操作和设备。但并未对与此有关的所有安全问题都提出建议。用户在使用本标准之前有责任制定相应的安全和保护措施，并明确其受限制的适用范围。

1　范围

1.1　本标准规定了用宾斯基-马丁闭口闪点试验仪测定可燃液体、带悬浮颗粒的液体、在试验条件下表面趋于成膜的液体和其他液体闪点的方法。本标准适用于闪点高于40 ℃的样品。

注1：煤油的闪点在40 ℃以上，虽然也可使用本标准，但一般情况下煤油的闪点按照ISO 13736进行测定。通常未用过润滑油的闪点按照GB/T 3536进行测定。

注2：闪点在40 ℃以下的喷气燃料也可使用本标准进行测定，但精密度未经验证。

1.2　本标准的试验步骤包括步骤A和步骤B两个部分。

1.2.1　步骤A适用于表面不成膜的油漆和清漆、未用过润滑油及不包含在步骤B之内的其他石油产品。

1.2.2　步骤B适用于残渣燃料油、稀释沥青、用过润滑油、表面趋于成膜的液体、带悬浮颗粒的液体及高黏稠材料(例如聚合物溶液和粘合剂)。

注：在监控润滑油系统时，为了进行未用过润滑油与用过润滑油闪点的比较，也可以用步骤A来测定用过润滑油的闪点，但本标准的精密度仅适用于步骤B。

1.3　本标准不适用于含水油漆或含高挥发性材料的液体。

注1：含水油漆的闪点可用GB/T 7634进行测定；含高挥发性材料液体的闪点可用ISO 1523或GB/T 7634进行测定。

注2：本标准的精密度数据仅在第13章所述的闪点范围内有效。

2　规范性引用文件

下列文件中的条款通过本标准的引用而成为本标准的条款。凡是注日期的引用文件，其随后所有的修改单(不包括勘误的内容)或修订版均不适用于本标准，然而，鼓励根据本标准达成协议的各方研究是否可使用这些文件的最新版本。凡是不注日期的引用文件，其最新版本适用于本标准。

GB/T 3186　色漆、清漆和色漆与清漆用原材料　取样(GB/T 3186—2006，ISO 15528:2000，IDT)

GB/T 3536　石油产品闪点和燃点的测定　克利夫兰开口杯法(GB/T 3536—2008，ISO 2592:2000，MOD)

GB/T 4756　石油液体手工取样法(GB/T 4756—1998，eqv ISO 3170:1988)

GB/T 6683　石油产品试验方法精密度数据确定法(GB/T 6683—1997，neq ISO 4259:1992)

GB/T 7634　石油及有关产品低闪点的测定　快速平衡法

GB/T 15000.3　标准样品工作导则(3)标准样品定值的一般原则和统计方法(GB/T 15000.3—1994，neq ISO导则35)

GB/T 15000.7　标准样品工作导则(7)标准样品生产者能力的通用要求(GB/T 15000.7—2001，ISO导则34，IDT)

GB/T 15000.8　标准样品工作导则(8)有证标准样品的使用(GB/T 15000.8—2003，ISO导则33，IDT)

GB/T 20777　色漆和清漆　试样的检查和制备(GB/T 20777—2006，ISO 1513:1992，IDT)

SY/T 5317　石油液体管线自动取样法(SY/T 5317—2006，ISO 3171:1988，IDT)

ISO 1523　闪点的测定——闭口杯平衡法

ISO 13736　石油产品和其他液体闪点的测定——阿贝闭口杯法

ASTM E1　ASTM 玻璃液体温度计技术规格

IP　石油和石油产品试验方法标准年鉴　附录 A

3　术语和定义

下列术语和定义适用于本标准。

3.1

闪点　flash point

在规定试验条件下，试验火焰引起试样蒸气着火，并使火焰蔓延至液体表面的最低温度，修正到 101.3 kPa 大气压下。

4　方法概要

将样品倒入试验杯中，在规定的速率下连续搅拌，并以恒定速率加热样品。以规定的温度间隔，在中断搅拌的情况下，将火源引入试验杯开口处，使样品蒸气发生瞬间闪火，且蔓延至液体表面的最低温度，此温度为环境大气压下的闪点，再用公式修正到标准大气压下的闪点。

5　试剂与材料

5.1　清洗溶剂：用于除去试验杯及试验杯盖上沾有的少量试样。

注：清洗溶剂的选择依据被测试样及其残渣的粘性。低挥发性芳烃（无苯）溶剂可用于除去油的痕迹，混合溶剂如甲苯-丙酮-甲醇可有效除去胶质类的沉积物。

5.2　校准液：详见附录 A 中的规定。

6　仪器

6.1　宾斯基-马丁闭口闪点试验仪：详见附录 B。

6.1.1　如果使用自动仪器，要确保其测定结果能达到本标准规定的精密度，试验杯及试验杯盖的组装应符合附录 B 规定的尺寸和仪器的机械要求，使用者应确保全部操作按仪器说明书进行。

注：在某些情况下，使用电子火源点火与火焰火源点火的试验结果会有差异，电子火源点火的试验结果可能会不稳定。

6.1.2　在有争议的情况下，除非另有规定，仲裁试验以火焰火源点火的手动试验结果为准。

6.2　温度计：包括低、中和高三个温度范围的温度计，符合附录 C 的要求。应根据样品的预期闪点选用温度计。

注：也可使用其他类型，但能满足附录 C 的精度和灵敏度的温度测量设备。

6.3　气压计：精度 0.1 kPa，不能使用气象台或机场所用的已预校准至海平面读数的气压计。

6.4　加热浴或烘箱：用于加热样品，要求能将温度控制在±5 ℃之内。可通风且能防止加热样品时产生的可燃蒸气闪火，推荐使用防爆烘箱。

7　仪器准备

7.1　仪器的放置：仪器应安装在无空气流的房间内，并放置在平稳的台面上。

注 1：若不能避免空气流，最好用防护屏挡在仪器周围。

注 2：若样品产生有毒蒸气，应将仪器放置在能单独控制空气流的通风柜中，通过调节使蒸气可以被抽走，但空气流不能影响试验杯上方的蒸气。

7.2　试验杯的清洗：先用清洗溶剂冲洗试验杯、试验杯盖及其他附件，以除去上次试验留下的所有胶质或残渣痕迹。再用清洁的空气吹干试验杯，确保除去所用溶剂。

7.3 仪器组装:检查试验杯、试验杯盖及其附件,确保无损坏和无样品沉积。然后按照附录B组装好仪器。

7.4 仪器校验

7.4.1 用有证标准样品(CRM)按照步骤A每年至少校验仪器一次。所得结果与CRM给定值之差应小于或等于 $R/\sqrt{2}$,其中 R 是本标准的再现性。推荐使用工作参比样品(SWS)对仪器进行经常性的校验。使用CRM和SWS校验仪器的推荐步骤、以及得到SWS的方法参见附录A。

7.4.2 校验试验所得的结果不能作为方法的偏差,也不能用于后续闪点测定结果的修正。

8 取样

8.1 除非另有规定,取样应按照GB/T 4756、SY/T 5317或GB/T 3186进行。

8.2 将所取样品装入合适的密封容器中。为了安全,样品只能充满容器容积的85%～95%。

8.3 将样品贮存在合适的条件下,以最大限度地减少样品的蒸发损失和压力升高。样品贮存温度避免超过30 ℃。

9 样品处理

9.1 石油产品

9.1.1 分样:在低于预期闪点至少28 ℃下进行分样。如果等分样品是在试验前贮存的,应确保样品充满至容器容积的50%以上。

9.1.2 含未溶解水的样品:如果样品中含有未溶解的水,在样品混匀应将水分离出来,因为水的存在会影响闪点的测定结果。但某些残渣燃料油和润滑剂中的游离水可能会分离不出来。这种情况下,在样品混匀前应用物理方法除去水。

9.1.3 室温下为液体的样品:取样前应先轻轻地摇动混匀样品,再小心地取样,应尽可能避免挥发性组分损失,然后按第10章进行操作。

9.1.4 室温下为固体或半固体的样品:将装有样品的容器放入加热浴或烘箱中,在30 ℃±5 ℃或不超过预期闪点28 ℃的温度下加热(两者选择较高温度)30 min,如果样品未全部液化,再加热30 min。但要避免样品过热造成挥发性组分损失,轻轻摇动混匀样品后,按第10章进行操作。

9.2 油漆和清漆:样品的制备按GB/T 20777进行。

10 试验步骤

10.1 通则

含水较多的残渣燃料油试样应小心操作,因为加热后此类试样会起泡并从试验杯中溢出。

注:试样的体积应大于容器容积的50%,否则会影响闪点的测定结果。

10.2 步骤A

10.2.1 观察气压计,记录试验期间仪器附近的环境大气压。

注:虽然某些气压计会自动修正,但本标准不要求修正到0 ℃下的大气压力。

10.2.2 将试样倒入试验杯至加料线,盖上试验杯盖,然后放入加热室,确保试验杯就位或锁定装置连接好后插入温度计。点燃试验火源,并将火焰直径调节为3 mm～4 mm;或打开电子点火器,按仪器说明书的要求调节电子点火器的强度。在整个试验期间,试样以5 (℃/min)～6 (℃/min)的速率升温,且搅拌速率为90 (r/min)～120 (r/min)。

10.2.3 当试样的预期闪点为不高于110 ℃时,从预期闪点以下23 ℃±5 ℃开始点火,试样每升高1 ℃点火一次,点火时停止搅拌。用试验杯盖上的滑板操作旋钮或点火装置点火,要求火焰在0.5 s内下降至试验杯的蒸气空间内,并在此位置停留1 s,然后迅速升高回至原位置。

10.2.4 当试样的预期闪点高于110 ℃时,从预期闪点以下23 ℃±5 ℃开始点火,试样每升高2 ℃点火一次,点火时停止搅拌。用试验杯盖上的滑板操作旋钮或点火装置点火,要求火焰在0.5 s内下降至试验杯的蒸气空间内,并此位置停留 1 s,然后迅速升高回至原位置。

10.2.5 当测定未知试样的闪点时,在适当起始温度下开始试验。高于起始温度 5 ℃时进行第一次点火,然后按 10.2.3 或 10.2.4 进行。

10.2.6 记录火源引起试验杯内产生明显着火的温度,作为试样的观察闪点,但不要把在真实闪点到达之前,出现在试验火焰周围的淡蓝色光轮与真实闪点相混淆。

10.2.7 如果所记录的观察闪点温度与最初点火温度的差值少于 18 ℃或高于 28 ℃,则认为此结果无效。应更换新试样重新进行试验,调整最初点火温度,直到获得有效的测定结果,即观察闪点与最初点火温度的差值应在 18 ℃～28 ℃范围之内。

10.3 步骤 B

10.3.1 观察气压计,记录试验期间仪器附近的环境大气压(见 10.2.1 注)。

10.3.2 将试样倒入试验杯至加料线,盖上试验杯盖,然后放入加热室,确保试验杯就位或锁定装置连接好后插入温度计。点燃试验火焰,并将火焰直径调节为 3 mm～4 mm;或打开电子点火器,按仪器说明书的要求调节电子点火器的强度。在整个试验期间,试样以 1.0 (℃/min)～1.5 (℃/min)的速率升温,且搅拌速率为 250(r/min)±10(r/min)。

10.3.3 除试样的搅拌和加热速率按 10.3.2 的规定,其他试验步骤均按 10.2.3～10.2.7 规定进行。

11 计算

11.1 大气压读数的转换

如果测得的大气压读数不是以 kPa 为单位的,可用下述等量关系换算到以 kPa 为单位的读数。

以 hPa 为单位的读数×0.1＝以 kPa 为单位的读数

以 mbar 为单位的读数×0.1＝以 kPa 为单位的读数

以 mmHg 为单位的读数×0.133 3＝以 kPa 为单位的读数

11.2 观察闪点的修正

用式(1)将观察闪点修正到标准大气压(101.3 kPa)下的闪点,T_C:

$$T_C = T_O + 0.25(101.3 - p) \quad \cdots\cdots(1)$$

式中:

T_O——环境大气压下的观察闪点,℃;

p——环境大气压,kPa。

注:本公式仅限大气压在 98.0 kPa～104.7 kPa 范围之内。

12 结果表示

结果报告修正到标准大气压(101.3 kPa)下的闪点,精确至 0.5 ℃。

13 精密度

按下述规定判断试验结果的可靠性(95%的置信水平)。

13.1 重复性,*r*

在同一实验室,由同一操作者使用同一仪器,按照相同的方法,对同一试样连续测定的两个试验结果之差不能超过表 1 和表 2 中的数值。

表 1 步骤 A 的重复性

材 料	闪点范围/℃	r/℃
油漆和清漆	—	1.5
馏分油和未使用过的润滑油	40～250	$0.029X$
X——两个连续试验结果的平均值。		

表 2　步骤 B 的重复性

材　　料	闪点范围/℃	r/℃
残渣燃料油和稀释沥青	40～110	2.0
用过润滑油	170～210	5[a]
表面趋于成膜的液体、带悬浮颗粒的液体或高黏稠材料	—	5.0
[a] 在 20 个实验室对一个用过柴油发动机油试样测定得到的结果。		

13.2　再现性，R

在不同的实验室，由不同操作者使用不同的仪器，按照相同的方法，对同一试样测定的两个单一、独立的试验结果之差不能超过表 3 和表 4 中的数值。

注：本精密度的再现性不适用于 20 号航空润滑油。

表 3　步骤 A 的再现性

材　　料	闪点范围/℃	R/℃
油漆和清漆	—	—
馏分油和未使用过的润滑油	40～250	$0.071X$
X——两个独立试验结果的平均值。		

表 4　步骤 B 的再现性

材　　料	闪点范围/℃	R/℃
残渣燃料油和稀释沥青	40～110	6.0
用过润滑油	170～210	16[a]
趋向于表面成膜的液体、带悬浮颗粒的液体或高黏稠材料	—	10.0
[a] 在 20 个实验室对一个用过柴油发动机油试样测定得到的结果。		

14　试验报告

试验报告至少应该包括下述内容：

1)　注明执行本标准和所用的试验步骤；
2)　被测产品的类型和完整的标识；
3)　如果可能，报告预加热温度和预加热时间(见 9.1.4)；
4)　仪器附近的环境大气压力(见 10.2.1 和 10.3.1)；
5)　试验结果(见第 12 章)；
6)　注明按协议或其他原因，与规定试验步骤存在的任何差异；
7)　试验日期。

附 录 A
（资料性附录）
仪 器 校 验

A.1 总则

A.1.1 本附录给出了得到工作参比样品(SWS)及使用SWS和有证标准样品(CRM)对仪器进行校准验证的操作步骤。

A.1.2 用根据GB/T 15000.7和GB/T 15000.3得到的CRM,或用根据由A.2.2中规定步骤得到的SWS对仪器(手动和自动)进行校验。仪器的性能也可根据GB/T 15000.8和GB/T 6683进行检定。

A.1.3 对试验结果准确度的评价是基于95%的置信水平。

A.2 校准检验标准

A.2.1 有证标准样品(CRM):由稳定的纯烃,按照GB/T 15000.7和GB/T 15000.3或者是在指定试验方法的实验室间,确定了本标准闪点的其他稳定的石油产品组成。

A.2.2 工作参比样品(SWS):由稳定的石油产品、纯烃或用以下两种方法测定出闪点的稳定物质组成。

A.2.2.1 使用已用CRM校验的仪器,对有代表性样品进行至少三次试验,统计分析结果,剔除异常值后,计算结果的算术平均值;

A.2.2.2 通过至少三个实验室参加的实验室间特定方法,对有代表性的样品进行重复试验,闪点的赋值可经过对实验室间统计数据计算后得到。

A.2.3 为保证SWS的完整性,应将SWS保存在避光容器中,SWS的贮存温度应避免超过10 ℃。

A.3 试验步骤

A.3.1 选取CRM或SWS闪点的测定范围应满足表A.1的要求,闪点的参考值见表A.1。为使覆盖的范围尽可能的宽,推荐使用两个CRM或两个SWS。也可使用相同的CRM或SWS进行重复试验。

A.3.2 对于新仪器或一年至少使用一次的在用仪器,应使用CRM按照10.2的规定对仪器进行校准。

A.3.3 日常仪器校验,可使用SWS,按照10.2的规定对仪器进行校准试验。

A.3.4 大气压的校正应按照11.2进行,记录修正试验结果,精确到0.1 ℃。

表A.1 烃类样品闭口闪点的参考值

烃	标准闪点/℃
癸烷	53
十一烷	68
十二烷	84
十四烷	109
十六烷	134

A.4 结果表示

A.4.1 总则:用CRM的标定值或SWS的给定值比较修正后的试验结果。

假定再现性已根据GB/T 6683得到,CRM的标定值或SWS的给定值是在GB/T 15000.3下建立的，它的不确定度比本标准的标准偏差小，比本标准的再现性也小，其关系式在A.4.1.1和A.4.1.2中给出。

A.4.1.1 单次试验：对于CRM或SWS的单次试验，单次结果与CRM的标定值或SWS的给定值之差应满足式(A.1)的要求：

$$|x-\mu|\leqslant R/\sqrt{2} \qquad \cdots\cdots(A.1)$$

式中：

x——单次试验结果；

μ——CRM的标定值或SWS的给定值；

R——本标准的再现性。

A.4.1.2 多次试验：对于CRM或SWS的n次重复试验，n个结果的平均值与CRM的标定值或SWS的给定值之差应满足式(A.2)的要求：

$$|\bar{x}-\mu|\leqslant R_1/\sqrt{2} \qquad \cdots\cdots(A.2)$$

式中：

$\bar{x}$——试验结果平均值；

μ——CRM的标定值或SWS的给定值；

R_1——即$\sqrt{R^2-r^2[1-(1/n)]}$；

R——本标准的再现性；

r——本标准的重复性；

n——用CRM或SWS进行重复试验的次数。

A.4.2 如果试验结果满足上述规定，对此进行记录。

A.4.3 对于使用SWS进行校准验证的，如果试验结果不能满足上述规定，则应用CRM重复上述步骤。如果试验结果满足上述规定，对此进行记录，并删除SWS的校准结果。

A.4.4 如果试验结果仍然不能满足上述规定，应检查仪器和操作是否符合仪器说明书的要求。如果没有明显的不一致，再用不同的CRM进行进一步的校准验证。如果后续试验结果满足上述规定，对此进行记录。如果仍然不能满足上述规定，应将仪器送回生产厂进行仔细检查。

附 录 B
（规范性附录）
宾斯基-马丁闭口闪点试验仪

B.1 通则

本附录描述了手动、气体/电加热和火焰点火式仪器的详细情况。仪器由B.2～B.4所述的试验杯、盖组件和加热室组成。典型气体加热器组装如图B.1所示。

B.2 试验杯

试验杯由黄铜或具有相同导热性能的不锈蚀金属制成，并符合图B.2所示的尺寸要求。试验杯温度计插孔应装配使其在加热室中定位的装置。试验杯最好能安有手柄，但不能太重，以免空试验杯倾倒。

B.3 盖组件

B.3.1 试验杯盖

由黄铜或其他热导性相当的不锈蚀金属制成。试验杯盖四周有向下的垂边，几乎与试验杯的侧翼缘相接触（如图B.3所示），垂边与试验杯外表面在直径方向上的间隙不能超过0.36 mm，且正好配罩在试验杯的外面。试验杯与连接部分应有定位和/或锁住装置。试验杯盖上有三个开口A、B、C（如图B.3所示）。试验杯上部边缘应与整个试验杯盖内表面紧密接触。

B.3.2 滑板

由厚约2.4 mm的黄铜制成。在试验杯盖的上表面操作（如图B.4所示）。滑板的形状和装配应能让它在试验杯盖的水平中心轴的两个停位之间转动。保证滑板转到一个端点位置时，试验杯盖上的开口A、B、C全都关闭，而转到另一端点位置时，三个开口全部打开。机械操作的滑板应是弹簧型的，要保证在不使用滑板时，试验杯盖上的三个开口全部关闭，当操作到另一端点位置时，试验杯盖上的三个开口完全打开，且点火器的尖端应能全部降至试验杯内。

B.3.3 点火器

点火管火焰喷射装置的尖端开口直径约为0.7 mm～0.8 mm（如图B.4所示）。尖端为不锈钢，或其他合适的金属材料。点火器配有机械操作器，当滑板在“开”的位置时，降下尖端，使火焰喷嘴开口孔的中心位于试验杯盖的上下表面平面之间，且通过最大开口A中心半径上的一点（如图B.3所示）。

注：尖端的珠子由合适的材料制成，与火焰尺寸相当（3 mm～4 mm），可以装配在试验杯盖上的明显位置。

B.3.4 自动再点火装置

用于火焰的自动再点火。

B.3.5 搅拌装置

安装在试验杯盖的中心位置（如图B.4所示），带两个双叶片金属桨。下桨面距试验杯盖约为38 mm，两个叶片宽为8 mm，并倾斜45°。上桨面距试验杯盖约为19 mm，两个叶片宽为8 mm，并倾斜45°。两组桨固定在搅拌器的旋转轴上，当从搅拌器的下面观察时，其中一组桨的两个叶片在0°和180°位置，另一组桨的两个叶片在90°和270°位置。

注：搅拌器的旋转轴可用传动软轴或合适的滑轮组结构与电动机相连接。

B.4 加热室和浴套

B.4.1 通过设计成合适的加热室的方式给试验杯提供热量，加热室的效果相当于一个空气浴。加热室应由空气浴和能放置试验杯的浴套组成。

B.4.2　空气浴有筒型内侧，并且符合图 B.1 所示的要求。空气浴可以是火焰加热型、电加热金属铸件型或电阻元件加热型。空气浴应保证在试验所规定温度下不变形。

B.4.2.1　如果空气浴是火焰加热型或电加热金属铸件型，在实际使用中，其底部和侧壁的温度应保持一致，空气浴的厚度应不小于 6 mm。如果空气浴是火焰加热型的，铸件的设计应确保火焰的燃烧产物不能沿试验杯壁上移或进入试验杯。

B.4.2.2　如果空气浴内有电阻元件，要求其表面的所有部件受热均匀。空气浴的壁和底的厚度应不小于 6 mm。

B.4.3　浴套由金属制成，并装配成浴套和空气浴之间带空隙。浴套可以用三个螺丝和间隙衬套装在空气浴上。间隙衬套应该有足够的厚度，使空隙为 4.8 mm±0.2 mm，其直径应不大于 9.5 mm。

单位为毫米

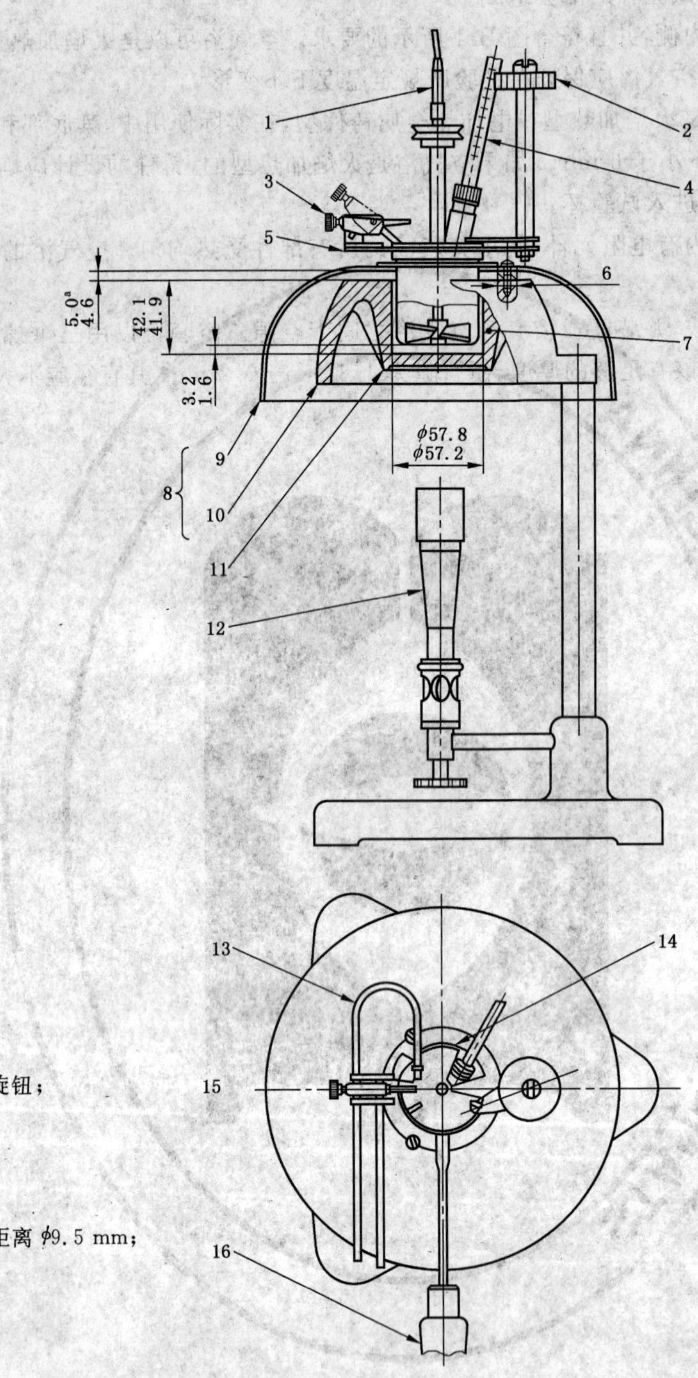

1——柔性轴；
2——快门操作旋钮；
3——点火器；
4——温度计；
5——盖子；
6——片间最大距离 ϕ9.5 mm；
7——试验杯；
8——加热室；
9——顶板；
10——空气浴；
11——杯表面厚度最小 6.5 mm，即杯周围的金属；
12——火焰加热型或电阻元件加热型(图示为火焰加热型)；
13——导向器；
14——快门；
15——表面；
16——手柄(可选择)。

注：盖子的装配可以是左手，也可以是右手。

[a] 为空隙。

图 B.1 宾斯基-马丁闭口闪点试验仪

单位为毫米

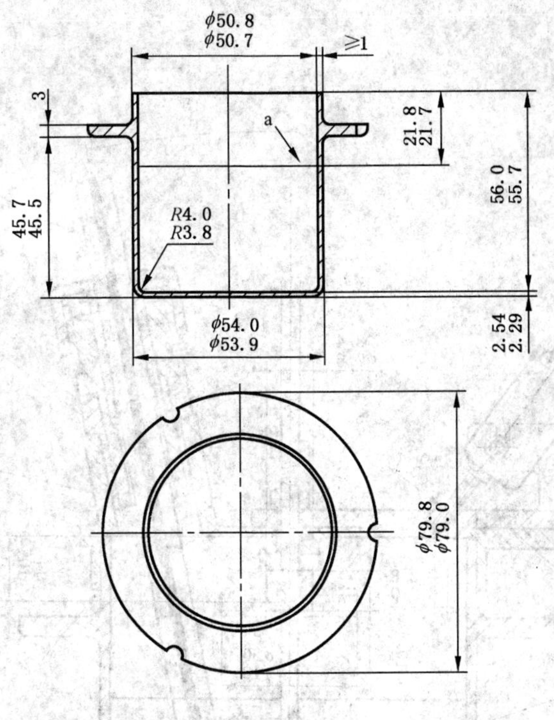

a 为液面高度标记。

图 B.2 试验杯

单位为毫米

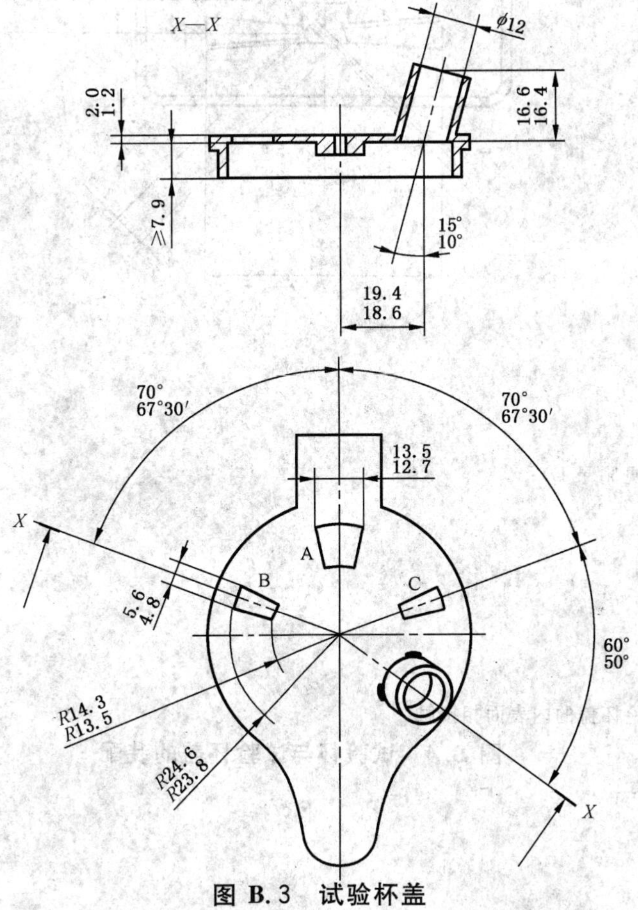

图 B.3 试验杯盖

单位为毫米

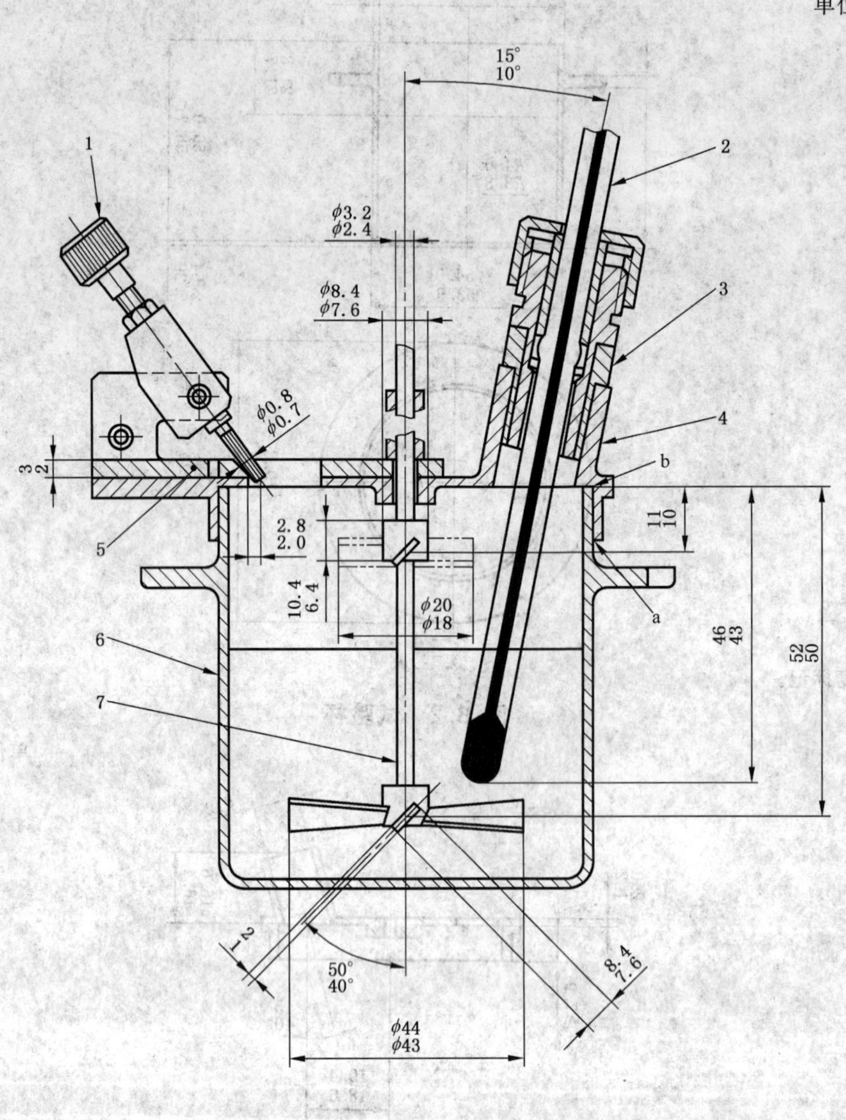

1——点火器；

2——温度计；

3——温度计适配器(见附录 D)；

4——试验杯盖；

5——滑板；

6——试验杯；

7——搅拌器。

a 最大间隙 0.36 mm。

b 试验杯的周边与试验杯盖的内表面相接触。

图 B.4 试验杯与试验杯盖的装配

附 录 C
（规范性附录）
温度计技术规格

C.1 本标准所使用的温度计应满足表 C.1 中的规定。

表 C.1 温度计技术规格

	低范围	中范围	高范围
温度范围/℃	−5～110	20～150	90～370
浸没深度/mm	57	57	57
刻度标尺： 分度值/℃ 长刻线间隔/℃ 数字标刻间隔/℃	 0.5 1～5 5	 1 5 5	 2 10 20
示值允差/℃	0.5	1.0	<260 时：1.0 ≥260 时：2.0
安全泡： 允许加热至/℃ 总长度/mm 棒外径/mm 感温泡长度/mm 感温泡外径/mm	 160 282～295 6.0～7.0 9～13 5.5～棒外径	 200 282～295 6.0～7.0 9～13 5.5～棒外径	 370 282～295 6.0～7.0 7～10 5.5～棒外径
刻线位置： 感温泡底部至刻线 距离/mm 刻度范围长度/mm	 0 ℃ 85～95 140～175	 20 ℃ 85～95 140～180	 90 ℃ 80～90 145～180
棒扩张部分： 外径/mm 长度/mm 底部至感温泡底部距离/mm	 7.5～8.5 2.5～5.0 64～66	 7.5～8.5 2.5～5.0 64～66	 7.5～8.5 2.5～5.0 64～66
注 1：IP 15C/ASTM 9C；IP 16C/ASTM 10C；IP 101C 和 ASTM 88C 可满足上述要求。 注 2：对于低范围温度计适配器的描述见附录 D。			

附　录　D
（资料性附录）
温度计适配器

D.1　通则

低范围温度计有时需用金属套筒与用于泰克闪点试验仪的温度计插孔相固定。而宾斯基-马丁闭口闪点试验仪的温度计插孔较大，需要用适配器与之相配合。温度计适配器、套筒和垫圈尺寸见图 D.1。

单位为毫米

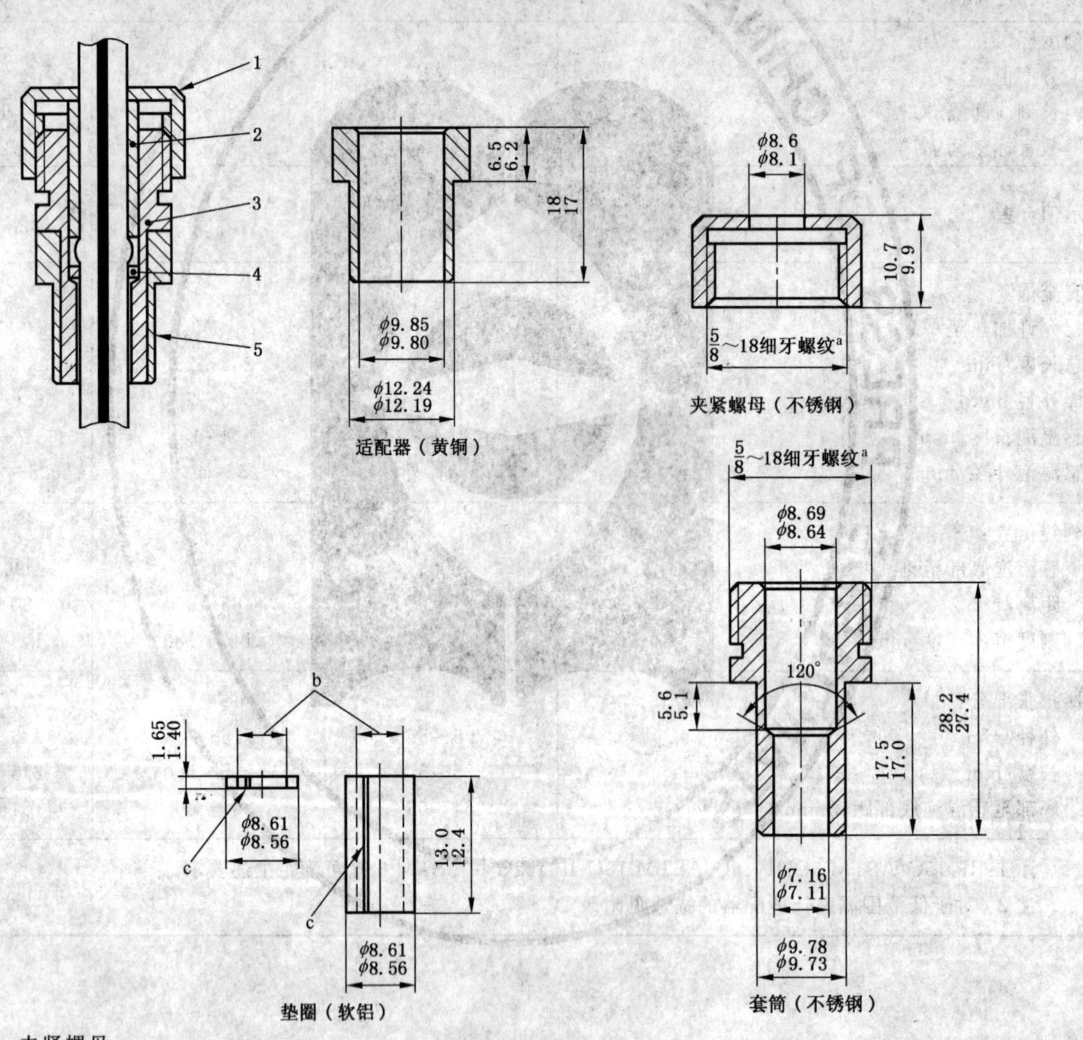

1——夹紧螺母；

2——垫圈；

3——套筒；

4——垫圈；

5——适配器。

[a] 或相当的螺纹。

[b] 与温度计杆相匹配的内孔。

[c] 间隙。

图 D.1　温度计适配器、套筒和垫圈尺寸

D.2 试验量规

温度计棒扩张部分的长度和感温泡底部到棒扩张部分底部的距离可通过如图 D.2 所示的量规来测量。

单位为毫米

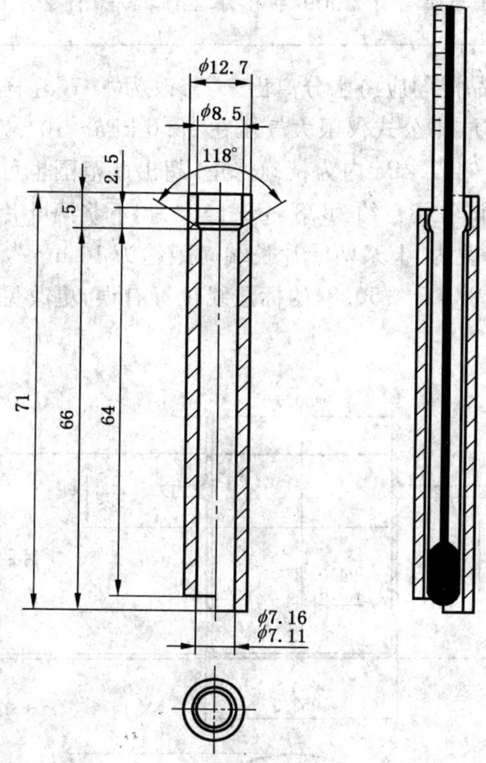

图 D.2 用于检验温度计扩张部分的试验量规

GB/T 261—2008《闪点的测定　宾斯基-马丁闭口杯法》国家标准第1号修改单

本修改单经国家标准化管理委员会于2009年6月2日批准，自2009年7月1日起实施。

一、将9.1.2中“……在样品混匀应将水分离出来”修改为“……在样品混匀前应将水分离出来”。

二、将11.2条式(1)后的“注：本公式仅限大气压在98.0 kPa～104.7 kPa范围之内”修改为“注：本公式在大气压范围98.0 kPa～104.7 kPa内为精确修正，超出此范围也可适用”。

三、将B.3.5中“下浆面距试验杯盖约为38 mm”修改为“下浆两叶片长端间距约为38 mm”；将“上浆面距试验杯盖约为19 mm”修改为“上浆两叶片长端间距约为19 mm”。

四、图B.2中试验杯内径(ϕ50.7～ϕ50.8)的标注线位置有误，更改见下图：

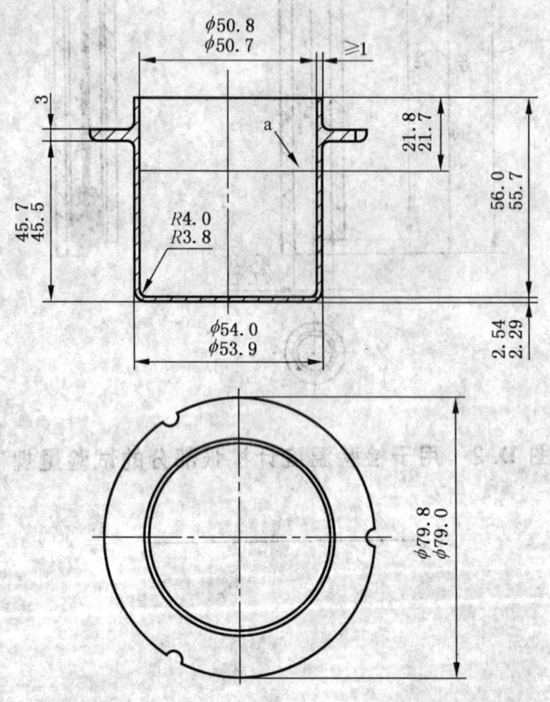

[a] 为液面高度标记。

图B.2　试验杯

五、图B.3中试验杯盖温度计插孔的内径由“ϕ12”修改为“ϕ12.27～ϕ12.32”，更改见下图：

X—X
ϕ12.32
ϕ12.27
2.0
1.2
16.6
16.4
≥7.9
15°
10°
19.4
18.6
70°
67°30′
70°
67°30′
13.5
12.7
A
B
C
X
5.6
4.8
60°
50°
R14.3
R13.5
R24.6
R23.8
X

图 B.3 试验杯盖

ICS 21.100.20
J 11

中华人民共和国国家标准

GB/T 271—2008
代替 GB/T 271—1997

滚动轴承　分类

Rolling bearings—Classification

2008-02-28 发布　　2008-08-01 实施

中华人民共和国国家质量监督检验检疫总局
中国国家标准化管理委员会　发布

前　言

本标准代替 GB/T 271—1997《滚动轴承　分类》。

本标准与 GB/T 271—1997 相比主要变化如下：

——增加了组合轴承和轴承单元的定义(见第 3 章)；

——增加了通用轴承和专用轴承的分类(见 4.5)；

——增加了标准轴承和非标轴承的分类(见 4.6)；

——增加了开式轴承和闭式轴承的分类(见 4.7)；

——增加了公制轴承和英制轴承的分类(见 4.8)；

——增加了滚动轴承按产品扩展的分类(见 4.10)；

——增加了部分轴承的结构型式(见附录 B)；

——修改了部分引用标准(1997 年版和本版的第 2 章)；

——修改了按尺寸大小分类的区间(1997 年版和本版的第 5 章)；

——修改了附录 A 中的部分名称(1997 年版附录 A 和本版的附录 B)；

——更改了附录 B 的性质(1997 年版附录 B 和本版的附录 A)。

本标准的附录 A 和附录 B 都是规范性附录。

本标准由中国机械工业联合会提出。

本标准由全国滚动轴承标准化技术委员会(SAC/TC 98)归口。

本标准起草单位：洛阳轴承研究所、洛阳轴研科技股份有限公司、襄阳汽车轴承股份有限公司、万向钱潮股份有限公司。

本标准起草人：郭宝霞、张雷、李素娟。

本标准所代替标准的历次版本发布情况为：

——GB 271—64、GB 271—87、GB/T 271—1997。

滚动轴承　分类

1　范围

本标准规定了滚动轴承的分类。

本标准适用于对滚动轴承产品的分类管理。

2　规范性引用文件

下列文件中的条款通过本标准的引用而成为本标准的条款。凡是注日期的引用文件,其随后所有的修改单(不包括勘误的内容)或修订版均不适用于本标准,然而,鼓励根据本标准达成协议的各方研究是否可使用这些文件的最新版本。凡是不注日期的引用文件,其最新版本适用于本标准。

GB/T 276—1994　滚动轴承　深沟球轴承　外形尺寸

GB/T 281—1994　滚动轴承　调心球轴承　外形尺寸

GB/T 283—2007　滚动轴承　圆柱滚子轴承　外形尺寸

GB/T 285—1994　滚动轴承　双列圆柱滚子轴承　外形尺寸

GB/T 288—1994　滚动轴承　调心滚子轴承　外形尺寸

GB/T 290—1998　滚动轴承　冲压外圈滚针轴承　外形尺寸(neq ISO 3245:1997)

GB/T 292—2007　滚动轴承　角接触球轴承　外形尺寸

GB/T 294—1994　滚动轴承　三点和四点接触球轴承　外形尺寸

GB/T 296—1994　滚动轴承　双列角接触球轴承　外形尺寸

GB/T 297—1994　滚动轴承　圆锥滚子轴承　外形尺寸

GB/T 299—2008　滚动轴承　双列圆锥滚子轴承　外形尺寸

GB/T 300—2008　滚动轴承　四列圆锥滚子轴承　外形尺寸

GB/T 301—1995　滚动轴承　推力球轴承　外形尺寸

GB/T 3882—1995　滚动轴承　外球面球轴承和偏心套　外形尺寸(neq ISO 9628:1992)

GB/T 4605—2003　滚动轴承　推力滚针和保持架组件及推力垫圈(ISO 3031:2000,NEQ)

GB/T 4663—1994　滚动轴承　推力圆柱滚子轴承　外形尺寸

GB/T 5801—2006　滚动轴承　48、49 和 69 尺寸系列滚针轴承　外形尺寸和公差(ISO 1206:2001,MOD)

GB/T 5859—2008　滚动轴承　推力调心滚子轴承　外形尺寸

GB/T 6445—2007　滚动轴承　滚轮滚针轴承　外形尺寸和公差(ISO 7063:2003,MOD)

GB/T 6930—2002　滚动轴承　词汇(ISO 5593:1997,IDT)

GB/T 16643—1996　滚动轴承　滚针和推力圆柱滚子组合轴承　外形尺寸

GB/T 20056—2006　滚动轴承　向心滚针和保持架组件　尺寸和公差(ISO 3030:1996,MOD)

JB/T 3122—2007　滚动轴承　滚针和推力球组合轴承　外形尺寸

JB/T 3123—2007　滚动轴承　滚针和角接触球组合轴承　外形尺寸

JB/T 6362—2007　滚动轴承　机床主轴用双向推力角接触球轴承

JB/T 6644—2007　滚动轴承　滚针和双向推力圆柱滚子组合轴承

JB/T 8564—1997　滚动轴承　机床丝杠用推力角接触球轴承

JB/T 8717—1998　滚动轴承　转向器用推力角接触球轴承

JB/T 10188—2000　汽车转向节用推力轴承

3 定义

GB/T 6930 确立的以及下列术语和定义适用于本标准。

3.1

组合轴承 combined bearings

不同类型轴承组合而成的轴承。

3.2

轴承单元 bearing units

以轴承为核心零件，对相关的其他功能零、部件进行集成所形成的轴承功能部件(或组件、总成等)。

4 滚动轴承结构类型分类

4.1 滚动轴承按其所能承受的载荷方向或公称接触角的不同，分为：

a) 向心轴承——主要用于承受径向载荷的滚动轴承，其公称接触角从0°到45°。按公称接触角不同，又分为：

1) 径向接触轴承——公称接触角为0°的向心轴承，如深沟球轴承；

2) 角接触向心轴承——公称接触角大于0°到45°的向心轴承。

b) 推力轴承——主要用于承受轴向载荷的滚动轴承，其公称接触角大于45°到90°。按公称接触角的不同，又分为：

1)轴向接触轴承——公称接触角为90°的推力轴承；

2)角接触推力轴承——公称接触角大于45°但小于90°的推力轴承。

4.2 滚动轴承按滚动体的种类，分为：

a) 球轴承——滚动体为球；

b) 滚子轴承——滚动体为滚子。

滚子轴承按滚子种类，又分为：

1) 圆柱滚子轴承——滚动体是圆柱滚子的轴承；

2) 滚针轴承——滚动体是滚针的轴承；

3) 圆锥滚子轴承——滚动体是圆锥滚子的轴承；

4) 调心滚子轴承——滚动体是球面滚子的轴承。

4.3 滚动轴承按其能否调心，分为：

a) 调心轴承——滚道是球面形的，能适应两滚道轴心线间的角偏差及角运动的轴承；

b) 非调心轴承——能阻抗滚道间轴心线角偏移的轴承。

4.4 滚动轴承按滚动体的列数，分为：

a) 单列轴承——具有一列滚动体的轴承；

b) 双列轴承——具有两列滚动体的轴承；

c) 多列轴承——具有多于两列的滚动体并承受同一方向载荷的轴承。如：三列轴承、四列轴承。

4.5 滚动轴承按主要用途，分为：

a) 通用轴承——应用于通用机械或一般用途的轴承；

b) 专用轴承——专门用于或主要用于特定主机或特殊工况的轴承。

4.6 滚动轴承按外形尺寸是否符合标准尺寸系列，分为：

a) 标准轴承——外形尺寸符合标准尺寸系列规定的轴承；

b) 非标轴承——外形尺寸中任一尺寸不符合标准尺寸系列规定的轴承。

4.7 滚动轴承按其是否有密封圈或防尘盖，分为：

a) 开型轴承——无防尘盖及密封圈的轴承；

b) 闭型轴承——带有一个或两个防尘盖、一个或两个密封圈、一个防尘盖和一个密封圈的轴承。

4.8 滚动轴承按其外形尺寸及公差的表示单位，分为：

a) 公制(米制)轴承——外形尺寸及公差采用公制(米制)单位表示的滚动轴承；

b) 英制(吋制)轴承——外形尺寸及公差采用英制(吋制)单位表示的滚动轴承。

4.9 滚动轴承按其组件能否分离，分为：

a) 可分离轴承——具有可分离组件的轴承；

b) 不可分离轴承——轴承在最终配套后，套圈均不能任意自由分离的轴承。

4.10 滚动轴承按产品扩展分类，分为：

a) 轴承；

b) 组合轴承；

c) 轴承单元。

4.11 滚动轴承按其结构形状(如：有无内外圈、有无保持架、有无装填槽以及套圈的形状、挡边的结构等)还可以分为多种结构类型。

4.12 滚动轴承综合分类按附录A的规定。

4.13 常用滚动轴承类型及结构分类按附录B的规定。

5 滚动轴承尺寸大小分类

滚动轴承按其公称外径尺寸大小，分为：

a) 微型轴承——公称外径尺寸 $D \leqslant 26$ mm 的轴承；

b) 小型轴承——公称外径尺寸 26 mm $< D <$ 60 mm 的轴承；

c) 中小型轴承——公称外径尺寸 60 mm $\leqslant D <$ 120 mm 的轴承；

d) 中大型轴承——公称外径尺寸 120 mm $\leqslant D <$ 200 mm 的轴承；

e) 大型轴承——公称外径尺寸 200 mm $\leqslant D \leqslant$ 440 mm 的轴承；

f) 特大型轴承——公称外径尺寸 $D >$ 440 mm 的轴承。

附 录 A
（规范性附录）
滚动轴承综合分类结构图

滚动轴承综合分类结构图见图 A.1。

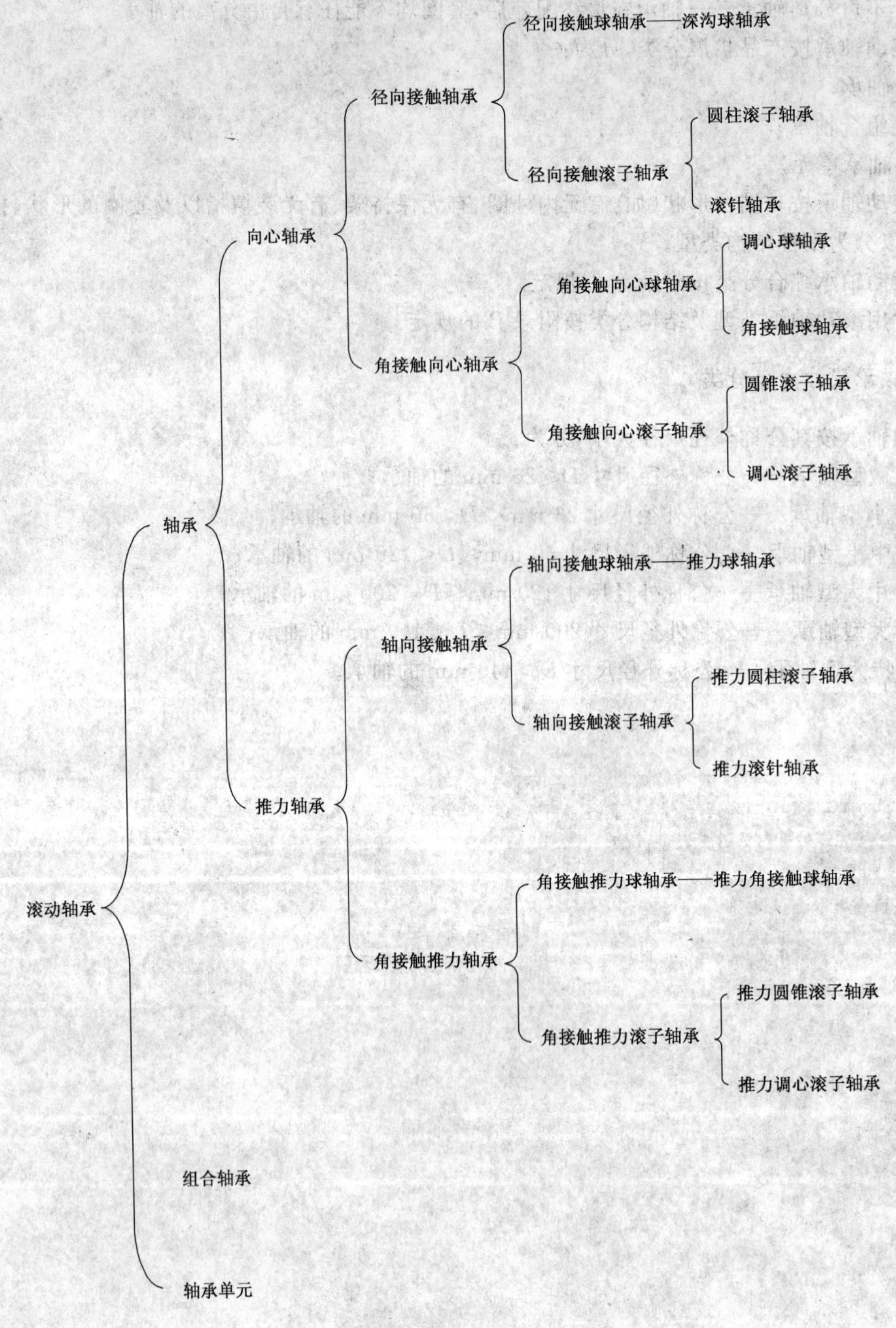

图 A.1 滚动轴承综合分类结构图

附 录 B
（规范性附录）
常用滚动轴承结构类型分类

常用滚动轴承结构类型分类见表 B.1。

表 B.1

轴承结构分类								名称	简图	类型代号	标准编号
向心轴承	径向接触轴承	径向接触球轴承	深沟球轴承	单列	不可分离型	无装填槽	—	深沟球轴承	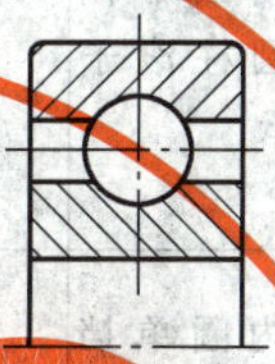	6	GB/T 276—1994
							外球面	带顶丝外球面球轴承		UC	GB/T 3882—1995
								带偏心套外球面球轴承		UEL	
								圆锥孔外球面球轴承		UK	
						有装填槽		有装球缺口、有保持架的深沟球轴承		6[a]	—
				双列		无装填槽		双列深沟球轴承	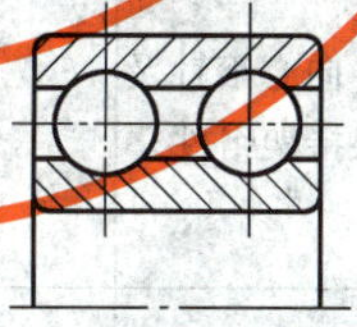	4	—
		径向接触滚子轴承	圆柱滚子轴承	单列	可分离型	内圈双挡边		外圈无挡边圆柱滚子轴承	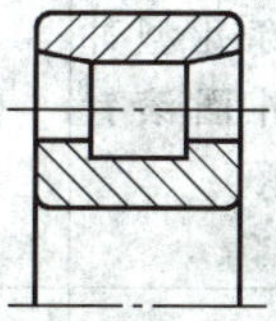	N	GB/T 283—2007
								外圈单挡边圆柱滚子轴承	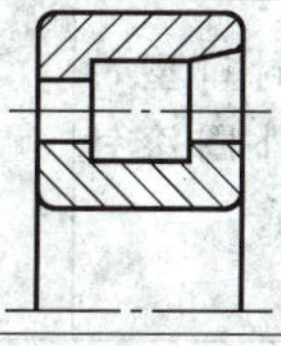	NF	

表 B.1(续)

<table>
<tr><th colspan="8">轴承结构分类</th><th>名称</th><th>简图</th><th>类型代号</th><th>标准编号</th></tr>
<tr><td rowspan="9">向心轴承</td><td rowspan="9">径向接触轴承</td><td rowspan="9">径向接触滚子轴承</td><td rowspan="5">圆柱滚子轴承</td><td rowspan="3">单列</td><td rowspan="5">可分离型</td><td rowspan="3">外圈双挡边</td><td rowspan="2">不带挡圈</td><td>内圈无挡边圆柱滚子轴承</td><td> 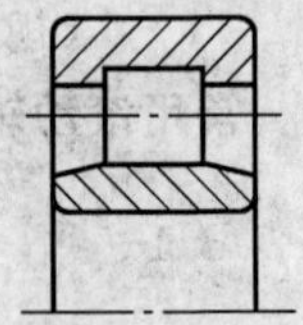</td><td>NU</td><td rowspan="3">GB/T 283—2007</td></tr>
<tr><td>内圈单挡边圆柱滚子轴承</td><td> 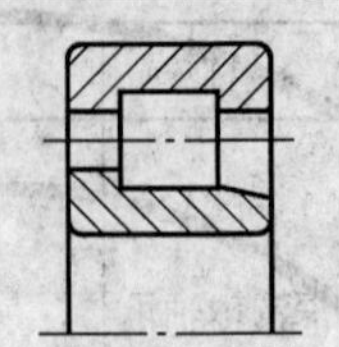</td><td>NJ</td></tr>
<tr><td>带平挡圈</td><td>内圈单挡边并带平挡圈的圆柱滚子轴承</td><td> 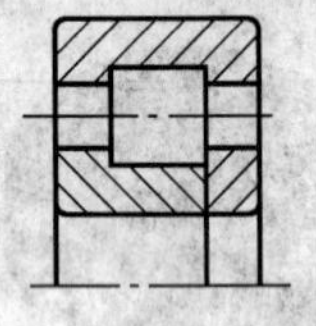</td><td>NUP</td></tr>
<tr><td rowspan="2">双列</td><td colspan="2">外圈无挡边</td><td>内圈双挡边双列圆柱滚子轴承</td><td> 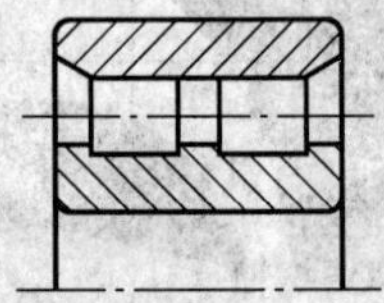</td><td>NN</td><td rowspan="2">GB/T 285—1994</td></tr>
<tr><td colspan="2">外圈双挡边</td><td>内圈无挡边双列圆柱滚子轴承</td><td> 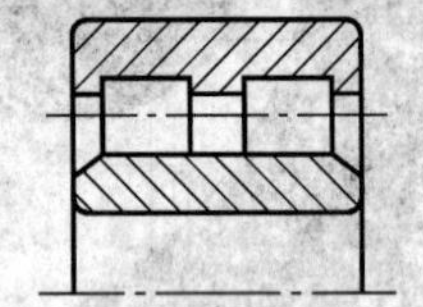</td><td>NNU</td></tr>
<tr><td rowspan="4">滚针轴承</td><td>双列</td><td>可分离型</td><td colspan="2">外圈双挡边</td><td>滚针轴承</td><td> 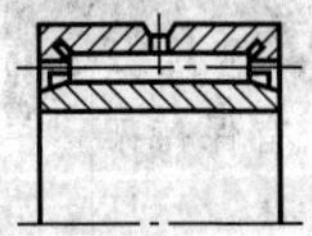</td><td>NA</td><td>GB/T 5801—2006</td></tr>
<tr><td rowspan="3">单列</td><td rowspan="3">—</td><td rowspan="3">无内圈</td><td>无外圈</td><td>向心滚针及保持架组件</td><td> 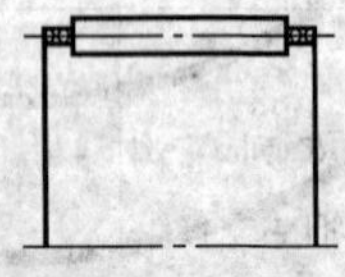</td><td>K</td><td>GB/T 20056—2006</td></tr>
<tr><td rowspan="2">冲压外圈</td><td>穿孔型冲压外圈滚针轴承</td><td> 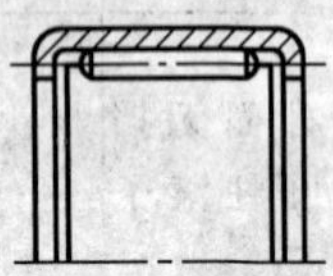</td><td>HK</td><td rowspan="2">GB/T 290—1998</td></tr>
<tr><td>封口型冲压外圈滚针轴承</td><td> 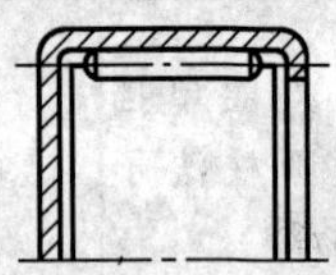</td><td>BK</td></tr>
</table>

表 B.1(续)

轴承结构分类							名称	简图	类型代号	标准编号
向心轴承	径向接触轴承	径向接触滚子轴承	滚针轴承	单列	不可分离型	滚轮外圈无挡边	内圈带平挡圈滚轮滚针轴承	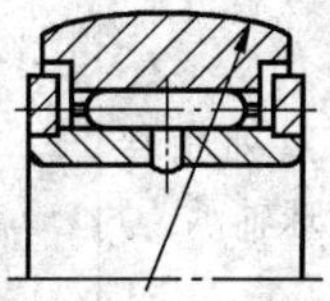	NATR	GB/T 6445—2007
							内圈带螺栓轴滚轮滚针轴承	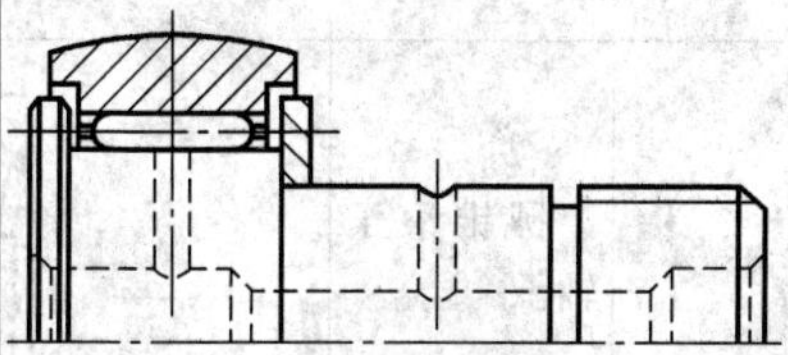	KR	
	角接触向心轴承	角接触向心球轴承	调心球轴承	双列	不可分离型	外圈球面滚道	调心球轴承	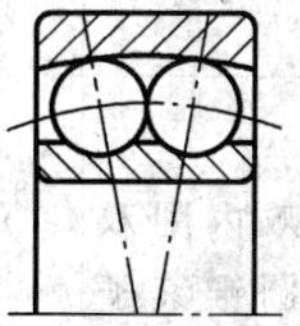	1	GB/T 281—1994
			角接触球轴承	单列		—	锁口在外圈的角接触球轴承	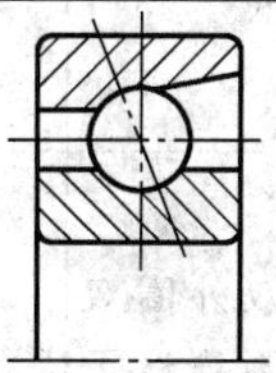	7	GB/T 292—2007
						—	锁口在内圈的角接触球轴承	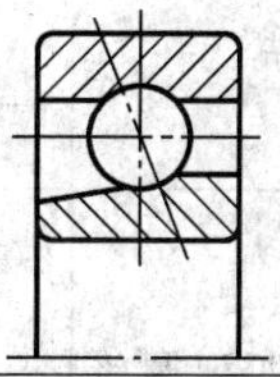	B7	
					可分离型		外圈可分离的角接触球轴承	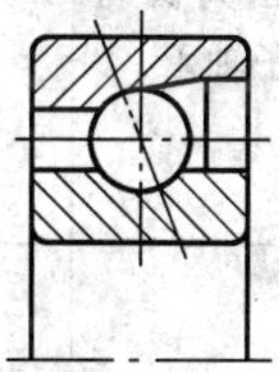	S7	
							内圈可分离的角接触球轴承	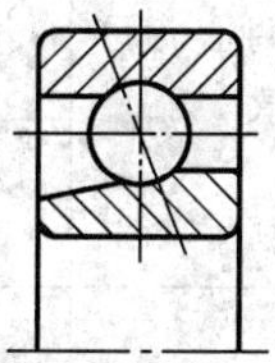	SN7	—
							双半内圈四点接触球轴承		QJ	GB/T 294—1994
							双半内圈三点接触球轴承		QJS	

表 B.1(续)

轴承结构分类								名称	简图	类型代号	标准编号
向心轴承	角接触向心轴承	角接触向心球轴承	角接触球轴承	双列	不可分离型	有装填槽		双列角接触球轴承	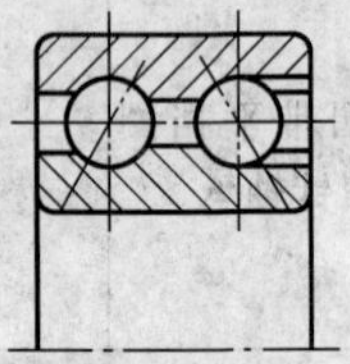	0[a]	GB/T 296—1994
		角接触向心滚子轴承	圆锥滚子轴承	单列	可分离型	—		圆锥滚子轴承	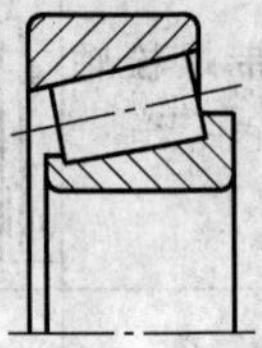	3	GB/T 297—1994
				双列		—		双内圈双列圆锥滚子轴承	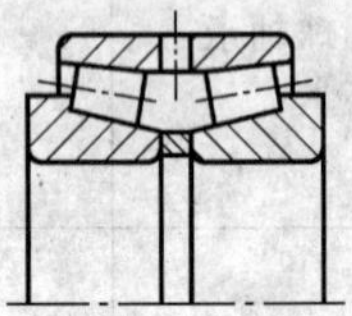	35	GB/T 299—1995
						—		双外圈双列圆锥滚子轴承	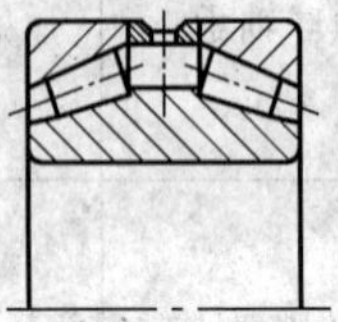	37	
				四列		双内圈		四列圆锥滚子轴承	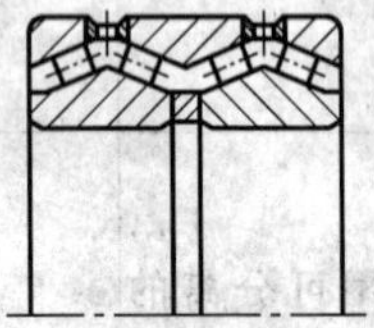	38	GB/T 300—1995
			调心滚子轴承	双列	不可分离型	外圈球面滚道		调心滚子轴承	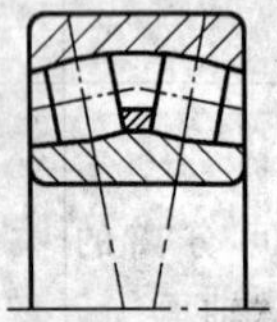	2	GB/T 288—1994
推力轴承	轴向接触轴承	轴向接触球轴承	推力球轴承	单列	可分离型	单向	平底型	推力球轴承	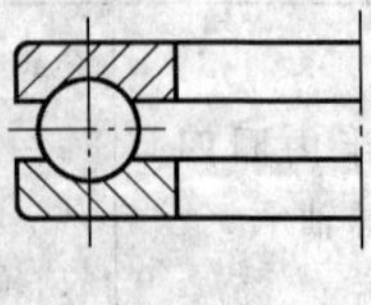	5	GB/T 301—1995
							球面型	球面型推力球轴承	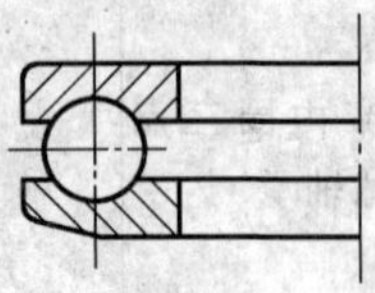		

表 B.1(续)

轴承结构分类								名称	简图	类型代号	标准编号
推力轴承	轴向接触轴承	轴向接触球轴承	推力球轴承	双列		双向	平底型	双向推力球轴承		5	GB/T 301—1995
推力轴承	轴向接触轴承	轴向接触球轴承	推力球轴承	双列		双向	球面型	球面型双向推力球轴承		5	GB/T 301—1995
推力轴承	轴向接触轴承	轴向接触滚子轴承	推力圆柱滚子轴承	单列	可分离型	单向	平底型	推力圆柱滚子轴承		8	GB/T 4663—1994
推力轴承	轴向接触轴承	轴向接触滚子轴承	推力圆柱滚子轴承	双列	可分离型	单向	平底型	双列或多列推力圆柱滚子轴承		8	—
推力轴承	轴向接触轴承	轴向接触滚子轴承	推力圆柱滚子轴承	双列	可分离型	双向	平底型	双向推力圆柱滚子轴承		8	JB/T 10188—2000
推力轴承	轴向接触轴承	轴向接触滚子轴承	推力滚针轴承	—	—	单向	无垫圈	推力滚针和保持架组件		AXK	GB/T 4605—2003
推力轴承	角接触推力轴承	角接触推力球轴承	推力角接触球轴承	—	可分离型	单向	平底型	推力角接触球轴承		56	JB/T 8564—1997 JB/T 8717—1998
推力轴承	角接触推力轴承	角接触推力球轴承	推力角接触球轴承	双列	可分离型	双向	平底型	双向推力角接触球轴承		23	JB/T 6362—2007

表 B.1(续)

轴承结构分类								名称	简图	类型代号	标准编号
推力轴承	角接触推力轴承	角接触推力滚子轴承	推力圆锥滚子轴承	单列	可分离型	单向	平底型	推力圆锥滚子轴承	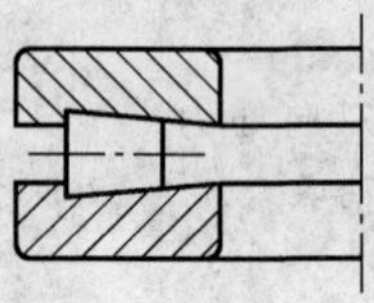	9	JB/T 10188—2000
			推力调心滚子轴承					推力调心滚子轴承	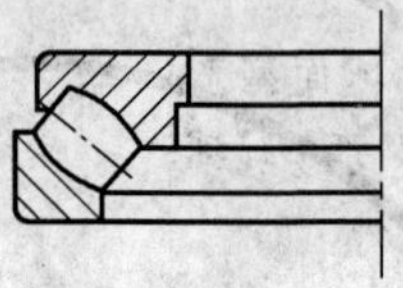	2	GB/T 5859—1994
组合轴承				可分离型	向心滚针	推力球轴承	单向	滚针和推力球组合轴承	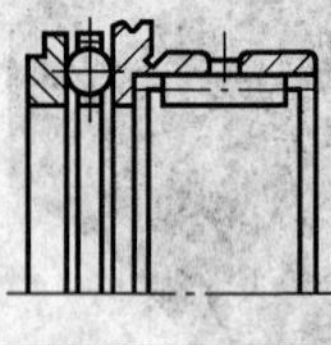	MKX	JB/T 3122—2007
						角接触推力球轴承	单向	滚针和角接触球组合轴承	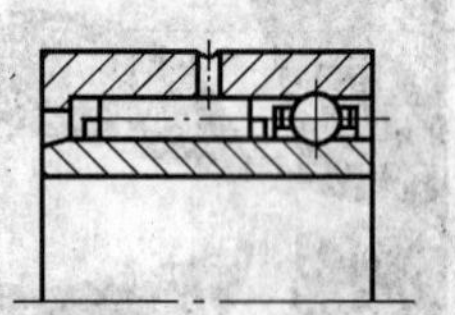	NKIA	JB/T 3123—2007
							双向	滚针和双向角接触球组合轴承	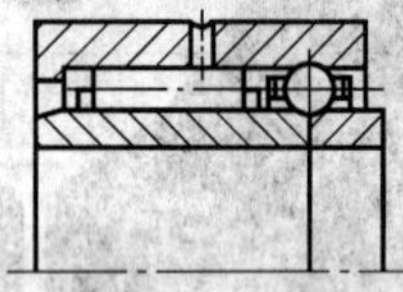	NKIB	
						推力圆柱滚子轴承	单向	滚针和推力圆柱滚子组合轴承	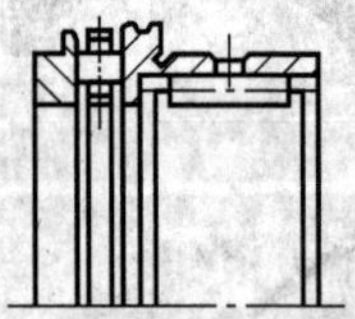	NKXR	GB/T 16643—1996
							双向	滚针和双向推力圆柱滚子组合轴承	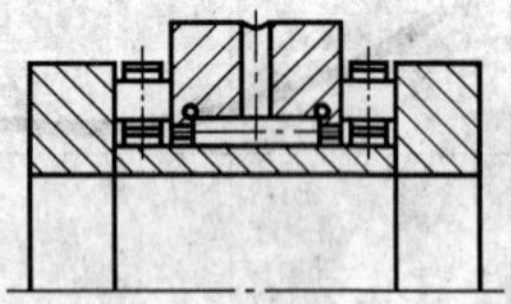	ZARN	JB/T 6644—2007

[a] 类型代号一般在轴承代号中省略,不表示。

ICS 21.100.20
J 11

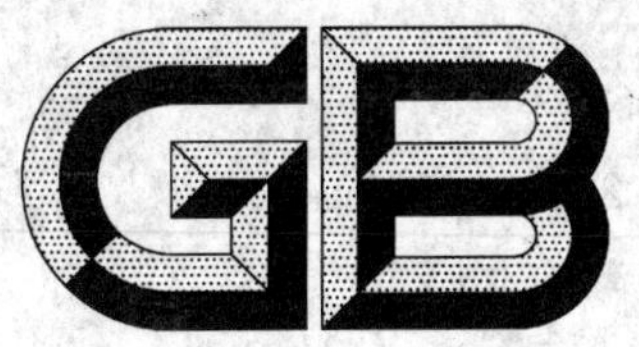

中华人民共和国国家标准

GB/T 299—2008
代替 GB/T 299—1995

滚动轴承
双列圆锥滚子轴承　外形尺寸

Rolling bearings—
Double row tapered roller bearings—Boundary dimensions

2008-02-28 发布　　2008-08-01 实施

中华人民共和国国家质量监督检验检疫总局
中国国家标准化管理委员会　发布

前　言

本标准代替 GB/T 299—1995《滚动轴承　双列圆锥滚子轴承　外形尺寸》。

本标准与 GB/T 299—1995 相比，主要变化如下：

——标准编写格式进行了修改；

——删除了附录“新旧轴承代号对照”(1995 年版的附录 A)；

——增加了部分轴承的外形尺寸(见附录 A)。

本标准的附录 A 为规范性附录。

本标准由中国机械工业联合会提出。

本标准由全国滚动轴承标准化技术委员会(SAC/TC 98)归口。

本标准起草单位：洛阳 LYC 轴承有限公司。

本标准主要起草人：苏敏、代公伟、徐玲玲。

本标准所代替标准的历次版本发布情况为：

——GB 299—64、GB 299—85、GB/T 299—1995。

滚动轴承
双列圆锥滚子轴承　外形尺寸

1　范围

本标准规定了双列圆锥滚子轴承的外形尺寸。

本标准适用于双列圆锥滚子轴承，供轴承制造厂设计和用户选型。

2　规范性引用文件

下列文件中的条款通过本标准的引用而成为本标准的条款。凡是注日期的引用文件，其随后所有的修改单（不包括勘误的内容）或修订版均不适用于本标准，然而，鼓励根据本标准达成协议的各方研究是否可使用这些文件的最新版本。凡是不注日期的引用文件，其最新版本适用于本标准。

GB/T 273.1—2003　滚动轴承　圆锥滚子轴承　外形尺寸总方案（ISO 355:1977，MOD）

ISO 355:2007　滚动轴承　圆锥滚子轴承　外形尺寸和系列代号

3　符号（见图 1）

下列符号适用于本标准。

除另有说明外，图中所示符号和表中所示数值均表示公称尺寸。

B：单个内圈宽度

B_1：轴承宽度

C_1：双滚道外圈宽度

D：轴承外径

d：轴承内径

r：内圈背面倒角尺寸

r_{smin}：内圈背面最小单一倒角尺寸

r_1：外圈前面倒角尺寸

r_{1smin}：外圈前面最小单一倒角尺寸

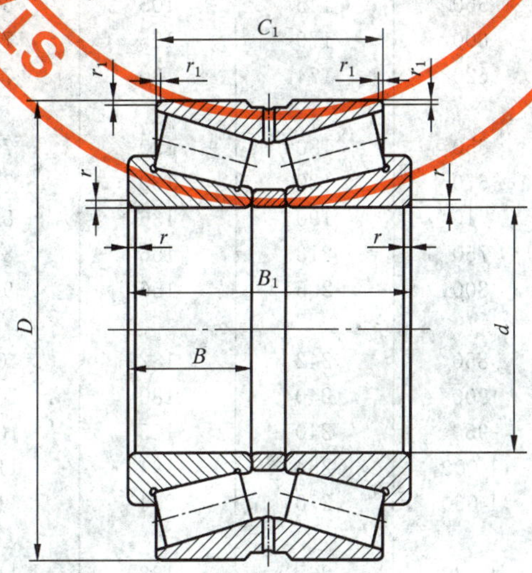

注：外圈可有或无润滑油槽、油孔。

图 1　双列圆锥滚子轴承

4 外形尺寸

轴承的外形尺寸按表1～表8的规定。

ISO系列代号的含义参见GB/T 273.1—2003的附录B。

ISO 355:2007中规定的其他系列轴承的外形尺寸见附录A。

表1 29系列

单位为毫米

轴承型号	外形尺寸							ISO系列代号
	d	D	B_1	C_1	B	r_{smin}	r_{1smin}	
352926	130	180	73	59	32	2	0.6	2 CC
352928	140	190	73	59	32	2	0.6	2 CC
352930	150	210	86	70	38	2.5	0.6	2 DC
352932	160	220	86	70	38	2.5	0.6	2 DC
352934	170	230	86	70	38	2.5	0.6	3 DC
352936	180	250	102	80	45	2.5	0.6	4 DC
352938	190	260	102	80	45	2.5	0.6	4 DC
352940	200	280	116	92	51	3	1	3 EC
352944	220	300	116	92	51	3	1	3 EC
352948	240	320	116	92	51	3	1	4 EC
352952	260	360	141	110	63.5	3	1	3 EC
352956	280	380	141	110	63.5	3	1	4 EC
352960	300	420	166	128	76	4	1	3 FD
352964	320	440	166	128	76	4	1	3 FD
352968	340	460	166	128	76	4	1	4 FD
352972	360	480	166	128	76	4	1	4 FD

表2 19系列

单位为毫米

轴承型号	外形尺寸						r_{1smin}
	d	D	B_1	C_1	B	r_{smin}	
351976	380	520	145	105	65	4	1.1
351980	400	540	150	105	65	4	1.1
351984	420	560	145	105	65	4	1.1
351988	440	600	170	125	74	4	1.1
351992	460	620	174	130	74	4	1.1
							1.1
351996	480	650	180	130	78	5	
3519/500	500	670	180	130	78	5	1.5
3519/530	530	710	190	136	82	5	1.5
3519/560	560	750	213	156	85	5	1.5
3519/600	600	800	205	156	90	5	1.5
							1.5
3519/630	630	850	242	182	100	6	
3519/670	670	900	240	180	103	6	2.5
3519/710	710	950	240	175	106	6	2.5
3519/750	750	1 000	264	194	112	6	2.5
3519/800	800	1 060	270	204	115	6	2.5
3519/850	850	1 120	268	188	118	6	2.5
3519/900	900	1 180	275	205	122	6	2.5
3519/950	950	1 250	300	220	132	7.5	3

表 3　20 系列

单位为毫米

轴承型号	外形尺寸							ISO 系列代号
	d	D	B_1	C_1	B	r_{smin}	r_{1smin}	
352004	20	42	34	28	15	0.6	0.3[a]	3CC
352005	25	47	34	27	15	0.6	0.3[a]	4CC
352006	30	55	39	31	17	1	0.3	4CC
352007	35	62	41	33	18	1	0.3	4CC
352008	40	68	44	35	19	1	0.3	3CD
352009	45	75	46	37	20	1	0.3	3CC
352010	50	80	46	37	20	1	0.3	3CC
352011	55	90	52	41	23	1.5	0.6	3CC
352012	60	95	52	41	23	1.5	0.6	4CC
352013	65	100	52	41	23	1.5	0.6	4CC
352014	70	110	57	45	25	1.5	0.6	4CC
352015	75	115	58	46	25	1.5	0.6	4CC
352016	80	125	66	52	29	1.5	0.6	3CC
352017	85	130	67	53	29	1.5	0.6	4CC
352018	90	140	73	57	32	2	0.6	3CC
352019	95	145	73	57	32	2	0.6	4CC
352020	100	150	73	57	32	2	0.6	4CC
352021	105	160	80	62	35	2.5	0.6	4DC
352022	110	170	86	68	38	2.5	0.6	4DC
352024	120	180	88	70	38	2.5	0.6	4DC
352026	130	200	102	80	45	2.5	0.6	4EC
352028	140	210	104	82	45	2.5	0.6	4DC
352030	150	225	110	86	48	3	1	4EC
352032	160	240	116	90	51	3	1	4EC
352034	170	260	128	100	57	3	1	4EC
352036	180	280	142	110	64	3	1	3FD
352038	190	290	142	110	64	3	1	4FD
352040	200	310	154	120	70	3	1	4FD
352044	220	340	166	128	76	4	1	4FD
352048	240	360	166	128	76	4	1	4FD
352052	260	400	190	146	87	5	1.1	4FC
352056	280	420	190	146	87	5	1.1	4FC
352060	300	460	220	168	100	5	1.1	4GD
352064	320	480	220	168	100	5	1.1	4GD

[a] 系最大尺寸。

表 4　10 系列

单位为毫米

轴承型号	外形尺寸						
	d	D	B_1	C_1	B	r_{smin}	r_{1smin}
351068	340	520	180	135	82	5	1.5
351072	360	540	185	140	82	5	1.5
351076	380	560	190	140	82	5	1.5
351080	400	600	206	150	90	5	1.5
351084	420	620	206	150	90	5	1.5
351088	440	650	212	152	94	6	2.5
351092	460	680	230	175	100	6	2.5
351096	480	700	240	180	100	6	2.5
3510/500	500	720	236	180	100	6	2.5
3510/530	530	780	255	180	112	6	2.5
3510/560	560	820	260	185	115	6	2.5
3510/600	600	870	270	198	118	6	2.5
3510/630	630	920	295	213	128	7.5	3
3510/670	670	980	310	215	136	7.5	3
3510/710	710	1 030	315	220	140	7.5	3
3510/750	750	1 090	365	255	150	7.5	3
3510/800	800	1 150	380	265	155	7.5	3
3510/850	850	1 220	400	280	165	7.5	3
3510/900	900	1 280	410	300	170	7.5	3
3510/950	950	1 360	440	305	180	7.5	3

表 5　21 系列

单位为毫米

轴承型号	外形尺寸						
	d	D	B_1	C_1	B	r_{smin}	r_{1smin}
352122	110	180	95	76	42	2	0.6
352124	120	200	110	90	48	2	0.6
352126	130	210	110	90	48	2	0.6
352128	140	225	115	90	50	2.5	1
352130	150	250	138	112	60	2.5	1
352132	160	270	150	120	66	2.5	1
352134	170	280	150	120	66	2.5	1
352136	180	300	164	134	72	3	1
352138	190	320	170	130	78	3	1
352140	200	340	184	150	82	3	1
352144	220	370	195	150	88	4	1.1
352148	240	400	210	163	95	4	1.1
352152	260	440	225	180	106	4	1.1

表 6　11 系列

单位为毫米

轴承型号	外形尺寸						
	d	D	B_1	C_1	B	r_{smin}	r_{1smin}
351156	280	460	185	140	82	5	1.5
351160	300	500	205	152	90	5	1.5
351164	320	540	225	160	100	5	1.5
351168	340	580	242	170	106	5	1.5
351172	360	600	242	170	106	5	1.5
351176	380	620	242	170	106	5	1.5
351180	400	650	255	180	112	6	2.5
351184	420	700	275	200	122	6	2.5
351188	440	720	275	190	122	6	2.5
351192	460	760	300	210	132	7.5	3
351196	480	790	310	224	136	7.5	3
3511/500	500	830	325	230	145	7.5	3
3511/530	530	870	340	240	150	7.5	3
3511/560	560	920	352	250	160	7.5	3
3511/600	600	980	370	265	170	7.5	3
3511/630	630	1 030	390	280	175	7.5	3
3511/670	670	1 090	410	295	185	7.5	3
3511/710	710	1 150	430	310	195	9.5	4
3511/750	750	1 220	452	320	206	9.5	4

表 7　22 系列

单位为毫米

轴承型号	外形尺寸						
	d	D	B_1	C_1	B	r_{smin}	r_{1smin}
352208	40	80	55	43.5	23	1.5	0.6
352209	45	85	55	43.5	23	1.5	0.6
352210	50	90	55	43.5	23	1.5	0.6
352211	55	100	60	48.5	25	2	0.6
352212	60	110	66	54.5	28	2	0.6
352213	65	120	73	61.5	31	2	0.6
352214	70	125	74	61.5	31	2	0.6
352215	75	130	74	61.5	31	2	0.6
352216	80	140	78	63.5	33	2.5	0.6
352217	85	150	86	69	36	2.5	0.6
352218	90	160	94	77	40	2.5	0.6
352219	95	170	100	83	43	3	1
352220	100	180	107	87	46	3	1
352221	105	190	115	95	50	3	1
352222	110	200	121	101	53	3	1
352224	120	215	132	109	58	3	1
352226	130	230	145	117.5	64	4	1
352228	140	250	153	125.5	68	4	1
352230	150	270	164	130	73	4	1
352232	160	290	178	144	80	4	1
352234	170	310	192	152	86	5	1.1
352236	180	320	192	152	86	5	1.1
352238	190	340	204	160	92	5	1.1
352240	200	360	218	174	98	5	1.1

表 8　13 系列

单位为毫米

轴承型号	外形尺寸							ISO 系列代号
	d	D	B_1	C_1	B	r_{smin}	r_{1smin}	
351305	25	62	42	31.5	17	1.5	0.6	7FB
351306	30	72	47	33.5	19	1.5	0.6	7FB
351307	35	80	51	35.5	21	2	0.6	7FB
351308	40	90	56	39.5	23	2	0.6	7FB
351309	45	100	60	41.5	25	2	0.6	7FB
351310	50	110	64	43.5	27	2.5	0.6	7FB
351311	55	120	70	49	29	2.5	0.6	7FB
351312	60	130	74	51	31	3	1	7FB
351313	65	140	79	53	33	3	1	7GB
351314	70	150	83	57	35	3	1	7GB
351315	75	160	88	60	37	3	1	7GB
351316	80	170	94	63	39	3	1	7GB
351317	85	180	99	66	41	4	1	7GB
351318	90	190	103	70	43	4	1	7GB
351319	95	200	109	74	45	4	1	7GB
351320	100	215	124	81	51	4	1	7GB
351321	105	225	127	83	53	4	1	7GB
351322	110	240	137	87	57	4	1	7GB
351324	120	260	148	96	62	4	1	7GB
351326	130	280	156	100	66	5	1.1	7GB
351328	140	300	168	108	70	5	1.1	7GB
351330	150	320	178	114	75	5	1.1	7GB

5　标记示例

滚动轴承　352136　GB/T 299—2008

附　录　A
（规范性附录）
ISO 355:2007 中部分轴承的外形尺寸

表 A.1～表 A.4 列出了不符合本标准正文规定而在 ISO 355:2007 中规定的圆锥滚子轴承的外形尺寸。

表 A.1　角度系列 2

单位为毫米

外形尺寸				ISO 系列代号
d	D	B_1	C_1	
20	45	39	32	2DC
20	50	50	43	2ED
22	47	39	32	2CC
22	52	50	43	2ED
25	50	39	32	2CC
25	58	58	48	2EE
28	55	43	36	2CD
28	65	61	51	2ED
30	58	44	37	2CD
30	68	65	55	2EE
32	62	47	39	2CD
32	72	65	55	2ED
35	68	51	42	2DD
35	78	73	61	2EE
40	75	53	44	2CD
40	85	73	63	2EE
45	80	53	44	2CD
45	95	79	67	2ED
50	85	53	44	2CD
50	100	79	67	2ED
55	85	41	33	2CC
55	95	60	49	2CD
55	110	87	73	2ED
60	90	42	34	2CC
60	100	60	49	2CD
60	115	88	74	2EE
65	100	50	41	2CC
65	110	70	58	2DD
65	125	95	79	2FD

表 A.1(续)

单位为毫米

外形尺寸				ISO 系列代号
d	D	B_1	C_1	
70	105	50	41	2CC
70	120	76	62	2DD
70	130	95	79	2ED
75	115	56	46	2CC
75	125	76	62	2DD
75	135	95	79	2ED
80	120	56	46	2CC
80	130	76	62	2DD
80	145	104	88	2ED
85	125	58	48	2CC
85	135	76	64	2DD
85	150	104	88	2ED
90	135	64	54	2CC
90	140	76	64	2CD
90	155	104	88	2ED
90	165	104	88	2FC
95	140	64	54	2CC
95	145	76	64	2CD
95	160	104	88	2ED
100	145	64	54	2DC
100	150	76	64	2CD
100	165	104	88	2EE
105	155	74	62	2CD
105	160	84	70	2DD
105	170	104	88	2EE
110	160	74	62	2CD
110	165	84	70	2DD
110	175	104	88	2EE
120	175	82	68	2DC
120	180	92	76	2DD
120	190	110	92	2EE
130	185	82	68	2DC
130	190	92	76	2DD
130	200	110	92	2DE

表 A.1(续)

单位为毫米

外形尺寸				ISO 系列代号
d	D	B_1	C_1	
140	200	88	72	2DC
140	205	98	82	2DD
140	215	116	98	2ED
150	215	98	82	2DD
150	225	116	98	2ED
160	225	98	82	2DD
160	235	116	98	2ED
170	235	98	82	2DD
170	245	116	98	2ED
180	240	88	72	2DC
180	245	98	82	2DD
180	255	116	98	2ED
190	255	92	76	2DC
190	260	104	86	2DD
190	270	124	104	2ED
200	265	92	76	2DC
200	270	104	86	2DD
200	280	124	104	2ED
220	285	92	76	2DC
220	290	104	86	2DD
220	300	124	104	2ED
240	305	92	76	2DC
240	310	104	86	2DD
240	320	126	104	2EE
260	325	92	76	2DC
260	330	104	86	2DD
260	340	126	104	2DE
280	360	126	104	2DE

表 A.2 角度系列 3

单位为毫米

外形尺寸				ISO 系列代号
d	D	B_1	C_1	
22	44	34	27	3CC
65	135	112	94	3FE
75	145	112	94	3FE
85	160	118	98	3FE
110	190	126	104	3FE
130	210	126	104	3EE
150	235	132	110	3EE
170	255	132	110	3EE
180	280	142	110	3FD
190	280	140	116	3EE

表 A.3 角度系列 4

单位为毫米

外形尺寸				ISO 系列代号
d	D	B_1	C_1	
28	52	37	29	4CC
32	58	39	31	4CC
50	105	88	74	4FE
55	115	95	81	4FE
60	125	104	88	4FE
70	140	112	94	4FE
80	150	112	94	4FE
90	165	120	100	4FE
95	170	120	100	4FE
100	175	120	100	4FE
105	180	120	100	4EE
120	200	126	104	4FE
140	220	126	104	4EE
160	245	132	110	4EE
180	265	132	110	4EE
200	290	140	116	4EE

表 A.4 角度系列 7

单位为毫米

外形尺寸				ISO 系列代号
d	D	B_1	C_1	
45	95	63	45	7FC
50	105	69	49	7FC
55	115	73	52	7FC
60	125	79	57	7FC
65	130	79	57	7FC
70	140	83	59	7FC
75	150	89	63	7FC
80	160	95	67	7FC
85	170	102	72	7FC
90	175	102	72	7FC
95	180	104	72	7FC
100	190	110	76	7FC
105	200	114	80	7FC
110	210	120	84	7GC
120	220	120	84	7FC
130	230	120	84	7FC
140	240	120	84	7FC
150	250	120	84	7FC

ICS 21.100.20
J 11

中华人民共和国国家标准

GB/T 300—2008
代替 GB/T 300—1995

滚动轴承 四列圆锥滚子轴承 外形尺寸

Rolling bearings—Four row tapered roller bearings—Boundary dimensions

2008-02-28 发布　　2008-08-01 实施

中华人民共和国国家质量监督检验检疫总局
中国国家标准化管理委员会 发布

前　言

本标准代替 GB/T 300—1995《滚动轴承　四列圆锥滚子轴承　外形尺寸》。

本标准与 GB/T 300—1995 相比，主要变化如下：

——对标准编写格式进行了修改；

——增加了部分型号轴承的外形尺寸(见表 1)；

——删除了内隔圈宽度尺寸(1995 年版的表 1～表 6)；

——修改了外圈总宽度符号(1995 年版和本版的第 2 章、表 1～表 6)；

——增加了内圈总宽度尺寸(见表 1～表 6)；

——删除了附录“轴承新旧代号对照”(1995 年版的附录 A)。

本标准由中国机械工业联合会提出。

本标准由全国滚动轴承标准化技术委员会(SAC/TC 98)归口。

本标准起草单位：洛阳 LYC 轴承有限公司。

本标准主要起草人：苏敏、温景波、徐玲玲。

本标准所代替标准的历次版本发布情况为：

——GB 300—64、GB 300—87、GB/T 300—1995。

滚动轴承
四列圆锥滚子轴承　外形尺寸

1　范围

本标准规定了四列圆锥滚子轴承的外形尺寸。

本标准适用于四列圆锥滚子轴承，供轴承制造厂设计和用户选型。

2　符号(见图1)

下列符号适用于本标准。

除另有说明外，图中所示符号和表中所示数值均表示公称尺寸。

B：轴承内圈总宽度

B_1：双滚道内圈宽度

b：外隔圈宽度

C：轴承外圈总宽度

D：轴承外径

d：轴承内径

r_1：内圈前面倒角尺寸

r_{1smin}：内圈前面最小单一倒角尺寸

r_2：外圈背面倒角尺寸

r_{2smin}：外圈背面最小单一倒角尺寸

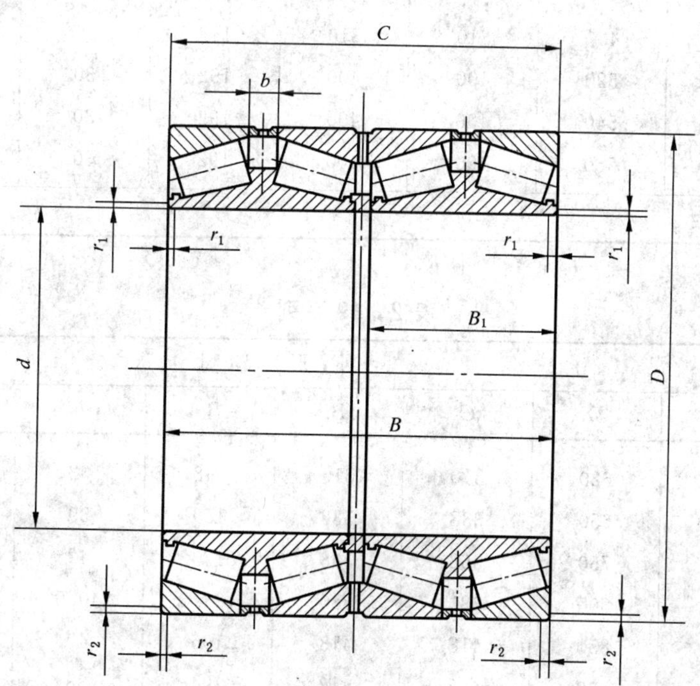

注：外圈可有或无润滑油槽、油孔。

图1　四列圆锥滚子轴承

3 外形尺寸

轴承的外形尺寸按表1～表6的规定。

表1 29系列

单位为毫米

轴承型号	外形尺寸							
	d	D	C	B	B_1	b	r_{1smin}	r_{2smin}
382926	130	180	135	135	63	13	2	1.5
382928	140	190	135	135	63	13	2	1.5
382930	150	210	165	165	77.5	17.5	2.5	2
382932	160	220	165	165	77.5	17.5	2.5	2
382934	170	230	165	165	77.5	17.5	2.5	2
382936	180	250	185	185	86.5	18.5	2.5	2
382938	190	260	185	185	86.5	18.5	2.5	2
382940	200	280	210	210	98	20	3	2.5
382944	220	300	210	210	98	20	3	2.5
382948	240	320	210	210	98	20	3	2.5
382952	260	360	265	265	125.5	29.5	3	2.5
382956	280	380	265	265	125.5	29.5	3	2.5
382960	300	420	300	300	143	29	4	3
382964	320	440	300	300	143	29	4	3
382968	340	460	310	310	148	34	4	3
382972	360	480	310	310	148	34	4	3
382976	380	520	400	400	192	30	5	4
382980	400	540	400	400	192	30	5	4
382984	420	560	400	400	192	30	5	4

注：B_1、b系参考尺寸。

表2 19系列

单位为毫米

轴承型号	外形尺寸							
	d	D	C	B	B_1	b	r_{1smin}	r_{2smin}
381992	460	620	310	310	148	32	4	3
381996	480	650	338	338	159	39	5	4
3819/560	560	750	368	368	170	42	5	4
3819/600	600	800	380	380	183.5	40.5	5	4
3819/630	630	850	418	418	196	40	6	5
3819/670	670	900	412	412	194	38	6	5

注：B_1、b系参考尺寸。

表 3　20 系列

单位为毫米

轴承型号	外形尺寸							
	d	D	C	B	B_1	b	r_{1smin}	r_{2smin}
382026	130	200	185	185	86.5	18.5	2.5	2
382028	140	210	185	185	85.5	17.5	2.5	2
382030	150	225	195	195	90.5	18.5	3	2.5
382032	160	240	210	210	98	22	3	2.5
382034	170	260	230	230	108	22	3	2.5
382036	180	280	260	260	123	27	3	2.5
382038	190	290	260	260	123	27	3	2.5
382040	200	310	275	275	130.5	24.5	3	2.5
382044	220	340	305	305	145.5	31.5	4	3
382048	240	360	310	310	148	34	4	3
382052	260	400	345	345	164.5	34.5	5	4
382056	280	420	345	345	164.5	34.5	5	4
382060	300	460	390	390	185	37	5	4
382064	320	480	390	390	185	37	5	4
3820/950	950	1 360	880	880	420	60	7.5	6
3820/1000	1 000	1 420	950	950	455	65	7.5	6
3820/1060	1 060	1 500	1 000	1 000	480	70	9.5	8

注：B_1、b 系参考尺寸。

表 4　10 系列

单位为毫米

轴承型号	外形尺寸							
	d	D	C	B	B_1	b	r_{1smin}	r_{2smin}
381068	340	520	325	325	158.5	31	5	4
381072	360	540	325	325	156	28.5	5	4
381076	380	560	325	325	154.5	30.5	5	4
381080	400	600	356	356	170	36	5	4
381084	420	620	356	356	170	36	5	4
381088	440	650	376	376	180	44	6	5
381092	460	680	410	410	195	39	6	5
381096	480	700	420	420	200	40	6	5
3810/500	500	720	420	420	202	38	6	5
3810/530	530	780	450	450	215	49	6	5
3810/560	560	820	465	465	222	54	6	5
3810/600	600	870	480	480	230	52	6	5
3810/630	630	920	515	515	245	57	7.5	6
3810/670	670	980	540	540	257.5	67.5	7.5	6
3810/710	710	1 030	555	555	266	70	7.5	6
3810/750	750	1 090	605	605	290	74	7.5	6
3810/800	800	1 150	655	655	310	80	7.5	6
3810/850	850	1 220	700	700	335	85	7.5	6
3810/900	900	1 280	750	750	360	90	7.5	6

注：B_1、b 系参考尺寸。

表 5　21 系列

单位为毫米

轴承型号	外形尺寸							
	d	D	C	B	B_1	b	r_{1smin}	r_{2smin}
382126	130	210	215	215	102	16	2.5	2
382128	140	225	226	226	108	20	2.5	2.1
382130	150	250	260	260	125	23	2.5	2.1
382132	160	270	280	280	134	22	2.5	2.1
382134	170	280	280	280	134	22	2.5	2.1
382136	180	300	304	304	146	24	3	2.5
382138	190	320	322	322	155	29	3	2.5
382140	200	340	344	344	166	28	3	2.5
382144	220	370	370	370	178	28	4	3
382148	240	400	382	382	184	28	4	3
382152	260	440	420	420	202	30	4	3

注：B_1、b 系参考尺寸。

表 6　11 系列

单位为毫米

轴承型号	外形尺寸							
	d	D	C	B	B_1	b	r_{1smin}	r_{2smin}
381156	280	460	324	324	154	30	5	4
381160	300	500	370	370	177.5	39	5	4
381164	320	540	406	406	194	36	5	4
381168	340	580	425	425	204.5	50.5	5	4
381172	360	600	420	420	202	48	5	4
381176	380	620	420	420	200	48	5	4
381180	400	650	456	456	218	48	6	5
381184	420	700	480	480	232.5	48	6	5
381188	440	720	480	480	230	50	6	5
381192	460	760	520	520	250	52	7.5	6
381196	480	790	530	530	255	53	7.5	6
3811/500	500	830	570	570	272	64	7.5	6
3811/530	530	870	590	590	283	60	7.5	6
3811/560	560	920	620	620	300	70	7.5	6
3811/600	600	980	650	650	314	71	7.5	6
3811/630	630	1 030	670	670	324	78	7.5	6
3811/670	670	1 090	710	710	342	72	7.5	6
3811/710	710	1 150	750	750	362	74	9.5	8
3811/750	750	1 220	840	840	405	65	9.5	8
3811/800	800	1 280	850	850	403	63	9.5	8
3811/850	850	1 360	900	900	428	88	12	9.5

注：B_1、b 系参考尺寸。

4 标记示例

滚动轴承 382952 GB/T 300—2008。

ICS 21.100.20
J 11

中华人民共和国国家标准

GB/T 304.9—2008
代替 GB/T 304.9—1981

关节轴承　通用技术规则

Spherical plain bearings—General technical regulations

2008-02-28 发布　　　　2008-08-01 实施

中华人民共和国国家质量监督检验检疫总局
中国国家标准化管理委员会　发布

前　言

GB/T 304 分为四个部分：

——GB/T 304.1　关节轴承　分类；

——GB/T 304.2　关节轴承　代号方法；

——GB/T 304.3　关节轴承　配合；

——GB/T 304.9　关节轴承　通用技术规则。

本部分代替 GB/T 304.9—1981。本部分自实施之日起，JB/T 8879—2001《关节轴承　通用技术条件》废止。

本部分与 GB/T 304.9—1981 相比，主要变化如下：

——修改了标准名称(1981 年版和本版的封面和首页)；

——增加了角接触关节轴承、推力关节轴承、杆端关节轴承的相应内容(见第 4 章)；

——引用文件改为不注日期引用(1981 年版和本版的第 2 章)；

——增加了规范性引用文件、术语和定义、轴承的应用(见第 2 章、第 3 章和第 5 章)；

——增加了轴承的分类和代号(见 4.1 和 4.2)。

本部分由中国机械工业联合会提出。

本部分由全国滚动轴承标准化技术委员会(SAC/TC 98)归口。

本部分起草单位：福建龙溪轴承(集团)股份有限公司、洛阳轴承研究所。

本部分主要起草人：卢金忠、陈志雄、何两加、何国辉、朱玉琴。

本部分所代替标准的历次版本发布情况为：

——GB 304—64、GB/T 304.9—1981。

关节轴承　通用技术规则

1　范围

GB/T 304 的本部分规定了一般用途的关节轴承的通用技术规则。

本部分适用于外形尺寸符合 GB/T 9161～9164 规定的关节轴承,供轴承制造厂生产、检验和用户验收。本部分不适用于特殊用途的关节轴承。

2　规范性引用文件

下列文件中的条款通过 GB/T 304 的本部分的引用而成为本部分的条款。凡是注日期的引用文件,其随后所有的修改单(不包括勘误的内容)或修订版均不适用于本部分,然而,鼓励根据本部分达成协议的各方研究是否可使用这些文件的最新版本。凡是不注日期的引用文件,其最新版本适用于本部分。

GB/T 274　滚动轴承　倒角尺寸最大值(GB/T 274—2000,idt ISO 582:1995)

GB/T 304.1　关节轴承　分类

GB/T 304.2　关节轴承　代号方法

GB/T 304.3　关节轴承　配合

GB/T 307.2　滚动轴承　测量和检验的原则及方法(GB/T 307.2—2005,ISO 1132-2:2001,Rolling bearings—Tolerances—Part 2:Measuring and gauging principles and methods,MOD)

GB/T 699　优质碳素结构钢

GB/T 3944　关节轴承　词汇(GB/T 3944—2002,ISO 6811:1998,IDT)

GB/T 4199　滚动轴承　公差　定义(GB/T 4199—2003,ISO 1132-1:2000,Rolling bearings—Tolerances—Part 1:Terms and definitions,MOD)

GB/T 8597　滚动轴承　防锈包装

GB/T 9161　关节轴承　杆端关节轴承(GB/T 9161—2001,eqv ISO 12240-4:1998)

GB/T 9162　关节轴承　推力关节轴承(GB/T 9162—2001,eqv ISO 12240-3:1998)

GB/T 9163　关节轴承　向心关节轴承(GB/T 9163—2001,eqv ISO 12240-1:1998)

GB/T 9164　关节轴承　角接触关节轴承(GB/T 9164—2001,eqv ISO 12240-2:1998)

GB/T 12765　关节轴承　安装尺寸

GB/T 18254　高碳铬轴承钢

JB/T 1255　高碳铬轴承钢滚动轴承零件热处理技术条件

JB/T 3574　滚动轴承　产品标志

JB/T 6641　滚动轴承　残磁及其评定方法

JB/T 7051　滚动轴承零件表面粗糙度测量和评定方法

JB/T 7361　滚动轴承零件硬度试验方法

JB/T 8565　关节轴承　额定动载荷与寿命

JB/T 8567　关节轴承　额定静载荷

JB/T 8921　滚动轴承及其商品零件　检验规则

3　术语和定义

GB/T 3944 和 GB/T 4199 确立的术语和定义适用于本部分。

4 关节轴承

4.1 分类

关节轴承的分类按 GB/T 304.1 的规定。

4.2 代号方法

关节轴承的代号方法按 GB/T 304.2 的规定。

4.3 外形尺寸

4.3.1 向心关节轴承的外形尺寸按 GB/T 9163 的规定。

4.3.2 角接触关节轴承的外形尺寸按 GB/T 9164 的规定。

4.3.3 推力关节轴承的外形尺寸按 GB/T 9162 的规定。

4.3.4 杆端关节轴承的外形尺寸按 GB/T 9161 的规定。

4.4 公差

4.4.1 向心关节轴承的公差按 GB/T 9163 的规定。

4.4.2 角接触关节轴承的公差按 GB/T 9164 的规定。

4.4.3 推力关节轴承的公差按 GB/T 9162 的规定。

4.4.4 杆端关节轴承的公差按 GB/T 9161 的规定。

4.5 倒角尺寸最大值

关节轴承的倒角尺寸最大值按 GB/T 274 的规定。

4.6 径向游隙

4.6.1 向心关节轴承的径向游隙按 GB/T 9163 的规定。

4.6.2 杆端关节轴承的径向游隙按 GB/T 9161 的规定。

4.6.3 双半外圈和开缝外圈向心关节轴承的径向游隙可按计算游隙配套，其值应符合 GB/T 9163 的规定。

4.6.4 C 型自润滑向心关节轴承的径向游隙按表 1 的规定。

表 1 C 型自润滑向心关节轴承的径向游隙 单位为微米

轴承公称内径 d/mm		N 组	
超过	到	min	max
4	12	4	28
12	20	5	35
20	30	6	44

4.7 表面粗糙度

关节轴承配合表面、套圈端面及螺纹表面的表面粗糙度按表 2 的规定。

表 2 表面粗糙度 单位为微米

轴承公称直径[a]/mm		Ra max			
超过	到	轴承配合表面	套圈端面	螺纹表面	其他表面
—	80	0.8	1.6	3.2	6.3
80	500	1.6			

[a] 系指相应的轴承内径或外径，内圈（轴圈）及其端面表面粗糙度按内孔直径查表，外圈（座圈）及其端面表面粗糙度按外径查表。

4.8 **材料及硬度**

4.8.1 套圈一般采用符合 GB/T 18254 规定的 GCr15 或 GCr15SiMn 等高碳铬轴承钢制造，也可采用性能相当的其他材料制造；内圈和整体外圈(挤压外圈和镶垫外圈除外)的硬度应为58HRC～64HRC，开缝外圈的硬度应为 54HRC～60HRC，套圈热处理质量应符合 JB/T 1255 的规定。

挤压型外圈和镶垫型外圈应采用符合 GB/T 699 规定的 45 优质碳素结构钢或符合 GB/T 18254 规定的轴承钢(不淬硬)，以及性能相当的其他材料制造；套圈硬度应为 26HRC～34HRC，其热处理质量应符合制造厂的规定。

4.8.2 杆端体应采用符合 GB/T 699 规定的 45 或 35 优质碳素结构钢，以及性能相当的其他材料制造。需调质处理的杆端体的硬度不应低于 20HRC。

4.9 **表面处理**

4.9.1 滑动接触表面为钢对钢的关节轴承套圈表面一般应进行磷化处理，滑动接触表面涂敷二硫化钼。

4.9.2 自润滑关节轴承的内圈外表面应镀铬，镀层厚度及表面质量应符合产品图样的要求。

4.9.3 杆端体外表面应全部镀锌或其他防腐镀层，镀层厚度及表面质量应符合产品图样的要求。

4.10 **外观质量**

4.10.1 关节轴承套圈、杆端体及螺纹表面不应有裂纹、锈蚀及其他表面缺陷。

4.10.2 自润滑关节轴承中的自润滑材料工作表面不应有肉眼可见的表面缺陷，并应与套圈或杆端体紧密接合。

4.11 **残磁**

关节轴承的残磁限值应符合 JB/T 6641 的规定。

4.12 **额定载荷与额定寿命**

关节轴承的额定静载荷的计算方法按 JB/T 8567 的规定。

关节轴承的额定动载荷与寿命的计算方法按 JB/T 8565 的规定。

4.13 **其他**

4.13.1 组装型杆端关节轴承的外圈应与杆端眼紧密配合，其周向、径向及轴向不应松动。

4.13.2 关节轴承应旋转或摆动灵活。

4.13.3 其他要求应符合产品图样的规定。

4.14 **测量方法**

4.14.1 **公差**

4.14.1.1 关节轴承的尺寸公差应在精加工后，表面处理、剖分和开裂工序前检查，其测量方法按 GB/T 307.2的规定。

4.14.1.2 杆端实际中心高偏差可用测量内孔底部与杆端体端部的距离加内孔半径的方法代替。

4.14.1.3 螺纹公差在表面处理前用相应等级的螺纹极限量规检验。

4.14.2 **径向游隙**

4.14.2.1 关节轴承的径向游隙应在成品状态下测量，测量时将一个套圈固定(不应使套圈发生变形)，另一个套圈在直径方向移动，在圆周上相隔 120°的三处进行径向移动量测量，其算术平均值即为径向游隙值。

4.14.2.2 大尺寸向心关节轴承(公称内径 $d \geqslant 120$ mm)的径向游隙应在轴承组装前，通过测量套圈的球面直径确定。

4.14.2.3 开缝外圈关节轴承的径向游隙应在开裂工序前测量。

4.14.3 **表面粗糙度**

关节轴承表面粗糙度应在表面处理前检查，测量方法按 JB/T 7051 的规定。

4.14.4 硬度

关节轴承硬度测量方法按 JB/T 7361 的规定。

4.14.5 残磁

关节轴承残磁的测量方法按 JB/T 6641 的规定。

4.14.6 其他

关节轴承的旋转、摆动灵活性和表面质量的检查方法按制造厂的规定。

4.15 标志

关节轴承的标志按 JB/T 3574 的规定。

4.16 检验规则

4.16.1 关节轴承的检验规则按 JB/T 8921 的规定，使用一般检查水平Ⅱ，主要检查项目的 AQL 值为 2.5，次要检查项目的 AQL 值为 6.5。检查项目见表 3。

表 3 检查项目

序号	主要检查项目	序号	次要检查项目
1	内径偏差及变动量 Δ_{dmp}、V_{dsp}、V_{dmp}	1	套圈宽度偏差 Δ_{Bs}、(Δ_{Cs})
2	外径偏差及变动量 Δ_{Dmp}、V_{Dsp}、V_{Dmp}	2	轴承实际宽度(高度)偏差 Δ_{Ts}(Δ_{Hs})
3	径向游隙	3	残磁限值
4	螺纹公差	4	装配倒角
		5	杆端实际中心高偏差
		6	表面粗糙度、表面质量
		7	标志和包装

4.16.2 质量合格的产品应附有质量合格证，合格证上应注明：

a) 制造厂厂名(或商标)；

b) 关节轴承代号；

c) 本部分编号或补充技术条件编号；

d) 包装日期。

4.17 包装

关节轴承的包装按 GB/T 8597 的规定。

5 关节轴承的应用

关节轴承的安装尺寸按 GB/T 12765 的规定。

关节轴承的配合按 GB/T 304.3 的规定。

ICS 25.160.01
J 33

中华人民共和国国家标准

GB/T 324—2008
代替 GB/T 324—1988

焊缝符号表示法

Weld symbolic representation on drawings

(ISO 2553:1992, Welded, brazed and soldered joints—Symbolic representation on drawings, MOD)

2008-06-26 发布　　2009-01-01 实施

中华人民共和国国家质量监督检验检疫总局
中国国家标准化管理委员会　发布

前言

本标准修改采用ISO 2553:1992《焊接、硬钎焊及软钎焊接头　在图样上的符号表示法》(英文版)。

本标准与ISO 2553:1992相比,主要差异如下:

——删除了国际标准的前言;

——规范性引用文件中删除了ISO 123:1982、ISO 544:1989、ISO 1302:1978、ISO 2560:1973、ISO 3098-1:1974、ISO 3581:1976、ISO 8167:1989,增加了GB/T 12212—1990;

——增加了若干种补充符号;

——尺寸标注方法做了细化;

——删除了国际标准中的部分示例。

本标准代替GB/T 324—1988《焊缝符号表示法》。

本标准与GB/T 324—1988相比主要变化如下:

——适用范围扩大至钎焊接头;

——增加了7种基本符号;

——原来的“辅助符号”和“补充符号”合并为“补充符号”,并在其中增加了圆滑过渡符号,原来的衬垫细分为永久衬垫和临时衬垫;

——示例部分按照实用、简明的原则做了调整。

本标准的附录A为资料性附录。

本标准由全国焊接标准化技术委员会提出并归口。

本标准起草单位:哈尔滨焊接研究所、北京电力建设公司、兰州兰石机械设备有限责任公司。

本标准主要起草人:朴东光、任永宁、雷万庆。

本标准所代替标准的历次版本发布情况为:

——GB 324—1964、GB/T 324—1980、GB/T 324—1988。

焊缝符号表示法

1 范围

本标准规定了焊缝符号的表示规则。

本标准适用于焊接接头的符号标注。

2 规范性引用文件

下列文件中的条款通过本标准的引用而成为本标准的条款。凡是注日期的引用文件，其随后所有的修改单(不包括勘误的内容)或修订版均不适用于本标准，然而，鼓励根据本标准达成协议的各方研究是否可使用这些文件的最新版本。凡是不注日期的引用文件，其最新版本适用于本标准。

GB/T 5185 焊接及相关工艺方法代号(GB/T 5185—2005,ISO 4063:1998,IDT)

GB/T 12212 技术制图 焊缝符号的尺寸、比例及简化表示法

GB/T 16672 焊缝 工作位置 倾角和转角的定义(GB/T 16672—1996,idt ISO 6947:1993)

GB/T 19418 钢的弧焊接头 缺陷质量分级指南(GB/T 19418—2003,ISO 5817:1992,IDT)

3 总则

在技术图样或文件上需要表示焊缝或接头时，推荐采用焊缝符号。必要时，也可采用一般的技术制图方法表示。

焊缝符号应清晰表述所要说明的信息，不使图样增加更多的注解。

完整的焊缝符号包括基本符号、指引线、补充符号、尺寸符号及数据等。为了简化，在图样上标注焊缝时通常只采用基本符号和指引线，其他内容一般在有关的文件中(如焊接工艺规程等)明确。

符号的比例、尺寸及标注位置参见 GB/T 12212 的有关规定。

4 符号

4.1 基本符号

基本符号表示焊缝横截面的基本形式或特征，具体参见表1，应用参见附录 A。

表 1 基本符号

序号	名称	示意图	符号
1	卷边焊缝(卷边完全熔化)		
2	I形焊缝		
3	V形焊缝	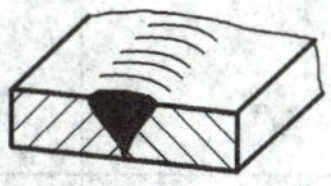	
4	单边 V 形焊缝		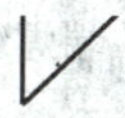

表 1（续）

序号	名　　称	示　意　图	符　　号
5	带钝边 V 形焊缝	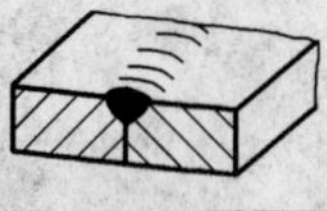	
6	带钝边单边 V 形焊缝		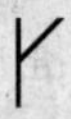
7	带钝边 U 形焊缝		
8	带钝边 J 形焊缝		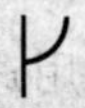
9	封底焊缝	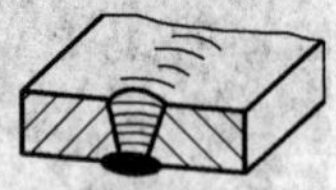	
10	角焊缝	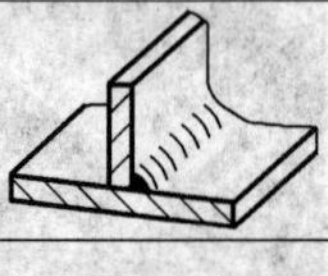	
11	塞焊缝或槽焊缝	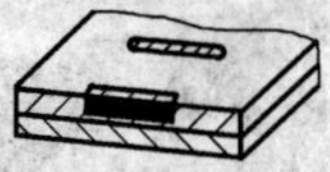	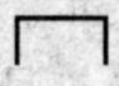
12	点焊缝	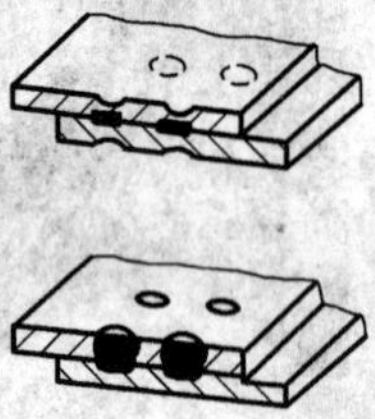	
13	缝焊缝	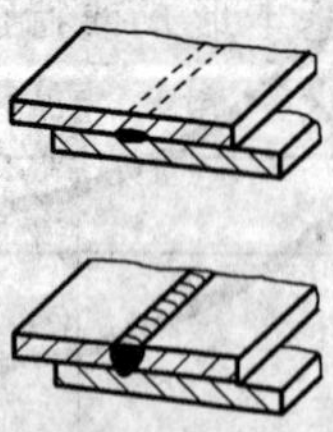	
14	陡边 V 形焊缝		
15	陡边单 V 形焊缝		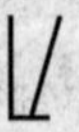
16	端焊缝		

表 1（续）

序号	名称	示意图	符号
17	堆焊缝		
18	平面连接(钎焊)	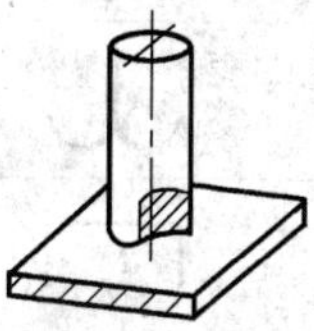 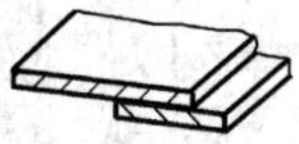	
19	斜面连接(钎焊)	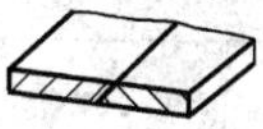	
20	折叠连接(钎焊)		

4.2 基本符号的组合

标注双面焊焊缝或接头时，基本符号可以组合使用，如表 2 所示。

表 2 基本符号的组合

序号	名称	示意图	符号
1	双面 V 形焊缝 (X 焊缝)		
2	双面单 V 形焊缝 (K 焊缝)	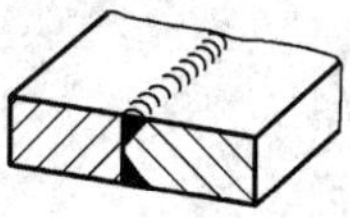	
3	带钝边的双面 V 形焊缝	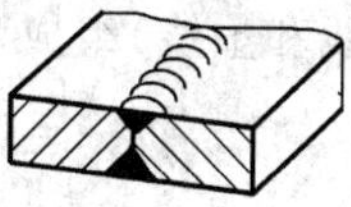	
4	带钝边的双面单 V 形焊缝	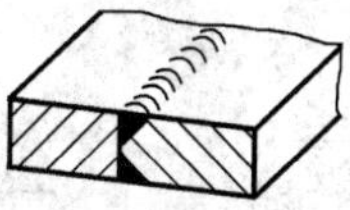	
5	双面 U 形焊缝	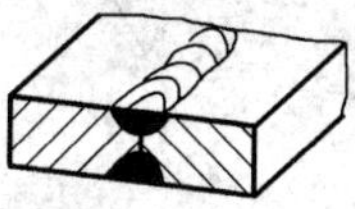	

4.3 补充符号

补充符号用来补充说明有关焊缝或接头的某些特征(诸如表面形状、衬垫、焊缝分布、施焊地点等)。补充符号参见表 3。

表 3 补充符号

序号	名 称	符 号	说 明
1	平面	—	焊缝表面通常经过加工后平整
2	凹面	◡	焊缝表面凹陷
3	凸面	⌒	焊缝表面凸起
4	圆滑过渡		焊趾处过渡圆滑
5	永久衬垫	M	衬垫永久保留
6	临时衬垫	MR	衬垫在焊接完成后拆除
7	三面焊缝	⊏	三面带有焊缝
8	周围焊缝	○	沿着工件周边施焊的焊缝 标注位置为基准线与箭头线的交点处
9	现场焊缝		在现场焊接的焊缝
10	尾部	<	可以表示所需的信息

5 基本符号和指引线的位置规定

5.1 基本要求

在焊缝符号中，基本符号和指引线为基本要素。焊缝的准确位置通常由基本符号和指引线之间的相对位置决定，具体位置包括：

——箭头线的位置；

——基准线的位置；

——基本符号的位置。

5.2 指引线

指引线由箭头线和基准线（实线和虚线）组成，见图 1。

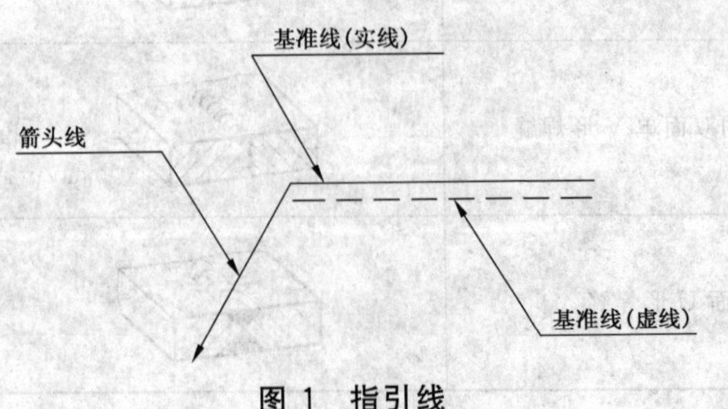

图 1 指引线

5.2.1 箭头线

箭头直接指向的接头侧为“接头的箭头侧”，与之相对的则为“接头的非箭头侧”，参见图 2。

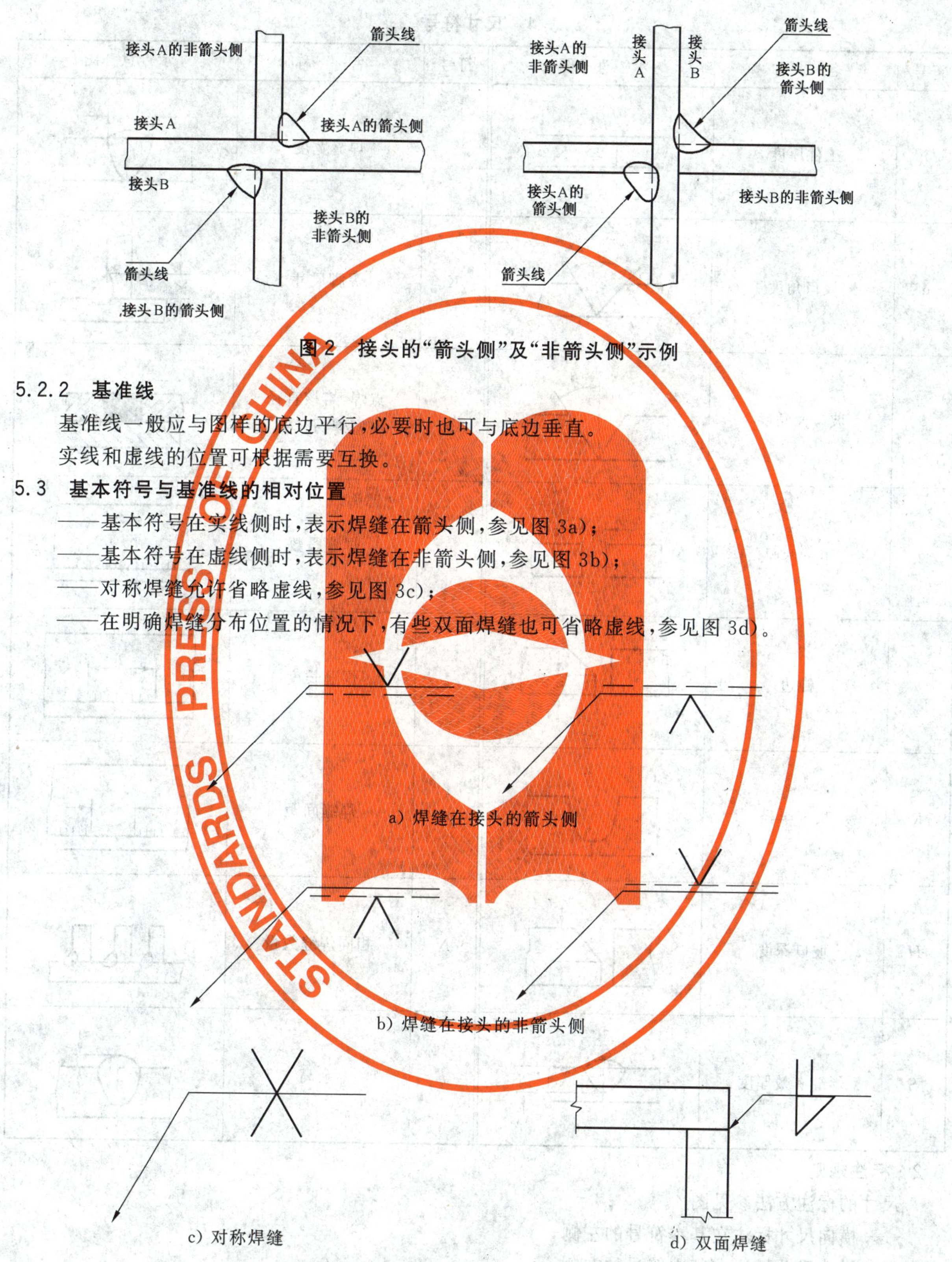

图2 接头的“箭头侧”及“非箭头侧”示例

5.2.2 基准线

基准线一般应与图样的底边平行，必要时也可与底边垂直。

实线和虚线的位置可根据需要互换。

5.3 基本符号与基准线的相对位置

——基本符号在实线侧时，表示焊缝在箭头侧，参见图3a)；

——基本符号在虚线侧时，表示焊缝在非箭头侧，参见图3b)；

——对称焊缝允许省略虚线，参见图3c)；

——在明确焊缝分布位置的情况下，有些双面焊缝也可省略虚线，参见图3d)。

a) 焊缝在接头的箭头侧

b) 焊缝在接头的非箭头侧

c) 对称焊缝

d) 双面焊缝

图3 基本符号与基准线的相对位置

6 尺寸及标注

6.1 一般要求

必要时，可以在焊缝符号中标注尺寸。尺寸符号参见表4。

表 4 尺寸符号

符号	名称	示意图	符号	名称	示意图
δ	工件厚度	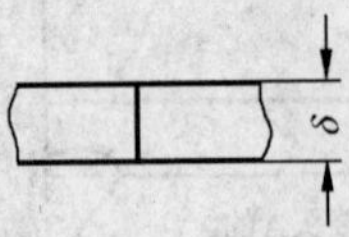 δ	c	焊缝宽度	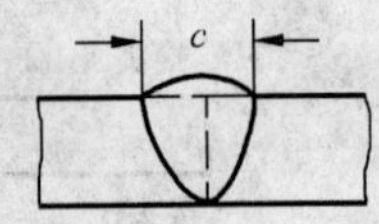 c
α	坡口角度	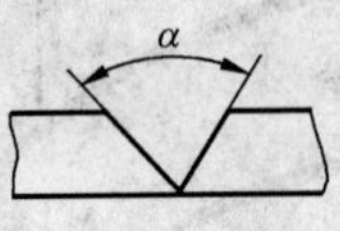 α	K	焊脚尺寸	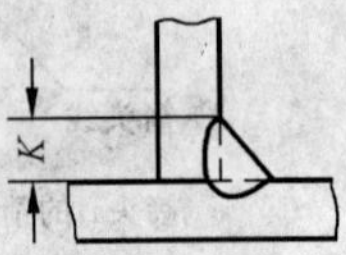 K
β	坡口面角度	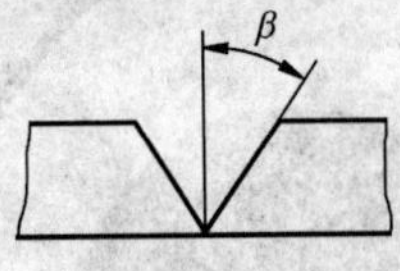 β	d	点焊：熔核直径 塞焊：孔径	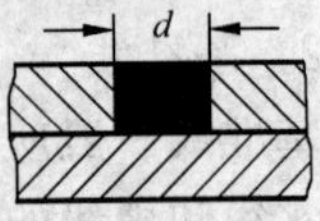 d
b	根部间隙	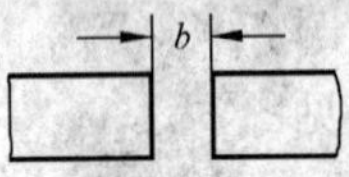 b	n	焊缝段数	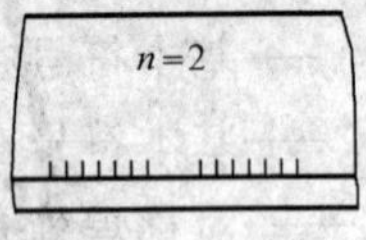 $n=2$
p	钝边	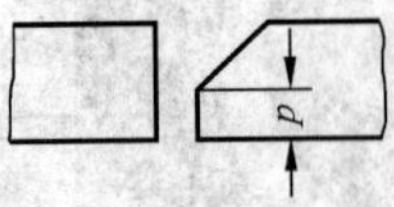 p	l	焊缝长度	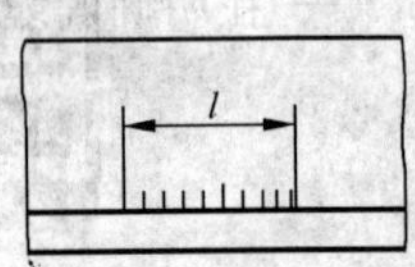 l
R	根部半径	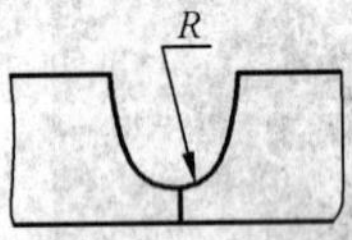 R	e	焊缝间距	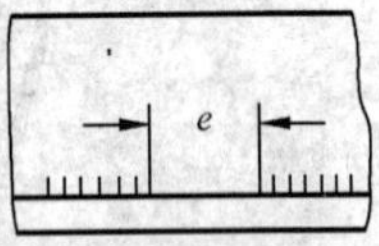 e
H	坡口深度	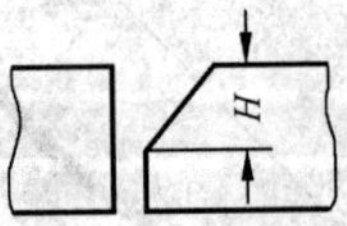 H	N	相同焊缝数量	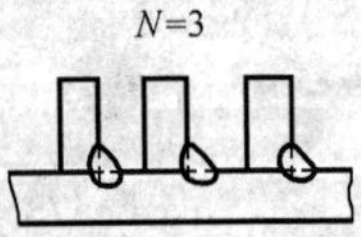 $N=3$
S	焊缝有效厚度	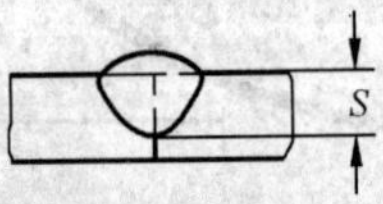 S	h	余高	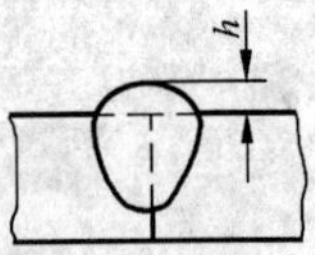 h

6.2 标注规则

尺寸的标注方法参见图 4。

——横向尺寸标注在基本符号的左侧；

——纵向尺寸标注在基本符号的右侧；

——坡口角度、坡口面角度、根部间隙标注在基本符号的上侧或下侧；

——相同焊缝数量标注在尾部；

——当尺寸较多不易分辨时，可在尺寸数据前标注相应的尺寸符号。

当箭头线方向改变时，上述规则不变。

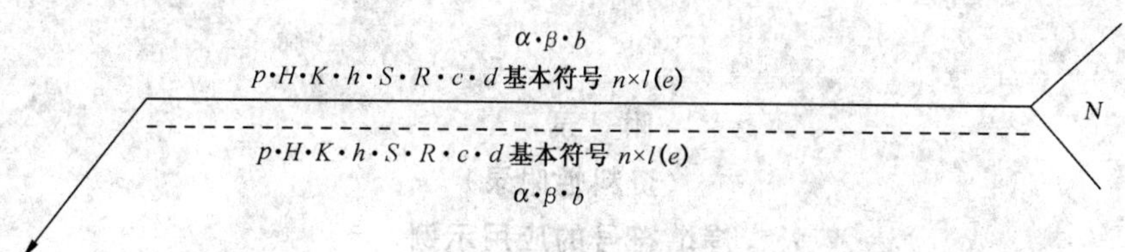

图 4 尺寸标注方法

6.3 关于尺寸的其他规定

确定焊缝位置的尺寸不在焊缝符号中标注，应将其标注在图样上。

在基本符号的右侧无任何尺寸标注又无其他说明时，意味着焊缝在工件的整个长度方向上是连续的。

在基本符号的左侧无任何尺寸标注又无其他说明时，意味着对接焊缝应完全焊透。

塞焊缝、槽焊缝带有斜边时，应标注其底部的尺寸。

附 录 A
（资料性附录）
焊缝符号的应用示例

A.1 基本符号的应用

表 A.1 给出了基本符号的应用示例。

表 A.1 基本符号的应用示例

序号	符号	示意图	标注示例	备注
1	 V	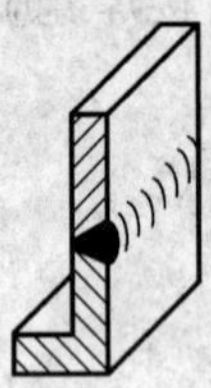	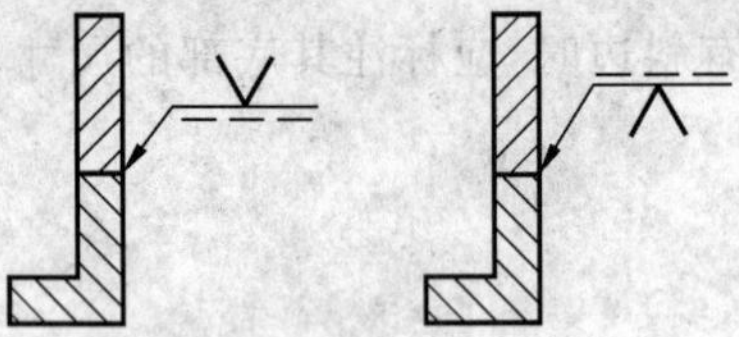	
2	 Y	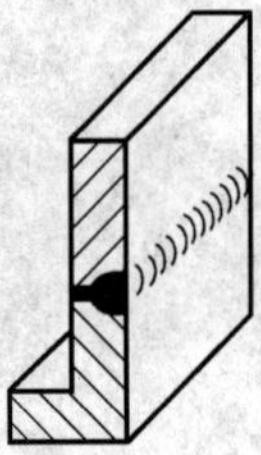	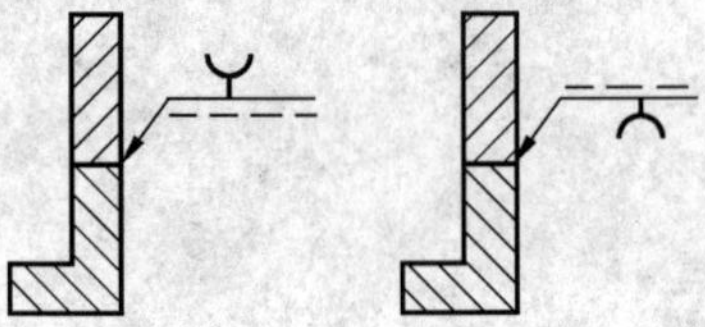	
3	 ◺	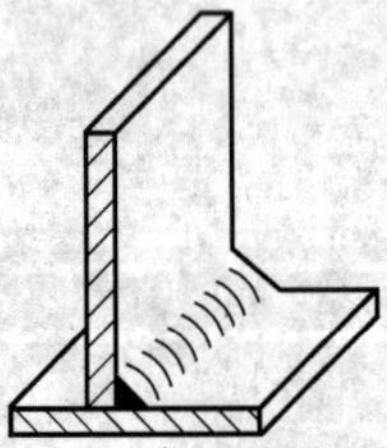	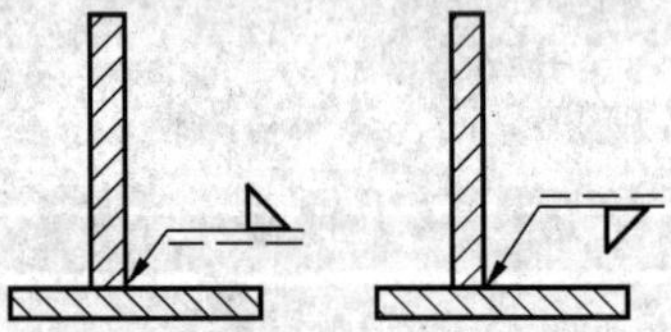	
4	 X	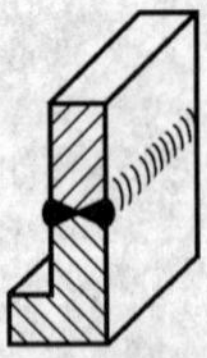	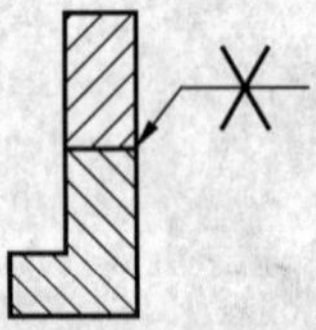	
5	 K	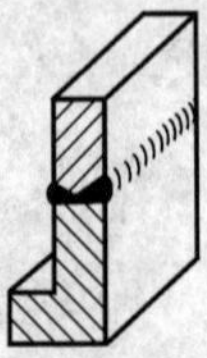	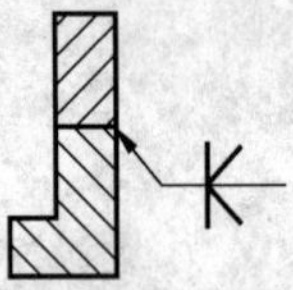	

A.2 补充符号应用示例

A.2.1 表 A.2 和表 A.3 给出了补充符号的应用及标注示例。

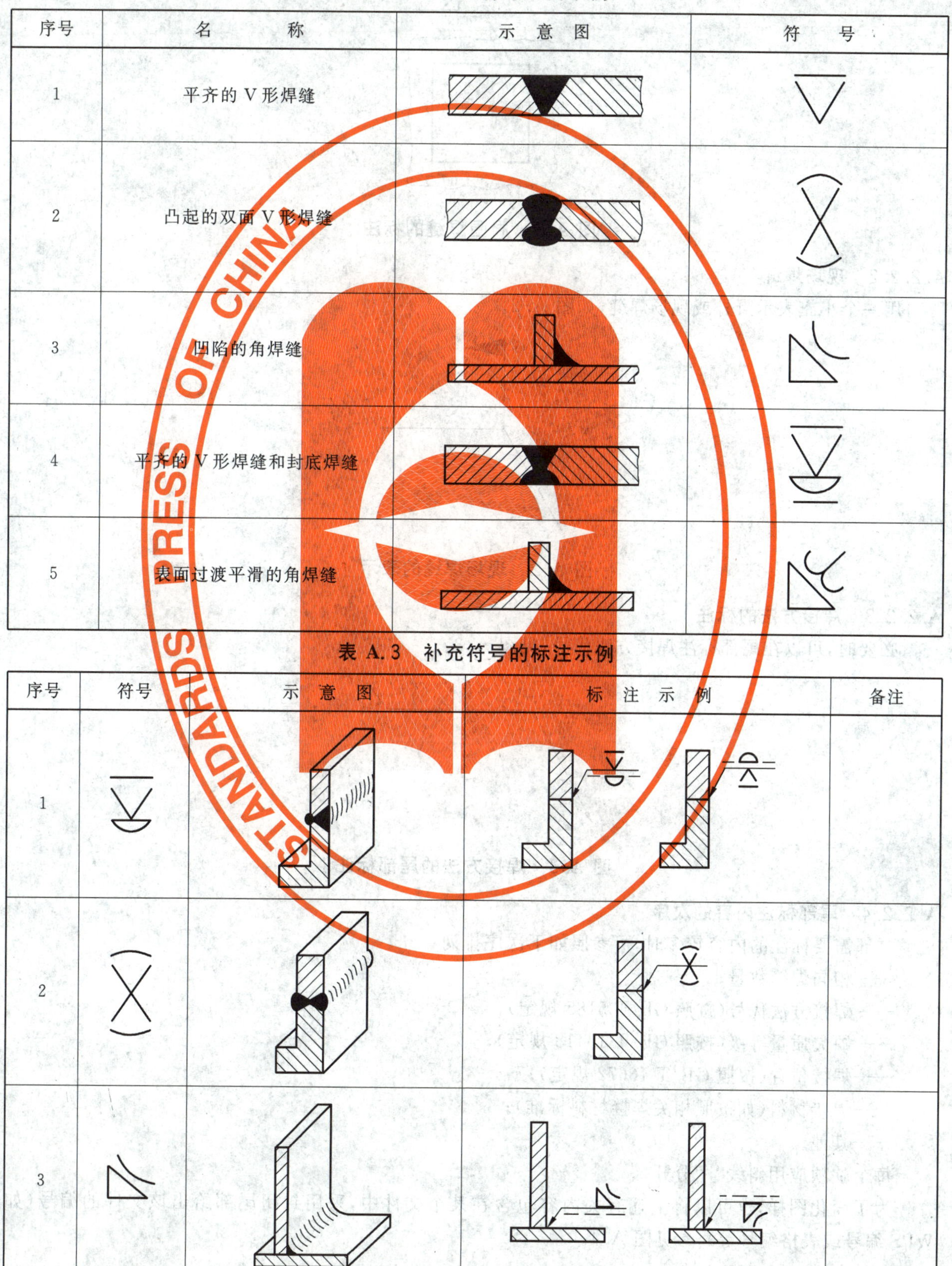

表 A.2 补充符号应用示例

序号	名　称	示　意　图	符　号
1	平齐的 V 形焊缝		
2	凸起的双面 V 形焊缝		
3	凹陷的角焊缝		
4	平齐的 V 形焊缝和封底焊缝		
5	表面过渡平滑的角焊缝		

表 A.3 补充符号的标注示例

序号	符号	示　意　图	标　注　示　例	备注
1				
2				
3				

A.2.2 其他补充说明

A.2.2.1 周围焊缝

当焊缝围绕工件周边时,可采用圆形的符号,如图 A.1 所示。

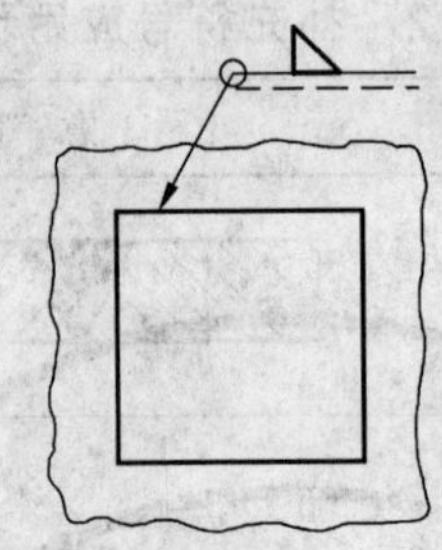

图 A.1 周围焊缝的标注

A.2.2.2 现场焊缝

用一个小旗表示野外或现场焊缝,如图 A.2。

图 A.2 现场焊缝的表示

A.2.2.3 焊接方法的标注

必要时,可以在尾部标注焊接方法代号,见图 A.3。

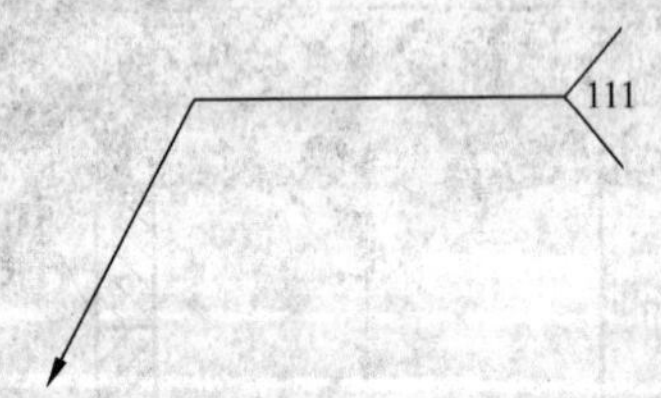

图 A.3 焊接方法的尾部标注

A.2.2.4 尾部标注内容的次序

尾部需要标注的内容较多时,可参照如下次序排列:

——相同焊缝数量;

——焊接方法代号(按照 GB/T 5185 规定);

——缺欠质量等级(按照 GB/T 19418 规定);

——焊接位置(按照 GB/T 16672 规定);

——焊接材料(如按照相关焊接材料标准);

——其他。

每个款项应用斜线"/"分开。

为了简化图样,也可以将上述有关内容包含在某个文件中,采用封闭尾部给出该文件的编号(如 WPS 编号或表格编号等),参见图 A.4。

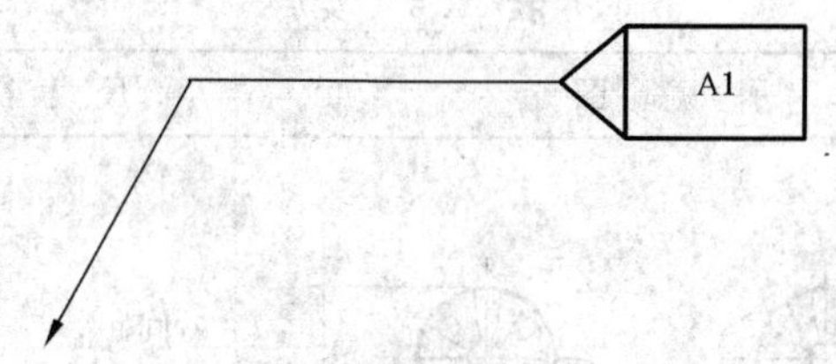

图 A.4 封闭尾部示例

A.3 尺寸标注示例

表 A.4 给出了尺寸标注的示例。

表 A.4 尺寸标注的示例

序号	名称	示意图	尺寸符号	标注方法
1	对接焊缝	S	S:焊缝有效厚度	S
2	连续角焊缝	K	K:焊脚尺寸	K
3	断续角焊缝	l (e) l	l:焊缝长度; e:间距; n:焊缝段数; K:焊脚尺寸	K n×l(e)
4	交错断续角焊缝	l (e) l (e) l l (e) l	l:焊缝长度; e:间距; n:焊缝段数; K:焊脚尺寸	K n×l (e) K n×l (e)
5	塞焊缝或槽焊缝	c c l (e) l	l:焊缝长度; e:间距; n:焊缝段数; c:槽宽	c n×l(e)

表 A.4（续）

序号	名称	示 意 图	尺 寸 符 号	标 注 方 法
5	塞焊缝 或 槽焊缝	d d (e)	e:间距； n:焊缝段数； d:孔径	d ⊓ $n\times(e)$
6	点焊缝	d d (e)	n:焊点数量； e:焊点距； d:熔核直径	d ○ $n\times(e)$
7	缝焊缝	c c l (e) l	l:焊缝长度； e:间距； n:焊缝段数； c:焊缝宽度	c ⊖ $n\times l(e)$

ICS 55.020
A 80

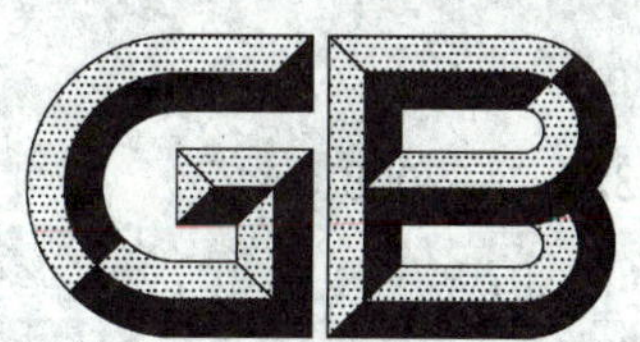

中华人民共和国国家标准

GB/T 325.1—2008
部分代替 GB/T 325—2000

包装容器　钢桶
第1部分:通用技术要求

Packing containers—Steel drums—
Part 1:General specifications

2008-07-18 发布　　　　2009-01-01 实施

中华人民共和国国家质量监督检验检疫总局
中国国家标准化管理委员会　发布

前 言

GB/T 325《包装容器　钢桶》分为5个部分：

——第1部分：通用技术要求；

——第2部分：208 L、210 L和216.5 L全开口钢桶；

——第3部分：212 L、216.5 L和230 L闭口钢桶；

——第4部分：200 L及以下全开口钢桶；

——第5部分：200 L及以下闭口钢桶。

本部分为GB/T 325的第1部分。

本部分代替GB/T 325—2000《包装容器　钢桶》中第5章要求。

本部分与GB/T 325—2000相比，主要变化如下：

——产品分类中增加了开口锥型钢桶；

——未规定具体的规格尺寸；

——桶身与桶顶、桶底的卷封型式改为二重卷边、三重卷边两种。

本部分由全国包装标准化技术委员会提出并归口。

本部分主要起草单位：国家包装产品质量监督检验中心（广州）。

本部分参加起草单位：中化化工标准化研究所、常熟市福申化工设备有限公司、江苏省产品质量监督检验研究院。

本部分主要起草人：蔡依军、朱丽萍、卢明、梅建、凌建忠、王凤玲、高姝芬。

本部分所代替标准的历次版本发布情况为：

——GB/T 325—1964、GB/T 325—1984、GB/T 325—1991、GB/T 325—2000。

包装容器　钢桶
第1部分:通用技术要求

1　范围

GB/T 325的本部分规定了钢桶的分类、要求、试验方法、检验规则、标志、包装、运输和贮存等。

本部分适用于钢桶的制造、流通、使用和监督检验。

2　规范性引用文件

下列文件中的条款通过GB/T 325本部分的引用而成为本部分的条款。凡是注日期的引用文件，其随后所有的修改单(不包括勘误的内容)或修订版均不适用于本部分，然而，鼓励根据本部分达成协议的各方研究是否可使用这些文件的最新版本。凡是不注日期的引用文件，其最新版本适用于本部分。

GB/T 325(所有部分)　包装容器　钢桶

GB/T 912　碳素结构钢和低合金结构钢热轧薄钢板及钢带

GB/T 2518　连续热镀锌薄钢板和钢带

GB/T 2828.1　计数抽样检验程序　第1部分:按接受质量限(AQL)检索的逐批检验抽样计划(GB/T 2828.1—2003,ISO 2859-1:1999,IDT)

GB/T 4857.3　包装　运输包装件　基本试验方法　第3部分:静载荷堆码试验方法

GB/T 4857.5　包装　运输包装件　跌落试验方法

GB/T 4956　磁性金属基体上非磁性覆盖层厚度测量　磁性方法(GB/T 4956—2003,ISO 2178:1982,IDT)

GB/T 9286　色漆和清漆　漆膜的划格试验(GB/T 9286—1998,eqv ISO 2409:1992)

GB/T 11253　碳素结构钢冷轧薄钢板及钢带

GB/T 13040　包装术语　金属容器

GB/T 13251　包装容器　钢桶封闭器

GB/T 17344　包装　包装容器　气密试验方法

YB/T 5037　200升油桶用热轧碳素结构钢薄钢板

3　术语和定义

GB/T 13040确立的术语和定义适用于GB/T 325的本部分。

4　分类

4.1　钢桶按性能要求分为Ⅰ级钢桶、Ⅱ级钢桶、Ⅲ级钢桶。

4.1.1　Ⅰ级钢桶适用于盛装危险性较大的货物。

4.1.2　Ⅱ级钢桶适用于盛装危险性中等的货物。

4.1.3　Ⅲ级钢桶适用于盛装危险性较小的货物和非危险货物。

4.2　钢桶按开口形式分为两类，五种型式，见表1、图1、图2。

表 1 钢桶类型

类　别	型　式
闭口钢桶	小开口钢桶(含缩颈钢桶)
	中开口钢桶(含缩颈钢桶)
全开口钢桶	直开口钢桶
	开口缩颈钢桶
	开口锥型钢桶

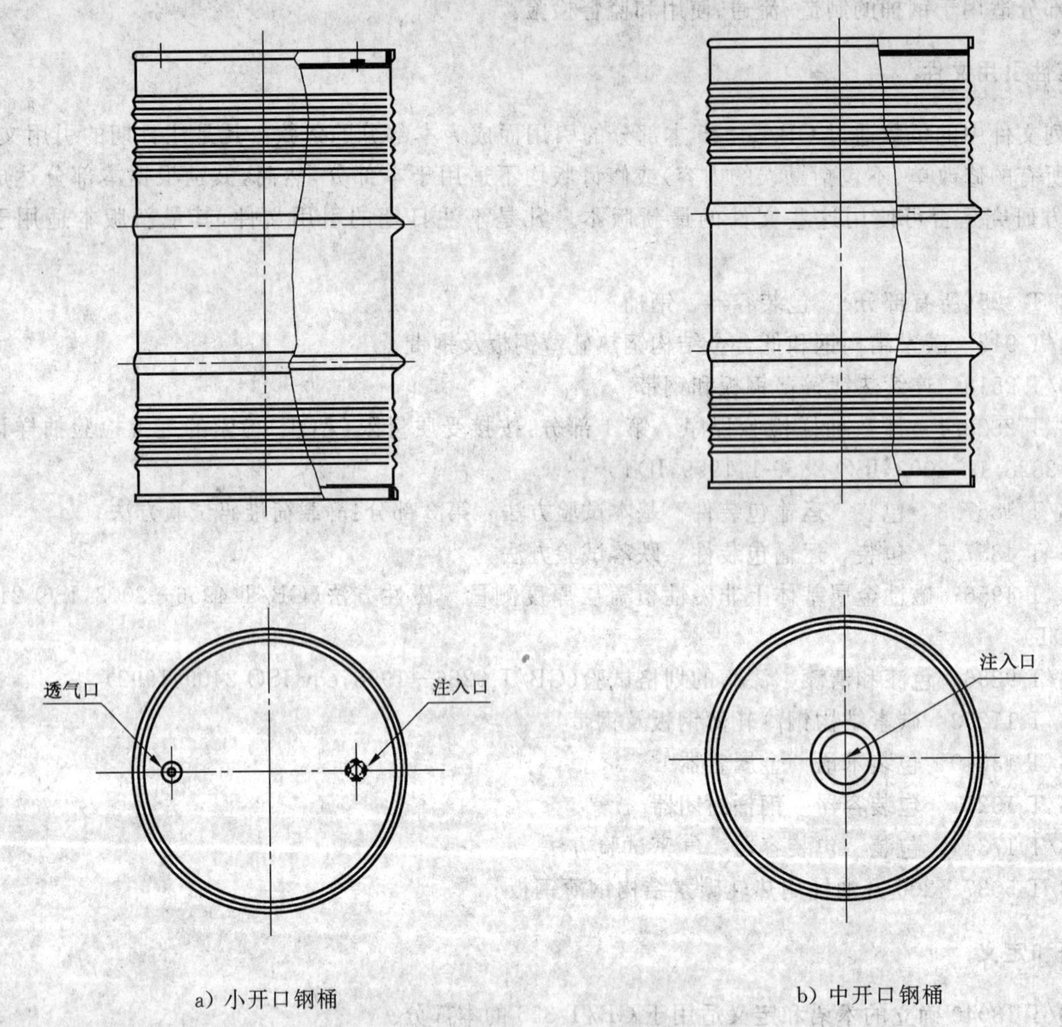

a) 小开口钢桶

b) 中开口钢桶

图 1 闭口钢桶

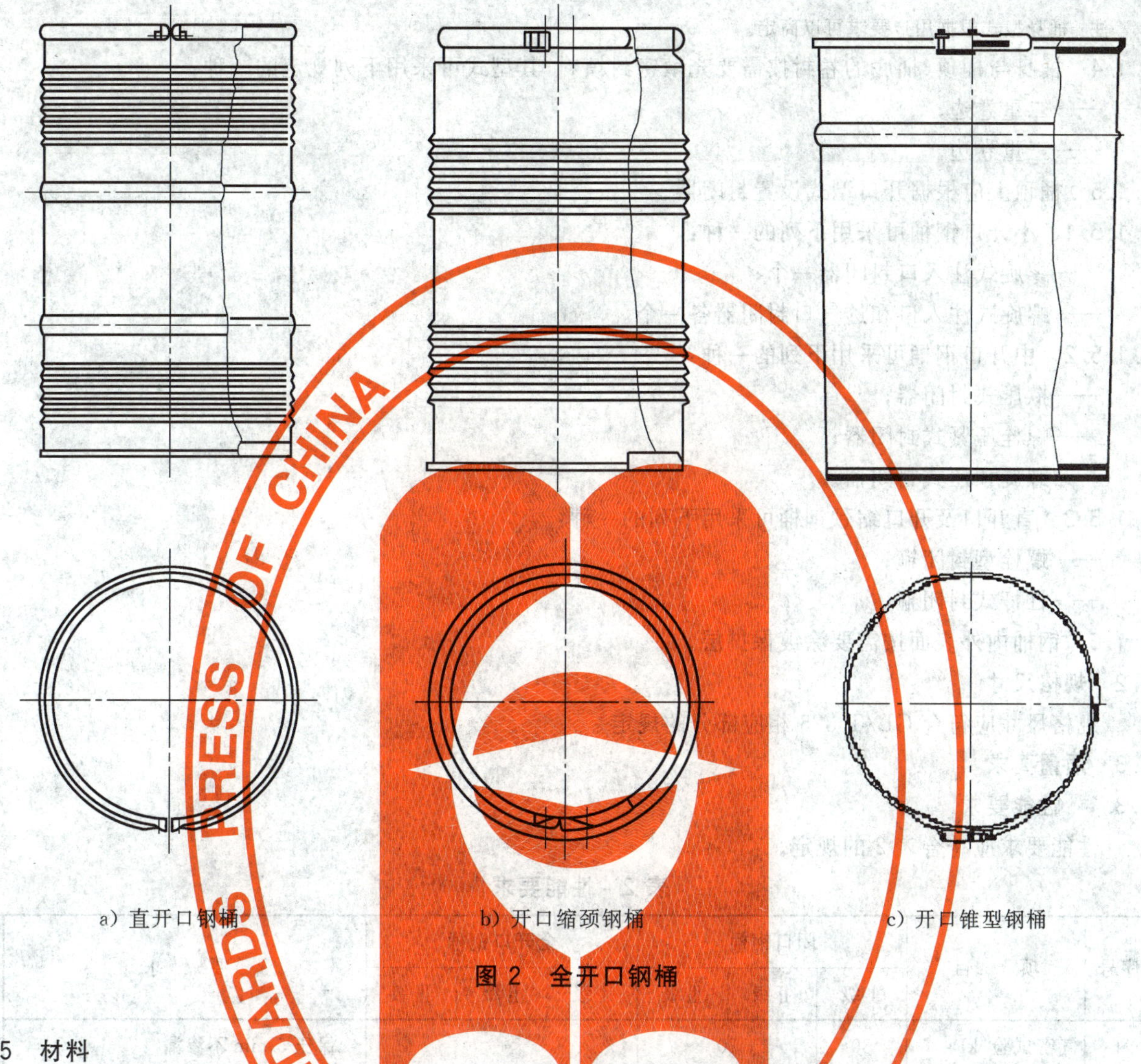

a) 直开口钢桶　　b) 开口缩颈钢桶　　c) 开口锥型钢桶

图 2　全开口钢桶

5　材料

5.1　钢板应符合 GB/T 912、GB/T 2518、GB/T 11253、YB/T 5037，根据用户要求亦可选用性能不低于上述标准规定的其他薄钢板。

5.2　卷边密封填料及封闭器密封件采用密封性能好、与内装物相适应的耐热、耐候、耐久和具有抗溶性的材料。

5.3　外表面涂料采用附着力强、耐候和耐久性好的材料；内表面涂料采用与内装物相适应的材料。

5.4　直接接触食品、食品添加剂或药品时，卷边密封填料及封闭器密封件和内涂料应符合食品卫生法及有关标准的规定。

6　要求

6.1　基本要求

6.1.1　桶身、桶顶和桶底均由整张薄钢板制成，不允许拼接。

6.1.2　桶身焊缝采用电阻焊焊接。

6.1.3　桶身型式采用下列规定的一种：

——具有 2 道环筋；

——两端具有 3 道～7 道波纹；

——具有2道环筋,环筋至桶顶、环筋至桶底之间具有3道~7道波纹。

注:桶身型式根据用户要求可以商定。

6.1.4 桶身与桶顶、桶底的卷封按需要充填密封填料,其型式可采用下列规定的一种:

——二重卷边;

——三重卷边。

6.1.5 桶顶上应根据开口型式设置封闭器。

6.1.5.1 小开口钢桶可采用下列的一种:

——螺旋式注入口封闭器一个;

——螺旋式注入口和透气口封闭器各一个。

6.1.5.2 中开口钢桶可采用下列的一种:

——揿压式封闭器;

——螺栓压紧式封闭器;

——螺旋顶压式封闭器。

6.1.5.3 直开口及开口缩颈钢桶可采用下列的一种:

——螺栓型封闭箍;

——杠杆式封闭箍。

6.1.6 钢桶内外表面按需要涂镀保护层。

6.2 规格尺寸

规格尺寸应符合GB/T 325相应部分的规定。

6.3 质量要求

6.3.1 性能要求

性能要求应符合表2的规定。

表2 性能要求

序号	项目	闭口钢桶			全开口钢桶			要求
		Ⅰ级	Ⅱ级	Ⅲ级	Ⅰ级	Ⅱ级	Ⅲ级	
1	气密试验/kPa	30	20		—			保压5 min不渗漏
2	液压试验/kPa	250	100		—			保压5 min不渗漏
3	堆码试验/N	见7.4中的式(1)						无明显变形与破损
4	跌落高度/m	1.8	1.2	0.8	1.8	1.2	0.8	闭口钢桶:达到内外压平衡时不渗漏 全开口钢桶:不撒漏或破损

注1:当拟装物的相对密度(ρ)不超过1.2 g/cm^{3}时,跌落高度见本表。

注2:当拟装物的相对密度(ρ)超过1.2 g/cm^{3}时,跌落高度应根据所装物质的相对密度(ρ)计算,并四舍五入,取第一位小数,见表3。

表3 跌落高度

单位为米

Ⅰ级	Ⅱ级	Ⅲ级
$\rho\times1.5$	$\rho\times1.0$	$\rho\times0.67$

6.3.2 封闭器装配质量

6.3.2.1 封闭器配套齐全,装配后密封良好,并保证配合件的互换性。

6.3.2.2 闭口钢桶封闭器装配后的高度低于卷边沿口。

6.3.3 **表面保护层质量**

6.3.3.1 涂膜附着力等于或优于2级。

6.3.3.2 锌层厚度不小于0.010 mm。

6.3.4 **外观质量**

6.3.4.1 钢桶圆整，无毛刺、机械损伤和卷边无铁舌。

6.3.4.2 钢桶的凹瘪不多于2处，每处面积不大于桶身面积的0.7%。

6.3.4.3 桶身直缝补焊不多于2处，焊疤表面平整，宽度不大于原焊缝的一倍，总长度不大于直缝长度的10%。环筋顶部不允许补焊。

6.3.4.4 钢桶卷边允许整圈补焊，焊缝平整均匀。

6.3.4.5 桶内干净，无锈、无渣及其他杂质。

6.3.4.6 涂膜平整光滑，颜色均匀，无起皱和流淌等缺陷。

6.3.4.7 锌层完整，组织紧密，不得有起层和起泡等缺陷。

7 试验方法

7.1 规格尺寸

规格尺寸采用通用或专用量具检测。

7.2 气密试验

闭口钢桶按照GB/T 17344进行试验，试验条件见表2，检查样桶有无渗漏。

7.3 液压试验

此试验仅限于小开口钢桶。将桶内注满水，把压力表与加压泵连接，并通过连通部件固定在注入口上，往桶内加压，达到试验压力后，保压，试验条件见表2，检查样桶有无渗漏。

7.4 堆码试验

按GB/T 4857.3的规定进行，试验时间为24 h，经检查钢桶不应有可能降低其强度或引起堆码不稳定的任何变形和严重破损。堆码负载按式(1)计算：

$$P = K \times \frac{H-h}{h} \times M \times 9.8 \qquad \cdots\cdots(1)$$

式中：

P——钢桶容器上施加的堆码负载，单位为牛顿(N)；

H——堆码高度，单位为米(m)；

h——单件钢桶高度，单位为米(m)；

M——单件钢桶盛装相应物品后的质量，单位为千克(kg)；

K——劣变系数为1。

注：堆码高度陆运为3 m、海运为8 m。

7.5 跌落试验

按GB/T 4857.5的规定进行，跌落高度见表2、表3，并满足下列条件：

a) 小开口钢桶内灌装98%的清水，选钢桶边缘最薄弱部位跌落，跌落后在钢桶最高部位钻孔；

b) 中开口和全开口钢桶内盛装95%、密度为1.2 g/cm^{3}的沙子和木屑混合物，选钢桶边缘最薄弱部位跌落。

7.6 封闭器装配质量检验

按GB/T 13251的规定进行。

7.7 表面保护层质量检验

7.7.1 涂膜附着力按GB/T 9286进行。

7.7.2 锌层厚度按GB/T 4956的规定进行。

7.8 外观质量

采用手感、目测和通用或专用量具检验。

8 检验规则

8.1 钢桶检验分出厂检验和型式检验

8.1.1 出厂检验

8.1.1.1 出厂检验项目为6.1、6.2、6.3.1中的气密试验、6.3.2、6.3.3、6.3.4，按GB/T 2828.1正常检查一次抽样方案进行。

8.1.1.2 本部分6.1、6.2、6.3.2、6.3.3、6.3.4的检查水平为特殊检验水平S-3，接收质量限为6.5，抽样数和合格判定数见表4。

表4 抽样数和合格判定数

批量范围	正常一次抽样		
	检验水平为S-3 接收质量限(AQL)为6.5		
	样本数	合格判定数	不合格判定数
1～50	2	0	1
51～500	8	1	2
501～3 200	13	2	3
3 201～35 000	20	3	4
35 001～500 000	32	5	6
500 001及以上	50	7	8

8.1.1.3 本部分6.3.1中的气密试验的检查水平为特殊检查水平S-1，合格质量水平为2.5，抽样数和合格判定数见表5。

表5 抽样数和合格判定数

批量范围	正常一次抽样		
	检验水平为S-1 接收质量限(AQL)为2.5		
	样本数	合格判定数	不合格判定数
1～∞	5	0	1

8.1.2 型式检验

8.1.2.1 本部分第6章全部内容为型式检验项目，抽样数为9个，检验程序如下：

a) 取3个样桶对6.1、6.2和6.3.2、6.3.3、6.3.4进行检验，然后用此3个样桶进行气密试验，再用此3个样桶进行液压试验；

b) 余下的6个样桶，取3个样桶进行堆码试验，然后用这6个样桶进行跌落试验。

8.1.2.2 钢桶有下列情况之一时，应进行型式检验：

a) 新产品投产或老产品转产的试制定型鉴定；

b) 当结构、材料、工艺改变，可能影响产品性能时；

c) 正常生产时，每半年进行一次检验；

d) 产品长期停产后，恢复生产时；

e) 出厂检验结果与上次型式检验结果有较大差异时；

f) 国家质量监督机构提出进行型式检验的要求时。

8.2 判定规则

8.2.1 出厂检验

8.2.1.1 当6.1、6.2和6.3.2、6.3.3、6.3.4中若有四项以上不合格,则判定该样品为不合格。当6.3.1中的气密试验不合格,则判定该样品为不合格。

8.2.1.2 当不合格样品数大于或等于表4和表5规定的不合格判定数时,则判定该批产品不合格。

8.2.2 型式检验

8.2.2.1 当6.1、6.2和6.3.2、6.3.3、6.3.4中若有四项以上不合格,则判定该样品为不合格。如一个样品不合格,则评定该批不合格。

8.2.2.2 当6.3.1中有一项不合格,则判定该样品为不合格。当一个样品不合格则判定该批不合格。

9 标志、包装、运输和贮存

9.1 标志

钢桶上应压印标志,内容包括:制造厂的名称或代号、生产日期、钢板厚度。

9.2 包装

钢桶包装采用集装、托盘或用户商定的方法。

9.3 运输

在运输和装卸中应避免撞、摔和滚动。

9.4 贮存

钢桶不宜在潮湿、有腐蚀气体环境下及露天堆放,堆码时底层应置垫层。

ICS 77.140.65
H 49

中华人民共和国国家标准

GB/T 341—2008
代替 GB/T 341—1989

钢丝分类及术语

Steel wire—Classification and terminology

2008-08-19 发布　　2009-04-01 实施

中华人民共和国国家质量监督检验检疫总局
中国国家标准化管理委员会　发布

前 言

本标准代替 GB/T 341—1989《钢丝分类及术语》。

本标准与 GB/T 341—1989 相比主要变化如下：

——按截面形状分类，增加了八角钢丝、卵形钢丝、螺旋肋钢丝及刻痕钢丝；

——按截面尺寸分类，将特细钢丝修改为微细钢丝，将粗钢丝与特粗钢丝的界限尺寸由 8.0 mm 修改为 16.0 mm；

——按最终热处理方法分类，将淬火并回火（调质）钢丝修改为油淬火-回火钢丝，增加了稳定化处理钢丝。

——按表面加工方法分类，将热拉钢丝修改为温拉钢丝；

——按抗拉强度分类，将普通强度钢丝修改为中等强度钢丝；

——按用途分类，增加了高速工具钢丝等 22 种用途钢丝，将轮胎钢丝修改为胎圈钢丝，取消了精密元件、印刷工业钢丝、钟表业钢丝及其他用途钢丝；

——增加了生产过程术语 14 个；

——增加了钢丝表面状态术语 18 个；

——对热处理术语进行了修订，增加了稳定化处理等 9 个术语；

——增加消石灰和涂硼砂 2 个术语；

——将加工变形修改为冷变形，取消了冷拉和热拉；

——对力学及工艺性能术语按相应新国标进行修订，增加了蠕变试验和应力松弛等常用术语；

——缺陷术语增加了横纹等；

——依据英美相关标准对部分术语的英文进行了修改；

——增加了中英文"索引"。

本标准由中国钢铁工业协会提出。

本标准由全国钢标准化技术委员会归口。

本标准主要起草单位：东北特殊钢集团有限责任公司、国家金属制品质量监督检验中心、冶金工业信息标准研究院、贵州钢绳股份有限公司、宝钢集团上海二钢有限公司。

本标准主要起草人：徐效谦、真娟、洪涛、王玲君、张平萍、戴石锋、杨红英、周代义。

本标准所代替标准的历次版本发布情况为：

——GB 341—1964、GB/T 341—1989。

钢丝分类及术语

1 范围

本标准规定了钢丝的分类方法及钢丝生产和使用中有关的术语。

本标准适用于制定钢丝及相关领域的标准化文件和技术文件，用于规范钢丝生产和使用过程中的分类和术语。

2 钢丝分类

2.1 按截面形状分类

2.1.1 圆形钢丝 **round steel wire**

2.1.2 异型钢丝 **shaped steel wire**

2.1.2.1 方形钢丝 **square steel wire**

2.1.2.2 矩形钢丝 **rectangular steel wire**

2.1.2.3 菱形钢丝 **diamond steel wire**

2.1.2.4 扁形钢丝 **flat steel wire**

2.1.2.5 梯形钢丝 **trapezoidal steel wire**

2.1.2.6 三角形钢丝 **triangular steel wire**

2.1.2.7 六角形钢丝 **hexagonal steel wire**

2.1.2.8 八角形钢丝 **octagon steel wire**

2.1.2.9 椭圆形钢丝 **oval steel wire**

2.1.2.10 弓形钢丝 **segmental steel wire**

2.1.2.11 扇形钢丝 **scallop steel wire**

2.1.2.12 半圆形钢丝 **semicircle steel wire**

2.1.2.13 Z 形钢丝 **Z-shape steel wire**

2.1.2.14 卵形钢丝 **egg-shape steel wire**

2.1.2.15 其他特殊断面钢丝 **other special section steel wire**

2.1.3 周期性变截面钢丝 **periodical section steel wire**

2.1.3.1 螺旋肋钢丝 **helical rib steel wire**

2.1.3.2 刻痕钢丝 **indented steel wire**

2.2 按截面尺寸分类

2.2.1 微细钢丝 **extra fine steel wire**

直径或截面尺寸不大于 0.10 mm 的钢丝。

2.2.2 细钢丝 **finer steel wire**

直径或截面尺寸大于 0.10 mm 到 0.50 mm 的钢丝。

2.2.3 较细钢丝 **fine steel wire**

直径或截面尺寸大于 0.50 mm 到 1.50 mm 的钢丝。

2.2.4 中等尺寸钢丝 **medium size steel wire**

直径或截面尺寸大于 1.50 mm 到 3.0 mm 的钢丝。

2.2.5 较粗钢丝 **thick steel wire**

直径或截面尺寸大于 3.0 mm 到 6.0 mm 的钢丝。

2.2.6 **粗钢丝 thicker steel wire**

直径或截面尺寸大于 6.0 mm 到 16.0 mm 的钢丝。

2.2.7 **特粗钢丝 extra thick steel wire**

直径或截面尺寸大于 16.0 mm 的钢丝。

2.3 **按化学成分分类**

2.3.1 **低碳钢丝 low carbon steel wire**

含碳量不大于 0.25%的碳素钢丝。

2.3.2 **中碳钢丝 medium carbon steel wire**

含碳量大于 0.25%到 0.60%的碳素钢丝。

2.3.3 **高碳钢丝 high carbon steel wire**

含碳量大于 0.60%的碳素钢丝。

2.3.4 **低合金钢丝 low alloy steel wire**

含合金元素成分总量不大于 5.0%的钢丝。

2.3.5 **中合金钢丝 medium alloy steel wire**

含合金元素成分总量大于 5.0%到 10.0%的钢丝。

2.3.6 **高合金钢丝 high alloy steel wire**

含合金元素成分总量大于 10.0%的钢丝。

2.3.7 **特殊性能合金丝 special property alloy wire**。

2.4 **按最终热处理方法分类**

2.4.1 **退火钢丝 annealed steel wire**

2.4.2 **正火钢丝 normalized steel wire**

2.4.3 **油淬火-回火钢丝 oil tempering steel wire**

2.4.4 **索氏体化(派登脱)钢丝 patented steel wire**

2.4.5 **固溶处理钢丝 solution treatment steel wire**

2.4.6 **稳定化处理钢丝 stabilized treatment steel wire**

2.5 **按加工方法分类**

2.5.1 **冷拉钢丝 cold drawn steel wire**

2.5.2 **冷轧钢丝 cold rolling steel wire**

2.5.3 **温拉钢丝 hot drawn steel wire**

2.5.4 **直条钢丝 straightened steel wire**

2.5.5 **银亮钢丝 silver bright steel wire**

2.5.6 **磨光钢丝 ground steel wire**

2.5.7 **抛光钢丝 polished steel wire**

2.6 **按抗拉强度分类**

2.6.1 **低强度钢丝 lower strength steel wire**

抗拉强度不大于 500 MPa 的钢丝。

2.6.2 **较低强度钢丝 low strength steel wire**

抗拉强度大于 500 MPa 到 800 MPa 的钢丝。

2.6.3 **中等强度钢丝 general strength steel wire**

抗拉强度大于 800 MPa 到 1 000 MPa 的钢丝。

2.6.4 **较高强度钢丝 high strength steel wire**

抗拉强度大于 1 000 MPa 到 2 000 MPa 的钢丝。

2.6.5 高强度钢丝 **higher strength steel wire**

抗拉强度大于2 000 MPa 到 3 000 MPa 的钢丝。

2.6.6 超高强度钢丝 **extra high strength steel wire**

抗拉强度大于3 000 MPa 的钢丝。

2.7 按用途分类

2.7.1 一般用途钢丝 **general purpose steel wire**

2.7.2 结构钢丝 **structure steel wire**

2.7.3 弹簧钢丝 **springs steel wire**

2.7.4 工具钢丝 **tool steel wire**

2.7.5 冷顶锻(冷镦)钢丝 **cold heading and cold forging steel wire**

2.7.6 不锈钢丝 **stainless steel wire**

2.7.7 轴承钢丝 **bearing steel wire**

2.7.8 高速工具钢丝 **high speed tool steel wire**

2.7.9 易切削钢丝 **free-machining steel wire**

2.7.10 焊接钢丝 **welding steel wire**

2.7.11 高温合金丝 **heat-resisting super-alloy wire**

2.7.12 精密合金丝 **precision alloy wire**

2.7.13 耐蚀合金丝 **corrosion-resisting alloy wire**

2.7.14 弹性合金丝 **elastic alloy wire**

2.7.15 膨胀合金丝 **expansion alloy wire**

2.7.16 电阻合金丝 **electric resistance alloy wire**

2.7.17 软磁合金丝 **soft magnetic alloy wire**

2.7.18 电热合金丝 **electric heating alloy wire**

2.7.19 捆扎包装钢丝 **binding and packaging steel wire**

2.7.20 制钉钢丝 **nail steel wire**

2.7.21 织网钢丝 **screen cloth steel wire**

2.7.22 制绳钢丝 **wire for steel wire ropes use**

2.7.23 制针钢丝 **needle steel wire**

2.7.24 铆钉钢丝 **rivet steel wire**

2.7.25 抽芯铆钉芯轴钢丝 **mandrel steel wire for blind rivets**

2.7.26 针布钢丝 **card steel wire**

2.7.27 琴钢丝 **piano steel wire**

2.7.28 乐器用钢丝 **music steel wire**

2.7.29 编织和针织钢丝 **weaving and knitting steel wire**

2.7.30 胸罩钢丝 **corset stay steel wire**

2.7.31 医疗器械钢丝 **medical devices steel wire**

2.7.32 链条钢丝 **chain steel wire**

2.7.33 辐条钢丝 **spoke steel wire**

2.7.34 钢筋混凝土用钢丝 **steel wire for the reinforcement of concrete**

2.7.35 预应力混凝土用钢丝(PC 钢丝) **steel wire for the prestressing of concrete**

2.7.36 钢芯铝绞线钢丝 **steel core wire for aluminum conductor steel reinforced**

2.7.37 铠装电缆钢丝 **armored steel wire**

2.7.38 架空通讯钢丝 **aerial communication steel wire**

2.7.39 胎圈钢丝 **bead wire**

2.7.40 橡胶软管增强用钢丝 **steel wire for rubber hose reinforcement**

2.7.41 录井钢丝 **well measuring steel wire**

2.7.42 边框和支架钢丝 **border and brace steel wire**

2.7.43 喷涂用钢丝 **metal spray steel wire**

2.7.44 铝包钢丝 **aluminum clad steel wire**

2.7.45 铜包钢丝 **copper clad steel wire**

2.7.46 光缆用钢丝 **steel wire for optical fibre cable**

2.7.47 食品包装用光亮钢丝 **bright annealed steel wire for food packaging**

2.7.48 引爆用钢丝 **steel wire for blasting**

3 术语和定义

3.1 生产过程 production process

3.1.1

盘条 wire rod

生产钢丝用原料，截面通常为圆形，是由一根材料盘卷成形的热轧产品。

3.1.2

钢丝 steel wire

以盘条为原料，用模拉、辊拉等压力加工方法成形的钢铁制品。

3.1.3

半成品 semi-finished product

生产过程中的在制品。

3.1.4

成品前 semi-finished product before end use

成品拉拔前一道工序的半成品。

3.1.5

成品 finished product

完全符合顾客要求，或符合相应技术标准要求的钢丝。

3.1.6

冷拉 cold drawing

在常温下通过模拉、辊拉等压力加工方法成形的加工过程。

3.1.7

表面处理 surface treatment

拉拔前对钢丝表面所进行的预处理，包括去除表面氧化皮、油污及杂物；涂敷适当的涂层、或镀上适当的镀层，以利于拉拔的处理。

3.1.8

包装 final packing

按一定方式将钢丝包裹好，确保不损害钢丝质量，利于运输和使用。

3.1.9

标志 marking

按标准要求，对每批、每卷、每束、每轴、每桶钢丝所作的标识，通过标识来保证交货钢丝的可追溯性。

3.1.10

卷筒 block

用于卷取钢丝的旋转的滚筒，如拉丝机的卷筒，连续热处理炉或电镀作业线的收线卷筒。

3.1.11

线轴(工字轮) spools

用于缠绕钢丝并有能够平稳放线的,用木材、塑料或金属材料制成"工"字形的卷线轴。

3.1.12

可拆卸工字轮 reels

工字轮一端的封环可拆卸,芯轴外径可收缩,此时可将缠轴钢丝整卷卸下,单独包装。

3.1.13

芯轴 cores

用纸板或薄型材料制成的圆筒,可以套在收线卷筒或可拆卸工字轮芯轴上,缠满钢丝必须捆扎妥当后带圆筒一起卸下。

3.1.14

带线架的盘卷 coils with support

盘卷钢丝的一种包装方式,带线架运输方便,不损伤钢丝表面,也便于平稳放线。

3.1.15

卷取 take up

将钢丝缠成盘卷的操作。

3.1.16

缠轴(打轴) coiling

将钢丝紧密缠绕到线轴(工字轮)上的操作。

3.1.17

装桶 pail pack

一种包装方式。包装桶一般为圆柱形硬筒,钢丝通过倒立式收线机缠成盘卷形后直接落圆形容器中,包装桶上部加盖密封。

3.1.18

密排层绕(平整排绕) level wound

缠轴时每一层钢丝必须排在同一平面上,同层钢丝圈径相等并与轴芯同心。为此要对钢丝排绕速度、排线行程、排线张力及线轴(工字轮)结构进行严格控制,才能保证钢丝逐层平整排绕。

3.2 **钢丝表面状态 wire finishes**

3.2.1

冷拉钢丝 cold drawn steel wire

钢丝拉拔前经黄化、磷化、涂石灰、涂硼砂处理或镀上合适的镀层,然后用干式或湿式润滑剂拉拔成形。

3.2.2

冷拉光亮钢丝 clean bright steel wire

钢丝用湿式润滑剂拉拔成形,表面洁净、光亮。

3.2.3

轻拉钢丝 lightly drafted

热处理后的钢丝以较小减面率(≤25%)拉拔到成品尺寸。

3.2.4

酸洗钢丝 pickled steel wire

钢丝经酸洗去除表面氧化皮后,再进行中和处理。

3.2.5

退火钢丝 annealed steel wire

经氧化退火后表面带有一层氧化皮或氧化色的钢丝。

3.2.6

光亮退火状态　bright annealed steel wire

在良好保护气氛或真空中退火的钢丝，表面无氧化皮，呈现金属光泽。

3.2.7

镀层钢丝　coated steel wire

表面镀锌、镀锡、镀铜、镀铝、镀镍或镀其他镀层的钢丝。

3.2.7.1

镀锌钢丝　galvanized steel wire

表面镀有锌层的钢丝，可采用热镀，也可采用电化学镀。

3.2.7.2

冷拉镀锌钢丝　silver bright galvanized steel wire

钢丝镀锌后，经一道或几道次拉拔到成品。

3.2.7.3

镀锡钢丝　tinplated steel wire

表面镀有薄锡层或铜-锡层的钢丝，通常采用酸性溶液浸镀。镀层钢丝可进行干拉或温拉，适当调整铜-锡比例，选用特种润滑剂，钢丝表面可呈现白色或草黄色。

3.2.7.4

光亮镀锡钢丝　bright liquor finish steel wire

钢丝镀锡后，选用特种润滑剂拉拔到成品，其表面光亮、洁净。

3.2.7.5

镀铜钢丝　coppered finish steel wire

用化学镀或电镀方法，在表面镀上一层铜的钢丝。

3.2.7.6

光亮镀铜钢丝　bright coppered finish steel wire

钢丝镀铜后，选用特种润滑剂拉拔到成品，其表面光亮、洁净。

3.2.7.7

镀镉钢丝　cadmium coated steel wire

用热镀或电镀的方法，在钢丝表面镀上一层薄薄的镉层。

3.2.7.8

镀黄铜钢丝　brass coated steel wire

采用多线连续生产，通过控制电解槽中铜盐和锌盐的比例，黄铜沉积在钢丝表面。钢丝可以先拉拔到成品后电镀，也可以先电镀后拉拔到成品。

3.2.7.9

镀镍钢丝　nickel coated steel wire

用化学镀或电镀方法，在表面镀上一层镍的钢丝。

3.2.7.10

镀锌-铝合金钢丝　Zn-Al alloy coated wire

采用多线连续热浸镀法在表面镀上一层锌-铝合金的钢丝。

3.2.8

涂塑钢丝　plastic coated steel wire

采用热涂法在表面均匀地涂覆一层塑料的钢丝。

3.3　热处理　heat treatment

3.3.1

盘条热处理　heat treatment of wire rods

对生产钢丝用盘条的热处理。

3.3.2

中间热处理　process heat treatment

对半成品钢丝的热处理。

3.3.3

成品前热处理　heat treatment before finishing product

对成品前钢丝的热处理。

3.3.4

成品热处理　heat treatment for finished product

对成品钢丝的热处理。

3.3.5

相变点(临界温度)　transformation temperature

钢在加热和冷却过程中显微组织开始转变的温度。加热过程中常用相变点有:Ac_1、Ac_3、Ac_{cm},分别表示:铁素体+渗碳体(珠光体)开始转变成奥氏体的温度;亚共析钢中 α 铁转变成 γ 铁,或铁素体开始转变成奥氏体的温度;过共析钢中渗碳体开始溶解于奥氏体的温度。

冷却过程中常用相变点有:Ar_1、Ar_3、Ar_{cm},分别表示:过冷奥氏体转变成铁素体+渗碳体(珠光体)的温度;亚共析钢中 γ 铁转变成 α 铁,或奥氏体开始转变成铁素体的温度;过共析钢中渗碳体开始从奥氏体析出的温度。

Ms 和 Mf 分别表示奥氏体转变成马氏体的开始温度和终了温度,但温度低于 Mf 点奥氏体不一定完全转变。

3.3.6

完全退火　dead(full) annealing

将钢丝加热到完全奥氏体化,随之缓慢冷却,获得接近平衡状态组织的热处理。

3.3.7

不完全退火　incomplete annealing

将钢丝加热到 Ac_1～Ac_3(Ac_{cm})之间温度,尚未完全奥氏体化,然后缓慢冷却的热处理。

3.3.8

球化退火　spheroidizing

钢丝按一定的工艺规范加热和冷却,使其显微组织中的碳化物呈球状的热处理。

3.3.9

再结晶退火　recrystallization annealing

经冷加工的钢丝加热到再结晶温度以上,保温适当时间,使晶粒重新结晶为均匀的等轴晶粒,以消除冷加工硬化的热处理。

3.3.10

光亮退火　bright annealing

钢丝在保护气氛或真空中退火,获得无氧化、光亮表面的热处理。

3.3.11

可控气氛热处理　controlled atmosphere heat treatment

根据不同的目的,调整炉内气氛来进行的热处理,气氛有氧化性、还原性、惰性、渗碳性等种类。

3.3.12

正火　normalizing

将钢丝加热到 Ac_3 或 Ac_{cm} 以上 30 ℃～50 ℃,保温适当时间后,在空气中急速冷却的热处理。

3.3.13

调质　thermal refining

钢丝淬火后,在较高温度下进行回火的复合热处理。

3.3.14

索氏体化(派登脱)　patenting

用连续炉将钢丝加热到完全奥氏体化温度,然后在铅液、盐液、空气、水溶性有机介质或流态床中淬火,冷却到 Ar_1 以下适当温度,获得索氏体或以索氏体为主的组织。

3.3.14.1

铅浴索氏体化处理　lead patenting

钢丝在熔融铅液中冷却到组织转变温度以下,获得索氏体的组织。

3.3.14.2

盐浴索氏体化处理　salt patenting

钢丝在熔融盐液中冷却到组织转变温度以下,获得以索氏体为主的组织。

3.3.14.3

空气索氏体化处理　air patenting

钢丝在空气中冷却到组织转变温度以下,获得以索氏体为主的组织。

3.3.15

固溶处理　solution treatment

将钢丝或合金丝加热到高温单相区,使析出相充分溶解到固溶体中后快速淬水冷却,以获得过饱和固溶体的热处理。

3.3.16

水韧处理　water toughening

将高锰钢丝加热到高温单相区,使析出相充分溶解到固溶体中后快速淬水冷却,以获得完全奥氏体组织的热处理。

3.3.17

油淬火-回火　oil tempering

钢丝拉拔到预定尺寸后,在连续炉中进行淬火和回火处理,展开的钢丝首先在连续炉中加热到完全奥氏化温度,然后通过油槽淬火获得马氏体组织,再通过连续回火获得所需要的抗拉强度(硬度)和韧性。

3.3.18

稳定化处理　stabilizing treatment

为减缓钢丝使用过程中组织、性能或尺寸的变化所进行的热处理。

注:包括预应力钢丝(或钢绞线)为减少应用时的应力松弛,在一定的拉应力作用下进行的短时回火处理;含稳定化元素(钛和铌)的奥氏体不锈钢为改善抗晶间腐蚀性能,在一定温度(约 850 ℃)下进行的热处理;电热合金为提高使用寿命,在 800 ℃～1 000 ℃范围内进行的预氧化处理等。

3.3.19

沉淀硬化处理　precipitation hardening treatment

钢丝经固溶处理或冷拉变形后,在一定温度保温一段时间,从过饱和固溶体中析出沉淀硬化相,弥散分布于基体中,从而导致钢丝硬化的热处理。

3.3.20

时效处理　ageing treatment

钢丝经固溶处理或冷拉变形后,在室温或一定温度保温一段时间,使过饱和元素从固溶体中析出,通常析出相(金属或金属间化合物)与基体保持共格关系。

注:如果时效温度过高或时间过长,析出相就会粗化并同基体脱离共格关系,强化作用减弱或消失,称之为"过时效"(overageing)。

3.3.21

消除应力处理　stress relieving treatment

为消除钢丝冷加工应力所进行的热处理。用于弹簧缠绕成形后的热处理,有固定形状、稳定尺寸、提高弹力的作用。

3.3.22

敏化处理　sensitization

奥氏体钢进行晶间腐蚀试验前，将钢丝加热到 650 ℃，保温一段时间，获得对晶间腐蚀敏感组织的热处理。

3.4　**酸洗及涂层　pickling and coating**

3.4.1

酸洗　pickling

用酸性溶液除掉钢丝表面氧化层的处理。

3.4.2

碱浸　sodium hydroxide immersing

将热处理后的合金钢丝浸入熔融的碱性溶液中，疏松或改变表面复合氧化皮的性能的处理。

3.4.3

镀铜　copper coating

用化学置换方法，使钢丝表面获得铜层的处理。

3.4.4

磷化　phosphate coating

将表面洁净的钢丝浸在磷化溶液中，使钢丝表面生成磷酸盐层的处理。

3.4.5

黄化　sull coating

向酸洗后的钢丝表面喷水雾，使其表面生成一层松软的氢氧化铁薄膜，以提高钢丝拉拔润滑性能的处理。

3.4.6

涂硼砂　boraxing

将去除氧化皮和油污的钢丝浸入、或通过一定浓度的硼砂热水(≥85 ℃)溶液，在钢丝表面涂敷上一层含有 5 个结晶水的硼砂($Na_2B_4O_7 \cdot 5H_2O$)的处理。

3.4.7

消石灰　hydrated lime

消石灰是钢丝最常用的一种涂层材料。由生石灰(氧化钙)经熟化(水)处理转变成消石灰(氢氧化钙)。

3.4.8

中和　neutralization

将酸洗后的钢丝浸入碱性溶液中，以中和表面残留酸液的处理。

3.4.9

干燥　drying

将酸洗中和后或带有涂层的钢丝放入一定温度的干燥炉(箱)中进行干燥，以去除水分或消除酸洗造成的氢脆的处理。

3.5　**冷变形　cold deformation**

3.5.1

模拉　die drawing

在外力牵引下，钢丝通过拉丝模孔实现变形的加工过程。

3.5.2

辊拉　rolling drawing

在外力牵引下，钢丝通过孔型辊实现变形的加工过程。

3.5.3

干式拉丝　dry wire drawing

钢丝使用干式润滑剂，在常温下进行拉拔加工。

3.5.4

湿式拉丝　wet wire drawing

钢丝使用液体润滑剂，在常温下进行拉拔加工。

3.5.5

矫直　straightening

通过矫直机将盘卷钢丝加工成直条钢丝的加工过程。

3.5.6

磨光　grinding

钢丝通过磨削加工消除钢丝表面缺陷、改善表面粗糙度的加工过程。

3.5.7

减面率　draught

钢丝拉拔后，截面积减小的绝对值与拉拔前的截面积之百分比。

3.5.8

总减面率　total draught

中间不经热处理，经单次或多道次拉拔的减面率。

3.5.9

道次减面率(部分减面率)　single draught (pass draught)

每道次的拉拔减面率。

3.5.10

拉拔道次　number of pass

钢丝从原始规格拉拔到所需规格(成品或半成品)实际拉拔的次数。

3.5.11

延伸系数　coefficient of elongation

拉拔前后钢丝长度之比。

3.6　尺寸及外形

3.6.1

尺寸　dimension

3.6.1.1

公称尺寸　nominal dimension

标准中规定的名义尺寸。

3.6.1.2

实际尺寸　measured dimension

用标准规定的方法直接测量所获得的尺寸。

3.6.1.3

尺寸允许偏差　permissible variations in dimension

实际尺寸与公称尺寸之间的允许差值。差值为负值，称为负偏差；差值为正值，称为正偏差。

3.6.1.4

公差　tolerances

正负偏差绝对值之和。

3.6.1.5

通常长度　normal lengths

标准规定的钢丝长度范围内。

3.6.1.6

定尺长度 specified cut lengths

按订货要求切成的规定长度。

3.6.1.7

倍尺长度 multiplied lengths

按订货要求切成等于规定长度的整数倍数的长度。

3.6.2

外形

3.6.2.1

盘卷 coil

由一根钢丝盘绕而成的钢丝卷,盘绕方向可以是顺时针,也可以是逆时针。

3.6.2.2

钢丝捆 bundle

若干盘卷钢丝捆绑在一起。

3.6.2.3

束 hank

若干支直条钢丝捆扎在一起。

3.6.2.4

圈形 cast

指盘卷中每圈钢丝的形状,包括螺旋形状和螺旋节距。合格圈形是打开捆绑后钢丝盘基本平整、不紊乱、不呈“∞”字形,剪一圈钢丝放在平面上,钢丝呈圆形、无扭曲、不弹起,端部翘起高度符合标准要求。

3.6.2.5

不圆度 out-of-round

同一横截面上最大直径与最小直径的差值。

3.6.2.6

平直度 straightness

表示直条钢丝在长度方向上的平直程度。通常取 1 m 长钢丝放在平台上,用最大弯曲处的波高(mm)来度量。

3.6.2.7

“∞”字形 eight shape

钢丝出现紊乱,扭成“∞”字形状。

3.7 力学性能及工艺性能 mechanical property and workmanship property

3.7.1

拉伸试验 tensile testing

3.7.1.1

抗拉强度 tensile strength

在拉伸试验中,试样过了屈服点后所能承受的最大拉力与试样原始截面积之比,用 R_m 表示。

3.7.1.2

屈服强度 yield strength

在拉伸试验中,试样开始产生塑性变形,而拉力不再增加时的拉伸力与试样原始截面积之比。有的钢丝在屈服点处拉力不上升反而下降,此时屈服强度分为:上屈服强度(R_{eH})和下屈服强度(R_{eL}),钢丝标准要考核的是下屈服强度(R_{eL})。有的钢丝无明显的屈服点,钢丝标准考核的是规定非比例延伸强度($R_{p0.2}$)。

3.7.1.3

规定非比例延伸强度　proof strenghth, non-proportional extension

非比例延伸率等于规定的引伸计标距百分率时的应力。使用的符号应附以下脚注说明所规定的百分率，例如 $R_{p0.2}$，表示规定非比例延伸率为 0.2%时的应力。

3.7.1.4

弹性极限(比例极限)　elasticity limit

试样不产生永久残余变形所能承受的最大应力，用 σ_p 表示。

3.7.1.5

断后伸长率(伸长率)　percentage elongation of fracture (elongation)

试样拉断后，断后标距的残余伸长(L_u-L_0)与原始标距(L_0)之比的百分率。比例试样($L_0=5.65\sqrt{S_0}$)的伸长率用 A(%)表示。

注：伸长率的测量值随标距增长而降低，在固定标距 A_{100}($L_0=100$ mm)下，小规格钢丝的实测值明显减小，两者都不表示钢丝的塑性或韧性下降，因此一般认为测量冷拉钢丝伸长率的意义不大。

3.7.1.6

最大力总伸长率　percentage elongation at maximum force

拉伸试验过程中，拉伸力最大点的总延伸 ΔL_m 与引伸计标距 L_e 的百分比叫最大力总伸长率，用 A_{gt}(%)表示。

3.7.1.7

断面收缩率　percentage reduction of area

试样拉伸断裂时，其横截面积的最大缩减量(S_0-S_u)与原始横截面积(S_0)之比的百分率，用 Z(%)表示。

注：断面收缩率是一项韧性指标，对于较细规格的钢丝，收缩部位直径难以测定，因此直径小于 3.0 mm 的钢丝一般不作断面收缩率检验。

3.7.1.8

打结试验　kink test

在试样中间打一个结，在拉力试验机上将其拉成死结，直到断裂，试样打结时的破断拉力与该批试样公称破断拉力的百分比叫打结率，一般细规格钢丝才检测打结率。

3.7.2

剪切强度　shearing strength

试样剪断时，所承受的最大剪切力与切剪面截面积之比，用 τ_{max} 表示。

3.7.3

疲劳试验　fatigue testing

3.7.3.1

疲劳强度　fatigue strength

试样在重复或交变应力作用下，循环一定周次(N)后，断裂时所能承受的最大应力，用 σ_N 表示。

3.7.3.2

疲劳寿命　fatigue life

在规定应力或应变作用下，材料失效前所经受的循环次数，用 N 表示。

3.7.3.3

疲劳极限　fatigue limit

当循环次数(N)为无穷大(对钢铁材料，一般取 $N=1\times10^7$ 次)时的中值疲劳强度，用 σ_D 表示。

3.7.4

硬度　hardness

显示金属材料抵抗硬的物体压入自己表面的能力的物理量，钢丝常用的有布氏硬度(HBW)、洛氏硬度(HRB和 HRC)、维氏硬度(HV)。布氏硬度主要用于测量直径大于等于 5.0 mm,硬度值在 100 HBW～400 HBW(抗拉强度 370 MPa～1 360 MPa)范围内的钢丝;洛氏硬度 HRB 主要用于测量直径大于 5.0 mm 的钢丝,硬度值在 60 HRB～100 HRB 范围内的普通强度和较低强度钢丝;洛氏硬度 HRC 主要用于测量直径大于 3.0 mm 的钢丝,硬度值在 30 HRC～70 HRC 范围内的较高强度和高强度钢丝;维氏硬度主要用于测量直径小于 5.0 mm 的钢丝。

3.7.5

弹性模量　modulus of elasticity

3.7.5.1

杨氏模量(拉伸弹性模量)　Youngs modulus

在弹性极限范围内,金属材料承受的拉应力与产生的应变之比,用 E 表示。

3.7.5.2

剪切弹性模量(刚性模量或切变模量)　modulus of rigidity

在弹性极限范围内,材料在剪切应力作用下,应力与应变之比,用 G 表示。

注:弹性模量是反映材料弹性变形能力的物理量,扭转弹簧和弯曲弹簧设计用到 E 值,拉伸和压缩用螺旋弹簧设计用到 G 值。

3.7.6

冷顶锻(冷镦)　cold heading and cold forging

钢丝在常温状态下承受规定程度的顶锻变形性能。

3.7.7

弯曲　bend

3.7.7.1

反复弯曲　reverse bend

试样夹在弯曲机的钳口上,钢丝在拨杆的带动下,从垂直位置绕着规定半径的圆柱表面,以均匀速度依次向右、左作90°弯曲,向任何方向弯90°再返回垂直位置算弯曲 1 次(1N_b),直至钢丝断裂。

注:是检测钢丝韧性和塑性的手段之一,但试验重现性较差,一般不推荐使用。

3.7.7.2

单向弯曲　bend in one direction

试样在弯曲机上沿规定半径,弯曲指定的角度,以显示其变形能力和缺陷。

3.7.8

扭转　torsion

试样一端夹在转盘上,以自身为轴线,以均匀速度单向或交变方向扭转,另一端不得有任何转动但可作水平移动,直至试样断裂或达到规定的扭转次数(N_t)为止。

注:扭转是检测钢丝内部应力分布均匀性,暴露钢丝表层和近表层缺陷的检验方法。

3.7.8.1

单向扭转　torsion in one direction

以试样自身为轴线,沿一个方向均匀扭转至试样破断或达到规定的扭转次数(N_{t1})为止。

3.7.8.2

交变扭转　alternating torsion

以试样自身为轴线,向一个方向扭转规定次数(N_{t1})后,再向相反方向扭转至试样破断或达到规定次数(N_{t2})为止。

3.7.8.3

单向扭转次数　number of torsions

以试样自身为轴线,向一个方向转动一整圈时,扭转次数(N_{t1})为1次。

3.7.8.4

扭转裂纹　torsion flaw

试样扭转变形时，其表面产生的螺旋形裂纹。

3.7.8.5

扭转断口　torsion fracture

试样扭转至破断时的断口。

3.7.9

缠绕试验　wrapping test

试样在规定直径的芯棒上缠绕规定的圈数，用来衡量钢丝承受缠绕变形的能力，显示钢丝表面缺陷及镀层牢固性。

3.7.10

蠕变试验　creep test

在一定温度下，对金属材料施加的应力大于某一数值时，外力不增加而塑性变形随时间缓慢增长的现象叫蠕变。蠕变极限有两种常用表示方法：一种是在额定工作温度下，保证变形速度不超过规定值的使用应力，如规定变形速度 $V=1\times10^{-5}\%/\mathrm{h}$ 时的蠕变极限表示为：$\sigma_{1\times10^{-5}}$。另一种是在一定工作温度下，在规定时间内，试样产生的总变形量不超过一定值的使用应力，如在 700 ℃下，持续工作 10 000 h，总变形不超过 1%的蠕变极限表示为：$\sigma^{700}_{1/10\ 000}$。

3.7.11

应力松弛　stress relaxation

在一定温度下，试样施加一定应力（σ_0）后就会产生一定的变形量，变形量保持不变，随着时间增长，由蠕变导致的应力下降（$\Delta\sigma$）现象叫应力松弛。常用应力松弛率来衡量金属材料的抗松弛能力，松弛率为若干小时后应力的降低量（$\Delta\sigma$）与初始应力（σ_0）之比的百分率。

3.7.12

冲击韧性　impact toughness

在夏比冲击试验（Charpy impact method）中，试样冲断所消耗的功与试样缺口处截面积之比叫冲击韧性。试样缺口有 U 型和 V 型两种，对应冲击韧性分别用 α_{ku} 和 α_{kv} 表示，单位是 $\mathrm{J/cm^2}$。冲击韧性是反映材料抵抗冲击载荷能力、抵抗脆性断裂能力的物理量，是衡量材料韧性的常用指标。

3.7.13

应力强度因子（K_1）　stress intensity factor

线弹性介质中，Ⅰ型裂纹顶端的应力场强度。K_1 是描述在名义应力作用下，含裂纹体处于平衡状态时，裂纹尖端应力场的力学参量。裂纹扩展方式不同，应力强度因子 K 也不同，当裂纹作张开型扩展时，材料断裂危险最大，此时裂纹尖端应力场强度因子记作 K_1，单位是 $\mathrm{MPa}\sqrt{\mathrm{m}}$（$\mathrm{MN/m^{3/2}}$）。

3.7.14

平面应变断裂韧性 K_{1c}　plane-strain fracture toughness

K_1 的临界值。在严格约束塑性变形即平面应变占主导的情况下，增加应力强度时，产生的裂纹扩展与环境无关。断裂韧性 K_{1c} 反映材料在平面应变条件下，抵抗裂纹失稳扩展的能力。对于同一材料，裂纹顶端的应力强度因子 K_1 会随断裂长度和载荷水平而改变，而裂纹失稳扩展的断裂韧性 K_{1c} 是唯一的。

3.8　缺陷　defect

3.8.1

裂纹　crack or fissure

钢丝表面的开裂、裂缝、裂口或龟裂。

3.8.2

横纹　seams

钢丝表面断续的横向裂痕，横纹一般由焊接处的疏松、生产工艺不当或盘条带来的。

3.8.3

毛刺(飞刺)　spilliness

钢丝表面出现舌状或细长条状的起刺。

3.8.4

分层　split layer

钢丝出现的局部或通长的纵向层状开裂。

3.8.5

折叠　lap

钢丝表面的金属沿长度方向重叠,重叠处通常呈直线形,有时呈曲线形或锯齿形;有的通长,有的局部或断续分布。

注:折叠主要是盘条带来的,其分布有明显的规律性;折叠的根部与金属本体相连接,缝隙与钢丝表面倾斜一定角度。金相检验时可发现,折叠内通常有氧化皮、夹杂物和明显的脱碳。

3.8.6

压疤　scab or dent

钢丝表面因外来物压入出现的不规则的结疤或凹痕,如黄色的氧化疤、白色的石灰疤等。

3.8.7

划伤　scratch

钢丝表面的纵向沟槽或凸棱,轻微时表面仅呈现一条不光洁的亮线。

3.8.8

锈斑(或麻点)　pits

钢丝表面因局部腐蚀造成的片状或点状凹陷。

3.8.9

螺旋纹　spiral

钢丝在矫直过程中,表面出现的螺纹状的压痕或划痕。

3.8.10

竹节　ring

钢丝沿纵向呈周期性的直径粗细不均,形状类似竹节。

3.8.11

死弯　sharp bend

钢丝急剧弯曲形成的弯,用一般矫直手段根本无法矫直。

3.8.12

扭结　kink

钢丝因弯曲或扭转形成结扣。

3.8.13

夹丝　wedging

缠线轴(工字轮)交货的细钢丝,因排绕不当,放线时外层钢丝被内层钢丝夹住,无法放线。

3.8.14

氧化皮　scale

钢丝在氧化性气氛中热处理,表面生成的一层坚硬、脆性的氧化物。

3.8.15

氧化膜　oxide film

钢丝表面生成一层薄薄的较致密的氧化物。

3.8.16

氧化色　oxide color

钢丝表面生成的一层极薄的氧化物,通常呈现淡黄或淡蓝色。

3.8.17

脱碳　surface decarburization

热处理时，由于气体介质和钢铁表层碳的作用，钢丝表层含碳量降低的现象。

3.8.18

石墨碳　graphite carbon

以游离状态存在于钢中的碳。

汉语拼音索引

L

M

N

P

Q

R

S

T

W

X

Y

英 文 索 引

A

B

C

D

E

F

G

H

I

K

L

M

T

W

Y

Z

ICS 67.160.10
X 63

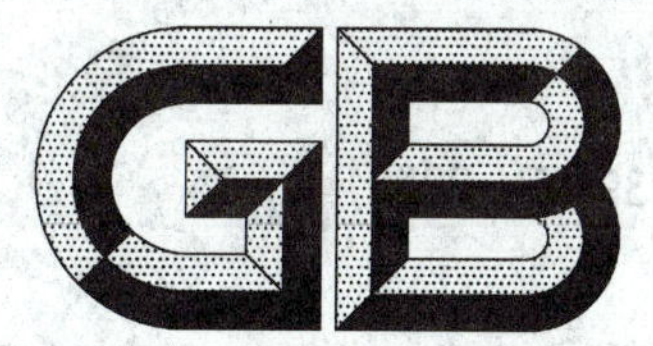

中华人民共和国国家标准

GB/T 394.1—2008
代替 GB/T 394.1—1994

工业酒精

Ethanol for industrial use

2008-12-31 发布　　2009-06-01 实施

中华人民共和国国家质量监督检验检疫总局
中国国家标准化管理委员会　发布

前　言

GB/T 394分为以下两个部分：

——GB/T 394.1《工业酒精》；

——GB/T 394.2《酒精通用分析方法》。

本部分为GB/T 394.1《工业酒精》。

本部分代替GB/T 394.1—1994《工业酒精》。

本部分与GB/T 394.1—1994相比主要变化如下：

——删除了产品分类内容；

——增加了粗酒精中甲醇的要求；

——分析方法作相应调整。

本部分由中国轻工业联合会提出。

本部分由全国酿酒标准化技术委员会归口。

本部分起草单位：河南天冠企业集团有限公司、中国食品发酵工业研究院、吉林沱牌农产品开发有限公司。

本部分主要起草人：王志强、郭新光、魏丽萍、王景胜、张蔚、王有国。

本部分所代替标准的历次版本发布情况为：

——GB/T 394.1—1994。

工 业 酒 精

1 范围

GB/T 394 的本部分规定了工业酒精的要求、分析方法、检验规则和标志、包装、运输、贮存。

本部分适用于以发酵法生产的工业酒精，不适用于食用酒精。

2 规范性引用文件

下列文件中的条款通过 GB/T 394 的本部分的引用而成为本部分的条款。凡是注日期的引用文件，其随后所有的修改单(不包括勘误的内容)或修订版均不适用于本部分，然而，鼓励根据本部分达成协议的各方研究是否可使用这些文件的最新版本。凡是不注日期的引用文件，其最新版本适用于本部分。

GB 190 危险货物包装标志

GB/T 191 包装储运图示标志(GB/T 191—2008，ISO 780:1997，MOD)

GB/T 394.2 酒精通用分析方法

3 要求

感官和理化要求应符合表 1 的规定。

表 1 感官和理化要求

项 目		要 求			
		优级	一级	二级	粗酒精
外观		无色透明液体			淡黄色液体
气味		无异臭			—
色度/号	≤	10			—
乙醇(20 ℃)/(%vol)	≥	96.0	95.5	95.0	95.0
硫酸试验色度/号	≤	10	80	—	—
氧化时间/min	≥	30	15	5	—
醛(以乙醛计)/(mg/L)	≤	5	30	—	—
异丁醇+异戊醇/(mg/L)	≤	10	80	400	—
甲醇/(mg/L)	≤	800	1 200	2 000	8 000
酸(以乙酸计)/(mg/L)	≤	10	20		—
酯(以乙酸乙酯计)/(mg/L)	≤	30	40	—	—
不挥发物/(mg/L)	≤	20	25	25	—

4 分析方法

按 GB/T 394.2 执行。

5 检验规则

5.1 组批

5.1.1 每班生产的同一类别、同一品质、规格相同的产品为一批。

5.1.2 罐、槽车装,以每一罐次、槽车为一批。

5.2 抽样

5.2.1 取样方法

a) 以槽车为单位包装的产品,每一槽车为一个样本,取一个样。

b) 以桶装、瓶装的产品按表2抽取样本。

表2 抽样表

单位为桶或瓶

批量范围	样本大小
≤150	5
151～3 200	8
3 201～35 000	20
≥35 001	23

5.2.2 从罐内酒精上、中、下三个部位,立式罐按体积2∶3∶2、卧式罐按体积1∶3∶1取样。槽车、桶装样品从中间部位取样。

5.2.3 每批取样2 L,混匀,装入两个棕色细口试剂瓶中,立即贴上标签,注明:样品名称、批号(罐、槽车、桶编号)、等级、取样时间与地点、采样人。一瓶检验,另一瓶保存两个月备查。

5.3 检验分类

5.3.1 出厂检验

5.3.1.1 产品出厂前,应由生产厂的质量监督检验部门按本部分规定逐批进行检验,检验合格,并附上质量合格证明的,方可出厂。

5.3.1.2 检验项目:外观、气味、色度、乙醇、硫酸试验色度、氧化时间、醛、异丁醇+异戊醇和甲醇。

5.3.2 型式检验

5.3.2.1 检验项目:本部分中全部要求项目。

5.3.2.2 一般情况下,同一类产品的型式检验每半年进行一次,有下列情况之一者,亦应进行:

a) 原辅材料有较大变化时;

b) 更改关键工艺或设备;

c) 新试制的产品或正常生产的产品停产3个月后,重新恢复生产时;

d) 出厂检验与上次型式检验结果有较大差异时;

e) 国家质量监督检验机构按有关规定需要抽检时。

5.4 判定规则

5.4.1 检验结果有指标不符合本部分要求时,应重新自同批产品中抽取两倍量样品进行复检,以复检结果为准。

5.4.2 若复检结果中仍有一项(或一项以上)不合格时,则判整批产品为不合格。

5.4.3 当供需双方对检验结果有异议时,可由双方协商解决,或委托有关单位进行仲裁检验,以仲裁检验结果为准。

6 标志、包装、运输、贮存

6.1 标志

6.1.1 销售包装使用标签时,标签上应标注:产品名称"工业酒精"、原料、乙醇含量、制造者名称和地址、灌装日期、净含量、执行标准号及质量等级。包装容器(桶、罐、瓶)上应明显标注有不得食用的警示标志。

6.1.2 装运工业酒精的罐、槽车上应标注"工业酒精",随车附有《出厂产品质量检验合格证明书》。

6.1.3 包装储运图示标志应符合GB 190和GB/T 191要求。

6.2 包装

6.2.1 装运工业酒精应使用专用的罐、槽车和铁桶,不得使用铝桶或镀锌容器包装,不得使用易产生静电和静电不易释放的容器如塑料桶。包装前,应对所用容器进行检查。

6.2.2 灌装后的罐、槽车应加铅封。使用单位收货时,应检查铅封是否完好。

6.2.3 包装物应体外清洁,标注内容清晰可见,标签粘贴牢固。

6.3 运输

6.3.1 运输工具应清洁,不得与有毒、有害、有腐蚀性或有异味的物品混装混运。

6.3.2 搬运时应轻装轻卸,不得扔摔、撞击和剧烈振荡,应远离热源和火种。

6.3.3 运输过程应防火、防爆、防静电、防雷电,不得曝晒。

6.4 贮存

6.4.1 产品不得与有毒、有害、有腐蚀性或有异味的物品混合存放。

6.4.2 产品应贮存于阴凉、干燥、通风的环境中,应有防高温、火种、静电、雷电的设施,并要求在贮存区域有醒目的“严禁火种”的警示牌。

ICS 67.160.10
X 04

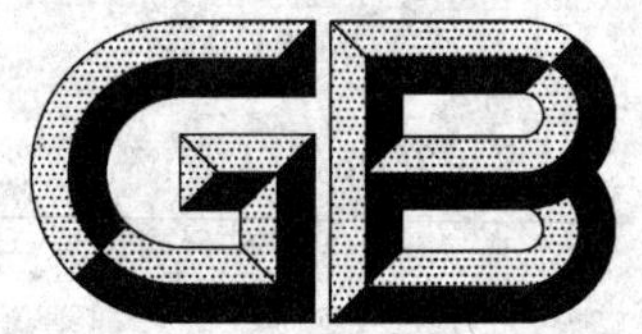

中华人民共和国国家标准

GB/T 394.2—2008
代替 GB/T 394.2—1994

酒精通用分析方法

General methods of analysis for ethanol

2008-12-31 发布　　　　2009-06-01 实施

中华人民共和国国家质量监督检验检疫总局
中国国家标准化管理委员会　发布

前　言

GB/T 394 分为以下两个部分：

——GB/T 394.1《工业酒精》；

——GB/T 394.2《酒精通用分析方法》。

本部分为 GB/T 394.2《酒精通用分析方法》。

本部分代替 GB/T 394.2—1994《酒精通用试验方法》。

本部分与 GB/T 394.2—1994 相比主要变化如下：

——标准名称改为酒精通用分析方法；

——修改、删减、合并了总则章节的内容，由 14 项条款调整为 6 项条款。

本部分附录 A 为规范性附录。

本部分由中国轻工业联合会提出。

本部分由全国酿酒标准化技术委员会归口。

本部分起草单位：中国食品发酵工业研究院、河南天冠企业集团有限公司、吉林沱牌农产品开发有限公司。

本部分主要起草人：郭新光、王志强、赵秋颖、张蔚、尹秋梅、康永璞、常武占。

本部分所代替标准的历次版本发布情况为：

——GB/T 394.2—1994。

酒精通用分析方法

1 范围

GB/T 394 的本部分规定了食用酒精和工业酒精产品的分析方法。

本部分适用于各类酒精产品的检测。

2 规范性引用文件

下列文件中的条款通过 GB/T 394 的本部分的引用而成为本部分的条款。凡是注日期的引用文件,其随后所有的修改单(不包括勘误的内容)或修订版均不适用于本部分,然而,鼓励根据本部分达成协议的各方研究是否可使用这些文件的最新版本。凡是不注日期的引用文件,其最新版本适用于本部分。

GB/T 601 化学试剂 标准滴定溶液的制备

GB/T 603 化学试剂 试验方法中所用制剂及制品的制备(GB/T 603—2002,ISO 6353-1:1982,NEQ)

GB/T 6682 分析实验室用水规格和试验方法(GB/T 6682—2008,ISO 3696:1987,MOD)

3 总则

3.1 本部分中所用的各种分析仪器(如:分析天平、分光光度计等)应定期检定;所用的密度瓶、移液管、容量瓶等玻璃计量器具应按有关检定规程进行校正。

3.2 试验中所用比色管应成套,其玻璃材质、色泽要一致。一般玻璃器皿用洗涤剂或铬酸洗液清洗;用过高锰酸钾的器皿须用草酸浸洗,然后用水冲洗干净。

3.3 本部分中所用的水,在未注明其他要求时,应符合 GB/T 6682 的要求。所用试剂,在未注明其他规格时,均指分析纯(AR)。

3.4 本部分中的"溶液",除另有说明外,均指水溶液。

3.5 本方法中所用的基准乙醇,均为 95%(体积分数)乙醇,其中主要杂质的限量规定为:甲醇小于 2 mg/L;正丙醇小于 2 mg/L;高级醇(异丁醇+异戊醇)小于 1 mg/L;可用本部分毛细管色谱法检查。醛小于 1 mg/L,可用本部分碘量法检查。酯小于 1 mg/L,可用本部分皂化法检查。检验特级食用酒精时,应选用各被测组分均检不出的基准乙醇作溶剂。

3.6 限量测定(直接比较法)须直接取和该等级限量指标相应的色度标准(简称:色标)与试样比较测试。目视比色是在白色背景下,沿轴线方向,与同体积色标溶液进行目视比较测定。

4 外观

用 50 mL 比色管直接取试样 50.0 mL,在亮光下观察,应透明、无肉眼可见杂质。

4.1 色度

4.1.1 原理

以黑曾单位(号)铂-钴色标溶液为准,用目视法观测比较试样的颜色,找出与系列色标中相近的色标号,即为样品的色度。

注:1 黑曾单位(号)是指每升含有 2 mg 六水氯化钴($CoC_{12}\cdot 6H_2O$)和 1 mg 铂(以氯铂酸 H_2PtCl_6 计)的铂-钴溶液的色度。

4.1.2 仪器

4.1.2.1 分光光度计。

4.1.2.2 比色管:50 mL。

4.1.3 试剂和溶液

4.1.3.1 盐酸:密度为 1.19 g/mL(g/cm^3)。

4.1.3.2 500 黑曾单位铂-钴色度标准溶液(简称:500 号色标溶液)配制和检查:

a) 配制:准确称取 1.000 g 氯化钴($CoC_{12}\cdot 6H_2O$),1.245 5 g 氯铂酸钾(K_2PtCl_6),加入 100 mL 盐酸(4.1.3.1)和适量水溶解,用水稀释至 1 000 mL,摇匀;

b) 检查:用 1 cm 比色皿,以水作参比,在不同波长下,测定吸光度。如溶液的吸光度在表 1 范围内,即为 500 号色标溶液。用棕色瓶贮于冰箱中,有效期为一年。超过有效期,溶液的吸光度仍在表 1 范围内,可继续使用。

表 1

波长/nm	吸 光 度
430	0.110～0.120
455	0.130～0.145
480	0.105～0.120
510	0.055～0.065

4.1.3.3 稀铂-钴色标溶液(有效期为一个月)

a) 通用配制方法:按式(1)计算并吸取 500 号色标溶液的体积,用水稀释至 100 mL,即得所需的 n 号稀铂-钴色标溶液。

$$V=\frac{n\times 100}{500} \qquad \cdots\cdots(1)$$

式中:

V——配制 100 mL n 号稀铂-钴色标溶液时,所需 500 号色标溶液的体积,单位为毫升(mL);

n——拟配制的稀铂-钴色标溶液的号数。

b) 按通用配制方法配制 2 号、4 号、6 号、8 号、10 号、12 号色标系列溶液。

4.1.4 分析步骤

用 50 mL 比色管直接取试样 50.0 mL,与同体积的稀铂-钴色标系列标准溶液[4.1.3.3b)]进行目视比色。

4.1.5 精密度

在重复性条件下获得的两次独立测定结果之差不得超过 1 个色标号。

4.2 气味

用具塞量筒取试样 10 mL,加水 15 mL,盖塞,混匀。倒入 50 mL 小烧杯中,用鼻子嗅闻,记录其气味,判定是否合格。

4.3 口味

吸取试样 20 mL 于 50 mL 容量瓶,加水 30 mL,混匀,置于水浴中调节液温至 20 ℃,然后倒入 100 mL小烧杯中,品尝评价其口味,做好记录。

5 酒精度

5.1 原理

用精密酒精计读取酒精体积分数示值,按附录 A 进行温度校正,求得在 20 ℃时乙醇含量的体积分数,即为酒精度。

5.2 仪器

精密酒精计:分度值为0.1%vol。

5.3 分析步骤

将试样注入洁净、干燥的量筒中,静置数分钟,待酒中气泡消失后,放入洁净、擦干的酒精计,再轻轻按一下,不应接触量筒壁,同时插入温度计,平衡约5 min,水平观测,读取与弯月面相切处的刻度示值,同时记录温度。根据测得的酒精计示值和温度,查附录A“酒精计温度(*T*)、酒精度(ALC)(体积分数)换算表”,换算成20 ℃时样品的酒精度。

所得结果应表示至一位小数。

5.4 精密度

在重复性条件下获得的两次独立测定结果的绝对差值,不应超过平均值的0.5%。

6 硫酸试验色度

6.1 原理

浓硫酸为强氧化剂,具有强烈的吸水及氧化性,与分子结构稳定性较差的有机化合物混合,在加热情况下,会使其氧化、分解、炭化、缩合,产生颜色。可与铂-钴色标溶液比较,确定样品硫酸试验的色度。

6.2 仪器

6.2.1 平底烧瓶:70 mL;硬质玻璃、空瓶质量为20 g±2 g,球壁厚度要均匀,尺寸见图1。

单位为毫米

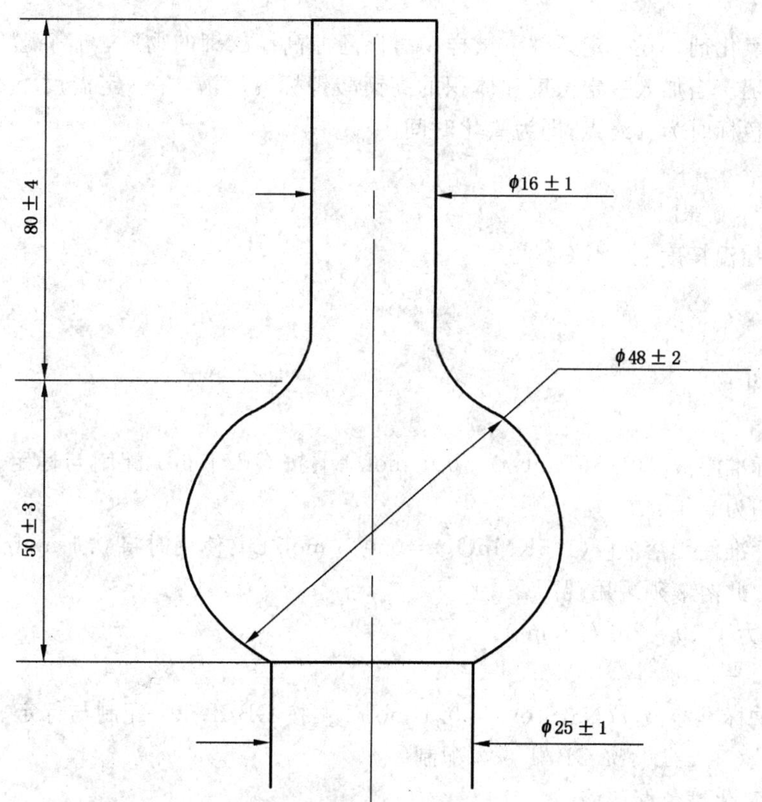

图1 70 mL平底烧瓶

6.2.2 比色管:25 mL。

6.3 试剂和溶液

6.3.1 500黑曾单位铂-钴色度标准溶液

a) 同 4.1.3.2；

b) 若测定色度大于 100 号的试样，须另配制 500 号铂-钴色标溶液：准确称取 0.300 g 氯化钴（$CoCl_2 \cdot 6H_2O$）和 1.500 g 氯铂酸钾（K_2PtCl_6），加入 100 mL 盐酸（4.1.3.1）和适量水溶解，用水稀释至 1 000 mL，摇匀。

6.3.2 *n* 号稀铂-钴色标系列溶液

a) 取 500 号色标溶液[6.3.1a)]，按 4.1.3.3 操作配成 10 号、15 号、20 号、30 号、40 号、50 号、60 号、70 号、80 号、100 号稀铂-钴色标溶液；

b) 若测定的试样色度大于 100 号，取 500 号色标溶液[6.3.1b)]，按 4.1.3.3 操作配成 110 号、130 号、150 号、200 号、300 号稀铂-钴色标系列溶液。

6.3.3 硫酸：优级纯，密度为 1.84 g/mL。

6.4 分析步骤

吸取 10.00 mL 试样于 70 mL 平底烧瓶中，在不断摇动下，用量筒或刻度吸管均匀加入 10 mL 硫酸（控制在 15 s 内加完），充分混匀。立即将烧瓶置于沸水浴中，计时，准确煮沸 5 min，取出，自然冷却。移入 25 mL 比色管，与稀铂-钴色标系列溶液进行目视比色。

6.5 精密度

在重复性条件下获得的两次独立测定结果的绝对差值，不应超过平均值的 10%。

7 氧化时间

7.1 原理

高锰酸钾为强氧化剂。在一定条件下试样中可以还原高锰酸钾的物质，与高锰酸钾反应，使溶液中的高锰酸钾颜色消褪。当加入一定浓度和体积的高锰酸钾标准溶液，在一定温度下反应，与标准比较。确定样品颜色达到色标时为其终点，即为氧化时间。

7.2 仪器

7.2.1 具塞比色管：50 mL。

7.2.2 恒温水浴：控温精度±0.1 ℃。

7.2.3 刻度吸管。

7.2.4 秒表。

7.2.5 G4 砂芯漏斗。

7.3 试剂和溶液

7.3.1 高锰酸钾标准溶液[$c(1/5KMnO_4)=0.1$ mol/L]：按 GB/T 601 配制与标定。移入棕色瓶贮于冰箱中备用，有效期为半年。

7.3.2 高锰酸钾标准使用溶液[$c(1/5KMnO_4)=0.005$ mol/L]：使用时将 0.1 mol/L 高锰酸钾标准溶液准确稀释 20 倍。此溶液须现用现配。

7.3.3 盐酸：密度为 1.19 g/mL（g/cm^3）。

7.3.4 盐酸溶液（1+40）。

7.3.5 硫代硫酸钠标准溶液[$c(Na_2S_2O_3)=0.1$ mol/L]：按 GB/T 601 配制与标定。

7.3.6 淀粉指示液（10 g/L）：按 GB/T 603 配制。

7.3.7 三氯化铁-氯化钴色标溶液

7.3.7.1 三氯化铁溶液[$c(FeCl_3)=0.045\ 0$ g/mL]

a) 配制：称取 4.7 g 三氯化铁，用盐酸溶液（7.3.4）溶解，并定容至 100 mL。用 G4 砂芯漏斗过滤，收集滤液，贮于冰箱中备用。

b) 标定：吸取三氯化铁滤液 10.00 mL 于 250 mL 碘量瓶中，加水 50 mL、盐酸（7.3.3）3 mL、碘化钾 3 g，摇匀，置于暗处 30 min。加水 50 mL，用硫代硫酸钠标准溶液（7.3.5）滴定，近终点时，加淀粉指示液(7.3.6)1 mL，继续滴定至蓝色刚好消失为其终点。

c) 1 mL三氯化铁溶液中含有三氯化铁的质量按式(2)计算：

$$m=\frac{(V_1-V_2)\times c\times 0.2703}{10} \qquad\cdots\cdots(2)$$

式中：

m——1 mL三氯化铁溶液中含有三氯化铁的质量，单位为克(g)；

V_1——试样消耗硫代硫酸钠标准溶液的体积，单位为毫升(mL)；

V_2——空白试验消耗硫代硫酸钠标准溶液的体积，单位为毫升(mL)；

c——硫代硫酸钠标准溶液的浓度，单位为摩尔每升(mol/L)；

0.270 3——与1.00 mL硫代硫酸钠标准溶液[$c(Na_2S_2O_3)=1.000$ mol/L]相当的以克表示的三氯化铁的质量；

10——吸取试样的体积，单位为毫升(mL)。

d) 用盐酸溶液(7.3.4)稀释至每毫升溶液中含三氯化铁0.045 0 g。

7.3.7.2 氯化钴溶液[$c(CoCl_2)=0.0500$ g/mL]：称取氯化钴($CoCl_2\cdot 6H_2O$)5 g(精确至0.000 2 g)，用盐酸溶液(7.3.4)溶解，并定容至100 mL。

7.3.7.3 色标溶液：吸取三氯化铁溶液[7.3.7.1d)]0.50 mL和氯化钴溶液(7.3.7.2)1.60 mL于50 mL比色管中，用盐酸溶液(7.3.4)稀释至刻度。

7.4 分析步骤

用50 mL具塞比色管取试样50.0 mL，将比色管置于(15±0.1)℃水浴中平衡10 min(将色标管同时放入)。然后用刻度吸管加1.00 mL高锰酸钾标准使用溶液(7.3.2)，立即加塞振摇均匀并计时，立刻置于水浴中，与色标比较，直至试样颜色与色标一致，即为终点，记录时间，以分计。

7.5 精密度

在重复性条件下获得的两次独立测定值之差，若氧化时间在30 min以上(含30 min)，不得超过1.5 min；若氧化时间在30 min以下、10 min以上(含10 min)，不得超过1.0 min；若氧化时间在10 min以下，不得超过0.5 min。

8 醛

8.1 碘量法

8.1.1 原理

亚硫酸氢钠与醛发生加成反应，反应式为：

$$R-\overset{\overset{\displaystyle O}{\|}}{C}-H+NaHSO_3\longrightarrow R-\underset{\underset{\displaystyle SO_3Na}{|}}{\overset{\overset{\displaystyle H}{|}}{C}}-OH$$

α-羟基磺酸钠

用碘氧化过量的亚硫酸氢钠，反应式为：

$$NaHSO_3+I_2+H_2O\longrightarrow NaHSO_4+2HI$$

加过量的$NaHCO_3$，使加成物分解，醛重新游离出来，反应式为：

$$R-\underset{\underset{\displaystyle SO_3Na}{|}}{\overset{\overset{\displaystyle H}{|}}{C}}-OH+2NaHCO_3\longrightarrow RCHO+NaHSO_3+Na_2CO_3+CO_2\uparrow+H_2O$$

用碘标准溶液滴定分解释放出来的亚硫酸氢钠。

8.1.2 试剂和溶液

8.1.2.1 盐酸溶液[$c(HCl)=0.1$ mol/L]:按 GB/T 601 配制。

8.1.2.2 亚硫酸氢钠溶液(12 g/L)。

8.1.2.3 碳酸氢钠溶液[$c(NaHCO_3)=1$ mol/L]。

8.1.2.4 碘标准溶液[$c(1/2\ I_2)=0.1$ mol/L]:按 GB/T 601 配制与标定。

8.1.2.5 碘标准滴定溶液[$c(1/2\ I_2)=0.01$ mol/L]:使用时将 0.1 mol/L 碘标准溶液准确稀释 10 倍。

8.1.2.6 淀粉指示液(10 g/L):按 GB/T 603 配制。

8.1.3 分析步骤

吸取试样 15.0 mL 于 250 mL 碘量瓶中,加 15 mL 水、15 mL 亚硫酸氢钠溶液(8.1.2.2)、7 mL 盐酸溶液(8.1.2.1),摇匀,于暗处放置 1 h,取出,用 50 mL 水冲洗瓶塞,以碘标准溶液(8.1.2.4)滴定,接近终点时,加淀粉指示液 0.5 mL,改用碘标准滴定溶液(8.1.2.5)滴定至淡蓝紫色出现(不计数)。加 20 mL 碳酸氢钠溶液(8.1.2.3),微开瓶塞,摇荡 0.5 min(呈无色),用碘标准滴定溶液(8.1.2.5)继续滴定至蓝紫色为其终点。同时作空白试验。

8.1.4 结果计算

试样中的醛含量按式(3)计算:

$$X=\frac{(V_1-V_2)\times c\times 0.022}{15}\times 10^6 \qquad \cdots\cdots(3)$$

式中:

X——试样中的醛含量(以乙醛计),单位为毫克每升(mg/L);

V_1——试样消耗碘标准滴定溶液的体积,单位为毫升(mL);

V_2——空白消耗碘标准滴定溶液的体积,单位为毫升(mL);

c——碘标准滴定溶液的浓度,单位为摩尔每升(mol/L);

0.022——与 1.00 mL 碘标准使用溶液[$c(1/2\ I_2)=1.000$ mol/L]相当的以克表示的乙醛的质量。

所得结果表示至整数。

8.1.5 精密度

在重复性条件下获得的两次独立测定值之差,若醛含量大于 5 mg/L,不得超过平均值的 5%;若醛含量小于等于 5 mg/L,不得超过平均值的 13%。

8.2 比色法

8.2.1 原理

醛和亚硫酸品红作用时,发生加成反应,经分子重排后,失去亚硫酸,生成具有醌形结构的紫红色物质,其颜色的深浅与醛含量成正比。

8.2.2 试剂和溶液

8.2.2.1 亚硫酸氢钠溶液:称取 53.0 g 亚硫酸氢钠($NaHSO_3$),溶于 100 mL 水中。

8.2.2.2 硫酸:密度为 1.84 g/mL。

8.2.2.3 碱性品红-亚硫酸显色剂:称取 0.075 g 碱性品红溶于少量 80 ℃水中,冷却,加水稀释至约 75 mL,移入 1 L 棕色细口瓶内,加 50 mL 新配制的亚硫酸氢钠溶液(8.2.2.1),加 500 mL 水和 7.5 mL 硫酸(8.2.2.2),摇匀,放置 10 h~12 h 至溶液褪色并具有强烈的二氧化硫气味,置于冰箱中保存。

8.2.2.4 醛标准溶液(1 g/L):准确称取乙醛氨 0.138 6 g(按乙醛:乙醛氨=1:1.386)迅速溶于 10 ℃左右的基准乙醇(无醛酒精)中,并定容至 100 mL。移入棕色试剂瓶内,贮存于冰箱中。

8.2.2.5 醛标准使用溶液:吸取乙醛标准溶液 0.30 mL、0.50 mL、0.80 mL、1.00 mL、1.50 mL、2.00 mL、2.50 mL 和 3.00 mL,分别置于已有部分基准乙醇(无醛酒精)的 100 mL 容量瓶中,并用基准乙醇稀释至刻度。即醛含量分别为 3 mg/L、5 mg/L、8 mg/L、10 mg/L、15 mg/L、20 mg/L、25 mg/L 和 30 mg/L。

8.2.3 分析步骤

吸取与试样含量相近的限量指标的醛标准使用溶液及试样各 2.00 mL,分别注入 25 mL 比色管中,各加 5 mL 水、2.00 mL 显色剂(8.2.2.3),加塞摇匀,放置 20 min(室温低于 20 ℃时,需放入 20 ℃水浴中显色),取出比色。用 2 cm 比色皿,在波长 555 nm 处,以水调零,测定其吸光度。

8.2.4 结果计算

试样中的醛含量按式(4)计算:

$$X = \frac{A_x}{A} \times c \qquad \cdots\cdots(4)$$

式中:

X——试样中的醛含量(以乙醛计),单位为毫克每升(mg/L);

A_x——试样的吸光度;

A——醛标准使用溶液的吸光度;

c——标准使用溶液的醛含量,单位为毫克每升(mg/L)。

所得结果表示至整数。

8.2.5 精密度

在重复性条件下获得的两次独立测定值之差,若醛含量大于 5 mg/L,不得超过平均值的 5%;若醛含量小于等于 5 mg/L,不得超过 10%。

9 高级醇

9.1 气相色谱法

9.1.1 原理

样品被气化后,随同载气进入色谱柱,利用被测定的各组分在气液两相中具有不同的分配系数,在柱内形成迁移速度的差异而得到分离。分离后的组分先后流出色谱柱,进入氢火焰离子化检测器,根据色谱图上各组分峰的保留值与标样相对照进行定性;利用峰面积(或峰高),以内标法定量。

9.1.2 试剂和溶液

9.1.2.1 正丙醇溶液(1 g/L):作标样用。称取正丙醇(色谱纯)1 g,精确至 0.000 1 g,用基准乙醇定容至 1 L。

9.1.2.2 正丁醇溶液(1 g/L):作内标用。称取正丁醇(色谱纯)1 g,精确至 0.000 1 g,用基准乙醇定容至 1 L。

9.1.2.3 异丁醇溶液(1 g/L):作标样用。称取异丁醇(色谱纯)1 g,精确至 0.000 1 g,用基准乙醇定容至 1 L。

9.1.2.4 异戊醇溶液(1 g/L):作标样用。称取异戊醇(色谱纯)1 g,精确至 0.000 1 g,用基准乙醇定容至 1 L。

9.1.3 仪器

9.1.3.1 气相色谱仪

采用氢火焰离子化验测器,配有毛细管色谱柱联结装置。

9.1.3.2 色谱条件

PEG 20 M 交联石英毛细管柱,用前应在 200 ℃下充分老化。柱内径 0.25 mm,柱长 25～30 m。也可选用其他有同等分析效果的毛细管色谱柱。

载气(高纯氮):流速为 0.5 mL/min～1.0 mL/min,分流比为 20∶1～100∶1,尾吹气约 30 mL/min。

氢气:流速 30 mL/min。

空气:流速 300 mL/min。

柱温：起始柱温为 70 ℃，保持 3 min，然后以 5 ℃/min 程序升温至 100 ℃，直至异戊醇峰流出。以使甲醇、乙醇、正丙醇、异丁醇、正丁醇和异戊醇获得完全分离为准。为使异戊醇的检出达到足够灵敏度，应设法使其保留时间不超过 10 min。

检测器温度：200 ℃。

进样口温度：200 ℃。

进样量与分流比的确定：应以使甲醇、正丙醇、异丁醇、异戊醇等组分在含量 1 mg/L 时，仍能获得可检测的色谱峰为准。在检验特级食用酒精时，要求以甲醇、正丙醇、异丁醇、异戊醇各组分含量在小于 1 mg/L 时，仍能获得可检测的色谱峰(最小检出 0.5 mg/L)为准。

载气、氢气、空气的流速等色谱条件随仪器而异，应通过试验选择最佳操作条件，以内标峰与样品中其他组分峰获得完全分离为准。

9.1.4 分析步骤

9.1.4.1 校正因子 f 值的测定

吸取正丙醇溶液、异丁醇溶液、异戊醇溶液各 0.20 mL 于 10 mL 容量瓶中，准确加入正丁醇溶液 0.20 mL，然后用基准乙醇稀释至刻度，混匀后进样 1 μL，色谱峰流出顺序依次为乙醇、正丙醇、异丁醇、正丁醇(内标)、异戊醇。记录各组分峰的保留时间并根据峰面积和添加的内标量，计算出各组分的相对校正因子 f 值。

9.1.4.2 试样的测定

取少量待测酒精试样于 10 mL 容量瓶中，准确加入正丁醇溶液 0.20 mL，然后用待测试样稀释至刻度，混匀后，进样 1 μL 。

根据组分峰与内标峰的保留时间定性，根据峰面积之比计算出各组分的含量。

9.1.5 结果计算

校正因子按式(5)计算：

$$f = \frac{A_1}{A_2} \times \frac{d_2}{d_1} \tag{5}$$

试样中组分的含量按式(6)计算：

$$X = f \times \frac{A_3}{A_4} \times 0.020 \times 10^3 \tag{6}$$

式中：

f——组分的相对校正因子；

A_1——标样 f 值测定时内标的峰面积；

A_2——标样 f 值测定时各组分的峰面积；

d_2——标样 f 值测定时乙酸乙酯的相对密度；

d_1——标样 f 值测定时内标物的相对密度；

X——试样中组分的含量，单位为毫克每升(mg/L)；

A_3——试样中各组分相应的峰的面积；

A_4——添加于试样中的内标峰的面积；

0.020——试样中添加内标的浓度，单位为克每升(g/L)。

试样中高级醇的含量以异丁醇与异戊醇之和表示。

所得结果表示至整数。

9.1.6 精密度

在重复性条件下获得的各组分两次独立测定值之差，若含量大于等于 10 mg/L，不得超过平均值的 10%；若含量小于 10 mg/L、大于 5 mg/L，不得超过平均值的 20%；若小于等于 5 mg/L，不得超过平均值的 50%。

9.2 比色法

9.2.1 原理

除正丙醇外的高级醇，在浓硫酸作用下，都会脱水，生成不饱和烃(如：异丁醇变成丁烯，异戊醇变成戊烯)。而不饱和烃与对-二甲氨基苯甲醛反应生成橙红色化合物，与标准系列比较定量。

9.2.2 试剂和溶液

9.2.2.1 硫酸：优级纯，密度为 1.84 g/mL。

9.2.2.2 对-二甲氨基苯甲醛显色剂：称取 0.1 g 对-二甲氨基苯甲醛[$(CH_3)_2N \cdot C_6H_4CHO$]溶于硫酸中，并定容至 200 mL，移入棕色瓶内，贮存于冰箱中。

9.2.2.3 高级醇标准溶液(1 g/L)：吸取密度为 0.802 0 g/mL 的异丁醇 1.25 mL、密度为 0.809 2 g/mL 的异戊醇 1.24 mL，分别置于已有部分基准乙醇(无高级醇酒精)的 100 mL 容量瓶中，以基准乙醇稀释至刻度。再分别用基准乙醇稀释 10 倍，即得 1 g/L 异丁醇溶液(甲液)及 1 g/L 异戊醇溶液(乙液)。

分别按甲＋乙＝1＋4 及甲＋乙＝3＋1 的比例混合，即得 1 号及 2 号高级醇标准溶液。

9.2.2.4 高级醇标准使用溶液：取 1 号高级醇标准溶液 0.20 mL、0.50 mL、1.00 mL、1.50 mL、2.00 mL和 2 号高级醇标准溶液 2.00 mL、4.00 mL、6.00 mL、8.00 mL 、10.00 mL、20.00 mL、30.00 mL、40.00 mL，分别注入 100 mL 容量瓶中，用基准乙醇稀释至刻度。即高级醇含量分别为 2 mg/L、5 mg/L、10 mg/L、15 mg/L、20 mg/L 和 20 mg/L、40 mg/L、60 mg/L、80 mg/L、100 mg/L、200 mg/L、300 mg/L、400 mg/L。

注：1 号高级醇标准溶液适用于食用酒精和工业酒精的优级；2 号高级醇标准溶液适用于食用酒精的普通级和工业酒精的一级、二级。

9.2.3 分析步骤

9.2.3.1 工作曲线的绘制(回归方程的建立)

a) 根据样品中高级醇的含量，吸取相近的 4 个以上不同浓度的高级醇标准使用溶液各 0.50 mL，分别注入 25 mL 比色管中，外用冰水浴冷却，沿管壁加显色剂 10 mL，加塞后充分摇匀，同时置于沸水浴中，20 min 后，取出，立即用水冷却；

b) 根据其含量的高低，立即用 0.5 cm 或 1 cm 比色皿，在波长 425 nm 处，以水调零，测定其吸光度；

c) 以标准使用溶液中高级醇含量为横坐标，相应的吸光度为纵坐标，绘制工作曲线。或建立线性回归方程进行计算。

9.2.3.2 试样的测定

a) 吸取试样 0.50 mL，按 9.2.3.1 中的 a)和 b)显色及测定吸光度。根据试样的吸光度在工作曲线上查出试样中的高级醇含量，或用回归方程直接计算。

b) 或吸取与试样含量相近的限量指标的高级醇标准使用溶液及试样各 0.50 mL。按 9.2.3.1 中的 a)和 b)显色并直接测定吸光度。

9.2.4 结果计算

试样中高级醇含量按式(7)计算：

$$c_x = \frac{A_x}{A} \times c \qquad \cdots\cdots(7)$$

式中：

c_x——试样中的高级醇含量(以异丁醇与异戊醇之和表示)，单位为毫克每升(mg/L)；

A_x——试样的吸光度；

A——高级醇标准使用溶液的吸光度；

c——标准使用溶液的高级醇含量，单位为毫克每升(mg/L)。

所得结果表示至整数。

9.2.5 精密度

在重复性条件下获得的两次独立测定值之差，若高级醇含量大于等于 10 mg/L，不得超过 10%；若高级醇含量小于 10 mg/L，不得超过 20%。

10 甲醇

10.1 气相色谱法

10.1.1 原理

同 9.1.1。

10.1.2 试剂和溶液

10.1.2.1 甲醇溶液(1 g/L)：作标样用。称取甲醇(色谱纯)1 g，用基准乙醇定容至 1 L。

10.1.2.2 正丁醇溶液(1 g/L)：作内标用。称取正丁醇(色谱纯)1 g，用基准乙醇定容至 1 L。

10.1.3 仪器

同 9.1.3。

10.1.4 分析步骤

校正因子 f 值的测定，吸取甲醇溶液 1.00 mL 于 10 mL 容量瓶中，准确加入正丁醇溶液 0.20 mL，以下步骤同 9.1.4。

10.1.5 结果计算

同 9.1.5。

10.1.6 精密度

在重复性条件下获得的两次独立测定值之差，不得超过平均值的 5%。

10.2 变色酸比色法

10.2.1 原理

甲醇在磷酸溶液中，被高锰酸钾氧化成甲醛，用偏重亚硫酸钠除去过量的 $KMnO_4$，甲醛与变色酸在浓硫酸存在下，先缩合，随之氧化，生成对醌结构的蓝紫色化合物。与标准系列比较定量。

10.2.2 试剂和溶液

10.2.2.1 高锰酸钾-磷酸溶液(30 g/L)：称取 3 g 高锰酸钾，溶于 15 mL85%(质量分数)磷酸和 70 mL 水中，混合，用水稀释至 100 mL。

10.2.2.2 偏重亚硫酸钠溶液(100 g/L)。

10.2.2.3 硫酸[90%(质量分数)]。

10.2.2.4 变色酸显色剂：称取 0.1 g 变色酸($C_{10}H_6O_8S_2Na_2$)溶于 10 mL 水中，边冷却边加硫酸(10.2.2.3)90 mL，移入棕色瓶置于冰箱保存，有效期为一周。

10.2.2.5 甲醇标准溶液(10 g/L)：吸取密度为 0.791 3 g/mL 的甲醇 1.26 mL，置于已有部分基准乙醇(无甲醇酒精)的 100 mL 容量瓶中，并以基准乙醇稀释至刻度。

10.2.2.6 甲醇标准使用溶液：吸取甲醇标准溶液 0 mL、1.00 mL、2.00 mL、4.00 mL、6.00 mL、8.00 mL、10.00 mL、15.00 mL、20.00 mL 和 25.00 mL，分别注入 100 mL 容量瓶中，并以基准乙醇稀释至刻度。即甲醇含量分别为：0 mg/L，100 mg/L，200 mg/L，400 mg/L，600 mg/L，800 mg/L，1 000 mg/L，1 500 mg/L，2 000 mg/L 和 2 500 mg/L。

10.2.3 仪器

10.2.3.1 恒温水浴：控温精度±1 ℃。

10.2.3.2 分光光度计。

10.2.4 分析步骤

10.2.4.1 工作曲线的绘制(回归方程的建立)

吸取甲醇标准使用溶液和试剂空白各 5.00 mL，分别注入 100 mL 容量瓶中，加水稀释至刻度。根据样品中甲醇的含量，吸取相近的4个以上不同浓度的甲醇标准使用液各2.00 mL，分别注入25 mL比色管中，各加高锰酸钾-磷酸溶液1 mL，放置15 min。加偏重亚硫酸钠溶液(10.2.2.2)0.6 mL使其脱色。在外加冰水冷却情况下，沿管壁加显色剂10 mL，加塞摇匀，置于(70±1)℃水浴中，20 min后取出，用水冷却10 min。

立即用1 cm比色皿，在波长570 nm处，以零管(试剂空白)调零，测定其吸光度。以标准使用液中甲醇含量为横坐标，相应的吸光度值为纵坐标，绘制工作曲线。或建立线性回归方程进行计算。

10.2.4.2 试样测定

取试样5.00 mL，注入100 mL容量瓶中，加水稀释至刻线。吸取试样和试剂空白各2.00 mL按上述操作显色及测定吸光度。根据试样的吸光度在工作曲线上查出试样中的甲醇含量，或用回归方程计算。

或吸取与试样含量相近的限量指标的甲醇标准使用液及试样各2.00 mL按上述操作显色并直接测定吸光度。

10.2.5 结果计算

试样中的甲醇含量按式(8)计算：

$$X = \frac{A_x}{A} \times c \qquad \cdots\cdots (8)$$

式中：

X——试样中的甲醇含量，单位为毫克每升(mg/L)；

A_x——试样的吸光度；

A——甲醇标准使用溶液的吸光度；

c——标准使用溶液的甲醇含量，单位为毫克每升(mg/L)。

所得结果表示至整数。

10.2.6 精密度

在重复性条件下获得的两次独立测定值之差，若甲醇含量大于等于600 mg/L，不得超过5%；若甲醇含量小于600 mg/L，不得超过10%。

10.3 品红-亚硫酸比色法

10.3.1 原理

试样中的甲醇在磷酸溶液中被高锰酸钾氧化成甲醛，反应式为：

$$5CH_3OH + 2KMnO_4 + 4H_3PO_4 \longrightarrow 2KH_2PO_4 + 2MnHPO_4 + 5HCHO + 8H_2O$$

甲醛与亚硫酸品红(无色)作用生成蓝紫色化合物，与标准系列比较定量。

10.3.2 试剂和溶液

10.3.2.1 高锰酸钾-磷酸溶液(30 g/L)：同10.2.2.1。

10.3.2.2 硫酸溶液(1+1)。

10.3.2.3 草酸-硫酸溶液(50 g/L)：称取5 g草酸($H_2C_2O_4 \cdot H_2O$)溶于40 ℃左右硫酸溶液(10.3.2.2)中，并定容至100 mL。

10.3.2.4 无水亚硫酸钠溶液(100 g/L)。

10.3.2.5 盐酸：密度为1.19 g/mL

10.3.2.6 碱性品红-亚硫酸溶液：称取0.2 g碱性品红，溶于80 ℃左右120 mL水中，加入20 mL无水亚硫酸钠溶液(10.3.2.4)、2 mL盐酸(10.3.2.5)，加水稀释至200 mL。放置1 h，使溶液褪色并应具有强烈的二氧化硫气味(不褪色者，碱性品红不能用)，贮于棕色瓶中，置于低温保存。

10.3.2.7 甲醇标准溶液(10 g/L)：同10.2.2.5。

10.3.2.8 甲醇标准使用溶液：同10.2.2.6。

10.3.3 分析步骤

10.3.3.1 工作曲线的绘制(回归方程的建立)

a) 吸取甲醇标准使用溶液和试剂空白各 5.00 mL,分别注入 100 mL 容量瓶中,加水稀释至刻度。

b) 根据样品中甲醇的含量,吸取相近的 4 个以上不同浓度的甲醇标准使用溶液和试剂空白各 5.00 mL分别注入 25 mL 比色管中,各加高锰酸钾-磷酸溶液 2.00 mL 放置 15 min。加草酸-磷酸溶液 2.00 mL 混匀,使其脱色。加品红-亚硫酸溶液 5.00 mL,加塞摇匀,置于 20 ℃水浴中放置 30 min 取出。

c) 立即用 3 cm 比色皿,在波长 595 mm 处,以零管(试剂空白)调零,测定其吸光度。

d) 以标准使用溶液中甲醇含量为横坐标,相应的吸光度为纵坐标,绘制工作曲线。或建立线性回归方程进行计算。

10.3.3.2 试样的测定

a) 吸取试样 5.00 mL,注入 100 mL 容量瓶中,加水稀释至刻线。吸取该试样液和试剂空白[10.3.3.1a)]各 5.00 mL,按 10.3.3.1 中的 b)和 c)显色及测定吸光度,根据试样的吸光度在工作曲线上查出试样中的甲醇含量,或用回归方程计算。

b) 或吸取与试样含量相近的限量指标的甲醇标准使用溶液[10.3.3.1a)]及试样液[10.3.3.1a)]各 2.00 mL,按 10.3.3.1 中的 b)和 c)显色并直接测定吸光度。

10.3.4 结果计算

同 10.2.5。

10.3.5 精密度

同 10.2.6。

11 酸

11.1 原理

以酚酞为指示剂,利用氢氧化钠进行酸碱中和滴定。

11.2 试剂和溶液

11.2.1 酚酞指示液(10 g/L):按 GB/T 603 配制。

11.2.2 无二氧化碳的水:按 GB/T 603 配制。

11.2.3 氢氧化钠标准溶液[$c(NaOH)=0.1$ mol/L]:按 GB/T 601 配制与标定。

11.2.4 氢氧化钠标准滴定溶液[$c(NaOH)=0.02$ mol/L]:使用时将上述氢氧化钠标准溶液用无二氧化碳的水准确稀释 5 倍。

11.3 仪器

碱式滴定管:5 mL。

11.4 分析步骤

取试样 50.0 mL 于 250 mL 锥形瓶中,先置于沸腾的水浴中保持 2 min,取出,立即塞以钠石灰管用水冷却。再加无二氧化碳的水 50 mL、酚酞指示液 2 滴,用氢氧化钠标准滴定溶液(11.2.4)滴定至呈微红色,30 s 内不消失即为终点。

11.5 结果计算

试样中酸的含量按式(9)计算:

$$X=\frac{V\times c\times 0.060}{50}\times 10^{6} \qquad \cdots\cdots(9)$$

式中:

X——试样的含酸量(以乙酸计),单位为毫克每升(mg/L);

V——滴定试样时消耗氢氧化钠标准滴定溶液的体积，单位为毫升(mL)；

c——氢氧化钠标准使用溶液的浓度，单位为摩尔每升(mol/L)；

0.060——与 1.00 mL 氢氧化钠标准溶液[$c(NaOH)=1.000$ mol/L]相当的以克表示的乙酸之质量；

50.0——吸取试样的体积，单位为毫升(mL)。

所得结果表示至整数。

11.6 精密度

在重复性条件下获得的两次独立测定值之差，不得超过平均值的 10%。

12 酯

12.1 皂化法

12.1.1 原理

试样用碱中和游离酸后，加过量的氢氧化钠标准溶液加热回流，使酯皂化，剩余的碱用标准酸中和，以酚酞作指示液，用氢氧化钠标准滴定溶液回滴过量的酸。

12.1.2 试剂和溶液

12.1.2.1 氢氧化钠标准溶液[$c(NaOH)=0.1$ mol/L]：按 GB/T 601 配制与标定。

12.1.2.2 氢氧化钠标准滴定溶液[$c(NaOH)=0.05$ mol/L]：使用时将上述氢氧化钠标准溶液准确稀释一倍。

12.1.2.3 硫酸标准溶液[$c(1/2H_2SO_4)=0.1$ mol/L]：按 GB/T 601 配制与标定。

12.1.2.4 酚酞指示液(10 g/L)：按 GB/T 603 配制。

12.1.3 仪器

12.1.3.1 回流装置一套：500 mL 硼硅酸盐玻璃制成的磨口锥形烧瓶，同时配有 400 mm 长的球形冷凝管。

12.1.3.2 碱式滴定管：5 mL。

12.1.4 分析步骤

12.1.4.1 取试样 100.0 mL 于磨口锥形烧瓶中，加 100 mL 水，安上冷凝管，于沸水浴上加热回流 10 min。取下锥形烧瓶，用水冷却，加 5 滴酚酞指示液，用氢氧化钠标准溶液(12.1.2.1)小心滴定至微红色(切勿过量)并保持 15 s 内不消褪。

12.1.4.2 准确加入氢氧化钠标准溶液(12.1.2.1)10.00 mL，放几粒玻璃珠，安上冷凝管，于沸水浴上加热回流 1 h。取下锥形烧瓶，用水冷却。用两份 10 mL 水洗涤冷凝管内壁，合并洗液于锥形烧瓶中。

12.1.4.3 准确加入 10.00 mL 硫酸标准溶液(12.1.2.3)。然后，用氢氧化钠标准滴定溶液(12.1.2.2)滴定至微红色并保持 15 s 内不消褪为其终点。

同时用 100 mL 水，做空白试验。

12.1.5 结果计算

试样中的酯含量按式(10)计算：

$$X=\frac{(V-V_1)\times c\times 0.088}{V_2}\times 10^6 \qquad \cdots\cdots(10)$$

式中：

X——试样中的酯含量(以乙酸乙酯计)，单位为毫克每升(mg/L)；

V——滴定试样时消耗氢氧化钠标准滴定溶液的体积，单位为毫升(mL)；

V_1——滴定空白时消耗氢氧化钠标准滴定溶液的体积，单位为毫升(mL)；

c——氢氧化钠标准滴定溶液的浓度，单位为摩尔每升(mol/L)；

0.088——与 1.00 mL 氢氧化钠标准溶液[$c(NaOH)=1.000$ mol/L]相当的以克表示的乙酸乙酯的质量；

V_2——吸取试样的体积,单位为毫升(mL)。

所得结果表示至整数。

12.1.6 **精密度**

在重复性条件下获得的两次独立测定值之差,不得超过平均值的10%。

12.2 **比色法**

12.2.1 **原理**

在碱性溶液条件下,试样中的酯与羟胺生成异羟污酸盐,酸化后,与铁离子形成黄色的络合物,与标准比较定量。

12.2.2 **试剂和溶液**

12.2.2.1 氢氧化钠溶液[$c(NaOH)=3.5$ mol/L]:按GB/T 601配制。

12.2.2.2 盐酸羟胺溶液[$c(NH_2OH \cdot HCl)=2$ mol/L]。

12.2.2.3 盐酸溶液[$c(HCl)=4$ mol/L]:按GB/T 601配制。

12.2.2.4 反应液:分别取氢氧化钠溶液(12.2.2.1)和盐酸羟胺溶液(12.2.2.2)等体积混合(本溶液应当天混合使用)。

12.2.2.5 三氯化铁显色剂:称取50 g三氯化铁($FeCl_3 \cdot 6H_2O$)溶于约400 mL水中,加12.5 mL盐酸溶液(12.2.2.3),用水稀释至500 mL。

12.2.2.6 酯标准溶液(1 g/L):吸取密度为0.900 2 g/mL的乙酸乙酯1.11 mL,置于已有部分95%基准乙醇(无酯酒精)的1 000 mL容量瓶中,用基准乙醇稀释至刻度。

12.2.2.7 酯标准使用溶液:吸取酯标准溶液1.00 mL、2.00 mL、3.00 mL及4.00 mL,分别注入100 mL容量瓶中,并用基准乙醇稀释至刻度。即酯含量分别为10 mg/L、20 mg/L、30 mg/L及40 mg/L。

12.2.3 **分析步骤**

吸取与试样含量相近的酯标准使用溶液及试样各2.00 mL,分别注入25 mL比色管中,各加4.00 mL反应液(12.2.2.4),摇匀,放置2 min。加2.00 mL盐酸溶液(12.2.2.3)、2.00 mL显色剂,摇匀。用3 cm比色皿,在波长520 mm处,以水调零,测定其吸光度。

12.2.4 **结果计算**

试样中的酯含量按式(11)计算:

$$X=\frac{A_x}{A}\times c \qquad \cdots\cdots(11)$$

式中:

X——试样中的酯含量(以乙酸乙酯计),单位为毫克每升(mg/L);

A_x——试样的吸光度;

A——酯标准使用溶液的吸光度;

c——标准使用溶液的酯含量,单位为毫克每升(mg/L)。

所得结果表示至整数。

12.2.5 **精密度**

在重复性条件下获得的两次独立测定值之差,不得超过平均值的5%。

13 不挥发物

13.1 **原理**

试样于水浴上蒸干,将不挥发的残留物烘至恒重,称量,以百分数表示。

13.2 **仪器**

13.2.1 电热干燥箱:控温精度±2 ℃。

13.2.2 蒸发皿:材质为铂、石英或瓷。

13.2.3 分析天平:感量 0.1 mg。

13.3 分析步骤

取试样 100 mL,注入恒重的蒸发皿中,置沸水浴上蒸干,然后放入电热干燥箱中,于(110±2)℃下烘至恒重。

13.4 结果计算

试样中的不挥发物含量按式(12)计算:

$$X = \frac{m_1 - m_2}{100} \times 10^6 \qquad \cdots\cdots (12)$$

式中:

X——试样中不挥发物的含量,单位为毫克每升(mg/L);

m_1——蒸发皿加残渣的质量,单位为克(g);

m_2——恒重之蒸发皿的质量,单位为克(g);

100——吸取试样的体积,单位为毫升(mL)。

所得结果表示至整数。

13.5 精密度

在重复性条件下获得的两次独立测定值之差,不得超过平均值的10%。

14 重金属

14.1 原理

重金属离子(以铅为例)在弱酸性(pH=3~4)条件下,与硫化氢作用,生成棕黑色硫化物,当含量很少时,呈稳定的悬浮液,其反应式为:

$$Pb^{2+} + H_2S = PbS + 2H^+$$

然后,与同法处理铅标准溶液系列比较,做限量测定。

14.2 试剂和溶液

14.2.1 乙酸盐缓冲液(pH=3.5):称取 25.0 g 乙酸铵溶于 25 mL 水中,加 45 mL 6 mol/L 盐酸,用稀盐酸或稀氨水(6 mol/L 或 1 mol/L),在 pH 计上,调节 pH 值至 3.5,用水稀释至 100 mL。

14.2.2 酚酞指示液(10 g/L):按 GB/T 603 配制。

14.2.3 饱和硫化氢水:将硫化氢气体通入不含二氧化碳的水中,至饱和为止(此溶液临用前制备)。

14.2.4 铅标准溶液(1 g/L):称取 0.159 8 g 高纯硝酸铅,溶于 10 mL 1%硝酸溶液中,定量移入 100 mL容量瓶中,用水稀释至刻度。

14.2.5 铅标准使用溶液(10 μg/mL):取 1 g/L 铅标准溶液临用前用水准确稀释 100 倍。

14.3 仪器

比色管:50 mL。

所用玻璃仪器需用 10%硝酸浸泡 24 h 以上,用自来水反复冲洗,最后用水冲洗干净。

14.4 分析步骤

14.4.1 A 管:吸取 2.50 mL 铅标准使用液于 50 mL 比色管中,补加 25.00 mL 水,加 1 滴酚酞指示液,用稀盐酸或稀氨水调 pH 至中性(酚酞红色刚好褪去),加入 5 mL 乙酸盐缓冲液(14.2.1),混匀,备用。

14.4.2 B 管:用 50 mL 比色管直接取试样 25 mL,补加 2.5 mL 水,加 1 滴酚酞指示液,用稀盐酸或稀氨水调 pH 至中性(酚酞红色刚好褪去),加入 5 mL 乙酸盐缓冲液(14.2.1),混匀,备用。

14.4.3 C 管:用 50 mL 比色管直接取 25.0 mL(与 B 管相同的)试样,再加入 2.50 mL(与 A 管等量的)铅标准使用溶液,混匀,加 1 滴酚酞指示液,用稀盐酸或稀氨水调节 pH 至中性(酚酞红色刚好褪去),加入 5 mL 乙酸盐缓冲液(14.2.1),混匀,备用。

14.4.4 向上述各管中,各加入 10 mL 新鲜制备的饱和硫化氢水(14.2.3),混匀,于暗处放置 5 min。

取出，在白色背景下比色。其B管的色度不得深于A管；C管的色度应与A管相当或深于A管。

15 氰化物

15.1 原理

氰化物在pH=7.0的缓冲溶液中，用氯胺T将氰化物转化成氯化氰，再与异烟酸-吡唑啉酮作用，生成蓝色染料，与标准系列比较定量。

15.2 试剂和溶液

15.2.1 硝酸银标准溶液[$c(AgNO_3)=0.1$ mol/L]：按GB/T 601配制与标定。

15.2.2 硝酸银标准滴定溶液[$c(AgNO_3)=0.020$ mol/L]：使用时，将上述标准溶液准确稀释5倍。

15.2.3 氢氧化钠溶液(20 g/L)。

15.2.4 氢氧化钠溶液(10 g/L)。

15.2.5 酚酞指示液(10 g/L)：按GB/T 603配制。

15.2.6 磷酸盐缓冲液(pH=7)：称取34.0 g无水磷酸二氢钾和35.5 g无水磷酸氢二钠，用水溶解并稀释至1 000 mL。

15.2.7 试银灵(对-二甲基亚苄基罗丹宁)溶液：称取0.02 g试银灵，溶于100 mL丙酮中。

15.2.8 异烟酸-吡唑啉酮溶液：称取1.5 g异烟酸，溶于24 mL氢氧化钠溶液(15.2.3)中。另称取0.25 g吡唑啉酮，溶于20 mL N-二甲基甲酰胺中，合并上述两种溶液，摇匀。

15.2.9 氯胺T溶液(10 g/L)：称取1.0 g氯胺T(有效氯应保证在11%以上)，溶于100 mL水中，此溶液须现用现配。

15.2.10 氰化钾标准溶液(100 mg/L)

配制：称取0.250 g氰化钾(KCN)溶于水中，并稀释定容至100 mL，此溶液浓度为1 g/L。用前再标定、稀释。

标定：吸取上述溶液10.00 mL于100 mL锥形瓶中，加1 mL氢氧化钠溶液(15.2.3)，使pH在11以上，再加0.1 mL试银灵溶液(15.2.7)，然后用硝酸银标准滴定溶液(15.2.2)滴定至橙红色为其终点(1 mL硝酸银标准滴定溶液相当于1.08 mg氢氰酸)。

稀释：将标定好的氰化钾溶液用氢氧化钠溶液(15.2.4)准确稀释10倍，即为100 mg/L。

15.2.11 氰化钾标准使用溶液：吸取氰化钾标准溶液(15.2.10)0 mL、0.50 mL、1.00 mL、1.50 mL、2.00 mL及2.50 mL分别于100 mL容量瓶中，用氢氧化钠溶液(15.2.4)稀释至刻度，即相当于氢氰酸分别为0 mg/L、0.5 mg/L、1.0 mg/L、1.5 mg/L、2.0 mg/L及2.5 mg/L。此溶液易降解，须现用现配。

15.2.12 乙酸溶液(1+6)。

15.3 仪器

15.3.1 具塞比色管：10 mL。

15.3.2 分光光度计。

15.3.3 恒温水浴：控温精度±1 ℃。

15.4 分析步骤

15.4.1 绘制工作曲线(或建立回归方程)

a) 吸取氰化钾标准使用溶液及试剂空白各1.00 mL分别于10 mL具塞比色管中，各加2滴酚酞指示液，用乙酸溶液(15.2.12)调至红色刚好消褪，再用氢氧化钠溶液(15.2.4)调至近红色，然后加入2 mL磷酸盐缓冲溶液(15.2.6)，摇匀(呈无色)，再加0.2 mL 10 g/L氯胺T溶液，摇匀，于20 ℃下放置3 min。加2 mL异烟酸-吡唑啉酮溶液，补加水至刻度，摇匀，在恒温水浴(30 ℃±1 ℃)中放置30 min，呈蓝色，取出。

b) 用1 cm比色皿，以零管(试剂空白)调零，于波长638 nm处，测定其吸光度。

c) 以氰化物标准使用溶液的含量为横坐标，相应的吸光度为纵坐标，绘制工作曲线。或以线性回归方程进行计算。

15.4.2 **试样的测定**

吸取试样及试剂空白各 1.00 mL，按 15.4.1 中的 a)和 b)显色及测定吸光度。根据试样的吸光度在工作曲线上查出试样中的氰化物含量，或用回归方程计算。

或吸取与试样含量相近的限量指标的氰化物标准使用溶液及试样各 1.00 mL，按 15.4.1 中的 a)和 b)显色并直接测定吸光度。

注 1：试样中氰化物的含量高时，可适当减少取样量。

注 2：氰化物属剧毒品，须按毒品管理办法执行废液不得随意排放，应集中处理后再排放。

处理方法：200 mL 废水，加 10%碳酸钠溶液 25 mL、30%硫酸亚铁溶液 25 mL，搅匀，使之生成亚铁氰化铁，无毒，便可以排放。注意下水中不得有酸。

15.4.3 **结果计算**

试样中的氰化物含量按式(13)计算：

$$X = \frac{A_x}{A} \times c \qquad (13)$$

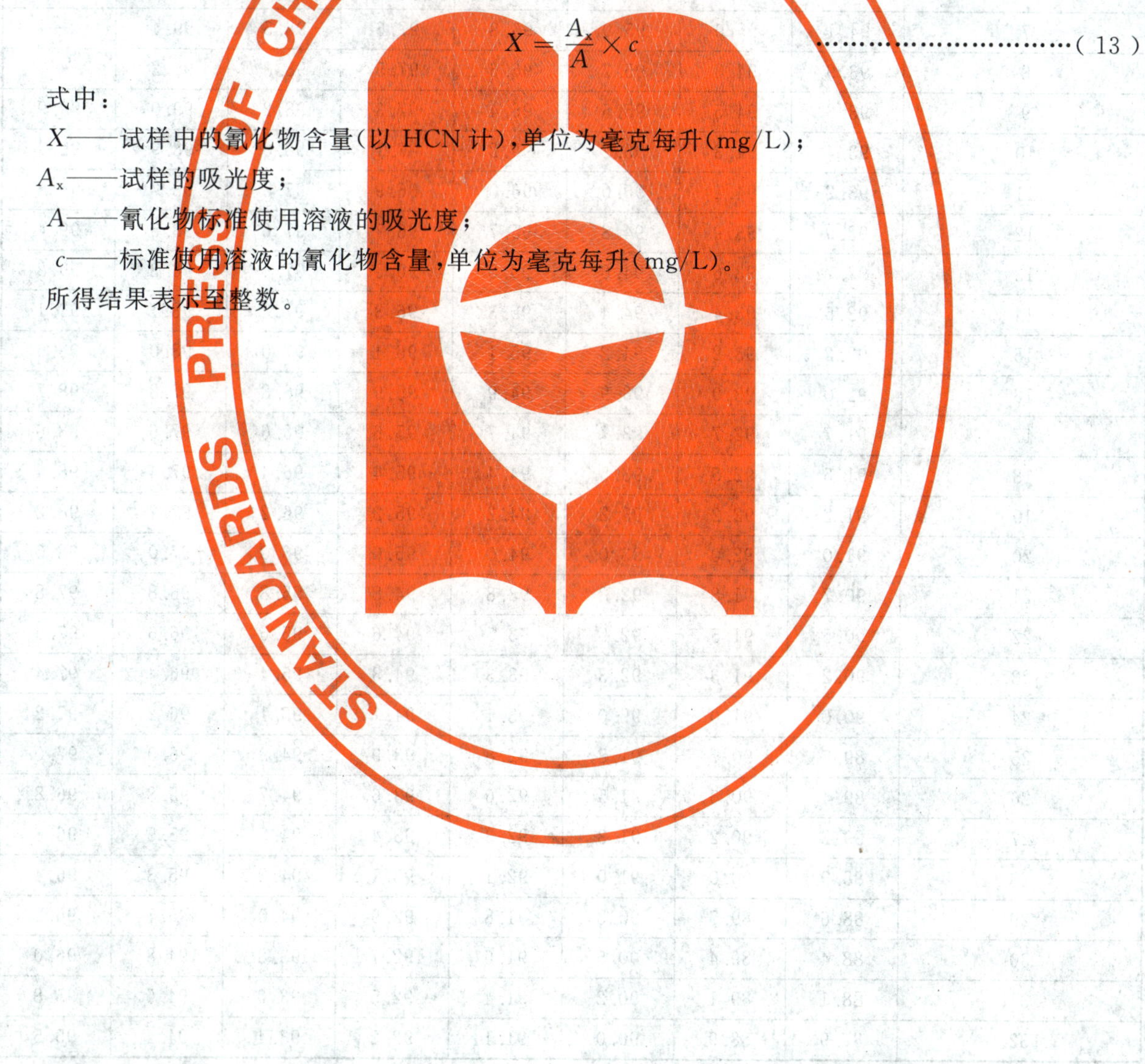

式中：

X——试样中的氰化物含量(以 HCN 计)，单位为毫克每升(mg/L)；

A_x——试样的吸光度；

A——氰化物标准使用溶液的吸光度；

c——标准使用溶液的氰化物含量，单位为毫克每升(mg/L)。

所得结果表示至整数。

附 录 A
（规范性附录）
酒精计温度(*T*)、酒精度(ALC)(体积分数)换算表(20 ℃)

酒精计温度(*T*)、酒精度(ALC)(体积分数)换算表(20 ℃),见表 A.1。

表 A.1 酒精计温度(*T*)、酒精度(ALC)(体积分数)换算表(20 ℃)

酒精计温度(*T*)	酒精度(ALC)							
	91	92	93	94	95	96	97	98
	对应 20 ℃时的酒精度							
5	94.5	95.4	96.3	97.1	98.0	98.9	99.7	—
6	94.3	95.2	96.1	97.0	97.8	98.7	99.5	—
7	94.1	95.0	95.9	96.8	97.6	98.5	99.4	—
8	93.9	94.8	95.7	96.6	97.5	98.3	99.2	—
9	93.6	94.5	95.5	96.4	97.3	98.2	99.0	99.9
10	93.4	94.3	95.2	96.2	97.1	98.0	98.9	99.7
11	93.2	94.1	95.0	96.0	96.9	97.8	98.7	99.6
12	92.9	93.9	94.8	95.7	96.7	97.6	98.5	99.4
13	92.7	93.6	94.6	95.5	96.5	97.4	98.3	99.2
14	92.5	93.4	94.4	95.3	96.3	97.2	98.1	99.1
15	92.2	93.2	94.2	95.1	96.1	97.0	98.0	98.9
16	92.0	93.0	93.9	94.9	95.9	96.8	97.8	98.7
17	91.7	92.7	93.7	94.7	95.6	96.6	97.6	98.6
18	91.5	92.5	93.5	94.4	95.4	96.4	97.4	98.4
19	91.2	92.2	93.2	94.2	95.2	96.2	97.2	98.2
20	91.0	92.0	93.0	94.0	95.0	96.0	97.0	98.0
21	90.7	91.8	92.8	93.8	94.8	95.8	96.8	97.8
22	90.5	91.5	92.5	93.5	94.6	95.6	96.6	97.6
23	90.2	91.3	92.3	93.3	94.3	95.4	96.4	97.4
24	90.0	91.0	92.0	93.1	94.1	95.1	96.2	97.2
25	89.7	90.7	91.8	92.8	93.9	94.9	96.0	97.0
26	89.4	90.5	91.5	92.6	93.6	94.7	95.8	96.8
27	89.2	90.2	91.3	92.3	93.4	94.5	95.5	96.6
28	88.9	90.0	91.0	92.1	93.1	94.2	95.3	96.4
29	88.6	89.7	90.8	91.8	92.9	94.0	95.1	96.2
30	88.4	89.4	90.5	91.6	92.7	93.8	94.8	96.0
31	88.1	89.1	90.2	91.4	92.5	93.6	94.6	95.8
32	87.9	88.9	90.0	91.1	92.2	93.4	94.4	95.5

ICS 59.080.20
W 12

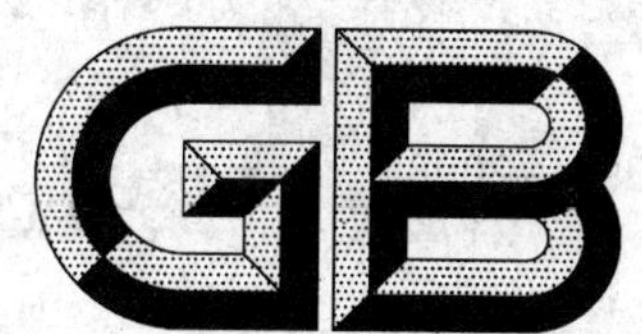

中华人民共和国国家标准

GB/T 398—2008
代替 GB/T 398—1993

棉本色纱线

Cotton grey yarns

2008-05-23 发布　　2008-12-01 实施

中华人民共和国国家质量监督检验检疫总局
中国国家标准化管理委员会　发布

前　言

本标准在主要技术内容和技术要求等方面参照2001乌斯特统计值修订。

本标准与2001乌斯特统计值的一致性程度为非等效。采用了梳棉机织物用纱(环锭纺)及精梳棉机织物用纱(环锭纺)中下列统计值作为本标准技术要求中相关技术指标修订的依据:

a) 纱的百米重量变异系数;

b) 纱的条干均匀度变异系数;

c) 单纱断裂强度(cN/tex);

d) 单纱断裂强力变异系数。

本标准代替GB/T 398—1993《棉本色纱线》。

本标准与GB/T 398—1993相比主要变化如下:

——纱的百米重量变异系数指标收严;

——纱的条干均匀度变异系数指标收严;

——单纱、线断裂强度指标收严;

——单纱、线断裂强力变异系数指标收严;

——1 g内棉结粒数收严;

——1 g内棉结杂质总粒数收严;

——单纱、线断裂强度分优、一、二等指标考核;

——百米重量偏差分优、一、二等指标考核;

——单纱一等品增加十万米纱疵考核。

本标准的附录A为规范性附录。

本标准由中国纺织工业协会提出。

本标准由全国纺织品标准化技术委员会棉纺织印染分技术委员会归口。

本标准起草单位:上海市纺织工业技术监督所、鲁泰纺织股份有限公司、中国棉纺织行业协会。

本标准所代替标准的历次版本发布情况为:

——GB/T 398—1978、GB/T 398—1993。

棉本色纱线

1 范围

本标准规定了棉本色纱线(以下简称“棉纱线”)的产品分类、要求、试验方法、检验规则和标志、包装。

本标准适用于鉴定环锭机制棉纱线的品质,不适用于鉴定特种用途棉纱线的品质。

2 规范性引用文件

下列文件中的条款通过本标准的引用而成为本标准的条款,凡是注日期的引用文件,其随后所有的修改单(不包括勘误的内容)或修订版均不适用于本标准,然而,鼓励根据本标准达成协议的各方研究是否可使用这些文件的最新版本。凡是不注日期的引用文件,其最新版本适用于本标准。

GB/T 2543.1 纺织品 纱线捻度的测定 第1部分:直接计数法

GB/T 2543.2 纺织品 纱线捻度的测定 第2部分:退捻加捻法

GB/T 3292 纺织品 纱条条干不匀试验方法 电容法

GB/T 3916 纺织品 卷装纱 单根纱线断裂强力和断裂伸长率的测定

GB/T 4743 纱线线密度的测定 绞纱法

GB/T 9996.2 棉及化纤纯纺、混纺纱线外观质量黑板检验方法 第2部分:分别评定法

FZ/T 01050—1997 纺织品 纱线疵点的分级与检验方法 电容式

FZ/T 10007 棉及化纤纯纺、混纺本色纱线检验规则

FZ/T 10008 棉及化纤纯纺、混纺本色纱线标志与包装

FZ/T 10013.1 温度与回潮率对棉及化纤纯纺、混纺制品断裂强力的修正方法 本色纱线及染色加工线断裂强力的修正方法

3 分类

3.1 棉纱线的线密度

棉纱线的线密度以 1 000 m 纱线在公定回潮率时的重量(g)表示,单位为特克斯(tex)。

3.2 棉纱线的公定回潮率

棉纱线的公定回潮率为 8.5%。

3.3 棉纱线的标准重量

3.3.1 100 m 纱线在公定回潮率为 8.5%时的标准重量(g)按式(1)计算:

$$m_g = \frac{T_t}{10} \quad \cdots\cdots(1)$$

式中:

m_g——100 m 纱线在公定回潮率时的标准重量,单位为克每百米(g/100 m);

T_t——纱线线密度,单位为特克斯(tex)。

3.3.2 100 m 纱线的标准干燥重量(g)按式(2)计算:

$$m_d = \frac{T_t}{10.85} \quad \cdots\cdots(2)$$

式中:

m_d——100 m 纱线的标准干燥重量,单位为克每百米(g/100 m);

T_t——纱线线密度，单位为特克斯(tex)。

3.4 单纱和股线的线密度规定

单纱和股线的最后成品设计线密度应与其公称线密度相等。纺股线用的单纱设计线密度应保证股线的设计线密度与公称线密度相等。

3.5 棉纱线的公称线密度系列及其 100 m 的标准重量规定

3.5.1 棉纱的公称线密度系列及其 100 m 的标准重量见表 1。

表 1 棉纱的公称线密度系列及其 100 m 的标准重量

公称线密度系列/tex	标准干燥重量/(g/100 m)	公定回潮率为 8.5%时的标准重量/(g/100 m)	公称线密度系列/tex	标准干燥重量/(g/100 m)	公定回潮率为 8.5%时的标准重量/(g/100 m)
4	0.369	0.400	26	2.396	2.600
4.5	0.415	0.450	27	2.488	2.700
5	0.461	0.500	28	2.581	2.800
5.5	0.507	0.550	29	2.673	2.900
6	0.553	0.600	30	2.765	3.000
6.5	0.599	0.650	32	2.949	3.200
7	0.645	0.700	34	3.134	3.400
7.5	0.691	0.750	36	3.318	3.600
8	0.737	0.800	38	3.502	3.800
8.5	0.783	0.850	40	3.687	4.000
9	0.829	0.900	42	3.871	4.200
9.5	0.876	0.950	44	4.055	4.400
10	0.922	1.000	46	4.240	4.600
11	1.014	1.100	48	4.424	4.800
12	1.106	1.200	50	4.608	5.000
13	1.198	1.300	52	4.793	5.200
14	1.290	1.400	54	4.977	5.400
(14.5)	1.336	1.450	56	5.161	5.600
15	1.382	1.500	58	5.346	5.800
16	1.475	1.600	60	5.530	6.000
17	1.567	1.700	64	5.899	6.400
18	1.659	1.800	68	6.267	6.800
19	1.751	1.900	72	6.636	7.200
(19.5)	1.797	1.950	76	7.005	7.600
20	1.843	2.000	80	7.373	8.000
21	1.935	2.100	88	8.111	8.800
22	2.028	2.200	96	8.848	9.600
23	2.120	2.300	120	11.060	12.000
24	2.212	2.400	144	13.272	14.400
25	2.304	2.500	192	17.696	19.200

3.5.2 双股棉线的公称线密度系列及其 100 m 的标准重量见表 2。

表 2　双股棉线的公称线密度系列及其 100 m 的标准重量

公称线密度系列/tex	标准干燥重量/(g/100 m)	公定回潮率为 8.5%时的标准重量/(g/100 m)	公称线密度系列/tex	标准干燥重量/(g/100 m)	公定回潮率为 8.5%时的标准重量/(g/100 m)
4×2	0.737	0.800	24×2	4.424	4.800
4.5×2	0.829	0.900	25×2	4.608	5.000
5×2	0.922	1.000	26×2	4.793	5.200
5.5×2	1.014	1.100	27×2	4.977	5.400
6×2	1.106	1.200	28×2	5.161	5.600
6.5×2	1.198	1.300	29×2	5.346	5.800
7×2	1.290	1.400	30×2	5.530	6.000
7.5×2	1.382	1.500	32×2	5.899	6.400
8×2	1.475	1.600	34×2	6.267	6.800
8.5×2	1.567	1.700	36×2	6.636	7.200
9×2	1.659	1.800	38×2	7.005	7.600
9.5×2	1.751	1.900	40×2	7.373	8.000
10×2	1.843	2.000	42×2	7.742	8.400
11×2	2.028	2.200	44×2	8.111	8.800
12×2	2.212	2.400	46×2	8.479	9.200
13×2	2.396	2.600	48×2	8.848	9.600
14×2	2.581	2.800	50×2	9.217	10.000
(14.5×2)	2.673	2.900	52×2	9.585	10.400
15×2	2.765	3.000	54×2	9.954	10.800
16×2	2.949	3.200	56×2	10.323	11.200
17×2	3.134	3.400	58×2	10.691	11.600
18×2	3.318	3.600	60×2	11.060	12.000
19×2	3.502	3.800	64×2	11.797	12.800
(19.5×2)	3.594	3.900	68×2	12.535	13.600
20×2	3.687	4.000	72×2	13.272	14.400
21×2	3.871	4.200	76×2	14.009	15.200
22×2	4.055	4.400	80×2	14.747	16.000
23×2	4.240	4.600			

3.5.3　三股棉线的公称线密度系列及其 100 m 的标准重量见表 3。

表 3　三股棉线的公称线密度系列及其 100 m 的标准重量

公称线密度系列/tex	标准干燥重量/(g/100 m)	公定回潮率为 8.5%时的标准重量/(g/100 m)	公称线密度系列/tex	标准干燥重量/(g/100 m)	公定回潮率为 8.5%时的标准重量/(g/100 m)
4×3	1.106	1.200	9×3	2.488	2.700
4.5×3	1.244	1.350	9.5×3	2.627	2.850
5×3	1.382	1.500	10×3	2.765	3.000
5.5×3	1.521	1.650	11×3	3.041	3.300
6×3	1.659	1.800	12×3	3.318	3.600
6.5×3	1.797	1.950	13×3	3.594	3.900
7×3	1.935	2.100	14×3	3.871	4.200
7.5×3	2.074	2.250	14.5×3	4.009	4.350
8×3	2.212	2.400	15×3	4.147	4.500
8.5×3	2.350	2.550	16×3	4.424	4.800

表 3（续）

公称线密度系列/tex	标准干燥重量/(g/100 m)	公定回潮率为8.5%时的标准重量/(g/100 m)	公称线密度系列/tex	标准干燥重量/(g/100 m)	公定回潮率为8.5%时的标准重量/(g/100 m)
17×3	4.700	5.100	24×3	6.636	7.200
18×3	4.977	5.400	25×3	6.912	7.500
19×3	5.253	5.700	26×3	7.189	7.800
19.5×3	5.392	5.850	27×3	7.465	8.100
20×3	5.530	6.000	28×3	7.742	8.400
21×3	5.806	6.300	29×3	8.018	8.700
22×3	6.083	6.600	30×3	8.295	9.000
23×3	6.359	6.900			

4 要求

4.1 梳棉纱的要求见表4。

表4 梳棉纱的要求

线密度/tex（英制支数）	等别	单纱断裂强力变异系数 CV/% ≤	百米重量变异系数 CV/% ≤	单纱断裂强度/(cN/tex) ≥	百米重量偏差/%	条干均匀度 黑板条干均匀度10块板比例（优：一：二：三）不低于	条干均匀度 条干均匀度变异数 CV/% ≤	1 g内棉结粒数/(粒/g) ≤	1 g内棉结杂质总粒数/(粒/g) ≤	实际捻系数（参考值）经纱	实际捻系数（参考值）纬纱	十万米纱疵/(个/10^5 m) ≤
8～10（70～56）	优	10.0	2.2	15.6	±2.0	7：3：0：0	16.5	25	45	340～430	310～380	10
	一	13.0	3.5	13.6	±2.5	0：7：3：0	19.0	55	95			30
	二	16.0	4.5	10.6	±3.5	0：0：7：3	22.0	95	145			—
11～13（55～44）	优	9.5	2.2	15.8	±2.0	7：3：0：0	16.5	30	55	340～430	310～380	10
	一	12.5	3.5	13.8	±2.5	0：7：3：0	19.0	65	105			30
	二	15.5	4.5	10.8	±3.5	0：0：7：3	22.0	105	155			—
14～15（43～37）	优	9.5	2.2	16.0	±2.0	7：3：0：0	16.0	30	55	330～420	300～370	10
	一	12.5	3.5	14.0	±2.5	0：7：3：0	18.5	65	105			30
	二	15.5	4.5	11.0	±3.5	0：0：7：3	21.5	105	155			—
16～20（36～29）	优	9.0	2.2	16.2	±2.0	7：3：0：0	15.5	30	55	330～420	300～370	10
	一	12.0	3.5	14.2	±2.5	0：7：3：0	18.0	65	105			30
	二	15.0	4.5	11.2	±3.5	0：0：7：3	21.0	105	155			—
21～30（28～19）	优	8.5	2.2	16.4	±2.0	7：3：0：0	14.5	30	55	330～420	300～370	10
	一	11.5	3.5	14.4	±2.5	0：7：3：0	17.0	65	105			30
	二	14.5	4.5	11.4	±3.5	0：0：7：3	20.0	105	155			—
32～34（18～17）	优	8.0	2.2	16.2	±2.0	7：3：0：0	14.0	35	65	320～410	290～360	10
	一	11.0	3.5	14.2	±2.5	0：7：3：0	16.5	75	125			30
	二	14.5	4.5	11.2	±3.5	0：0：7：3	19.5	115	185			—
36～60（16～10）	优	7.5	2.2	16.0	±2.0	7：3：0：0	13.5	35	65	320～410	290～360	10
	一	10.5	3.5	14.0	±2.5	0：7：3：0	16.0	75	125			30
	二	14.0	4.5	11.0	±3.5	0：0：7：3	19.0	115	185			—

表 4（续）

线密度/tex（英制支数）	等别	单纱断裂强力变异系数 CV/% ≤	百米重量变异系数 CV/% ≤	单纱断裂强度/(cN/tex) ≥	百米重量偏差/%	条干均匀度		1 g 内棉结粒数/(粒/g) ≤	1 g 内棉结杂质总粒数/(粒/g) ≤	实际捻系数（参考值）		十万米纱疵/(个/10^5 m) ≤
						黑板条干均匀度 10 块板比例（优：一：二：三）不低于	条干均匀度变异数 CV/% ≤			经纱	纬纱	
64～80（9～7）	优	7.0	2.2	15.8	±2.0	7：3：0：0	13.0	35	65	320～410	290～360	10
	一	10.0	3.5	13.8	±2.5	0：7：3：0	15.5	75	125			30
	二	13.5	4.5	10.8	±3.5	0：0：7：3	18.5	115	185			—
88～192（6～3）	优	6.5	2.2	15.6	±2.0	7：3：0：0	12.5	35	65	320～410	290～360	10
	一	9.5	3.5	13.6	±2.5	0：7：3：0	15.0	75	125			30
	二	13.0	4.5	10.6	±3.5	0：0：7：3	18.0	115	185			—

注：十万米纱疵为 FZ/T 01050—1997 中规定的纱疵 $A_3+B_3+C_3+D_2$ 之和。（以下同此）

4.2 精梳棉纱的要求见表 5。

表 5 精梳棉纱的要求

线密度/tex（英制支数）	等别	单纱断裂强力变异系数 CV/% ≤	百米重量变异系数 CV/% ≤	单纱断裂强度/(cN/tex) ≥	百米重量偏差/%	条干均匀度		1 g 内棉结粒数/(粒/g) ≤	1 g 内棉结杂质总粒数/(粒/g) ≤	实际捻系数（参考值）		十万米纱疵/(个/10^5 m) ≤
						黑板条干均匀度 10 块板比例（优：一：二：三）不低于	条干均匀度变异数 CV/% ≤			经纱	纬纱	
4～4.5（150～131）	优	12.0	2.0	17.6	±2.0	7：3：0：0	16.5	20	25	340～430	310～360	5
	一	14.5	3.0	15.6	±2.5	0：7：3：0	19.0	45	55			20
	二	17.5	4.0	12.6	±3.5	0：0：7：3	22.0	70	85			—
5～5.5（130～111）	优	11.5	2.0	17.6	±2.0	7：3：0：0	16.5	20	25	340～430	310～360	5
	一	14.0	3.0	15.6	±2.5	0：7：3：0	19.0	45	55			20
	二	17.0	4.0	12.6	±3.5	0：0：7：3	22.0	70	85			—
6～6.5（110～91）	优	11.0	2.0	17.8	±2.0	7：3：0：0	15.5	20	25	330～400	300～350	5
	一	13.5	3.0	15.8	±2.5	0：7：3：0	18.0	45	55			20
	二	16.5	4.0	12.8	±3.5	0：0：7：3	21.0	70	85			—
7～7.5（90～71）	优	10.5	2.0	17.8	±2.0	7：3：0：0	15.0	20	25	330～400	300～350	5
	一	13.0	3.0	15.8	±2.5	0：7：3：0	17.5	45	55			20
	二	16.0	4.0	12.8	±3.5	0：0：7：3	20.5	70	85			—
8～10（70～56）	优	9.5	2.0	18.0	±2.0	7：3：0：0	14.5	20	25	330～400	300～350	5
	一	12.5	3.0	16.0	±2.5	0：7：3：0	17.0	45	55			20
	二	15.5	4.0	13.0	±3.5	0：0：7：3	19.5	70	85			—
11～13（55～44）	优	8.5	2.0	18.0	±2.0	7：3：0：0	14.0	15	20	330～400	300～350	5
	一	11.5	3.0	16.0	±2.5	0：7：3：0	16.0	35	45			20
	二	14.5	4.0	13.0	±3.5	0：0：7：3	18.5	55	75			—
14～15（43～37）	优	8.0	2.0	15.8	±2.0	7：3：0：0	13.5	15	20	330～400	300～350	5
	一	11.0	3.0	14.4	±2.5	0：7：3：0	15.5	35	45			20
	二	14.0	4.0	12.4	±3.5	0：0：7：3	18.0	55	75			—

表 5（续）

线密度/tex（英制支数）	等别	单纱断裂强力变异系数 CV/% ≤	百米重量变异系数 CV/% ≤	单纱断裂强度/(cN/tex) ≥	百米重量偏差/%	条干均匀度 黑板条干均匀度10块板比例（优：一：二：三）不低于	条干均匀度 条干均匀度变异数 CV/% ≤	1 g内棉结粒数/(粒/g) ≤	1 g内棉结杂质总粒数/(粒/g) ≤	实际捻系数（参考值）经纱	实际捻系数（参考值）纬纱	十万米纱疵/(个/10^5 m) ≤
16～20 (36～29)	优 一 二	7.5 10.5 13.5	2.0 3.0 4.0	15.8 14.4 12.4	±2.0 ±2.5 ±3.5	7：3：0：0 0：7：3：0 0：0：7：3	13.0 15.0 17.5	15 35 55	20 45 75	320～390	290～340	5 20 —
21～30 (28～19)	优 一 二	7.0 10.0 13.0	2.0 3.0 4.0	16.0 14.6 12.6	±2.0 ±2.5 ±3.5	7：3：0：0 0：7：3：0 0：0：7：3	12.5 14.5 17.0	15 35 55	20 45 75	320～390	290～340	5 20 —
32～36 (18～16)	优 一 二	6.5 9.5 12.5	2.0 3.0 4.0	16.0 14.6 12.6	±2.0 ±2.5 ±3.5	7：3：0：0 0：7：3：0 0：0：7：3	12.0 14.0 16.5	15 35 55	20 45 75	320～390	290～340	5 20 —

4.3 梳棉股线的要求见表 6。

表 6 梳棉股线的要求

线密度/tex(英制支数)	等别	单线断裂强力变异系数 CV/% ≤	百米重量变异系数 CV/% ≤	单线断裂强度/(cN/tex) ≥	百米重量偏差/%	1 g内棉结粒数/(粒/g) ≤	1 g内棉结杂质总粒数/(粒/g) ≤	实际捻系数（参考值）经纱	实际捻系数（参考值）纬纱
8×2～10×2 (70/2～56/2)	优 一 二	8.0 11.0 14.0	1.5 2.5 3.5	17.8 15.6 12.2	±2.0 ±2.5 ±3.5	20 40 65	30 70 95	400～530	360～470
11×2～20×2 (55/2～29/2)	优 一 二	7.5 10.5 13.5	1.5 2.5 3.5	18.2 15.8 12.4	±2.0 ±2.5 ±3.5	20 40 70	40 75 105	400～530	360～470
21×2～30×2 (28/2～19/2)	优 一 二	7.0 10.0 13.0	1.5 2.5 3.5	18.8 16.6 13.2	±2.0 ±2.5 ±3.5	20 40 70	40 75 105	400～530	360～470
32×2～60×2 (18/2～10/2)	优 一 二	6.5 9.5 12.5	1.5 2.5 3.5	18.6 16.4 13.0	±2.0 ±2.5 ±3.5	20 40 70	40 75 105	400～530	360～470
64×2～80×2 (9/2～7/2)	优 一 二	6.0 9.0 12.0	1.5 2.5 3.5	18.2 15.8 12.4	±2.0 ±2.5 ±3.5	20 40 70	40 75 105	400～530	360～470
8×3～10×3 (70/3～56/3)	优 一 二	5.5 8.5 11.5	1.5 2.5 3.5	20.2 16.0 13.8	±2.0 ±2.5 ±3.5	12 30 55	30 65 90	400～530	360～470
11×3～20×3 (55/3～29/3)	优 一 二	5.0 8.0 11.0	1.5 2.5 3.5	20.6 17.8 14.0	±2.0 ±2.5 ±3.5	15 35 65	35 70 100	400～530	360～470
21×3～30×3 (28/3～19/3)	优 一 二	4.5 7.5 11.0	1.5 2.5 3.5	21.4 18.8 16.8	±2.0 ±2.5 ±3.5	15 35 65	35 70 100	400～530	360～470

4.4　精梳棉股线的要求见表7。

表7　精梳棉股线的要求

线密度/tex（英制支数）	等别	单线断裂强力变异系数 CV/% ≤	百米重量变异系数 CV/% ≤	单线断裂强度/(cN/tex) ≥	百米重量偏差/%	1 g内棉结粒数/(粒/g) ≤	1 g内棉结杂质总粒数/(粒/g) ≤	实际捻系数（参考值）	
								经纱	纬纱
4×2～4.5×2（150/2～131/2）	优 一 二	9.0 11.5 14.0	1.5 2.5 3.5	21.0 18.6 15.0	±2.0 ±2.5 ±3.5	15 30 50	20 35 55	360～480	320～440
5×2～5.5×2（130/2～111/2）	优 一 二	8.5 11.0 13.5	1.5 2.5 3.5	21.0 18.6 15.0	±2.0 ±2.5 ±3.5	15 30 50	20 35 55	360～480	320～440
6×2～7.5×2（110/2～71/2）	优 一 二	8.0 10.5 13.0	1.5 2.5 3.5	21.4 19.0 15.4	±2.0 ±2.5 ±3.5	15 30 50	20 35 55	380～500	340～460
8×2～10×2（70/2～56/2）	优 一 二	7.5 10.0 12.5	1.5 2.5 3.5	21.6 19.2 15.6	±2.0 ±2.5 ±3.5	15 30 50	20 35 55	380～500	340～460
11×2～20×2（55/2～29/2）	优 一 二	7.0 9.5 12.0	1.5 2.5 3.5	18.2 16.6 14.2	±2.0 ±2.5 ±3.5	12 22 40	15 30 50	380～500	340～460
21×2～24×2（28/2～24/2）	优 一 二	6.5 9.0 11.5	1.5 2.5 3.5	18.4 16.8 14.4	±2.0 ±2.5 ±3.5	12 22 40	15 30 50	380～500	340～460
4×3～4.5×3（150/3～131/3）	优 一 二	6.5 9.0 11.5	1.5 2.5 3.5	22.8 20.2 16.4	±2.0 ±2.5 ±3.5	10 25 40	13 30 50	360～480	310～430
5×3～5.5×3（130/3～111/3）	优 一 二	6.5 9.0 11.5	1.5 2.5 3.5	22.8 20.2 16.4	±2.0 ±2.5 ±3.5	10 25 40	13 30 50	360～480	310～430
6×3～7.5×3（110/3～71/3）	优 一 二	6.0 8.5 11.0	1.5 2.5 3.5	23.0 20.4 16.6	±2.0 ±2.5 ±3.5	10 25 40	13 30 50	380～500	320～440
8×3～10×3（70/3～56/3）	优 一 二	5.5 8.0 10.5	1.5 2.5 3.5	23.4 20.8 16.8	±2.0 ±2.5 ±3.5	10 25 40	13 30 50	380～500	320～440
11×3～20×3（55/3～29/3）	优 一 二	5.0 7.5 10.0	1.5 2.5 3.5	22.0 19.8 16.4	±2.0 ±2.5 ±3.5	6 20 30	8 25 40	380～500	320～440
21×3～24×3（28/3～24/3）	优 一 二	4.5 7.0 9.5	1.5 2.5 3.5	20.8 19.0 16.4	±2.0 ±2.5 ±3.5	6 20 30	8 25 40	380～500	320～440

4.5 梳棉织布起绒(包括刮绒和割绒)用纱的要求见表8。

表8 梳棉织布起绒(包括刮绒和割绒)用纱的要求

线密度/tex(英制支数)	等别	单纱断裂强力变异系数 CV/% ≤	百米重量变异系数 CV/% ≤	单纱断裂强度/(cN/tex) ≥	百米重量偏差/%	条干均匀度：黑板条干均匀度10块板比例(优：一：二：三)不低于	条干均匀度：条干均匀度变异数 CV/% ≤	1 g内棉结粒数/(粒/g) ≤	1 g内棉结杂质总粒数/(粒/g) ≤	实际捻系数(参考值) ≤	十万米纱疵/(个/10^5 m) ≤
8～10(70～56)	优	10.0	2.2	14.6	±2.0	7：3：0：0	17.0	30	50	340	10
	一	13.0	3.5	12.6	±2.5	0：7：3：0	19.5	60	100		30
	二	16.0	4.5	9.6	±3.5	0：0：7：3	22.5	100	150		—
11～13(55～44)	优	9.5	2.2	14.8	±2.0	7：3：0：0	17.0	35	60	340	10
	一	12.5	3.5	12.8	±2.5	0：7：3：0	19.5	70	110		30
	二	15.5	4.5	9.8	±3.5	0：0：7：3	22.5	110	160		—
14～15(43～37)	优	9.5	2.2	15.0	±2.0	7：3：0：0	16.5	35	60	340	10
	一	12.5	3.5	13.0	±2.5	0：7：3：0	19.0	70	110		30
	二	15.5	4.5	10.0	±3.5	0：0：7：3	22.0	110	160		—
16～20(36～29)	优	9.0	2.2	15.2	±2.0	7：3：0：0	15.5	35	60	340	10
	一	12.0	3.5	13.2	±2.5	0：7：3：0	18.0	70	110		30
	二	15.0	4.5	10.2	±3.5	0：0：7：3	21.0	110	160		—
21～30(28～19)	优	8.5	2.2	15.4	±2.0	7：3：0：0	15.0	35	60	340	10
	一	11.5	3.5	13.4	±2.5	0：7：3：0	17.5	70	110		30
	二	14.5	4.5	10.4	±3.5	0：0：7：3	20.5	110	160		—
32～34(18～17)	优	8.0	2.2	15.2	±2.0	7：3：0：0	14.5	40	70	330	10
	一	11.0	3.5	13.2	±2.5	0：7：3：0	17.0	80	130		30
	二	14.5	4.5	10.2	±3.5	0：0：7：3	20.0	120	190		—
36～60(16～10)	优	7.5	2.2	15.0	±2.0	7：3：0：0	14.0	40	70	330	10
	一	10.5	3.5	13.0	±2.5	0：7：3：0	16.5	80	130		30
	二	14.0	4.5	10.0	±3.5	0：0：7：3	19.5	120	190		—
64～80(9～7)	优	7.0	2.2	14.8	±2.0	7：3：0：0	13.5	40	70	330	10
	一	10.0	3.5	12.8	±2.5	0：7：3：0	16.0	80	130		30
	二	13.5	4.5	9.8	±3.5	0：0：7：3	19.0	120	190		—
88～192(6～3)	优	6.5	2.2	14.6	±2.0	7：3：0：0	13.0	40	70	330	10
	一	9.5	3.5	12.6	±2.5	0：7：3：0	15.5	80	130		30
	二	13.0	4.5	9.6	±3.5	0：0：7：3	18.5	120	190		—

4.6 精梳棉织布起绒(包括刮绒和割绒)用纱的要求见表9。

表9 精梳棉织布起绒(包括刮绒和割绒)用纱的要求

线密度/tex(英制支数)	等别	单纱断裂强力变异系数 CV/% ≤	百米重量变异系数 CV/% ≤	单纱断裂强度/(cN/tex) ≥	百米重量偏差/%	条干均匀度 黑板条干均匀度10块板比例(优:一:二:三) 不低于	条干均匀度 条干均匀度变异数 CV/% ≤	1 g内棉结粒数/(粒/g) ≤	1 g内棉结杂质总粒数/(粒/g) ≤	实际捻系数(参考值) ≤	十万米纱疵/(个/10^5m) ≤
11～15 (55～37)	优	8.5	2.0	14.8	±2.0	7:3:0:0	14.0	15	20	320	5
	一	11.5	3.0	13.4	±2.5	0:7:3:0	16.0	35	45		20
	二	14.5	4.0	11.4	±3.5	0:0:7:3	18.5	55	75		—
16～20 (36～29)	优	7.5	2.0	14.8	±2.0	7:3:0:0	13.5	15	20	320	5
	一	10.5	3.0	13.4	±2.5	0:7:3:0	15.5	35	45		20
	二	13.5	4.0	11.4	±3.5	0:0:7:3	18.0	55	75		—
21～30 (28～19)	优	7.0	2.0	15.0	±2.0	7:3:0:0	13.0	15	20	320	5
	一	10.0	3.0	13.6	±2.5	0:7:3:0	15.0	35	45		20
	二	13.0	4.0	11.6	±3.5	0:0:7:3	17.5	55	75		—
32～36 (18～16)	优	6.5	2.0	15.0	±2.0	7:3:0:0	12.5	15	20	320	5
	一	9.5	3.0	13.6	±2.5	0:7:3:0	14.5	35	45		20
	二	12.5	4.0	11.6	±3.5	0:0:7:3	17.0	55	75		—

4.7 梳棉纱、精梳棉纱条干均匀度标准样照编号见表10。

表10 梳棉纱、精梳棉纱条干均匀度标准样照编号

品种	线密度/tex(英制支数)	标准样照号
梳棉纱	8～10 (70～56)	优等 000
		一等 001
	11～15 (55～37)	优等 010
		一等 011
	16～20 (36～29)	优等 020
		一等 021
	21～30 (28～19)	优等 030
		一等 031
	32～60 (18～10)	优等 040
		一等 041
	64～192 (9～3)	优等 060
		一等 061
精梳棉纱	7.5及以下 (71及以上)	优等 200
		一等 201
	8～15 (70～37)	优等 210
		一等 211
	16～30 (36～19)	优等 220
		一等 221
	32及以上 (18及以下)	优等 230
		一等 231

4.8 分等规定

4.8.1 棉纱线规定以同品种一昼夜的生产量为一批，按规定的试验周期和各项试验方法进行试验，并按其结果评定棉纱线的品等。

4.8.2 棉纱线的品等分为优等、一等、二等，低于二等指标者作三等。

4.8.3 棉纱的品等由单纱断裂强力变异系数、百米重量变异系数、单纱断裂强度、百米重量偏差、条干均匀度、1 g 内棉结粒数、1 g 内棉结杂质总粒数、十万米纱疵八项中最低的一项评定。

4.8.4 棉线的品等由单线断裂强力变异系数、百米重量变异系数、单线断裂强度、百米重量偏差、1 g 内棉结粒数及 1 g 内棉结杂质总粒数六项中最低的一项品等评定。

4.8.5 检验单纱条干均匀度可以选用黑板条干均匀度或条干均匀度变异系数两者中的任何一种。但一经确定，不得任意变更。发生质量争议时，以条干均匀度变异系数为准。

4.9 棉纱线重量偏差月度累计，应按产量进行加权平均，全月生产在 15 批以上的品种，应控制在 ±0.5%及以内。

5 试验方法

5.1 试验条件

5.1.1 各项试验应在各方法标准规定的标准条件下进行。

5.1.2 快速试验：由于生产需要，要求迅速检验产品的质量，可采用快速试验方法。快速试验可以在接近车间温湿度条件下进行，但试验地点的温湿度应稳定，并不得故意偏离标准条件。

5.2 试验周期

一般为两天试验一次，以一次试验为准，作为该周期内纱线的分等依据。但周期一经确定，不得任意变更。十万米纱疵试验周期可适当延长，但不得超过两周。

5.3 试样及百米重量变异系数、百米重量偏差的试验方法

5.3.1 纱线的黑板条干均匀度、1 g 内棉结粒数及 1 g 内棉结杂质总粒数、十万米纱疵的检验皆采用筒子纱(直接纬纱用管纱)，其他各项指标的试验可采用管纱，用户对产品质量有异议时，则以成品质量检验为准。

5.3.2 百米重量变异系数、百米重量偏差的取样数及试验次数见表 11。

表 11 管纱取样数和试验次数

生产同一品种的开台数	1	2	3	4	5	6	7	8～9	10	11～14	15	16～29	30 及以上
每机台上采取管纱数	30	15	10	7～8	6	5	4～5	3～4	3	2～3	2	1～2	1
每个管纱上摇取缕数	1	1	1	1	1	1	1	1	1	1	1	1	1
全部机台总试验次数	30	30	30	30	30	30	30	30	30	30	30	30	30 及以上

生产厂为减少拔管数，开台数在5台及以下的品种，可拔取15管，每管摇取2缕。

5.3.3 百米重量变异系数和百米重量偏差的试验方法按照GB/T 4743执行，其中百米重量变异系数采用程序1，线密度采用程序3，百米重量偏差按式(3)计算：

$$百米重量偏差(\%)=\frac{试样实际干燥重量-试样设计干燥重量}{试样设计干燥重量}\times 100 \quad \cdots\cdots\cdots\cdots(3)$$

5.4 单纱(线)断裂强度及单纱(线)断裂强力变异系数的试验方法

5.4.1 单纱(线)断裂强度及单纱(线)断裂强力变异系的试验可与百米重量变异系数、百米重量偏差用同一份试样，单纱每份试样30个管纱、每管测试2次，总数为60次(开台数在5台及以下者可每份试样15个管纱，每管试4次)，股线每份试样15个管纱，每管测2次，总数为30次。采用全自动纱线强力试验仪的取样数，纱线均为20个管，每管测5次，总数为100次。试验报告应注明所用的强力试验仪类型。

5.4.2 单纱(线)断裂强度及单纱(线)断裂强力变异系数的试验方法按照GB/T 3916执行。

5.4.3 单纱(线)断裂强度如不在标准大气条件下进行试验，其测试强力应按FZ/T 10013.1进行修正，修正系数见附录A。

5.4.4 单纱(线)断裂强度的回潮率可采用百米重量偏差试验的同一份回潮率数据，核算修正强力，但如两种试验不在同一条件下测试时，其回潮率应另行测试，每份试样重量不少于50 g。

5.5 黑板条干均匀度、1 g内棉结粒数、1 g内棉结杂质总粒数试验方法

按GB/T 9996.2规定执行。

5.6 条干均匀度变异系数试验方法

按照GB/T 3292规定执行。

5.7 十万米纱疵检验方法

按照FZ/T 01050规定执行。

5.8 纱线捻度试验方法

按GB/T 2543.1～2543.2规定执行。

纱线捻度试验的取样：各品种、各机台每季度至少轮试一次，试样在各机台上均匀随机采取每台2只管纱，但不得在同一锭带上拔取，每管测2次，总数40次。捻度齿轮调换或其他机械工艺上的调整影响捻度时，都应随时试验。

5.9 纱线成包净重量

5.9.1 在确定纱线在公定回潮率时的重量时，应进行回潮率试验，然后计算公定回潮率时的重量。测试回潮率的仪器，管纱线和绞纱线用电热烘箱，筒子纱线可用电热烘箱，也可用筒子测湿仪。

5.9.2 管纱线或筒子纱线的取样，每批量在2 t及以下时，每0.2 t取样一个，但不得少于六个，批量在2 t以上，其超过2 t的部分，每0.5 t取一个，取样应随机均匀，并注意生产班次的代表性。管纱线或筒子纱线采用烘箱试验方法时(筒子纱线应采取距边纱层厚度的6 mm以上处)，可采用间接称重法或直接称重法。

5.9.2.1 间接称重法：采样前将管纱线或筒子纱线称重，然后摇取试样，采样后再将管纱线或筒子纱线称重，两次称重的差数即为试样烘前重量。然后将试样放入烘箱中烘干，称重，再计算回潮率。

5.9.2.2 直接称重法：先将筒子纱外层去除6 mm以上，然后剥取内层棉纱(总重量不少于150 g)将其称重，作为试样烘前重量。然后放入烘箱中烘干，称重，再计算回潮率。

5.9.3 绞纱线的取样，每批量在2 t及以下的取样总重量不少于75 g，2 t以上取样总重量不少于150 g。

5.9.4　烘箱测试回潮率按照 GB/T 4743 执行。

筒子纱线采用测湿仪试验时，应按筒子纱线测湿仪试验方法进行，在取得筒子试样后，立即进行测试，以避免回潮率变化。每月至少一次应以烘箱测试法核对回潮率的测试结果，并根据核对的数据核正修正系数。

5.9.5　在成包过程中，如因温湿度升降而影响回潮率变化时，可按温湿度情况，分阶段进行回潮率试验，根据不同阶段的试验回潮率，分别计算不同阶段的成包干燥重量，不得混淆。

5.9.6　根据实际回潮率，按式(4)计算纱线在公定回潮率时的重量。

$$\begin{matrix}\text{纱线在公定回}\\\text{潮率时的重量}\end{matrix}=\begin{matrix}\text{取样时该批}\\\text{纱线实际重量}\end{matrix}\times\frac{100+\text{公定回潮率}(\%)}{100+\text{该批纱线试样的实际回潮率}(\%)} \quad\cdots\cdots\cdots\cdots(4)$$

5.10　绞纱线成包规定

绞纱线成包净重量偏差按同一批的纱线试验，每份试样采取 3 个中包或大包，每个中包或大包中采取6 个小包，每个小包中采取 2 个大绞，每大绞取 1 小绞，共取 36 整绞，称其重量，计算每小绞实际平均重量，并立即取出 6 个整绞作回潮率试验，求得实际回潮率，按式(5)计算公定回潮率时的每小绞平均重量。

$$\text{小绞在公定回潮率时的平均重量}=\text{小绞的实际平均重量}\times\frac{100+\text{公定回潮率}(\%)}{100+\text{小绞实际回潮率}(\%)} \quad\cdots\cdots(5)$$

从其余 30 绞中，每绞各摇取一缕作线密度试验，求得公定回潮率时的实际线密度，然后按式(6)计算该批绞纱线成包净重量偏差。

$$\text{绞纱线成包净重量偏差}(\%)=\left[\frac{\text{小绞在公定回潮率时的平均重量}}{\text{小绞公称重量}}\times\frac{\text{公称线密度}}{\text{实际线密度}}-1\right]\times100 \quad\cdots\cdots(6)$$

5.11　试验结果的表示

一批纱线的各种试验结果是由该种试验的全部试验值的计算结果表示，各种试验结果的计算精确度除已规定者外，按表 12 规定执行。

表 12　计算值的数值修约规定

项　　目	要求小数点后有效位数
单纱(线)断裂强度/(cN/tex)	1
单纱(线)断裂强力变异系数 *CV*/%	1
百米重量变异系数 *CV*/%	1
条干均匀度变异系数 *CV*/%	1
黑板条干均匀度/块	整数
1 g 内棉结粒数及 1 g 内棉结杂质总粒数/(粒/g)	整数
十万米纱疵/(个/10^5 m)	整数
百米重量偏差/%	1
百米重量(每批平均)/(g/100 m)	3
平均线密度/tex	1
修正强力用回潮率/%	1
折算重量用回潮率/%	2
捻系数	整数

6 检验规则

按照 FZ/T 10007 规定执行。

7 标志、包装

按 FZ/T 10008 规定执行。

8 其他

用户对本标准有特殊要求者，生产厂与用户可另订协议。

附 录 A
（规范性附录）
温度与回潮率对棉制品、本色纱线断裂强力的修正方法

A.1 棉本色纱、绞纱断裂强力的温度和回潮率修正系数见表 A.1。

表 A.1 棉本色纱、绞纱断裂强力的温度和回潮率修正系数

温度/℃	回潮率/%													
	4.0	4.1	4.2	4.3	4.4	4.5	4.6	4.7	4.8	4.9	5.0	5.1	5.2	5.3
5	1.233	1.222	1.212	1.203	1.193	1.184	1.175	1.166	1.157	1.149	1.141	1.133	1.125	1.118
6	1.234	1.224	1.214	1.204	1.194	1.185	1.176	1.167	1.159	1.150	1.142	1.134	1.126	1.119
7	1.235	1.225	1.215	1.205	1.196	1.186	1.177	1.168	1.160	1.151	1.143	1.135	1.127	1.120
8	1.237	1.227	1.217	1.207	1.197	1.188	1.179	1.170	1.161	1.153	1.145	1.137	1.129	1.121
9	1.239	1.229	1.219	1.209	1.199	1.190	1.181	1.172	1.163	1.155	1.147	1.138	1.131	1.123
10	1.242	1.232	1.221	1.211	1.202	1.192	1.183	1.174	1.166	1.157	1.149	1.141	1.133	1.125
11	1.245	1.234	1.224	1.214	1.205	1.195	1.186	1.177	1.168	1.160	1.151	1.143	1.135	1.128
12	1.248	1.238	1.227	1.217	1.208	1.198	1.189	1.180	1.171	1.162	1.154	1.146	1.138	1.130
13	1.252	1.241	1.231	1.221	1.211	1.201	1.192	1.183	1.174	1.166	1.157	1.149	1.141	1.133
14	1.255	1.245	1.235	1.224	1.215	1.205	1.196	1.187	1.178	1.169	1.161	1.152	1.144	1.136
15	1.260	1.249	1.239	1.228	1.219	1.209	1.200	1.190	1.182	1.173	1.164	1.156	1.148	1.140
16	1.265	1.254	1.243	1.233	1.223	1.213	1.204	1.195	1.186	1.177	1.168	1.160	1.152	1.144
17	1.270	1.259	1.248	1.238	1.228	1.218	1.209	1.199	1.190	1.181	1.173	1.164	1.156	1.148
18	1.275	1.264	1.254	1.243	1.233	1.223	1.214	1.204	1.195	1.186	1.177	1.169	1.161	1.152
19	1.281	1.270	1.259	1.249	1.238	1.228	1.219	1.209	1.200	1.191	1.182	1.174	1.165	1.157
20	1.287	1.276	1.265	1.255	1.244	1.234	1.225	1.215	1.206	1.197	1.188	1.179	1.171	1.162
21	1.294	1.283	1.272	1.261	1.251	1.241	1.231	1.221	1.212	1.202	1.194	1.185	1.176	1.168
22	1.301	1.290	1.279	1.268	1.257	1.247	1.237	1.227	1.218	1.209	1.200	1.191	1.182	1.174
23	1.309	1.298	1.286	1.275	1.265	1.254	1.244	1.234	1.225	1.215	1.206	1.197	1.188	1.180
24	1.317	1.305	1.294	1.283	1.272	1.262	1.251	1.241	1.232	1.222	1.213	1.204	1.195	1.187
25	1.327	1.314	1.302	1.291	1.280	1.270	1.259	1.249	1.239	1.230	1.220	1.211	1.202	1.194
26	1.335	1.323	1.311	1.300	1.289	1.278	1.267	1.257	1.247	1.237	1.228	1.219	1.210	1.201
27	1.344	1.332	1.320	1.309	1 298	1 287	1 276	1 266	1 256	1 246	1 236	1 227	1 218	1 209
28	1.355	1.342	1.330	1.318	1.307	1.296	1.285	1.275	1.264	1.254	1.245	1.235	1.226	1.217
29	1.365	1.353	1.341	1.328	1.317	1.306	1.295	1.284	1.274	1.263	1.254	1.244	1.235	1.226
30	1.377	1.364	1.351	1.339	1.328	1.316	1.305	1.294	1.284	1.273	1.263	1.253	1.244	1.235
31	1.389	1.376	1.363	1.351	1.339	1.327	1.316	1.305	1.294	1.283	1.273	1.263	1.254	1.244
32	1.401	1.388	1.375	1.362	1.350	1.339	1.327	1.316	1.305	1.294	1.284	1.274	1.264	1.254
33	1.414	1.401	1.388	1.375	1.363	1.351	1.339	1.327	1.316	1.305	1.295	1.285	1.275	1.265
34	1.428	1.415	1.401	1.388	1.375	1.363	1.351	1.340	1.328	1.317	1.307	1.296	1.286	1.276
35	1.443	1.429	1.415	1.402	1.389	1.377	1.364	1.353	1.341	1.330	1.319	1.308	1.298	1.288

表 A.1（续）

温度/℃	回潮率/%													
	5.4	5.5	5.6	5.7	5.8	5.9	6.0	6.1	6.2	6.3	6.4	6.5	6.6	6.7
5	1.110	1.103	1.096	1.089	1.082	1.075	1.069	1.063	1.056	1.050	1.044	1.039	1.033	1.028
6	1.111	1.104	1.097	1.090	1.083	1.076	1.070	1.064	1.057	1.051	1.045	1.040	1.034	1.029
7	1.112	1.105	1.098	1.091	1.084	1.078	1.071	1.065	1.059	1.052	1.047	1.041	1.035	1.030
8	1.114	1.106	1.099	1.092	1.086	1.079	1.072	1.066	1.060	1.054	1.048	1.042	1.036	1.031
9	1.116	1.108	1.101	1.094	1.087	1.081	1.074	1.068	1.061	1.055	1.049	1.044	1.038	1.032
10	1.118	1.110	1.103	1.096	1.089	1.083	1.076	1.070	1.063	1.057	1.051	1.045	1.040	1.034
11	1.120	1.113	1.105	1.098	1.091	1.085	1.078	1.072	1.065	1.059	1.053	1.048	1.042	1.036
12	1.123	1.115	1.108	1.101	1.094	1.087	1.081	1.074	1.068	1.062	1.056	1.050	1.044	1.038
13	1.126	1.118	1.111	1.104	1.097	1.090	1.083	1.077	1.070	1.064	1.058	1.052	1.047	1.041
14	1.129	1.121	1.114	1.107	1.100	1.093	1.086	1.080	1.073	1.067	1.061	1.055	1.049	1.044
15	1.132	1.125	1.117	1.110	1.103	1.096	1.089	1.083	1.077	1.070	1.064	1.058	1.052	1.047
16	1.136	1.128	1.121	1.114	1.107	1.100	1.093	1.086	1.080	1.074	1.068	1.062	1.056	1.050
17	1.140	1.132	1.125	1.118	1.111	1.104	1.097	1.090	1.084	1.077	1.071	1.065	1.059	1.053
18	1.145	1.137	1.129	1.122	1.115	1.108	1.101	1.094	1.088	1.081	1.075	1.069	1.063	1.057
19	1.149	1.141	1.134	1.126	1.119	1.112	1.105	1.099	1.092	1.085	1.079	1.073	1.067	1.061
20	1.154	1.146	1.139	1.131	1.124	1.117	1.110	1.103	1.097	1.090	1.084	1.078	1.072	1.066
21	1.160	1.152	1.144	1.137	1.129	1.122	1.115	1.108	1.102	1.095	1.089	1.082	1.076	1.070
22	1.166	1.158	1.150	1.142	1.135	1.128	1.120	1.113	1.107	1.100	1.094	1.087	1.081	1.075
23	1.172	1.164	1.156	1.148	1.141	1.133	1.126	1.119	1.112	1.106	1.099	1.093	1.086	1.080
24	1.178	1.170	1.162	1.154	1.147	1.139	1.132	1.125	1.118	1.111	1.105	1.098	1.092	1.086
25	1.185	1.177	1.169	1.161	1.153	1.146	1.138	1.131	1.124	1.117	1.111	1.104	1.098	1.092
26	1.192	1.184	1.176	1.168	1.160	1.153	1.145	1.138	1.131	1.124	1.117	1.111	1.104	1.098
27	1.200	1.192	1.183	1.175	1.167	1.160	1.152	1.145	1.138	1.131	1.124	1.117	1.111	1.104
28	1.208	1.200	1.191	1.183	1.175	1.167	1.160	1.152	1.145	1.138	1.131	1.124	1.118	1.111
29	1.217	1.208	1.199	1.191	1.183	1.175	1.168	1.160	1.153	1.145	1.138	1.132	1.125	1.118
30	1.226	1.217	1.208	1.200	1.192	1.184	1.176	1.168	1.161	1.153	1.146	1.139	1.133	1.126
31	1.235	1.226	1.217	1.209	1.201	1.192	1.184	1.177	1.169	1.162	1.155	1.148	1.141	1.134
32	1.245	1.236	1.227	1.218	1.210	1.202	1.194	1.186	1.178	1.171	1.163	1.156	1.149	1.142
33	1.255	1.246	1.237	1.228	1.220	1.211	1.203	1.195	1.187	1.180	1.172	1.165	1.158	1.151
34	1.266	1.257	1.248	1.239	1.230	1.221	1.213	1.205	1.197	1.189	1.182	1.174	1.167	1.160
35	1.278	1.268	1.259	1.250	1.241	1.232	1.234	1.215	1.207	1.200	1.192	1.184	1.177	1.170

表 A.1（续）

温度/℃	回潮率/%													
	6.8	6.9	7.0	7.1	7.2	7.3	7.4	7.5	7.6	7.7	7.8	7.9	8.0	8.1
5	1.022	1.017	1.012	1.007	1.002	0.997	0.992	0.988	0.983	0.979	0.975	0.970	0.966	0.962
6	1.023	1.018	1.013	1.008	1.003	0.998	0.993	0.989	0.984	0.980	0.976	0.971	0.967	0.963
7	1.024	1.019	1.014	1.009	1.004	0.999	0.994	0.990	0.985	0.981	0.977	0.972	0.968	0.964
8	1.026	1.020	1.015	1.010	1.005	1.000	0.996	0.991	0.986	0.982	0.978	0.974	0.969	0.965
9	1.027	1.022	1.017	1.011	1.006	1.002	0.997	0.992	0.988	0.983	0.979	0.975	0.971	0.967
10	1.029	1.023	1.018	1.013	1.008	1.003	0.999	0.994	0.989	0.985	0.981	0.976	0.972	0.968
11	1.031	1.025	1.020	1.015	1.010	1.005	1.000	0.996	0.991	0.987	0.983	0.978	0.974	0.970
12	1.033	1.028	1.022	1.017	1.012	1.007	1.003	0.998	0.993	0.989	0.985	0.980	0.976	0.972
13	1.035	1.030	1.025	1.020	1.015	1.010	1.005	1.000	0.995	0.991	0.987	0.982	0.978	0.974
14	1.038	1.033	1.027	1.022	1.017	1.012	1.007	1.003	0.998	0.994	0.989	0.985	0.981	0.977
15	1.041	1.036	1.030	1.025	1.020	1.015	1.010	1.005	1.001	0.996	0.992	0.987	0.983	0.979
16	1.044	1.039	1.034	1.028	1.023	1.018	1.013	1.008	1.004	0.999	0.995	0.990	0.986	0.982
17	1.048	1.042	1.037	1.032	1.027	1.022	1.016	1.011	1.007	1.002	0.998	0.994	0.989	0.985
18	1.052	1.046	1.041	1.035	1.030	1.025	1.020	1.015	1.010	1.006	1.001	0.997	0.993	0.988
19	1.056	1.050	1.044	1.039	1.034	1.029	1.024	1.019	1.014	1.010	1.005	1.000	0.996	0.992
20	1.060	1.054	1.049	1.043	1.038	1.033	1.028	1.023	1.018	1.013	1.009	1.004	1.000	0.996
21	1.064	1.059	1.053	1.048	1.042	1.037	1.032	1.027	1.022	1.017	1.013	1.009	1.004	1.000
22	1.069	1.064	1.058	1.052	1.047	1.042	1.037	1.032	1.027	1.022	1.017	1.013	1.008	1.004
23	1.074	1.069	1.063	1.057	1.052	1.047	1.042	1.037	1.032	1.027	1.022	1.017	1.013	1.009
24	1.080	1.074	1.068	1.063	1.057	1.052	1.047	1.042	1.037	1.032	1.027	1.022	1.018	1.014
25	1.086	1.080	1.074	1.068	1.063	1.057	1.052	1.047	1.042	1.037	1.032	1.028	1.023	1.019
26	1.092	1.086	1.080	1.074	1.069	1.063	1.058	1.053	1.048	1.043	1.038	1.033	1.028	1.024
27	1.098	1.092	1.086	1.080	1.075	1.069	1.064	1.059	1.054	1.049	1.044	1.039	1.034	1.030
28	1.105	1.099	1.093	1.087	1.081	1.076	1.070	1.065	1.060	1.055	1.050	1.045	1.040	1.035
29	1.112	1.106	1.100	1.094	1.088	1.082	1.077	1.072	1.066	1.061	1.056	1.051	1.046	1.042
30	1.120	1.113	1.107	1.101	1.095	1.090	1.084	1.079	1.073	1.068	1.063	1.058	1.053	1.048
31	1.128	1.121	1.115	1.109	1.103	1.097	1.091	1.086	1.080	1.075	1.070	1.065	1.060	1.055
32	1.136	1.129	1.123	1.117	1.111	1.105	1.099	1.093	1.088	1.083	1.077	1.072	1.067	1.062
33	1.144	1.138	1.131	1.125	1.119	1.113	1.107	1.102	1.096	1.091	1.085	1.080	1.075	1.070
34	1.153	1.147	1.140	1.134	1.128	1.122	1.116	1.110	1.104	1.099	1.093	1.088	1.083	1.078
35	1.163	1.156	1.150	1.143	1.137	1.131	1.125	1.119	1.113	1.107	1.102	1.097	1.091	1.086

表 A.1（续）

温度/℃	回潮率/%													
	8.2	8.3	8.4	8.5	8.6	8.7	8.8	8.9	9.0	9.1	9.2	9.3	9.4	9.5
5	0.958	0.955	0.951	0.947	0.944	0.940	0.937	0.933	0.930	0.927	0.924	0.921	0.918	0.915
6	0.959	0.956	0.952	0.948	0.945	0.941	0.938	0.934	0.931	0.928	0.925	0.922	0.919	0.916
7	0.960	0.957	0.953	0.949	0.946	0.942	0.939	0.935	0.932	0.929	0.926	0.923	0.920	0.917
8	0.961	0.958	0.954	0.950	0.947	0.943	0.940	0.936	0.933	0.930	0.927	0.924	0.921	0.918
9	0.962	0.959	0.955	0.951	0.948	0.944	0.941	0.937	0.934	0.931	0.928	0.925	0.922	0.919
10	0.964	0.960	0.956	0.953	0.949	0.945	0.942	0.939	0.935	0.932	0.929	0.926	0.923	0.920
11	0.966	0.962	0.958	0.955	0.951	0.947	0.944	0.941	0.937	0.934	0.931	0.928	0.925	0.922
12	0.968	0.964	0.960	0.957	0.953	0.949	0.946	0.943	0.939	0.936	0.933	0.930	0.927	0.924
13	0.970	0.966	0.962	0.959	0.955	0.951	0.948	0.945	0.941	0.938	0.935	0.932	0.929	0.926
14	0.972	0.968	0.964	0.961	0.957	0.953	0.950	0.947	0.943	0.940	0.937	0.934	0.931	0.928
15	0.975	0.971	0.967	0.964	0.960	0.956	0.952	0.949	0.946	0.943	0.939	0.936	0.933	0.930
16	0.978	0.974	0.970	0.966	0.963	0.959	0.955	0.952	0.949	0.945	0.942	0.939	0.936	0.933
17	0.981	0.977	0.973	0.969	0.966	0.962	0.958	0.955	0.952	0.948	0.945	0.942	0.939	0.936
18	0.984	0.980	0.976	0.972	0.969	0.965	0.961	0.958	0.955	0.951	0.948	0.945	0.942	0.939
19	0.988	0.984	0.980	0.976	0.972	0.968	0.964	0.961	0.958	0.954	0.951	0.948	0.945	0.942
20	0.992	0.988	0.984	0.980	0.976	0.972	0.968	0.965	0.961	0.958	0.954	0.951	0.948	0.945
21	0.996	0.992	0.988	0.984	0.980	0.976	0.972	0.969	0.965	0.962	0.958	0.955	0.952	0.949
22	1.000	0.996	0.992	0.988	0.984	0.980	0.976	0.973	0.969	0.966	0.962	0.959	0.956	0.953
23	1.004	1.000	0.996	0.992	0.988	0.984	0.980	0.977	0.973	0.970	0.966	0.963	0.960	0.957
24	1.009	1.005	1.001	0.997	0.993	0.989	0.985	0.981	0.978	0.974	0.970	0.967	0.964	0.961
25	1.014	1.010	1.006	1.002	0.998	0.994	0.990	0.986	0.983	0.979	0.975	0.972	0.969	0.966
26	1.019	1.015	1.011	1.007	1.003	0.999	0.995	0.991	0.988	0.984	0.980	0.977	0.974	0.971
27	1.025	1.021	1.016	1.012	1.008	1.004	1.000	0.996	0.993	0.989	0.985	0.982	0.979	0.976
28	1.031	1.027	1.022	1.018	1.014	1.010	1.006	1.002	0.998	0.994	0.991	0.989	0.984	0.981
29	1.037	1.033	1.028	1.024	1.020	1.016	1.012	1.008	1.004	1.000	0.997	0.993	0.990	0.987
30	1.044	1.039	1.035	1.030	1.026	1.022	1.018	1.014	1.010	1.006	1.003	0.999	0.996	0.993
31	1.050	1.046	1.041	1.037	1.033	1.028	1.024	1.020	1.017	1.013	1.009	1.005	1.002	0.999
32	1.058	1.053	1.049	1.044	1.040	1.035	1.031	1.027	1.023	1.020	1.016	1.012	1.009	1.005
33	1.065	1.060	1.056	1.051	1.047	1.042	1.038	1.034	1.030	1.027	1.023	1.019	1.016	1.012
34	1.073	1.068	1.064	1.059	1.055	1.050	1.046	1.042	1.038	1.034	1.030	1.026	1.023	1.019
35	1.081	1.076	1.072	1.067	1.063	1.058	1.054	1.050	1.046	1.042	1.038	1.034	1.030	1.027

表 A.1（续）

温度/℃	回潮率/%													
	9.6	9.7	9.8	9.9	10.0	10.1	10.2	10.3	10.4	10.5	10.6	10.7	10.8	10.9
5	0.912	0.909	0.907	0.904	0.901	0.899	0.897	0.894	0.892	0.890	0.888	0.886	0.884	0.882
6	0.913	0.910	0.908	0.905	0.902	0.900	0.898	0.895	0.893	0.891	0.889	0.887	0.884	0.883
7	0.914	0.911	0.909	0.906	0.903	0.901	0.899	0.896	0.894	0.892	0.889	0.887	0.885	0.883
8	0.915	0.912	0.910	0.907	0.904	0.902	0.900	0.897	0.895	0.893	0.890	0.888	0.886	0.884
9	0.916	0.913	0.911	0.908	0.905	0.903	0.901	0.898	0.896	0.894	0.892	0.889	0.887	0.885
10	0.917	0.914	0.912	0.909	0.907	0.904	0.902	0.900	0.897	0.895	0.893	0.891	0.889	0.887
11	0.919	0.916	0.914	0.911	0.909	0.906	0.904	0.901	0.899	0.896	0.894	0.892	0.890	0.888
12	0.921	0.918	0.915	0.913	0.910	0.908	0.905	0.903	0.901	0.898	0.896	0.894	0.892	0.890
13	0.923	0.920	0.917	0.915	0.912	0.910	0.907	0.905	0.902	0.900	0.898	0.896	0.894	0.892
14	0.925	0.922	0.919	0.917	0.914	0.912	0.909	0.907	0.904	0.902	0.900	0.898	0.896	0.894
15	0.927	0.924	0.921	0.919	0.916	0.914	0.911	0.909	0.906	0.904	0.902	0.900	0.898	0.896
16	0.930	0.927	0.924	0.922	0.919	0.916	0.914	0.912	0.909	0.907	0.904	0.902	0.900	0.898
17	0.933	0.930	0.927	0.924	0.922	0.919	0.917	0.914	0.912	0.910	0.907	0.905	0.903	0.901
18	0.936	0.933	0.930	0.927	0.925	0.922	0.919	0.917	0.915	0.912	0.910	0.908	0.906	0.904
19	0.939	0.936	0.933	0.930	0.928	0.925	0.922	0.920	0.918	0.915	0.913	0.911	0.909	0.907
20	0.942	0.939	0.936	0.933	0.931	0.928	0.926	0.923	0.921	0.918	0.916	0.914	0.912	0.910
21	0.946	0.943	0.940	0.937	0.934	0.932	0.929	0.927	0.924	0.922	0.919	0.917	0.915	0.913
22	0.950	0.947	0.944	0.941	0.938	0.936	0.933	0.931	0.928	0.926	0.923	0.921	0.919	0.916
23	0.954	0.951	0.948	0.945	0.942	0.940	0.937	0.934	0.932	0.929	0.927	0.925	0.923	0.920
24	0.958	0.955	0.952	0.949	0.946	0.944	0.941	0.938	0.936	0.933	0.931	0.929	0.927	0.924
25	0.962	0.959	0.956	0.953	0.951	0.948	0.945	0.942	0.940	0.938	0.935	0.933	0.931	0.928
26	0.967	0.964	0.961	0.958	0.956	0.953	0.950	0.947	0.945	0.942	0.940	0.937	0.935	0.933
27	0.972	0.969	0.966	0.963	0.961	0.958	0.955	0.952	0.950	0.947	0.945	0.942	0.940	0.938
28	0.977	0.974	0.971	0.968	0.966	0.963	0.960	0.957	0.955	0.952	0.950	0.947	0.945	0.943
29	0.983	0.980	0.977	0.974	0.971	0.968	0.965	0.962	0.960	0.957	0.955	0.952	0.950	0.948
30	0.989	0.986	0.983	0.980	0.977	0.974	0.971	0.968	0.965	0.963	0.960	0.958	0.955	0.953
31	0.995	0.992	0.989	0.986	0.983	0.980	0.977	0.974	0.971	0.969	0.966	0.964	0.961	0.959
32	1.002	0.999	0.995	0.992	0.989	0.986	0.983	0.980	0.978	0.975	0.972	0.970	0.967	0.965
33	1.009	1.005	1.002	0.999	0.995	0.992	0.990	0.987	0.984	0.981	0.978	0.976	0.974	0.971
34	1.016	1.012	1.009	1.006	1.002	0.999	0.996	0.993	0.991	0.988	0.985	0.983	0.980	0.978
35	1.023	1.020	1.016	1.013	1.010	1.006	1.003	1.001	0.998	0.995	0.992	0.990	0.987	0.985

表 A.1(续)

温度/℃	回潮率/%													
	11.0	11.1	11.2	11.3	11.4	11.5	11.6	11.7	11.8	11.9	12.0	12.1	12.2	12.3
5	0.880	0.878	0.876	0.874	0.873	0.871	0.870	0.868	0.867	0.865	0.864	0.862	0.861	0.860
6	0.881	0.879	0.877	0.875	0.874	0.872	0.870	0.869	0.867	0.866	0.864	0.863	0.862	0.861
7	0.881	0.880	0.878	0.876	0.874	0.873	0.871	0.869	0.868	0.867	0.865	0.864	0.862	0.861
8	0.882	0.881	0.879	0.877	0.875	0.874	0.872	0.870	0.869	0.867	0.866	0.865	0.863	0.862
9	0.883	0.882	0.880	0.878	0.876	0.875	0.873	0.871	0.870	0.868	0.867	0.866	0.864	0.863
10	0.885	0.883	0.881	0.879	0.877	0.876	0.874	0.872	0.871	0.870	0.868	0.867	0.865	0.864
11	0.886	0.884	0.882	0.880	0.879	0.877	0.875	0.874	0.872	0.871	0.870	0.868	0.867	0.866
12	0.888	0.886	0.884	0.882	0.880	0.879	0.877	0.876	0.874	0.873	0.871	0.870	0.869	0.867
13	0.890	0.888	0.886	0.884	0.882	0.881	0.879	0.877	0.876	0.875	0.873	0.872	0.870	0.869
14	0.892	0.890	0.888	0.886	0.884	0.883	0.881	0.879	0.878	0.876	0.875	0.874	0.872	0.871
15	0.894	0.892	0.890	0.888	0.886	0.885	0.883	0.881	0.880	0.878	0.877	0.876	0.874	0.873
16	0.896	0.894	0.892	0.890	0.888	0.887	0.885	0.884	0.882	0.880	0.879	0.878	0.876	0.875
17	0.899	0.897	0.895	0.893	0.891	0.889	0.888	0.886	0.884	0.883	0.881	0.880	0.879	0.877
18	0.902	0.900	0.898	0.896	0.894	0.892	0.891	0.889	0.887	0.886	0.884	0.883	0.882	0.880
19	0.905	0.903	0.901	0.899	0.897	0.895	0.894	0.892	0.890	0.889	0.887	0.886	0.885	0.883
20	0.908	0.906	0.904	0.902	0.900	0.898	0.897	0.895	0.893	0.892	0.890	0.889	0.888	0.886
21	0.911	0.909	0.907	0.905	0.903	0.902	0.900	0.898	0.896	0.895	0.893	0.892	0.891	0.889
22	0.914	0.912	0.910	0.908	0.906	0.905	0.903	0.901	0.900	0.898	0.897	0.895	0.894	0.893
23	0.918	0.916	0.914	0.912	0.910	0.909	0.907	0.905	0.904	0.902	0.901	0.899	0.898	0.896
24	0.922	0.920	0.918	0.916	0.914	0.913	0.911	0.909	0.908	0.906	0.904	0.903	0.902	0.900
25	0.926	0.924	0.922	0.920	0.919	0.917	0.915	0.913	0.912	0.910	0.908	0.907	0.906	0.904
26	0.931	0.929	0.926	0.924	0.923	0.921	0.919	0.917	0.916	0.914	0.912	0.911	0.910	0.908
27	0.936	0.934	0.931	0.929	0.928	0.926	0.924	0.922	0.920	0.919	0.917	0.915	0.914	0.913
28	0.941	0.939	0.936	0.934	0.932	0.931	0.929	0.927	0.925	0.924	0.922	0.920	0.919	0.918
29	0.946	0.944	0.941	0.939	0.937	0.936	0.934	0.932	0.930	0.929	0.927	0.925	0.924	0.922
30	0.951	0.949	0.946	0.944	0.942	0.941	0.939	0.937	0.935	0.934	0.932	0.930	0.929	0.927
31	0.957	0.955	0.952	0.950	0.948	0.946	0.944	0.942	0.941	0.939	0.938	0.936	0.934	0.933
32	0.963	0.961	0.958	0.956	0.954	0.952	0.950	0.948	0.947	0.945	0.943	0.942	0.940	0.939
33	0.969	0.967	0.964	0.962	0.960	0.958	0.956	0.954	0.953	0.951	0.949	0.948	0.946	0.945
34	0.975	0.973	0.971	0.969	0.967	0.965	0.962	0.960	0.959	0.957	0.955	0.954	0.952	0.951
35	0.982	0.980	0.978	0.975	0.973	0.971	0.969	0.967	0.965	0.964	0.962	0.960	0.959	0.957

表 A.1(续)

温度/℃	回 潮 率/%								
	12.4	12.5	12.6	12.7	12.8	12.9	13.0	13.1	13.2
5	0.859	0.858	0.856	0.855	0.854	0.853	0.852	0.852	0.851
6	0.859	0.858	0.857	0.856	0.855	0.854	0.853	0.852	0.851
7	0.860	0.859	0.858	0.857	0.856	0.855	0.854	0.853	0.852
8	0.861	0.860	0.859	0.858	0.857	0.856	0.855	0.854	0.853
9	0.862	0.861	0.860	0.859	0.858	0.857	0.856	0.855	0.854
10	0.863	0.862	0.861	0.860	0.859	0.858	0.857	0.856	0.855
11	0.865	0.863	0.862	0.861	0.860	0.859	0.858	0.858	0.857
12	0.866	0.865	0.864	0.863	0.862	0.861	0.860	0.859	0.858
13	0.868	0.867	0.866	0.865	0.863	0.862	0.861	0.860	0.859
14	0.870	0.869	0.868	0.866	0.865	0.864	0.863	0.863	0.862
15	0.872	0.871	0.870	0.868	0.867	0.866	0.865	0.865	0.864
16	0.874	0.873	0.872	0.871	0.870	0.869	0.868	0.867	0.866
17	0.876	0.875	0.874	0.873	0.872	0.871	0.870	0.869	0.868
18	0.879	0.878	0.877	0.876	0.875	0.874	0.872	0.872	0.871
19	0.882	0.881	0.880	0.879	0.878	0.877	0.874	0.875	0.874
20	0.885	0.884	0.883	0.882	0.881	0.880	0.879	0.878	0.877
21	0.888	0.887	0.886	0.885	0.884	0.883	0.882	0.881	0.880
22	0.892	0.890	0.889	0.888	0.887	0.886	0.885	0.884	0.883
23	0.895	0.894	0.893	0.892	0.891	0.890	0.889	0.888	0.887
24	0.898	0.897	0.896	0.895	0.894	0.893	0.892	0.891	0.890
25	0.902	0.901	0.900	0.899	0.898	0.897	0.896	0.895	0.894
26	0.907	0.905	0.904	0.903	0.902	0.901	0.900	0.899	0.898
27	0.912	0.910	0.909	0.908	0.907	0.906	0.905	0.904	0.903
28	0.916	0.915	0.914	0.913	0.911	0.910	0.909	0.908	0.907
29	0.921	0.920	0.919	0.917	0.916	0.915	0.914	0.913	0.912
30	0.926	0.925	0.924	0.922	0.921	0.920	0.919	0.918	0.917
31	0.931	0.930	0.929	0.928	0.926	0.925	0.924	0.923	0.922
32	0.937	0.936	0.935	0.933	0.932	0.931	0.930	0.929	0.928
33	0.943	0.942	0.941	0.939	0.938	0.937	0.936	0.935	0.934
34	0.949	0.948	0.947	0.945	0.944	0.943	0.942	9.941	0.940
35	0.956	0.954	0.953	0.952	0.950	0.949	0.948	0.947	0.946

表 A.1(续)

温度/℃	回潮率/%							
	13.3	13.4	13.5	13.6	13.7	13.8	13.9	14.0
5	0.850	0.849	0.849	0.848	0.848	0.847	0.846	0.846
6	0.851	0.850	0.849	0.849	0.848	0.848	0.847	0.847
7	0.852	0.851	0.850	0.850	0.849	0.848	0.848	0.847
8	0.852	0.852	0.851	0.850	0.850	0.849	0.849	0.848
9	0.853	0.853	0.852	0.851	0.851	0.850	0.850	0.849
10	0.854	0.854	0.853	0.852	0.852	0.852	0.851	0.850
11	0.856	0.855	0.854	0.854	0.853	0.853	0.852	0.852
12	0.857	0.857	0.856	0.855	0.855	0.854	0.854	0.853
13	0.859	0.858	0.858	0.857	0.857	0.856	0.855	0.855
14	0.861	0.860	0.860	0.859	0.858	0.858	0.857	0.857
15	0.863	0.862	0.862	0.861	0.860	0.860	0.859	0.859
16	0.865	0.865	0.864	0.863	0.863	0.862	0.862	0.861
17	0.867	0.867	0.866	0.866	0.865	0.865	0.864	0.863
18	0.870	0.869	0.869	0.868	0.867	0.867	0.866	0.866
19	0.873	0.872	0.872	0.871	0.870	0.870	0.869	0.869
20	0.876	0.875	0.875	0.874	0.873	0.873	0.872	0.872
21	0.879	0.878	0.878	0.877	0.876	0.876	0.875	0.875
22	0.882	0.882	0.881	0.880	0.880	0.879	0.878	0.878
23	0.886	0.885	0.884	0.884	0.883	0.883	0.882	0.882
24	0.889	0.889	0.888	0.887	0.887	0.886	0.886	0.885
25	0.893	0.892	0.892	0.891	0.891	0.890	0.889	0.889
26	0.897	0.897	0.896	0.895	0.895	0.894	0.894	0.893
27	0.902	0.901	0.900	0.900	0.899	0.898	0.898	0.897
28	0.906	0.906	0.905	0.904	0.904	0.903	0.902	0.902
29	0.911	0.910	0.910	0.909	0.908	0.908	0.907	0.907
30	0.916	0.915	0.915	0.914	0.913	0.913	0.912	0.912
31	0.921	0.921	0.920	0.919	0.919	0.918	0.917	0.917
32	0.927	0.926	0.925	0.925	0.924	0.924	0.923	0.922
33	0.933	0.932	0.931	0.930	0.930	0.929	0.929	0.928
34	0.939	0.938	0.937	0.936	0.936	0.935	0.935	0.934
35	0.945	0.944	0.944	0.943	0.942	0.941	0.941	0.940

A.2 棉本色纱、绞线断裂强力的温度和回潮率修正系数见表 A.2。

表 A.2 棉本色纱、绞线断裂强力的温度和回潮率修正系数

温度/℃	回潮率/%													
	4.1	4.2	4.3	4.4	4.5	4.6	4.7	4.8	4.9	5.0	5.1	5.2	5.3	5.4
5	1.214	1.206	1.198	1.190	1.183	1.175	1.168	1.161	1.154	1.147	1.141	1.134	1.128	1.122
6	1.212	1.204	1.196	1.188	1.181	1.173	1.166	1.159	1.152	1.145	1.139	1.132	1.126	1.120
7	1.210	1.202	1.194	1.186	1.179	1.171	1.164	1.157	1.150	1.144	1.137	1.131	1.125	1.118
8	1.208	1.200	1.192	1.185	1.177	1.170	1.163	1.156	1.149	1.142	1.136	1.129	1.123	1.117
9	1.207	1.199	1.191	1.183	1.176	1.169	1.162	1.155	1.148	1.141	1.135	1.128	1.122	1.116
10	1.206	1.198	1.190	1.182	1.175	1.168	1.161	1.154	1.147	1.140	1.134	1.127	1.121	1.115
11	1.205	1.197	1.189	1.182	1.174	1.167	1.160	1.153	1.146	1.139	1.133	1.127	1.120	1.114
12	1.205	1.197	1.189	1.181	1.174	1.166	1.159	1.152	1.146	1.139	1.133	1.126	1.120	1.114
13	1.204	1.196	1.189	1.181	1.174	1.166	1.159	1.152	1.145	1.139	1.132	1.126	1.120	1.114
14	1.204	1.197	1.189	1.181	1.174	1.166	1.159	1.152	1.146	1.139	1.132	1.126	1.120	1.114
15	1.205	1.197	1.189	1.181	1.174	1.167	1.160	1.153	1.146	1.139	1.133	1.126	1.120	1.114
16	1.206	1.198	1.190	1.182	1.175	1.167	1.160	1.153	1.146	1.140	1.133	1.127	1.120	1.115
17	1.207	1.199	1.191	1.183	1.176	1.168	1.161	1.154	1.147	1.141	1.134	1.128	1.121	1.116
18	1.208	1.200	1.192	1.184	1.177	1.169	1.162	1.155	1.148	1.142	1.135	1.129	1.122	1.117
19	1.209	1.201	1.193	1.186	1.178	1.171	1.164	1.157	1.150	1.143	1.137	1.130	1.124	1.118
20	1.211	1.203	1.195	1.187	1.180	1.172	1.165	1.158	1.151	1.145	1.138	1.132	1.125	1.119
21	1.213	1.205	1.197	1.189	1.182	1.174	1.167	1.160	1.153	1.147	1.140	1.134	1.127	1.121
22	1.215	1.207	1.199	1.192	1.184	1.177	1.169	1.162	1.155	1.149	1.142	1.136	1.129	1.123
23	1.218	1.210	1.202	1.194	1.187	1.179	1.172	1.165	1.158	1.151	1.144	1.138	1.131	1.125
24	1.221	1.213	1.205	1.197	1.189	1.182	1.175	1.168	1.161	1.154	1.147	1.141	1.134	1.128
25	1.224	1.216	1.208	1.200	1.192	1.185	1.178	1.171	1.163	1.157	1.150	1.144	1.137	1.131
26	1.228	1.220	1.212	1.204	1.196	1.188	1.181	1.174	1.167	1.160	1.153	1.147	1.140	1.134
27	1.232	1.224	1.215	1.207	1.200	1.192	1.185	1.177	1.170	1.163	1.157	1.150	1.143	1.137
28	1.236	1.228	1.219	1.211	1.204	1.196	1.188	1.181	1.174	1.167	1.160	1.154	1.147	1.141
29	1.241	1.232	1.224	1.216	1.208	1.200	1.193	1.185	1.178	1.171	1.164	1.158	1.151	1.145
30	1.245	1.237	1.229	1.221	1.213	1.205	1.197	1.190	1.183	1.176	1.169	1.162	1.155	1.149
31	1.251	1.242	1.234	1.226	1.218	1.210	1.202	1.195	1.187	1.180	1.173	1.166	1.160	1.153
32	1.256	1.248	1.239	1.231	1.223	1.215	1.207	1.200	1.192	1.185	1.178	1.171	1.165	1.158
33	1.262	1.254	1.245	1.237	1.228	1.220	1.213	1.205	1.198	1.190	1.183	1.176	1.170	1.163
34	1.269	1.260	1.251	1.243	1.234	1.226	1.219	1.211	1.203	1.196	1.189	1.182	1.175	1.168
35	1.275	1.266	1.258	1.249	1.241	1.233	1.225	1.217	1.209	1.202	1.195	1.188	1.181	1.174

表 A.2（续）

温度/℃	回潮率/%													
	5.5	5.6	5.7	5.8	5.9	6.0	6.1	6.2	6.3	6.4	6.5	6.6	6.7	6.8
5	1.116	1.110	1.104	1.099	1.093	1.088	1.082	1.077	1.072	1.067	1.063	1.058	1.053	1.049
6	1.114	1.108	1.102	1.097	1.091	1.086	1.081	1.076	1.071	1.066	1.061	1.056	1.052	1.047
7	1.112	1.107	1.101	1.095	1.090	1.084	1.079	1.074	1.069	1.064	1.059	1.055	1.050	1.046
8	1.111	1.105	1.100	1.094	1.088	1.083	1.078	1.073	1.068	1.063	1.058	1.054	1.049	1.045
9	1.110	1.104	1.099	1.093	1.087	1.082	1.077	1.072	1.067	1.062	1.057	1.053	1.048	1.044
10	1.109	1.103	1.098	1.092	1.087	1.081	1.076	1.071	1.066	1.061	1.056	1.052	1.047	1.043
11	1.108	1.103	1.097	1.091	1.086	1.081	1.075	1.070	1.065	1.061	1.056	1.051	1.047	1.042
12	1.108	1.102	1.097	1.091	1.086	1.080	1.075	1.070	1.065	1.060	1.055	1.051	1.046	1.042
13	1.108	1.102	1.096	1.091	1.085	1.080	1.075	1.070	1.065	1.060	1.055	1.051	1.046	1.042
14	1.108	1.102	1.096	1.091	1.085	1.080	1.075	1.070	1.065	1.060	1.055	1.051	1.046	1.042
15	1.108	1.102	1.097	1.091	1.086	1.080	1.075	1.070	1.065	1.060	1.056	1.051	1.046	1.042
16	1.109	1.103	1.097	1.092	1.086	1.081	1.076	1.071	1.066	1.061	1.056	1.051	1.047	1.043
17	1.110	1.104	1.098	1.092	1.087	1.082	1.077	1.072	1.067	1.062	1.057	1.052	1.048	1.043
18	1.111	1.105	1.099	1.093	1.088	1.083	1.078	1.073	1.068	1.063	1.058	1.053	1.049	1.044
19	1.112	1.106	1.100	1.095	1.089	1.084	1.079	1.074	1.069	1.064	1.059	1.054	1.050	1.045
20	1.113	1.108	1.102	1.096	1.091	1.085	1.080	1.075	1.070	1.065	1.060	1.056	1.051	1.047
21	1.115	1.109	1.104	1.098	1.092	1.087	1.082	1.077	1.072	1.067	1.062	1.057	1.053	1.048
22	1.117	1.111	1.105	1.100	1.094	1.089	1.084	1.079	1.074	1.069	1.064	1.059	1.054	1.050
23	1.119	1.113	1.108	1.102	1.096	1.091	1.086	1.081	1.076	1.071	1.066	1.061	1.056	1.052
24	1.122	1.116	1.110	1.104	1.099	1.093	1.088	1.083	1.078	1.073	1.068	1.063	1.059	1.054
25	1.125	1.119	1.113	1.107	1.102	1.096	1.091	1.086	1.080	1.075	1.071	1.066	1.061	1.057
26	1.128	1.122	1.116	1.110	1.105	1.099	1.094	1.088	1.083	1.078	1.073	1.069	1.064	1.059
27	1.131	1.125	1.119	1.113	1.108	1.102	1.097	1.091	1.086	1.081	1.076	1.072	1.067	1.062
28	1.135	1.128	1.123	1.117	1.111	1.105	1.100	1.095	1.090	1.085	1.080	1.075	1.070	1.065
29	1.138	1.132	1.126	1.120	1.115	1.109	1.104	1.098	1.093	1.088	1.083	1.078	1.073	1.069
30	1.142	1.136	1.130	1.124	1.119	1.113	1.108	1.102	1.097	1.092	1.087	1.082	1.077	1.072
31	1.147	1.141	1.135	1.129	1.123	1.117	1.112	1.106	1.101	1.096	1.091	1.086	1.081	1.076
32	1.152	1.145	1.139	1.133	1.127	1.122	1.116	1.111	1.105	1.100	1.095	1.090	1.085	1.080
33	1.157	1.150	1.144	1.138	1.132	1.126	1.121	1.115	1.110	1.105	1.099	1.094	1.089	1.085
34	1.162	1.155	1.149	1.143	1.137	1.131	1.126	1.120	1.115	1.109	1.104	1.099	1.094	1.089
35	1.167	1.161	1.155	1.149	1.143	1.137	1.131	1.125	1.120	1.114	1.109	1.105	1.099	1.094

表 A.2（续）

温度/℃	回潮率/%													
	6.9	7.0	7.1	7.2	7.3	7.4	7.5	7.6	7.7	7.8	7.9	8.0	8.1	8.2
5	1.044	1.040	1.036	1.032	1.028	1.024	1.020	1.016	1.013	1.009	1.005	1.002	0.999	0.995
6	1.043	1.038	1.034	1.030	1.026	1.022	1.018	1.015	1.011	1.007	1.004	1.001	0.997	0.994
7	1.041	1.037	1.033	1.029	1.025	1.021	1.017	1.013	1.010	1.006	1.003	0.999	0.996	0.993
8	1.040	1.036	1.032	1.028	1.024	1.020	1.016	1.012	1.009	1.005	1.002	0.998	0.995	0.992
9	1.039	1.035	1.031	1.027	1.023	1.019	1.015	1.011	1.008	1.004	1.001	0.997	0.994	0.991
10	1.038	1.034	1.030	1.026	1.022	1.018	1.014	1.011	1.007	1.003	1.000	0.997	0.993	0.990
11	1.038	1.034	1.029	1.025	1.021	1.018	1.014	1.010	1.006	1.003	0.999	0.996	0.993	0.990
12	1.037	1.033	1.029	1.025	1.021	1.017	1.013	1.010	1.006	1.003	0.999	0.996	0.992	0.989
13	1.037	1.033	1.029	1.025	1.021	1.017	1.013	1.010	1.006	1.002	0.999	0.996	0.992	0.989
14	1.037	1.033	1.029	1.025	1.021	1.017	1.013	1.010	1.006	1.002	0.999	0.996	0.992	0.989
15	1.038	1.033	1.029	1.025	1.021	1.017	1.014	1.010	1.006	1.003	0.999	0.996	0.993	0.989
16	1.038	1.034	1.030	1.026	1.022	1.018	1.014	1.010	1.007	1.003	1.000	0.996	0.993	0.990
17	1.039	1.035	1.030	1.026	1.022	1.019	1.015	1.011	1.007	1.004	1.000	0.997	0.994	0.990
18	1.040	1.036	1.031	1.027	1.023	1.019	1.016	1.012	1.008	1.005	1.001	0.998	0.995	0.991
19	1.041	1.037	1.032	1.028	1.024	1.020	1.017	1.013	1.009	1.006	1.002	0.999	0.996	0.992
20	1.042	1.038	1.034	1.030	1.026	1.022	1.018	1.014	1.011	1.007	1.003	1.000	0.997	0.993
21	1.044	1.039	1.035	1.031	1.027	1.023	1.019	1.016	1.012	1.008	1.005	1.001	0.998	0.995
22	1.045	1.041	1.037	1.033	1.029	1.025	1.021	1.017	1.014	1.010	1.007	1.003	1.000	0.996
23	1.047	1.043	1.039	1.035	1.031	1.027	1.023	1.019	1.015	1.012	1.008	1.005	1.002	0.998
24	1.050	1.045	1.041	1.037	1.033	1.029	1.025	1.021	1.018	1.014	1.010	1.007	1.004	1.000
25	1.052	1.048	1.043	1.039	1.035	1.031	1.027	1.024	1.020	1.016	1.013	1.009	1.006	1.002
26	1.055	1.050	1.046	1.042	1.038	1.034	1.030	1.026	1.022	1.019	1.015	1.012	1.008	1.005
27	1.058	1.053	1.049	1.045	1.041	1.037	1.033	1.029	1.025	1.021	1.018	1.014	1.011	1.007
28	1.061	1.056	1.052	1.048	1.044	1.040	1.036	1.032	1.028	1.024	1.021	1.017	1.014	1.010
29	1.064	1.060	1.055	1.051	1.047	1.043	1.039	1.035	1.031	1.027	1.024	1.020	1.017	1.013
30	1.068	1.063	1.059	1.054	1.050	1.046	1.042	1.038	1.034	1.031	1.027	1.023	1.020	1.017
31	1.072	1.067	1.063	1.058	1.054	1.050	1.046	1.042	1.038	1.034	1.031	1.027	1.024	1.020
32	1.076	1.071	1.067	1.062	1.058	1.054	1.050	1.046	1.042	1.038	1.034	1.031	1.027	1.024
33	1.080	1.075	1.071	1.066	1.062	1.058	1.054	1.050	1.046	1.042	1.038	1.035	1.031	1.028
34	1.085	1.080	1.075	1.071	1.067	1.062	1.058	1.054	1.050	1.046	1.043	1.039	1.035	1.032
35	1.089	1.085	1.080	1.076	1.071	1.067	1.063	1.059	1.055	1.051	1.047	1.043	1.040	1.036

表 A.2（续）

温度/℃	回潮率/%													
	8.3	8.4	8.5	8.6	8.7	8.8	8.9	9.0	9.1	9.2	9.3	9.4	9.5	9.6
5	0.992	0.989	0.986	0.983	0.980	0.977	0.975	0.972	0.969	0.967	0.964	0.962	0.960	0.957
6	0.991	0.988	0.985	0.982	0.979	0.976	0.973	0.971	0.968	0.965	0.963	0.961	0.958	0.956
7	0.990	0.987	0.983	0.981	0.978	0.975	0.972	0.969	0.967	0.964	0.962	0.959	0.957	0.955
8	0.989	0.986	0.982	0.980	0.977	0.974	0.971	0.968	0.966	0.963	0.961	0.958	0.956	0.954
9	0.988	0.985	0.981	0.979	0.976	0.973	0.970	0.968	0.965	0.962	0.960	0.958	0.955	0.953
10	0.987	0.984	0.981	0.978	0.975	0.972	0.969	0.967	0.964	0.962	0.959	0.957	0.955	0.952
11	0.986	0.983	0.980	0.977	0.975	0.972	0.969	0.966	0.964	0.961	0.959	0.956	0.954	0.952
12	0.986	0.983	0.980	0.977	0.974	0.971	0.969	0.966	0.963	0.961	0.958	0.956	0.954	0.952
13	0.986	0.983	0.980	0.977	0.974	0.971	0.969	0.966	0.963	0.961	0.958	0.956	0.954	0.951
14	0.986	0.983	0.980	0.977	0.974	0.971	0.969	0.966	0.963	0.961	0.958	0.956	0.954	0.952
15	0.986	0.983	0.980	0.977	0.974	0.972	0.969	0.966	0.964	0.961	0.959	0.956	0.954	0.952
16	0.987	0.984	0.981	0.978	0.975	0.972	0.969	0.967	0.964	0.962	0.959	0.957	0.954	0.952
17	0.987	0.984	0.981	0.978	0.975	0.973	0.970	0.967	0.965	0.962	0.960	0.957	0.955	0.953
18	0.988	0.985	0.982	0.979	0.976	0.973	0.971	0.968	0.965	0.963	0.960	0.958	0.956	0.953
19	0.989	0.986	0.983	0.980	0.977	0.974	0.972	0.969	0.966	0.964	0.961	0.959	0.957	0.954
20	0.990	0.987	0.984	0.981	0.978	0.976	0.973	0.970	0.968	0.965	0.963	0.960	0.958	0.955
21	0.992	0.989	0.986	0.983	0.980	0.977	0.974	0.971	0.969	0.966	0.964	0.961	0.959	0.957
22	0.993	0.990	0.987	0.984	0.981	0.978	0.976	0.973	0.970	0.968	0.965	0.963	0.961	0.958
23	0.995	0.992	0.989	0.986	0.983	0.980	0.977	0.975	0.972	0.969	0.967	0.965	0.962	0.960
24	0.997	0.994	0.991	0.988	0.985	0.982	0.979	0.977	0.974	0.971	0.969	0.966	0.964	0.962
25	0.999	0.996	0.993	0.990	0.987	0.984	0.981	0.979	0.976	0.973	0.971	0.968	0.966	0.964
26	1.002	0.998	0.995	0.992	0.989	0.987	0.984	0.981	0.978	0.976	0.973	0.971	0.968	0.966
27	1.004	1.001	0.998	0.995	0.992	0.989	0.986	0.983	0.981	0.978	0.976	0.973	0.971	0.968
28	1.007	1.004	1.001	0.998	0.995	0.992	0.989	0.986	0.983	0.981	0.978	0.976	0.973	0.971
29	1.010	1.007	1.004	1.001	0.998	0.995	0.992	0.989	0.986	0.984	0.981	0.979	0.976	0.974
30	1.013	1.010	1.007	1.004	1.001	0.998	0.995	0.992	0.989	0.987	0.984	0.982	0.979	0.977
31	1.017	1.013	1.010	1.007	1.004	1.001	0.998	0.995	0.993	0.990	0.987	0.985	0.982	0.980
32	1.020	1.017	1.014	1.011	1.008	1.005	1.002	0.999	0.996	0.994	0.991	0.988	0.986	0.983
33	1.024	1.021	1.018	1.015	1.012	1.009	1.006	1.003	1.000	0.997	0.995	0.992	0.990	0.987
34	1.028	1.025	1.022	1.019	1.016	1.013	1.010	1.007	1.004	1.001	0.999	0.996	0.993	0.991
35	1.033	1.030	1.026	1.023	1.020	1.017	1.014	1.011	1.008	1.005	1.003	1.000	0.998	0.995

表 A.2（续）

温度/℃	回　潮　率/%													
	9.7	9.8	9.9	10.0	10.1	10.2	10.3	10.4	10.5	10.6	10.7	10.8	10.9	11.0
5	0.955	0.953	0.951	0.949	0.947	0.945	0.943	0.941	0.939	0.938	0.936	0.934	0.933	0.931
6	0.954	0.952	0.949	0.947	0.945	0.944	0.942	0.940	0.938	0.936	0.935	0.933	0.932	0.930
7	0.952	0.950	0.948	0.946	0.944	0.942	0.941	0.939	0.937	0.935	0.934	0.932	0.931	0.929
8	0.951	0.949	0.947	0.945	0.943	0.941	0.940	0.938	0.936	0.934	0.933	0.931	0.930	0.928
9	0.951	0.949	0.946	0.944	0.942	0.941	0.939	0.937	0.935	0.934	0.932	0.930	0.929	0.927
10	0.950	0.948	0.946	0.944	0.942	0.940	0.938	0.936	0.935	0.933	0.931	0.930	0.928	0.927
11	0.950	0.947	0.945	0.943	0.941	0.939	0.938	0.936	0.934	0.932	0.931	0.929	0.928	0.926
12	0.949	0.947	0.945	0.943	0.941	0.939	0.937	0.936	0.934	0.932	0.931	0.929	0.927	0.926
13	0.949	0.947	0.945	0.943	0.941	0.939	0.937	0.935	0.934	0.932	0.930	0.929	0.927	0.926
14	0.949	0.947	0.945	0.943	0.941	0.939	0.937	0.935	0.934	0.932	0.930	0.929	0.927	0.926
15	0.949	0.947	0.945	0.943	0.941	0.939	0.938	0.936	0.934	0.932	0.931	0.929	0.928	0.926
16	0.950	0.948	0.946	0.944	0.942	0.940	0.938	0.936	0.934	0.933	0.931	0.929	0.928	0.926
17	0.950	0.948	0.946	0.944	0.942	0.940	0.938	0.937	0.935	0.933	0.932	0.930	0.929	0.927
18	0.951	0.949	0.947	0.945	0.943	0.941	0.939	0.937	0.936	0.934	0.932	0.931	0.929	0.928
19	0.952	0.950	0.948	0.946	0.944	0.942	0.940	0.938	0.937	0.935	0.933	0.932	0.930	0.929
20	0.953	0.951	0.949	0.947	0.945	0.943	0.941	0.939	0.938	0.936	0.934	0.933	0.931	0.930
21	0.955	0.952	0.950	0.948	0.946	0.944	0.942	0.941	0.939	0.937	0.936	0.934	0.932	0.931
22	0.956	0.954	0.952	0.950	0.948	0.946	0.944	0.942	0.940	0.939	0.937	0.935	0.934	0.932
23	0.958	0.955	0.953	0.951	0.949	0.947	0.945	0.944	0.942	0.940	0.939	0.937	0.935	0.934
24	0.960	0.957	0.955	0.953	0.951	0.949	0.947	0.945	0.944	0.942	0.940	0.939	0.937	0.936
25	0.962	0.959	0.957	0.955	0.953	0.951	0.949	0.947	0.946	0.944	0.942	0.941	0.939	0.938
26	0.964	0.962	0.960	0.958	0.955	0.953	0.951	0.950	0.948	0.946	0.944	0.943	0.941	0.940
27	0.966	0.964	0.962	0.960	0.958	0.956	0.954	0.952	0.950	0.948	0.947	0.945	0.943	0.942
28	0.969	0.967	0.964	0.962	0.960	0.958	0.956	0.954	0.953	0.951	0.949	0.948	0.946	0.944
29	0.972	0.969	0.967	0.965	0.963	0.961	0.959	0.957	0.955	0.954	0.952	0.950	0.949	0.947
30	0.975	0.972	0.970	0.968	0.966	0.964	0.962	0.960	0.958	0.956	0.955	0.953	0.951	0.950
31	0.978	0.975	0.973	0.971	0.969	0.967	0.965	0.963	0.961	0.959	0.958	0.956	0.955	0.953
32	0.981	0.979	0.977	0.974	0.972	0.970	0.968	0.966	0.965	0.963	0.961	0.959	0.958	0.956
33	0.985	0.982	0.980	0.978	0.976	0.974	0.972	0.970	0.968	0.966	0.965	0.963	0.961	0.960
34	0.989	0.986	0.984	0.982	0.980	0.978	0.976	0.974	0.972	0.970	0.968	0.967	0.965	0.963
35	0.993	0.990	0.988	0.986	0.984	0.982	0.980	0.978	0.976	0.974	0.972	0.971	0.969	0.967

表 A.2（续）

温度/℃	回 潮 率/%													
	11.1	11.2	11.3	11.4	11.5	11.6	11.7	11.8	11.9	12.0	12.1	12.2	12.3	12.4
5	0.930	0.929	0.927	0.926	0.925	0.924	0.923	0.921	0.920	0.920	0.919	0.918	0.917	0.916
6	0.929	0.927	0.926	0.925	0.924	0.922	0.921	0.920	0.919	0.918	0.917	0.916	0.916	0.915
7	0.928	0.926	0.925	0.924	0.923	0.921	0.920	0.919	0.918	0.917	0.916	0.915	0.915	0.914
8	0.927	0.925	0.924	0.923	0.922	0.920	0.919	0.918	0.917	0.916	0.915	0.914	0.914	0.913
9	0.926	0.925	0.923	0.922	0.921	0.920	0.918	0.917	0.916	0.915	0.915	0.914	0.913	0.912
10	0.925	0.924	0.923	0.921	0.920	0.919	0.918	0.917	0.916	0.915	0.914	0.913	0.912	0.912
11	0.925	0.923	0.922	0.921	0.920	0.919	0.917	0.916	0.915	0.914	0.914	0.913	0.912	0.911
12	0.925	0.923	0.922	0.921	0.919	0.918	0.917	0.916	0.915	0.914	0.913	0.912	0.912	0.911
13	0.924	0.923	0.922	0.921	0.919	0.918	0.917	0.916	0.915	0.914	0.913	0.912	0.911	0.911
14	0.924	0.923	0.922	0.921	0.919	0.918	0.917	0.916	0.915	0.914	0.913	0.912	0.912	0.911
15	0.925	0.923	0.922	0.921	0.920	0.918	0.917	0.916	0.915	0.914	0.913	0.913	0.912	0.911
16	0.925	0.924	0.922	0.921	0.920	0.919	0.918	0.917	0.916	0.915	0.914	0.913	0.912	0.911
17	0.926	0.924	0.923	0.922	0.920	0.919	0.918	0.917	0.916	0.915	0.914	0.913	0.913	0.912
18	0.926	0.925	0.924	0.922	0.921	0.920	0.919	0.918	0.917	0.916	0.915	0.914	0.913	0.913
19	0.927	0.926	0.925	0.923	0.922	0.921	0.920	0.919	0.918	0.917	0.916	0.915	0.914	0.913
20	0.928	0.927	0.926	0.924	0.923	0.922	0.921	0.920	0.919	0.918	0.917	0.916	0.915	0.914
21	0.930	0.928	0.927	0.926	0.924	0.923	0.922	0.921	0.920	0.919	0.918	0.917	0.916	0.916
22	0.931	0.930	0.928	0.927	0.926	0.925	0.923	0.922	0.921	0.920	0.919	0.919	0.918	0.917
23	0.932	0.931	0.930	0.928	0.927	0.926	0.925	0.924	0.923	0.922	0.921	0.920	0.919	0.919
24	0.934	0.933	0.931	0.930	0.929	0.928	0.927	0.926	0.925	0.924	0.923	0.922	0.921	0.920
25	0.936	0.935	0.933	0.932	0.931	0.930	0.929	0.928	0.927	0.926	0.925	0.924	0.923	0.922
26	0.938	0.937	0.935	0.934	0.933	0.932	0.931	0.930	0.929	0.928	0.927	0.926	0.925	0.924
27	0.941	0.939	0.938	0.936	0.935	0.934	0.933	0.932	0.931	0.930	0.929	0.928	0.927	0.926
28	0.943	0.942	0.940	0.939	0.938	0.936	0.935	0.934	0.933	0.932	0.931	0.930	0.929	0.929
29	0.946	0.944	0.943	0.942	0.940	0.939	0.938	0.937	0.936	0.935	0.934	0.933	0.932	0.931
30	0.948	0.947	0.946	0.944	0.943	0.942	0.941	0.940	0.939	0.938	0.937	0.936	0.935	0.934
31	0.951	0.950	0.949	0.947	0.946	0.945	0.944	0.943	0.942	0.941	0.940	0.939	0.938	0.937
32	0.955	0.953	0.952	0.951	0.949	0.948	0.947	0.946	0.945	0.944	0.943	0.942	0.941	0.940
33	0.958	0.957	0.955	0.954	0.953	0.951	0.950	0.949	0.948	0.947	0.946	0.945	0.944	0.943
34	0.962	0.960	0.959	0.958	0.956	0.955	0.954	0.953	0.952	0.951	0.950	0.949	0.948	0.947
35	0.966	0.964	0.963	0.961	0.960	0.959	0.958	0.956	0.955	0.954	0.953	0.952	0.951	0.951

表 A.2(续)

温度/℃	回 潮 率/%							
	12.5	12.6	12.7	12.8	12.9	13.0	13.1	13.2
5	0.915	0.915	0.914	0.914	0.913	0.913	0.912	0.912
6	0.914	0.914	0.913	0.912	0.912	0.911	0.911	0.910
7	0.913	0.912	0.912	0.911	0.911	0.910	0.910	0.909
8	0.912	0.912	0.911	0.910	0.910	0.909	0.909	0.908
9	0.911	0.911	0.910	0.910	0.909	0.909	0.908	0.908
10	0.911	0.910	0.910	0.909	0.908	0.908	0.908	0.907
11	0.910	0.910	0.909	0.909	0.908	0.908	0.907	0.907
12	0.910	0.909	0.909	0.908	0.908	0.907	0.907	0.906
13	0.910	0.909	0.909	0.908	0.908	0.907	0.907	0.906
14	0.910	0.909	0.909	0.908	0.908	0.907	0.907	0.906
15	0.910	0.910	0.909	0.908	0.908	0.907	0.907	0.907
16	0.911	0.910	0.909	0.909	0.908	0.908	0.907	0.907
17	0.911	0.910	0.910	0.909	0.909	0.908	0.908	0.907
18	0.912	0.911	0.911	0.910	0.909	0.909	0.909	0.908
19	0.913	0.912	0.911	0.911	0.910	0.910	0.909	0.909
20	0.914	0.913	0.912	0.912	0.911	0.911	0.910	0.910
21	0.915	0.914	0.914	0.913	0.913	0.912	0.912	0.911
22	0.916	0.916	0.915	0.914	0.914	0.913	0.913	0.913
23	0.918	0.917	0.916	0.916	0.915	0.915	0.914	0.914
24	0.919	0.919	0.918	0.918	0.917	0.917	0.916	0.916
25	0.921	0.921	0.920	0.919	0.919	0.918	0.918	0.918
26	0.923	0.923	0.922	0.921	0.921	0.920	0.920	0.920
27	0.926	0.925	0.924	0.924	0.923	0.923	0.922	0.922
28	0.928	0.927	0.927	0.926	0.925	0.925	0.925	0.924
29	0.931	0.930	0.929	0.929	0.928	0.928	0.927	0.927
30	0.933	0.933	0.932	0.931	0.931	0.930	0.930	0.929
31	0.936	0.936	0.935	0.934	0.934	0.933	0.933	0.932
32	0.939	0.939	0.938	0.937	0.937	0.936	0.936	0.935
33	0.943	0.942	0.941	0.941	0.940	0.940	0.939	0.939
34	0.946	0.945	0.945	0.944	0.944	0.943	0.943	0.942
35	0.950	0.949	0.948	0.948	0.947	0.947	0.946	0.946

表 A.2（续）

温度/℃	回潮率/%							
	13.3	13.4	13.5	13.6	13.7	13.8	13.9	14.0
5	0.911	0.911	0.911	0.911	0.910	0.910	0.910	0.910
6	0.910	0.910	0.910	0.909	0.909	0.909	0.909	0.909
7	0.909	0.909	0.909	0.908	0.908	0.908	0.908	0.908
8	0.908	0.908	0.908	0.907	0.907	0.907	0.907	0.907
9	0.907	0.907	0.907	0.907	0.907	0.906	0.906	0.906
10	0.907	0.907	0.906	0.906	0.906	0.906	0.906	0.906
11	0.906	0.906	0.906	0.906	0.906	0.905	0.905	0.905
12	0.906	0.906	0.906	0.905	0.905	0.905	0.905	0.905
13	0.906	0.906	0.905	0.905	0.905	0.905	0.905	0.905
14	0.906	0.906	0.906	0.905	0.905	0.905	0.905	0.905
15	0.906	0.906	0.906	0.905	0.905	0.905	0.905	0.905
16	0.907	0.906	0.906	0.906	0.906	0.906	0.906	0.906
17	0.907	0.907	0.907	0.906	0.906	0.906	0.906	0.906
18	0.908	0.908	0.907	0.907	0.907	0.907	0.907	0.907
19	0.909	0.908	0.908	0.908	0.908	0.908	0.908	0.908
20	0.910	0.909	0.909	0.909	0.909	0.909	0.909	0.909
21	0.911	0.911	0.910	0.910	0.910	0.910	0.910	0.910
22	0.912	0.912	0.912	0.912	0.911	0.911	0.911	0.911
23	0.914	0.913	0.913	0.913	0.913	0.913	0.913	0.913
24	0.915	0.915	0.915	0.915	0.914	0.914	0.914	0.914
25	0.917	0.917	0.917	0.916	0.916	0.916	0.916	0.916
26	0.919	0.919	0.919	0.918	0.918	0.918	0.918	0.918
27	0.921	0.921	0.921	0.921	0.921	0.920	0.920	0.920
28	0.924	0.923	0.923	0.923	0.923	0.923	0.923	0.923
29	0.926	0.926	0.926	0.925	0.925	0.925	0.925	0.925
30	0.929	0.929	0.928	0.928	0.928	0.928	0.928	0.928
31	0.932	0.932	0.931	0.931	0.931	0.931	0.931	0.931
32	0.935	0.935	0.934	0.934	0.934	0.934	0.934	0.934
33	0.938	0.938	0.938	0.938	0.937	0.937	0.937	0.937
34	0.942	0.942	0.941	0.941	0.941	0.941	0.941	0.941
35	0.946	0.945	0.945	0.945	0.945	0.944	0.944	0.944